Gebäudeautomation

Springer

*Berlin
Heidelberg
New York
Barcelona
Budapest
Hongkong
London
Mailand
Paris
Santa Clara
Singapur
Tokio*

Arbeitskreis der Dozenten
für Regelungstechnik (Hrsg.)

Meßtechnik in der Versorgungstechnik

Mit Beiträgen von
A. Karbach, B. Fromm, H. Krinninger, D. Otto, J. Schiele,
R. Schröter, D. Striebel, F. Tiersch, W. Treusch
und D. Wolff

Mit 230 Abbildungen

Herausgeber
Arbeitskreis der Dozenten für Regelungstechnik

Koordination
Prof. Dr. rer.nat. Alfred Karbach
Fachhochschule Gießen Friedberg
FB Energie und Wärmetechnik
Wiesenstraße 14
35390 Gießen

Die Deutsche Bibliothek - Cip-Einheitsaufnahme
Messtechnik in der Versorgungstechnik / Arbeitskreis der Dozenten für Regelungstechnik (Hrsg.). Mit Beitr. von A. Karbach ... -
Berlin ; Heidelberg ; New York ; Barcelona ; Budapest ; Hongkong ; Mailand ; Paris ; Santa Clara ; Singapur ; Tokio : Springer, 1997
    Gabäudeautomation

ISBN 978-3-540-61196-7   ISBN 978-3-642-60437-9 (eBook)
DOI 10.1007/978-3-642-60437-9

NE: Karbach, Alfred; Arbeitskreis der Dozenten für Regelungstechnik

Dieses Werk ist urheberrechtlich geschützt. Die dadurch begründeten Rechte, insbesondere die der Übersetzung, des Nachdrucks, des Vortrags, der Entnahme von Abbildungen und Tabellen, der Funksendung, der Mikroverfilmung oder Vervielfältigung auf anderen Wegen und der Speicherung in Datenverarbeitungsanlagen, bleiben, auch bei nur auszugsweiser Verwertung, vorbehalten. Eine Vervielfältigung dieses Werkes oder von Teilen dieses Werkes ist auch im Einzelfall nur in den Grenzen der gesetzlichen Bestimmungen des Urheberrechtsgesetzes der Bundesrepublik Deutschland vom 9. September 1965 in der jeweils geltenden Fassung zulässig. Sie ist grundsätzlich vergütungspflichtig. Zuwiderhandlungen unterliegen den Strafbestimmungen des Urheberrechtsgesetzes.

© Springer-Verlag Berlin Heidelberg 1997

Die Wiedergabe von Gebrauchsnamen, Handelsnamen, Warenbezeichnungen usw. in diesem Buch berechtigt auch ohne besondere Kennzeichnung nicht zu der Annahme, daß solche Namen im Sinne der Warenzeichen- und Markenschutz-Gesetzgebung als frei zu betrachten wären und daher von jedermann benutzt werden dürften.

Sollte in diesem Werk direkt oder indirekt auf Gesetze, Vorschriften oder Richtlinien (z.B. DIN, VDI, VDE) Bezug genommen oder aus ihnen zitiert worden sein, so kann der Verlag keine Gewähr für die Richtigkeit, Vollständigkeit oder Aktualität übernehmen. Es empfiehlt sich, gegebenenfalls für die eigenen Arbeiten die vollständigen Vorschriften oder Richtlinien in der jeweils gültigen Fassung hinzuzuziehen.

Einbandgestaltung: Struve & Partner, Heidelberg
Satz: Reproduktionsfertige Vorlage der Autoren
SPIN: 10531370   68/3020 - 5 4 3 2 1 0 - Gedruckt auf säurefreiem Papier

Beiträge der Autoren

Koordination
Professor Dr. rer.-nat. Alfred Karbach, Fachhochschule Gießen

Vorwort
Professor Dr. rer.-nat. Alfred Karbach, Fachhochschule Gießen

1 Allgemeine Meßtechnik
Professor Dr.-Ing. Reinhard Schröter, TFH Berlin

2 Temperaturmessung
Professor Dipl.-Ing. Joachim Schiele, TFH Berlin

3 Kraft- und Druckmessung
Professor Dr.-Ing. Dieter Wolff, Fachhochschule Braunschweig/Wolfenbüttel

4 Messung von Strömungsgeschwindigkeit, Durchfluß und Massenstrom
Professor Dr.-Ing. Reinhard Schröter, TFH Berlin
Professor Dr.-Ing. Dieter Wolff, Fachhochschule Braunschweig/Wolfenbüttel

5 Schallmessungen
Professor Dr.-Ing. Dieter Otto, Fachhochschule Münster

6.1 Gasanalyse
Professor Dr.-Ing. Burkhard Fromm, Fachhochschule Trier

6.2 Luftfeuchtemessung
Professor Dipl.-Ing. Joachim Schiele, TFH Berlin

6.3 Wasseranalyse
Professor Dr. rer.-nat. Friedbert Tiersch, Fachhochschule Erfurt

7 Meßumformer und Meßverstärker
Professor Dipl.-Ing. Wilfried Treusch, Hochschule Bremerhaven

8 Strukturelle Maßnahmen in Meßsystemen zur Verbesserung der Meßqualität
Professor Dr. rer.-nat. Alfred Karbach, Fachhochschule Gießen

9.1 Wärmemengenbestimmung – Heizkosten-Abrechnung
9.1.1 Professor Dipl.-Ing. Hans Krinninger, Fachhochschule München
9.1.2 Professor Dr.-Ing. Dieter Wolff, Fachhochschule Braunschweig/Wolfenbüttel
9.1.3 Professor Dipl.-Ing. Dieter Striebel, FHT Esslingen

9.2 Volumenstrommesssung in Anlagen der Raumlufttechnik
Professor Dr.-Ing. Dieter Otto, Fachhochschule Münster, Abt. Steinfurt

9.3 Raumluftqualität
Professor Dr. rer.-nat. Alfred Karbach, Fachhochschule Gießen

10 Qualitätssicherung
Professor Dipl.-Ing. Dieter Striebel, FHT Esslingen

Inhaltsverzeichnis

		Einleitung	1
1		**Allgemeine Meßtechnik**	**3**
	1.1	Grundsätzliches	3
	1.2	Grundbegriffe des Messens	4
	1.2.1	Internationales Einheitensystem (SI), Begriffe des Normes, Eichen, Justieren, Kalibrieren	9
	1.2.2	Das Meßgerät als System, der Begriff der Übertragung	12
	1.3	Meßfehler	17
	1.3.1	Statische Fehler, empirische Beschreibung und Klassifizierung	19
	1.3.2	Statische Fehler mit systematischen Fehlerursachen	21
	1.3.3	Statische Fehler mit zufälligen Fehlerursachen	21
	1.3.4	Dynamische Fehler	25
	1.3.5	Fehlerkennwerte in der Praxis	25
	1.4	Lineare Regression	26
	1.5	Filterung	28
	1.5.1	Analoge Filterung	28
	1.5.2	Digitale Filterung	29
	1.6	Anzeige und Registrierung der Meßergebnisse	30
	1.6.1	Anzeige	30
	1.6.2	Registrierung	30
2		**Temperaturmessung**	**33**
	2.1	Einleitung	33
	2.1.1	Wärmeübertragung	33
	2.1.2	Messung der Raumtemperatur	34
	2.1.3	Messung in Rohrleitungen	35
	2.1.4	Messung im Luftkanal	36
	2.1.5	Messung der Außentemperatur	36
	2.2	Anwendungsbereiche von Temperaturmeßgeräten	37
	2.3	Mechanische Berührungsthermometer	39
	2.3.1	Flüssigkeits-Glasthermometer	39
	2.3.2	Flüssigkeits- und Dampfdruck-Federthermometer	41
	2.3.3	Metall-Ausdehnungsthermometer	43

2.4	Elektrische Temperaturmessung	44
2.4.1	Widerstandsthermometer	44
2.4.1.1	Platin-100-Sensor, Pt-100 nach DIN IEC 751	47
2.4.1.2	Nickel-100-Sensor, Ni-100 nach DIN 43760	49
2.4.1.3	Nickel-1000- und Platin-1000-Sensoren	50
2.4.1.4	Mittelwertbildung mit Widerstandssensoren	50
2.4.2	Halbleiter-Sensoren	51
2.4.3	Elektronische Temperatursensoren	53
2.4.4	Thermoelemente	55
2.4.5	Sekundenthermometer	60
2.4.6	Quarz-Temperatursensoren	61
2.5	Temperatur-Meßfarben	63
2.6	Strahlungspyrometer	64
2.7	Thermografie	68
3	**Kraft und Druckmessung**	**72**
3.1	Kraftmeßtechnik	72
3.1.1	Federkörper-Kraftmeßtechnik	72
3.1.2	Piezoelektrische Kraftmeßtechnik	73
3.1.3	Drehmomentmeßtechnik	74
3.1.4	Wägetechnik	75
3.2	Dehnungsmeßtechnik	75
3.2.1	Mechanische und optische Dehnungsmeßgeräte	75
3.2.2	Dehnungsmeßstreifen (DMS)	75
3.2.2.1	Meßprinzip von Dehnmeßstreifen	77
3.3	Flüssigkeitsstand und Druck	80
3.3.1	Verfahren zur Bestimmung des Flüssigkeitsstandes	80
3.3.1.1	Schwimmer und Tastplatten	80
3.3.1.2	Elektrische Verfahren	80
3.3.1.3	Hydrostatische und pneumatische Verfahren	80
3.3.2	Druckmessung	81
4	**Messung von Strömungsgeschwindigkeit, Durchfluß und Massenstrom**	**85**
4.1	Allgemeines	85
4.2	Gasförmige Medien	90
4.2.1	Pitot- und Staurohr	90
4.2.2	Schalenkreuz- und Flügelradanemometer	91

4.2.3	Thermisches Anemometer	92
4.2.4	Laser-Doppler-Anemometer	97
4.3	Strömungsgeschwindigkeit, Durchfluß, Massenstrom	108
4.3.1	Volumenzähler	108
4.3.2	Wirkdruckverfahren	108
4.3.3	Induktive Durchflußmesser	110
4.3.4	Ultraschall-Strömungsmesser	111
5	**Schallmessung**	**112**
5.1	Schall und Schallfeld	114
5.1.1	Schallkenngrößen	116
5.1.1.1	Schalldruck	116
5.1.1.2	Schalleistung	117
5.1.2	Schallausbreitung	118
5.1.2.1	Elementare Schallstrahler	118
5.1.2.2	Kolbenstrahler	121
5.1.2.3	Stehende Schallwellen	121
5.1.2.4	Nahfeld und Fernfeld	124
5.1.2.5	Freies Schallfeld und diffuses Schallfeld	125
5.1.3	Schalldruckpegel	125
5.1.3.1	Bewertung von Schalldruckpegeln	126
5.1.3.2	Mittelung von Schalldruckpegeln	128
5.1.3.3	Beurteilung zeitlich schwankender Geräusche	129
5.2	Messung der Schallkenngrößen	130
5.2.1	Schallpegelmesser	130
5.2.1.1	Mikrofon	131
5.2.1.2	Kalibrierung	132
5.2.2	Schalleistungsmessung	133
5.2.2.1	Hüllflächenverfahren	134
5.2.2.2	Hallraum-Verfahren	137
5.3	Frequenzanalyse	139
6	**Analysenmeßtechnik, Bestimmung von Konzentrationen**	**143**
6.1	**Gasanalyse**	**143**
6.1.1	Einleitende Bemerkungen	143
6.1.2	Fotometrische Verfahren	144
6.1.2.1	Fotometrische Gasanalyse	144

6.1.2.2	Fotometrische Staubmessung	146
6.1.3	Streulichtverfahren	147
6.1.4	β-Strahlen-Absorption	148
6.1.5	Bestimmung der Rußzahl	149
6.1.6	Gravimetrische Verfahren	149
6.1.7	Wärmeleitverfahren	150
6.1.8	Wärmetönungssensoren (Reaktionswärmesensoren, Pellistoren)	152
6.1.9	Festelektrolyt-Gassensoren (λ-Sonde und Sauerstoffmeßzelle)	153
6.1.10	Elektrochemische Sensoren	156
6.1.11	Halbleiter-Gassensoren (Mischgassensoren)	158
6.1.12	Flammenionisationsdetektor (FID)	159
6.1.13	Sauerstoffanalyse unter Ausnutzung des Paramagnetismus	161
6.1.14	Chemilumineszenz zur Messung der Konzentration von NO, NO_2, und NO_x	162
6.1.15	Gaschromatographie	164
6.1.16	Massenspektrometrie	166
6.1.17	Kolorimetrische Verfahren	169
6.1.17.1	Prüfröhrchen	169
6.1.17.2	Kolorimetrie mit Reagenzpapierstreifen	169
6.1.18	Konduktometrie und Potentiometrie	171
6.2	**Luftfeuchtemessung**	**174**
6.2.1	Physikalische Grundlagen	174
6.2.2	Meßverfahren	178
6.2.2.1	Psychrometer	178
6.2.2.2	Haarhygrometer	182
6.2.2.3	Lithiumchlorid-Hygrometer, LiCI	184
6.2.2.4	Bistreifenhygrometer (Federhygrometer)	185
6.2.2.5	Leitfilm-Hygrometer	186
6.2.2.6	Kapazitive Feuchtemessung	186
6.2.2.7	Taupunkthygrometer	187
6.2.2.8	Sensor zur Ermittlung der absoluten Feuchte	188
6.2.2.9	Optisch-Akustische Feuchtemessung (Gasmotor)	189
6.2.2.10	Feuchtemessung durch Messung der Schallgeschwindigkeit	190
6.3	**Wasseranalyse**	**192**
6.3.1	Qualitätsparameter des Wassers	193
6.3.1.1	Wasserarten	193

6.3.1.2	Wasserqualität	193
6.3.1.3	Bestimmung der Wasserqualitätsparameter	198
6.3.2	Maßanalytische Verfahren	203
6.3.3	Gravimetrische Verfahren	205
6.3.4	Elektrometrische Verfahren	205
6.3.4.1	Bestimmung des pH-Wertes	205
6.3.4.2	Bestimmung der Redoxspannung	213
6.3.4.3	Einzelsubstanzbestimmung mit ionenselektiven Elektroden	216
6.3.4.4	Bestimmung von gelöstem Sauerstoff	218
6.3.4.5	Bestimmung von freiem Chlor	222
6.3.4.6	Bestimmung der elektrolytischen Leitfähigkeit	224
6.3.5	Optische Verfahren	229
6.3.5.1	Bestimmung der Trübung	229
6.3.5.2	Fotometrische Bestimmungen	234
6.3.5.3	Spektrometrische Bestimmungen	237
6.3.6	Chromatografische Verfahren	239
6.3.7	Bestimmungsverfahren für Summenparameter	241
6.3.7.1	Bestimmung des biochemischen Sauerstoffbedarfs (BSB)	241
6.3.7.2	Bestimmung des chemischen Sauerstoffbedarfs (CSB)	246
6.3.7.3	Bestimmung des gesamten organisch gebundenen Kohlenstoffes (TOC)	248
6.3.7.4	Bestimmung von Stickstoff	250
6.3.7.5	Bestimmung von Phosphor	253
6.3.7.6	Bestimmung der adsorbierbaren organischen Halogene (AOX)	254
6.3.7.7	Bestimmung der Wasserhärte	255
6.3.7.8	Bestimmung der Säure- und Basekapazität	260
6.3.8	Sensorische Verfahren	261
6.3.8.1	Bestimmung von Gerüchen	261
6.3.8.2	Bestimmung der Färbung	262
6.3.9	Testverfahren mit Wasserorganismen	263
6.3.10	Zusammenstellung der Meßverfahren	264
6.3.11	Literaturverzeichnis	267
7	**Meßumformer und Meßverstärker**	**269**
7.1	Umformung der wichtigsten Sensorsignale in elektrische Signale	270
7.1.1	Meßumformer für ohmsche Sensorwiderstände	270
7.1.1.1	Die Stromversorgung des Sensorwiderstands	270
7.1.1.2	Spannungskompensation und Wheatstone-Brücke	272
7.1.1.3	Die Verbindung des Sensorwiderstands mit dem Meßumformer	274

7.1.2	Umformung einer elektrischen Kapazität in ein anderes elektrisches Signal	282
7.2	Meßverstärker	283
7.2.1	Elektronische Operationsverstärker als Meßverstärker	283
7.2.1.1	Invertierender Verstärker	287
7.2.1.2	Elektrometerverstärker	291
7.2.1.3	Wechselspannungsverstärker, Trägerfrequenzverstärker	293
7.2.2	Pneumatische Verstärker	294
7.2.2.1	Pneumatische Düsen-Prallplatten-Verstärker	295
7.2.2.2	Pneumatische Leistungsverstärker	297
7.3	Rechenschaltungen mit Operationsverstärkern	298
7.3.1	Summator	298
7.3.2	Subtrahierschaltung	299
7.3.3	Instrumentenverstärker, Elektrometersubtrahierer	300
7.4	Signalübertragung mit eingeprägtem Strom	301
7.4.1	Spannungs-/Strom-Wandler	301
7.4.2	Strom-/Spannungs-Wandler	303
7.5	Weitere Operationsverstärkerschaltungen	303
7.5.1	Präzisionsgleichrichter	303
7.5.2	Phasenempfindliche Gleichrichter	306
7.5.3	Schaltungen zur Linearisierung von Kennlinien	308
7.6	Abgleich von Meßumformern	309
7.7	Anwendungsbeispiele	312
7.7.1	Brückenverstärker für einen Pt100-Temperatursensor	312
7.7.2	Verstärker für einen NiCr-Ni-Sensor	314
7.7.3	Begrenzung der Ausgangsspannung auf den Signalbereich	317
8	**Strukturelle Maßnahmen in Meßsystemen zur Verbesserung der Meßqualität**	**320**
8.1	Kettenstruktur	322
8.2	Parallelstruktur	326
8.2.1	Mittelwertbildung, Anwendungsbeispiele	329
8.2.2	Differenzprinzip, Anwendungsbeispiel	331
8.3	Kreisstruktur	334
8.3.1	Gegenkopplung, Anwendungsbeispiele	334
8.3.2	Mitkopplung	339
8.4	Modulationsprinzip	341
8.5	Verarbeitung von Meßgrößen durch Rechenoperationen	344
8.6	Modellgestützte Meßverfahren	346

9 Meßtechnische Anwendungen in der Versorgungstechnik ... 350

9.1 Wärmemengenbestimmung – Heizkosten-Abrechnung ... 350

- 9.1.1 Gesetzliche Grundlagen ... 350
- 9.1.1.1 Bereich der Anwendung ... 350
- 9.1.1.2 Pflicht zur Verbrauchserfassung und zur verbrauchsabhängigen Kostenverteilung ... 351
- 9.1.1.3 Aufzuteilende Kosten und deren Verteilung ... 351
- 9.1.1.4 Trennung der Kosten für Raumheizung und Warmwasser ... 352
- 9.1.1.5 Kostenaufteilung bei Nutzwechsel ... 353
- 9.1.1.6 Eichpflicht ... 354
- 9.1.1.7 Termin für die Ausstattung zur Verbrauchserfassung und Kürzungsrecht des Mieters bei Nichtbeachtung ... 355
- 9.1.1.8 Beispiel einer Heizkosten-Abrechnung ... 355
- 9.1.2 Wärmemengenzähler ... 362
- 9.1.2.1 Gesetzliche Grundlagen ... 362
- 9.1.2.2 Gerätetechnik ... 363
- 9.1.2.3 Einbauplanung ... 369
- 9.1.3 Heizkostenverteiler ... 370
- 9.1.3.1 Heizkostenverteiler auf Basis der Heizkörpertemperatur ... 371
- 9.1.3.2 Heizkostenverteiler mit dem Heizmittelstrom als Basis ... 382

9.2 Volumenstrommessung in Anlagen der Raumlufttechnik ... 390

- 9.2.1 Volumenstrommessung in Kanälen ... 390
- 9.2.1.1 Volumenstrommessung mit Staudrucksonde ... 390
- 9.2.2 Volumenstrommessung an Luftdurchlässen ... 398
- 9.2.2.1 Kompensationsverfahren ... 398
- 9.2.2.2 Airbag-Verfahren ... 399
- 9.2.2.3 Schlaufenmessung ... 399
- 9.2.3 Meßgeräte ... 400

9.3 Raumluftqualität ... 404

- 9.3.1 Quellen der Belastung und kontrollierte Lüftung ... 404
- 9.3.2 Ein Maßstab für die Raumluftqualität ... 406
- 9.3.3 Raumluftqualitätsbezogener Außenluftstrom ... 409
- 9.3.4 Meßverfahren zur Bestimmung der Raumluftqualität ... 410

10	**Qualitätssicherung** 416
10.1	Wozu Qualitätssicherung 416
10.2	Wesentliche Elemente eines Qualitätsmanagementsystems 417
10.3	Qualitätsmanagement im Prüflabor 420

Sachwortverzeichnis **422**

Einleitung

A. Karbach

Im Bereich der Versorgungstechnik gewinnt die Automation zunehmend an Bedeutung und erweist sich oft als Klammer zwischen den unterschiedlichen Technikgewerken, die untereinander vielfältige Verknüpfungen aufweisen. Die Ursache dieser Entwicklung ist, daß eine möglichst sparsame Betriebsweise angestrebt wird aus ökonomischen Gründen und wegen des Ziels, den Primärenergieeinsatz und damit alle schädlichen Emissionen in die Atmosphäre zu minimieren.

Grundlage für eine sinnvolle Automation ist es, präzise und für den Anwendungszweck passende Information aus Messungen zu gewinnen. Da es sich dabei in der Versorgungstechnik um eine große Vielfalt unterschiedlicher Meßgrößen handelt, ist für den planenden und ausführenden Ingenieur die Verbindung zwischen spezialisiertem meßtechnischem Wissen und Kenntnissen über die Anwendbarkeit bei gegebenen Anlagenproblemen entscheidend. Das vorliegende Buch versucht in diesem Bereich eine nach Ansicht der Autoren vorhandene Lücke zu schließen.

Die Thematik dieses Buches ist aus Vorlesungen in Meßtechnik in Fachbereichen an Fachhochschulen entstanden, die für die Versorgungstechnik, Energietechnik und Umwelttechnik ausbilden.

Da jeder Ingenieur in der Praxis mit meßtechnischen Aufgaben umzugehen hat, ist ein wesentliches Handwerkszeug in diesem Gebiet Grundvoraussetzung für die Arbeit, ohne daß der einzelne zum Spezialisten auf den vielfältigen Einzelgebieten der Meßtechnik werden müßte.

Ein solches Handwerkszeug umfaßt:

- Eine gute Übersicht zu den Grundlagen und einsetzbaren Meßverfahren
- Wissen über die Auswahl eines geeigneten Meßverfahrens zu einem speziellen Meßproblem
- Orientierung anhand von Anwendungsbeispielen

Das vorliegende Buch beinhaltet daher:

- Eine knappgefaßte Einführung in die Grundlagen der Meßtechnik
- Eine Beschreibung der Standardmeßverfahren für die Größen Temperatur, Luftfeuchte, Kraft, Druck sowie Durchfluß und Geschwindigkeit
- Eine ausführliche Darstellung der Verfahren aus dem Bereich der Analysenmeßtechnik für die Bereiche Abgas und Wasser
- Eine Einführung in meßtechnische Spezialthemen aus dem Bereich der Versorgungstechnik, wie Wärmemengenbestimmung, Schallmessung, Volumenstrombestimmung in der Raumlufttechnik und die Ermittlung der Raumluftqualität
- Darstellungen von Verfahren zur Verbesserung der Meßergebnissen aus dem Bereich der Signalverarbeitung und eine Übersicht zu Maßnahmen der Qualitätssicherung mit meßtechnischen Mitteln

Das Buch wendet sich gleichermaßen an Studierende und an Ingenieure in der Praxis.

1 Allgemeine Meßtechnik

R. Schröter

1.1 Grundsätzliches

Die Fähigkeit, messen zu können, hat der Mensch in einer noch andauernden jahrhundertelangen Evolution herangebildet. In unserem Alltag begegnen wir, ob bewußt wahrgenommen oder nicht, ständig Meßvorgängen, sei es die Dosierung von Selterswasser am Getränkeautomaten, die Temperatur des Kaffees oder eines Raumes. Wir sind überall von Meßtechnik umgeben. Die Messung und Anzeige der Fahrgeschwindigkeit unseres Autos hilft uns, das Gesetz nicht zu übertreten und unser Risiko zu begrenzen. Da die Fähigkeit zum Messen für ein gerechtes Teilen Voraussetzung ist, ist sie ein Grundpfeiler des menschlichen Zusammenlebens. Der Austausch von Waren und von Dienstleistungen ist immer von Messungen der Masse, des Volumens, der Zeit u.a. begleitet.

Die Beschäftigung mit der Meßtechnik war in früheren Zeiten nur durch die aktuelle Meßaufgabe motiviert. Unterdessen gelang es, die meßtechnischen Erkenntnisse zu verallgemeinern und vom einzelnen Anwendungsgebiet zu abstrahieren. Die Meßtechnik wird inzwischen als eine selbständige Wissenschaft aufgefaßt.

Für ein Verständnis von Meßvorgängen sind die im nächsten Abschnitt erläuterten Definitionen der Grundbegriffe eine wichtige Voraussetzung. Allgemein läßt sich das Messen als ein Verfahren ansehen, von den natürlichen Zuständen oder von technischen Abläufen Informationen zu gewinnen. Zugleich gilt aber auch, daß wir bei jeder Messung einen Verlust an Informationen akzeptieren müssen. Z. B. kennen wir nicht die Temperatur, die in der Zeit zwischen zwei Messungen herrscht. Ebenso geht es mit den Meßorten. Vor, hinter und zwischen unseren zwei Meßorten haben wir ja nicht gemessen.

Es wird klar: eine Messung bedarf der Planung. Darin liegt die eigentliche Aufgabe des Ingenieurs: er legt fest, wann, wo, wie oft und wie genau wir zu messen haben.

Die Forderung nach größtmöglicher Effizienz gebietet uns für die Planung:

- so wenig Meßorte wie nötig
- so wenig Messungen wie nötig
- so wenig Meßgenauigkeit (= Aufwand) wie nötig.

Gerade gegen die letzte Forderung wird von jungen Ingenieuren und in Hochschulen ganz allgemein recht oft verstoßen. Die Meßgenauigkeit bzw. die Größe der Meßfehler muß der Ingenieur vor jeder Messung ermitteln. Die dazu nötigen Fakten sind in Kapitel 1.3 dargestellt.

1.2 Grundbegriffe des Messens

Die Erforschung der wissenschaftlichen Grundlagen für die Entwicklung von Meßverfahren und Meßgeräten wird **Metrologie** genannt. Die Umsetzung metrologischer Erkenntnisse in die Technik von Meßmitteln und ihrer Anwendung bezeichnen wir als **Meßtechnik**. Der Begriff **Messen** wird in der DIN 1319 [1 - 4] sehr knapp dargestellt mit den Worten: "Ausführung von geplanten Tätigkeiten zum quantitativen Vergleich der Meßgröße mit einer Einheit". Etwas detaillierter läßt sich sagen:

Messen ist der experimentelle Vorgang zum quantitativen Vergleich zwischen einer Meßgröße und einer Bezugsgröße mit Hilfe einer **Meßeinrichtung**. Das ermittelte Resultat der Messung wird **Meßwert** genannt. Der Meßwert wird in Form eines **Produktes** aus einem **Zahlenwert** und einer **Einheit** dargestellt. Dem Zahlenwert entnimmt man den **Betrag** und der Einheit die **Art** der Meßgröße. In einfachen Fällen ist dieser Meßwert schon das **Ergebnis** der Messung (z.B. Längenmessung mit einem Lineal). In anderen Fällen wird aus mehreren Meßwerten mit Hilfe einer bekannten eindeutigen **Rechenvorschrift** (z.B. Volumen als Produkt von drei orthogonalen Längen) das **Meßergebnis** ermittelt. Die physikalische Größe, welche wir messen wollen, die **Meßgröße**, ist eine Eigenschaft des Meßobjektes. **Meßobjekte** sind z.B. Körper, technische Prozesse oder Zustände.

Für den Zweck der Messung wird ein physikalischer Vorgang als **Meßprinzip** eingesetzt.

Der Zusammenhang sei an einigen Beispielen erläutert:

Meßgröße	**Meßprinzip**
Temperatur	Längenänderung
	Flüssigkeitsausdehnung
	Thermoelektrischer (Seebeck-) Effekt
	Widerstandsänderung
Rel. Luftfeuchte	Hygroskopische Längenänderung von Haaren
	oder von Kunststoffasern
	Kapazitätsänderung eines Kondensators
Druck	Elastische Deformation eines Körpers
	Piezoelektrischer Effekt

Alle zur Durchführung der Messung notwendigen Maßnahmen werden in dem Begriff **Meßverfahren** zusammengefaßt. Die praktische Umsetzung eines ausgewählten Meßverfahrens nennt man **Meßeinrichtung**. Die Meßeinrichtung ermittelt vom betrachteten Pro-

1.2 Grundbegriffe des Messens

zeß durch den Vergleich mit einem bekannten Normal aus der Meßgröße x und der Normalgröße x_N die Anzeigegröße x_a. Diese elementare Verkettung wird als **Meßsystem** bezeichnet.

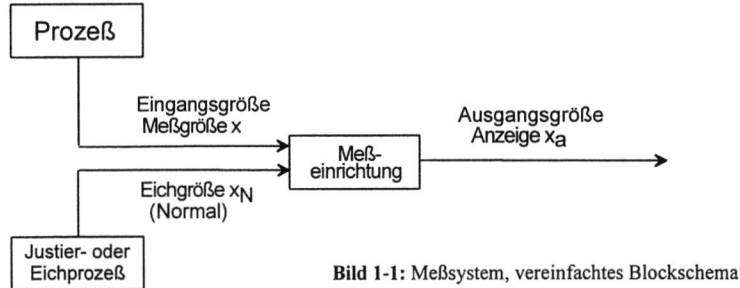

Bild 1-1: Meßsystem, vereinfachtes Blockschema

Die Meßeinrichtung kann aus einem oder mehreren, zu einem System zusammengestellten, Meßgeräten bestehen. Es handelt sich dann um eine **Meßkette**, oder allgemeiner um ein Übertragungssystem mit einseitig gerichtetem Signalfluß.

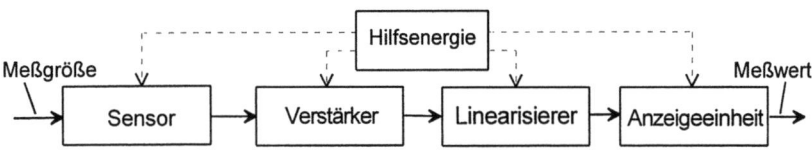

Bild 1.2: Beispiel der Meßkette einer Meßeinrichtung

Für den in Bild 1.2 verwendeten Begriff **Sensor** werden auch synonym die Begriffe **Meßgrößenaufnehmer** und **Fühler** verwendet. Der Sensor hat die Aufgabe, die zu erfassende **Primärgröße**, z. B. eine Kraft oder eine Temperatur, in eine für die Weiterverarbeitung besser geeignete **Sekundärgröße** abzubilden, z. B. in eine elektrische Spannung oder einen elektrischen Strom. Eine Grundforderung an den Sensor ist, daß die Abbildung eindeutig und reproduzierbar ist. Stellt man den Zusammenhang zwischen Primärgröße und Sekundärgröße graphisch dar, dann ergibt sich bei einem **linearen Sensor** eine gerade Kennlinie. Auf die näherungsweise Berechnung der mathematischen Funktion dieser Kennlinie, aus einer Anzahl von Meßwerten, wird im Kapitel **1.4 Lineare Regression** näher eingegangen.

Den im Bild 1.2 enthaltenen **Linearisierer** würde man einem **nichtlinearen Sensor** zur Erzeugung einer **linearen Kennlinie** nachschalten. Linearisierer sind Analogrechner, deren nichtlineare Verstärkung sich so parametrieren läßt, daß sie im Zusammenwirken mit einer nichtlinearen Eingangsgröße (dem Sensor) an ihrem Ausgang eine lineare Kennlinie bereitstellen. Werden die Meßwerte in einem Rechner verarbeitet, dann erfolgt die Linearisierung oft auch als rechnerische Korrektur der numerisch vorliegenden Meßwerte.

Spannung und Strom werden häufig als Sekundärgrößen gewählt. Gründe dafür sind: Sie lassen sich auf einfache Art übertragen, und die Möglichkeiten der gezielten Signalaufbereitung (z. B. Filterung, Integration) sind mit geringem Aufwand verfügbar.

Handelt es sich um die Ermittlung der ganzzahligen Anzahl von gleichartigen Elementen (z. B. Anzahl der vorbeitransportierten Schrauben) oder von Ereignissen (wie z. B. Anzahl der Rotationen = Umdrehungszahl) an einem Meßobjekt, dann ist dies ein meßtechnischer Sonderfall, der **Zählen** genannt wird.

Um die **Empfindlichkeit** eines Meßgerätes zu bestimmen, wird der Zeigerweg auf der Skala zur entsprechenden Änderung der Meßgröße ins Verhältnis gesetzt. Bei digital arbeitenden Geräten wird die Anzahl der Ziffernschritte auf die entsprechende Änderung der Meßgröße bezogen. Für nichtlineare Meßgeräte läßt sich die Empfindlichkeit nicht für den gesamten Meßbereich angeben, sondern ist punktweise vom Meßwert abhängig.

Meßgeräte werden hinsichtlich ihres Einsatzes den **Labormeßgeräten** oder den **Betriebsmeßgeräten** zugeordnet. Letztere sind überwiegend kontinuierlich messende Geräte, welche einen vollautomatischen Betrieb ermöglichen. Die Bauart ist dem Einsatzort entsprechend robust. Mit Labormeßgeräten werden i. a. Einzelmessungen mit höherer Genauigkeit durchgeführt. Da geschultes Personal mit den Geräten arbeitet, müssen die Geräte nicht so einfach und robust gestaltet sein wie im betrieblichen Einsatz.

In der eingangs erwähnten Definition für den Begriff Messen wurde der Meßwert als das Produkt eines Zahlenwertes mit einer Einheit dargestellt. Ist dieser Zahlenwert - die Maßzahl - von einem Meßgerät ablesbar, dann nennt man ihn **Anzeige**. Bei analogen Meßgeräten erfolgt die Ablesung durch Ermittlung der Zeigerposition relativ zur Skale, bei digitalen Geräten ist die Anzeige direkt als Zahlenwert ablesbar.

Das Intervall der Meßwerte, die am Meßgerät insgesamt ablesbar sind, wird **Anzeigebereich** (auch: **Skalenbereich**) genannt. Der Teilbereich des Anzeigebereiches, in dem der Meßfehler einen vom Hersteller spezifizierten oder garantierten Grenzwert nicht überschreitet, ist der **Meßbereich**. Beginnt der Anzeigebereich nicht bei Null, wird also ein Bereich unterhalb des kleinsten anzeigbaren Wertes nicht angezeigt, dann bezeichnet man diesen als **Unterdrückungsbereich**. Werden im Rahmen einer Meßreihe sowohl positive als auch negative Meßwerte erwartet, dann wird auch ein Anzeigebereich mit dem Nullpunkt in der Mitte eingesetzt. Die Ruhestellung des Zeigers befindet sich dann ebenfall in der Mitte.

Bei aufwendigeren analogen Zeigergeräten wird zur Vermeidung eines **Parallaxefehlers** durch schräge Betrachtung ein halbringförmiger Streifen in der Skala mit einem Spiegel unterlegt. Wird bei der Ablesung darauf geachtet, daß der Zeiger und sein Spiegelbild hintereinander liegen, dann liest man rechtwinklig ab und der Parallaxefehler ist vermieden.

1.2 Grundbegriffe des Messens

Zur Einteilung von Meßverfahren werden die folgenden Unterscheidungsmerkmale herangezogen:

Direkte und indirekte Meßverfahren

Direkte Meßverfahren ergeben Meßwerte, die zugleich Größenwerte der eigenen Meßgröße sind. Also, z.B. bei der Längenmessung wird mit einem Metermaß verglichen, bei der Gewichtsmessung wird auf einer Hebelwaage direkt mit geeichten Gewichten verglichen.

Indirekte Meßverfahren ergeben erst einmal andersartige Meßgrößen (Sekundärgrößen). Daraus wird in einem weiteren Schritt mit gegebenen eindeutigen physikalischen Zusammenhängen das Meßergebnis aus den "Rohmeßwerten" berechnet. Bezogen auf die genannten Beispiele ergäbe sich hier etwa für die Längenmessung eine Anzahl von Lichtwellenlängen (Interferometer) oder bei der Gewichtsmessung eine Spannung, die durch die elastische Deformation einer Platte (bzw. eines daran befestigten Halbleiters) herbeigeführt wurde (Piezoelektrischer Effekt). Andere Meßgrößen, wie z. B. die Zeit oder die Temperatur, sind prinzipiell nicht durch ein direktes Meßverfahren meßbar. Ist ein Meßergebnis durch eine Rechenvorschrift aus mehreren Meßgrößen gebildet, z. B. das Volumen als Produkt dreier Längen, dann gilt diese Vorgehensweise auch als indirektes Meßverfahren.

Aktive und passive Meßverfahren

Bei vielen Meßverfahren benötigen die eingesetzten Geräte Energie. Diese Energie wird bei aktiven Meßverfahren als Hilfsenergie von außen zugespeist. Bei den passiven Meßverfahren wird sie dem Prozeß bzw. dem Meßobjekt entnommen.

Ein einfaches Zeigervoltmeter oder ein Flügelradwindgeschwindigkeitsmesser entnimmt dem Prozeß die für seinen Betrieb (Zeigerausschlag bzw. Rotation des Flügelrades) benötigte Energie. Es handelt sich also um passive Meßverfahren.

Bei einem modernen Multimeter ist durch einen batteriegespeisten Verstärker die Belastung der zu messenden Spannungsquelle weitgehend vermieden. Wird die Windgeschwindigkeit mit dem im Kapitel 4.2.4 beschriebenen Laser-Doppler-Velozimeter gemessen, dann entfällt die beim Flügelrad entstehende Beeinflussung der Strömung. Die beiden letztgenannten Verfahren sind also aktiv (mit eigener Energiequelle) an den Prozeß angekoppelt.

Analoge und digitale Meßverfahren

Die uns interessierenden natürlichen oder technischen Abläufe verhalten sich sowohl hinsichtlich ihrer Größe als auch ihres zeitlichen Ablaufs stetig. D.h. sie machen keine Sprünge und verändern sich um beliebig kleine Differenzen. Dieses analoge Verhalten wird von einem Meßverfahren unter Verlust von Informationen abgebildet.

Bei den analogen Meßverfahren ist die abgebildete Ausgangsgröße stetig, also z.B. ein sich kontinuierlich bewegender Stift eines Schreibers, ein Zeigerinstrument.

Die digitalen Meßverfahren produzieren eine gerasterte, also in kleine Schritte unterteilte Ausgangsgröße. Der Meßwert erscheint hier als (ganze) Zahl von Quantisierungsschritten oder als Ziffernfolge.

Für die Messung elektrischer Spannungen gibt es Umsetzer, mit denen die Wandlungen Analog-Digital und Digital-Analog einfach durchzuführen sind. Analog angezeigte Meßwerte sind für den Menschen leichter und schneller zu erfassen. Z. B. in einem Flugzeugcockpit werden alle wichtigen Meßwerte analog signalisiert. Nur die seltener abzulesenden Meßwerte werden digital dargestellt.

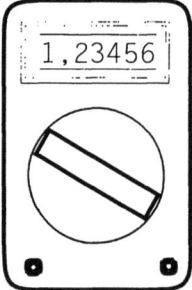

Bild 1-3: Beispiele für Meßgeräte mit analoger und digitaler Anzeige (Thermometer, Multimeter)

Kontinuierliche und diskontinuierliche Meßverfahren

Bei der Unterscheidung der analogen und digitalen Meßverfahren ergab sich eine Rasterung hinsichtlich der Größe des Meßwertes. Die zeitliche Veränderung der Meßwerte kann ebenfalls kontinuierlich oder in Schritten erfaßt werden. Ein digitales Meßverfahren ergibt zwangsläufig auch für die Zeitachse eine Rasterung. Prinzipiell ergibt sich bei den diskontinuierlichen Verfahren - sie werden auch als getastete Systeme bezeichnet - ein Informationsverlust, Bild 1-4.

Die sprungartige Veränderung des Meßwertes zwischen den Messungen S_3 und S_4 würde in diesem Beispiel nicht erfaßt werden. Die Zeit t_p wird meistens für die Dauer einer Messung konstant reproduziert. Es handelt sich dann um ein **äquidistantes Meßzeitraster**. I. a. ergibt sich zwischen den Messungen eine kurze Meßpause t_B

$$t_B = t_p - t_m \qquad (1.1)$$

1.2 Grundbegriffe des Messens

Die Dauer der Einzelmessung t_m wird auch Integrationszeit genannt. Während dieses "Zeitfensters" wird ein Mittelwert von der sich ständig verändernden Meßgröße gebildet.

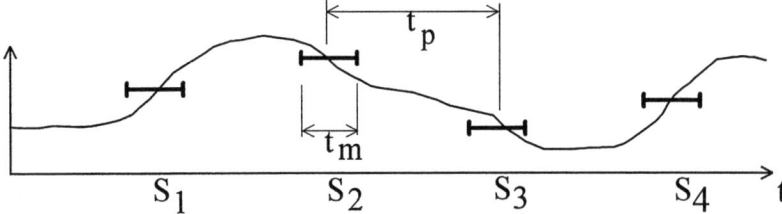

Bild 1-4: Diskontinuierliche Messung

1.2.1 Internationales Einheitensystem, Normal, Eichen, Justieren, Kalibrieren

Die Abkürzung SI steht für Système International d'Unités. Für die eindeutige Definition einer Meßgröße bedarf es der Festschreibung von Konventionen für sog. Meßnormale. Solche Konventionen müssen in langen Verhandlungen von möglichst vielen Nationen akzeptiert werden. Die ggf. nötigen Umstellungen, um die nationale Industrie an internationale Standards anzupassen, kosten sehr viel Geld. Die Durchmesser und Steigungen von Schraubgewinden sind ein typisches Beispiel für die Schwierigkeiten.

Für viele Größen gibt es ein starkes Interesse, sie - im Sinne der Norm - zu messen, aber die strenge und scharfe Definition eines international anerkannten Grundnormals gelingt nicht. Beispiele hierfür sind: Die menschliche Intelligenz oder die von den Klimatechnikingenieuren vielfach untersuchte Behaglichkeit sind im Sinne der Norm nicht "meßbar". Bei der Behaglichkeit ist in der wissenschaftlichen Diskussion nicht einmal eindeutig abgegrenzt, welche Einflüsse dazu einen Beitrag leisten. Dennoch wird in dem für die Behaglichkeit wichtigen Bereich, dem der Geruchsempfindungen, an einem Standard gearbeitet. Es wird versucht, die Empfindungen einer großen Zahl von Testpersonen statistisch auszuwerten. Bei anderen viel diskutierten Größen, wie z.B. die Qualität eines Konzerts oder von anderen künstlerischen Darbietungen, ist es vielleicht gar nicht wünschenswert, daß nach Standards gesucht wird.

Auf der Generalkonferenz für Maß und Gewicht (CPGM) wurde 1960 das heute gültige Einheitensystem, kurz SI empfohlen. Es enthält die Definition von sieben Basiseinheiten. In der folgenden Tabelle sind Größen, Formelzeichen, Basiseinheit und Einheitenzeichen zusammengestellt.

Basisgröße	Formelzeichen	Basiseinheit	Einheitenzeichen
Länge	l	Meter	m
Masse	m	Kilogramm	kg
Zeit	t	Sekunde	s
Stromstärke	I	Ampere	A
Thermodyn. Temperatur	T	Kelvin	K
Lichtstärke	I_L	Candela	cd
Stoffmenge		Mol	mol

Tabelle 1-1: Die sieben Grundgrößen des SI-Systems

Die Festlegung von Basiseinheiten kann nicht für alle Zeit gelten. Sie muß gelegentlich an den aktuellen Stand der Technik angepaßt werden. Die Basiseinheit Meter wurde früher durch einen in Paris aufbewahrten x-förmigen Platin-Iridium-Stab repräsentiert. Auf der 17. Generalkonferenz der CGPM wurde 1983 eine neue Definition festgelegt. Ein Meter ist die Länge der Wegstrecke, die das Licht im Vakuum in der Zeit 1/299792458 Sekunden durchläuft. Die Bedeutung einer sehr genauen Reproduzierbarkeit (Unsicherheit der obigen Definition $\pm 4*10^{-9}$) wird heute höher eingeschätzt als die einer einfachen Realisierung eines Normals.

Die Festlegung für die anderen sechs Basiseinheiten soll hier nicht dargestellt werden. Sie ist u.a. im Handbuch der industriellen Meßtechnik von P. Profos [7] dargestellt. Die gesetzliche Festlegung der sieben Grundeinheiten des SI-Systems erfolgte für die Bundesrepublik Deutschland am 2.7.1969. In der täglichen Meßpraxis werden neben diesen sieben Basiseinheiten auch Einheiten verwendet, die aus ihnen zusammengesetzt sind. Sie werden als kohärente abgeleitete SI-Einheiten bezeichnet. In der Tabelle 1-2 auf der Seite 11 sind die wichtigsten abgeleiteten Einheiten aufgenommen.

Die nachfolgend erläuterten Begriffe Justieren, Kalibrieren und Eichen werden von den Praktikern häufig fehlerhaft verwendet.

Justieren (oder Abgleichen) ist eine Minimierung der Meßabweichungen, so daß die Beträge der Meßabweichungen die gegebenen Fehlergrenzen nicht überschreiten. Es handelt sich also i.a. um einen Eingriff in das Gerät, also um eine bleibende technische Änderung des Meßgerätes bzw. der Maßverkörperung.

Beispiel: Von einem Meßverstärker ist ein Verstärkungsfaktor von 10 gefordert. Es wird, in einem Vergleich mit einem Normalgerät entsprechend höherer Genauigkeit, so lange an dem im Meßverstärker befindlichem Potentiometer gedreht, bis der Verstärkungsfaktor 10 im Rahmen der vorgegebenen Toleranz erreicht ist.

1.2 Grundbegriffe des Messens

Größe	Name	Einheit	durch andere SI-Einheiten ausgedrückt	durch SI-Basiseinheiten ausgedrückt
Fläche	Quadratmeter	m^2		m^2
Volumen	Kubikmeter	m^3		m^3
Dichte	Kilogramm pro Kubikmeter	kg/m^3		kg/m^3
Geschwindigkeit	Meter pro Sekunde	m/s		m/s
Beschleunigung	Meter pro Sekundenquadrat	m/s^2		m/s^2
Kraft	Newton	N		$m\,kg\,s^{-2}$
Volumenstrom (Volumendurchfluß)	Kubikmeter pro Sekunde	m^3/s		m^3/s
Massenstrom (Massendurchfluß)	Kilogramm pro Sekunde	kg/s		kg/s
kinematische Viskosität	Quadratmeter pro Sekunde	m^2/s		m^2/s
spezifisches Volumen	Kubikmeter pro Kilogramm	m^3/kg		m^3/kg
Drehzahl	reziproke Sekunde	s^{-1}		s^{-1}
Frequenz	Hertz	Hz		s^{-1}
Druck, mech. Spannung	Pascal	Pa	N/m^2	$m^{-1}\,kg\,s^{-2}$
Energie, Arbeit, Wärmemenge	Joule	J	N m	$m^2\,kg\,s^{-2}$
Leistung, Energiestrom, Wärmestrom	Watt	W	J/s	$m^2\,kg\,s^{-3}$
Celsiustemperatur	Grad Celsius	°C		K

Tabelle 1.2: Kohärente, abgeleitete SI-Einheiten

Beim **Kalibrieren** handelt es sich um die Feststellung der Maßabweichung des Meßgerätes. Es wird kein justierender Eingriff vorgenommen. Auch bei der Kalibrierung wird ein Normalgerät höherer Genauigkeit (oder entsprechende physikalische Fixpunkte) zum Vergleich herangezogen. Diese Vorgehensweise wird auch "anschließen" genannt. Bei dem o. g. Beispiel eines Meßverstärkers würde also nur festgestellt werden, daß die Verstärkung den Wert 9,92 hat. Allgemein gesagt, wird die Anzeige eines Meßgerätes Eingangswerten (z. B. in Form einer Tabelle) zugeordnet. Diese Tätigkeit wird fälschlich auch als Eichung bezeichnet.

Es handelt sich jedoch nur dann um eine **Eichung**, wenn die Physikalisch Technische Bundesanstalt (PTB) oder eine von ihr dazu zugelassene Institution diese Tätigkeit als eine amtliche Handlung vollzieht. Die Eichung ist eine (regelmäßige) amtliche Überprüfung ("Richtighaltung") von Meßmitteln. Ist diese Prüfung erfolgreich, d. h. die Beträge der Meßabweichungen überschreiten die Fehlergrenzen nicht, so wird sie auf dem Meßmittel entsprechend beurkundet (Stempel oder Aufkleber). Die Gültigkeitsdauer einer Eichung ist befristet und so festgelegt, daß bei sachgemäßer Handhabung die Abweichungen in den spezifizierten Grenzen bleiben. Rechtzeitig vor Ablauf der Frist (z. B. zwei Jahre) hat eine Nacheichung zu erfolgen. Ob ein Meßmittel der Eichpflicht unterliegt, hängt vom Einsatzfall ab. Einsatzfälle, für die eine Eichpflicht gesetzlich vorgeschrieben ist, sind z.B.:

- Quantitätsbestimmung von Waren im Geschäftsverkehr (z. B. Kaufmannswaage, Volumenstrom in einer Zapfsäule für Treibstoff, Wasserzähler, aber auch der Wegstreckenzähler im Leihwagen)
- Kontrollen im Gesundheitswesen (z. B. Blutdruckmessung), auch für den Strahlenschutz
- Sicherheitswesen, auch für die Sicherheit im Straßenverkehr (z. B. Fahrgeschwindigkeit)
- für den Einsatz als Normal

Ist ein Gerät eichpflichtig, dann wurde vor seiner Markteinführung seine Eichfähigkeit von der PTB untersucht und bescheinigt.

1.2.2 Das Meßgerät als System, der Begriff der Übertragung

Die Umwandlung der Meßgröße in einen unseren Anforderungen entsprechenden Meßwert, ist oft ein Weg mit vielen Etappen. Bei der Erläuterung der Grundbegriffe wurde gezeigt, daß einer Meßeinrichtung eine Kette von einzelnen Übertragungsgliedern zugrunde liegt. In jedem Übertragungsglied findet eine Umformung der Meßinformation statt. Es ergibt sich daher ein Unterschied zwischen Eingangs- und Ausgangssignal. Die Übertragungsglieder nennt man auch Wandler bzw. Meßwertwandler.

Die Umformung der Meßinformation wird auch als Abbildung bezeichnet. Eine Eingangsgröße wird über einen eindeutigen funktionellen Zusammenhang in die Ausgangsgröße umgewandelt.

$$x_A = f(x_E) \tag{1.2}$$

Diese Funktion muß eindeutig (umkehrabbildbar) und stetig sein. Im einfachsten Falle ist die Abbildung linear und es gibt keine Verschiebung des Nullpunktes (Bild 1-5a). Ergibt sich eine Verschiebung des Nullpunktes ("offset"), dann ergibt sich die allgemeine Form der Geradengleichung (Bild 1-5b).

1.2 Grundbegriffe des Messens

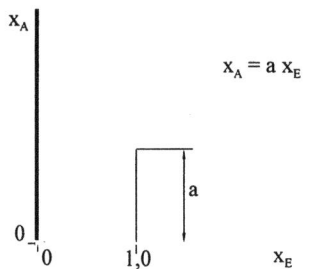

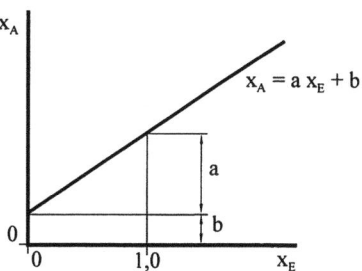

Bild 1-5a: linearer Zusammenhang zwischen Eingangs- u. Ausgangsgröße

Bild 1-5b: linearer Zusammenhang zwischen Eingangs- u. Ausgangsgröße mit Nullpunktverschiebung

Für digitale Meßverfahren würde sich anstelle der einfachen Geraden in den Bildern 1-5a und 1-5b eine Treppenfunktion ergeben. Zur digitalen Meßwertbildung gehört auch der Quantisierungsvorgang, der zu einer ganzzahligen gerasterten Darstellung des Meßwertes führt. Die Schrittweite der Rasterung wird so gewählt, daß ihr Einfluß auf die Meßgenauigkeit hinreichend klein ist. Sehr verbreitet sind Analog-Digital-Wandler mit einer Auflösung von 12 bit. Das übliche Spannungsintervall 0 - 10 Volt wird hier in 2^{12} Werte, also in 4096 Werte gerastert [6]. Der Spannungssprung beträgt dann 2,4 mV. Der durch die Rasterung beigetragene maximale Fehler ist ± 1,2 mV.

Um die volle Auflösung des Analog-Digitalwandlers auszunutzen, muß die Meßgröße auch das gesamte Spannungsintervall ausnutzen. Wird z. B. im Sensor der zu messende Temperaturbereich von 0 °C bis 30 °C in einen Spannungsbereich von 2,0 - 3,0 Volt abgebildet, dann wird das 10-Voltintervall des Wandlers nur zu 10% ausgenutzt. Von den möglichen 4096 Werten werden nur etwa 400 ausgenutzt. In der Praxis arbeitet der Wandler dann mit nur 8 bis 9 bit. Die Abbildung der Eingangsmeßgröße in das Spannungsintervall muß also so gewählt werden, daß das Intervall (z. B. 0 - 10 Volt) nahezu vollständig genutzt wird. Diese Anpassung bezeichnet man als Normierung.

Bei dem im Kap. 1.2 vorgestellten Linearisierer ist die Eingangsgröße nichtlinear und der funktionelle Zusammenhang der Abbildung ist so definiert, daß die Ausgangsgröße linear, also durch eine Gerade dargestellt wird. In Bild 1-6 ist der Zusammenhang aufgezeichnet. Die obere Kurve sei die nichtlineare Eingangsgröße (z. B. Thermisches Anemometer). Die gestrichelte untere Kurve ist die zur Linearisierung nötige Kennlinie des Linearisierers. Sie wird gebildet durch Spiegelung der oberen (Eingangs-) Kurve an der 45°-Geraden. Die Korrekturkurve ist also spiegelbildlich verzerrt, bzw. es ist die inverse Funktion.

In den meisten Fällen wird heute nicht mehr mit analogen Linearisierern gearbeitet. Anstelle dessen wird die nichtlineare Eingangsgröße nach der Analog-Digital-Wandlung im Computer rechnerisch linearisiert. Bei der AD-Wandlung von stark nichtlinearen Eingangsgrößen ergeben sich in Teilbereichen sehr kleine Spannungsunterschiede je Rasterschritt. (Bild 1-6). Für diese Anwendung kommen auch die etwas teureren 14- oder 16-bit-Wandler zum Einsatz (16 bit = 65536 Werte).

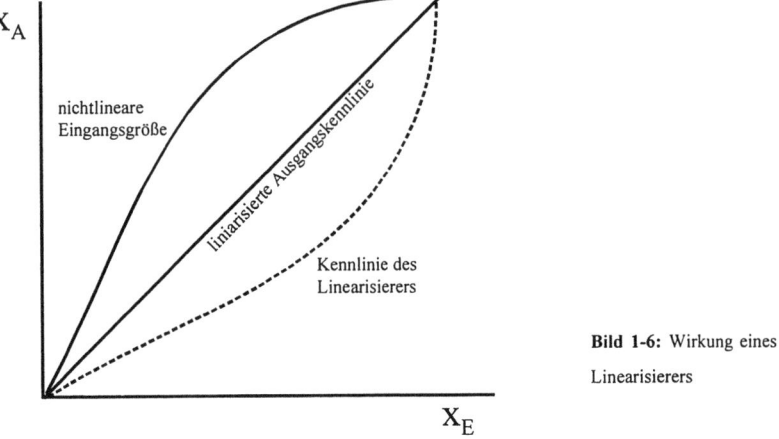

Bild 1-6: Wirkung eines Linearisierers

Für eine saubere Analog-Digital-Wandlung ist immer auch die Filterung des Analogsignals erforderlich. Der in dem Meßsignal enthaltene Nutzsignalanteil soll von dem ebenfalls enthaltenen Störanteil (wie z. B. Rauschen) getrennt werden. Auf die Filterung wird im Kapitel 1.5 näher eingegangen.

Zwei Beispiele für Meßsysteme mit Übertragungsgliedern:

* Beim Haarhygrometer ist die primäre Wirkung, aufgrund der Änderung der relativen Feuchte, eine Längenänderung von federbelastet eingespannten Haaren. Über Hebel wird diese Wegstrecke mechanisch umgelenkt und bewirkt einen Zeigerausschlag. Die Stellung des Zeigers relativ zur darunterliegenden Skale läßt sich als Meßwert ablesen. Die Meßeinrichtung Haarhygrometer arbeitet also mit zwei Wandlungsschritten. Im ersten Schritt, dem Sensor, wird die relative Feuchte in eine Länge der eingespannten Haare abgebildet. Es wird die hygroskopische Materialeigenschaft der Haare ausgenutzt. Im zweiten Schritt wird die Länge der Haare mit einem Hebelwerk in eine Drehstellung des Zeigers gewandelt. Die Hinzunahme der Skale mit einer passenden Teilung oder Skalierung ermöglicht die Ablesung des Meßwertes.

* Das in Bild 1-7 dargestellte Drehmomentmeßsystem arbeitet mit sehr viel mehr Wandlungsschritten. Das eigentliche Meßproblem - Drehmoment in einer rotierenden Welle - ist hier überlagert von einem Datenübertragungsproblem. Das Gerät wird zwischen dem Antriebsmotor und der angetriebenen Maschine eingebaut. Im Betrieb

1.2 Grundbegriffe des Messens

rotiert es mit der Drehzahl der Maschine. Die Meßwerte müssen aus dem rotierenden System in das ruhende System übertragen werden (die drahtlose Übertragung von Meßwerten wird als Telemetrie bezeichnet). Andersherum muß die zur Messung benötigte elektrische Energie aus dem ruhenden System herangeschafft werden. Eine Möglichkeit, diese Übertragungsaufgabe zu lösen, ist der Einsatz von Schleifringen. Sie unterliegen jedoch mechanischem Verschleiß und es entsteht Verlustleistung. Für die Energiezufuhr werden auch Batterien in das rotierende System eingebaut. Bei dem hier vorgestellten System geschieht die Übertragung transformatorisch. Eine Wechselspannung erzeugt in einer Spule einen magnetischen Fluß. Der magnetische Fluß gelangt zu einer zweiten Spule. An dieser kann wieder eine Wechselspannung ausgekoppelt werden. In einem Transformator wird der magnetische Fluß mit ho-

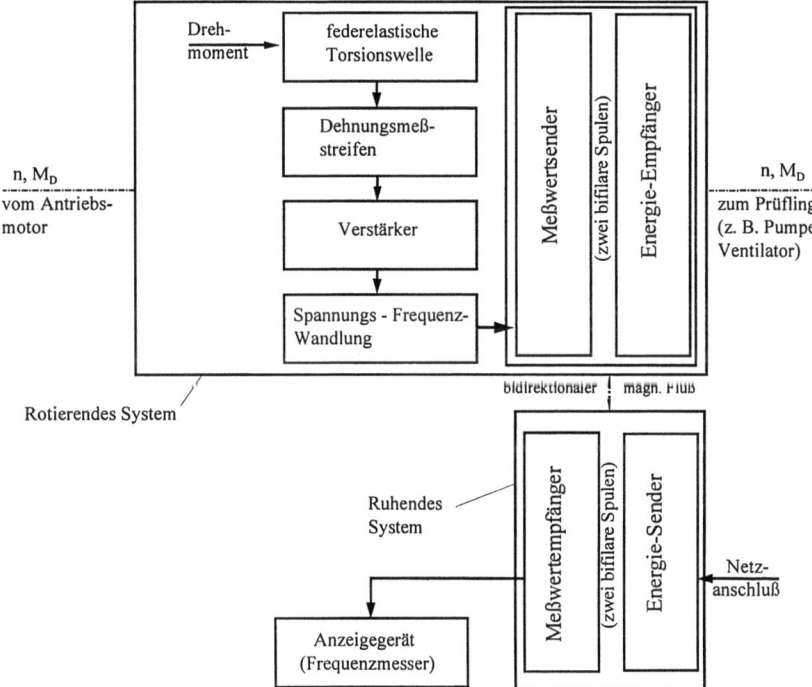

Bild 1-7: Drehmomentmeßsystem

hem Wirkungsgrad durch das Eisen (Transformatorenblechpakete) geleitet. Hier wird der magnetische Fluß durch einen kleinen Luftspalt zwischen dem rotierenden und dem ruhenden System ausgetauscht. Die Spulen des rotierenden Systems sind als Ringspulen an seinem Umfang angeordnet. Dadurch ist die Größe des magnetischen Flusses nicht von der Drehstellung abhängig. Im rotierenden und im ruhenden System gibt es je zwei Spulen, eine Sende- und eine Empfangsspule. Sende und Empfangsspule werden gemeinsam auf einen Kern gewickelt (bifilar). Die ins rotierende System übertragene elektrische Energie wird in eine präzise stabilisierte Gleichspannung gewandelt. Mit ihr werden die Komponenten der Meßschaltung versorgt. Das Drehmoment bewirkt eine federelastische Deformation (Torsion) der Torsionswelle. Damit verbunden ist eine Längen- und Widerstandsänderung der auf der Welle applizierten Dehnungsmeßstreifen. Die Dehnungsmeßstreifen sind in einer Brückenschaltung angeordnet und eine Widerstandsänderung bewirkt eine kleine Spannung. Nach einer Verstärkung wird eine Wechselspannung erzeugt, deren Frequenz der Größe der Eingangsspannung proportional ist. Nach der Übertragung in das ruhende System, kann die Frequenz der Wechselspannung von einem Frequenzmeßgerät gemessen und angezeigt werden. Eine Zuordnung des Frequenzwertes zum Drehmoment ist leicht über die Geradengleichung y = ax + b möglich, da das System linear arbeitet.

Zur Konzeption neuer Sensoren werden in zunehmenden Maße auch die Möglichkeiten der Mikroelektronik genutzt. Beim sog. intelligenten Sensor ("smart sensor") ist ein komplettes Mikroprozessorsystem Teil des Sensors. Ohne hier zu bewerten, inwieweit der Begriff Intelligenz für ein solches programmierbares System anwendbar ist, seien seine wichtigsten Vorteile genannt:

- autonomer Systemtest nach dem Einschalten
- Überwachung der Kalibrierung, u. U. automatische Nachkalibrierung im Betrieb
- Möglichkeit, die Rohdaten mit relativ aufwendigen Verfahren weiterzuverarbeiten (Reduzierung von Fehlern, Datenreduktion z. B. Mittelwertbildung)
- Verarbeitung mehrerer Sensorsignale zu einer Zielgröße wie z.B. dem Wirkungsgrad
- Signalform des Meßergebnisses ist gut für die (Fern-) Übertragung geeignet
- Zentrale Vorgabe bzw. Umschaltung von Betriebsparametern über das Datenkabel
- Durch Ankopplung an ein Bussystem Reduzierung des Verkabelungsaufwandes

Als Bussytem kommt, neben herstellerspezifischen Bussen, immer häufiger der Europäische Installationsbus (genannt: instabus oder EIB) zum Einsatz. Es handelt sich um einen einfachen Zweidrahtbus, dessen Entwicklung unter der Schirmherrschaft der Firma Siemens in der 80er Jahren begonnen wurde. Unterdessen wurden in mehr als 3000 Anlagen über 1,5 Millionen EIB-Produkte installiert. Alle Anbieter von EIB-Produkten haben sich in der in Brüssel residierenden EIB-Association zusammengeschlossen. Nachdem in der Anfangsphase die Schwerpunkte in den Bereichen Lichtsteuerung, Jalousiesteuerung usw. lagen, sind unterdessen auch Komponenten für die Heizungsregelung erhältlich. Das Angebot wird ständig erweitert und es wird angestrebt, auch in den Markt der Einfamilienhäuser und Wohnungen gehobenen Standards hineinzukommen.

Unter der federführenden Beteiligung der Firmen Daimler-Benz, Landis & Gyr, Philips und Thomson wird seit 1989 an dem Bussystem EHS (Esprit Home System) gearbeitet. Das EHS verzichtet ganz auf die Busleitungen und benutzt als Kommunikationsweg das für die Energieversorgung verwendete Wechselspannungsnetz.

Im Bereich der Gebäudeleittechnik wird mit dem FND (Firmenneutrales Datenübertragungssystem) ebenfalls ein Bus eingesetzt auf dem sich Geräte verschiedener Hersteller miteinander verbinden lassen.

1.3 Meßfehler

Das ideale Ziel einer jeden Messung, nämlich den wahren Wert einer Meßgröße zu ermitteln, können wir leider nie erreichen. Der gemessene Wert einer Meßgröße wird immer - eine gewisse Abweichung - die Meßabweichung - vom wahren Wert haben. Diese Differenz zwischen dem gemessenen Wert und dem wahren Wert wird als Fehler bezeichnet.

$$\Delta x = x - x_w \tag{1.3}$$

mit Δx = Fehler (Meßabweichung, andere Schreibweise E)
x = Meßwert (manchmal auch als x_a, Anzeigewert bez.)
x_w = Wahrer Wert

In der DIN 1319 [1 - 4] wird neben dem Begriff Fehler auch das Wort Abweichung verwendet. Das in der Praxis etablierte Wort Fehler bzw. Meßfehler sollte hier jedoch bevorzugt werden. Neben der Angabe des absoluten Fehlers Δx (in der Dimension der Meßgröße) ist es üblich, den relativen Fehler $\Delta x/x$ in Prozent anzugeben. Die Angabe auf welche Größe bezogen wird ist unerläßlich. Führt man eine Messung nicht nur einmal durch, sondern in vielen Wiederholungen, dann ergibt sich für eine stationäre Meßgröße ein Bild wie das folgende:

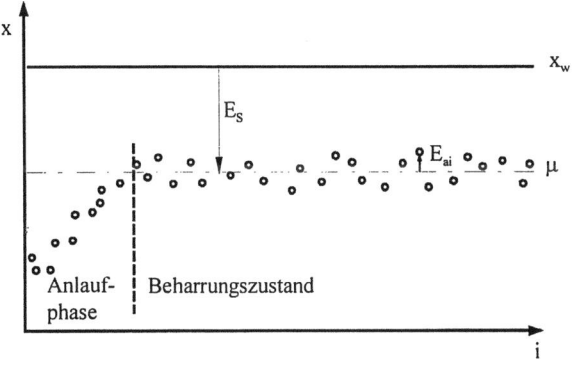

Bild 1-8:
Auftragung von wiederholten Einzelmessungen zur Darstellung des systematischen und des zufälligen Fehlers

Nach einer Anlaufphase in der sich sowohl das Meßgerät als auch der Prozeß auf ihren Beharrungszustand einschwingen bzw. erwärmen, ergeben sich immer noch Abweichungen der gemessenen Werte von dem als durchgezogene Linie eingezeichneten wahren Wert x_w. Der als gestrichelte Linie eingezeichnete Erwartungswert μ ist definiert als Mittelwert aus unendlich vielen Einzelmessungen

$$\mu = \lim_{n \to \infty} \frac{1}{n} \sum_{i=1}^{n} x_i \tag{1.4}$$

Der Fehler

$$E_S = \mu - x_w \tag{1.5}$$

wird als **systematischer Fehler** und der Fehler

$$E_{ai} = x_i - \mu \tag{1.6}$$

wird als **zufälliger Fehler** bezeichnet (Index a steht für **aleatorisch**, lat., vom Zufall abhängig, Index i steht für den i-ten Einzelwert aller Messungen).

Der **systematische Fehler** ist reproduzierbar in jedem Meßergebnis enthalten. Er läßt sich also nicht durch eine mehrfache Wiederholung der Messung feststellen. Durch Vergleich mit einem genaueren Meßgerät ließe sich der systematische Fehler (zum Teil; abhängig von der Genauigkeit des Vergleichsmeßgerätes) ermitteln. Im einfachsten Falle sind die Größe und das Vorzeichen des systematischen Fehlers konstant. Durch Einflüsse wie Abnutzung, Alterung, Änderung der Temperatur des Meßgerätes, können sich zeitliche Änderungen des systematischen Fehlers ergeben. Es wird nach Möglichkeit versucht, diese Effekte zu vermeiden.

Der **zufällige Fehler** bewirkt eine Streuung der Einzelwerte um einen mittleren Wert. Die Größe und das Vorzeichen der bei einer Einzelmessung auftretenden Abweichung läßt sich nicht vorhersagen. Mit einer großen Zahl von Einzelmessungen und durch die Anwendung geeigneter statistischer Methoden läßt sich die Größe des zufälligen Fehlers näherungsweise ermitteln.

Der systematische Fehleranteil macht den Meßwert unrichtig, der Anteil an zufälligen Fehlern macht den Meßwert dagegen unsicher. Die beiden Anteile am Fehler müssen unterschiedlich behandelt werden. Systematische Fehler müssen im Rahmen der geforderten Genauigkeit quantitativ erfaßt und im Meßergebnis durch eine Korrektur berücksichtigt werden. Sie sind also prinzipiell korrigierbar. Die Größe der zufälligen Fehler wird mit Hilfe der Statistik ermittelt und mit dem Meßergebnis angegeben.

1.3.1 Statische Fehler, empirische Beschreibung und Klassifizierung

In der Gleichung 1.5 wird der systematische Fehler als Differenz zwischen dem Erwartungswert und dem wahren Wert definiert. Zur Ermittlung der Größe des systematischen Fehlers kann diese Gleichung nicht taugen, da sowohl der wahre Wert x_w der Meßgröße, als auch der aus unendlich vielen Messungen ermittelte Erwartungswert (Gleichung 1.4) nicht zu bilden sind. Als Schätzung auf den Erwartungswert wird der Mittelwert $\bar{x}$ aus einer endlichen Zahl von Messungen bestimmt

$$\bar{x} = \frac{1}{n} \sum_{i=1}^{n} x_i \tag{1.7}$$

An die Stelle des wahren Wertes tritt ein Meßergebnis eines Vergleichsmeßgerätes, dessen Genauigkeit entsprechend höher ist.

Eine detaillierte Analyse aller einzelnen Fehlerquellen ist in der Praxis nicht möglich. Einige der möglichen Ursachen seien hier zusammengestellt:

- Unklare oder unpräzise Aufgabenstellung
- Eigenschaften des Meßobjektes (z. B. Einfluß der elastischen Deformation bei der Längenmessung)
- Rückwirkung des Meßeingriffes auf das Meßobjekt (z. B. der Strömungsgeschwindigkeitssensor verändert durch seine Anwesenheit das ihn umgebende Strömungsfeld)
- Eignung des Meßverfahrens bzw. des ausgenutzten physikalischen Effektes
- Bedienung, Ablesung des Meßgeräts, Auswertung der Rohdaten
- Den größten Anteil am systematischen Fehler haben die im Meßgerät (Meßmittel) auftretenden Fehler. Die wichtigsten Fehleranteile sind in Bild 1.5a 1.5f auf der Seite 20 zusammengestellt.

Beispiel: Eine Temperaturmeßeinrichtung für eine Raumklimaanlage wird mit einem PT1000-Sensor betrieben. Nach der Installation muß der Meßverstärker abgeglichen werden. Ohne einen Abgleich würden die im Bild 1.5a und b dargestellten Fehler der Steigung und des Nullpunktes der Kennlinie auftreten. Zum Abgleich dieser beiden Freiheitsgrade müssen zwei verschiedene Temperaturwerte kontrolliert werden. Man könnte am Ort des Sensors mit einem genaueren Referenzthermometer die Kontrolle durchführen. Da jedoch ein PT1000-Sensor ein genormter Sensor mit einer bekannten Kennlinie ist, können die zwei Temperaturen mit präzisen Widerständen simuliert werden. Mit zwei Meßwerten läßt sich die Abweichung für Verstärkung und Nullpunktverschiebung ermitteln. Nachdem die Abweichung durch Abgleichen der entsprechenden Potentiometer beseitigt wurde, wird eine Kontrollmessung durchgeführt.

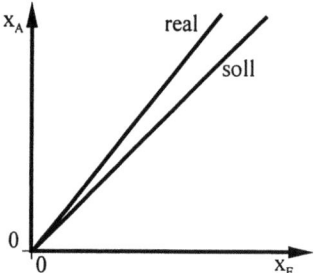

a) Fehler in der Kennliniensteigung (Übertragungsfaktor bzw. Verstärkung)

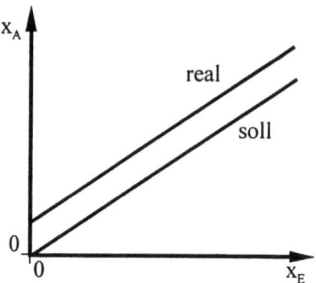

b) Verschiebung des Nullpunktes bei gleicher Steigung

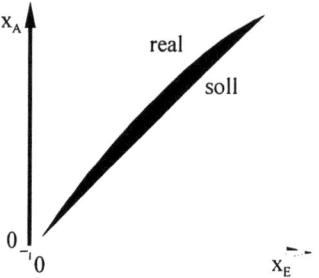

c) Fehler durch Nichtlinearität

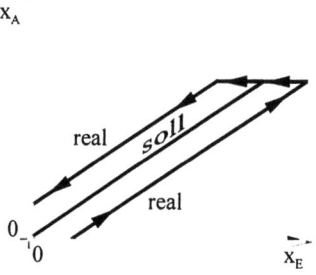

d) Hysteresefehler (Umkehrspanne z. B. durch Spiel in den mech. Übertragungselementen)

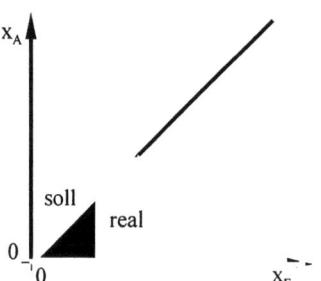

e) Fehler durch zu geringe Ansprechempfindlichkeit

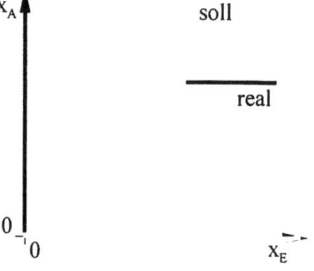

f) Kappungsfehler (der Maximalwert des Sensors wurde von der Meßgröße überschritten)

Bild 1-9: Ursachen für systematische Fehler

1.3.2 Statische Fehler mit systematischen Fehlerursachen

Auf die Genauigkeit einer Meßeinrichtung haben auch die Einbaubedingungen Einfluß. Die Art wie der Sensor an den Prozeß angekoppelt ist, beeinflußt die Meßgenauigkeit. Die Aufgaben des Meßtechnikingenieurs enden daher nicht an der Systemgrenze der Meßeinrichtung.

Beispiel: Die Genauigkeit einer Förderstrommessung mit einem Venturirohr hängt nicht nur von den Eigenschaften des Venturirohres, sondern auch von den Zuströmbedingungen ab. Ist die Zuströmung hinsichtlich des Profils der axialen Geschwindigkeit und der möglichen Rotation des Fluides gestört, dann ergeben sich Meßfehler. Rohreinbauten, die solche Störungen verursachen, sind T-Stücke, Schieber und insbesondere Krümmer. Um in der Praxis saubere Zuströmbedingungen sicherzustellen, werden gerade Zulaufstrecken einer Länge von mindestens 10 Rohrdurchmessern gefordert.

Die Anbringung eines Temperatursensors an einem Rohr sei ein weiteres Beispiel für mögliche Mängel der Prozeßankopplung. Ist zwischen dem Sensor und dem Rohr ein Luftabstand, dann wird sich ein Temperaturgefälle einstellen. Der Einfluß der Temperatur des Raumes wirkt bei fehlender Isolation des Sensors ebenfalls störend. Die Querempfindlichkeit des Sensors oder der sonstigen Glieder einer Meßkette auf andere Einflüsse als die zu messende Größe kann zu Meßfehlern führen.

Beispiel: Der Widerstandswert der Meßwiderstände in einem resistiven Wegmeßsystem hängt primär von der Fahrposition ab. Es gibt jedoch auch einen Einfluß der Umgebungstemperatur auf den Widerstandswert. Prinzipiell ließe sich dieser Temperatureinfluß ebenfalls messen und er könnte kompensiert werden. Wird dieser Aufwand nicht getrieben, dann muß bei der Ermittlung des maximalen Fehlers die Auswirkung der höchsten und tiefsten Umgebungstemperatur berücksichtigt werden.

1.3.3 Statische Fehler mit zufälligen Fehlerursachen

Die Schwankungen der zufälligen Fehler führen zu einer Verteilung der Einzelmeßwerte um den Erwartungswert, wie es in Bild 1-4 dargestellt ist. Dieses anscheinend regellose Verhalten läßt sich nur mit statistischen Gesetzen beschreiben. Die Anwendung der statistischen Theorie setzt voraus, daß es sich nicht um das Ergebnis einer einzelnen Messung handelt, sondern daß eine möglichst große Zahl von Messungen durchgeführt wurde. Eine Tabelle von Meßwerten kann graphisch dargestellt werden, indem man auf der X-Achse ein Raster für die gemessene Größe vorgibt und auf der Y-Achse die Anzahl der in das Teilintervall fallenden Messungen aufträgt. Als Beispiel das Ergebnis einer Längenmessung:

Der Y-Maßstab dieser sog. Häufigkeitsverteilung ist hier die absolute Anzahl. Häufiger, bei der Darstellung als Histogramm, wird eine relative Häufigkeit $h(x)$ aufgetragen. Die auf der X-Achse aufgetragenen Intervalle werden als Klassen bezeichnet. Die Anzahl der

Messungen in einer Klasse Δn wird bezogen auf die Klassenbreite Δx und auf die Gesamtanzahl n der Messungen.

$$h(x) = \frac{\Delta n / \Delta x}{n} \tag{1.8}$$

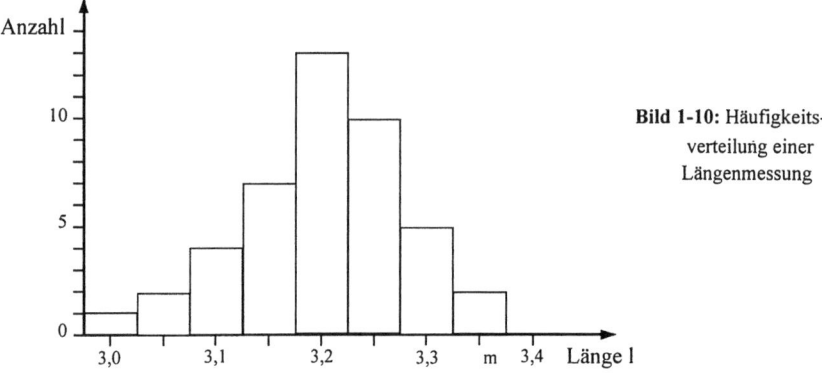

Bild 1-10: Häufigkeitsverteilung einer Längenmessung

Würde man unter idealen Bedingungen mit unendlich vielen Meßwerten die Klassenbreite gegen Null verkleinern, dann ginge die Häufigkeitsverteilung in eine Wahrscheinlichkeitdichteverteilung über. Die Fläche unter der h(x)-Kurve (Integration) würde dann den Wert Eins ergeben. Die Wahrscheinlichkeit, daß ein Meßwert im Intervall $-\infty$ bis $+\infty$ liegt beträgt 100%. Für ein eingeschränktes Intervall ergäbe sich für die Wahrscheinlichkeit P dementsprechend ein Wert zwischen Null und Eins.

$$P(x) = \int_{x_1}^{x_2} h(x)\, d \tag{1.9}$$

Die Form der Dichtefunktion liegt nicht als mathematische Gleichung vor, nur aus einer Vielzahl von Messungen ergibt sich der Verlauf. Für meßtechnische Aufgabenstellungen läßt sich diese unbekannte Dichtefunktion in sehr guter Näherung durch die von Karl Friedrich Gauß[1] definierte Gaußsche Normalverteilung ersetzen. Zur Überprüfung der Qualität dieser Näherung existieren Verfahren wie Summenhäufigkeitspapier und Chi-Quadrat-Test, auf die hier nicht näher eingegangen wird [7]. Die Dichtefunktion der Gaußverteilung ist definiert zu:

$$h(x) = \frac{1}{\sigma\sqrt{2\pi}} e^{\frac{-(x-\mu)^2}{2\sigma^2}} \tag{1.10}$$

mit μ = Erwartungswert
σ = Standardabweichung

---

[1] Die Gleichung 1.10 und das Bild 1.7 sind auf dem im April 1991 zu Ehren von Karl Friedrich Gauß (1777 - 1855) herausgegebenen 10-DM-Schein abgedruckt.

1.3 Meßfehler

Der in Gleichung 1.4 angegebene Erwartungswert μ basiert auf unendlich vielen Meßwerten. Für praktische Berechnungen wird er näherungsweise durch den in Gleichung 1.7 gegebenen Mittelwert $\bar{x}$ ersetzt. Die Standardabweichung σ bzw. deren Quadrat σ² ist definiert

$$\sigma^2 = \lim_{n \to \infty} \frac{1}{n} \sum_{i=1}^{n} (x_i - \mu)^2 = \int_{-\infty}^{+\infty} h(x)\, x^2\, dx \qquad (1.11)$$

Als praktisch berechenbarer Schätzwert für die Standardabweichung wird die Streuung S benutzt. Die Streuung S wird auch (wegen der begrenzten Zahl der Messungen) als empirische Standardabweichung bezeichnet.

$$S^2 = \frac{1}{n-1} \sum_{i=1}^{n} (x_i - \bar{x})^2 \qquad (1.12)$$

Für den Einsatz in Computerprogrammen wird eine umgestellte Form der Gleichung 1.12 verwendet

$$S = \sqrt{\frac{1}{n-1} \left[\sum_{i=1}^{n} x_i^2 - \frac{1}{n} \left(\sum_{i=1}^{n} x_i \right)^2 \right]} \qquad (1.13)$$

Sie hat gegenüber Gl. 1.12 den Vorteil, daß der Mittelwert $\bar{x}$ nicht schon zu Beginn der Rechnung bekannt sein muß.

Bei der Messung der Geschwindigkeit turbulenter Strömungen ergibt sich eine weitere Bedeutung für die Standardabweichung. Es handelt sich nicht unbedingt um eine Schwankungsbreite, die ihre Ursache in der unzureichenden Genauigkeit des Meßverfahrens hat, sondern die Schwankungsbreite ist bedingt durch die Intensität der turbulenten Geschwindigkeitsfluktuationen, also der Turbulenz der Strömung.

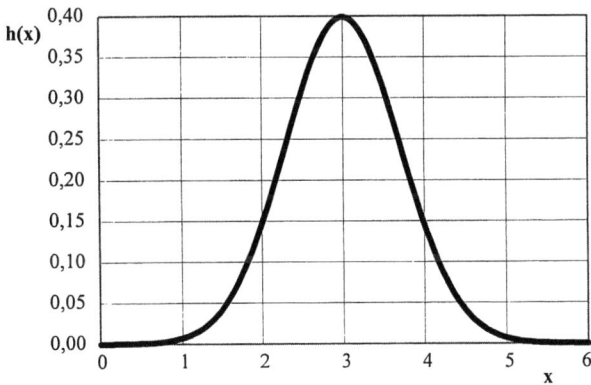

Bild 1-11: Gaußsche Verteilungsdichtefunktion für die Werte μ = 3, σ = ± 1

Durch Integration der Verteilungsfunktion h(x) ergibt sich die Wahrscheinlichkeitsdichtefunktion P(x). Sie hat einen S-förmigen Verlauf, von null am linken Rand der Verteilung auf Eins an ihrem rechten Rand ansteigend. Eine Integration der Gleichung 1.20 ist nicht explizit möglich, P(x) läßt sich jedoch numerisch bestimmen. Zur Ermittlung der Unsicherheit u($\bar{x}$) des Mittelwertes $\bar{x}$ wird das bestimmte Integral der zugrundegelegten Verteilungsfunktion Gaußsche Glockenkurve benötigt. Integrationsbereich ist das Intervall um den Mittelwert. Für ± 1σ ergibt sich:

$$P = \int_{-\sigma}^{+\sigma} n(x)\, dx = 2 \int_{\mu}^{+\sigma} n(x)\, dx \quad (1.14)$$

Die relative Anzahl der Werte, welche in einem ±-Intervall (von -c bis +c) um den Erwartungswert μ liegen, beträgt:

c	± 1.0 σ	± 1.645 σ	± 1.96 σ	2,58 σ	± 3.0 σ	±4,0 σ	± ∞ σ
P	68,26%	90,0%	95,0%	99,0%	99,73%	99,99%	100%

Wird ein Mittelwert $\bar{x}$ mit Hilfe der Gleichung 1.7 aus nur einem einzigen Meßwert gebildet, dann entspräche seine Unsicherheit u($\bar{x}$) gerade der Streuung S. Für unendlich viele Meßwerte ergäbe sich der Erwartungswert μ mit der Unsicherheit Null. Es gilt

$$u(\bar{x}) = \frac{S}{\sqrt{n}} \quad (1.15)$$

Oder mit Gleichung 1.12

$$u(\bar{x}) = \sqrt{\frac{1}{n(n-1)} \sum_{i=1}^{n} (x_i - \bar{x})^2} \quad (1.16)$$

Die in Gleichung 1.15 ermittelte Unsicherheit des Mittelwertes $u(\bar{x})$ berücksichtigt nur die ca. 68% der Meßwerte, welche im genannten ± 1σ -Intervall sind. Die statistische Sicherheit beträgt also 68%. Für eine höhere statistische Sicherheit, z. B. die in der Praxis häufig gewählten 95%, ergibt sich eine größere Unsicherheit des Mittelwertes. Die Unsicherheit vergrößert sich in diesem Fall um den Faktor c = 1,96. Die Unsicherheit des Mittelwertes würde sich zusätzlich vergrößern, wenn die Anzahl der Messungen nicht groß genug ist. Die oben genannten Tabellenwerte gelten exakt nur für unendlich viele Messungen. In praxistauglicher Näherung müßten mindestens 200 Messungen zugrundegelegt werden. Würde man z. B. bei einer 95%-igen statistischen Sicherheit den Mittelwert aus nur drei Werten bilden, dann würde sich der Faktor von 1,96 auf 4,3 vergrößern. Diese sog. Student-Faktoren für die gebräuchlichsten statistischen Sicherheiten und für kleinere Werte der Anzahl n sind als t-Faktoren tabelliert [8]. Die vollständige Gleichung für die Unsicherheit des Mittelwertes lautet:

$$u(\bar{x}, n) = \pm \frac{t(P,n)}{\sqrt{n}} S \quad (1.17)$$

Bei mindestens 150 - 200 Meßwerten und P = 95% ergibt sich näherungsweise:

1.3 Meßfehler

$$u \approx \frac{2S}{\sqrt{n}} \qquad (1.18)$$

1.3.4 Dynamische Fehler

Ist eine Meßgröße zeitlichen Veränderungen unterworfen, dann erweitern sich die Anforderungen an das Meßgerät erheblich. Das Meßgerät hat nicht, wie beim Messen zeitlich konstanter Meßgrößen, die Möglichkeit, sich auf diesen Wert lange zu adaptieren. Durch die Speicherung von mechanischer, thermischer oder elektrischer Energie ergibt sich im Meßgerät eine dämpfende Wirkung oder Trägheit. Es kann also dazu kommen, daß der angezeigte Meßwert den zeitlichen Änderungen des Meßwertes nicht schnell genug folgen kann.

In der Regelungstechnik stellt sich die Aufgabe, entsprechend dem Zeitverhalten einer Strecke ein dazu passendes Zeitverhalten des auf die Strecke einwirkenden Reglers einzustellen. Hier in der Meßtechnik ist es nötig, das Meßgerät so auszuwählen bzw. einzustellen, daß durch die Dynamik der Meßgröße keine Verfälschung bzw. kein Verlust an Informationen auftritt. Eine ausführliche Darstellung zur Behandlung dynamischer Meßfehler gibt Profos/Pfeifer, (Seite 52 - 98), [7].

1.3.5 Fehlerkennwerte in der Praxis

Zur Klassifizierung von Meßgeräten werden sog. Güteklassen angegeben. Es handelt sich um den relativen systematischen Fehler des Meßgerätes. Er wird auf den festen Meßbereichsendwert und nicht auf den aktuellen Meßwert bezogen. Für die aktuellen Meßwerte handelt es sich daher um einen absoluten Fehler. Man unterscheidet Güteklassen für sog. Feinmeßgeräte (0,1; 0,2 und 0,5 %) und Güteklassen für Betriebsmeßgeräte (1; 1,5; 2,5 und 5 %). Der relative Fehler wird ermittelt:

$$Relativer\ Fehler = \frac{G \cdot x_e}{x} \qquad (1.19)$$

Ist z. B. der Meßbereichsendwert $x_e = 80$
die Güteklasse $G = 10\%$
und der aktuelle Meßwert $x = 16$,
dann ergibt sich ein relativer Fehler von

$$Relativer\ Fehler = \frac{0,1 \cdot 80}{16} = 0,5 \qquad bzw.\ 50\%$$

Der (Meßwert-) relative Fehler wird also um so größer, je kleiner der Meßwert relativ zum Vollausschlag ist.

Selbstverständlich müssen die von den Herstellern angegebenen Fehler unter zugelassenen, aber ungünstigsten Betriebsbedingungen noch eingehalten werden. Die maximalen Fehler, welche für ein Gerät zulässig sind, werden als **Garantiefehlergrenzen** bezeichnet.

Die Angabe sowohl des maximal auftretenden systematischen Fehlers E_s als auch der Unsicherheit u des statistisch gebildeten Mittelwertes (in Abhängigkeit von der gewählten statistischen Sicherheit und von der Anzahl der Messungen) ist für den Praktiker oft zu aufwendig. Es wird, um die Angabe der gesamten Meßunsicherheit E auf nur eine Zahl zu reduzieren, die quadratische Summe gebildet:

$$E = \sqrt{E_s^2 + u^2} \tag{1.20}$$

1.4 Lineare Regression

Oftmals wird für einen unbekannten funktionalen Zusammenhang, von dem nur diskrete Meßwerte bekannt sind, eine beschreibende Gleichung gesucht. Für diese näherungsweise zu ermittelnde Gleichung wird oft ein Polynomansatz gewählt. Läßt sich a priori unterstellen, daß der Zusammenhang linear ist, dann reduziert sich das Polynom auf eine Geradengleichung des Typs:

$$y = ax + b \tag{1.21}$$

Nach der Gaußschen Methode der kleinsten Summe der Fehlerquadrate errechnen sich die Werte a und b aus:

$$a = \frac{\sum_{i=1}^{n} x_i \sum_{i=1}^{n} y_i - n \sum_{i=1}^{n} x_i y_i}{\left(\sum_{i=1}^{n} x_i\right)^2 - n \sum_{i=1}^{n} x_i^2} \tag{1.22}$$

$$b = \frac{1}{n} \sum_{i=1}^{n} y_i - a \sum_{i=1}^{n} x_i \tag{1.23}$$

Als Anwendungsbeispiel sei die auf der nächsten Seite folgende Tabelle einer Kalibriermessung für Flügelradanemometer angeführt. Neben den Meßwerten der Strömungsgeschwindigkeit x und der Signalfrequenz y sind die einzelnen Werte für x^2, y^2 und für xy angegeben. Weiterhin sind die jeweiligen Summen, die Koeffizienten a und b und das Bestimmtheitsmaß r^2 eingetragen.

Neben a und b kann als dritter Wert das Bestimmtheitsmaß r^2 berechnet werden. Dieser Wert liegt zwischen 0 und 1 und ist ein Maß für die Güte der Anpassung. Die Anpassung ist um so besser je näher r^2 bei 1 liegt.

$$r^2 = \frac{\left(\sum_{i=1}^{n} xy - \frac{1}{n} \sum_{i=1}^{n} x \sum_{i=1}^{n} y\right)^2}{\left(\sum_{i=1}^{n} x^2 - \frac{1}{n} \left(\sum_{i=1}^{n} x\right)^2\right)\left(\sum_{i=1}^{n} y^2 - \frac{1}{n} \left(\sum_{i=1}^{n} y\right)^2\right)} \tag{1.24}$$

1.4 Lineare Regression

i	x	y	x²	y²	xy
	m/s	Hz			
1	0,25	4,4	0,06	19,36	1,1
2	0,5	12,2	0,25	148,84	6,1
3	0,75	19,4	0,56	376,36	14,55
4	1	26,8	1	718,24	26,8
5	1,5	41,2	2,25	1.697,44	61,8
6	2	55,5	4	3.080,25	111
7	2,5	70,7	6,25	4.998,49	176,75
8	3	85,3	9	7.276,09	255,9
9	4	114,2	16	13.041,64	456,8
10	5	144,7	25	20.938,09	723,5
11	7	204	49	41.616	1.428
12	9	261	81	68.121	2.349
13	11	319	121	101.761	3.509
14	13	377	169	142.129	4.901
15	15	435	225	189.225	6.525
16	17	495	289	245.025	8.415
17	19	554	361	306.916	10.526
18	21	613	441	375.769	12.873
19	23	670	529	448.900	15.410
20	25	732	625	535.824	18.300
21	30	878	900	770.884	26.340
Σ		210,5	6.112,4	3.854,38	3.278.464,8	112.410,3
a = 29,32		b = -2,81		r² = 0.99998		

Im nachfolgenden Bild 1-12 sind die Meßwerte und die aufgrund dieser Meßwerte ermittelte Gerade der linearen Regressionsgleichung y = ax + b aufgetragen.

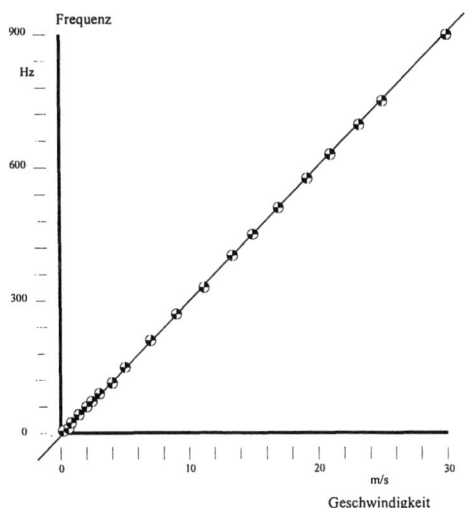

Bild 1-12: Meßwerte einer Kalibriermessung, Vergleich mit der Geraden der linearen Regression

1.5 Filterung

Die wichtigste Aufgabe der Filterung ist es, den im Frequenzgemisch des Signals enthaltenen Informationsanteil, das Nutzsignal, von den ebenfalls enthaltenen Störungen bzw. den bei der Messung nicht interessierenden Signalanteilen zu trennen. Das Nutzsignal - Störsignal - Verhältnis (SNR, signal to noise ratio) ist eine Maßzahl für die Qualität eines Signals. Als bedeutendste Störeinflüsse sind das Brummen (periodisch, eher niederfrequent) und das Rauschen (stochastisch, eher höhere Frequenzen) zu nennen.

Die Bildung von zeitlichen Mittelwerten ist auch möglich, ohne daß ein symmetrischer Rauschanteil durch ein Filter unterdrückt wird. Die Standardabweichung dagegen kann durch einen nicht eliminierten Rauschanteil mit einem zu großen Wert ermittelt werden.

Bei der Messung im Frequenzbereich, sei es die Messung diskreter Frequenzen oder die Analyse des Frequenzspektrums, ist eine dem Meßproblem angepaßte Filterung unabdingbar.

1.5.1 Analoge Filterung

Die Filterschaltung läßt sich als aktive oder als passive Schaltung aufbauen. Bei einem passiven Filter geschieht die Frequenzbeeinflussung ausschließlich durch ohmsche Widerstände, Kondensatoren und Spulen. Für hochfrequente Signale, wie sie z. B. in der Antennentechnik vorkommen, werden bevorzugt passive Filter verwendet. Bei niederfrequenten meßtechnischen Anwendungen dominieren die aktiven Filter. Die gewünschten dynamischen Eigenschaften werden durch Rückkopplungschaltungen von Operationsverstärkern realisiert.

Das Filter beeinflußt frequenzabhängig die Amplitude des Signals. Es wird der Durchlaß- und der Sperrbereich unterschieden. Außerdem kommt es zu einer frequenzabhängigen Phasenverschiebung. Die Phasenverschiebung ist praktisch eine Verzögerung, bzw. eine Laufzeit des Signals durch das Filter. Die Grenze zwischen dem Durchlaß- und dem Sperrbereich wird als Eckfrequenz bezeichnet. Üblich ist eine Definition der Eckfrequenz als die Frequenz, bei der die Amplitude um 3 dB (also um etwa 30%) gegenüber dem Durchlaßbereich abgenommen hat. Die Breite des Übergangsbereiches von Durchlassen zu Sperren, der sog Amplitudenabfall, ist ein weiteres wichtiges Kriterium für Filter. Der Amplitudenabfall wird i. a. in dB/Oktave angegeben. Durch eine Serienschaltung mehrerer Filter mit gleicher Eckfrequenz läßt sich der Amplitudenabfall vergrößern. Es werden die folgenden Filterwirkungen unterschieden: Tiefpaßfilter, Hochpaßfilter, Bandpaßfilter, Bandsperre (Bandpaß und Bandsperre sind entsprechende Kombinationen von Tiefpaß und Hochpaß). Es werden Filter mit fester und solche mit einstellbarer Eckfrequenz produziert. Bei den sog. Mitlauf- oder Tracking-Filtern wird die Mittenfrequenz eines Bandpaßfilters signalfrequenzabhängig geregelt. Bei der wichtigen Gruppe der Tiefpaßfilter werden - je nach Übertragungsverhalten - die Filterkonzepte Gauß, Butterworth, Tschebycheff, Cauer und Bessel unterschieden [7].

Für die heute immer häufiger angewendete digitale Verarbeitung der Meßdaten kann, speziell wenn es um Informationen im Frequenzbereich geht, auf eine passende Filterung vor der Analog-Digital-Wandlung nicht verzichtet werden. Die Abtastrate und die Eckfrequenz des benötigten Tiefpaßfilters müssen zueinander passen. Die Abtastrate muß, entsprechend dem Abtasttheorem von SHANNON, mindestens doppelt so hoch sein wie die höchste im Signal vorkommende Frequenz. Die maximale Signalfrequenz, welche also der halben Abtastfrequenz entspricht wird auch als NYQUIST-Grenze oder als NYQIST-Frequenz bezeichnet. Außerdem muß der Aliasing Effekt beachtet werden. Die Amplituden von Frequenzanteilen des Signals, die in dem Intervall zwischen der halben Abtastfrequenz und der Abtastfrequenz liegen, werden in den Nutzfrequenzbereich hinein als Störung wirksam. Es handelt sich um eine Spiegelung auf der Frequenzachse um den Punkt der halben Abtastfrequenz. Zur Unterdrückung solcher Frequenzanteile wird ein sehr steil wirkendes Tiefpaßfilter eingesetzt. Diese sog. Antialiasing-Filter verfügen über einen Amplitudenabfall an ihrer Eckfrequenz von bis zu 120 dB/Oktave.

1.5.2 Digitale Filterung

Wenn die Meßinformation nicht mehr als zeitkontinuierlicher Spannungsverlauf, sondern als eine durch Abtastung (i. a. mit einem Analog-Digital-Wandler) erzeugte Zahlenliste vorliegt, dann kann sie digital gefiltert werden. Die Digitalfilterung ist also die Anwendung eines Algorithmus auf eine punktweise definierte Datenmenge. Der Algorithmus, der auch allgemein als eine Übertragungsfunktion angesehen werden kann, erzeugt als sein Ergebnis wieder eine Datenliste [9]. Oft wird die Übertragungsfunktion als ein Softwareprogramm implementiert. Es ist aber auch möglich, die Übertragungsfunktion durch eine Hardware zu realisieren. Das bei der Analog-Digital-Wandlung einzusetzende Antialiasing-Filter ist jedoch unverzichtbar. Alle weiteren Filterungen können dann digital durchgeführt werden.

Bei Signalen mit sehr unterschiedlicher Maximalfrequenz arbeitet man häufig dennoch mit einer festen maximalen Abtastfrequenz. Das ebenfalls für eine feste Eckfrequenz ausgelegte Antialaising-Filter und der AD-Wandler sind optimal aufeinander abgestimmt. Ist die aktuelle Signalfrequenz dann sehr viel niedriger als die Frequenz, mit der abgetastet wurde, dann wird nur jeder zweite oder nur jeder vierte Wert verwendet. Für diese dann, gegenüber der Samplingrate, (mehrfach) halbierte Frequenz kann die dazu passende Antialiasing-Filterung dann nachträglich digital erfolgen. Diese Vorgehensweise wird als Oversampling bezeichnet.

1.6 Anzeige und Registrierung der Meßergebnisse

Werden die von einer Meßkette produzierten Meßergebnisse nicht direkt für die Regelung einer Anlage verwendet, dann muß es eine Anzeige- oder Registriermöglichkeit für die Daten geben. Das übergeordnete Prinzip für die Aufbereitung der Informationen sollten immer die Erfordernisse des Nutzers sein. Die Informationstechnik erlaubt es heute die sog. Mensch-Maschine-Schnittstelle in vielfältiger Art bewußt zu gestalten. Potentiell ist die Zahl der bei einer Messung produzierten Informationen stark gestiegen. Es bedarf der kritischen Analyse und der Planung, welche Informationen in welchem Umfang gefordert sind.

1.6.1 Anzeige

Die klassische analoge Skalenanzeige arbeitet mit einem Zeiger der über der Skale ein Stück Weg zurücklegen kann. Die Skale ist mit Strichen, Punkten oder mit Zahlen in kleine Teilintervalle unterteilt. Dadurch läßt sich der Drehstellung des Zeigers ein Wert zuordnen. Bei passender Beschriftung der Skale, ergibt sich direkt der Meßwert. Die Genauigkeit ist, i. a. nicht sehr hoch, die Anzeige ist jedoch für den Menschen sehr übersichtlich und er kann die Information relativ schnell aufnehmen. Zur Anzeige schneller periodischer Signale ist das Oszilloskop (Elektronenstrahloszillograph) das wichtigste Anzeigegerät. Es erlaubt die Anzeige des zeitlichen Verlaufes und auch von Abhängigkeiten zweier Signale untereinander.

Die digitale Anzeige von Meßwerten erfolgt nicht nur auf dem Computerbildschirm, sondern auch mit Hilfe verschiedenster Displaytechniken. Es kommen zum Einsatz: selbstleuchtende Lumineszenzdiodendisplays in verschiedenen Farben, (von hinten beleuchtete) Flüssigkristalldisplays für eine farbige Anzeige hoher Qualität, einfarbige Plasmadisplays und andere.

Viele ehemals analoge Anzeigfunktionen werden heute mit der digitalen Technik simuliert. Mit einer Reihe von dynamisch angesteuerten Leuchtdioden wird die Zeigerbewegung nachempfunden. Mit den etablierten Softwarepaketen (z. B. LabView oder Visual Designer) für die digitale Meßdatenverarbeitung werden auf dem Bildschirm des Computers sog. virtuelle Meßgeräte dargestellt. Deren Funktion, Größe und Aufbau läßt sich in einem einfachen Dialog jederzeit verändern.

1.6.2 Registrierung

Bei den Registriergeräten zeigt sich eine deutliche Trendwende. Die Geräte für die direkte Aufzeichnung analoger Meßgrößen verlieren schnell an Marktanteil. Die aufwendigere Technik der digital arbeitenden Geräte ist einem derartigen Preisverfall unterworfen, daß die sehr aufwendigen analogen Aufzeichnungsgeräte kaum noch eine Chance haben. Dennoch sei in diesem Kapitel mit den analogen Aufzeichnungsgeräten begonnen.

1.6 Anzeige und Registrierung der Meßergebnisse

Koordinatenschreiber arbeiten einem feststehenden Papier im A4- oder im A3-Format. Der Schreibstift (oder auch mehrere Stifte) ist in zwei Richtungen (x und y, eine der Achsen läßt sich auch als Zeitachse nutzen) beweglich. Die Stiftservos werden von einem in seiner Verstärkung einstellbaren Verstärker versorgt. Übliche Schreibgeschwindigkeiten liegen bei bis zu 20 cm/s.

Linienschreiber haben eine Vorschubsteuerung für das Papier, welches von einer Rolle kommend durch das Gerät transportiert wird. Quer dazu wird der Schreibstift von einem Servo bewegt. Langsam arbeitende Geräte arbeiten mit einer Feder, die mit Tinte gefüllt wird. Einfacher zu bedienende Geräte haben wartungsfreie Tusche- oder Faserschreiber, die man schnell austauschen kann. Um die Schreibgeschwindigkeit deutlich zu erhöhen, wurden auch Geräte mit lichtempfindlichem Papier, bei denen eine UV-Lichtquelle an die Stelle des Stiftes tritt, entwickelt.

Bei den **Punktschreibern** wird anstelle der durchgezogenen Linie nur in regelmäßigen Zeitabständen ein Punkt auf das Registrierpapier gebracht. Wichtigster Repräsentant ist der Fallbügelschreiber, bei dem der bewegliche Zeiger eines Meßwerkes periodisch über einem Farbband auf das Papier gedrückt wird. Die Mehrkanalversion arbeitet mit mehreren Farbbändern verschiedener Farbe.

Neben den rein analog arbeitenden Geräten gibt es unterdessen auch Geräte, die mit Mikroprozessoren ausgestattet sind. Dadurch ließen sich die Möglichkeiten erheblich erweitern. Die Zahl der Kanäle beträgt 32 oder mehr, eine höhere maximale Signalfrequenz wird durch Zwischenspeicherung möglich, einzelne Kanäle lassen sich rechnerisch miteinander verknüpfen, alphanumerische Ausgaben sind sowohl auf dem Papier als auch auf einem Display möglich. Die Ausgabe auf das Papier erfolgt wie bei den EDV-Druckern.

Für sehr schnelle Vorgänge sind **Speicheroszilloskop** verfügbar. Diese Geräte sind mit AD-Wandlern im Bereich 100 MHz, 500 MHz und mehr ausgestattet. Die Anzeige erfolgt auf einem für Computer üblichen Rasterbildschirm. Als Option ist i. a. ein Drucker anschließbar oder er läßt sich einbauen. Zur Standardausstattung gehört eine Schnittstelle über die ein Dialog zum Computer möglich ist.

Das bedeutendste Gerät für die Erfassung und Verarbeitung von Meßdaten ist der Mikrocomputer selbst. Es gibt heute einen kaum noch zu überschauenden Markt an Zubehör für den PC. Die Hardware für die Meßdatenerfassung wird sowohl als Einschubmodul als auch in Form von externen Gehäusen oder Baugruppenträgern angeboten. Die Software wird schon lange nicht mehr projektspezifisch geschrieben. Große Pakete mit einem umfassenden Leistungsangebot werden projektspezifisch konfiguriert. Bei einzelnen Paketen geschieht diese Konfiguration mit einer grafischen Benutzerschnittstelle. Es werden Symbole (sog. Icons) aneinandergereiht und mit einer Linie verbunden. Für ein umfangreiches Meßprojekt muß nicht mehr eine einzige Programmzeile geschrieben werden. Die Reduktion der Daten auf wesentliche Inhalte und die Möglichkeit nahezu beliebige Zusammenhänge grafisch darzustellen sind als Vorteile zu nennen.

Die wichtigsten Ausgabegeräte sind die auch in der Büroanwendung üblichen Drucker. Das früher sehr verbreitete Endlospapier ist dem Einzelblatt gewichen. Alle Drucker arbeiten mit einer gerasterten Ausgabe. Die Auflösung wird in Punkten je Zoll (dpi = dots per inch) angegeben und beträgt zwischen 300 und 1200 dpi. Das übliche Papierformat ist DIN A4, sehr viel teurere Geräte sind für das A3-Format lieferbar.

Der klassische Nadeldrucker, er ist billig, robust und kann auch Durchschläge als Mehrfachkopie erzeugen, der Tintenstrahldrucker der üblicherweise farbig drucken kann, der Laserdrucker mit einem dem Fotokopierer vergleichbaren elektrostatischen Druckprinzip. Für große Formate bis DIN A0 stehen Plotter zur Verfügung. Moderne Geräte arbeiten nicht mehr mit Stiften, sondern nach dem gleichen Prinzip wie die Tintenstrahldrucker. Neben den vielfältigen Ausgabemöglichkeiten auf Papier ist eine sichere Speicherung der Meßdaten z. B. auf Festplatten, Disketten, Bändern, mobilen Speichermodulen, beschreibbare CD-Roms möglich. Die Übertragung der Meßdaten vom Datenerfassungsrechner geschieht über die verschiedenen Dienste der Telecom oder auch drahtlos.

Literaturverzeichnis

[1]   DIN 1319, Teil 1: Grundlagen der Meßtechnik, Grundbegriffe, Jan. 1995

[2]   DIN 1319, Teil 2: Grundlagen der Meßtechnik, Begriffe für die Anwendung von Meßgeräten, Entwurf, Febr. 1996

[3]   DIN 1319, Teil 3: Grundlagen der Meßtechnik, Auswertung von Messungen einer einzelnen Meßgröße, Meßunsicherheit, Entwurf, Febr. 1995

[4]   DIN 1319, Teil 4: Grundbegriffe der Meßtechnik, Behandlung von Unsicherheiten bei der Auswertung von Messungen, Dez. 1985

[5]   VDI 2048: Meßungenauigkeiten bei Abnahmeversuchen, Grundlagen, Juni 1978.

[6]   Arbeitskreis der Dozenten für Regelungstechnik, Digitale Regelung und Steuerung in der Versorgungstechnik, 2. Aufl., 1995

[7]   Profos, T., Pfeifer, T.: Grundlagen der Meßtechnik, R. Oldenbourg Verlag München Wien, 4. Auflage, 1993.

[8]   Hart H.: Einführung in die Meßtechnik, VEB Verlag Technik Berlin, 5. Aufl. 1989

[9]   Azizi, S. A.: Entwurf und Realisierung digitaler Filter, R. Oldenbourg Verlag München Wien, 5. Auflage, 1990.

2 Temperaturmessung

J. Schiele

2.1 Einleitung

Die Hauptregelgröße in der Heizungs- und Klimatechnik ist die Temperatur. Um diese regeln zu können, muß sie so genau wie notwendig gemessen werden. Da die Temperatur eine wichtige Meßgröße zur Bestimmung des Energieverbrauchs und damit der Wirtschaftlichkeit einer Anlage ist, müssen bestmögliche Verfahren zu ihrer Ermittlung gefunden werden. Es muß hierbei eine hohe Genauigkeit angestrebt werden, da die Werte zur Abrechnung genutzt werden. Dies ist auch erforderlich, weil die weitere Auswertung über Computer oder in DDC - Regelungsanlagen (Direct Digital Control) durchgeführt wird.

Am Beispiel der Bestimmung der Wärmeleistung soll kurz der Einfluß der Meßunsicherheit der Temperaturmessung gezeigt werden:

Bei einem Volumenstrom von Wasser von 1,29 m³/h und einer Temperaturdifferenz von 20 K (90/70 °C) ergibt sich eine Wärmeleistung von 30 kW.

Werden jetzt z.B. die zulässigen Abweichungen nach DIN IEC 751 für einen Pt-100-Sensor (Klasse B) - siehe Kapitel 2.4.1.1 - für Vor- und Rücklauftemperaturmessung eingesetzt, ergeben sich für die Wärmeleistung maximale Abweichungen von ± 2,1 kW oder ± 7 % !

Selbst bei Verwendung von Sensoren der Klasse A nach dem o. a. Normblatt ergeben sich noch maximale Abweichungen von ± 3,1 %.

Verwendet man Sensoren der Klasse 1/3 DIN B , so ergeben sich noch maximale Abweichungen von ± 2,35 % .

Nicht berücksichtigt wurden hierbei Abweichungen bei der Messung des Volumenstroms.

Die Messung der Luft-Enthalpie wird durch Messung von Temperatur und Feuchte durchgeführt wird. Neben den Problemen der Temperaturmessung ergeben sich weitere Ungenauigkeiten bei der Messung der relativen Feuchte.

2.1.1 Wärmeübertragung

Eine wichtige Grundlage für eine genaue Messung sind die Bauform des Sensors, der Meßort und der Einbau des Sensors in eine Rohrleitung oder einen Luftkanal [1].

Die Wärmeübertragung vom Medium auf den Sensor wird bestimmt durch den Wärmeübergang auf den Sensor (mit oder ohne Tauchhülse), die Wärmeleitung durch Tauchhülse und Sensormaterial und durch Strahlung.

Der **Wärmeübergang** hängt ab vom strömenden Medium (Flüssigkeit oder Luft) und von der Strömungsgeschwindigkeit. Flüssigkeiten ergeben einen weitaus besseren Wärmeübergang als Luft.

Die **Wärmeleitung** innerhalb des Sensors sollte möglichst gut sein, damit kurze Ansprechzeiten und damit kleine Zeitkonstanten erreicht werden.

Die Zeitkonstanten von Sensoren in Flüssigkeiten liegen bei ca.1 min ohne Tauchhülse und bei ca. 5 min mit Tauchhülse. In Luft können Zeitkonstanten bis etwa 20 min auftreten. Hier müssen massearme Sensoren verwendet werden mit einer geringen spezifischen Wärmekapazität.

Die Zeitkonstanten sind den Herstellerunterlagen zu entnehmen.

Beim Einbau der Sensoren ist auch darauf zu achten, daß die Rohrleitung insbesondere an der Meßstelle gut isoliert wird, damit hier kein Wärmeverlust auftritt.Tauchhülsen müssen oben abgedichtet werden, eventuell sollten wärmeleitende Öle verwendet werden, um die Zeitkonstanten zu verringern.

Die **Strahlung** führt häufig zu großen Meßfehlern bei der Messung von Raum- oder Kanaltemperaturen. Temperatursensoren müssen mit einem Strahlenschutz versehen sein oder eine hochglanzpolierte Oberfläche haben, wenn die Gefahr der Strahlungswärmeaufnahme besteht.

2.1.2 Messung der Raumtemperatur

Der Meßort ist sorgfältig auszuwählen. Der Sensor darf nicht
1. im Bereich der Sonneneinstrahlung,
2. an der Außenwand,
3. in der Nähe von Wärmequellen,
4. in der Nähe von Türen,
5. in toten Ecken,

eingebaut werden.

Er soll im Aufenthaltsbereich montiert werden, üblicherweise an einer Innenwand gegenüber den Fenstern. Bei Lüftungs- oder Klimaanlagen sollte er in den Abluftkanal eingebaut werden und zwar hinter der Stelle, an der die Kanäle von allen Abluftgittern im Raum zusammengeführt werden. Wenn Abluftleuchten verwendet werden, darf der Sensor

2.1 Einleitung

nicht im Abluftkanal montiert werden, da sonst die Lampenwärme direkt mit erfaßt wird. Es würde eine zu hohe Ablufttemperatur gemessen werden.

2.1.3 Messung in Rohrleitungen

Sensoren sollten immer mit Tauchhülsen eingebaut werden, damit ein einfacher Austausch möglich ist, auch wenn damit eine etwas höhere Trägheit in der Temperaturerfassung verbunden ist.

Der Einbau soll gegen die Strömungsrichtung, möglichst in einem Krümmer, erfolgen, Darstellung A in Bild 2-1. s. auch in [1] , in VDE/VDI-Richtlinie 3511 (1967) [2] und VDI-Richlinie 2080 [3].

Bei größeren Rohrdurchmessern ab DN 100 ist auch ein Einbau schräg gegen die Strömungsrichtung möglich, Darstellung B in Bild 2-1. Ungünstig, aber oft anzutreffen, ist der Einbau senkrecht zur Strömungsrichtung, Darstellung C in Bild 2-1. Für die Einbausituation nach C ist bei Einbau ohne Tauchhülse mit Fehlern von ca. ±6 % und bei Einbau mit Tauchhülse von ca. ±7 % zu rechnen.

Bei allen drei Einbauarten ist auf gute Isolierung der Umgebung des Sensors zu achten, damit die Fehler durch Wärmeableitung gering bleiben.

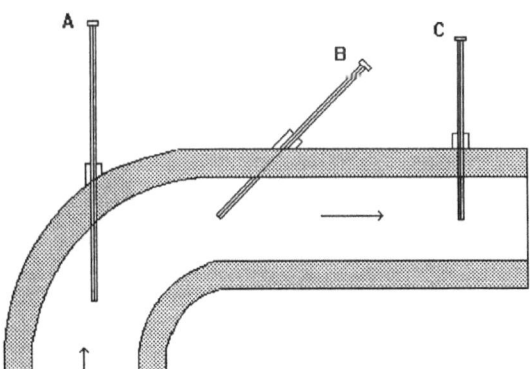

A : Gegen die Strömungsrichtung
B : Schräg gegen die Strömungsrichtung
C : Senkrecht zur Strömungsrichtung

Bild 2-1: Einbau von Temperatursensoren

Zur Temperaturmessung, aber auch zur Vorlauftemperaturregelung, werden Anlegefühler verwendet. Bei diesen Fühlern ergeben sich Temperaturunterschiede zwischen Rohroberfläche und Rohrmitte von bis zu 2 K, so daß sie nicht für eine genaue Temperaturmessung verwendet werden sollten. Die Erfahrung zeigt aber, daß diese Genauigkeiten für die üblichen Vorlauftemperaturregelungen ausreichend sind.
Aber auch für den "Normalfall" ist es erforderlich, daß der Anlegefühler großflächig, glatt aufliegt und sich keine Luftschicht zwischen Rohr und Sensorelement befindet. Rohr und Fühler müssen blank geschmirgelt werden, eventuell sollte Wärmeleitpaste verwendet werden. Hier sind die Herstellerhinweise zu beachten. Auch hier ist es wichtig, daß Rohr und Fühler gut gegen Wärmeverluste isoliert werden.

2.1.4 Messung im Luftkanal

Messungen im Luftkanal ergeben größere Ungenauigkeiten, da fast immer Temperaturschichtungen vorhanden sind. Es sollten mehrere linienförmige Messungen mit längeren Sensoren durchgeführt werden. Hierbei handelt es sich um Temperatursensoren, bei denen z. B. der Widerstandsdraht auf einen längeren, biegsamen Träger aufgewickelt ist, so daß sich allein schon durch die Länge des Sensors, der etwa diagonal durch den Luftkanal gelegt werden soll, eine Mittelwertbildung ergibt. Ist mit starken Temperaturschichtungen zu rechnen, wie z. B. hinter einer Mischkammer oder hinter Erhitzern und Kühlern, sollten mehrere Sensoren zur Mittelwertbildung eingesetzt werden. Durch Temperaturschichtung können sich durchaus Temperaturunterschiede von 10...15 K ergeben.
Um diese großen Unterschiede zu verringern, können in Lüftungskanäle Einbauten vorgenommen werden, die für eine bessere Durchmischung sorgen.
Ferner ist besonders auf den Strahlungseinfluß hinter Lufterhitzern zu achten, hier ergeben sich häufig große Fehler bei der Temperaturmessung.

2.1.5 Messung der Außentemperatur

Die Außentemperatur ist eine der wichtigsten Meßgrößen, da bei der überwiegenden Zahl der Heizungsanlagen die Vorlauftemperatur über die Heizkurve der Außentemperatur angepaßt wird. Eine Heizkurve stellt den Zusammenhang zwischen erforderlicher Vorlauftemperatur zur Außentemperatur dar, sie ist einstellbar, damit läßt sie sich an das Gebäude anpassen.

Der Sensor sollte an der Nordseite eines Gebäudes angebracht werden, wenn nur ein Heizungsregelkreis vorhanden ist. Sind mehrere Heizkreise vorhanden, muß für jeden Kreis ein Sensor eingebaut werden und zwar so, daß der Sensor an der Hausseite angebracht wird, die der Heizkreis versorgt. Die Sensoren sollen mit einem Strahlungsschutz versehen sein, damit nicht bei niedrigen Außentemperaturen durch die Wirkung der Sonneneinstrahlung eine zu hohe Außentemperatur gemessen wird, wodurch der betroffene Heizkreis zu niedrige Vorlauftemperaturen erhalten würde. Der Strahlungsschutz betrifft die Ost-, Süd- und Westseiten eines Gebäudes.

Zur Messung der Außentemperatur werden Widerstandstemperatursensoren verwendet. Möglich sind alle Sensoren, die in den Kapiteln 2.4.1 und 2.4.2 erläutert werden.
Eine Besonderheit stellen Wind- und Sonnensensoren (Strahlungsfühler) dar.
Windsensoren enthalten zwei Sensoren, bei denen der eine die eigentliche Temperatur mißt. Der andere wird durch einen höheren Strom aufgeheizt und vom Wind abgekühlt. Die Messung beruht auf dem Prinzip des Thermischen Anemometers, siehe Kapitel 4. Die Abkühlung ist ein Maß für die Windgeschwindigkeit, wobei der andere Sensor zur Temperaturkompensation dient.

Der Sonnensensor soll die Einstrahlung messen. Er enthält eine Fläche, die die Strahlungswärme der Sonne aufnimmt. Gemessen wird auch hier mit einem Widerstandstemperatursensor.
Häufig wird der Begriff "Witterungsfühler" verwendet, es wird aber nur die Außentemperatur gemessen. Zu einem geringen Anteil werden Wandtemperatur, Strahlungs-, und Windeinfluß mit erfaßt.

2.2 Anwendungbereiche von Temperaturmeßgeräten

Allgemein werden mechanische und elektrische Berührungsthermometer verwendet. Dies sind Meßverfahren, bei denen der Temperatursensor direkt mit dem zu messenden Medium in Kontakt gebracht wird.
Für Sondermessungen werden dann Strahlungspyrometer, Temperaturmeßfarben oder die Thermografie verwendet. Eine Übersicht über allgemeine Begriffe enthält DIN 16160 [5] .

Tabelle 2-1: Anwendungsbereiche von Temperaturmeßgeräten

Flüssigkeitsglasthermometer			
Pentan	- 200 ... + 20 °C		
Alkohol	- 110 ... + 50 °C		
Toluol	+70 ... + 100 °C		
Quecksilber-Vacuum	- 30 ... + 280 °C		
Quecksilber-Gasfüllung (Quarzglas)	- 30 ... + 750 °C		
Flüssigkeits-Federthermometer		Heute nur noch geringe Verbreitung	Fehler ±1 bis 2% vom Anzeigebereich [2]
Quecksilber (100 ... 150 bar)	- 35 ... + 600 °C		
Dampfdruck-Federthermometer		Heute nur noch geringe Verbreitung	Fehler ±1 bis 2% der Skalenlänge[2]
Äthyläther, Toluol, Xylol	- 200 ... + 360 °C		
Metallausdehnungsthermometer			Fehler bis ±3% des Anzeigebereichs [2]
Bimetallthermometer	- 30 ... + 400 °C	HLK-Anlagen	
Stabausdehnungsthermometer	- 30 ... + 1000 °C		
Elektrische Berührungsthermometer			
Widerstandsthermometer			
Kupfer- Sensor (Cu)	- 50 ... + 150 °C	HLK-Anlagen	
Nickel-Sensor (Ni)	- 60 ... + 180 °C	RLT-Anlagen	DIN 43760 [3]
Platin Sensor (Pt)	- 220 ... +750 °C	RLT-Anlagen	DIN IEC 751 [4]

Halbleiter-Sensoren	- 20 ... + 250 °C	HLK-Anlagen, Sekundenthermometer	Fehler ±0,5 K bis 10 K je nach Temperatur [2]
Thermoelemente			DIN 43710 [6]
Kupfer-Kupfer/Nickel			
Cu-CuNi (CuNi=Konstantan)	- 200 ...+ 400 °C		
Eisen/Kupfer-Nickel			
Fe-CuNi	- 200 ... + 700 °C		
Nickel/Chrom-Nickel			
NiCr-Ni	- 200 ... +1000°C	Sekundentherm.	
Platin/Rhodium-Platin			
PtRh-Pt	- 100 ... +1300°C		
Strahlungspyrometer			Fehler ±0,5 % bis 1,5 % der Temperatur, mind. 0,5 bis 2 K im Bereich -100 bis +400°C [2]
Gesamtstrahlungspyrometer	- 40 ... + ... °C		
Teilstrahlungspyrometer	+ 200 ... + 800°C		
Farbpyrometer	+ 700 ... +3100°C		
Temperaturmeßfarben			Fehler ca.±5K [2]
Farben	+ 40 ... + 1300°C		
Flüssigkristalle	0 ... + 80 °C		Fehler ca. ±1K[2]

2.3 Mechanische Berührungsthermometer

2.3.1 Flüssigkeits-Glasthermometer

Das Meßprinzip beruht darauf, daß die Ausdehnung der Meßflüssigkeit in der Kapillare gemessen wird. Ist die Umgebungstemperatur um den Flüssigkeitsfaden unterschiedlich gegenüber der Eichung des Thermometers, so muß eine Fadenkorrektur vorgenommen werden.

Hierfür gilt folgende Formel:

$$\Delta\vartheta = k \cdot n \cdot (\vartheta_a - \vartheta_m) \text{ K} \quad (2\text{-}1)$$

$$\vartheta_{wirkl} = \vartheta_a + \Delta\vartheta \text{ °C} \quad (2\text{-}2)$$

k scheinbare Längenausdehnungszahl in 1/K
  (für Hg = 1/6300 und für
  Pentan, Alkohol Toluol = 1/800)

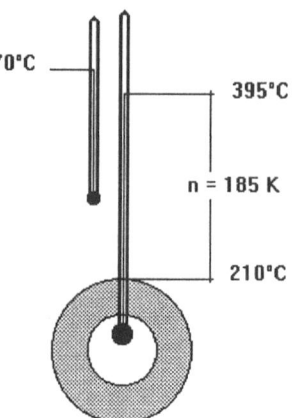

Bild 2-2: Fadenkorrektur

n herausragende Fadenlänge in K
ϑ_a angezeigte Temperatur in °C
ϑ_m mittlere Temperatur des herausragenden Fadens in °C (etwa in der Mitte mit einem weiteren Thermometer gemessen)

Beispiel: ϑ_m = 70 °C ϑ_a = 395 °C n = 185 K Hg-Thermometer

$$\Delta\vartheta = \frac{185 \cdot (395 - 70)}{6300} = 9.5 \text{ K} \qquad \vartheta = \vartheta_a + \Delta\vartheta \text{ °C}$$

$$\vartheta = 395 \text{ °C} + 9.5 \text{ K} = 404.5 \text{ °C}$$

Die Kalibrierung eines Thermometers wird mit vollständig eingetauchtem Faden in ein umgebendes Wasserbad durchgeführt, damit der Faden die gleiche Temperatur hat wie das Thermometergefäß mit der Fadenflüssigkeit.

Thermometer für Sonderanwendungen (z. B. Kesselthermometer) werden in der Lage kalibriert, wie sie später verwendet werden.
Oberhalb der Fadenflüssigkeit herrscht entweder ein Vakuum oder es befindet sich dort ein inertes Gas z. B. Stickstoff, damit die Fadenflüssigkeit nicht oxydiert.

2.3 Mechanische Berührungsthermometer 41

Bei einem Hg-Thermometer kann N_2 verwendet werden, damit sich kein braunes Quecksilberoxyd in der Kapillare bildet.

2.3.2 Flüssigkeits- und Dampfdruck-Federthermometer

Hierbei handelt es sich um ein geschlossenen System bestehend aus dem Temperatursensorgefäß, einer Kapillarleitung und einem Rohrfedermeßwerk. Beim Flüssigkeits-Federthermometer ist die Kapillare vollständig mit der Meßflüssigkeit gefüllt. Durch Temperaturanstieg dehnt sich die Flüssigkeit aus. Da die Ausdehnung der Flüssigkeit linear ist, haben diese Meßgeräte eine linear geteilte Skala.

Das Dampfdruck-Federthermometer ist im Prinzip genau so aufgebaut. Das Temperatursensorgefäß ist aber nur zur Hälfte mit der Flüssigkeit gefüllt, darüber befindet sich Dampf der Flüssigkeit. Da die Dampfdruckkurven nicht linear sind, haben diese Geräte eine nichtlineare Skala.
Als Meßflüssigkeiten werden organische Flüssigkeiten (z. B.Toluol) unter einem Druck von 5 bis 50 bar oder Quecksilber unter einem Druck von 100 bis 150 bar verwendet.

Als Anzeigegeräte werden diese Meßgeräte nicht mehr verwendet.

Das Prinzip der beiden Geräte wird aber weiterhin angewendet bei Heizkörper-Thermostatventilen insbesondere bei solchen mit Kapillarleitung und Fernfühler. Aber auch bei den normalen Thermostatventilen befindet sich im Sensorkopf eine Flüssigkeit oder ein Gas, so daß bei Temperaturanstieg das Ventil über eine Membrane und einen Verbindungsstift geschlossen wird.

Eine weitere Anwendung dieses Prinzips findet man beim Frostschutzsensor in der Klimatechnik. Hier befindet sich in einer bis zu 6 m langen Kapillare eine Flüssigkeit oder ein Dampf einer Flüssigkeit, Bild 2-3. Unterschreitet die Temperatur hinter dem Lufterhitzer eine Temperatur von z. B. +5 °C, so bewirkt das Schalten des Thermostaten, daß die Ventilatoren ausgeschaltet werden, die Außenluftklappen schließen, das Erhitzerventil voll aufgefahren wird und eine optische oder akustische Störmeldung in der Schaltwarte erzeugt wird.

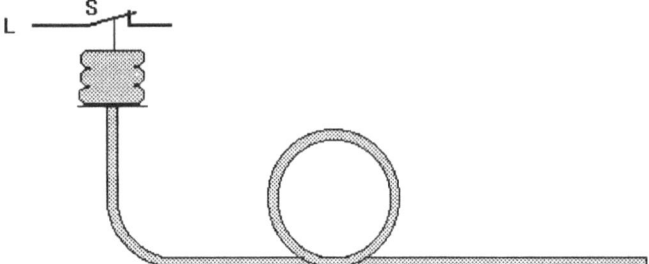

Bild 2-3: Frostschutzsensor mit Schaltkontakt S

Nach dem gleichen Prinzip arbeiten auch die stetigen Boilertemperaturregelungen ohne Hilfsenergie, wobei der Druckanstieg im Sensor über eine Kapillarleitung auf das Regelventil übertragen wird.

Auch bei den Kessel-Doppelthermostaten, Bild 2-4, wird die Ausdehnung einer Flüssigkeit mit der Temperatur ausgenutzt. Hier wird die Ausdehnung über eine sehr kurze Kapillare auf eine Membrane oder einen Faltenbalg geleitet, über die dann ein Kontakt betätigt wird. Diese Meßeinrichtung ist im Kesselthermostaten doppelt vorhanden, und zwar dient die eine als Temperaturbegrenzer (d), die bei einer bestimmten Temperatur (z. B. 90 °C) den Brenner ausschaltet, aber nicht wieder einschaltet. Das Einschalten muß von Hand durchgeführt werden, indem man über eine Taste eine Entriegelung (S) betätigt. Über die zweite Meßeinrichtung (c) wird die Kesseltemperatur konstant gehalten, diese schaltet den Brenner ein und aus (Temperaturwächter).

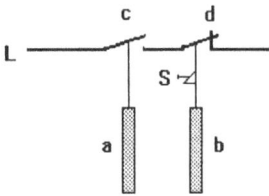

Temperatursensoren a und b Temperaturwächter c und -begrenzer d, S Sperrklinke
Bild 2-4: Prinzip Kessel-Doppelthermostat

2.3.3 Metall-Ausdehnungsthermometer

Zu diesen Meßgeräten gehören Bimetall- und Stabausdehnungsthermometer. Bei beiden werden Metalle mit unterschiedlichem Ausdehnungskoeffizienten verwendet.

Bimetallthermometer bestehen aus zwei aufeinander geschraubten, genieteten oder geklebten Metallen verschiedener Wärmeausdehnung, die als gerade Streifen, Spiralen oder Schraubenfedern hergestellt sind. Bei steigender Temperatur krümmt sich das Bimetall nach der Seite, deren Ausdehnung geringer ist. Diese Bewegung wird dann auf einen Zeiger übertragen.

Der prinzipielle Aufbau ist aus dem Bild 2-5 zu erkennen.

Dieses Meßprinzip wird vorwiegend in direktanzeigenden, meist runden, Thermometern verwendet.

Ein solches Bimetallmeßwerk wird mit rundem oder geradem Bimetallstreifen in Zweipunktreglern verwendet, bei denen in Abhängigkeit von z.B. der Temperatur Heizungen ein- und ausgeschaltet werden, z. B. Kaffeemaschine, Bügeleisen, Heizlüfter, Ölradiator oder andere Geräte.

Bild 2-5: Bimetall-Meßwerk

Stabausdehnungsthermometer sind so aufgebaut, daß ein Stab mit geringer Wärmeausdehnung (Invar, eine Nickellegierung, Porzellan, Quarz) in einem einseitig geschlossenen Rohr mit großer Wärmeausdehnung (Aluminium, Messing, Nickel-Chrom) innen auf seinem Boden befestigt ist. Dehnt sich jetzt das Rohr aus, so zieht es den innenliegenden Stab mit. Diese Bewegung wird über eine Übersetzung auf einen Zeiger übertragen, siehe Bild 2-6 .

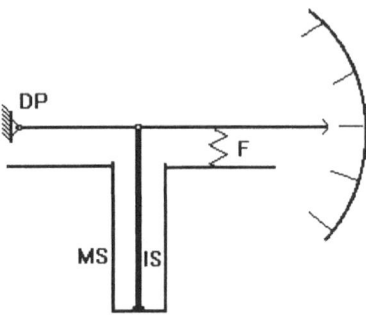

DP Drehpunkt, F Feder, MS Messinggehäuse
IS Invarstab

Bild 2-6: Stabausdehnungsthermometer

2.4 Elektrische Temperaturmessung

Zur Messung nichtelektrischer Größen, z. B. der Temperatur, werden Sensoren erforderlich, die die zu messende Größe in elektrische Größen umwandelt. Nur so ist dann ihre Erfassung in einfacher Weise mit den zur Verfügung stehenden elektrischen Meßgeräten möglich, wie z. B. Drehspulinstrument, digitales Meßinstrument, elektrischer Schreiber oder Computer.
Für die Temperaturmessung werden Widerstansthermometer oder Thermoelemente verwendet.
Beim Einbau der Sensoren können Probleme mit dem Wärmeübergang des zu messenden Mediums auf den Sensor auftreten.
Fehlmessungen können sich auch durch Wärmeableitung auf der Anschlußseite ergeben, siehe Kap. 2.1.

2.4.1 Widerstandsthermometer

Für die Messung wird die Tatsache ausgenutzt, daß sich der Ohmsche Widerstand von Metallen in bekannter Gesetzmäßigkeit bei steigender Temperatur erhöht. Als Sensormaterial werden vorzugsweise Platin und Nickel, seltener Kupfer, verwendet.

2.4 Elektrische Temperaturmessung

Für Nickelsensoren sind die Widerstandswerte in Grundwertreihen in DIN 43760 und für Platinsensoren in DIN IEC 751 festgelegt.

Diese Normen gelten für PT-100- bzw. Ni-100-Sensoren. Dies bedeutet, daß der Sensor bei 0 °C einen Widerstand von 100 Ohm besitzt.

Am weitesten verbreitet ist der Ni-1000-Sensor, er hat bei 0 °C einen Widerstand von 1000 Ω.

Man setzt diese Sensoren ein, da sie eine größere Widerstandsänderung je 1 K Temperaturänderung aufweisen als der Ni-100-Sensor.

Die Widerstandsänderung beträgt bei Ni-1000 Sensor bis zu 5 Ω/K, beim Ni-100-Sensor dagegen nur 0,62 Ω/K.

Weiterhin werden auch Pt-1000-Sensoren verwendet, wenn auch seltener. Bei ihnen beträgt die Widerstandsänderung 3,85 Ω/K, beim PT-100-Sensor dagegen nur 0,385Ω/K.

Die angegebenen Widerstandsänderungen gelten jeweils für den Temperaturbereich von 0 - 100 °C.

Beim Pt-1000-und Ni-1000-Sensor ist der Leitungsabgleich nicht mehr ganz so entscheidend, muß aber auch beachtet werden.

Für die genannten Sensoren sind Zwei-, Drei- oder Vierleiterschaltungen möglich, siehe Bilder 2 - 7, 2 - 8 und 2 - 9.

Die **Zweileiterschaltung** ist nur anwendbar, wenn die Zuleitungen nicht länger als 400 m lang sind und keine großen Temperaturschwankungen auf die Zuleitungen auftreten. Bei dieser Schaltung gehen Widerstandsänderungen durch Temperaturänderungen auf die Zuleitungen voll in das Meßergebnis ein.

Es muß ein Leitungsabgleich durchgeführt werden. Der Widerstand der gesamten Zuleitung muß 10 Ω betragen, weil die weiter verarbeitenden Geräte dafür ausgelegt sind. Aus diesem Grund wird in die Zuleitung ein Abgleichwiderstand aus Manganindraht eingebaut. Manganin ändert seinen Widerstand kaum bei Temperaturänderung.

Zum Leitungsabgleich kann ein hoch genauer 100 Ω - Widerstand an Stelle des Sensors eingebaut werden. Der Gesamtwiderstand wird dann auf 110 Ω mit Hilfe des Abgleichwiderstandes eingestellt.

Es kann auch der Meßwiderstand überbrückt werden, der Widerstand der Zuleitungen ist dann auf 10 Ω einzustellen.

Bei der **Dreileiterschaltung** sind auch große Entfernungen bis 10 km möglich, da sich die Widerstandsänderungen aufgrund von Temperaturänderungen auf die Zuleitungen kompensieren.

Da sich Widerstandsänderungen auf alle 3 Leitungen auswirken, hebt sich der Temperaturfehler auf, weil sich die Änderung auf zwei Brückenzweige aufteilt. Die Widerstände R_1, R_2 und R_v sind temperaturunabhängig, R_ϑ ist der Meßwiderstand. Am Meßgerät kann dann die Temperatur abgelesen werden.
Die Schaltungen Bilder 2-7 und 2-8 können auch zur Messung nach der Kompensationsmethode verwendet werden. Hierbei wird der Widerstand R_v solange verändert, bis die Brücke abgeglichen ist. Die Widerstände R_1 und R_2 müssen gleich groß sein. Im abgeglichenen Zustand zeigt das Meßgerät 0 V an. Der Widerstand R_v hat jetzt den gleichen Wert wie der temperaturabhängige Widerstand. An einer Skala des Widerstandes R_v können der Widerstandswert oder die Temperatur abgelesen werden.

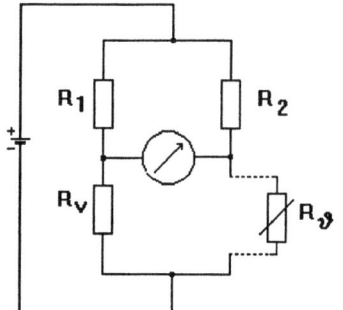
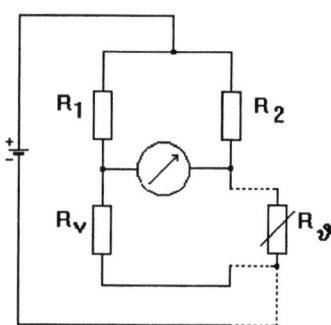

Bild 2-7: Zweileiterschaltung   **Bild 2-8:** Dreileiterschaltung

Bei der **Vierleiterschaltung**, Bild 2-9, wird ein konstanter Gleichstrom von ca. 1 mA oder nach Herstellerangaben (s. auch Kap. 7) bei Verwendung von Pt-100 oder Ni-100-Sensoren durch den Temperatursensor geleitet. Bei Verwendung von Ni-1000-Sensoren wird ein Strom von ca. 2 mA verwendet. Der Strom sollte nicht höher sein, da sich sonst durch Eigenerwärmung ein falscher Temperaturwert ergibt. Gemessen wird der Spannungsabfall über den temperaturabhängigen Widerstand.
Da der Strom unabhängig vom Widerstand des Sensors und unabhängig vom Widerstand der Zuleitungen fließt, ist bei dieser Schaltung kein Leitungsabgleich erforderlich.
Der Widerstand kann dann nach dem Ohm'schen Gesetz berechnet werden.
Die Spannungsmessung über dem Widerstand muß hochohmig erfolgen, da die Meßeinrichtung parallel zum Sensor geschaltet ist, weil sich sonst ein falscher Spannungsabfall und damit eine falsche Temperatur ergeben würde.

2.4 Elektrische Temperaturmessung

Der Innenwiderstand des Spannungsmessers sollte um den Faktor 10^4 größer sein als der zu messende Widerstand.

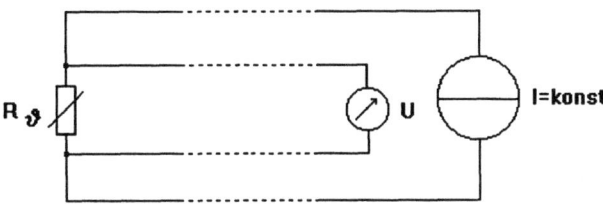

Bild 2-9: Vierleiterschaltung

Wegen der Weiterverarbeitung der Meßgrößen sei auf Kapitel 7, "Meßumformer" verwiesen.

2.4.1.1 Platin - 100 - Sensor, Pt-100 nach DIN IEC 751

Nach DIN IEC 751 gelten für den Pt-100 Sensor folgende Gleichungen und Konstanten:

$$R_\vartheta = R_O \cdot (1 + a \cdot \vartheta + b \cdot \vartheta^2 + c \cdot (\vartheta - 100\,°C) \cdot \vartheta^3)\ \Omega \qquad (2\text{-}3)$$

$R_O = 100\ \Omega$, Bezugswert

Temperaturbereich	a	b	c
-200°C ... 0 °C	$3{,}90802 \cdot 10^{-3}\ °C^{-1}$	$5{,}802 \cdot 10^{-7}\ °C^{-2}$	$-4{,}2735 \cdot 10^{-12}\ °C^{-4}$
0°C ... 850 °C	$3{,}90802 \cdot 10^{-3}\ °C^{-1}$	$-5{,}802 \cdot 10^{-7}\ °C^{-2}$	0

Die Widerstandsänderung kann durch die folgende quadratische Gleichung allgemein dargestellt werden :

$$R_\vartheta = R_O \cdot (1 + a \cdot \vartheta + b \cdot \vartheta^2)\ \Omega \qquad (2\text{-}4)$$

Bildet man ein Polynom 2. Grades, so ergeben sich die folgenden Konstanten für den Temperaturbereich von -20 °C bis 130 °C:

$a = 3{,}9119 \cdot 10^{-3}\ K^{-1}$
$b = -0{,}60819 \cdot 10^{-7}\ K^{-2}$.

Für den allgemeinen Gebrauch kann die folgende Formel verwendet werden für den Bereich von 0 bis 100 °C :

$$R_\vartheta = R_O \cdot (1+\alpha \cdot \vartheta) \;\Omega \tag{2-5}$$

mit $R_O = 100\;\Omega$

$\alpha = 0,00385\;K^{-1}$ Temperaturkoeffizient

Die mittlere Empfindlichkeit liegt bei ca. 0,385 %/K im Bereich von 0 °C bis 100 °C.

Nach DIN IEC 751 gelten folgende Grenzabweichungen für den Pt-100 - Sensor :

Klasse	Grenzabweichung in K
A	$\pm (0,15+0,002 \cdot \mid \vartheta \mid)$
B	$\pm (0,3\;+0,005 \cdot \mid \vartheta \mid)$

$\mid \vartheta \mid$ ist der Zahlenwert der Temperatur ohne Berücksichtigung des Vorzeichens.

Das Bild 2-10 zeigt eine mögliche Schaltung zur Messung oder zum Schreiben eines Temperaturverlaufs für einen Pt-100-Sensor nach DIN IEC 751. Diese Prinzipschaltung ist für alle Widerstandstemperatur-Sensoren möglich.
Der Pt-100-Sensor ändert seinen Widerstand von 88,22 Ω bis 146,06 Ω für den angegebenen Temperaturbereich. Zusammen mir einer Konstantstromquelle ergeben sich Spannungen von 88,22 mV bis 146,06 mV. Um für den Schreiber als kleinste Eingangsspannung 0 V zu erhalten, muß der Meßzusatz eine Spannung von -88,22 mV erzeugen. Hierdurch erhält man den Nullpunkt für den Schreiber , der dem kleinsten Meßwert entspricht. Um den Verstärkungsfaktor V zu erhalten, muß die maximale Ausgangsspannung U_a des Verstärkers bezogen werden auf die maximale Eingangsspannung U_e. Es ergibt sich also V = 10 V/ 57,84 mV = 172,8907. Da man vermutlich kein Gerät mit genau dieser Verstärkung erhält, muß ein Meßverstärker mit einstellbarer Verstärkung eingesetzt werden.

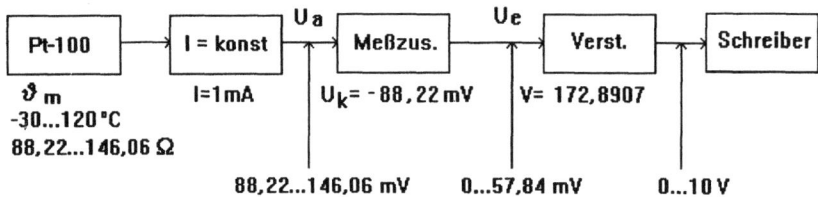

Bild 2-10: Blockschaltbild für eine Meßeinrichtung mit einem Widerstandsthermometer

2.4.1.2 Nickel - 100 - Sensor, Ni - 100, nach DIN 43760

Nach dieser DIN gilt für den Ni-100 Sensor folgende Gleichung für den Temperaturbereich von - 60 °C bis 250 °C :

$$R_\vartheta = R_O \cdot (1+a \cdot \vartheta +b \cdot \vartheta^2+c \cdot \vartheta^4+d \cdot \vartheta^6) \; \Omega \tag{2-6}$$

$R_O = 100 \; \Omega$
$a = 0{,}5485 \cdot 10^{-2} \; K^{-1}$
$b = 0{,}665 \cdot 10^{-5} \; K^{-2}$
$c = 2{,}805 \cdot 10^{-11} \; K^{-4}$
$d = -2 \cdot 10^{-17} \; K^{-6}$

Die Widerstandsänderung kann auch hier durch eine quadratische Gleichung näherungsweise dargestellt werden:

$$R_\vartheta = R_O \cdot (1+a \cdot \vartheta +b \cdot \vartheta^2) \; \Omega \tag{2-7}$$

Bildet man ein Polynom 2. Grades, so ergeben sich folgende Konstanten für den Temperaturbereich von -20 °C bis 130 °C:

$a = 5{,}4506 \cdot 10^{-3} \; K^{-1}$
$b = 7{,}2742 \cdot 10^{-6} \; K^{-2}$

Für den allgemeinen Gebrauch kann auch hier die vereinfachte folgende Formel verwendet werden für den Bereich von 0 °C ... 100 °C :

$$R_\vartheta = R_O \cdot (1+\alpha \cdot \vartheta) \; \Omega \tag{2-8}$$

mit $R_O = 100 \; \Omega$
$\alpha = 0{,}00617 \; K^{-1}$ Temperaturkoeffizient

Die mittlere Empfindlichkeit liegt bei ca. 0,6 %/K im Bereich von 0 °C bis 100 °C.

Nach DIN 43760 gelten folgende Grenzabweichungen für den Ni-100 - Sensor :

	Grenzabweichung in K	
Grenzabweichung in °C	$= \pm (0{,}4 + 0{,}007 \cdot |\vartheta|)$	für 0 bis 250 °C
Grenzabweichung in °C	$= \pm (0{,}4 + 0{,}028 \cdot |\vartheta|)$	für -60 bis 0 °C

$|\vartheta|$ ist der Zahlenwert der Temperatur <u>ohne</u> Berücksichtigung des Vorzeichens.

2.4.1.3 Ni - 1000 - und Pt - 1000 - Sensoren

Weiterhin werden Ni-1000 - und Pt - 1000 - Sensoren zur Temperaturmessung verwendet, wobei der Ni-1000 - Sensor weitaus häufiger eingesetzt wird.
Die folgenden Gleichungen und Konstanten wurden über ein Polynom 2. Grades ermittelt:

Ni - 1000-Sensor, Temperaturbereich -20 °C bis 130 °C

$$R_\vartheta = R_O \cdot (1 + a \cdot \vartheta + b \cdot \vartheta^2) \ \Omega \tag{2-9}$$
$$R_O = 1000 \ \Omega$$
$$a = 4{,}9377 \cdot 10^{-3} \ K^{-1}$$
$$b = 6{,}0923 \cdot 10^{-6} \ K^{-2}$$

Pt -1000-Sensor, Temperaturbereich 0 °C bis 130 °C

$$R_\vartheta = R_O \cdot (1 + a \cdot \vartheta + b \cdot \vartheta^2) \ \Omega \tag{2-10}$$

$$R_O = 1000 \ \Omega$$
$$a = 3{,}9079 \cdot 10^{-3} \ K^{-1}$$
$$b = -0{,}57912 \cdot 10^{-6} \ K^{-2}$$

2.4.1.4 Mittelwertbildung mit Widerstandssensoren

Das folgende Bild 2-11 zeigt eine Möglichkeit, wie mit Hilfe einer einfachen Schaltung eine Mittelwertbildung der Temperatur mit vier gleichen Widerstandstemperatursensoren aufgebaut werden kann.

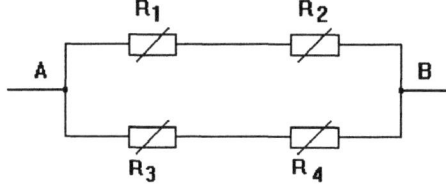

Bild 2-11: Mittelwertbildung mit vier gleichen Temperatursensoren

Sind z. B. die Sensoren R_1 bis R_4 Ni-1000-Sensoren, so ergibt die Reihenschaltung von zwei gleichen Widerständen einen Gesamtwiderstand von 2000 Ω bei 0 °C. Da sich für den oberen und den unteren Stromweg jeweils 2000 Ω ergeben und sich bei Parallelschaltung von gleichen Widerständen deren Wert halbiert, so stellt die Gesamtschaltung zwischen den Anschlußpunkten A und B wieder einen Widerstand von 1000 Ω bei 0 °C dar. Damit der Einfluß der Verbindungsleitungen gering gehalten wird, sollten nur hochohmige Sensoren wie Pt-1000, Ni-1000 oder NTC-Sensoren verwendet werden.

Für den Gesamtwiderstand der Schaltung ergibt sich ein Wert von

$$R_{ges} = \frac{(R_1 + R_2) \cdot (R_3 + R_4)}{R_1 + R_2 + R_3 + R_4} \tag{2-11}$$

Aus diesem R_{ges} kann durch lineare Interpolation die mittlere Temperatur berechnet werden.

2.4.2 Halbleitersensoren

Halbleitersensoren bestehen aus Germanium bzw. Silizium mit entsprechender Dotierung. Bei diesen Sensoren gibt es solche mit positivem Temperaturbeiwert (PTC) und welche mit negativem Temperaturbeiwert (NTC).
Die mittlere Empfindlichkeit liegt hier bei ± 3 bis ± 5 %/K je nach Sensortyp. Es ergibt sich bei diesen Sensoren eine etwa um den Faktor 10 höherer Empfindlichkeit gegenüber den Pt-100 bzw. Ni-100-Sensoren.
Der Temperatur-Beiwert hängt von der Anzahl der freien Valenzelektronen innerhalb des Raumgitters des Kristalls ab. Bei steigender Temperatur werden mehr Valenzelektronen frei, die Leitfähigkeit steigt, und damit fällt der Widerstand.

NTC - Sensor :

Der Widerstand bei einer bestimmten Temperatur kann nach folgender Formel berechnet werden:

$$R_{T2} = R_{T1} \cdot e^{B(1/T2 - 1/T1)} \; \Omega \tag{2-12}$$

R_{T1} ist der Widerstand bei Bezugstemperatur T_1
R_{T2} ist der gesuchte Widerstand bei der Temperatur T_2
B ist eine Materialkonstante in K.

Es sind die Temperaturen in K einzusetzen !

NTC-Sensoren werden verwendet in Außen-, Kanal- und Kesseltemperatursensoren. Da die Widerstands-Temperatur-Kennlinie stark nichtlinear (fallende e-Funktion) ist, muß diese in einer folgenden Schaltung linearisiert werden, wobei die Ausgangskennlinie in Steilheit und Richtung verändert werden kann.

Eine einfache Möglichkeit besteht darin, daß parallel zum Sensor ein konstanter Widerstand eingebaut wird. Es ergibt sich eine leicht S-förmige Kennlinie mit Wendepunkt. Legt man den Wendepunkt in die Mitte des Arbeitsbereichs, so ergibt sich eine sehr gute Linearisierung. Der Parallelwiderstand kann nach folgender Formel berechnet werden:

$$R_P = R_{NTC} \cdot \frac{B - 2 \cdot \vartheta_m}{B + 2 \cdot \vartheta_m} \; \Omega \qquad (2\text{-}13)$$

R_p = Parallelwiderstand
R_{NTC} = Widerstand des NTC-Sensors bei mittlerer Temperatur ϑ_m

B = B-Wert des NTC-Sensors in K, Materialkonstante
(Dieser Wert liegt im Bereich von 3000 ... 4000 K)

Eine bessere Linearisierung ergibt sich bei Verwendung von Operationsverstärkern mit nicht linearer Rückkopplung.

Obwohl eine zusätzliche Linearisierung notwendig wird, werden diese Sensoren verwendet, da ihre Empfindlichkeit um etwa den Faktor 10 größer ist als bei metallischen Sensoren.

Der Leitungsabgleich ist hierbei nicht mehr von so großer Bedeutung wie bei Pt- und Ni-Sensoren.

PTC - Sensoren :

Diese haben eine stark nichtlineare, steigende Kennlinie.

Sie werden nicht als Temperatursensoren zur Messung eingesetzt, sondern häufig als strombegrenzende Bauteile in elektronischen Schaltungen, als Grenzwertschalter und als Wicklungsschutz in Motoren und Transformatoren.

Wenn keine Temperaturangaben auf dem Sensor sind, so kann die Einsatztemperatur durch die Farbe der Zuleitungsdrähte ermittelt werden.

2.4.3 Elektronische Temperatursensoren

Eine Besonderheit innerhalb der Gruppe der Halbleitersensoren bilden die elektronischen Temperatursensoren.
Innerhalb eines normalen Transistorgehäuses (TO-46 oder TO-92) befindet sich eine integrierte Schaltung, die temperaturabhängige Bauteile enthält. Die Gesamtschaltung ist so aufgebaut, daß sich ein lineares Ausgangssignal von z.B. 10 mV/K ergibt, welches direkt proportional zur absoluten Temperatur ist. Diese Schaltung wird so kalibriert, daß bei einer Temperatur von 25 °C eine Spannung von 2,9816 V erzeugt wird. (z. B. National Semiconduktor Typ LM 135)
(25 °C $\cong$ 298,16 K   298,16 K·10 mV/K = 2981,6 mV = 2,9816 V)
Eine weiter Möglichkeit besteht darin, einen Temperatur-Sensor zu verwenden, bei dem der Ausgangsstrom in µA direkt proportional der absoluten Temperatur in K ist. Bei 25 °C fließt ein Strom vom 298,16 µA, der Linearitätsfehler beträgt ±0,15 K   (z.B. Analog Divices AD 592 AN).

Neueste Temperatur-Sensoren beinhalten bereits einen integrierten A/D-Wandler (z.B. SMT 160-30). Die Gehäuseform ist ein dreipoliges TO-18 Transistorgehäuse.
Der Sensor liefert abhängig von der Temperatur ein pulsbreitenmoduliertes Rechtecksignal mit der Amplitude der Versorgungsspannung (4,75...7 V) und einer Frequenz im Bereich von 1 kHz bis 4 kHz, siehe Bild 2-12. Das Tastverhältnis ist der Temperatur proportional. Dieses Signal kann direkt einem Mikroprozessor zugeführt werden.
Der Temperaturbereich erstreckt sich von -40 °C bis +130 °C mit einer Genauigkeit von ±0,5 K (-30...100 °C) und ±1 K (-40...130 °C).
Die Anschlußschaltbilder sind den jeweiligen Herstellerunterlagen zu entnehmen.

Die Diagramme im Bild 2-12 zeigen, wie bei dem angegebenen Sensor Impulsbreite und Frequenz von der Temperatur abhängen. Die Impulshöhe (Spannung U) entspricht der Versorgungsspannung. Die Impulszeit t_{ein} ändert sich bei dem untersuchten Sensor nur sehr gering. Wertet man dagegen die Impulspause aus (t_{aus}), so ergibt sich hier eine Änderung in weiten Grenzen, anhängig von der Temperatur. Bei 0 °C beträgt die Impulspause 239 µs und bei 90 °C 82 µs. Dieser Zusammenhang ist aber nicht linear abhängig von der Temperatur.

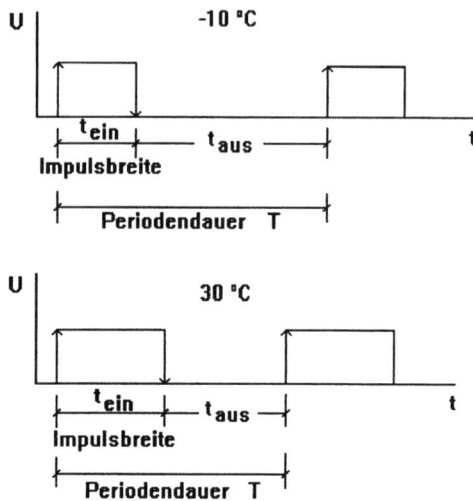

Bild 2-12: Pulsbreiten moduliertes Rechtecksignal

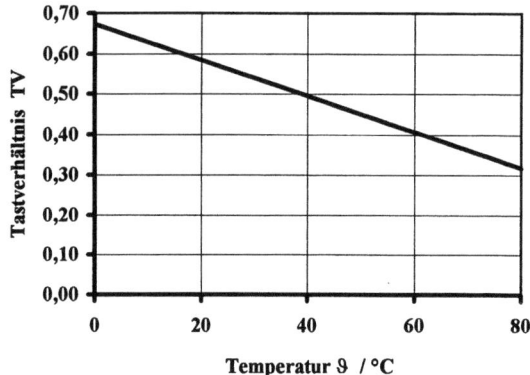

Bild 2-13: Tastverhältnis in Abhängigkeit von der Temperatur

Berechnet man jedoch das Tastverhältnis $TV = \dfrac{t_{aus}}{T}$, so ergibt sich ein linearer Zusammenhang zwischen der Temperatur und dem Tastverhältnis, siehe Bild 2-13.

Um die Zeit t_{aus} zu ermitteln, müssen zwei ungleiche Flanken der Rechteckschwingung (eine fallende und die folgende steigende Flanke) ausgewertet werden, was elektronisch möglich ist.

2.4.4 Thermoelemente

Ein Thermoelement besteht aus zwei Drähten verschiedener Metalle oder Metalllegierungen, die an einem Ende verlötet oder verschweißt sind. Dieses Thermopaar liefert eine Thermospannung, sobald zwischen der Meßstelle ϑ_m und einer Vergleichsstelle ϑ_v eine Temperaturdifferenz auftritt, siehe Bild 2-14.

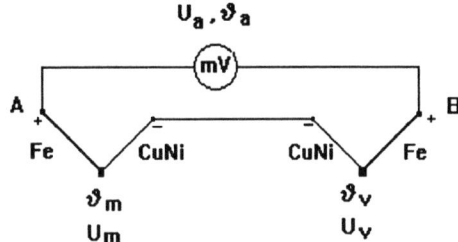

Bild 2-14: Thermospannungserzeugung

Die Temperaturen an den Punkten A und B müssen gleich sein, da hier Kupferleitungen angeschlossen werden und sonst zwei neue Thermopaare Fe-Cu mit unterschiedlichen Temperaturen entstehen würden.
Die Thermospannungserzeugung allgemein beruht auf dem *Seebeck - Effekt*.

Wird anstelle des Spannungsmessers ein Strom in diesen Thermokreis eingespeist, so entsteht abhängig von der Stromrichtung an den beiden Verbindungsstellen ϑ_m und ϑ_v Wärme bzw. Kälte (Peltier-Effekt).
Die Temperatur an der Vergleichsstelle muß bekannt und konstant während der Messung sein. Es handelt sich also immer um eine Temperaturdifferenzmessung.

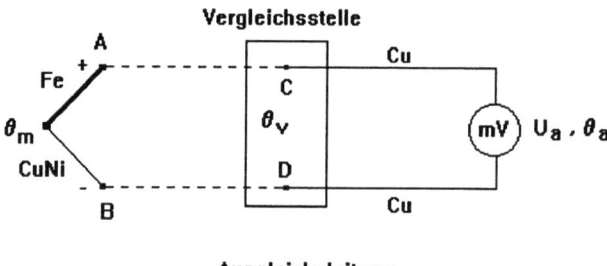

Bild 2-15: Übliche Schaltung zur Messung der Thermospannung

Die Schaltung in Bild 2-15 wird häufig zur Messung der Thermospannung bzw. der Temperaturdifferenz zwischen der Meßstelle und der Vergleichsstelle angewendet. Es ist wichtig, daß die Temperaturen an den Anschlußstellen A und B des Thermopaares an die Ausgleichsleitungen gleich sind. Ebenso müssen die Anschlußstellen C und D an die Kupferleitungen gleich der Vergleichsstellentemperatur sein. Zweckmäßigerweise werden diese Anschlußstellen zusammen in ein Gefäß mit Eiswasser gelegt.

Die angezeigte Temperatur ist gleich der Temperatur an der Meßstelle abzüglich der Vergleichsstellentemperatur.

$$\vartheta_a = \vartheta_m - \vartheta_v \ °C \tag{2-14}$$

Für die Spannungen gilt die folgende Gleichung:

$$U_a = U_m - U_v \ mV \tag{2-15}$$

Die Grundwerte der Thermospannungen für die Thermopaare Cu-CuNi und Fe-CuNi (nach DIN 43732) sind in der DIN 43710 angegeben. Die Legierung CuNi wird auch häufig mit Konstantan bezeichnet. Für Neuanlagen oder für die Umrüstung vorhandener Anlagen sind nur noch Thermopaare nach DIN IEC 584 Teil 1 zu verwenden. In dieser Richtlinie sind die Grundwerte für die Thermopaare PtRh-Pt (Type R, S und B), Fe-CuNi (Typ J), Cu-CuNi (Typ T), NiCr-Ni (Typ K) angegeben. Die zugehörigen Grenzabweichungen sind in DIN IEC 584 Teil 2 angegeben.

Die Vergleichstellentemperatur beträgt in den Richtlinien 0 °C. Die zulässigen Abweichungen betragen im Bereich von 0 °C bis 400 °C ±3 K

2.4 Elektrische Temperaturmessung

Diese Genauigkeiten können nur dann eingehalten werden, wenn die paarweise gelieferten Thermodrähte verwendet werden. Die angeschlossenen Meßgeräte müssen einen hohen Innenwiderstand haben, damit das Thermoelement möglichst nicht belastet wird, weil durch den Strom im Thermokreis die Thermospannung zu klein gemessen wird. Es muß leistungslos gemessen werden, was am besten nach der Kompensationsmeßmethode durchgeführt wird. Heutige Digitalvoltmeter haben aber einen genügend hohen Innenwiderstand, so daß die Kompensationsmeßmethode nicht unbedingt angewendet werden muß.

Die erzeugten Thermospannungen liegen im Bereich von 0 - 100 ° C bei den verschiedenen Thermopaaren im Mittel bei:

Cu-CuNi	0,0425 mV/K
Fe-CuNi	0,0537 mV/K
NiCr-Ni	0,041 mV/K
PtRh-Pt	0,0065 mV/K

Die Thermoelementmessung wird hauptsächlich im Labor und zu Prüfzwecken verwendet. Es lassen sich sehr einfach Temperaturdifferenzmessungen durchführen, ferner bietet die Vergleichsstelle im Labor keine Schwierigkeiten. Da die erzeugten Thermospannungen sehr gering sind und immer eine Vergleichsstelle vorhanden sein muß, werden Thermopaare in der Versorgungstechnik zur Messung in HLK - Anlagen nur sehr selten verwendet.

Für eine Vergleichsstelle gibt es mehrere Möglichkeiten:
1. Isoliergefäß mit Eiswasser, man erhält $\vartheta_v = 0\,°C$.
2. Thermostatisch geregelte Vergleichsstelle: Die Vergleichsstelle befindet sich in einem auf eine konstante Temperatur aufgeheizten Eisenblock. Die Temperatur (z. B. 50 °C ± 1 K) liegt weit über der Raumtemperatur, damit durch Wärmeabgabe und Nachheizen eine konstante Temperatur gehalten werden kann.
3. Einsatz einer Kompensationsdose, Bild 2-16. Diese besteht aus einer Weathstone'schen Meßbrücke, bei der ein Widerstand temperaturabhängig ist und die Umgebungstemperatur der Dose mißt. Die Dose ist so aufgebaut, daß sie bei z. B. 20 °C Umgebungstemperatur abgeglichen ist, also keine Spannung erzeugt. Das ist dann auch die Vergleichsstellentemperatur. Ergibt sich eine Änderung der Umgebungstemperatur, so erzeugt die Brückenschaltung eine Spannung und speist diese in den Thermokreis ein, mit der Wirkung, als ob die Temperatur konstant wäre. Es werden Temperaturschwankungen z. B. zwischen -10 °C und 70 °C ausgeglichen.
4. Seit einiger Zeit sind IC's verfügbar, die elektronisch eine Vergleichsstellentemperatur simulieren.

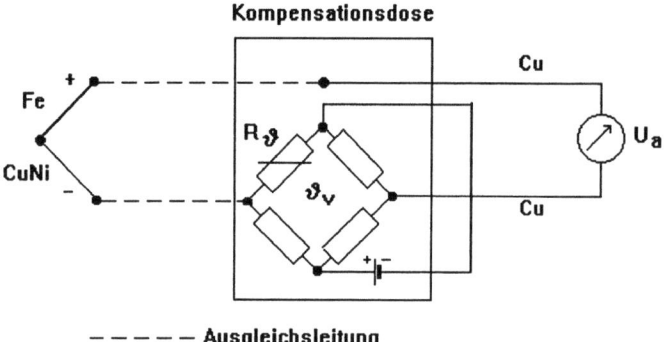

Bild 2-16: Kompensationsdose

Thermoelemente ermöglichen wie Widerstandsthermometer die elektrische Fernbertragung von Temperaturmeßwerten, sie benötigen aber keine zusätzliche Spannungsquelle in der Grundschaltung.
Sie werden besonders dann verwendet, wenn punktförmige Messungen gefordert werden, oder wenn höhere Temperaturen auftreten, für die Widerstandsthermometer nicht mehr geeignet sind. Durch die sehr kleine Oberfläche und dadurch kleine Masse, nehmen sie fast keine Strahlungswärme auf und reagieren sehr schnell.

Sind große Entfernungen zwischen der Meßstelle und der Vergleichsstelle bzw. der Anzeigestelle zu überbrücken, werden zwischen Meß - und Vergleichsstelle Ausgleichsleitungen aus Sonderlegierungen verwendet, die gleiche thermoelektrische Eigenschaften haben aber erheblich preiswerter sind (siehe auch Bild 2-16).

Die Materialpaarungen von Thermoelementen sind an einer Farbkennzeichnung zu erkennen:

Kennfarbe	Thermopaar
braun	Cu-CuNi
blau	Fe-CuNi
grün	NiCr-Ni
weiß	PtRh-Pt

Für die PtRh-Pt Thermopaare gibt es eine Unterteilung wegen unterschiedlicher Legierungen in die Type R, S und B.
Der Minusschenkel trägt die Farbkennzeichnung, der Pluspol ist immer rot gekennzeichnet und das zuerst genannte Material.

2.4 Elektrische Temperaturmessung

Die zugehörigen Ausgleichsleitungen haben die gleiche Kennfarbe wie das betreffende Thermopaar.
Soll an ein Thermoelement neben einem Anzeigegerät auch noch ein Registriergerät oder Regler angeschlossen werden, so sollte ein zweites Thermopaar eingebaut werden.
Thermoelemente können wie Widerstandsthermometer in Tauchhülsen eingebaut werden.

Eine besondere Konstruktion ist das Mantelthermoelement, Bild 2-17.
Ein Schutzmantel aus rostfreiem Stahl hat innenliegende, durch eingepreßtes Magnesiumoxyd, isolierte Thermodrähte. Man erhält auf diese Weise sehr kleine Thermoelemente bis herunter zu einem Mantelaußendurchmesser von 0,25 mm.

Bild 2-17: Mantelthermoelement

Das folgende Blockschaltbild (Bild 2-18) zeigt, wie eine vollständige Meßeinrichtung zur Messung von Temperaturen von -30 ... +120 °C aufgebaut sein kann.
Der Schreiber hat einen Meßbereich von 0...10 V. Die entstehenden Thermospannungen von -1,53 ... +6,47 mV müssen unter Berücksichtigung einer Vergleichsstellentemperatur von 50 °C (+2,65 mV) an den Schreiber angepaßt werden. Hiefür ist ein Meßzusatz erforderlich, der in die Meßanordnung eine konstante Gleichspannung einspeist, so daß keine negativen Spannungen auftreten, da der Schreiber nur positive Spannungen verarbeiten kann.
Nach der oben angegebenen Gleichung ergibt sich $U_a = U_m - U_v$ also
$U_a = -1,53$ mV $- 2,65$ mV $= -4,18$ mV (entsprechend -30 °C) und
$U_a = 6,47$ mV $- 2,65$ mV $= 3,82$ mV (entsprechend $+120$ °C).
Der Meßzusatz erzeugt eine konstante Spannung von $U_k = -U_a = +4,18$ mV.
Damit beträgt die Eingangsspannung U_e für den Verstärker 0...8 mV.
Um den Verstärkungsfaktor V zu erhalten, muß die max. Ausgangsspannung des Schreibers bezogen werden auf die max. Spannung U_e. Es ergibt sich also
V = 10 V/ 8 mV = 1250. Da man vermutlich kein Gerät mit genau dieser Verstärkung erhält, muß ein Meßverstärker mit einstellbarer Verstärkung eingesetzt werden.

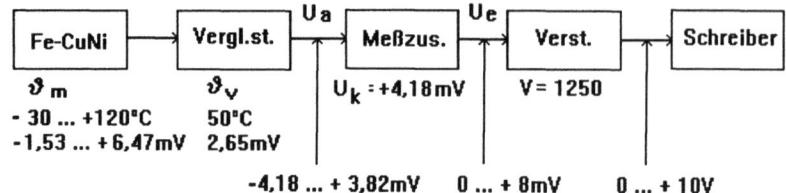

Bild 2-18: Blockschaltbild für eine Thermoelement-Meßeinrichtung

Das Bild 2-19 zeigt eine Hintereinanderschaltung (Reihenschaltung) von Thermoelementen, eine sog. Thermosäule oder Thermokette, zur Erhöhung der Thermospannung; wenn die Meßstellen ϑ_1, ϑ_2 und ϑ_3 gleiche Temperatur besitzen. Die Anschlußstellen der Kupferleitungen zum Meßgerät an den Punkten A und B müssen die gleiche Temperatur haben, da sich sonst wieder Thermoelemente am Übergang von der Ausgleichsleitung auf die Kupferleitung ergeben.

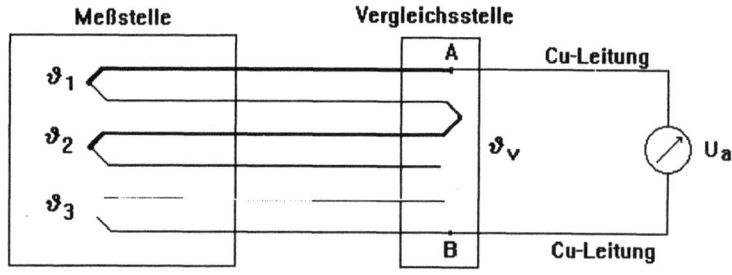

Bild 2-19: Reihenschaltung von Thermoelementen

2.4.5 Sekundenthermometer

Hierbei handelt es sich meist um mobile Hand-Temperaturmeßeinrichtungen mit digitaler Anzeige für Batteriebetrieb, die durch anschließbare Schreiber oder PC-Adapter erweiterbar sind [7].
Als Meßelemente dienen vorzugsweise Thermoelemente NiCr-Ni , Fe-CuNi aber auch NTC- oder Pt-100 - Sensoren mit sehr geringer Masse. Die Einstellzeiten liegen in einem weiten Bereich zwischen 5 und 40 sek je nach Ausführungsform des angeschlossenen Sensors.

2.4 Elektrische Temperaturmessung

Es sind verschiedene Sensorformen lieferbar:
Oberflächensensoren
Tauchsensoren
Lufttemperatursensoren
Einstechsensoren
Rauchgassonden

Die Geräte sind so aufgebaut, daß an das Meßgerät ein oder zwei Sensoren über Anschlußbuchsen angeschlossen werden können, somit sind auch Temperaturdifferenzmessungen mit einem Sekundenthermometer möglich.
Die Meßwertauflösungen liegen bei 0,1 K bzw. bei 1 K, je nach Meßbereich, die Genauigkeiten liegen bei ± 0,2 K bis ± 0,5 K, auch abhängig vom Meßbereich.
Mit diesen Geräten sind Temperaturmessungen zwischen -120 °C und +1300 °C je nach Ausführungsform und Modell möglich [7].

2.4.6 Quarz-Temperatursensoren

Bei diesen Temperatursensoren wird ein Schwingquarz in einer Oszillatorschaltung zur Temperaturmessung verwendet, siehe Bild 2-20.
In der Uhren- und Computertechnik werden Quarze zur Erzeugung hoch konstanter Frequenzen eingesetzt. Hier müssen die Temperatureinflüsse kompensiert werden.
In dieser Meßtechnik wird gerade diese Temperaturabhängigkeit der Schwingfrequenz ausgenutzt. Der Effekt wird noch verstärkt durch einen besonderen Kristallschnittwinkel, wodurch sich eine besonders hohe Änderung der Schwingfrequenz bei Temperaturänderungen ergibt [8] , [9] .
Bei einer Temperatur von 0 °C beträgt die Schwingfrequenz ca. 28 MHz , die dann in einer nachfolgenden Elektronik heruntergeteilt wird. Die Änderung der Schwingfrequenz beträgt 1 kHz/K. Die Kennlinie ist weitgehend linear. Sollen Temperaturdifferenzen ermittelt werden, so werden die Frequenzen zweier Sensorelemente miteinander verglichen.
Eine Sensorelektronik im Meßeinsatz formt die Schwingungen bereits in Stromimpulse um, so daß hier im Ausgang ein digitalisiertes Temperatursignal zur Verfügung steht. Über eine Zweidraht-Busleitung können mehrere Quarztemperatursensoren an eine Auswerteeinheit angeschlossen werden, da in jedem Meßeinsatz ein Codierschalter eingebaut ist. Durch die von Anfang an digitale Übertragung werden Störimpulse von der Auswerteelektronik erkannt und gehen damit nicht in das Meßergebnis ein. Bei verdrillter Zweidrahtleitung

sind ohne Abschirmung Entfernungen bis 1 km möglich. Ein Leitungsabgleich ist nicht erforderlich.

Das Gesamtsystem vom Sensor bis zur Anzeige besitzt eine Genauigkeit von ± 0,1 K im Temperaturbereich von - 40 °C bis +100 °C.

Im Bereich von 100 °C bis 300 °C beträgt die Genauigkeit ± 0,1 % vom Meßwert.

Ein derartiger Sensor hat in fließendem Wasser bei einer Geschwindigkeit von ca. 0,5 m/s eine mittlere Zeitkonstante von ca. T = 2,5 s.

Durch die hohen Fertigungsgenauigkeiten werden diese Fehlergrenzen auch bei voller Austauschbarkeit der einzelnen Komponenten eingehalten. Die angegebenen Fehlergrenzen gelten für die gesamte Meßeinrichtung vom Sensor bis einschließlich der Anzeige!

Für analoge Meßeinrichtungen gleicher Genauigkeit ist ein erheblich größerer Abgleich- und Auswerteaufwand erforderlich. Auch ist hier wegen der Fertigungstoleranzen von Widerstandsthermometern oder Thermoelementen keine direkte Austauschbarkeit der Sensoren gegeben.

Für den Einbau der Quarzsensoren stehen die üblichen Gehäuse wie für Widerstands- temperatursensoren oder Thermoelemente zur Verfügung.

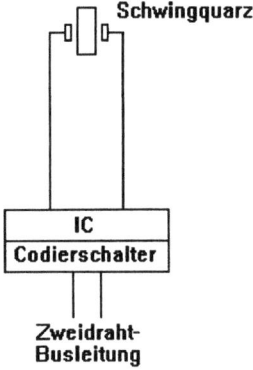

Bild 2-20: Prinzipieller Aufbau eines Schwingquarz-Sensors

Der Durchmesser des Sensors beträgt ca. 6 mm. Integrierter Schaltkreis (IC) und Codierschalter befinden sich im Anschlußkopf der Meßeinrichtung. Über die Zweidraht-Busleitung können bis zu 16 Sensoren an eine Auswerteeinheit angeschlossen werden.

2.5 Temperatur-Meßfarben

Diese Meßverfahren verwenden physikalische Effekte, bei denen sich die optischen Eigenschaften bestimmter Stoffe durch Temperatureinfluß verändern [2].
Die Temperaturmeßfarben können als Flüssigkeit, als Meßfarbstifte (Kreiden) oder Papierstreifen (Folien) hergestellt werden. Mit den irreversiblen Farbumschlägen lassen sich sehr einfach Temperatur-Maximumwerte feststellen.

Flüssige Meßfarben:
> Diese werden auf die zu messenden Oberflächen aufgetragen. Sie verändern ihre Farbe bei Erreichen der Umschlagtemperatur, die für diesen Stoff maßgeblich ist. Es gibt Farbstoffe, die bis zu vier Umschlagpunkte aufweisen. Sie lassen sich gut zur Messung der Temperaturverteilung verwenden. Da die Umschlagfarben meistens nach Erkalten erhalten bleiben, ist eine spätere Beurteilung der Temperaturverteilung möglich.
> Bei einigen Meßfarben geht der Farbumschlag wieder auf die Farbe bei Raumtemperatur zurück. Sie können nur im warmen Zustand abgelesen werden. Farbstoffe sind für Temperaturen von 40 °C bis 1350 °C in Schritten von 10 K bis 100 K lieferbar. Die Meßgenauigkeit beträgt ± 5 %.
> Die Umschlagtemperatur ist abhängig von der Dauer der Temperatureinwirkung und der Änderungsgeschwindigkeit der Temperatur. Bei kurzer Einwirkzeit liegt die Umschlagtemperatur bei etwas höheren Temperaturen.
> Anhand von mitgelieferten Farbskalen kann durch Vergleich die Temperatur ermittelt werden.

Meßfarbstifte (Kreiden):
> Sie haben Umschlagpunkte zwischen 60 °C und 700 °C in Schritten von 10 K bis 100 K.
> Auch hier wird die Temperatur durch Vergleich mit einer Farbskala ermittelt.

Papierstreifen (Folien):
> Diese Papierstreifen werden als selbstklebende Folien geliefert. Meist sind die Vergleichsfarben mit Temperaturangaben in Abstufungen von 3 K bis 10 K darauf abgedruckt.
> Diese Folien eignen sich sehr gut zur Temperaturmessung in Vorgängen, die im laufenden Betrieb nicht oder nur sehr schwierig möglich sind. Zum Beispiel kann hiermit die Temperaturverteilung in einer Heißmangel im laufenden Betrieb ermittelt werden, wenn mehrere Walzen aus schaltungstechnischen Gründen getrennt beheizt

Ende kann dann an den Farbumschlägen auf die Temperaturverteilung geschlossen werden.

Ein weiteres Verfahren ist die Messung der Temperatur mit Flüssigkristallen. Diese Kristalle sind so beschaffen, daß sie sich abhängig von der Temperatur verdrehen. Dadurch wird einfallendes Licht in verschiedenen Farben reflektiert. Es sind Abstufungen von 1 K bis 10 K lieferbar für einen Temperaturbereich von 0 °C bis 80 °C. Die Farbumschläge sind reversibel.

2.6 Strahlungspyrometer

Unter einen Pyrometer versteht man ein Thermometer, mit dem berührungslos die Temperatur eines Gegenstandes durch die von ihm ausgesandte Temperaturstrahlung gemessen werden kann [5], [2, Blatt 4]. Es besteht ein Zusammenhang zwischen der ausgesandten Strahldichte und der Temperatur eines zu messenden Gegenstandes. Zur Eichung und Kalibrierung von Strahlungsthermometern dient der Planck'sche Strahler, dessen Strahldichte nur von seiner Temperatur abhängt. Dargestellt wird der Planck'sche Strahler, der auch Schwarzer Körper oder Schwarzer Strahler genannt wird, durch einen allseitig geschlossenen Hohlraum mit einer möglichst kleinen Öffnung. Der Innenraum wird aufgerauht und im wirksamen Spektralbereich geschwärzt. Dieser Körper wird isotherm aufgeheizt und ist strahlungsundurchlässig. Die eigentliche Strahlungsquelle ist die kleine Öffnung dieses Hohlraums, die einen Emissionsgrad von nahezu $\varepsilon = 1$ aufweist.
Alle nicht Schwarzen Körper, also alle reale Gegenstände, haben ein Emissionsgrad $\varepsilon < 1$. Der Emissionsgrad ist abhängig von der Wellenlänge der Strahlung, der Temperatur, der Oberflächenbeschaffenheit des Strahlers und vom Betrachtungswinkel.
Bei der Messung ist es also wichtig, den Emissionsgrad des zu messenden Materials zu kennen. Um eine optimale Genauigkeit zu erreichen, läßt sich bei den Meßgeräten der Emissionsgrad vom Benutzer einstellen. Ist der Emissionsgrad nicht bekannt oder verändert er sich während der Messung, so sollte ein Meßgerät gewählt werden, das bei möglichst kleiner Wellenlänge empfindlich ist [12].

Die Lage der Infrarot-Strahlung im elektromagnetischen Spektrum zeigt das Bild 2-21.

2.6 Strahlungspyrometer

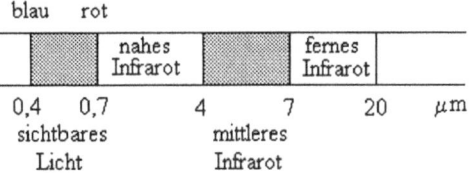

Bild 2-21: Bereiche der ausnutzbaren Wärmestrahlung

Zur Berechnung der Strahlung werden folgende Gesetze angewendet, wobei die Internationale Temperaturskala von 1990, ITS 90, verwendet wird. Alle Temperaturangaben sind in Kelvin einzusetzen:

1. PLANCK'sches Strahlungsgesetz. Hier wird die spektrale spezifische Ausstrahlung als Funktion der Fläche, der Wellenlänge und der Temperatur berechnet.
2. WIEN'sches Verschiebungsgesetz. Bei steigender Temperatur verschiebt sich das Strahlungsmaximum zu kleineren Wellenlängen hin.
3. STEFAN-BOLTZMANN'sches Gesetz. Die emittierte Gesamtstrahlung steigt mit der vierten Potenz der Temperatur.
4. KIRCHHOFF'sches Strahlungsgesetz. Durch dieses Gesetz wird eine Verbindung zum PLANCK'schen Strahlungsgesetz über den Emissionsgrad hergestellt und die Strahldichte realer Temperaturstrahler berechnet.

Für Berechnungen sei auf die VDI-Richtlinie 3511 Blatt 1 und 4 verwiesen [2]
Strahlungspyrometer können je nach Aufbau und Bauform für einen Temperaturbereich von - 100 °C bis + 5000 °C verwendet werden.
Eingesetzt werden sie vorzugsweise dort, wo nur eine berührungslose Messung möglich oder erforderlich ist.

Man unterscheidet Pyrometer nach ihrer spektralen Empfindlichkeit in Gesamtstrahlungspyrometer und Teilstrahlungspyrometer, die wiederum unterteilt werden in Spektralpyrometer und Bandstrahlungspyrometer.

Gesamtstrahlungspyrometer: Bei diesen Pyrometern erstreckt sich die spektrale Empfindlichkeit auf einen weiten Bereich von ca. 0,2 bis 40 µm der Temperaturstrahlung.

Teilstrahlungspyrometer:
Spektralpyrometer: Diese Pyrometer sind nur in einem sehr schmalen Bereich des Spektrums der Temperaturstrahlung empfindlich.

Bandstrahlungspyrometer: Dies sind Pyrometer, die in einem breiteren Bereich des Spektrums als die Spektralpyrometer empfindlich sind. Die Bereiche, in denen sie eingesetzt werden können, werden durch Buchstaben A bis F gekennzeichnet siehe [2, Blatt 4]. Der Gesamtbereich erstreckt von 0,65 bis 14 µm.

Ferner gibt es:

Strahldichtepyrometer: Hier wird die Temperatur unmittelbar aus der Strahldichte bestimmt.
Möglich ist es auch, die Temperatur durch Vergleich mit einem Vergleichsstrahler bekannter Strahldichte zu bestimmen.

Farbangleichungspyrometer: Bei diesen Pyrometern wird die Temperatur dadurch bestimmt, daß man aus zwei Spektralbereichen der einfallenden Strahlung eine Mischfarbe bildet, die mit der Mischfarbe eines Vergleichsstrahlers verglichen wird.

Verhältnispyrometer: Hierbei handelt es sich um Pyrometer, bei denen die Temperatur aus dem Verhältnis der Strahldichten, gemessen bei zwei unterschiedlichen Wellenlängen, ermittelt wird. Sie werden vorwiegend bei Temperaturen >150 °C eingesetzt, die benutzten Wellenlängen sind <3 µm.

Glühfadenpyrometer: Es wird das von einem Körper ausgesandte Licht mit dem am Schwarzen Körper geeichten Vergleichsstrahlers in Übereinstimmung gebracht. Das geschieht entweder durch Ändern des Glühfadenheizstroms oder durch Abschwächen der Leuchtdichte der einfallenden Strahlung durch einen Graukeil. Die Größe des Heizstroms bzw. die Stellung des Graukeils ist dann ein Maß für die Temperatur.
Das Verfahren ist sehr subjektiv. Durch Einbau von Fotozellen zum Vergleich der Helligkeiten wird das Verfahren objektiv.

Allgemein kann festgestellt werden, daß die Linearität mit der Breite des ausnutzbaren Spektrums zunimmt [2, Blatt 4].

Den prinzipiellen Aufbau eines Strahlungspyrometers zeigt Bild 2-22.

2.6 Strahlungspyrometer

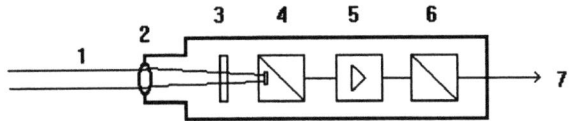

1 einfallende Temperaturstrahlung 2 Linse 3 Filter
4 Strahlungsaufnehmer 5 Verstärker 6 Wandler
7 Ausgangssignal

Bild 2-22: Strahlungspyrometer

Das zu messende Objekt wird wie mit einem Fotoapparat anvisiert. Die einfallende Temperaturstrahlung gelangt durch ein Objektiv über Filter zu einem Strahlungsaufnehmer. Hier wird die eingefallene Strahlung in ein elektrisches Signal umgeformt, das dann eine Temperaturangabe erzeugt, eine Fernübertragung ist möglich.

Der Strahlungsaufnehmer (Detektor) ist das wichtigste Bauteil des Pyrometers. Er setzt die Temperaturstrahlung in ein elektrisches Signal um.

Man kann drei Gruppen von Strahlungsempfängern unterscheiden:

1. Fotoelektrische Strahlungsaufnehmer:
   Hierzu gehören Fotowiderstände, fotoleitende Detektoren
   Fotodioden und Fotozellen
   Verwendet werden sie in Spektral- und Bandstrahlpyrometern bis 5 µm Wellenlänge und Temperaturen >100 °C.

2. Thermische Strahlungsaufnehmer:
   Hier erzeugt die einfallende Strahlung auf dem Strahlungsaufnehmer eine Temperaturerhöhung, die in ein elektrisches Signal umgewandelt wird. Als Aufnehmer können Widerstandsthermometer oder Thermoelemente verwendet werden. Bei Verwendung von Thermoelementen werden mehrere hintereinander geschaltet zu einer Thermosäule, siehe Bild 2-19.
   Sie werden verwendet in Gesamtstrahlungs- und Bandstrahlungspyrometern im Temperaturbereich von ca. - 100 °C bis 1000 °C.

3. Menschliches Auge:
   Das menschliche Auge ist in der Lage, die Helligkeiten oder Farben von zwei benachbarten Feldern in einem entsprechenden Okular festzustellen. Die Vergleichshelligkeit oder Farbe wird am Pyrometer so verändert, bis sie mit der einfallenden Strahlung übereinstimmt. Hieraus wird der Meßwert gebildet.

Im Bereich der Versorgungstechnik werden Strahlungspyrometer zur Messung von heißen Gasen und Flammen und zur Gebäudediagnose eingesetzt, um die Wärmedämmung zu überprüfen [2, Bl.4].
Zur Messung von Gasen und Flammen im Temperaturbereich von ca. 500 °C bis 4000 °C eignen sich Spektralpyrometer vorzugsweise im Bereich von 4,3 µm (CO_2 - Bande).
Zur Prüfung der Wärmedämmung im Bereich von - 20 °C bis 60 °C an Gebäuden eignen sich Bandstrahlungspyrometer im Bereich von 8 bis 14 µm.

Eine weitere Anwendung der Stahlungspyrometer ist das Solarimeter.
Hier befindet sich unter einer Glashalbkugel eine Thermosäule, bei der die Lötstellen der Thermoelemente geschwärzt sind. Fällt keine Sonnenstrahlung auf diese Thermosäule, so haben alle Löt- und Verbindungsstellen die gleiche Temperatur, und es wird keine Spannung erzeugt. Fällt dagegen Sonnenstrahlung auf die geschwärzten Flächen, so erwärmen sich diese, es ergeben sich Temperaturunterschiede im Gerät und damit eine Spannung. Baut man zwei identische Solarimeter in einem Gehäuse gegenüberliegend so ein, daß das eine die Sonnenstrahlung und das andere die vom Boden reflektierte Strahlung aufnimmt, so erhält man ein Strahlungsbilanzmeßgerät, das in der Solartechnik verwendet wird [13]. Gemessen werden die direkte und die Globalstrahlung in W/m^2.

2.7 Thermografie

Thermografiegeräte dienen dazu, die Wärmeverteilung an einem Objekt aufzuzeichnen [10] [11].
Die meisten heute verwendeten Infrarot-Systeme (IR-Systeme) arbeiten im Bereich von 2-5 µm (nahes bis mittleres Infrarot) und 8-12 µm (fernes Infrarot), siehe Bild 2-21.
Kameras zur Aufnahme von Wärmebildern arbeiten im Prinzip genauso wie optische Kameras mit Linsen, Blenden, Spiegeln und Filtern.
Die Durchlässigkeit von Glas sinkt ab ca. 2 µm Wellenlänge stark ab und ist ab ca. 4,5 µm praktisch undurchlässig für Wärmestrahlung. Es müssen spezielle Materialien hierfür verwendet werden, wie z. B. Si (Silizium), Ge (Germanium), ZnS (Zinksulfid) oder ähnliche Materialien. Durch besondere Beschichtungen der Komponenten können Transmissionsgrade bis zu 98 % erreicht werden.
Durch die Verwendung von entsprechenden IR-Filtern kann die spektrale Charakteristik des Thermografiesystems an die Emissionseigenschaften der zu messenden Objekte angepaßt werden.
Man kann die Empfindlichkeit durch Bandpaßfilter abschwächen und an den Emissionsbereich des Strahlers anpassen. Ebenso lassen sich Störungen durch

2.7 Thermografie

Bandpaßfilter oder Hoch- bzw. Tiefpaßfilter herausfiltern. Da Filter auch eine Abschwächung ergeben, lassen sich damit Temperaturmeßbereiche zu höheren Temperaturen hin erweitern.

Wie in der Fotografie wird hier auch mit Wechselobjektiven gearbeitet, um die günstigsten Objektgrößen und -abstände zu erreichen. Für jede Brennweite muß eine Kalibrierung vorhanden sein, so daß keine Zoom-Objektive verwendet werden können.

Zur bildlichen Darstellung können z. B. drei Verfahren herangezogen werden:

1. Durch ein System von Linsen und Filtern gelangt die Wärmestrahlung auf einen IR-Detektor. Dieser wird ähnlich der TV-Technik horizontal und vertikal abgetastet und kann auf einem Bildschirm dargestellt und auf einem Drucker ausgegeben werden. Die unterschiedlichen Temperaturen können als Grautöne oder besser durch unterschiedliche Farben dargestellt werden.

2. Besteht der Detektor aus mehreren Elementen, so liegt die Bildinformation über eine gesamte Zeile oder Spalte zeitgleich vor. Es ist nur eine Abtastung in einer Richtung erforderlich.

3. Verwendet man ein Detektor - Array (Detektor-Feld), so liegt die gesamte Bildinformation zur gleichen Zeit vor.
   Diese wird dann wie die in der Videotechnik verwendeten CCD-Aufnehmer (Charge Coupled Device = Ladungsgekoppelte Einheit, Bildwandler) elektronisch ausgelesen. Ein derartiger Aufbau wird in IR-Sichtgeräten verwendet.

Je nach Aufbau der Geräte mit Einzeldetektoren oder mit Mehrelementdetektoren können typische Einsatzgebiete genannt werden, Bild 2-23.

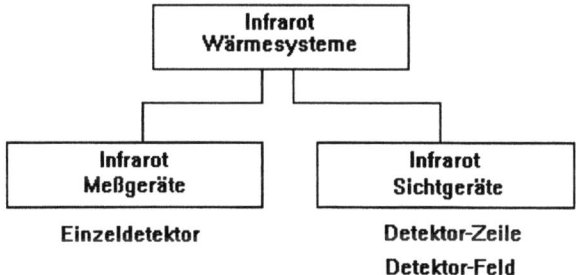

Bild 2-23: Einsatzgebiete von IR-Bildsystemen

Die weitere Verarbeitung des Bildsignals sollte so früh wie möglich digitalisiert werden in ausreichender Auflösung (z. B.12 Bit-A/D-Wandler oder höher). Ferner sollte eine digitale

Speicherung des gesamten Wärmebildes einschließlich aller Systeminformationen möglich sein.

Einen möglichen Aufbau eines Thermografiesystems zeigt Bild 2-24.

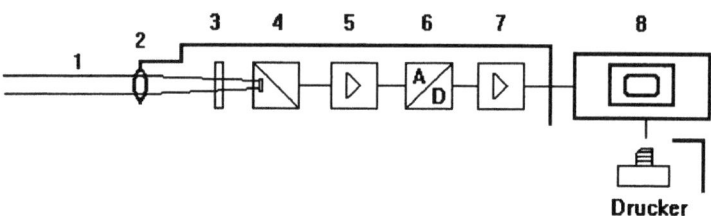

1 einfallende Temperaturstrahlung 2 Linse 3 Filter
4 Strahlungsaufnehmer und Scanner zum Abtasten des Bildes
5 Analogverstärker 6 A/D-Wandler 7 Digitaler Verstärker
8 Computer mit Bildschirm

Bild 2-24: IR-Thermografiesystem

Die Genauigkeiten derartiger Systeme kann bei höchsten Anforderungen bis zu ± 1 K betragen.

Bei einfacheren Geräten wird ein "Wärmebild" mit einem entsprechenden "Fotoapparat" auf einem infrarotempfindlichen Film aufgenommen. Man kann auf diese Weise Wärme- bzw. Kältebrücken an Gebäuden, isolierten Rohrleitungen o.ä. feststellen.

Literaturverzeichnis

[1]   Kopp, H. : Technik der Anlagenfunktion anpassen
      HLH Band 37 (1986) Nr. 8, August

[2]   VDI/VDE 3511 (Entwürfe v. 1991 - 1993):
      Blatt 1 Grundlagen und Übersicht über besondere Temperaturmeßverfahren
      Blatt 2 Berührungsthermometer

Blatt 3 Meßverfahren und Meßwertverarbeitung für elektr. Berührungsthermometer
Blatt 4 Technische Temperaturmessung, Strahlungsthermometrie
Blatt 5 Technische Temperaturmessung Einbau von Thermometern

[3] DIN 43760 (9.87): Elektr.Temperaturaufnehmer Grundwerte für Nickel-Meßwiderstände für Widerstandsthermometer

[4] DIN IEC 751 (12.90): Industrielle Platin-Widerstandsthermometer und Platin-Meßwiderstände

[5] DIN 16160 (9.90): Thermometer, Begriffe

[6] DIN 43710 (12.85): Elektrische Temperaturaufnehmer
Grundwerte der Thermospannungen, Thermopaare Cu-CuNi (Typ U) und Fe-CuNi (Typ L) nach DIN 43732
Für Neuanlagen und Umrüstung sind nur noch Thermopaare nach DIN IEC 584 Teil 1 zu verwenden

[7] Technische Unterlagen der Firma Dosch: Meßapparate, Berlin

[8] Profos, P. und Pfeifer, T. : Handbuch der industriellen Meßtechnik

[9] Technische Unterlagen der Firma Heraeus Sensor GmbH, Hanau

[10] Technische Unterlagen der Firma AGEMA Infrared Systems, GmbH, Oberursel

[11] Breuckmann, B. : Bildverarbeitung und optische Meßtechnik in der industriellen Praxis, Franzis-Verlag, München

[12] Technische Unterlagen der Firma Raytek GmbH, Berlin

[13] Technische Unterlagen der Firma Wilh. Lambrecht KG., Göttingen

3 Kraft und Druckmessung

D. Wolff

Die Kraftmessung ist eine allgemeine Aufgabenstellung der Anlagentechnik (Maschinenbau und Verfahrenstechnik). Sie wird im Rahmen versorgungstechnischer Anlagen v.a. im Entwicklungs- Versuchs- und Abnahmestadium angewendet, z.B. für

- die Prüfung der Zug-, Druck- und Biegebeanspruchung von Bauteilen
- die Wägung von Massen
- die Prüfung der Torsionsbeanspruchung von Kraft- und Arbeitsmaschinen.

Mechanische Beanspruchungen sind durch das Einwirken von Kräften und Drehmomenten auf Bauteile gekennzeichnet. Sie führen zu Verformungen und mechanischen Spannungen und werden mit Kraft-, Dehnungs- und Spannungsmeßtechniken untersucht.

3.1 Kraftmeßtechnik

Kräfte können meßtechnisch mittels Untersuchung der durch sie ausgelösten Wirkungen, z.B. Längenänderungen (Dehnungen) bestimmt werden.

3.1.1 Federkörper-Kraftmeßtechnik

Mit Hilfe von Federkörpern, z.B. Schrauben- und Blattfedern können zu messende Kräfte auf Längen- oder Wegänderungen zurückgeführt und mit Längen- oder Wegaufnehmern bestimmt werden.

Beispiele meßtechnisch ausnutzbarer Kraft-Weg-Relationen sind:

$$\text{die Schraubenfeder: } s=(8nD^3/d^4G)\cdot F; \text{ G: Schubmodul (Bild 3-1a)} \qquad (3.1\text{-}1)$$

$$\text{die parallele Blattfeder: } s=(2bE)^{-1}\cdot h^{-3}\cdot F; \text{ E: Elastizitätsmodul (Bild 3-1b)} \qquad (3.1\text{-}2)$$

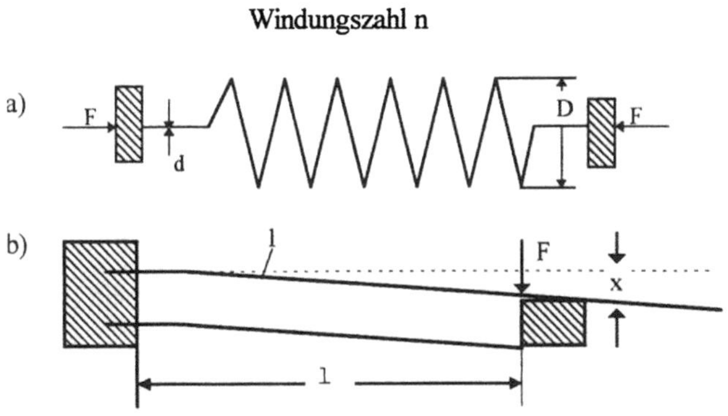

3.1 Kraftmeßtechnik

Windungszahl n

a) [Abbildung zylindrische Schraubenfeder mit F, d, D]

b) [Abbildung parallele Blattfeder mit l, F, x]

Bild 3-1 Federkörper als Meßelement für die Rückführung einer Kraftmessung auf eine Längen- oder Wegmessung a: zylindrische Schraubenfeder, b: parallele Blattfeder. 1 Breite b

3.1.2 Piezoelektrische Kraftmeßtechnik

Bei Krafteinwirkung auf Piezokristalle (Quarzkristalle, Bariumtitanat $BaTiO_3$) werden im Kristallgitter negative gegen positive Gitterpunkte verschoben, so daß an den Kristalloberflächen Ladungsunterschiede Q als Funktion der Kraft gemessen werden: $Q = k \cdot F$; k: Piezomodul, z.B. $2,3 \cdot 10^{-12}$ As/N für Quarz (Bild 3-2)

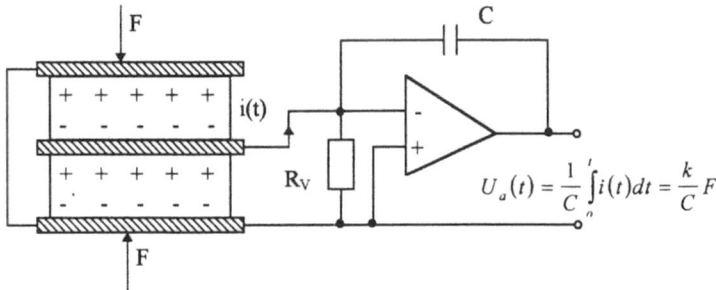

Bild 3-2 Prinzipieller Aufbau eines piezoelektrischen Kraftaufnehmers mit Ladungsverstärker

Piezoelektrische Kraftaufnehmer sind mechanisch sehr steif, sie erfordern Ladungsverstärker zur Meßsignalverarbeitung und sind hauptsächlich zur Messung dynamischer Vorgänge (f >1Hz) geeignet, z. B. zur Aufnahme des p-V-Indikatordiagramms an Verbrennungsmotoren: Typische Kenndaten piezoelektrischer Kraftaufnehmer sind: hohe Druckfestigkeit von

$4 \cdot 10^5$ N/cm², Meßgliedkoeffizient: c=$6 \cdot 10^2$ bis $3 \cdot 10^3$ N/µm, Temperaturkoeffizient: $\Delta C(T)$ < 0,5%/K, Betriebstemperaturen bis 500°C.

3.1.3 Drehmomentmeßtechnik

Ein Drehmoment kommt zustande, indem eine Kraft F an einem Hebelarm angreift, sie bewirkt das Moment M: $M = F \cdot l$

Das Drehmoment kann also meßtechnisch einfach erfaßt werden, indem die Kraft und die Länge des Hebelarms gemessen werden. In der Technik überträgt man Drehmomente oft mit rotierenden Wellen von Kraftmaschinen auf Arbeitsmaschinen. Zu den Kraftmaschinen gehören z. B.: Verbrennungsmotoren, Turbinen und Elektromotoren. Arbeitsmaschinen, wie z. B. Kompressoren, Ventilatoren und Generatoren nehmen Drehmomente bzw. mechanische Leistung auf, um Luft zu komprimieren, Luft zu befördern oder um elektrischen Strom zu erzeugen.

Um das Drehmoment, das von der Welle übertragen wird, zu messen, schaltet man eine Drehmomentmeßwelle (Torsionsdynamometer) zwischen die beiden Wellen. Sie besteht aus einer dünneren Welle, die sich aufgrund des Drehmoments verdreht (tordiert). Es gilt:

$$M_t = I_p \cdot G \cdot \varphi / l \qquad (3.1\text{-}3)$$

mit: I_p: polares Trägheitsmoment, G: Schubmodul,
φ: Torsionswinkel, l: Zylinderlänge

Die Verformung, die ein Maß für das Drehmoment ist, wird mit Dehnungsmeßstreifen, (45° zur Achse), mit optischen Winkelmeßgeräten, sowie mit induktiven oder kapazitiven Wegaufnehmern erfaßt.

Drehmomentmessungen können auch mit Bremsen (Wirbelstrombremsen, Wasserwirbelbremsen) durchgeführt werden, wie bei Motoren oder Turbinen oder durch Momentenmesser bei Verdichtern und Pumpen.

3.1.4 Wägetechnik

Die Wägetechnik dient zur Bestimmung der Massen und wird häufig auf Kraftmessungen zurückgeführt : $F = m \cdot g$. Zur Erfassung von Gewichtskräften werden verschiedene Prinzipien angewendet, z. B. Federwaagen (Bild 3-1 a), Wägezellen mit sehr steifen Federkörpern und Dehnungsmeßstreifen, elektrodynamische Gewichtskompensation durch Kraftwirkung einer stromdurchflossenen Spule in einem Permanentmagnetfeld (Spulenstrom ~ Gewichtskraft), pneumatische oder hydraulische Gewichtskraftkompensation, wobei der Luft- bzw. der Flüssigkeitsdruck ein Maß für das zu bestimmende Gewicht ist.

3.2 Dehnungsmeßtechnik

Die einachsige mechanische Beanspruchung eines Bauteils (Ausgangslänge l_0, Querschnitt A) durch eine Kraft F führt zu einer Dehnung: $\varepsilon = \Delta l/l_0$, einer mechanischen Spannung: $\sigma = F/A$ und, bei linear elastischer (reversibler) Deformation, zu einer Proportionalität zwischen Spannung und Dehnung: $\sigma = E \cdot \varepsilon$ (E: Elatistizätsmodul). Dehnungsmeßtechniken liefern Aussagen über Verformungseigenschaften und Spannungszuständen von Bauteilen und gestatten mittels geeigneter Elatizitätskörper die Realisierung empfindlicher Kraftaufnehmer und Wägetechniken.

3.2.1 Mechanische und optische Dehnungsmeßgeräte

Mechanische und optische Dehnungsmeßgeräte besitzen im Abstand l_0 (bis zu mehreren 100 mm) eine feste und eine bewegliche Schneide. Längenänderungen Δl werden mit der beweglichen Schneide abgegriffen, durch Hebelübersetzungen, Torsionsbänder und Spiegelsysteme vergrößert (bis zu 2000fach) und auf einer Skala mit einer optimal erreichbaren Auflösung von 0,5 µm angezeigt. Der Einsatz erfolgt heute nur noch in Spezialfällen.

3.2.2 Dehnungsmeßstreifen (DMS)

Die zur Kraft proportionale Verformung mißt man sehr oft mit Hilfe von Dehnungsmeßstreifen. Dehnungsmeßstreifen messen Längenänderungen (Dehnungen) elastischer Teile an deren Oberfläche. Ihre einfachste Ausführung ist ein dünner Draht (Bild 3-3) aus einer metallischen Legierung (z.B. Konstantan). Er wird auf eine Papier- oder Kunststoffunterlage geklebt, die ihrerseits auf die Oberfläche geklebt wird, deren Dehnung gemessen werden soll. Der DMS wird aufgeklebt, solange das Bauteil unbelastet und daher ungedehnt ist. Bei der Klebung ist sorgfältig vorzugehen, die Anleitung des Kleberherstellers ist exakt einzuhalten!

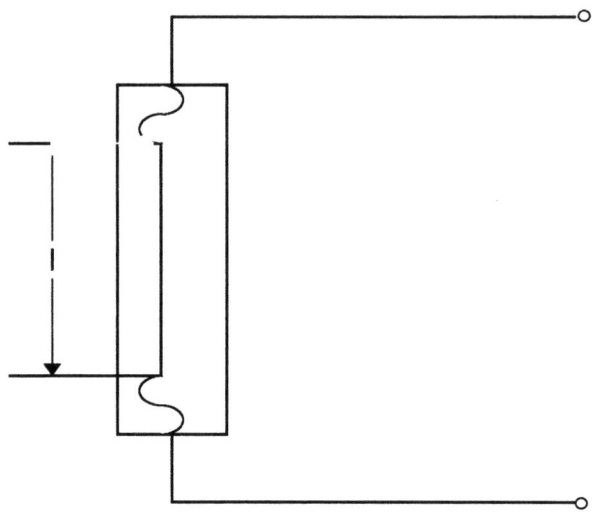

Bild 3-3 Eindraht-Dehnmeßstreifen

Im ungedehnten Zustand hat der DMS die Länge l. Wird das Teil, z.B. eine Stabfeder, belastet, dehnt es sich. Da DMS und gedehntes Teil fest miteinander verbunden sind, dehnen sich beide in gleichem Maße. Elektrische Widerstände von Drähten wachsen mit ihrer Länge und verringern sich, wenn der Querschnitt zunimmt. Dehnen heißt nun, die Länge vergrößert sich und der Querschnitt wird kleiner, beides führt zur Widerstanderhöhung.

Tatsächliche DMS-Formen bestehen aus einem mäanderförmigen oder einem spiralförmigen Meßgitter in einer dünnen Folie. Sie bestehen aus relativ langen Drähten oder Streifen, die platzsparend angeordnet sind. Durch die große Länge erhöht sich die Widerstandsänderung (Empfindlichkeit) des DMS. Der spiralförmige DMS wird vorwiegend bei Membran- und Plattenfeder-Manometern (Siehe Kap. 3.3.2) eingesetzt.

Eine Auswahl verschiedener Dehnmeßstreifenformen zeigt Bild 3-4

3.2 Dehnungsmeßtechnik

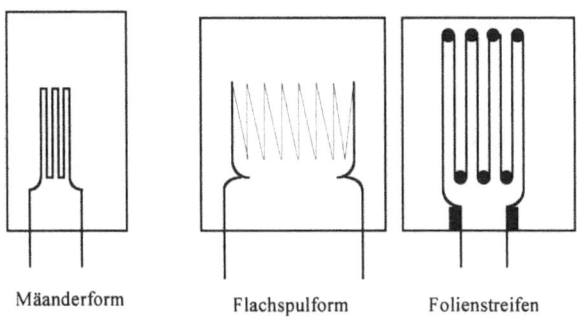

Mäanderform   Flachspulform   Folienstreifen

Bild 3-4 Auswahl verschiedener Dehnmeßstreifenformen

3.2.2.1 Meßprinzip von Dehnmeßstreifen

Der elektrische Widerstand R eines Dehnmeßstreifens und seine Änderung bei einer infinitesimal kleinen Variation von Durchmesser D, Länge l und spezifischem Widerstand ρ sind gegeben durch:

$$R = \frac{4\rho l}{\pi D^2} \tag{3.2-1}$$

$$\frac{dR}{R} = \frac{d\rho}{\rho} + \frac{dl}{l} - 2\frac{dD}{D} \tag{3.2-2}$$

Mit ε = dl/l und der Poissonschen Zahl (Querkontraktionszahl):

$$\mu = -(dD/D)/(dl/l) \tag{3.2-3}$$

folgt:

$$\frac{\Delta R}{R} = \left(1 + 2\mu + \frac{\Delta \rho / \rho}{\varepsilon}\right)\varepsilon = k \cdot \varepsilon \tag{3.2-4}$$

Für Metall-DMS (ρ = const.; 0,2<μ<0,5) z.B. Konstantan, 60% Cu, 40% Ni oder Karma, 74% Ni, 20% Cr, 3% Fe, 3% Al ist der k-Faktor k ≈ 2; für Halbleiter DMS mit piezoresistivem Effekt (ρ(F) ≠ const, jedoch stark temperaturabhängig) ist k ≈ 100.

Als Meßschaltung für DMS werden Wheatstone-Brücken in Form von Viertel-, Halb- oder Vollbrücken (1, 2 oder 4 aktive DMS) eingesetzt. Für das Meßsignal U_M in der Brückendiagonale als Funktion von ΔR_1 bis ΔR_4 bei gleichem Nennwiderstand R_0 aller vier Brückenwiderstände gilt näherungsweise:

$$U_M \approx (\Delta R_1 - \Delta R_2 + \Delta R_3 - \Delta R_4) \cdot U_0/(4 \cdot R_0) \qquad (3.2\text{-}5)$$

Die Eigenschaft, daß sich gleichsinnige ΔR in nicht benachbarten Zweigen addieren und in benachbarten Zweigen subtrahieren, muß bei der DMS-Zuordnung (z.B. $+\Delta R$ bei Dehnung und $-\Delta R$ bei Stauchung) berücksichtigt werden und kann zur Kompensation von mechanischen und thermischen Störeinflüssen ausgenutzt werden. Die Applikation von DMS zur Bestimmung der grundlegenden mechanischen Beanspruchungen Zug, Druck, Biegung und Torsion ist übersichtsmäßig in Bild 3-5 dargestellt. Mit Hilfe geeigneter Federkörper lassen sich damit auch vielfältige Kraft- und Beanspruchungsaufnehmer, z.B. Kraftmeßdosen, Wägemeßzellen und Drehmomentmeßnaben, aufbauen.

Zur Bestimmung mehraxialer Beanspruchungen sind DMS-Sonderbauformen, z.B. DMS mit zwei unter 90° zueinander angeordneten Meßgittern oder DMS-Rosetten mit jeweils drei Meßgittern in 0°/45°/90°- oder in 0°/60°/120°-Anordnung entwickelt worden.

3.2 Dehnungsmeßtechnik

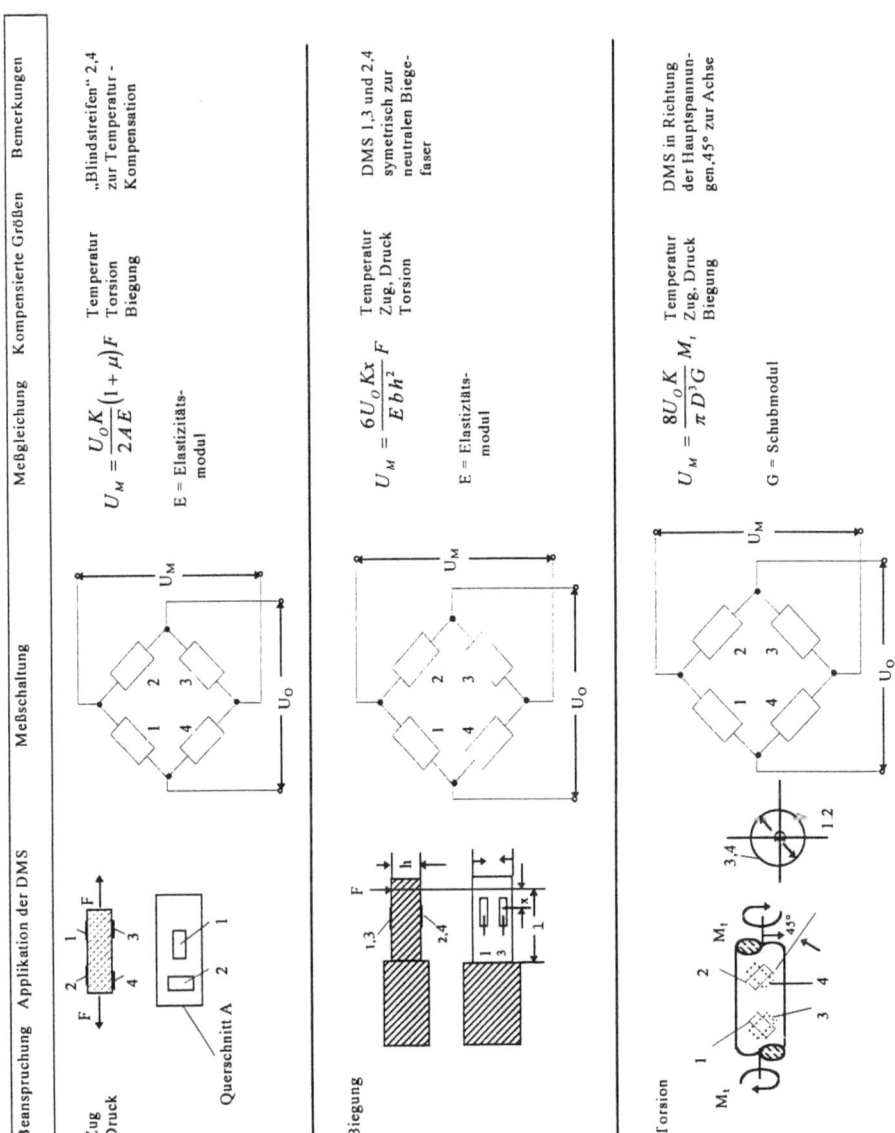

Bild 3-5 Dehnungsmeßstreifen - Applikation zur Bestimmung der mechanischen Grundbeanspruchungen Zug, Druck, Biegung, Torsion

3.3 Flüssigkeitsstand und Druck

3.3.1 Verfahren zur Bestimmung des Flüssigkeitsstandes

Flüssigkeitsstandmessungen können mittels mechanischer, elektrischer hydraulischer pneumatischer oder mittels Lichtschranken-Verfahren auf Wegmessungen zurückgeführt werden. An schwer zugänglichen Stellen werden Ultraschall- oder Isotopenverfahren eingesetzt.

3.3.1.1 Schwimmer und Tastplatten

Zur Bestimmung des Flüssigkeitsstands können in einfacher Weise kugel-, linsen- oder plattenförmige Meßaufnehmer verwendet werden, mit denen über eine mechanische Übertragung (z.B. Seilzug, Zahnradgetriebe) oder eine elektrische Signalumwandlung (z.B. Potentiometer, Induktivtaster) die Flüssigkeitshöhe erfaßt wird.

3.3.1.2 Elektrische Verfahren

Die flüssigkeitsstandsabhängige Veränderung des elektrischen Widerstands oder der Kapazität zwischen zwei Sonden (z.B. Behälterwand und Tauchsonde) wird als Indikator für die Flüssigkeitshöhe genutzt.

3.3.1.3 Hydrostatische und pneumatische Verfahren

Die Flüssigkeitsstandbestimmung basiert auf der (manometrischen) Messung des von einer Flüssigkeit hervorgerufenen hydrostatischen Bodendrucks bzw. des pneumatischen Drucks von Luft oder Schutzgas in einem in die Flüssigkeit eingeführten Tauchrohr.

3.3.2 Druckmessung

Von Druck spricht man nur in Zusammenhang mit Flüssigkeiten und Gasen, nicht aber in Zusammenhang mit festen Körpern. Der Druck ist eine abgeleitete Größe. Der Druck, also der innere Spannungszustand, äußert sich dadurch, daß von der Flüssigkeit oder dem Gas Kräfte, genauer Druckkräfte, auf Wände ausgeübt werden, die es umgeben. Der Druck wird daher als Kraft pro Flächeneinheite definiert. Meßtechnisch wird er stets derart erfaßt, daß man ihn auf Flächen bekannter Größe wirken läßt und die ausgeübten Druckkräfte mißt, die gleich dem Druck mal der Fläche sind.

Aus der Definition des Drucks geht hervor, daß seine Einheit gleich der Einheit der Kraft geteilt durch die der Fläche ist. Im SI-System ist die Einheit der Kraft 1 N (Newton) = 1 kg m/s^2, und die der Fläche 1 m^2. Demnach wird die SI-Einheit des Drucks p zu

$$[p] = 1 \text{ N/m}^2$$
$$1 \text{N/m}^2 = 1 \text{Pa}$$

Daneben verwendet man in der Praxis noch folgende Einheiten:

$$1 \text{ bar} = 10^5 \text{ N/m}^2$$
$$1 \text{ Torr} = 133{,}32 \text{ N/m}^2$$
$$= 1 \text{ mm Hg}$$
$$1 \text{ mmWS} = 9{,}807 \text{ N/m}^2$$

Die beiden Druckeinheiten 1 Torr = 1mm Hg und 1mm WS werden anhand der beiden Druckmeßgeräte U-Rohr-Barometer und -Manometer verständlich. Unter Barometer versteht man Meßgeräte für Absolutdrücke, mit Manometern mißt man Differenzdrücke (Druckdifferenzen)

Bild 3-6 zeigt ein U-Rohr-Barometer und -Manometer. Beide bestehen aus einem U-förmigen Glasrohr, das z.B. mit Quecksilber gefüllt ist. Der rechte Schenkel des U-Rohr-Barometers ist geschlossen, auf den linken offenen Schenkel wirkt ein Druck p, z.B. der Luftdruck, der gemessen werden soll. Da der rechte Schenkel geschlossen ist, herrscht über der rechten Quecksilberoberfläche Vakuum. Infolge der Druckdifferenz zwischen linker und rechter Quecksilberoberfläche stellt sich eine Differenz der Quecksilbersäulen ein, wobei die Höhendifferenz h dem Meßdruck p proportional ist, es gilt:

$$p = \Delta\rho \cdot g \cdot h \tag{3.3-1}$$

mit ρ gleich der Dichte. Damit wird die Druckmessung auf eine Längenmessung zurückgeführt. Beträgt der Abstand 1 mm, ist p = 1 mm Hg = 1 Torr = 133,32 N/m^2. Die Einheit 1 mm Hg oder 1 Torr geht demnach auf das beschriebene sehr gebräuchliche Meßverfahren für Absolutdrücke zurück.

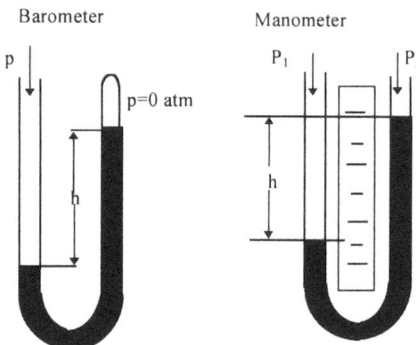

Bild 3-6 U-Rohr-Barometer und - Manometer

U-Rohr-Manometer (Bild 3-6) unterscheiden sich von U-Rohr-Barometern dadurch, daß beide Schenkel offen sind. Auf beide wirken unterschiedlich große Drücke p_1 und p_2, die eine Verschiebung der Flüssigkeit hervorrufen. Die Länge h, um die sich beide Flüssigkeitsspiegel unterscheiden, ist ein Maß für die Druckdifferenz Δp. Ähnlich der obigen Bezeichnung gilt:

$$\Delta p = p_1 - p_2 = \Delta \rho \cdot g \cdot h. \qquad (3.3\text{-}2)$$

U-Rohr-Manometer kann man mit verschiedenen Flüssigkeiten füllen, vorwiegend jedoch mit Quecksilber oder Wasser. Die Vorteile des Meßverfahrens liegen darin, daß sehr kleine Differenzdrücke genau zu messen sind. Füllt man es mit Wasser, entspricht h = 1 mm dem sehr kleinen Differenzdruck 1 mm WS = 9,807 N/m^2. Füllt man das U-Rohr mit spezifisch leichteren Flüssigkeiten, wird die Empfindlichkeit noch weiter vergrößert.

U-Rohr-Barometer zählen zu den Labor-Meßgeräten. In der Automatisierungstechnik werden sie praktisch nicht angewendet, da ihr Ausgangssignal (Höhendifferenz) schlecht in elektrische oder pneumatische Signale umgewandelt werden kann. Außerdem ist es in der gezeigten Form nicht geeignet, Drücke beliebiger Flüssigkeiten und Gase zu messen. Das Medium, dessen Druck zu messen ist, und die Flüssigkeit, mit der das U-Rohr gefüllt ist, dürfen sich nicht durchmischen, da sich sonst keine Flüssigkeitsspiegel ausbilden. Da Gase und Flüssigkeiten sich nicht durchmischen, verwendet man U-Rohr-Manometer vorwiegend zur Messung von Gasdrücken.

3.3 Flüssigkeitsstand und Druck

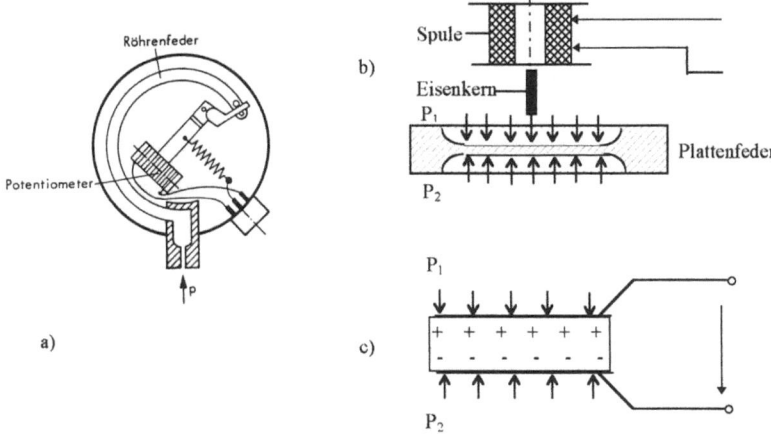

Bild 3-7 Auswahl von Deformationsmanometern

In Automatisierungsanlagen findet man fast ausschließlich Deformationsmanometer. Sie bestehen aus Meßkörpern, die dem Meßdruck, genauer dem Differenzdruck, ausgesetzt werden, und sich unter seiner Einwirkung verformen. Die meist geringe Verformung wird mit mechanischen oder elektrischen Mitteln erfaßt, weitergeleitet und angezeigt. In Bild 3-7 sind einige derartige Manometer zusammengestellt.

Röhrenfeder-Manometer (Bild 3-7a): Der Meßkörper besteht aus einer kreisförmig gebogenen Metallröhre mit ovalem Querschnitt, in die der Meßdruck p hineingeleitet wird. Unter Innendruck hat die Röhrenfeder das Bestreben, sich zu strecken, so daß ihr Endpunkt nach oben ausgelenkt wird. Die Auslenkung ist proportional der Differenz zwischen Innendruck p und Außendruck, man mißt demnach einen Differenzdruck. Die Bewegung des Endpunkts kann mechanisch abgegriffen werden oder auch elektrisch mit Hilfe eines Potentiometers (elektrischer Schiebewiderstand). Als Ausgangsgröße erhält man dann einen elektrischen Widerstand R proportional zur Druckdifferenz.

Plattenfeder-Manometer (Bild 3-7b) bestehen aus dünnen Platten. Auf beiden Seiten wirken verschieden große Druckkräfte entsprechend den Drücken p_1 und p_2. Die Platte verformt sich, sie wölbt sich nach oben oder unten, wobei die Stärke der Verformung wieder der Druckdifferenz $p_2 - p_1$ (Meßgröße) proportional ist. Ganz ähnlich sehen Membran-Manometer aus. Anstelle der Platte sitzt eine ebene oder gewellte Membrane. Im Unterschied zu Platten sind Membranen weicher, d. h. sie verformen sich stärker, wenn Druckkräfte auf sie ausgeübt werden.

Es gibt mehrere Möglichkeiten, die Verformung der Platte oder Membrane abzugreifen. Mit dem Mittelpunkt der Platte ist ein Eisenkern verbunden. Dadurch, daß die Platte sich durchbiegt, verändert sich sein Abstand zur Spule. Die Induktivität L der Spule, die ihren elektrischen Widerstand gegenüber Wechselstrom kennzeichnet, hängt nun von diesem Abstand ab, wird er geringer, wächst die Induktivität. Demnach ist die Induktivität der Spule Ausgangsgröße des Plattenfeder-Manometers. Sie steigt proportional mit der anliegenden Druckdifferenz $p_2 - p_1$.

Schließlich zeigt Bild 3-7c das Prinzipbild eines Quarzdruckgebers.

Mit den Deformationsmanometern von Bild 3-7 können sowohl Flüssigkeits- als auch Gasdrücke gemessen werden. Sie besitzen elektrische Größen (Widerstand, Induktivität, Spannung) als Ausgangsgrößen, die einfach weiterverarbeitet werden können.

Quarzdruckgeber beruhen auf einem elektrischen Effekt, daher haben sie grundsätzlich elektrische Ausgangssignale, bei den anderen Gebern (Fühlern) hätte die Deformation auch mechanisch abgegriffen werden können. Pneumatische Abgriffe bei Manometern, die zu pneumatischen Ausgangsgrößen führen würden, sind nicht üblich, da ihre Verwirklichung aus verschiedenen Gründen sehr schwierig ist.

U-Rohr-Manometer sind für Automatisierungsanlagen ungeeignet, weil ihre Ausgangsgrößen schwer weiter zu verarbeiten sind, sondern auch wegen ihres schlechten dynamischen Verhaltens. Sie besitzen das Verhalten von Schwingungsgliedern mit äußerst niedriger Eigenfrequenz und geringer Dämpfung. Daher würden sie bei wechselnden Drücken schnell in Resonanz geraten. Das kann weder in Regelkreisen noch in Steuerketten zugelassen werden. In Regelkreisen und Steuerketten möchte man, daß das Meßglied die Meßgröße verzögerungsfrei anzeigt. Man wünscht sich also reines P-Verhalten. Deformationsmanometer besitzen zwar ebenfalls kein P-Verhalten, aber unter bestimmten Voraussetzungen kann man sie als P-Glieder behandeln. Da Deformationsmanometer aus elastischen Elementen (Federn) bestehen, sind sie schwingungsfähig, d. h. sie besitzen ebenfalls Schwingungsverhalten. Ihre Dämpfung D ist ebenfalls klein, aber ihre Eigenfrequenz f_0 liegt wesentlich höher. Die Eigenfrequenz von Plattenfeder-Manometern liegt bei 1 kHz, von Quarzdruckgebern bei mehr als 100 kHz, Röhrenfeder-Manometer weisen die tiefste Eigenfrequenz von ca. 10 Hz auf.

4 Messung von Strömungsgeschwindigkeit, Durchfluß und Massenstrom

R. Schröter

4.1 Allgemeines

Die in der Überschrift genannten Begriffe stehen in einem engen Zusammenhang. Die Strömungsgeschwindigkeit ist die an einer Stelle - einem Punkt - des Raumes herrschende Geschwindigkeit (in m/s). Ermittelt man für eine Querschnittsfläche (z. B. ein Rohr) die mittlere Geschwindigkeit, dann kann man auch den Durchfluß (in m³/s) angeben. Hat man zusätzlich den Wert der (mittleren) Dichte des Strömungsmediums, so ergibt sich der Massenstrom (in kg/s).

Als wichtigste Anwendungen in der Versorgungstechnik seien exemplarisch genannt:

- Der Verbrauch von Trinkwasser wird erfaßt, da die Aufbereitung dieses Lebensmittels immer aufwendiger und teurer wird.
- Die Verrechnung gelieferter Wärme, sei es in Form von Warmwasser aus dem Heizkessel in Wohnhäusern oder auch von Fernwärme in Form von Wasser oder Dampf erfordert neben der Messung der Temperaturdifferenz auch die des Volumenstroms.
- Auch bei der Verrechnung gelieferter Energie in chemisch gebundener Form kommt der Volumenstromerfassung hohe Bedeutung zu. Hier sind im wesentlichen die Energieträger Heizöl und Erdgas zu nennen.
- Zur Erfüllung der Behaglichkeitsanforderung in der Raumlufttechnik gilt es, Geschwindigkeit und Temperatur der Luftströmung aufeinander abzustimmen. Dazu müssen einerseits die Volumenströme in Luftkanälen und an Luftauslässen kontrolliert werden und andererseits im Aufenthaltsbereich die Strömungsgeschwindigkeit und die Intensität der Turbulenz ermittelt werden.

Strömungsgeschwindigkeit [1, 2]

Zur vollständigen Beschreibung einer Strömung in einem ausgewählten Raumpunkt wird eine große Zahl von Informationen benötigt. Die Strömung ist (anders als Temperatur und Druck) eine vektorielle Eigenschaft, d. h. im kartesischen Koordinatensystem - mit den Koordinaten x, y und z - haben wir die drei Strömungsgeschwindigkeitskomponenten u, v und w. Außerdem kann die Strömung von einem Moment zum anderen ihre Größe stetig ändern, z. B. für die Komponente $u = u(t)$. Der zeitliche Verlauf der Geschwindigkeit enthält i.a. langsame Änderungen der mittleren Geschwindigkeit und die relativ schnellen Fluktuationen, die ihre Ursache in der Turbulenz haben. Turbulenz ist eine Strömungseigenschaft, die gekennzeichnet ist durch dreidimensionale stochastische Schwankungsbewegungen, die der mittleren Strömungsgeschwindigkeit überlagert sind. Turbulenz tritt auf, wenn in der Strömung das Verhältnis der Trägheitskraft zu den Zähigkeitskräften einen kritischen Grenzwert überschreitet. Dieses Verhältnis wird in der dimensionslosen Reynolds-Zahl

$$Re = \frac{u\,L}{v} \qquad (4\text{-}1)$$

gebildet. Im Zähler steht das Produkt aus einer charakteristischen Geschwindigkeit und einer charaktristischen Länge (z.B. Durchmesser des Rohres), im Nenner steht die kinematische Zähigkeit.

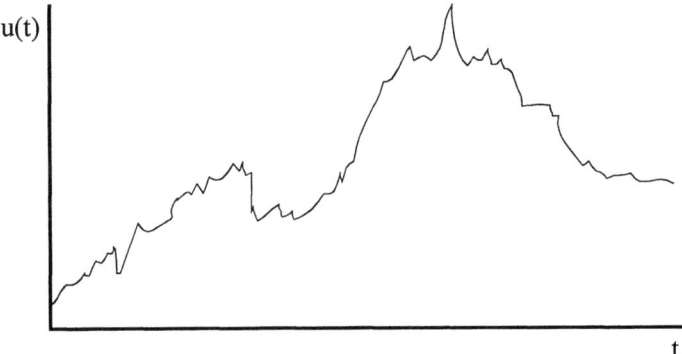

Bild 4-1: Beispiel für den zeitlichen Verlauf der Strömungsgeschwindigkeit

Um diesen kontinuierlichen Verlauf durch den Meßvorgang in aufschreibbare Ergebnisse wandeln zu können, muß man einen Informationsverlust in Kauf nehmen:

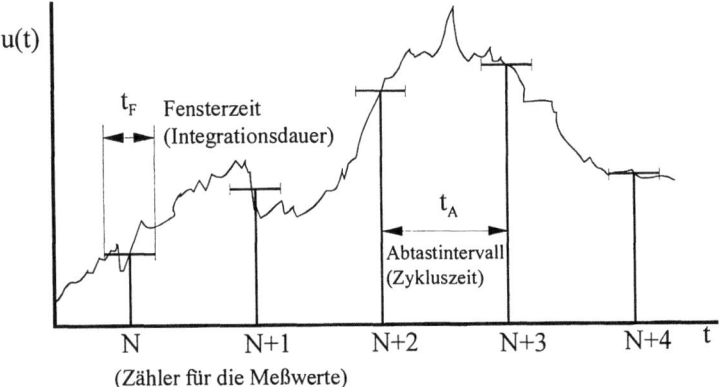

Bild 4-2: Zeitlicher Verlauf der Strömungsgeschwindigkeit mit eingetragenen Einzelmessungen

4.1 Allgemeines

Im Extremfall wird über das gesamte Zeitintervall nur ein (mittlerer) Meßwert gebildet. Für viele Messungen wird trotz des auftretenden Verlustes an Informationen, die bei der Messung anfallende Zahl an Daten immer noch viel zu groß sein. Die Anwendung statistischer Methoden schafft eine erwünschte Reduktion der Datenmenge. Das Interesse richtet sich auf eine Maßzahl über den mittleren Wert der Strömungsgeschwindigkeit. Als Zweites erwartet man eine Angabe zur Intensität der Geschwindigkeitsfluktuationen. Diese Schwankungen um einen mittleren Wert stehen in einem direkten Zusammenhang mit dem Phänomen Turbulenz.

Für die mathematische Beschreibung der zeitlichen Änderungen wird definiert:

$$u(t) = \bar{u} + u'(t) \tag{4-2}$$

Die in Gleichung 4-2 vorgenommene Aufteilung auf die mittlere Geschwindigkeit und auf den Schwankungsanteil ist im nachfolgenden Bild 4.3 dargestellt:

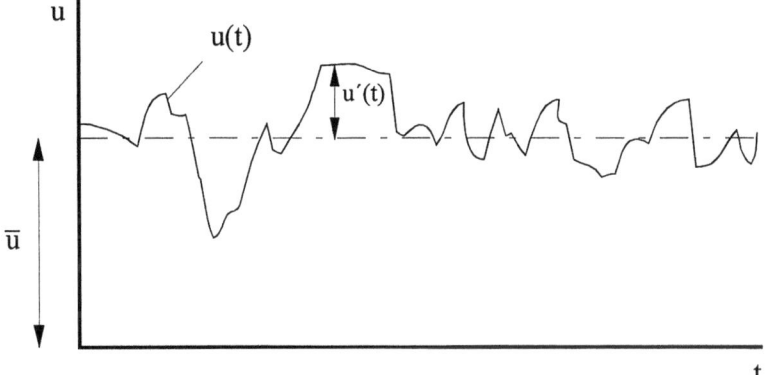

Bild 4-3: Schwankung der Strömungsgeschwindigkeit um den Mittelwert

Der Mittelwert des Schwankungsanteils ist Null, also $\overline{u'(t)} = 0$. Um die Intensität der turbulenten Fluktuationen dennoch messen zu können wählt man den folgenden Ansatz:

$$q = \sqrt{\overline{u'^{\,2}(t)}} \tag{4-3}$$

Es wird ein quadratischer Mittelwert gebildet, der sog. RMS-Wert (RMS = **R**oot (of the) **m**ean **s**quare). Die so gebildete Intensität wird auf eine entsprechende mittlere Größe bezogen, also dimensionslos dargestellt. Als Mittelwert für die Intensität der Schwankunggrößen aller drei kartesischen Koordinaten bildet man den Turbulenzgrad

$$Tu = \tfrac{1}{\bar{u}_0} \sqrt{\tfrac{1}{3}\left(\overline{u'^{\,2}(t)} + \overline{v'^{\,2}(t)} + \overline{w'^{\,2}(t)}\right)} \qquad (4\text{-}4)$$

mit $\bar{u}_0$ als mittlere Bezugsgeschwindigkeit, i.a. die Hauptanströmgeschwindigkeit.

Die mittlere Geschwindigkeit in Gl. 4-2 kann sich mit der Zeit ändern, ist aber innerhalb der gewählten Meßzeitspanne konstant. Die mögliche Frequenz der Änderungen ist bei der mittleren Geschwindigkeit sehr viel kleiner als beim Schwankungsanteil.

Zusätzlich ist zu erwarten, daß die Größe der Strömungsgeschwindigkeit vom Ort abhängt. Eine möglichst vollständige Erfassung der Strömung in einem Raum braucht also - entsprechend der gewünschten räumlichen Auflösung - eine große Zahl von gleichzeitig messenden Sensoren. Mit der Festlegung eines Rasters ergibt sich wiederum die Inkaufnahme eines Informationsverlustes.

Zur praktischen Ermittlung von Mittelwert und Schwankungsintensität einer Strömung wird eine Folge von Momentanwerten gemessen. Aus diesen Werten berechnet man den Mittelwert

$$\bar{u} = \sum_{i=1}^{n} u_i \qquad (4.5)$$

mit: i Laufindex
       u_i i - ter Einzelmeßwert
       n Anzahl der Werte

und die Intensität der Fluktuationen

$$\overline{u'^{\,2}} = \tfrac{1}{(n-1)} \sum_{i=1}^{n} (u_i - \bar{u})^2 \qquad (4\text{-}6)$$

mit: $(u_i - \bar{u}) = u'_i$ i - ter Schwankungswert.

Die einzelnen Meßwerte werden i.a. in einem festen Zeitraster (äquidistant) aufgenommen. Die Anzahl der Messungen je Sekunde, die Abtastfrequenz wird so festgelegt, daß sie mindestens doppelt so hoch ist wie der größte interessierende Frequenzanteil des Signals. Die Dauer der "Momentaufnahme" der Einzelmessung (die sog. Fensterzeit) muß kurz genug sein. Dazu gehört auch, daß die Eigenzeitkonstante des Sensors inkl. der nachgeschalteten Elektronik klein genug ist. Dadurch wird vermieden, daß die im Signal vorhandene höchste Fluktuationsfrequenz durch eine Integrations- bzw. Tiefpaßfilterwirkung reduziert wird.

4.1 Allgemeines

Die hier geforderte hohe Grenzfrequenz von Sensor und Elektronik darf nicht verwechselt werden mit dem andererseits erforderlichen analogen Tiefpaßfilter. Mit diesem sog. Anti-Aliasing-Filter wird die störende Auswirkung von Rauschen oder auch Signalanteilen oberhalb der Abtastfrequenz auf den Nutzbandbereich vermieden.

Die Anzahl der Werte muß mindestens so groß sein, daß einerseits die zeitliche Veränderung der mittleren Strömungsgeschwindigkeit gut ausgemittelt wird und andererseits die Anforderungen an die statistische Sicherheit von Mittelwert und Fluktuationsintensität erfüllt sind. Für weitergehende Informationen zur Abtastung, Quantisierung und Filterung bei der Meßsignalverarbeitung sei auf [4] und [5] verwiesen.

Die für die Strömungsmeßtechnik wichtigsten Grundbeziehungen der Strömungslehre sind:

Die Erhaltung der Energie wird in der Bernoulli-Gleichung ausgedrückt

$$\rho g h + p + \frac{\rho}{2} u^2 = konst \tag{4-7}$$

Bilanziert man zwischen zwei Orten gleicher Höhe ($h_1 = h_2$), dann entfällt der erste Summand. Übrig bleiben die Summanden für den statischen Druck und für den (strömungsbedingten) dynamischen Druck:

$$p_1 + \frac{\rho}{2} c_1^2 = p_2 + \frac{\rho}{2} c_2^2 = p_{ges} \tag{4-8}$$

Die Erhaltung der Masse bedingt, daß in einem Rohr oder Kanal das Produkt aus Fläche und Strömungsgeschwindigkeit konstant ist. Die Kontinuitätsgleichung (für inkompressible Strömungen) lautet:

$$A_1 c_1 = A_2 c_2 = \dot{V} \tag{4-9}$$

Die hier getroffene vereinfachende Annahme, daß das Fluid inkompressibel ist, gilt sehr gut für Wasser, wird jedoch auch für Luft angenommen, da die Druckunterschiede in der Lüftungstechnik hinreichend klein sind. Der Temperatureinfluß auf das Volumen ist nicht vernachlässigbar. Die winterlich kalte Außenluft, welche von einer Klimaanlage angesaugt wird, hat ein um 20% geringeres Volumen als die erwärmte Luft im Zuluftkanal. Bei gleichem Kanalquerschnitt würde also die Luft auf der Strecke Ansauggitter - Klimagerät um 20% langsamer strömen als auf der Strecke Klimagerät - Raum.

4.2 Gasförmige Medien

4.2.1 *Pitot*- und *Stau*rohr

Das Pitotrohr, ein hakenförmig gekrümmtes offenes Rohr, wird gegen die Strömung ausgerichtet und an seiner Spitze ist der in Gl. 4-8 angegebene Gesamtdruck wirksam. Über eine Schlauchleitung wird es mit einem Druckmessgerät, z.B. einem Schrägrohrmanometer, verbunden. Wenn, wie bei einer freien Strömung, der statische Druck am Kopf des Pitotrohrs und am freien Schenkel des Manometers gleich ist, wird nur der dynamische Druck am Manometer angezeigt. Bei Kanalströmungen (i. a. mit einem statischen Über- oder Unterdruck) muß auch der statische Druck in der Nähe der Staudruckmeßstelle gemessen werden. Dazu wird das Staurohr verwendet.

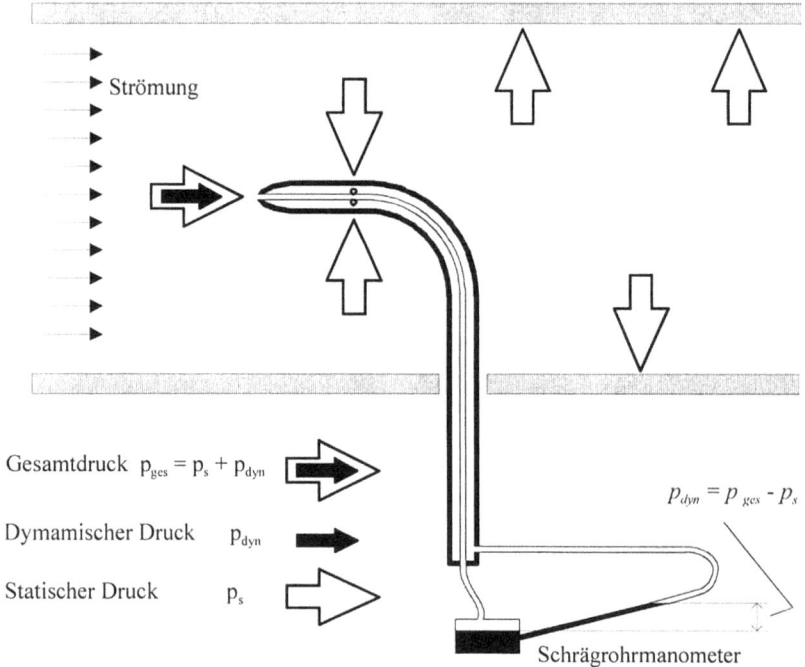

Bild 4-4: Wirkungsprinzip des Prandtlschen Staurohres

Zu Ehren von Ludwig Prandtl wird es auch als Prandtlsches Staurohr bezeichnet. Es besteht aus zwei konzentrisch angeordneten Metallrohren. Das Ende ist um 90° gebogen, damit es, nachdem es durch ein Loch in der Kanalwand eingeführt ist, gegen die Strömung ausgerichtet werden kann. Das innere Loch führt den an der Spitze herrschenden Gesamtdruck zum Schlauchanschluß am hinteren Ende. Mit dem äußeren Rohr wird der durch Einzelbohrungen oder einen Ringspalt am Umfang (quer zur Strömung) gemessene statische Druck zum zweiten Schlauchanschluß am hinteren Rohrende geleitet.

Bei Anschluß beider Drücke an einem Schrägrohrmanometer kommt die Differenz beider Drücke, der dynamische Druck, zur Anzeige. Durch Umstellen erhält man aus Gl. 4-7:

$$u = \sqrt{\frac{2 p_{dyn}}{\rho}} \tag{4-10}$$

Mit den heute am Markt angebotenen elektronischen Mikromanometern ergibt sich eine direkte Anzeige der Strömungsgeschwindigkeit. Darüber hinaus sind Leistungsmerkmale wie Meßwertspeicherung, Mittelwertbildung oder die Datenübertragung zu einem Rechner technisch möglich.

4.2.2 Schalenkreuz- und Flügelradanemometer

Beim überwiegend für meteorologische Messungen verwendeten Schalenkreuzanemeometer sind am Umfang eines Rotors drei bis vier halbkugelförmige Becher angebracht. Da der Strömungswiderstand einer offenen Halbkugel bei Anströmung der konkaven Öffnung etwa dreimal größer ist als auf der konvexen Rückseite, entsteht ein Drehmoment am Rotor. Bei einer Anströmung in der Ebene des Rotors ist der Meßwert unabhängig von der Anströmrichtung. Das Schalenkreuzanemometer wird überwiegend als Betriebsmeßgerät eingesetzt, ist also am Anwendungsort fest installiert.

Das Flügelradanemometer wird mit Durchmessern von etwa 1 bis 10 cm gebaut. Für den häufigsten Einsatzfall, die Messung an Luftauslässen, wird das etwa 10 cm große Gerät bevorzugt, da es über die turbulenzbedingten Schwankungen gut integriert. Durch eine reibungsarme Lagerung und eine rückwirkungsfreie Abtastung der Drehzahl (induktiv oder optisch) ergeben sich typische kleinste meßbare Strömungsgeschwindigkeiten von 0,3 m/s. Ist das Flügelrad erst einmal angelaufen, kann auch noch bei 0,25 m/s gemessen werden. Die maximale meßbare Geschwindigkeit darf 25 - 30 m/s betragen. Ein elektronisches Anzeigegerät ist entweder im Griff des Flügelrades oder über Kabel mit dem Flügelrad verbunden. Angezeigt werden neben dem Momentanwert auch der Mittelwert über eine wählbare Integrationszeit. Nach Eingabe des Strömungsquerschnittes in m² läßt sich auch der Volumenstrom direkt anzeigen.

4.2.3 Thermisches Anemometer [7, 9, 10]

Das Meßprinzip wurde zuerst von L. V. King im Jahre 1914 beschrieben [6]. Das Thermische Anemometer (gr. *Anemos* = Hauch, Wind) gilt seit Jahrzehnten als die Standardmethode zur Untersuchung komplexer Strömungsvorgänge. Das Verfahren basiert auf dem konvektiven Wärmeübergang an einem kleinen Heizelement. Das Heizelement ist als elektrischer Widerstand ausgeführt. Die zugeführte elektrische Energie wird mit einem Regelkreis so dosiert, daß die Temperatur des Heizelementes konstant ist (eine Variante, bei der der Strom konstant geregelt wird, wird kaum noch eingesetzt). Das an der Sonde vorbeiströmende Fluid nimmt die Wärme auf. Sind die Temperatur und andere Stoffwerte des Strömungsmediums konstant, dann besteht ein eindeutiger Zusammenhang zwischen der Strömungsgeschwindigkeit und der zugeführten elektrischen Energie.

Die Sonden [8]

Zwei Sondenbauarten werden unterschieden: Die Hitzdraht- und die Heißfilmsonde. Hitzdrahtsonden werden nur in gasförmigen Medien angewendet. Heißfilmsonden lassen sich - bei entsprechendem Aufbau - zusätzlich auch in Flüssigkeiten (sogar in Flüssigmetallen) einsetzen.

Die einfache Hitzdrahtsonde hat die Form einer Gabel mit zwei Zinken. Bild 4-5a

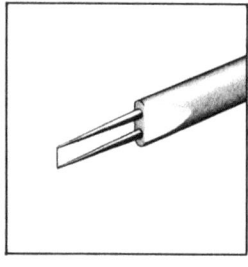 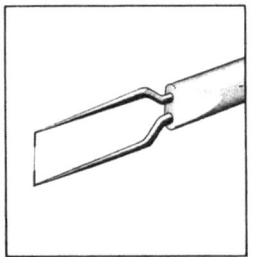 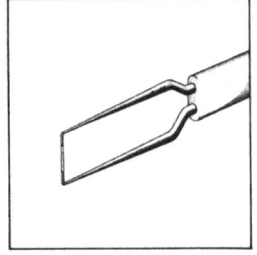

a) Standardsonde mit platiniertem Wolframdraht, Drahtdurchmesser 5μm

b) Sonde mit Teilvergoldung des Drahtes, aktive Drahtlänge 1,25 mm

c) Fiberfilmsonde (Quarzstab mit 70 μm Durchmesser, teilvergoldet)

Bild 4-5: Bauarten von Hitzdrahtsonden [8]

In dem keramischen Körper sind zwei spitz auslaufende Metallstäbe gegeneinander isoliert eingebracht. Die beiden Spitzen (typischer Abstand 5 mm) sind mit einem dünnen Draht -

dem Hitzdraht - elektrisch verbunden. Der Draht wird, je nach Sondenhersteller, auf die Spitzen aufgeschweißt (Punktschweißen) oder aufgelötet. Das Drahtmaterial soll einen möglichst hohen Temperaturkoeffizienten haben, d. h. der Widerstandswert soll sich bei einem vorgegebenen Temperaturunterschied möglichst stark ($\alpha \approx 0,3 - 0,4\% / K$) ändern. Die Oberfläche soll möglichst korrosionsbeständig sein, und die mechanische Festigkeit muß groß sein. Das Drahtmaterial, das diesen Forderungen am besten gerecht wird, ist platinummanteltes Wolfram. Der übliche Drahtdurchmesser beträgt 5 μm. Für spezielle Anwendungen werden auch Drahtdurchmesser zwischen 1 μm und 10 μm verwendet. Im einfachsten Fall wird der Draht über seine Länge gleichmäßig erwärmt. Nur an den Zinken gibt es, wegen der Wärmeableitung in die Zinken, eine Abkühlung. Durch dieses Temperaturgefälle ergibt sich in der Drahtmitte eine Überhitzung relativ zur mittleren Brenntemperatur von etwa 25%. Diese lokale Überhitzung des Drahtes reduziert seine Lebensdauer. Um die aktive (beheizte) Länge des Drahtes zu reduzieren, werden bei aufwendigeren Sonden die beiden Drahtenden von den Haltespitzen her vergoldet. Wegen der Querschnittsvergrößerung und der guten elektrischen Leitfähigkeit des Goldes findet dann die Erwärmung nur noch im hochohmigen mittleren Bereich statt. Dadurch kann man eine aktive Länge von nur 0,5 bis 2 mm realisieren. Der störende Einfluß der Wärmeableitung durch die Haltespitzen wird weitgehend vermieden. Drahtsonden werden zur Messung von Strömungsgeschwindigkeiten in einem Bereich von 0,1 m/s bis 500 m/s eingesetzt [7, 8].

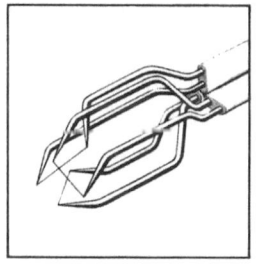

a) Robuste Stahlmantelsonde

b) Richtungsunabhängige Kugelsonde

c) Dreidrahtsonde zur gleichzeitigen Messung mehrerer Komponenten

Bild 4-6: Sonden für das thermische Anemometer in spezieller Bauweise [8]

Bei den Heißfilmsonden wird als Widerstand eine dünne Nickelschicht verwendet. Als Trägermaterial kommen Quarzglaskörper unterschiedlicher Geometrie zum Einsatz. Um die dünne Metallschicht mit homogener Dicke und Qualität auf das Trägermaterial zu bringen, setzt man die aufwendige Kathodenzerstäubertechnik (sputtering) ein. Die Nickelschicht wird mit einer äußeren Quarzschicht vor Umwelteinflüssen geschützt. Die üblichen

Schichtdicken betragen, je nach Strömungsmedium, 0,5 - 2,0 µm. Diese äußere Schutzschicht ermöglicht es auch, die Heißfilmsonden in Wasser einzusetzen.

Die engste Verwandschaft zur Drahtsonde ist bei der in Bild 4-5c dargestellten Sonde gegeben. Anstelle eines Drahtes wird hier ein 70 µm dicker runder Quarzstab verwendet. Auf den Quarzstab sind der leitfähige Nickelfilm und die Quarzschutzschicht aufgebracht. Für die verschiedenen Meßaufgaben, wie z.b. laminar-turbulenter Umschlag, Wärmeübergang u.a., sind die unterschiedlichsten Sondenformen entwickelt worden. Es stehen auch aufklebbare Filmsonden zur Verfügung, welche auf die zu untersuchende Region z. B. eines Tragflügels aufgeklebt werden. Zur Anwendung in der Raumklimameßtechnik ist eine kugelförmige Fiberfilmsonde entwickelt worden (Bild 4-6b). Die bei anderen Messungen erwünschte Richtungsabhängigkeit ist durch die Kugelform weitgehend eliminiert. Die Sonde mißt also nur die Größe der Strömungsgeschwindigkeit unabhängig von der Anströmrichtung.

Für die Messung in sehr rauher Umgebung bei stark verunreinigten Strömungsmedien gibt es auch Sonden, die mit einem robusten Stahlmantel geschützt sind (Bild 4-6a). Mit diesen robusten Sonden lassen sich nur niederfrequente Fluktuationen der Strömungsgeschwindigkeit (< 0,5 Hz) messen.

Die Geometrie der Drahtsonden ergibt eine ausgeprägte Richtungsempfindlichkeit. Ist die Anströmrichtung rechtwinklig zur Achse des Drahtes, dann ist der Wärmetransport maximal. In einem relativ großen Winkelbereich um diese rechtwinklige Anströmung ergibt sich eine cosinusförmige Abhängigkeit. Wird im Extremfall die Anströmrichtung gleich der Drahtachse (90° Abweichung von der rechtwinkligen Anströmung), dann gibt es eine deutliche Abweichung vom Cosinusverhalten. Die strömungsbedingte Abkühlung des Drahtes kann nicht (wie der Cosinus von 90°) Null werden.

Eine Rotation der Strömungsrichtung um die Drahtachse verändert den Wärmetransport nicht. Diese Richtungsänderung wird also vom Sensor nicht wahrgenommen. Erst durch die Verwendung von Mehrdrahtsonden (bis zu drei, in Ausnahmefällen auch vier Drähte) wird auch die Richtung der Strömung meßbar.

Bei technischen Strömungsvorgängen handelt es sich fast immer um turbulente Strömungen. Aufgabe der experimentellen Strömungsuntersuchung ist es daher insbesondere, in turbulenten Strömungsfeldern zu messen. Speziell die Phänomene im Zusammenhang mit der Turbulenz, wie Turbulenzgrad, Ablösung, Schwingungsanregung, Größe von Wirbelballen, Schubspannung u. a. werden untersucht. Das Meßsystem wurde für diese Zwecke weiterentwickelt und verfügt heute über:

- ♦ Kleinste Sensoren (Minimale Störung der Strömung, gute Erfassung kleinster Turbulenzballen, kleine Masse und daher geringe thermische Trägheit).
- ♦ Hohe Grenzfrequenz mit dem heute üblichen Konstant-Temperatur-Regelkreis

4.2 Gasförmige Medien

Wie schon eingangs dargestellt, liegt dem Verfahren (im Wesentlichen) der konvektive Wärmetransport von einer umströmten Wärmequelle zu Grunde. Der zu Ehren von L. V. King als King'sches Gesetz bezeichnete Ansatz beschreibt die Wärmeübertragung von einem (unendlich) langen beheizten Zylinder in einer inkompressiblen Strömung.

$$U^2 = \left[A + B\,(\rho\,u)^{1/n}\right](T_S - T_{Fl}) \qquad (4\text{-}11)$$

mit:
- U Anemometerausgangsspannung
- A Konstante, Abhängig von den Stoffwerten des Fluids
- B Konstante, Abhängig von den Stoffwerten des Fluids
- ρ Dichte des Fluids in kg/m³
- u Strömungsgeschwindigkeit in m/s
- n experimentell ermittelter Exponent
- T_S Sondentemperatur
- T_{Fl} Fluidtemperatur

Die Abhängigkeit der Anemometerausgangsspannung von der Strömungsgeschwindigkeit ist stark nichtlinear. Der Funktionsverlauf entspricht etwa der vierten Wurzel. Die in der rechten Klammer angegebene Temperaturdifferenz $T_S - T_{Fl}$ wird als Übertemperatur bezeichnet. Ihre Höhe wird durch die Justierung der - noch zu erläuternden - Brückenschaltung bestimmt. Zur Messung sehr kleiner Strömungsgeschwindigkeiten braucht man auch eine geringe Übertemperatur (50 K und weniger). Die zugeführte Wärme führt, wenn die erzwungene Konvektion klein wird, zu einer überlagerten Eigenkonvektion. Die Geschwindigkeit 0 m/s kann also prinzipiell nicht gemessen werden. Nur mit großem Aufwand sind Geschwindigkeiten kleiner als 0,1 m/s mit hinreichender Genauigkeit meßbar. Eine weitere Einflußgröße ist die Temperatur des Strömungsmediums selbst. Die Wärmeabfuhr von der Sonde steigt oder sinkt mit einer Abkühlung oder Erwärmung des Fluids. Wählt man eine hohe Übertemperatur (z. B. 200 K), ergibt eine Temperaturänderung des Fluids um 1 K nur einen Einfluß von 0,5% auf die Übertemperatur. Der Einfluß der sich ändernden Fluidtemperatur wird also durch eine hohe Übertemperatur reduziert, andererseits ist die kleinste meßbare Geschwindigkeit eingeschränkt. Die Anemometerausgangsspannung hängt quadratisch von der Übertemperatur ab. Eine hohe Übertemperatur ergibt also ein großes gut verwertbares Signal.

Bei Anwendungen, in denen die Fluidtemperatur starken Veränderungen unterworfen ist, z. B. bei der turbulenten Mischung zweier verschieden temperierten Fluide, wird die momentane Fluidtemperatur mit einem zusätzlichen Temperatursensor gemessen. Mit dem Signal von der Temperaturmessung wird in einer speziellen Kompensationsschaltung der sonst auftretende Fehler bei der Geschwindigkeitsmessung kompensiert. Für Sonden mit geringer Übertemperatur ist die Temperaturkompensation besonders wichtig.

Im Kapitel **8.3.1 Gegenkopplung Anwendungsbeispiele** wird ein temperaturkompensiertes Thermisches Anemometer, welches in Mikrosystemtechnik aufgebaut ist, vorgestellt.

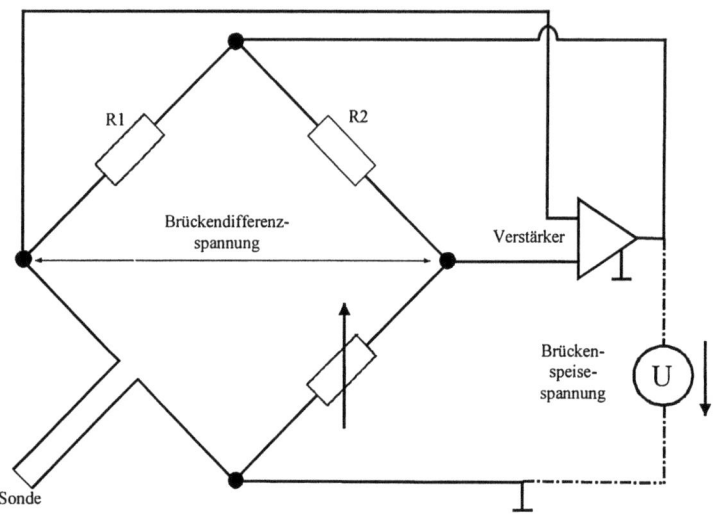

Bild 4-7: Blockschaltbild eines Konstant-Temperatur-Anemometers

Die zur Aufheizung der Sonde benötigte elektrische Energie wird über einen Regelkreis dosiert. Bei den heute verwendeten Systemen wird die Brenntemperatur der Sonde (und damit ihr elektrischer Widerstand) auf einen konstanten Wert geregelt (CTA = Constant Temperatur Anemometer). In Bild 4-7 ist das Blockschaltbild dargestellt.

Die Sonde ist Teil einer Wheatstoneschen Brückenschaltung, welche von einem Verstärker gespeist wird. Im oberen Zweig der Brücke - dem sog. passiven Zweig - befinden sich die gleich großen Widerstände R1 und R2 (z.B. R1 = R2 = 50 Ω). Im unteren - aktiven - Zweig befindet sich die Sonde und ein einstellbarer Widerstand. Gespeist wird die Brücke über den unteren und den oberen (= Verstärkerausgang) Anschluß. Bei Vorhandensein einer Spannung auf der senkrechten Brückendiagonalen, ergibt sich auf der horizontalen Diagonalen immer dann eine von Null verschiedene Brückendifferenzspannung, wenn die Brücke nicht abgeglichen ist. Dies ist bespielsweise der Fall, wenn die Sonde im kalten Zustand $R_0 = 3,5$ Ω hat und der einstellbare Widerstand auf $R_B = 6,2$ Ω eingestellt ist. Die so entstehende Brückendifferenzspannung wird vom Verstärker hoch verstärkt und am oberen Brückenpunkt eingespeist. Damit steigt der durch die Brücke fließende Strom, und der Sensor wird aufgeheizt. Als metallischer Leiter vergrößert er seinen Widerstandswert. Das Ungleichgewicht zwischen dem Sensor und dem einstellbaren Widerstand nimmt ab. Nach diesem kurzen Anfahrvorgang werden die beiden Widerstände gleich sein. Die

Brenntemperatur der Sonde ist durch den einstellbaren Widerstand definiert worden. Jede Änderung der Wärmeabfuhr am Sensor wird sofort durch eine Änderung der Spannung am oberen Brückenpunkt ausgeglichen. Diese Spannung kann also direkt als Ausgangssignal benutzt werden. Je größer die Verstärkung eingestellt wird, desto kleiner werden die möglichen Abweichungen sein. Die Eigenzeitkonstante des Sensorsystems wird verkleinert, d. h. die Bandbreite des Systems wird durch eine große Verstärkung entsprechend groß gemacht. Bei zu großer Verstärkung wird das System zu empfindlich und beginnt zu schwingen. Zur Einstellung der optimalen Verstärkung ist in manchen industriell angebotenen Geräten ein Test mit einem intern vorhandenen Rechtecksignal zuschaltbar.

Die Auswertung der Ergebnisse sowie ihre graphische Darstellung wird üblicherweise auf einem PC durchgeführt. Die Hersteller von thermischen Anemometern bieten komfortable Softwarepakete an, mit deren Hilfe man die Leistungsbereiche:

- (mehrkanalige) Meßwerterfassung,
- vollautomatische Kalibrierung,
- Linearisierung, Normierung,
- Steuerung von Sondenverschiebegeräten (Rasterfeldmessungen),
- Raum- Zeitkorrelation,
- vielfältige, weitgehend gestaltbare graphische Darstellungen

abdecken kann. Als Schnittstelle zwischen den analogen Meßwerten des Anemometers und dem Computer werden handelsübliche Analog-Digital-Einschubkarten verwendet.

4.2.4 Laser-Doppler-Anemometer [11, 15]

Nach einer stürmischen Entwicklungsphase hat das Laser-Doppler-Anemometer (LDA) sich in der Strömungsmeßtechnik fest etabliert. Es basiert auf den Doppler-Effekt, der am 28. Mai 1842, von Christian Doppler mit seiner berühmt gewordenen Abhandlung: "Über das farbige Licht der Doppelsterne" zuerst beschrieben wurde. Der später nach ihm benannte Effekt besagt, daß Wellen, die von einer bewegten Quelle stammen, von einem ruhenden Beobachter dann mit einer höheren Frequenz wahrgenommen werden, wenn sich die Quelle auf dem Beobachter zubewegt, hingegen mit einer niedrigeren Frequenz bei einer Bewegung weg vom Beobachter. Diese Frequenzänderung ist linear zur Geschwindigkeit. Die wichtigsten Vorteile des Meßprinzips sind:

- Eine Kalibrierung ist nicht notwendig.
- Temperaturänderungen, Dichteänderungen oder Verschmutzungen führen nicht zu Fehlmessungen.
- Die Strömung wird nicht gestört, da das Verfahren berührungslos arbeitet.

- Zwischen der Strömungsgeschwindigkeit und dem Meßwert besteht ein linearer Zusammenhang.
- Mit dem gleichen Gerät können sowohl Kriechströmungen (einige mm pro Sekunde) als auch Überschallströmungen gemessen werden.
- Der Meßort ist nahezu punktförmig (z. B. Länge 3 mm, Durchmesser 0,4 mm) und schnell ablaufende Veränderungen oder Schwankungen der Geschwindigkeit lassen sich messen.
- Die Genauigkeit des Verfahrens ist sehr hoch.
- Durch entsprechende Systemerweiterung ist auch die gleichzeitige Messung von zwei oder drei Komponenten möglich.

Nötige Voraussetzungen für die Anwendung sind:

- Optischer Zugang zum Meßort, d.h. i.a. Fenster.
- Lichtdurchlässiges Strömungsmedium.
- Kleinste Streulichtpartikel in genügender Konzentration und hinreichend homogener Verteilung im Strömungsmedium.
- Eine zur Zeit immer noch hohe Investition an Kapital und Fachwissen (= Arbeitszeit).

Zur Erklärung des Meßprinzips denke man sich einen quer durch das Strömungsmedium führenden Lichtstrahl. Er beleuchtet kleine in der Strömung mitschwimmende Teilchen. Die Teilchen streuen oder reflektieren einen Teil der Lichtenergie. Die Frequenz des Streulichtes erfährt eine Dopplerverschiebung, welche durch die Bewegung der Teilchen entsteht (Bild 4.8). Die sich für die in der Praxis vorkommenden Strömungsgeschwindigkeiten ergebenden Dopplerfrequenzverschiebungen (10^2 - 10^9 Hz) sind verglichen mit der Frequenz des sichtbaren Lichtes (0,4 - 0,75 * 10^{15} Hz) sehr klein.

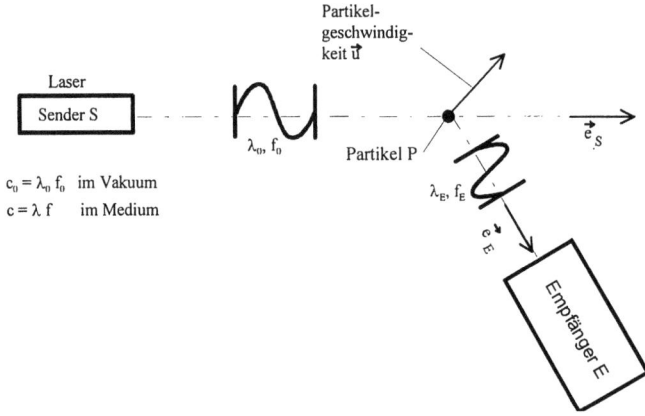

Bild 4-8: Zur Entstehung der Dopplerfrequenzverschiebung

4.2 Gasförmige Medien

Das Meßprinzip basiert auf dem Doppler-Effekt, Bild 4-8. Eine von der Strömung transportierte Partikel P_s empfängt das vom ortsfesten Sender S ausgehende Licht der Wellenlänge λ bzw. der Frequenz f_0 aufgrund ihrer Relativbewegung zum Sender mit der Frequenz f_p.

Es gilt Gl. (4-12).

$$f_p = f_0\left(1 - u\,\frac{\vec{e}_s}{c}\right) \tag{4-12}$$

Mit: u Partikelgeschwindigkeit

$\vec{e}$ Einheitsvektor in Richtung Lichtausbreitung

$c = \frac{c_0}{n}$ Lichtgeschwindigkeit im Strömungsmedium

c_0 Lichtgeschwindigkeit im Vakuum und

n Brechungsindex des Mediums

Für den ortsfesten Empfänger E wirkt die Partikel als bewegte Lichtquelle, welche die Frequenz f_E aussendet; für diese gilt nach Gl. (4-13):

$$f_E = f_P\left(1 + \vec{u}\,\frac{\vec{e}_E}{c}\right) \tag{4-13}$$

Dieses zur Sendefrequenz geringfügig frequenzverschobene Signal ist der Partikelgeschwindigkeit u direkt proportional. Diskrete Schwingungszüge können von Photodetektoren jedoch nicht aufgelöst werden, da f_E in der Größenordnung von 10^{14} Hz, also der Lichtfrequenz liegt. Man verwendet daher eine Referenzstrahlanordnung, bei der das frequenzverschobene Streulichtsignal im Photoempfänger der Frequenz f_0 überlagert wird. Dieser nimmt neben einer Reihe von Mischfrequenzen aus f_E und f_0 auch die Doppler-Frequenz f_D, Gl. (4-14) wahr.

$$f_D = f_E - f_0 = \vec{u}\left(\vec{e}_E - \vec{e}_S\right)\frac{n}{\lambda_0} \tag{4-14}$$

Nur die Doppler-Frequenz liegt bei ausgeführten Meßsystemen im MHz-Bereich und ist somit hinreichend klein, um von Photodetektoren aufgelöst werden zu können. Untersuchungen haben ergeben, daß die der Strömung zugesetzten Partikeln, der Strömung hinreichend schlupffrei folgen. Diese Vorraussetzung muß gemacht werden, da von der Geschwindigkeit der Partikeln auf die Strömungsgeschwindigkeit geschlossen wird. Für die in der Klimatechnik üblichen kleinen Strömungsgeschwindigkeiten und kleinen Turbulenzgrade, kann auch bei den unbekannten in der Strömung vorhandenen Partikeln die Abweichung vernachlässigt werden.

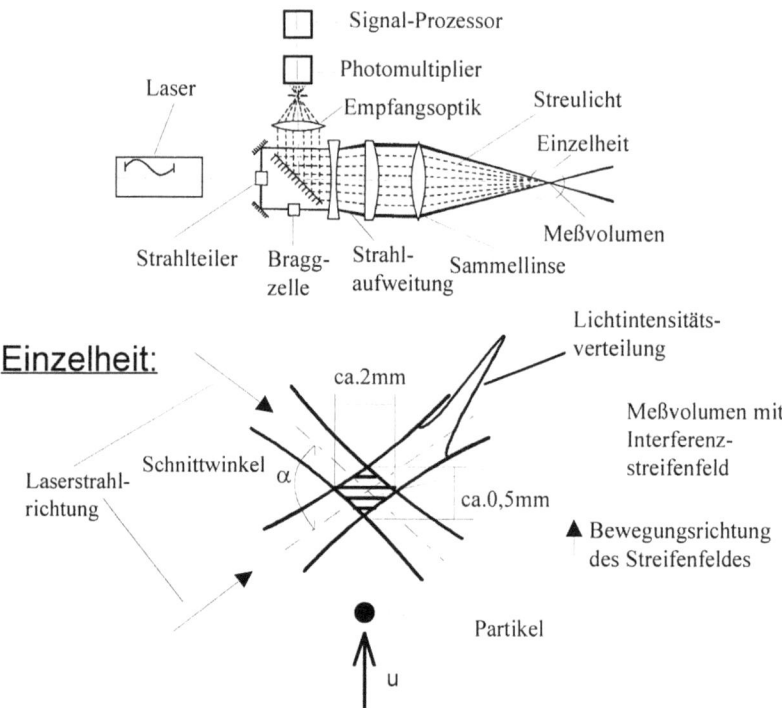

Bild 4-9: Optischer Aufbau eines Laser-Doppler-Velozimeters

In der Praxis werden überwiegend sogenannte Kreuzstrahl-Velozimeter eingesetzt. Der prinzipielle Meßaufbau eines solchen Velozimeters mit Rückwärtsstreu-Empfangsoptik sei anhand Bild 4-9 erläutert. Das Laserlicht wird mittels eines Strahlteilers in zwei Strahlen gleicher Intensität geteilt. Die in einem der Teilstrahlen befindliche Braggzelle (siehe weiter unten) bewirkt eine Frequenzverschiebung, die zur eindeutigen Richtungserkennung der Strömungsgeschwindigkeit dient. Die beiden Teilstrahlen werden dann aufgeweitet und mit Hilfe einer sphärischen Sammellinse in ihren engsten Querschnitten, den Strahltaillen fokussiert. Durch den Verschneidungsbereich der beiden Teilstrahlen wird das Meßvolumen gebildet, welches die Form eines Rotationsellipsoides hat. Es kommt zur Interferenz. Durchläuft ein in der Strömung befindliches Teilchen dieses Meßvolumen, so wird das Licht an ihm gestreut, mittels einer Empfangsoptik an den Photomultiplier geschickt und dann zur Signalanalyse zum Signalprozessor weitergeleitet.

4.2 Gasförmige Medien

Die Einzelheit in Bild 4-9 verdeutlicht den geometrischen Zusammenhang im Meßvolumen. Für den vorliegenden Aufbau ergibt sich ausgehend von Gl. (4-13) der in Gl. (4-14) dargestellte Zusammenhang zwischen der Doppler-Frequenz f_D und der gemessenen Geschwindigkeitskomponente u.

$$f_D = u \frac{2\sin\left(\frac{\alpha}{2}\right)}{\lambda} = u \frac{1}{a} \qquad (4\text{-}15)$$

mit a = Abstand der Interferenzstreifen

Die Komponente u liegt in der von beiden Teilstrahlen aufgespannten Ebene und steht senkrecht auf der Winkelhalbierenden.

Durch die feste Phasenbeziehung der beiden Laserstrahlen entstehen Intensitätsmaxima und -minima, ein sog. "Streifenmuster". Die Partikel erzeugt beim Durchströmen dieses Streifenmusters Lichtimpulse im Takt der Maxima und Minima, also mit der Frequenz f_E.

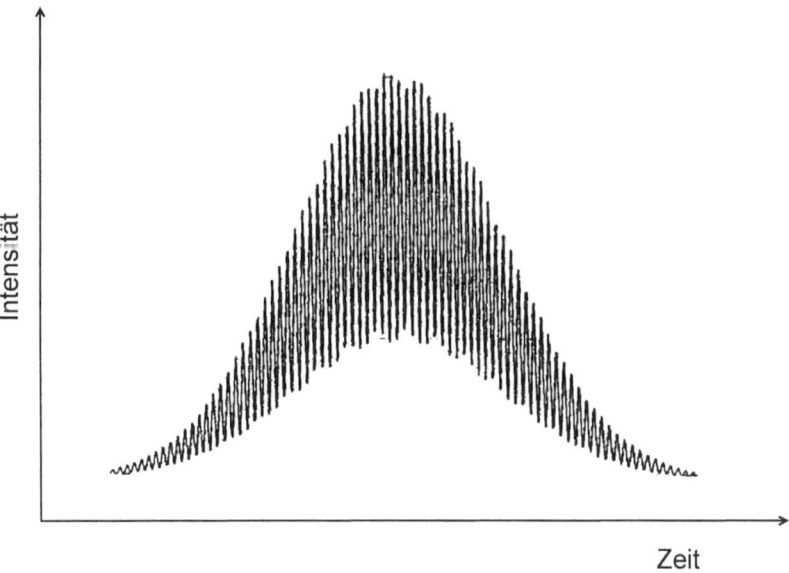

Bild 4-10: Typischer Intensitätsverlauf eines Doppler-Bursts

Einen typischen Signalverlauf nach der Erfassung mit einem Photodetektor zeigt Bild 4-10. Das Signal wird durch die geschwindigkeitsproportionale Frequenz f_E und zwei Einhüllende, die aus der Gaußschen Intensitätsverteilung über dem Strahlquerschnitt herrühren, charakterisiert.

Das bisher beschriebene Interferenzmodell beinhaltet zunächst eine Einschränkung des Meßverfahrens. Es sind mit einer symmetrischen Zweistrahlanordnung nämlich keine Aussagen möglich, in welche Richtung das Teilchen das Meßvolumen passiert. Mit einem solchen System kann also keine Richtungsumkehr detektiert werden, wie sie in turbulenten Strömungen oder Grenzschichten auftritt. Ein in das System integrierter opto-akustischer Wandler, die Bragg-Zelle, Bild 4-11, bewirkt eine Frequenzverschiebung in einem der beiden Teilstrahlen und bietet damit die Möglichkeit der Richtungserkennung. Diese sogenannte Frequenzverschiebung - auch Shiftfrequenz genannt - eines der beiden Teilstrahlen hat einen Frequenzunterschied im Meßvolumen und somit eine Bewegung des Interferenzstreifenfeldes senkrecht zur Winkelhalbierenden bzw. in Richtung der zu messenden Komponente zur Folge. So erzeugen Teilchen, die in gleiche Richtung wie das sich bewegende Streifenmuster strömen, eine niedrigere Signalfrequenz als diejenigen Teilchen, die sich mit gleichem Geschwindigkeitsbetrag in die umgekehrte Richtung bewegen. Ist die Shiftfrequenz größer als die größte auftretende Doppler-Signalfrequenz, so kann allein anhand des Betrags dieser Signalfrequenz das Vorzeichen der Strömungsrichtung erkannt werden, Bild 4-11. Daher ist auch das Messen sehr kleiner Geschwindigkeiten, die sonst keine auswertbaren Doppler-Signale ergäben, realisierbar.

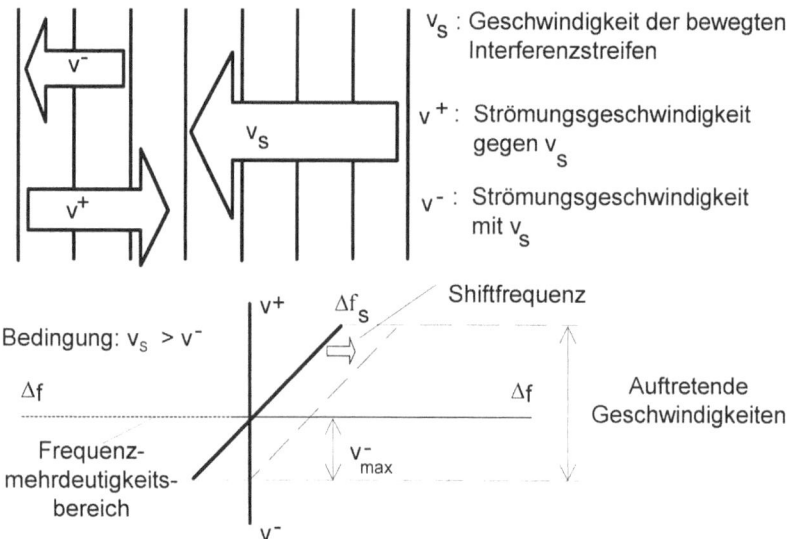

Bild 4-11: Frequenzshift für die eindeutige Erkennung des Vorzeichens der Strömungsrichtung

Früher versuchte man, die Frequenzverschiebung in einem der beiden Teilstrahlen mit einem rotierenden optischen Gitter zu erzeugen. Nachteilig wirken sich dabei die hohen Lichtverluste, die mechanischen Probleme und die begrenzt erreichbaren Frequenzverschiebungen von lediglich einigen kHz aus. Diese Nachteile führen heute üblicherweise zur

4.2 Gasförmige Medien

Verwendung von Bragg-Zellen, mit denen Shiftfrequenzen im MHz-Bereich ohne Störanfälligkeit erzielt werden. Bragg-Zellen, Bild 4-12, sind piezoelektrisch angeregte Glasblöcke, in denen durch die eingebrachten akustischen Wellen Dichteschwingungen hervorgerufen werden. Ähnlich wie beim optischen Gitter entstehen frequenzverschobene Teilstrahlen.

Die Signalerfassung in der LDV wird meist mit Photomultipliern durchgeführt. Bild 4-13 zeigt den Aufbau schematisch. Hauptbestandteile sind eine Vakuumröhre mit Kathodenschicht und eine nachgeschaltete Dynodenkette. Auf die Kathode treffende Photonen lösen Primärelektronen aus der Schicht. Infolge der anliegenden Beschleunigungsspannung treffen diese auf die nachgeordneten Dynoden, aus denen Sekundärelektronen gelöst werden. Auf dem Weg zur Anode wächst der Elektronenstrom sehr stark an. Die Verstärkung erreicht Werte bis hin zum Faktor 10^8 bei Bandbreiten bis zu 200 MHz. In neueren kleineren LDA-Systemen werden die Photomultiplier durch Avalanche-Photodioden ersetzt. Sie sind nicht so leistungsfähig wie Photomultiplier, aber sehr viel kleiner und billiger.

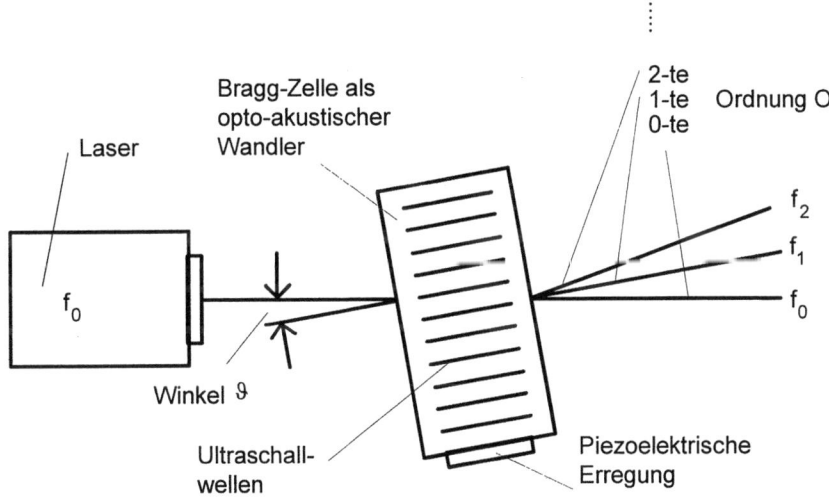

Bild 4-12: Erzeugung der Frequenzverschiebung durch eine Bragg-Zelle

Für die Signalverarbeitung haben sich verschiedene Auswertesysteme bewährt:

- **Tracker** vergleichen die Dopplerfrequenz mit internen, spannungsgeregelten Frequenzen und führen diese derart nach, daß die Differenzfrequenz verschwindet. Die Oszillatorspannung dient dann als Maß für die Doppler-Frequenz.

- **Counter** messen die Zeitintervalle, die Teilchen benötigen, um eine definierte Anzahl von Interferenzstreifen zu durchqueren. Die jeweilige Messung wird durch Überschreiten eines bestimmten Spannungspegels getriggert.

- **Korrelatoren** bestimmen die Signalfrequenz über das Zeitintervall, nachdem die Kurvenform des Signals sich selbst wieder maximal ähnlich ist.

- Ein **Transientenrekorder** digitalisiert das vom Photomultiplier erzeugte Analogsignal und führt es einem Computer zur rechnerischen Frequenzbestimmung zu.

- Der **Burst-Spectrum-Analyser** [14] ist ein Signalverarbeitungssystem, welches auch noch sehr geringe Signalqualitäten auszuwerten vermag. Das Problem des geringen Signal-Rauschspannung-Abstandes wird durch schnelle Fourier-Transformation (FFT) gelöst. Es lassen sich sogar Signale erfassen, deren Amplitude innerhalb der Rauschspannung liegt. Das bedeutet, daß sich die Meßzeiten verkürzen, weniger Laserleistung erforderlich ist und sich die Probleme hinsichtlich der Streulichtpartikeln reduzieren.

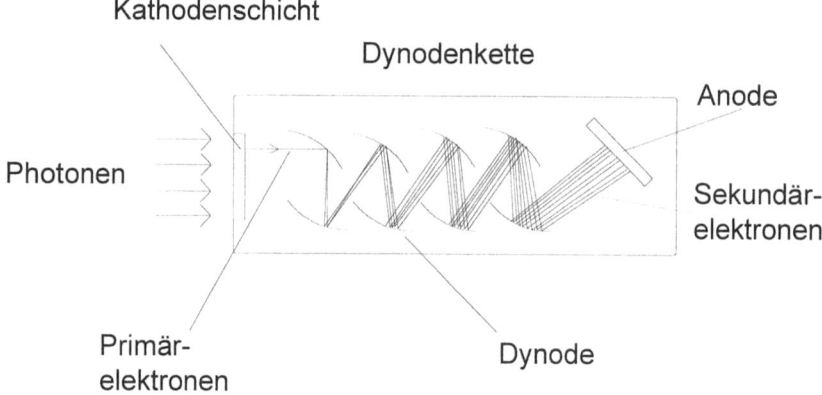

Bild 4-13: Prinzipieller Aufbau und Wirkungsweise eines Photomultipliers

Das beschriebene LDV-System ermöglicht somit die Messung einer Komponente des räumlichen Strömungsgeschwindigkeitsvektors. Immerhin lassen sich mit einem Einkomponenten-LDV durch Drehung der Optik und aufeinander folgende Messungen bereits zwei aufeinander senkrecht stehende Komponenten erfassen. Zur Bestimmung mittlerer Strömungsgrößen, wobei jedoch keine gleichzeitigen Schwankungen der Strömungsgrößen in verschiedenen Richtungen erfaßt werden können, stellt dies die kostengünstigste Lösung dar. Für eine zeitgleiche Erfassung von zwei Komponenten sind sehr viel aufwendigere

Lösungen nötig. Dabei werden Laserstrahlen mit verschiedenen Farben in Drei- oder Vierstrahlanordnung in zwei aufeinander senkrecht stehenden Ebenen im Meßvolumen fokussiert. Bei den für größere LDV-Systeme eingesetzten Argon-Ionen-Lasern lassen sich mehrere Laser-Linien (Farben)verwenden (Wellenlängen: grün = 515 nm, blau = 488 nm, Zyan = 476 nm) Für Geräte zur Messung nur einer Komponente der Strömung verwendet man i.a. Helium-Neon-Laser (Wellenlänge: orangerot 633nm). Die meisten der unterdessen häufiger eingesetzten Laserdioden emittieren infrarotes Licht. Da dieses Licht von unseren Augen nicht wahrgenommen wird, ist bei offenen Laboraufbauten das Risiko der Augenverletzung größer. Für mehrkanalige Meßaufgaben sind entsprechend viele Signaldetektoren und Signalprozessoren erforderlich. Seit Beginn der Achtziger Jahre wird die LDV mit großem Erfolg in Pumpen, Ventilatoren und Verbrennungsmotoren eingesetzt. Dadurch erhält man erstmals detaillierte Informationen über die inneren Strömungsvorgänge dieser Maschinen [12, 13, 14].

Andere Laser-Meßverfahren

Wegen ihrer Verwandtschaft mit den bereits genannten Verfahren seien an dieser Stelle zwei weitere laser-optische Meßmethoden vorgestellt.

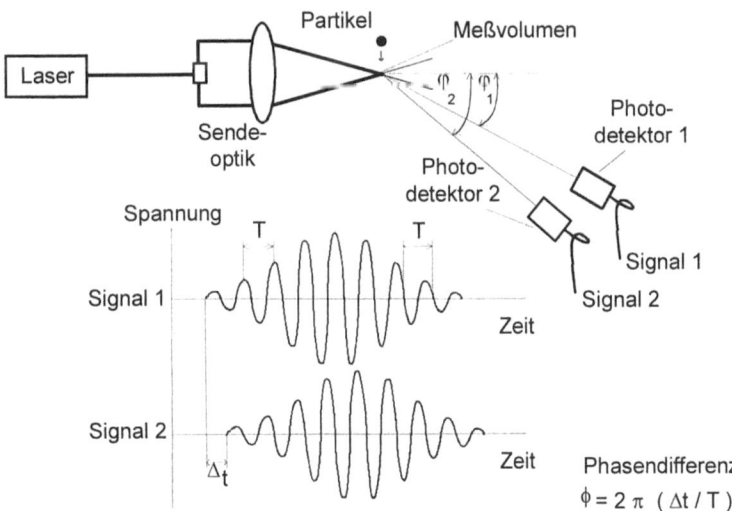

Bild 4-14: Erweiterung des LDV zum Phasen-Doppler-Verfahren

Die **Phasen-Doppler-Anemometrie (PDA)** stellt eine Erweiterung der LDA dar. Mit der PDA läßt sich neben der Bestimmung der Partikelgeschwindigkeit gleichzeitig auch die Größe sphärischer Partikeln ermitteln. Dies können sowohl Tropfen in Luft als auch Blasen in Wasser sein. Der Meßaufbau entspricht bei diesem Verfahren weitgehend dem der LDV. Der einzige Unterschied besteht in der Verwendung einer zweiten (bzw. auch noch einer dritten) Signalempfangseinheit, Bild 4-14. Von beiden Photodetektoren wird jeweils dasselbe Dopplersignal empfangen. Die Doppler-Frequenzen sind gleich, jedoch um die Phasendifferenz wegen der unterschiedlichen Empfangswinkel φ_1 und φ_2 verschoben. Die Phasenverschiebung ist ein Maß für den Teilchendurchmesser d.

Die **Particle-Image-Velocimetry (PIV)** dient so wie die LDV der Bestimmung von Strömungsgeschwindigkeiten. Der Unterschied zur LDV, die die Geschwindigkeit als Funktion der Zeit an einem Ort ermittelt, besteht in der Ermittlung vieler Geschwindigkeitsvektoren innerhalb einer Ebene während einer festen Zeitspanne. Eine sich durch die Lichtschnittebene bewegende Partikel wird durch zweimaliges Belichten auf einem fotografischen Film abgebildet. Die zurückgelegte Wegstrecke, bezogen auf die zwischen den Belichtungen liegende Zeitspanne, bildet den Geschwindigkeitsbetrag. Die notwendige zweimalige Belichtung kann bei Gebrauch eines cw-Lasers (cw =continuous wave) durch eine entsprechende Steuerung des Kameraverschlusses realisiert werden. Eine zweite Möglichkeit zur Erzeugung einer Doppelbelichtungsaufnahme besteht in der Verwendung eines gepulsten Lasers mit wählbarer Pulsfrequenz und -dauer. Die Pixelauflösung von CCD-Kameras wurde in den letzten Jahren derart verbessert, daß auch eine digitale Bildverarbeitung möglich wurde. Kommerzielle PIV-Systeme arbeiten mit Kameras die 1000 * 1000 Pixel auflösen. Die aufwendigsten Kameras erreichen 2000 * 2000 Pixel.

Literaturverzeichnis

[1]   Bohl, W.: Technische Strömungslehre, Vogel Buchverlag Würzburg, 5. Auflage, 1982

[2]   Albring, W.: Angewandte Strömungslehre, Steinkopf-Verlag, Dresden, Leipzig, 4. Auflage, 1970.

[3]   Profos, P., Pfeifer, T.: Handbuch der industriellen Meßtechnik, R. Oldenbourg Verlag München Wien, 5. Auflage, 1992, Seite 795 - 808.

[4]   Profos, T., Pfeifer, T.: Grundlagen der Meßtechnik, R. Oldenbourg Verlag München Wien, 4. Auflage, 1993.

[5]   Azizi, S. A.: Entwurf und Realisierung digitaler Filter, R. Oldenbourg Verlag München Wien, 5. Auflage, 1990.

[6] King, L. V. : On the convection of heat from small cylinders in a stream of fluid, Philosophical Transactions of the Royal Society of London, Series A, Volume 214, 1914, Seite 373 - 432

[7] Strickert, H.: Hitzdraht- und Hitzfilmanemometrie, VEB Verlag Technik Berlin, 1974.

[8] Sondenkatalog (Probe Catalog) der Firma DANTEC Measurement Technology A/S Skovlunde, Dänemark.

[9] Schledde, R.: Konstant-Temperatur-Anemometer, messen + prüfen, Heft 10, 1980

[10] Bruun, H. H.: Hot-Wire Anemometrie, Oxford Science Publications, 1995

[11] Rückauer, C.: Laser-Doppler-Anemometer, messen + prüfen, Heft 10, 1980.

[12] Radke, M., Schröter, R., Siekmann, H.: Die Anwendung der Laser-Doppler-Velozimetrie bei der strömungstechnischen Untersuchung einer halbaxialen Rohrgehäusepumpe, KSB Technische Berichte, Heft 20, Juni 1986, Seite 20 - 38.

[13] Schröter, R.: Anwendung der Laser-Doppler-Velozimetrie zur Untersuchung der Laufradströmung halbaxialer Abwasserpumpen, Dissertation TU Berlin, 1986.

[14] Radke, M., Schröter, R. Flow Field investigation in Axial Pump Impellers Using a Burst-Spectrum-Analyser, Fourth International Symposium on Applications of Laser Anemometry to Fluid Mechanics, Lisbon, Portugal, 1988

[15] Albrecht, H. E.: Laser-Doppler-Strömungsmessung, Akademie-Verlag Berlin, 1986.

4.3.1 Volumenzähler

Der Durchfluß ist das Verhältnis aus der Menge des strömenden Mediums (Volumen V oder Masse m) zu der Zeit, in der diese Menge einen Leitungsquerschnitt durchfließt. Neben volumetrischen Verfahren (Volumenzähler) werden zur Durchflußmessung Wirkdruckverfahren (Blende, Düse, Venturi-Rohr) und zur Strömungsgeschwindigkeitsmessung induktive und Ultraschall-Verfahren sowie Drucksonden (Pitotrohr, Prandtlstaurohr) und Thermosonden (Hitzdrahtanemometer) verwendet.

Bei einer Umdrehung der Ovalräder, die in einer Meßkammer abrollen (Bild 4-15), werden vier Teilvolumina transportiert, die dem Meßinhalt V_M entsprechen. Mittelbar über eine Drehzahlmessung kann der Volumendurchsatz durch Volumenzähler mit Meßflügeln (Turbinenzähler) gemessen werden.

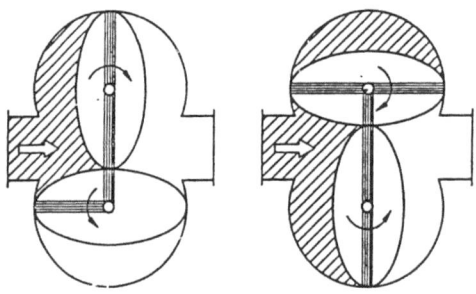

Bild 4-15 Ovalradzähler zur Bestimmung des Volumenstroms

4.3.2 Wirkdruckverfahren

Durch Einschnürung des Querschnitts einer Rohrleitung mittels einer Drosseleinrichtung (Bild 4-16) ergibt sich aus der resultierenden Druckerniedrigung $\Delta p = p_1 - p_2$ (sog. Wirkdruck) der Durchfluß einer Flüssigkeit. Mit A_1, A_2 Strömungsquerschnitte ($A_2/A_1 = k$) v_1, v_2 Strömungsgeschwindigkeiten und p_1, p_2 Druckwerten folgt aus der Bernoulli- und der Kontinuitätsgleichung unter den idealisierten Verhältnissen von Bild 4-16 für den Volumendurchfluß:

$$\dot{V} = \frac{kA_1}{\sqrt{1-k^2}} \sqrt{\frac{2\Delta p}{\rho}} \qquad (4.2\text{-}1)$$

(ρ: Dichte).

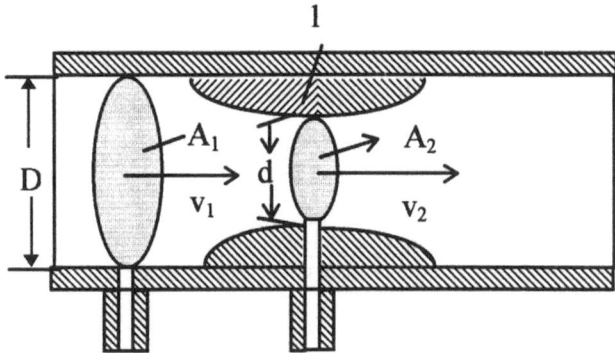

Bild 4-16 Durchflußmesssung nach dem Wirkdruckverfahren

Zur Durchflußmessung werden Normblenden, Normdüsen und Venturi-Rohre eingesetzt. In Bild 4-17 sind typische Bauformen zusammen mit den zugehörigen Druckverlustzahlen $\xi_2 = (k-1)^2$, bezogen auf den Durchmesser D_2 über dem Durchmesserverhältnis $D_2/D_1 = k$ aufgetragen. In der Praxis nach ISO 5167 bzw. DIN 1952 und DIN 19 201 - 19251 wird die Druckdifferenz an der Stirn- und Rückseite der Geräte entnommen. Dabei ist ergänzend zu den Querschnitten A_1 und A_2 nach Bild 4-16 der engste Strömungsquerschnitt A_0 des Drosselgeräts von Bedeutung. Die verschiedenen meßtechnisch relevanten Faktoren, wie Kontraktion, Geschwindigkeitsprofil, Lager der Druckentnahme werden zur Durchflußzahl α zusammengefaßt, wobei vereinfacht gilt:

$$\dot{V} = \alpha A_O \sqrt{\frac{2\Delta p}{\rho}} \qquad (4.2\text{-}2)$$

Die Durchflußzahl hängt u. a. ab von der Kontraktionszahl:

$$m = A_0/A_1 = \beta^2 \qquad (4.2\text{-}3)$$

und von der Reynolds-Zahl Re.

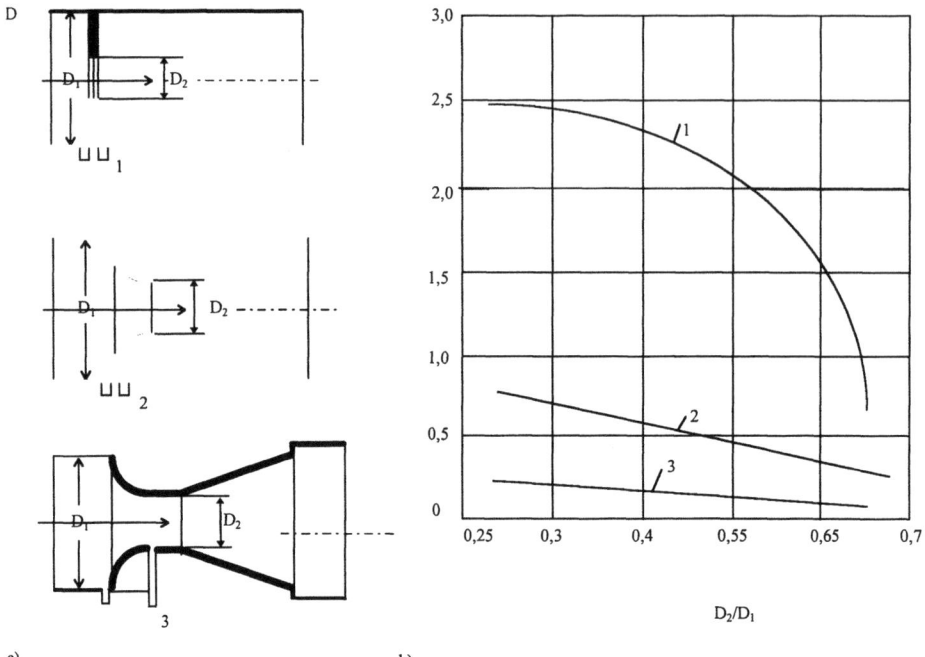

Bild 4-17 Durchflußmeßgeräte. a Bauformen b Druckverlustzahlen
1 Normblende, 2 Normdüse, 3 Venturi-Rohr

4.3.3 Induktive Durchflußmesser

Nach dem Induktionsgesetz kann die Geschwindigkeit v einer senkrecht zu einem Magnetfeld (gekennzeichnet durch magnetischen Fluß ϕ und Induktion B) in einem isolierten Rohrstück strömenden Flüssigkeit (Mindestleitfähigkeit $\approx$ 1 µS/cm) über die in der Flüssigkeit induzierten Spannung U bestimmt werden, die mit zwei Elektroden an den Rohrwänden abgegriffen wird (Bild 4-18).
Aus U dϕ/dt = B · D + v folgt die Strömungsgeschwindigkeit v = U/(B · D) und der Durchfluß: $\dot{V} = (\pi/4) \cdot D^2 \cdot v$.

4.3 Strömungsgeschwindigkeit, Durchfluß, Massenstrom

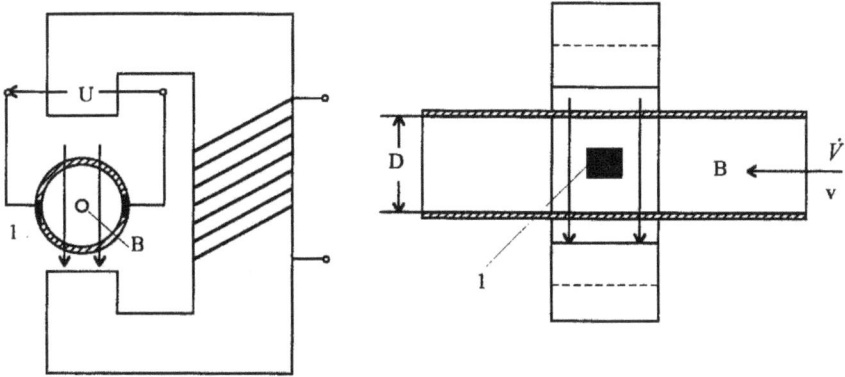

Bild 4-18 Prinzip eines induktiven Durchflußmessers.

4.3.4 Ultraschall-Strömungsmesser

Die Bestimmung der Strömungsgeschwindigkeit erfolgt durch Messung der Ultraschall-Impulslaufzeiten $t_1 = 1/f_1$ und $t_2 = 1/f_2$ in Strömungsrichtung und in Gegenrichtung mittels Piezo-Sende-(S-) und Empfangs-(E-)Kristallen (Bild 4-19). Die Differenz $f_2 - f_1$ der beiden Impulsfrequenzen ist (unabhängig von der momentanen Schallgeschwindigkeit c) der Strömungsgeschwindigkeit v proportional:

$$v = \frac{L}{2\cos\varphi}(f_2 - f_1). \qquad (4.4\text{-}1)$$

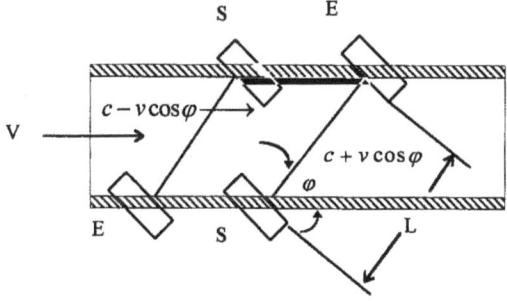

Bild 4-19 Prinzip eines Ultraschall-Durchflußmessers. E Empfänger S Sender

5 Schallmessung

D. Otto

Begriffe

Schall	Mechanische Schwingungen und Wellen eines Mediums, insbesondere im Frequenzbereich des menschlichen Hörens von etwa 16 Hz bis 16 000 Hz
Luftschall	In Luft sich ausbreitender Schall
Körperschall	In festen Stoffen sich ausbreitender Schall
Ton	Schallschwingung mit sinusförmigem Verlauf
Geräusch	Schall, der aus vielen Einzeltönen zusammengesetzt ist, deren Frequenzen nicht in einfachen Zahlenverhältnissen zueinander stehen
Frequenz	Anzahl der Schwingungen je Sekunde
Oktave	Die Verdoppelung der Frequenz entspricht einer Oktave
Terz	Frequenzbereich von der Breite einer Drittel-Oktave
Schallstrahlertypen	Schallquellen werden nach ihrer Richtcharakteristik unterschieden
Monopolstrahler	Der Monopol strahlt gleichmäßig in alle Richtungen
Dipolstrahler	Der Dipol ist ein Strahler aus zwei Monopolen, die mit gleicher Amplitude gegenphasig schwingen
Quadrupolstrahler	Ein Quadrupolstrahler entsteht, wenn zwei benachbarte Dipole mit gleicher Amplitude in Gegenphase schwingen

5 Schallmessung

Formelzeichen

c	Schallausbreitungsgeschwindigkeit
D	Schalldämpfung oder Absorption
f	Frequenz
I	Schallintensität, Produkt aus den Effektivwerten von Schalldruck und Schallschnelle $I = \tilde{p} \cdot \tilde{v}$
L_P	Schalleistungspegel $L_P = 10 \lg(P/P_0)$
L_p	Schalldruckpegel $L_p = 10 \lg(\tilde{p}^2/\tilde{p}_0^2)$
$L_{pA...B}$	Bewerteter Schalldruckpegel
LS	Lautstärkepegel, zahlenmäßig gleich dem Schalldruckpegel eines gleich laut wahrgenommenen 1000 Hz-Tones
p	Schalldruck
$\tilde{p}$	Effektivwert des Schalldruckes
$\tilde{p}_0$	Bezugswert für den Schalldruckpegel $\tilde{p}_0 = 2 \cdot 10^{-5}\ Pa$
S	Lautheit
St	Strouhal-Zahl, Frequenz der Wirbelablösung bei laminarer Anströmung
v	Schallschnelle

5.1 Schall und Schallfeld

Die Ausbreitung einer Schallwelle in Gasen und Gasgemischen wie z.B. Luft erfolgt mit räumlichen und zeitlichen Schwankungen der Dichte, des Druckes und der Geschwindigkeit der Mediumteilchen um die ohne Schall vorhandenen Mittelwerte.

Die Größen Dichte ρ, Druck p und der Vektor der Geschwindigkeit $\vec{v}$ können in räumlich und zeitlich konstante Werte ρ_-, p_-, $\vec{v}_-$ und in veränderliche Schallfeldgrößen Wechseldichte $\rho_\sim$, Schalldruck $p_\sim$ und Wechselgeschwindigkeit $\vec{v}_\sim$ aufgespalten werden

$$\rho = \rho_- + \rho_\sim$$
$$p = p_- + p_\sim \tag{5.1}$$
$$\vec{v} = \vec{v}_- + \vec{v}_\sim$$

Die Wechselgeschwindigkeit $\vec{v}_\sim$ ist die Ausbreitungsgeschwindigkeit des Wellenzustandes und wird in der Akustik als Schallschnelle bezeichnet. Für die ebene Welle hat der Vektor der Schallschnelle $\vec{v}_\sim$ nur eine Komponente $\vec{v}_{\sim x}$ in x-Richtung.

Die Gleichungen für die Erhaltung der Masse und des Impulses und die Zustandsgleichung für Gase bilden das Gleichungssystem für die theoretische Behandlung der Schallausbreitung:

Kontinuitätsgleichung

$$\frac{1}{\rho} \cdot \frac{d\rho}{dt} + \frac{dv}{dx} = 0 \tag{5.2}$$

Impulsgleichung

$$\rho \cdot \frac{dv}{dt} + \frac{dp}{dx} = 0 \tag{5.3}$$

Zustandsgleichung

$$p \cdot \rho^{-\kappa} = konst. \tag{5.4}$$

Mit der Annahme kleiner Amplituden

$$\rho_\sim \ll \rho_-, p_\sim \ll p_-, \vec{v}_\sim \ll \vec{v}_-$$

folgt aus den Gleichungen (5.2) und (5.3)

5.1 Schall und Schallfeld

$$\frac{d\rho_\sim}{dt} + \rho_- \cdot \frac{dv_\sim}{dx} = 0 \tag{5.5}$$

und

$$\rho_- \cdot \frac{dv_\sim}{dt} + \frac{dp_\sim}{dx} = 0 \ . \tag{5.6}$$

Die Zustandsgleichung (5.4) führt zu folgender Beziehung

$$p_\sim = \kappa \cdot \frac{p_-}{\rho_-} \cdot \rho_\sim \tag{5.7}$$

Mit der Schallgeschwindigkeit für Gase

$$c = \sqrt{\kappa \cdot \frac{p_-}{\rho_-}} \tag{5.8}$$

ergibt sich aus Gleichung (5.7) folgende Abhängigkeit

$$p_\sim = c^2 \cdot \rho_\sim \tag{5.9}$$

Die Kontinuitätsgleichung lautet mit Gleichung (5.9)

$$-\frac{dv_\sim}{dx} = \frac{1}{(\rho_- \cdot c^2)} \cdot \frac{dp_\sim}{dt} \tag{5.10}$$

Aus den Gleichungen (5.6) und (5.10) folgen nach partieller Differentiation die Wellengleichungen für den ebenen, ungedämpften Fall

$$\frac{d^2 p_\sim}{dx^2} = \frac{1}{c^2} \cdot \frac{d^2 p_\sim}{dt^2} \tag{5.11}$$

$$\frac{d^2 v_\sim}{dx^2} = \frac{1}{c^2} \cdot \frac{d^2 v_\sim}{dt^2} \tag{5.12}$$

Eine Lösung der Wellengleichung (5.11) ist die Sinuswelle

$$p_\sim = \hat{p} \cdot \cos\left\{\omega\left(t \pm \frac{x}{c}\right) + \Phi\right\} \tag{5.13}$$

mit dem Scheitelwert $\hat{p}$ der Druckamplitude und Φ als Nullphasenwinkel.

Die Lösung für die Schallschnelle $v_\sim$ führt zu

$$v_\sim = \frac{\hat{p}}{(\rho_- \cdot c)} \cdot \cos\left\{\omega\left(t \pm \frac{x}{c}\right) + \Phi\right\}$$ (5.14)

Aus Schalldruck $p_\sim$ und Schallschnelle $v_\sim$ folgt die Schallkennimpedanz, bzw. der Wellenwiderstand des Mediums

$$Z_0 = \frac{p_\sim}{v_\sim} = \rho_- \cdot c$$ (5.15)

5.1.1 Schallkenngrößen

Die Hauptkenngröße der Schallemission einer Schallquelle ist ihre Schalleistung. Der Messung zugänglicher ist jedoch der Schalldruck, über den indirekt die Schalleistung ermittelt werden kann.

5.1.1.1 Schalldruck

Der Schalldruck ist ein dem Gleichdruck überlagerter kleiner Wechseldruck

$$p = p_- + p_\sim$$ (5.16)

Hierbei ist p_- der Mittelwert des Druckes ohne Schall. Der Schalldruck $p_\sim(t)$ ist eine zeitabhängige Größe (Bild 5.1). Zur Kennzeichnung des Wechseldruckes wird der Effektivwert des Wechseldruckes verwendet

$$\tilde{p} = \sqrt{\frac{1}{T} \cdot \int_0^T p_\sim^2 \cdot (t) dt}$$ (5.17)

In technischen Meßgeräten beträgt die Integrationszeit T etwa 1s.

5.1 Schall und Schallfeld

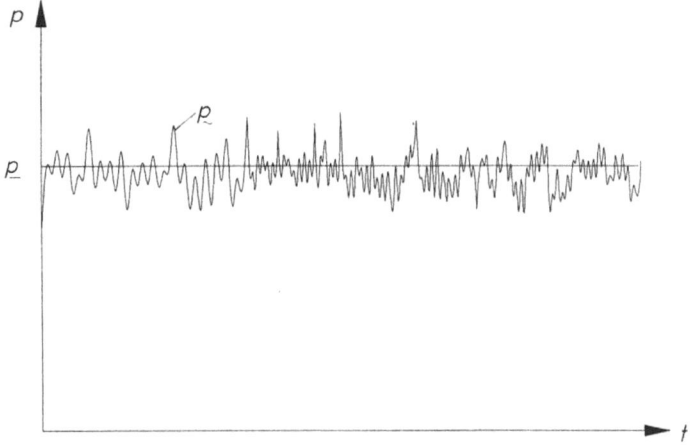

Bild 5.1: Schalldruckverlauf $p_\sim(t)$ eines Geräusches

5.1.1.2 Schalleistung

Unter Freifeldbedingungen ohne Reflexionen wird die Schalleistung P durch eine Integration der Schallintensität J längs einer geschlossenen Meßfläche S (Hüllfläche) bestimmt

$$P = \int_S J \cdot dS \tag{5.18}$$

wobei J der Vektor der Schallintensität ist.

$$J = \overline{p_\sim(t) \cdot v_\sim(t)} \tag{5.19}$$

der als zeitlicher Mittelwert aus dem Schalldruck $p_\sim$ und der Schallschnelle $v_\sim$ gebildet wird.

Kann davon ausgegangen werden, daß eine der Schallfeldstruktur konforme Meßfläche vorliegt, so ist die Schallintensität J, die normal zum Oberflächenelement dS steht, durch eine Schalldruckmessung

$$\frac{1}{\rho_0 \cdot c} \cdot \overline{p_\sim^2} \tag{5.20}$$

am Ort von dS zu ermitteln. Hierin ist $\rho_0 \cdot c$ die Schallkennimpedanz, das Produkt aus Dichte ρ_0 und Schallgeschwindigkeit c der Luft im Bereich der Meßfläche. Mit der Annahme, daß die Schallkennimpedanz als konstant angesehen werden kann, folgt, daß die Schalleistung P dem Quadrat des Schalldruckes proportional ist.

$$P \sim \overline{p^2} \tag{5.21}$$

Aufgrund dieses Zusammenhanges kann an Stelle der Schallintensität der Schalldruck, bzw. der Schalldruckpegel der meßtechnisch weit einfacher zu erfassen ist, zur Beurteilung der Schallemission herangezogen werden.

5.1.2 Schallausbreitung

Die Schallquellenart, ihre Richtcharakteristik und ihre Verteilung bestimmen die Schallfeld- bzw. die Schallenergiegrößen. Die Richtcharakteristik der elementaren Schallstrahler ist zum Teil typisch für bestimmte Geräuschquellen, wie z.B. beim Verbrennungsgeräusch turbulenter Gasflammen.

5.1.2.1 Elementare Schallstrahler

Zu den elementaren Schallstrahlern zählen der Monopol-, Dipol- und der Quadrupolstrahler. Unter einem Monopolstrahler kann eine radial pulsierende Kugel angenommen werden, die in alle Richtungen Schall abstrahlt (Bild 5.2). Monopollärm wird durch Volumen- bzw. Massenstromschwankungen bewirkt.

Der Dipolstrahler kann durch zwei Kugelstrahler beschrieben werden, die in geringem Abstand in Gegenphase zueinander schwingen. In der Symmetrieachse folgt hieraus eine Auslöschung der gegenphasigen Schalldruckanteile. Die Abstrahlungscharakteristik ist, wie in Bild 5.2 dargestellt, achtförmig. Dipolquellen verursachen keine Volumen- oder Massenstromänderungen, sondern Schubschwankungen.

Als weitere Schallquelle tritt der Quadrupolstrahler auf. Er läßt sich mit zwei Dipolen realisieren, die im Fall des transversalen Quadrupols dicht nebeneinander stehen und mit gleicher Amplitude, aber in Gegenphase zueinander schwingen. In beiden Symmetrieebenen erfolgt die Auslöschung der gegenphasigen Schalldruckanteile. Da jeder Dipol sich mit zwei Monopolen darstellen läßt, ergeben vier Monopole einen Quadrupol mit den Phasenwinkeln 0° für (+) und 180° für (-).

5.1 Schall und Schallfeld

Der longitudinale Qudrupol läßt sich durch vier Monopolstrahler, die auf einer Linie liegen, beschreiben. Das Geräusch turbulenter Freistrahlen hat zum Beispiel Quadrupolcharakter.

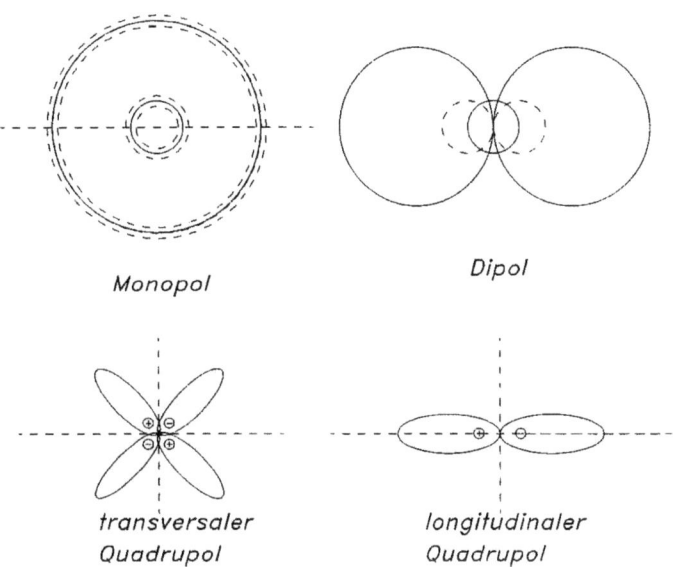

Bild 5.2: Richtcharakteristik elementarer Schallstrahler

Für die Berechnung der Schalleistung sind die Schallintensitäten erforderlich. Die Schalleistung im Fernfeld einer Schallquelle mit der Oberfläche S folgt aus Gleichung 5.18.

$$P \sim |x_i|^2 \cdot J \tag{5.22}$$

Für die Schalleistung des gesamten schallerzeugenden Gebietes sind die Intensitäten der Schallstrahler zu betrachten. Außerdem geht die Dimension des Schallgebietes in diese Betrachtung mit ein. Ein dem Schallgebiet zugeordnetes Volumen V, eine Fläche A oder eine Länge L kann durch einen charakteristischen Längenmaßstab L_e ausgedrückt werden:

$$\sim L_e^3; A \sim L_e^2; L \sim L_e \tag{5.23}$$

Mit der Gleichung für die Schallintensität des Monopols läßt sich die Schalleistung schreiben als

$$P_M \sim \frac{\rho_0 \cdot L_e^2 \cdot U^4}{c_0} = \rho_0 \cdot L_e^2 \cdot U^3 \cdot \left(\frac{U}{c_0}\right) \tag{5.24}$$

Für den Dipolstrahler ist die Schalleistung

$$P_D \sim \frac{\rho_0 \cdot L_e^2 \cdot U^6}{c_0^3} = \rho_0 \cdot L_e^2 \cdot U^3 \cdot \left(\frac{U}{c_0}\right)^3 \tag{5.25}$$

Die Schalleistung für den Quadrupol ist proportional

$$P_Q \sim \frac{\rho_0 \cdot L_e^2 \cdot U^8}{c_0^5} = \rho_0 \cdot L_e^2 \cdot U^3 \cdot \left(\frac{U}{c_0}\right)^5 \tag{5.26}$$

Die Monopol- und Dipolstrahler sind intensivere Strahler als der Quadrupolstrahler, wie ein Vergleich der Schalleistungen zeigt.

Bezogen auf den Energiestrom

$$\dot{E} = \frac{\dot{m}}{2} \cdot U^2 \sim \rho_0 \cdot \dot{V}_0 \cdot U^2 \sim \rho_0 \cdot L^2 \cdot U^3 \tag{5.27}$$

folgt für den akustischen Wirkungsgrad des Monopolstrahlers

$$\eta_M \sim \frac{\rho_0 \cdot L^2 \cdot U^3 \cdot \left(\frac{U}{c_0}\right)}{\rho_0 \cdot L^2 \cdot U^3} = \left(\frac{U}{c_0}\right) = M \tag{5.28}$$

und entsprechend für den Dipol- und Quadropolstrahler

$$\eta_D \sim \left(\frac{U}{c_0}\right)^3 ; \eta_Q \sim \left(\frac{U}{c_0}\right)^5 \tag{5.29}$$

Da in diesen Betrachtungen die Machzahl $M < 1$ ist, folgt hieraus, daß die Effizienz der Quadrupolstrahlung wesentlich geringer ist, als die der Monopolstrahlung und auch die der Dipolstrahlung.

5.1.2.2 Kolbenstrahler

Die Kugelschallwellen des Monopolstrahlers lassen sich durch schwingende Kolben oder Membranen erzeugen, deren Kolben- oder Membrandurchmesser klein gegenüber der Wellenlänge λ ist. Ein in einer unendlich ausgedehnten starren Schallwand schwingender Kolben wie in Bild 5.3 erzeugt Kugelschallwellen oder in einer endlichen Wand, wenn die Rückseite schalldicht abgeschlossen ist (Lautsprecher in einem schalldicht abgeschlossenen Gehäuse).

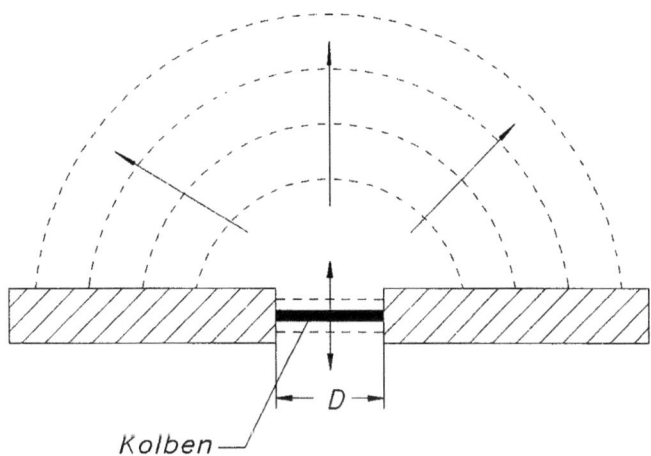

Bild 5.3: Kugelschallwellen eines schwingenden Kolbens in einer starren Schallwand

5.1.2.3 Stehende Schallwellen

Die ebene Schallwellenausbreitung in geschlossenen Räumen, z.B. in Rohren oder Kanälen, führt zu stehenden Wellen, wenn die Schallwellen am schallharten Rohrende total reflektiert werden und sich rückläufig mit gleicher Wellenlänge ausbreiten. Aus der vor- und rücklaufenden Welle entsteht eine stehende Welle mit Knoten und Schwingungsbäuchen für Schalldruck und Schallschnelle. Die Knoten der Schnelle liegen in Abständen von $l = n \cdot \frac{\lambda}{2} (n = 0,1,2...)$ vor dem harten Abschluß, die Schnellbäuche an den Stellen $l = n \cdot \frac{\lambda}{2} + \frac{\lambda}{4}$. Die Maximalwerte des Schalldrucks sind um eine viertel Wellenlänge gegen die der Schnelle verschoben, Bild 5.4.

Der Schalldruck p steigt an der total reflektierenden Grenzfläche auf das doppelte seines Wertes in der fortschreitenden Welle. Für die Überlagerung beider Wellen hat das Vorzeichen in Gleichung 5.13 folgende Bedeutung:

$$p_- = \hat{p} \cdot \cos\left\{\omega\left(t \pm \frac{x}{c}\right) + \Phi\right\}$$

- Vorzeichen: Ausbreitungsrichtung der Welle in Richtung $x > 0$

+ Vorzeichen: Ausbreitungsrichtung der Welle in Richtung $x < 0$.

Der Schalldruck p_1 der voranlaufenden Welle ist damit

$$p_1 = \hat{p}_1 \cdot \cos\left(\omega \cdot t - \frac{\omega \cdot x}{c}\right). \tag{5.30}$$

Der Schalldruck p_2 der rücklaufenden Welle ist

$$p_2 = \hat{p}_2 \cdot \cos\left(\omega \cdot t + \frac{\omega \cdot x}{c}\right). \tag{5.31}$$

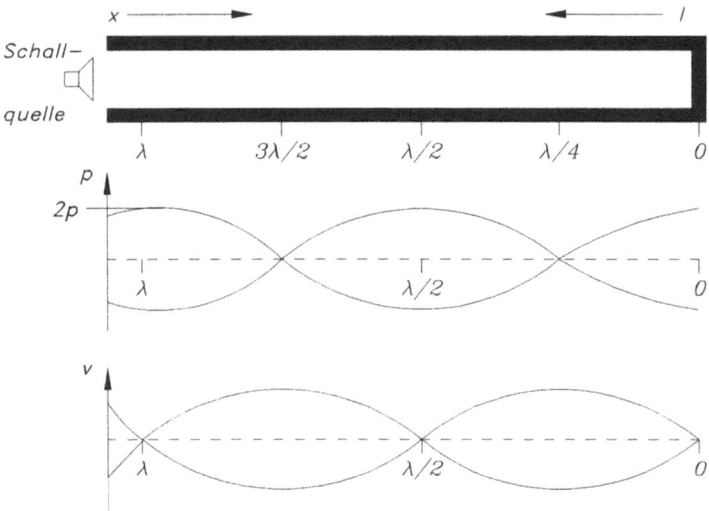

Bild 5.4: Extremwerte von Schalldruck und Schallschnelle in einem schallhart abgeschlossenen Rohr

Aus der Totalreflexion folgt mit $\hat{p}_1 = \hat{p}_2$ und $\dfrac{\omega}{c} = \dfrac{2 \cdot \pi \cdot f}{c} = \dfrac{2 \cdot \pi}{\lambda}$ und der Einführung der Wellenausbreitungsrichtung $l = -x$, also in Richtung der Schallquelle, daß der

5.1 Schall und Schallfeld

resultierende Schalldruck innerhalb der stehenden Welle sich nach Gleichung 5.32 berechnen läßt

$$p_\sim = 2 \cdot \hat{p}_1 \cdot \cos(\omega \cdot t) \cdot \cos\left(\frac{2 \cdot \pi \cdot l}{\lambda}\right) \quad (5.32)$$

Stehende Wellen bilden sich auch an Grenzschichten aus, die schallweich sind. Diese Grenzschichten können Dichteänderungen des gleichen Mediums oder Übergänge verschiedener Medien sein. Die Schwingungsgrößen verhalten sich in diesem Fall umgekehrt wie bei der schallharten Wand.

Das Druckminimum mit $p_\sim = 0$ befindet sich jetzt an der Grenzschicht und die Schallschnelle hat hier den doppelten Wert, bzw. ihr Maximum.

In einseitig offenen Rohren, wie z.B. Schornsteinen oder Brennern mit entsprechend Bild 5.5 ausgebildetem Brennraum, bilden sich Eigenschwingungen aus, deren Frequenzen f_n von der Rohrlänge l abhängen, bzw. um ein ungradzahliges Vielfaches der Viertelwellenlänge höher sind.

$$f_n = \frac{(2 \cdot n - 1)}{4 \cdot l} \cdot c \quad (5.33)$$
$$n = 1, 3, 5, \ldots$$

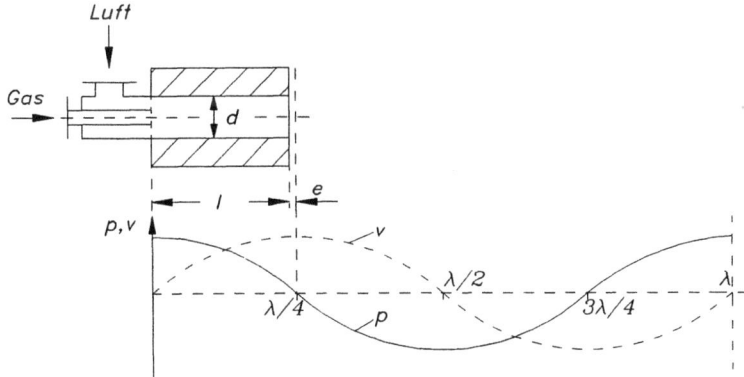

Bild 5.5: Verlauf von Schalldruck und Schallschnelle in einem Brenner mit einseitig offenem Brennraum

Am offenen Rohrende (Brennraumende) ist zudem noch eine Korrektur e der Wellenlänge nach Bild 5.6 erforderlich, mit der berücksichtigt wird, daß der Druckknoten etwas außerhalb des Rohrendes(Brennermündung) liegt. Der Korrekturwert ist frequenz-, bzw.wellenzahlabhängig. Die Wellenzahl k folgt aus

$$k = \frac{\omega}{c} = \frac{2 \cdot \pi}{\lambda} \tag{5.34}$$

In der vorausgegangenen Behandlung der stehenden Wellen wurde davon ausgegangen, daß sich die Wellen in einem ruhenden Medium ausbreiten. In strömenden Medien wird der Knotenabstand der stehenden Welle kleiner und die Frequenz f_s entsprechend höher

$$f_s = \frac{f_0}{1 - M^2} \tag{5.35}$$

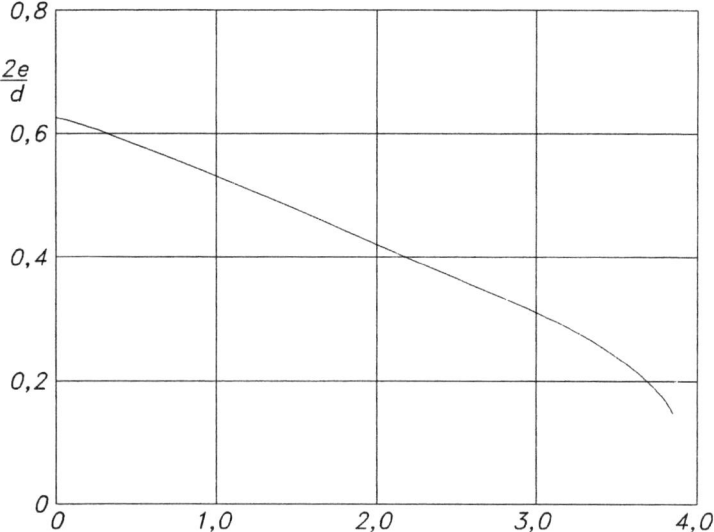

Bild 5.6: Korrekturterm für die Wellenlänge des offenen Rohrendes in Abhängigkeit von Wellenzahl und Rohrdurchmesser

Hierin ist M die Machzahl, gebildet aus der Strömungsgeschwindigkeit v und der Schallgeschwindigkeit c des Mediums. Die Frequenz f_0 ist die Frequenz der stehenden Welle ohne Strömung. Dieser Zusammenhang ist zu berücksichtigen, wenn z.B. die mittlere Schallgeschwindigkeit des Mediums indirekt aus der Frequenzmessung bestimmt werden soll.

5.1.2.4 Nahfeld und Fernfeld

Dem Schallfeld eines Schallstrahlers, dessen Schall durch Strömungsvorgänge erzeugt wird, sind im Nahbereich möglicherweise Strömungsvorgänge überlagert, die in größerer

Entfernung nicht mehr nachweisbar sind. In diesem sogenannten Nahbereich der Schallquelle sind Messungen des Schalldruckes, die zur Auswertung der Schalleistung verwendet werden sollen, nicht sinnvoll. Das Nahfeld ist dadurch gekennzeichnet, daß Schalldruck und Schallschnelle nicht in Phase schwingen. Das Nahfeld geht mit zunehmendem Abstand von der Schallquelle in das Fernfeld über, in dem die Schallausbreitung unbeeinflußt von sonstigen Strömungsvorgängen des Schallerzeugers ist und in dem Schalldruck und Schallschnelle in Phase schwingen. Der eine Schallquelle kennzeichnende Schalldruck muß im Fernfeld gemessen werden.

5.1.2.5 Freies Schallfeld und diffuses Schallfeld

Die Schallausbreitung kann ungehindert im freien Gelände erfolgen oder durch einen umgebenden Raum oder auch durch reflektierende Hindernisse beeinflußt werden. Die freie Schallausbreitung ist durch folgende Gesetze gekennzeichnet:

$$\tilde{p} \sim \frac{1}{r}, \quad J \sim \frac{1}{r^2}, \quad P = \int_S J \cdot dS \ .$$

In einem geschlossenen Raum werden die von einer Schallquelle ausgehenden Schallwellen an den Wänden reflektiert, so daß nach kurzer Zeit die Schallintensität an jedem Ort im Raum gleich ist. Dies kennzeichnet ein diffuses Schallfeld, an dessen Ausbildung jedoch die Voraussetzung geknüpft ist, daß die Raumabmessungen in allen Richtungen größer als die Wellenlängen der betrachteten Schallwellen sind.

5.1.3 Schalldruckpegel

Die Hörschwelle des menschlichen Gehörs liegt bei einem Schalldruck von etwa $2 \cdot 10^{-5} \, Pa$. Die obere Gehörempfindungsgrenze wird durch die obere Schmerzgrenze charakterisiert und liegt bei 20 Pa für einen 1000 Hz-Ton.

Dieser große Wertebereich ist unübersichtlich und hat dazu geführt, Pegelmaße einzuführen. Die Einheit für das Pegelmaß ist die Größe *dB* (Dezibel). Der Schalldruckpegel L_p ist definiert als

$$L_p = 10 \cdot \lg \frac{\tilde{p}^2}{\tilde{p}_0^2} \qquad (5.36)$$

mit der Bezugsgröße $\tilde{p}_0 = 2 \cdot 10^{-5}\ Pa$. Das Dezibel (dB) ist keine Maßeinheit, sondern nur eine Verhältnisangabe in einem logarithmischen Maßstab. Die Bezugsgrößen für Schalldruck und Schalleistung sind unterschiedlich.

Einige typische Schalldrücke und Schalldruckpegel sind in Tabelle 5.1 aufgeführt.

5.1.3.1 Bewertung von Schalldruckpegeln

Für das Hörempfinden ist nicht allein der Schalldruck eines Tones maßgebend, sondern auch dessen Frequenz. So werden Töne gleichen Schalldruckes mit unterschiedlicher Frequenz verschieden laut empfunden. Die Kurven gleicher Lautstärke werden als Isophonen bezeichnet. Der Phon-Wert eines 1000 Hz-Tones in Bild 5.7 entspricht hierbei dem Dezibel-Wert des Schalldruckpegels gleicher Höhe.

Tabelle 5-1: Schalldrücke und Schalldruckpegel verschiedener Geräuschquellen

Geräusch	Schalldruck $\tilde{p}$ Pa	Schalldruckpegel L_p dB
Hörschwelle	$2 \cdot 10^{-5}$	0
Unterhaltungssprache	$2 \cdot 10^{-3}$	40
Staubsauger im Wohnraum	$2 \cdot 10^{-2}$	60
lautes Rufen in 1m Entfernung	$2 \cdot 10^{-1}$	80
Hochleistungsbrenner in 1m Entfernung	2	100

Eine Schallpegeländerung von 1 dB ist vom Gehör noch wahrnehmbar.

5.1 Schall und Schallfeld

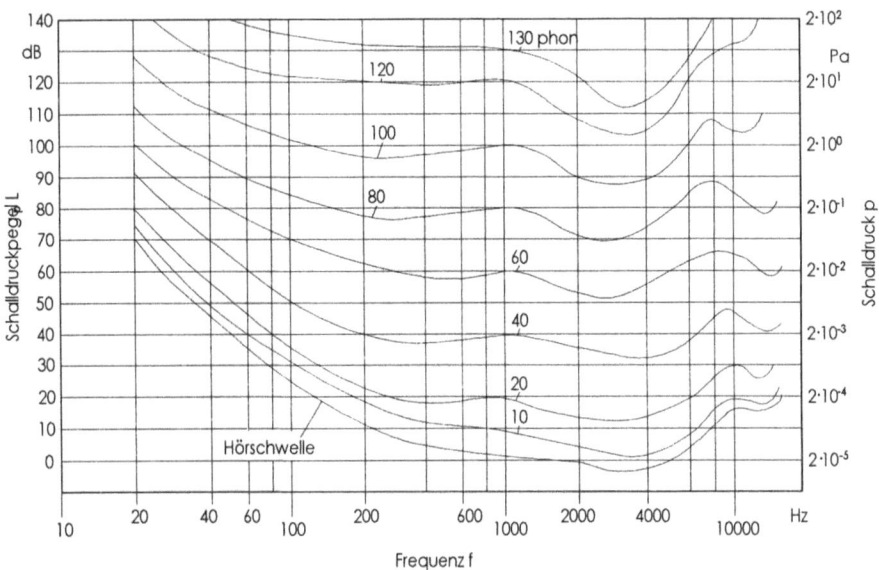

Bild 5.7: Isophonen, Kurven gleicher Lautstärke-Empfindung

Die Schalldruckpegelmessung berücksichtigt ebenfalls die Frequenzabhängigkeit des Ohres, indem Filter das Signal manipulieren. Die Schalldruckmessungen mit diesen Filtern, z.B. dem A-Filter, werden im Ergebnis mit $dB(A)$ gekennzeichnet. Diese Filterung entspricht jedoch nur an der Hörschwelle dem Hörempfinden. Bei den üblichen Lautstärken ist die Abschwächung im unteren Frequenzbereich zu stark, wie die Isophonen zeigen. Aus gerätetechnischen Gründen hat sich jedoch die Messung mit diesen Filtern durchgesetzt.

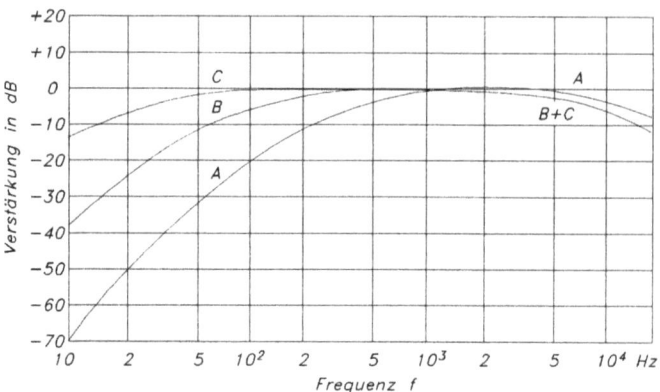

Bild 5.8: Bewertungskurven für A-, B- und C-Bewertung

5.1.3.2 Mittelung von Schalldruckpegeln

Überlagern sich die Schalldrücke verschiedener Geräuschquellen, so müssen die Schallintensitäten, die Schalleistungen oder entsprechend Gleichung 5.21 die ihnen proportionalen Schalldruckquadrate nach Gleichung 5.33 addiert werden. Hierbei ist es gleich, ob es sich um bewertete oder unbewertete Schalldruckpegel handelt.

$$L_{p,ges} = 10 \cdot \lg \frac{\sum_{i=1}^{n} \widetilde{p}_i^2}{\widetilde{p}_0^2} \tag{5.37}$$

n = Anzahl der Geräuschquellen

Der Schalldruck der einzelnen Geräuschquelle ergibt sich aus dem gemessenen Schalldruckpegel $L_{p,i}$ durch delogarithmieren des Schalldruckpegels

$$\widetilde{p}^2 = \widetilde{p}_0^2 \cdot 10^{\frac{L_{p,i}}{10}} . \tag{5.38}$$

Damit läßt sich Gleichung 5.37 wie folgt schreiben

$$L_{p,ges} = 10 \cdot \lg \sum_{i=1}^{n} 10^{\frac{L_{p,i}}{10}} \tag{5.39}$$

Es folgen Beispiele zur Rechnung mit Pegelwerten.

5.1 Schall und Schallfeld

Beispiel 1:

Die Geräusche zweier gleicher Pumpen überlagern sich. Gesucht ist der resultierende Gesamtschalldruckpegel. Der Schalldruckpegel einer Pumpe wurde in 1 m Abstand mit 50 dB ermittelt.

$$L_{p,ges} = 10 \cdot \lg \left(10^{\frac{50}{10}} + 10^{\frac{50}{10}} \right) \; dB$$

$$L_{ges} = 53 \; dB$$

Der Gesamtschalldruckpegel in 1 m Abstand gemessen beträgt 53 dB, d.h. eine Verdoppelung der Schalleistung führt zu einer Schalldruckpegelerhöhung von 3 dB.

Beispiel 2:

Ein Spezial-Heizkessel kann in zwei Leistungsstufen betrieben werden. Das überwiegend von der Verbrennung verursachte Geräusch wird in 1 m Abstand mit 80 dB in der hohen Leistungsstufe ermittelt. Welcher Schalldruckpegel ist zu erwarten, wenn die Schalleistung, bzw das Quadrat des Schalldruckes in der niedrigen Leistungsstufe nur halb so hoch ausfällt?

$$\tilde{p}_{max}^2 = \tilde{p}_0^2 \cdot 10^{\frac{L_{p,max}}{10}} = 4 \cdot 10^{-10} \cdot 10^8 \; Pa^2$$

$$\tilde{p}_{max}^2 = 4 \cdot 10^{-2} \; Pa^2$$

$$\tilde{p}_{min}^2 = 2 \cdot 10^{-2} \; Pa^2$$

$$L_{p,min} = 10 \cdot \lg \frac{\tilde{p}_{min}^2}{\tilde{p}_0^2} = 77 \; dB.$$

Der Schalldruckpegel nimmt in gleichem Abstand zur Schallquelle gemessen bei Halbierung der Schalleistung um 3 dB ab.

5.1.3.3 Beurteilung zeitlich schwankender Geräusche

Für zeitlich schwankende Geräusche wird entsprechend Bild 5.9 ein zeitlich gemittelter Schalldruckpegel $L_{p,m}$ errechnet, der einem zeitlich konstanten Geräusch äquivalent ist.

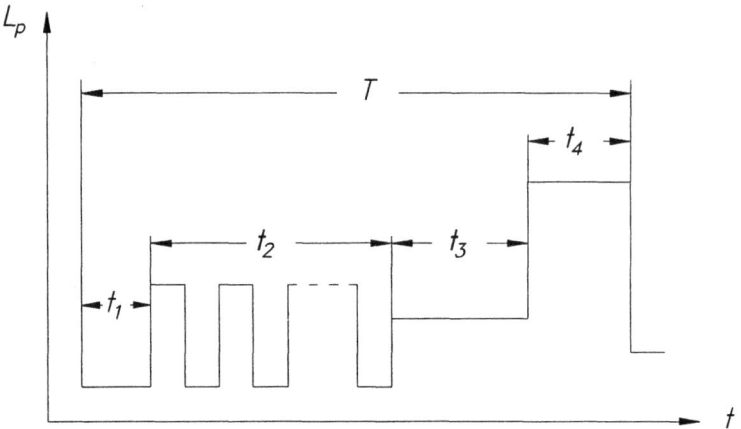

Bild 5.9: Zeitlich schwankendes Geräusch

Die einzelnen Schalldruckpegel $L_{p,i}$ werden nach Gleichung 5.36 mit den zugehörigen Zeiten gewichtet

$$L_{p,m} = 10 \cdot \lg\left(\frac{1}{T} \cdot \sum_{i=1}^{n} 10^{\frac{L_{p,i}}{10}} \cdot t_i\right) \tag{5.40}$$

5.2 Messung der Schallkenngrößen

5.2.1 Schallpegelmesser

Die Schallpegelmesser sind Präzisionsmeßgeräte, die nach der TA-Lärm eine Meßgenauigkeitsklasse entsprechend DIN IEC 651 erfüllen müssen. Der vereinfachte Aufbau einer Meßkette für eine Schallpegelmessung ist in Bild 5.10 zu sehen.

Der Schalldruck wird durch das Mikrofon in ein analoges elektrisches Signal umgewandelt. Dieses Signal wird verstärkt und je nach Meßaufgabe mit einem Bewertungsfilter mit den Bewertungskurven A, B oder C gefiltert. Überwiegend kommt die A-Bewertung zum Einsatz. Die Effektivwertbildung berücksichtigt unterschiedliche Integrationszeiten und läßt

5.2 Messung der Schallkenngrößen

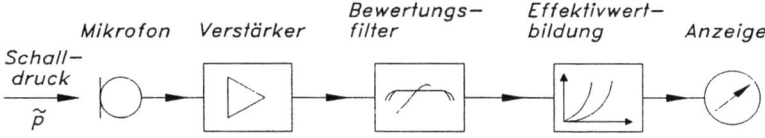

Bild 5.10: Meßkette für eine Schalldruckpegelmessung

die Anzeige nach DIN 45 633 im sog. Fast-, Slow- oder Impulsbetrieb zu. Impulsgeräusche sind nach VDI 2058 Geräusche, deren Pegel schnell um mehr als 5 dB(A) über den mittleren Pegel des übrigen Geräusches ansteigt und deren Dauer kurz ist (z.B. Geräusche von Hämmern oder Schreibmaschinen).

Die Integrationszeiten für die Effektivwertbildung betragen für die verschiedenen Anzeigearten:

Slow Anzeigeart *Langsam* nach DIN 45 633 (1) bzw. *Slow* nach IEC 179

Integrationszeit $\approx 1\ s$

Fast Anzeigeart *Schnell* nach DIN 45 633 (1) bzw. *Fast* nach IEC 179

Integrationszeit $\approx 125\ ms$

Impuls Anzeigeart *Impuls* nach DIN 45 633 (2)

Integrationszeit $\approx 35\ ms$.

5.2.1.1 Mikrofon

Zur Schalldruckmessung in gasförmigen Medien werden als elektroakustische Wandler vorwiegend Kondensatormikrofone verwendet, die zur Gruppe der elektrostatischen Wandler zählen. Der schematischer Aufbau eines Kondensatormikrifons ist in Bild 5.11 zu sehen.

Die wesentlichen Bestandteile des Kondensatormikrofons sind eine am Gehäuse befestigte dünne Metallmembrane und eine starre Gegenelektrode. Als Dielektrikum befindet sich das Medium, in dem die Schalldruckmessung erfolgt, zwischen Membran und Gegenelektrode. Das Dielektrikum gelangt über die Druckausgleichsbohrung in das Gehäuse. Über diese Bohrung findet auch der Druckausgleich zum Umgebungsdruck statt. Die Schallwellen bewirken durch ihren Wechseldruck eine Bewegung der Membran aus ihrer Gleichgewichtslage heraus und ändern so die Kapazität des Mikrofons. Die dadurch entstehende Wechselspannung ist in einem weiten Frequenzbereich dem Schalldruck proportional.

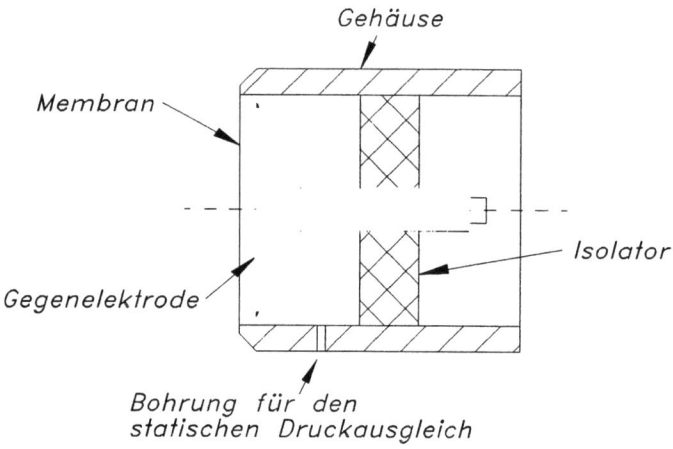

Bild 5.11: Schematischer Aufbau eines Kondensatormikrofons

Gegen Berührung ist die Membran durch ein Schutzgitter geschützt. Strömungsgeräusche, die unmittelbar am Mikrofon entstehen können, werden durch einen Windschirm ferngehalten. Von dem Membrandurchmesser hängt es ab, in welchem Druck- und Frequenzbereich gemessen werden kann. In Bild 5.12 wird der typische Frequenzgang eines Kondensatormikrofons mit 1" Durchmesser gezeigt. Mit kleineren Durchmessern, z.B. 1/2"-Mikrofonen, können höhere Schalldrücke und höhere Frequenzen erfaßt werden. Sie haben jedoch eine geringere Meßempfindlichkeit und aufgrund ihrer geringeren Kapazität einen höheren Störpegel. Für technische Messungen im Freifeld hat das 1"-Mikrofon den günstigsten Arbeitsbereich.

5.2.1.2 Kalibrierung

Einfache Kalibratoren liefern jeweils nur einen einzigen Schalldruck bei einer einzigen

5.2 Messung der Schallkenngrößen

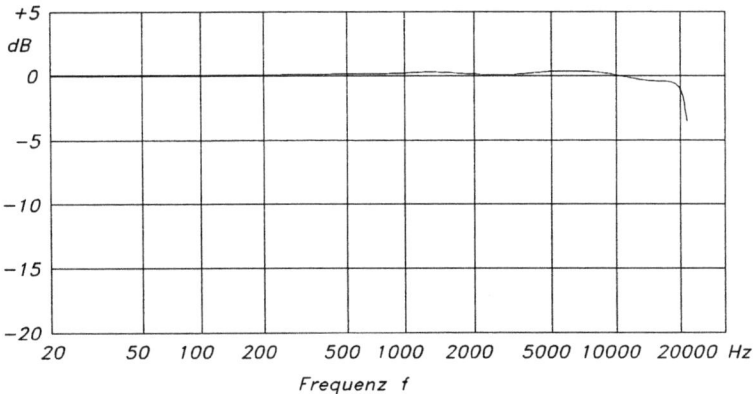

Bild 5.12: Frequenzgang eines 1"-Mikrofons im Freifeld

Frequenz. Dadurch ist nur eine punktuelle Kontrolle der vom Hersteller angegebenen Meßempfindlichkeit möglich. Kalibriert wird die gesamte Meßkette.

- *akustische Kalibrierung*

    Der Schalldruck wird durch eine schwingende Membran erzeugt, die ein piezoelektrischer Wandler antreibt. Der Schalldruck beträgt z.B. 94 dB bei 1000 Hz.

- *mechanische Kalibrierung mit Pistonphon*

    Der Schalldruck wird durch einen oszillierenden Kolben (Piston) erzeugt, der in einer abgeschlossenen Kammer einen Wechseldruck erzeugt. Der Schalldruck läßt sich durch konstruktive Maßnahmen beeinflussen und liegt z.B. bei einem Wert von 124 *dB* und einer Frequenz von 250 *Hz*. Das Ergebnis ist luftdruckabhängig, und vom Normzustand abweichende Luftdrücke sind zu korrigieren.

5.2.2 Schalleistungsmessung

Die Schalleistung W einer Schallquelle ist nach Gleichung 5.18 das Produkt aus Schallintensität J und der schalldurchströmten Fläche S.

$$= J \cdot S = \frac{\tilde{p}^2}{\rho \cdot c} \cdot S \qquad (5.41)$$

Für die Schalleistung wurden ebenso wie für den Schalldruck Pegelmaße eingeführt. Der Bezugspegel für die Schalleistung beträgt $W_0 = 10^{-12}$ W. Der Schalleistungspegel ist wie folgt definiert:

$$L_W = 10 \cdot \lg \frac{P}{P_0}. \tag{5.42}$$

Mit der gewählten Bezugsgröße W_0 stimmen die Zahlenwerte des Schalleistungspegels L_W mit denen des Schalldruckpegels überein, wenn der Schalldruck auf einer Fläche S_0 von $1 m^2$ um die Schallquelle ermittelt wird. Damit reduziert sich die Schalleistungsmessung auf eine Schalldruckmessung. In der Tabelle 5.2 sind einige charakteristische Schallquellen und ihre Schalleistungen, bzw. ihre Schalleistungspegel angegeben.

Tabelle 5.2: Schallquellen und ihre Schalleistungspegel

Schallquelle	W Watt	L_W dB
Sprache	$1 \cdot 10^{-5}$	70
Schreibmaschine	$3 \cdot 10^{-5}$	75
Preßlufthammer	1	120
Großlautsprecher	100	140
Düsenflugzeug	10^5	170

Je nach Größe und Art der Schallquelle und den vorherrschenden Randbedingungen lassen sich für die Schalleistungsmessung zwei Verfahren anwenden, das Hüllflächen-Verfahren und das Hallraum-Verfahren.

5.2.2.1 Hüllflächenverfahren

Beim Hüllflächenverfahren nach DIN 45 635 wird um die Schallquelle eine gedachte Hüllfläche gelegt. Auf dieser Meßfläche A wird der gemittelte und von Fremdgeräuschen und Rückwirkungen des Raumes bereinigte A-Schalldruckpegel $\overline{L}_A$ ermittelt. Unterscheiden sich die einzelnen Meßwerte um weniger als 6 dB, so wird das arithmetische Mittel gebildet, ansonsten ist eine räumliche Mittelung nach DIN 45 635 Blatt 1 vorzunehmen.

5.2 Messung der Schallkenngrößen

Die Meßfläche S wird ins Verhältnis zu der Bezugsfläche S_0 gesetzt und durch logarithmieren das Meßflächenmaß L_S gebildet

$$L_S = 10 \cdot \lg \frac{S}{S_0}. \tag{5.43}$$

Für den A-Schalleistungspegel L_{WA} folgt mit $\overline{L}_A$ und L_S

$$L_{WA} = \overline{L}_A + L_S \tag{5.44}$$

Der Abstand der Hüllfläche zur Schallquelle ist so zu wählen, daß der Meßflächen-Schalldruckpegel $\overline{L}_A$ im Fernfeld gemessen wird. Fremdgeräusche sind nach Tabelle 5.3 zu korrigieren. Zusätzlich ist bei kleinen Räumen und je nach Beschaffenheit der Wände eine Raumkorrektur vorzunehmen, hierzu wird auf DIN 45 635 Blatt 1 verwiesen.

Tabelle 5.3: Korrekturwert für die Berücksichtigung des Fremdgeräusches nach DIN 45 635

Unterschied in dB	3	4...5	6...9
Korrekturwert in dB	3	2	1

Beispiel:

An einem Gasheizkessel mit 15 kW Feuerungsleistung und sog. atmosphärischem Brenner (Brenner ohne Gebläse) werden auf einer quaderförmigen Hüllfläche im Stillstand und im Betrieb in den Flächenschwerpunkten der Hüllfläche die folgenden A-bewerteten Schalldruckpegel gemessen:

Meßpunkt	Stillstand $dB(A)$	Betrieb $dB(A)$	Meßflächen-Schalldruckpegel in $dB(A)$
MP1	40	45	43
MP2	40	46	45
MP3	40	44	42
MP4	40	45	43
MP5	39	48	47

Gesucht ist der Schalleistungspegel, die Schalleistung und der akustische Wirkungsgrad dieser Schallquelle.

Lösung:

Da sich die Meßflächen-Schalldruckpegel um maximal 5 dB(A) unterscheiden, reicht die arithmetische Mittelung der Meßwerte aus.

$$\overline{L}_A = \frac{43+45+42+43+47}{5} = 44 \ dB(A)$$

Das Meßflächenmaß L_S wird nach Gleichung 5.39 berechnet

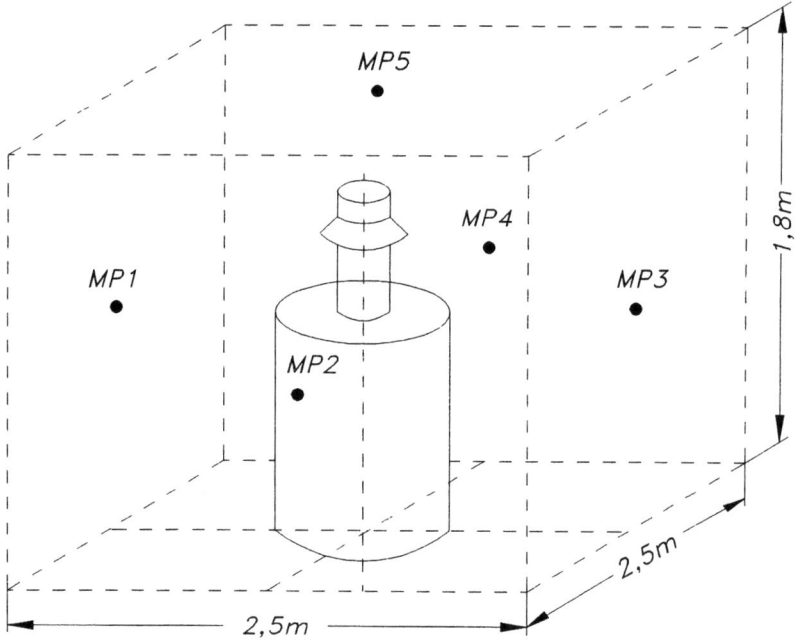

Bild 5.13: Geräuschmessung an einem Gasheizkessel nach dem Hüllflächenverfahren

$$L_S = 10 \cdot \lg \frac{4 \cdot 2{,}5m \cdot 1{,}8m + 2{,}5m \cdot 2{,}5m}{1m^2} = 13{,}7 \ dB$$

Der A-Schalleistungspegel des Gasheizkessels beträgt somit

$$L_{WA} = \overline{L}_A + L_S = 57{,}7 \ dB(A).$$

5.2 Messung der Schallkenngrößen

Daraus folgt mit Gleichung 5.38 die Schalleistung P

$$P = P_0 \cdot 10^{\frac{L_{WA}}{10}} = 10^{-12} W \cdot 10^{\frac{57,7}{10}} = 5,88 \cdot 10^{-7} W$$

Der akustische Wirkungsgrad $\quad \eta_{Ak} = \dfrac{P_{Schall}}{P_{Kessel}}$

$$\eta_{Ak} = \frac{5,88 \cdot 10^{-7} W}{15.000 W} = 3,92 \cdot 10^{-11}.$$

5.2.2.2 Hallraum-Verfahren

Der Hallraum ist ein Raum, dessen Begrenzungsflächen hart und gut reflektierend ausgebildet sind. Die Schallwellen werden ständig reflektiert und so entsteht ein diffuses Schallfeld. Charakteristische Größen des Hallraums sind seine Abmessungen und seine Nachhallzeit.

Die Nachhallzeit ist die Zeit, die vergeht, bis der Schalldruckpegel in einem akustisch angeregten Raum nach dem Abschalten der Geräuschquelle um 60 *dB* abgesunken ist. Die Anregung sollte mit einem breitbandigen Rauschen erfolgen, kann aber auch mit einer Impulsschallquelle, z.B. mit einer Schreckschußpistole, vorgenommen werden. Zur Messung der Nachhallzeit wird ein schnelles Aufzeichnungsgerät verwendet. So z.B. ein Schallpegelschreiber oder ein Speicheroszilloskop. Eine andere Möglichkeit ist die Aufzeichnung des Schallsignals mit einem Tonbandgerät, daß nach der Aufnahme zur Auswertung langsam abgespielt wird.

Hallräume zur Messung des Schalleistungspegels sollten eine große Nachhallzeit von 10s und mehr haben. Die optimalen Nachhallzeiten von Hörsälen liegen bei etwa 1s. In Bild 5.14 wird der idealisierte Verlauf einer Nachhallkurve gezeigt.

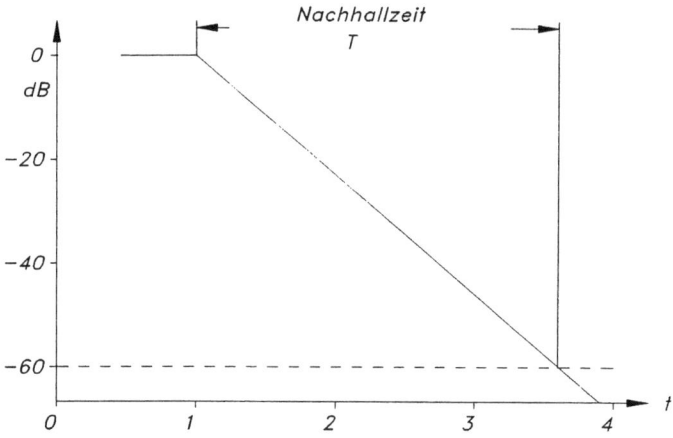

Bild 5.14: Ideale Nachhallkurve zur Bestimmung der Nachhallzeit

Die Abmessungen eines Hallraumes müssen in allen Richtungen größer sein als die Wellenlängen der interessierenden Frequenzen. Die untere Grenzfrequenz für ein diffuses Schallfeld kann nach Gleichung 5.41 vom Volumen des Hallraumes abgeleitet werden.

$$f_g \cdot \sqrt[3]{V} = 1000 \tag{5.45}$$

Daraus resultieren die in Tabelle 5.4 angegebenen Mindestraumvolumina für verschiedene Grenzfrequenzen

Tabelle 5.4: Mindestraumvolumina für verschiedene untere Grenzfrequenzen nach DIN 45 635 Teil 2

untere Grenzfrequenz	Raumvolumen
124 Hz Oktave bzw. 100 Hz Terz	200 m³
125 Hz Terz	150 m³
160 Hz Terz	100 m³
250 Hz Oktave oder 200 Hz Terz und höher	70 m³

Der Schalleistungspegel L_W wird nach dem Hallraum-Verfahren wie folgt berechnet

$$L_W = L_p - 10 \cdot \lg\frac{T}{T_0} + 10 \cdot \lg\frac{V}{V_0} + 10 \cdot \lg\left(1 + \frac{S \cdot \lambda}{8 \cdot V}\right) + 10 \cdot \lg\left(\frac{B}{1000}\right) - 14 \tag{5.46}$$

Hierin bedeuten:

Lp	korrigierter, mittlerer Schalldruckpegel
T	Nachhallzeit des Hallraumes in s
T_0	1 s
V	Hallraumvolumen
V_0	1 m^3
λ	Wellenlänge der Mittenfrequenz des anregenden Geräusches
S	Gesamtoberfläche des Halllraumes
B	Luftdruck in mbar

Die Berechnung des bewerteten Schalleistungspegels L_{WA} ist in DIN 45 635 Blatt 2 näher beschrieben.

5.3 Frequenzanalyse

Der Schalldruckpegel ist nicht die einzige ein Geräusch kennzeichnende Größe. Zusätzlich wird das Frequenzspektrum zur Kennzeichnung eines Geräusches herangezogen. Das Spektrum eines Geräusches wird durch eine Frequenzanalyse festgestellt. Je nach der Breite des erfaßten Frequenzbereiches ist es eine Schmalband-, Terz- oder Oktavanalyse.

Schmalbandanalysen sind notwendig, um tonale Komponenten, wie z.B. Eigenfrequenzen, in einem Geräusch herauszufiltern. Üblicherweise reicht eine Terz- oder Oktavanalyse aus, um ein Geräusch zu charakterisieren.

Terz- und Oktavfilter haben ein konstantes Verhältnis von oberer zu unterer Grenzfrequenz des erfaßten Frequenzbereiches.

Terzfilter:

$$f_o = \sqrt[3]{2} \cdot f_u \qquad (5.47)$$

Oktavfilter:

$$f_o = 2 \cdot f_u \qquad (5.48)$$

Die Bandbreite von drei Terzen entspricht einer Oktave. Die Mittenfrequenzen der Terz- und Oktavspektren nach ISO-Empfehlung R 266 sind auszugsweise in Tabelle 5.5 aufgeführt.

Aus den Terz- bzw. Oktavspektren lassen sich die Schalldruckpegel und auch die bewerteten Schalldruckpegel ermitteln.

Beispiel:

Aus den Terzspektren des Geräusches eines Erdgasbrenners nach Bild 5.15 sind der Schalldruckpegel und der A-bewertete Schalldruckpegel zu ermitteln.

Der Gesamtschalldruckpegel folgt aus den Terzspektren mit 108 dB und der A-bewertete Schalldruckpegel mit 106 dB(A).

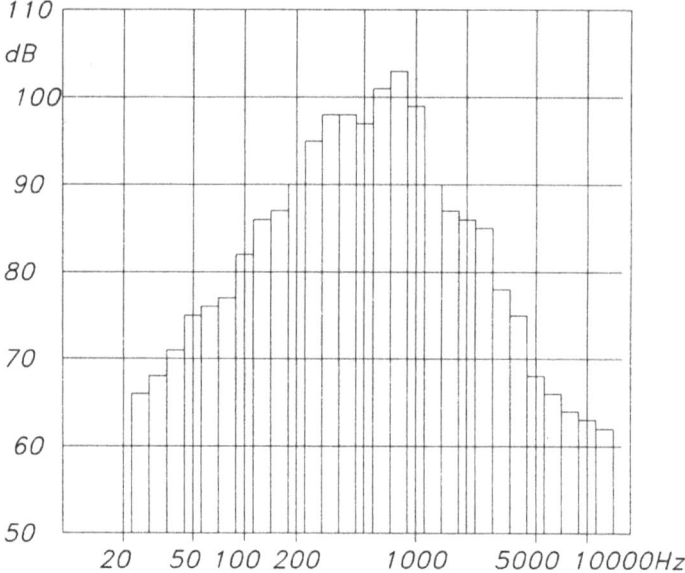

Bild 5.15: Terzspektren eines Hochgeschwindigkeitsbrenners

Tabelle 5.5: Mittenfrequenzen für Terz- und Oktavspektren

Mittenfrequenz f_m in Hz	f_u Hz	f_o Hz	Terzfilter	Oktavfilter
31,5	28	35,5	+	+
40	35,5	45	+	
50	45	56	+	
63	56	71	+	+
80	71	89	+	
100	89	112	+	
125	112	141	+	+
160	141	178	+	
200	178	223	+	
250	223	280	+	+
315	280	355	+	
400	355	450	+	
500	450	560	+	+
630	560	710	+	
800	710	890	+	
1000	890	1120	+	+
1250	1120	1410	+	
1600	1410	1780	+	
2000	1780	2230	+	+
2500	2230	2800	+	
3150	2800	3550	+	
4000	3550	4500	+	+
5000	4500	5600	+	
6300	5600	7100	+	
8000	7100	8900	+	+
10000	8900	11200	+	

Literaturverzeichnis

[1] Meyer, E. und Neumann, E.-G.: Physikalische und Technische Akustik, 2. Auflage, Verlag Friedr. Vieweg u. Sohn 1974

[2] Schmidt, H.: Schalltechnisches Taschenbuch, 2. Auflage, VDI-Verlag 1976

[3] Veit, I.: Technische Akustik, Vogel-Verlag 1974

[4] Günther, B. C.; Hansen, K.-H. und Veit, I.: Technische Akustik, Lexika-Verlag 1978

[5] Otto, D.: Geräuschemission von Industriegasbrennern, gas wärme international 26 (1977) Nr.5

[6] VDI 2058, Blatt 1: Beurteilung von Arbeitslärm in der Nachbarschaft

[7] Fleischer, G.: Lärm- der tägliche Terror, Georg Thieme Verlag 1990

[8] Schirmer, W. und Autorenkollektiv: Lärmbekämpfung, Verlag Tribüne Berlin 1979

[9] Brockmeyer, H.: Akustik für den Lüftungs- und Klimaingenieur, 2. Auflage, Verlag C. F. Müller 1978

[10] Brüel & Kjaer: Bedienungsanleitung für Präzisions-Impulsschallpegelmesser

[11] Geräuschemission von Maschinen, VDI Berichte 900, VDI-Verlag 1991

[12] Arbeitskreis der Dozenten für Klimatechnik: Handbuch der Klimatechnik, Band 1, Verlag C. F. Müller 1989.

6 Analysenmeßtechnik, Bestimmung von Konzentrationen

6.1 Gasanalyse

B. Fromm

6.1.1 Einleitende Bemerkungen

Ziel dieses Abschnittes ist es, die für den Versorgungstechniker wichtigen Meßverfahren der Gasanalyse im Überblick darzustellen, ohne daß ein Anspruch auf Vollständigkeit erhoben werden kann. Diese Verfahren werden in der Praxis u. a. beim Betrieb von Feuerungsanlagen eingesetzt, um einen ökonomischen Betrieb der Anlage zu gewährleisten. Gleichberechtigt daneben steht die Aufgabe, die Umwelt möglichst wenig mit Schadstoffen zu belasten, bzw. die gesetzlichen Bestimmungen für den Betrieb solcher Anlagen einzuhalten (TA-Luft, Bundesimmissionsschutzverordnung usw.). Dafür ist die Gasanalyse ein unerläßliches Hilfsmittel. Weiterhin werden Verfahren der Gasanalyse in vielen technologischen Prozessen und zur Gewährleistung der technischen Sicherheit eingesetzt. Auch dazu finden sich einige Beispiele in diesem Abschnitt.

Die Aufgabenstellungen der Gasanalyse sind sehr vielfältig. Daher ist es schwierig, bezüglich der Probenentnahme und der Aufbereitung des Meßgases allgemeine Aussagen zu treffen. Hier sei auf die Spezialliteratur sowie auf Empfehlungen der Meßgerätehersteller verwiesen.

Die wichtigsten Größen zur Angabe der Bestandteile eines Gases sind die *Volumenkonzentration* und die *Massenkonzentration* (siehe auch DIN 32 625 und DIN 32 631). Bei der *Volumenkonzentration* wird der Volumenanteil einer bestimmten Komponente des Gases ins Verhältnis zu einem Bezugsvolumen gesetzt, z.B. 1 ml/l. Da der Quotient dieser beiden Volumina eine dimensionslose Größe ist, wird die Volumenkonzentration in der Praxis häufig auch in % bzw. in Vol.% (Volumenprozent) angegeben. Ein Beispiel soll diese Umrechnung veranschaulichen: 1 ml/l = 10^{-3} = 0,1 Vol.%. Die Angabe in Volumenprozent setzt voraus, daß beim Mischen der einzelnen Gaskomponenten keine Volumenänderung eintritt. Abgeleitet vom nordamerikanischen Sprachgebrauch verwendet man bei sehr kleinen Volumenkonzentrationen für 10^{-6} auch die Abkürzung ppm (parts per million) und für 10^{-9} die Abkürzung ppb (parts per billion, 1 Billion im amerikanischen Sprachgebrauch entspricht der deutschen Milliarde, 10^9). Damit ergeben sich z. B. folgende Umrechnungen:

$$1 \text{ ml/m}^3 = 1 \text{ ppm} = 0{,}0001 \text{ \%} \quad \text{und} \quad 1 \text{ μl/m}^3 = 1 \text{ ppb}.$$

Bei der *Massenkonzentration* wird der Massenanteil einer bestimmten Komponente des Gases ins Verhältnis zu einem Bezugsvolumen gesetzt, z. B. 1 mg/m^3. Diese Größe dient auch zur Angabe des Staubgehaltes eines Gases.

Anstelle der Volumen- und Massenkonzentration wird mit einigen Meßverfahren der *Partialdruck* (Teildruck) einer Komponente des Meßgases ermittelt. Zu nennen sind hier die Massenspektrometrie sowie der potentiometrische Sauerstoffsensor (λ-Sonde).

6.1.2 Fotometrische Verfahren

6.1.2.1 Fotometrische Gasanalyse

Gasmoleküle nehmen in bestimmten Wellenlängenbereichen des elektromagnetischen Spektrums bevorzugt Energie auf. Da die elektromagnetische Strahlung vom Gas absorbiert wird, bezeichnet man diese gasarttypischen Wellenlängenbereiche auch als Absorptionsbanden. Technisch interessant ist dabei vor allem das Verhalten der Gase im Bereich der infraroten Strahlung (IR-Bereich) sowie der ultravioletten Strahlung (UV-Bereich). Der Bereich des sichtbaren Lichtes ist für die Gasanalyse nur von geringer Bedeutung.

Eine Meßanordnung zur fotometrischen Gasanalyse besteht aus einem Strahlungssender und einem Empfänger. Im Strahlengang zwischen Sender und Empfänger befindet sich in einer Meßzelle das zu analysierende Gas. Man unterscheidet zwischen dispersiven und nicht-dispersiven Verfahren. Bei den nicht-dispersiven Verfahren arbeitet man mit einem breiten Spektrum der elektromagnetischen Strahlung. Dagegen werden bei dispersiven Verfahren nur ausgewählte Spektralanteile zur Messung der Absorption verwendet. Bei Verwendung einer breitbandigen Strahlungsquelle müssen diese Spektralanteile mit Hilfe eines Spektrometers herausgefiltert werden.

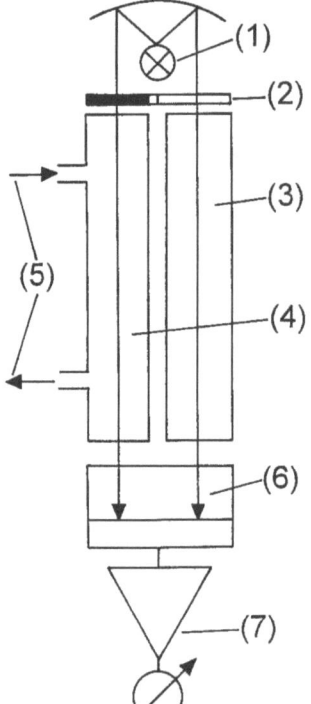

Bild 6.1-1: Prinzipieller Aufbau eines NDIR-Fotometers. (1) Strahlungsquelle, (2) Zerhacker, (3) Vergleichszelle, (4) Meßzelle, (5) Meßgas, (6) IR-Empfänger, (7) Signalverarbeitung und Anzeige, in Anlehnung an [1]

6.1 Gasanalyse

Bild 6.1-1 zeigt den prinzipiellen Aufbau eines NDIR-Fotometers (nicht-dispersives Infrarot-Fotometer). Als Infrarotquelle verwendet man eine Glühlampe. Durch einen Zerhacker (Chopper) in Form einer rotierenden Meßblende wird erreicht, daß die Strahlung entweder durch die Meßzelle oder durch eine Vergleichszelle zum Infrarotempfänger gelangt. Die Vergleichszelle enthält die gesuchte Gaskomponente in bekannter Konzentration. Der Empfänger arbeitet nichtselektiv, d. h., er empfängt ein breites Spektrum der Infrarotstrahlung. Unterschiede im Absorptionsverhalten zwischen Meßzelle und Vergleichszelle führen am Ausgang des Infrarotempfängers zu einem Wechselspannungssignal, das verstärkt bzw. ausgewertet wird. Von Vorteil ist bei diesem Prinzip, daß es sich bei dem Ausgangssignal des Infrarotempfängers um eine Wechselspannung mit fester Frequenz handelt (Frequenz wird durch die Drehzahl der Blende bstimmt), da selektiv arbeitende Wechselspannungsverstärker mit einer sehr hohen Verstärkung problemlos realisiert werden können. Auf diese Weise lassen sich geringste Unterschiede im Absorptionsverhalten zwischen Meßzelle und Vergleichszelle erfassen. Für jedes zu erfassende Gas muß natürlich eine entsprechende Vergleichszelle eingesetzt werden.

Dieses Prinzip wird u. a. in der Gerätefamilie Uras der Fa. Hartmann & Braun eingesetzt [9]. Diese Geräte können für eine Vielzahl von IR-absorbierenden Gasen verwendet werden. Als Beispiele seien folgende Gase genannt (in Klammern jeweils kleinster Meßbereich): CO (0 ... 100 ppm), CO_2 (0 ... 20 ppm), CH_4 (0 ... 100 ppm), NH_3 (0 ... 500 ppm) usw. [9]. Die Kalibrierung dieser Geräte sowie die Nullpunkteinstellung erfolgt mit Hilfe von Prüfgasen.

Ebenfalls nach diesem Prinzip arbeitet die Gerätefamilie UNOR der Fa. Maihak AG [1]. Angeboten werden u. a. Geräte für die Messung von SO_2, NO/NO_X und CO [1].

Nicht-dispersive Verfahren im UV-Bereich (NDUV-Fotometer, nicht-dispersives Ultraviolett-Fotometer) werden u. a. zur Messung der NO/NO_X-, SO_2-, H_2S- und Cl_2-Konzentration verwendet (z. B. Gerätefamilie Radas der Fa. Hartmann und Braun [1, 9]). Als Strahlungsquelle dienen Gasentladungslampen, deren Gasfüllung die gesuchte Gaskomponente enthält. Damit enthält das von dieser Lampe emittierte Licht die Spektralanteile, die für eine Analyse in Betracht kommen (sogenannte Resonanzabsorption). Häufig arbeitet man dabei mit dem sogenannten Gasfilterkorrelationsverfahren, dessen Prinzip vereinfacht in Bild 6.1-2 dargestellt ist [1]. Diese Meßanordnung enthält keine Vergleichszelle. Im Strahlengang des Fotometers befindet sich die Meßzelle und der Zerhacker. Der Zerhacker besteht aus zwei gasgefüllten Kammern, von denen eine mit einem neutralen Gas (z. B. N_2) und die andere mit der Gaskomponente gefüllt ist, deren Konzentration im Meßgas bestimmt werden soll. Der Strahlungsempfänger liefert wieder eine Wechselspannung, aus der die Konzentration der gesuchten Gaskomponente bestimmt wird. Mit einigen Modifikationen und Erweiterungen kommt dieses Prinzip im NDUV-Fotometer Radas 1 G der Fa. Hartmann & Braun zum Einsatz (z. B. für Messung der NO/NO_2-Konzentration in Abgasen von Feuerungsanlagen [1]).

In jüngster Zeit sind auch Gassensoren in Miniaturausführung bekannt geworden, die nach dem Prinzip der fotometrischen Gasanalyse arbeiten [6].

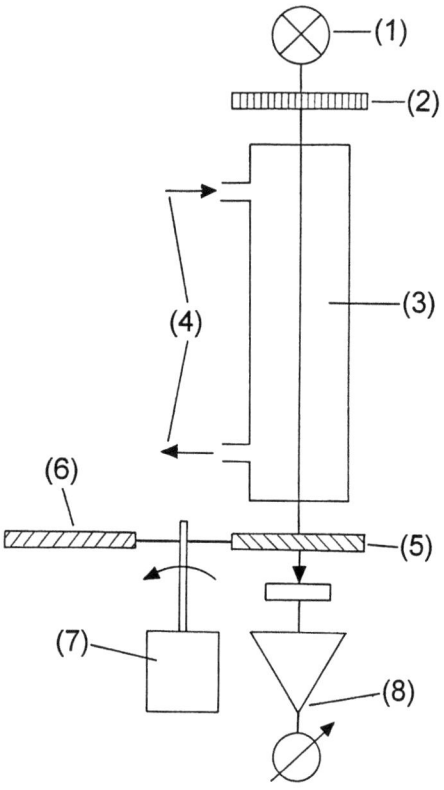

Bild 6.1-2: Prinzipieller Aufbau eines Fotometers nach dem Gasfilterkorrelationsverfahren.
(1) Strahlungsquelle, (2) Interferenzfilter, (3) Meßzelle, (4) Meßgas, (5) Filterkammer mit Meßgaskomponente, (6) Filterkammer mit N_2, (7) Antrieb des Zerhackers, (8) Signalverarbeitung und Anzeige, in Anlehnung an [1]

6.1.2.2 Fotometrische Staubmessung

Die fotometrische Staubmessung basiert auf der Tatsache, daß ein Lichtstrahl in staubbelasteter Umgebung durch Absorption und Streuung des Lichtes geschwächt wird. Bild 6.1-3 zeigt den prinzipiellen Aufbau einer Meßeinrichtung zur fotometrischen Staubmessung [1]. Je nach Stellung der rotierenden Blende ergeben sich zwei Strahlengänge für das Licht: Zum einen gelangt das Licht von der Lampe durch den halbdurchlässigen Spiegel und die Optik in den Abgaskanal, wird am Reflektorkopf reflektiert und gelangt über den Spiegel zum Lichtempfänger, der in dieser Stellung der Blende das Meßsignal liefert.

In der zweiten Stellung gelangt das Licht über den halbdurchlässigen Spiegel und den Hohlspiegel zum Lichtempfänger, der in dieser Blendenstellung das Vergleichssignal liefert. Aus dem Meßsignal und dem Vergleichssignal wird die Transmission T oder die Extinktion

(Schwächung) E des Lichtes im Abgaskanal ermittelt. Zwischen diesen beiden Größen besteht die Beziehung T = exp(-E). Durch Spülluftströme (im Bild nicht eingezeichnet) wird vermieden, daß die Fenster im Abgaskanal zu schnell verschmutzen.
Soll die Rauchdichte gemessen werden, ermittelt man aus der gemessenen Transmission den Grauwert der Abgasfahne.
Bei der Messung des Staubgehaltes nutzt man die Proportionalität zwischen Extinktion und Staubgehalt. Ein solches Meßgerät kann z. B. mittels gravimetrischer Messungen kalibriert werden. Das setzt jedoch voraus, daß Staubart und Korngrößenverteilung unverändert bleiben.

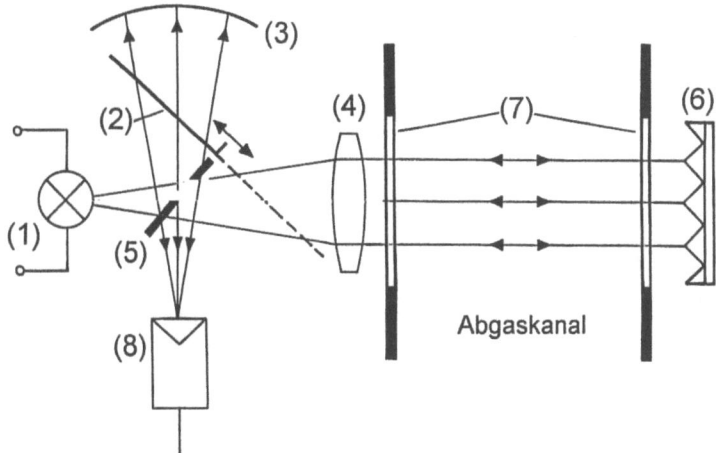

Bild 6.1-3: Meßeinrichtung zur fotometrischen Staubmessung. (1) Lichtquelle, (2) rotierende Blende, (3) Hohlspiegel, (4) Optik, (5) halbdurchlässiger Spiegel, (6) Reflektorkopf, (7) Fenster im Abgaskanal, (8) Lichtempfänger, in Anlehnung an [1]

In den Geräten GM 21 bzw. GM 30 der Fa. E. Sick GmbH hat man die fotometrische Staubmessung mit einer Gasanalyse im UV-Bereich kombiniert, so daß mit *einem* Gerät die Extinktion und der SO_2-Gehalt bzw. Extinktion und der SO_2-/NO-Gehalt des Abgases gemessen werden können [1, 19].

6.1.3 Streulichtverfahren

Bei diesem Verfahren nutzt man die Streuung des Lichtes an Partikeln zur Messung der Staubkonzentration. Bild 6.1-4 veranschaulicht dieses Prinzip, wobei hier die Vorwärtsstreuung des Lichtes zur Messung genutzt wird. Die Intensität des gestreuten Lichtes hängt vom Streuwinkel sowie von der Konzentration, der Form und der Größenverteilung der Staubteilchen ab. Dieses Verfahren nutzt man zur Feinstaubanalyse des Abgases von Feuerungsanlagen. Der Feinstaub-Monitor RM 100 der Fa. E. Sick GmbH, der nach diesem

Prinzip arbeitet, ermittelt aus der Intensität des gestreuten Lichtes die Rußzahl (siehe Abschnitt 6.1.5) [1].
Weiterhin kommt dieses Verfahren in der Reinraumtechnik zur Messung geringer Staub- bzw. Partikelkonzentrationen zur Anwendung. Entsprechende Geräte messen die Partikelzahl je Probevolumen, aus der die Reinraumklasse bestimmt werden kann.

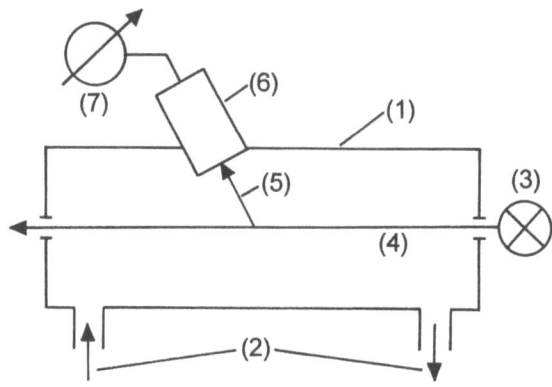

Bild 6.1-4: Streulichtverfahren. (1) Meßkammer, (2) Meßgas, (3) Lichtquelle, (4) Lichtstrahl, (5) gestreutes Licht, (6) Streulichtempfänger, (7) Signalverarbeitung und Anzeige

6.1.4 ß-Strahlen-Absorption

Bild 6.1-5 veranschaulicht die Staubmessung durch ß-Strahlen-Absorption. Aus dem Abgas wird ein Teilstrom abgesaugt, mit sauberer Luft verdünnt und anschließend durch einen Filterpapierstreifen geführt, der die Staubpartikel aufnimmt.

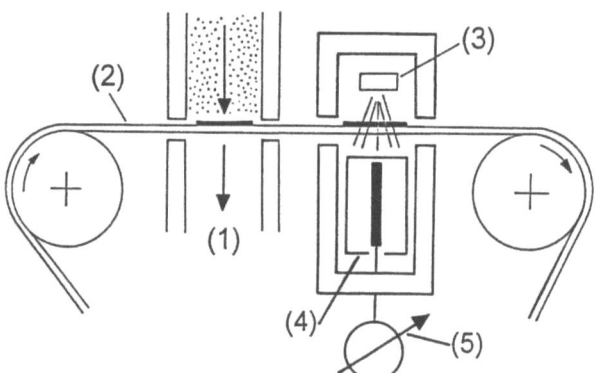

Bild 6.1-5: Staubmessung durch ß-Strahlen-Absorption. (1) Teilstrom des Abgases, (2) Filterpapierband. (3) ß-Strahler, (4) ß-Strahlen-Detektor, (5) Signalverarbeitung und Anzeige, in Anlehnung an [1]

Dabei ist zu beachten, daß die Strömungsgeschwindigkeit in diesem Teilstrom identisch mit der Strömungsgeschwindigkeit des Abgases ist (isokinetische Bedingungen), da andernfalls das Meßergebnis nicht die tatsächlichen Verhältnisse im Abgas widerspiegelt. Nach einer gewissen Zeit rückt der Filterpapierstreifen nach rechts und die Staubbeladung wird durch die Absorption von ß-Strahlen gemessen. Als ß-Strahlenquelle dient ein radioaktives Isotop, als Meßeinrichtung für die ß-Strahlung verwendet man ein Geiger-Müller-Zählrohr. Ein Vorteil dieses Verfahrens besteht darin, daß die Partikeleigenschaften innerhalb eines breiten Bereiches keinen Einfluß auf das Meßergebnis haben [1].

Die Kalibrierung eines solchen Gerätes kann mit einer gravimetrischen Staubmessung erfolgen. Für das in [1] vorgestellte Gerät Beta Dustmeter F 904 der Fa. VEREWA messund regeltechnik GmbH werden als kleinster Meßbereich 0 bis 1 mg/m³ und als größter Meßbereich 0 bis 500 mg/m³ angegeben.

6.1.5 Bestimmung der Rußzahl

Um den Anteil von CO und Kohlenwasserstoffen im Abgas von Ölfeuerungsanlagen klein zu halten, strebt man eine möglichst vollständige Verbrennung an, die durch einen geringen Rußgehalt des Abgases gekennzeichnet ist. Der Rußgehalt im Abgas kann über die sogenannte Rußzahl nach Bacharach erfaßt werden. Zur Bestimmung der Rußzahl wird mit Hilfe einer Hand- oder Motorpumpe ein genau definiertes Abgasvolumen (vorgeschriebene Anzahl von Pumpenhüben) durch ein weißes Filterpapier geführt. Der Ruß erzeugt auf dem Filterpapier einen geschwärzten Fleck. Aus dem Schwärzungsgrad dieses Fleckes bestimmt man durch Vergleich mit 10 Schwärzungsstufen die Rußzahl, die zwischen 0 und 9 liegt.

Obwohl dieses Verfahren nur eine qualitative Bewertung zuläßt, hat es bei der Überwachung von Ölfeuerungsanlagen eine sehr weite Verbreitung gefunden. Ölderivate im Abgas können bei diesem Verfahren durch den sogenannten Fließmitteltest sichtbar gemacht werden. Dazu taucht man das Filterpapier in Aceton, das als Lösungsmittel für die Ölderivate wirkt. Durch das Aceton werden Ölderivate ausgeschwemmt und außerhalb des Rußflecks sichtbar [19].

6.1. 6 Gravimetrische Staubmessung

Bei der gravimetrischen Staubmessung führt man einen Teil des zu untersuchenden Abgases über einen Filter. Nach einer bestimmten Zeit ermittelt man die Gewichtszunahme des Filters. Aus dem Gasvolumen, das durch den Filter strömte, und der Gewichtszunahme kann dann der Staubgehalt des Gases ermittelt werden. Mit diesem Verfahren sind nur diskontinuierliche Analysen möglich, die zudem einen relativ hohen manuellen Aufwand erfordern.

Um Fehler zu vermeiden, muß der über den Filter geleitete Teilstrom des Abgases unter isokinetischen Bedingungen entnommen werden., d. h., die Strömungsgeschwindigkeit des Teilstromes muß mit der Geschwindigkeit des Abgases übereinstimmen [19].
Vorteilhaft bei diesem Verfahren ist, daß die im Filter angesammelten Stäube für eine weitere physikalische oder chemische Analyse ihrer Zusammensetzung zur Verfügung stehen (z. B. Bestimmung des Gehalts an brennbaren Substanzen im Glühofen usw. [19]).
Die gravimetrische Staubmessung wird häufig zur Kalibrierung anderer Staubmeßverfahren eingesetzt.

6.1.7   Wärmeleitverfahren

Bild 6.1-6 zeigt die Wärmeleitfähigkeit verschiedener Gase bezogen auf Luft. Es werden zum Teil erhebliche Unterschiede deutlich, die sich für die Analyse eines Gasgemisches ausnutzen lassen. Natürlich kann der Wert der Wärmeleitfähigkeit nicht direkt Aufschluß über die Zusammensetzung eines Gasgemisches geben. Ist jedoch ein Vergleichsgas vorhanden, und das zu analysierende Gas unterscheidet sich vom Vergleichsgas *im wesentlichen* nur in einer Komponente, so sind mit einer Untersuchung der Wärmeleitfähigkeit genaue quantitative Aussagen über die Konzentration dieser Gaskomponente möglich. Dabei muß berücksichtigt werden, daß die Wärmeleitfähigkeit der Gase temperaturabhängig ist.

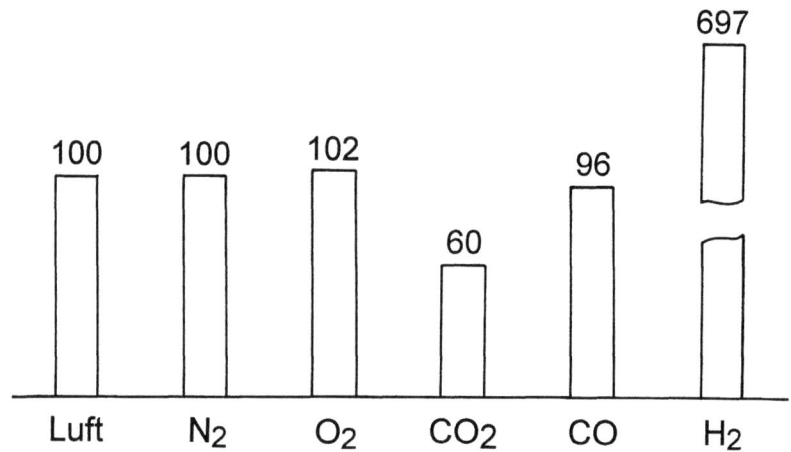

Bild 6.1-6: Wärmeleitfähigkeit einiger Gase bei 0 °C in % bezogen auf trockene Luft (Werte gerundet)

Ein Beispiel ist die Messung der CO_2-Konzentration im Abgas von Heizungsanlagen. Die Wärmeleitfähigkeit von Luft wird im wesentlichen von den Komponenten Stickstoff, Sauerstoff und CO_2 bestimmt, siehe Bild 6.1-6. Der Einfluß anderer Gase auf die

Wärmeleitfähigkeit der Luft kann auf Grund ihrer geringen Konzentration und/oder des geringen Unterschiedes ihrer Wärmeleitfähigkeit zur Luft vernachlässigt werden.
Das Abgas einer Heizungsanlage enthält im Vergleich zur Luft einige Vol.% weniger O_2 und dafür mehr CO_2, was sich in einer deutlich verringerten Wärmeleitfähigkeit dieses Gasgemisches niederschlägt.
Bild 6.1-7 (a) zeigt den Aufbau einer Meßzelle zur Messung der Wärmeleitfähigkeit eines Gases [4, 16].

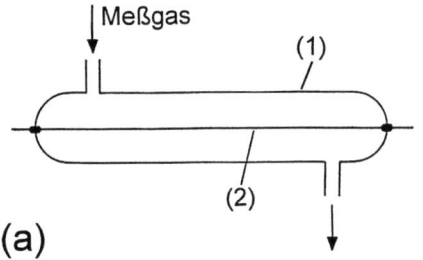

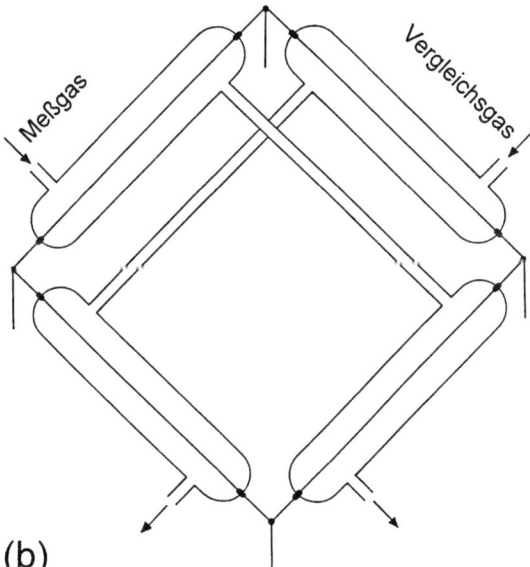

Bild 6.1-7: (a) Aufbau einer Meßzelle zur Bestimmung der Wärmeleitfähigkeit eines Gases. (1) Glasröhrchen, (2) Platindraht.
(b) Wärmeleitfähigkeitsanalysator in Brückenschaltung

Die Wandung des Glasröhrchens wird auf einer konstanten Temperatur gehalten. Der Platindraht wird von einem elektrischen Strom durchflossen und dadurch aufgeheizt. Die sich im stationären Zustand gegenüber der thermostatisierten Wandung einstellende Übertemperatur des Platindrahtes ist ein Maß für die Wärmeleitfähigkeit des Gases in der Meßzelle, wobei die Temperatur des Platindrahtes über seinen elektrischen Widerstand bestimmt wird. In praktisch ausgeführten Meßeinrichtungen wird die Wärmeleitfähigkeit eines Gases nicht als absolute Größe bestimmt. Vielmehr bestimmt man die Wärmeleitfähigkeit in Bezug auf ein Vergleichsgas. Dazu verwendet man die im Bild 6.1-7 (b) dargestellte Brückenschaltung, mit der Unterschiede in der Wärmeleitfähigkeit zwischen Meßgas und Vergleichsgas sehr genau erfaßt werden können.

Das hier beschriebene Meßverfahren kommt z. B. in den Wärmeleit-Gasanalysatoren der Gerätefamilie Caldos der Fa. Hartmann und Braun zum Einsatz [9]. Für die Messung der CO_2-Konzentration in Luft (Begleitgas) ist der kleinste Meßbereich 0 bis 5 Vol.%. Das Vergleichsgas ist in diesem Fall Luft mit natürlicher CO_2-Konzentration. Als Meßkomponenten, die natürlich bekannt sein müssen, sind neben CO_2 z. B. auch H_2, NH_3 oder SO_2 in Luft als Begleitgas möglich [9].

6.1.8 Wärmetönungssensoren (Reaktionswärmesensoren, Pellistoren)

Bild 6.1-8 zeigt den prinzipiellen Aufbau eines Wärmetönungssensors. Er besteht aus zwei Platindrahtwiderständen R_1 und R_2. Der Platindraht ist von einem Keramikmaterial umgeben. Die Oberfläche des Keramikröhrchens von R_2 ist mit einem Katalysator beschichtet, der auf die beabsichtigte chemische Reaktion abgestimmt ist, z. B. Oxidation zum Nachweis von Methan in Luft. Durch die beiden Widerstände fließt ein Strom, der den Sensor auf seine Betriebstemperatur (einige 100 °C) erwärmt.

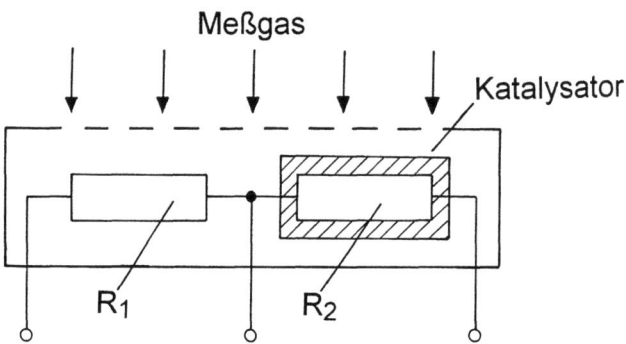

Bild 6.1-8: Prinzipieller Aufbau eines Wärmetönungssensors

Befindet sich Methan in der untersuchten Luft, kommt es an der Oberfläche von R_2 zu einer katalytischen Oxidation mit dem Luftsauerstoff. Da diese Reaktion exotherm ist, wird R_2 gegenüber R_1 stärker erwärmt, was eine Vergrößerung des Widerstandswertes von R_2 zur Folge hat. Diese Widerstandserhöhung kann vorteilhaft mit einer elektronischen Brückenschaltung ausgewertet werden. Natürlich arbeitet der Wärmetönungssensor nicht selektiv, alle Gaskomponenten, die katalytisch exotherm oxidiert werden, erzeugen ein entsprechendes Ausgangssignal.

Wärmetönungssensoren können auch bei höheren Gastemperaturen eingesetzt werden. Wichtig ist, daß das zu analysierende Gas frei von Katalysatorgiften ist (z.B. Schwefelverbindungen [6, 7]), die die Wirkung des Katalysators einschränken oder aufheben. Beim praktischen Einsatz ist die begrenzte Lebensdauer dieser Sensoren zu beachten. Weiterhin muß das zu untersuchende Gasgemisch ausreichend Sauerstoff enthalten, da andernfalls die katalytische Oxidation nicht ablaufen kann, und damit auch keine Übertemperatur des Widerstandes R_2 nachweisbar ist. Das Ausgangssignal eines Sensors zum Nachweis von Methan in Luft erreicht z. B. ein Maximum unterhalb von 20 Vol.% Methan und fällt dann monoton auf Null bei 100 Vol.% Methan ab [6].

Wärmetönungssensoren werden in großem Umfang zum Nachweis von Methan und anderen Kohlenwasserstoffen eingesetzt. Ihre Empfindlichkeit ist so groß, daß Gaskonzentrationen bis zur unteren Explosionsgrenze erfaßt und überwacht werden können.

Die Anwendung des Prinzips des Wärmetönungssensors beschränkt sich keinesfalls auf die katalytische Oxidation. Auch andere chemische Reaktionen oder physikalischen Prozesse, die mit einer bestimmten Wärmetönung ablaufen, können zum Stoffnachweis nach diesem Prinzip herangezogen werden.

6.1.9 Festelektrolyt-Gassensoren (λ-Sonde und Sauerstoffmeßzelle)

Festelektrolyt-Gassensoren haben vor allem zur Messung der O_2-Konzentration eine weite Verbreitung gefunden. Herzstück dieser Gassensoren ist ein Festelektrolyt, d.h., ein fester Stoff, der in der Lage ist, einen Sauerstoffionenstrom zu leiten. In der Praxis verwendet man als Elektrolyt (Ionenleiter) für Sauerstoffsensoren Zirkoniumdioxid, das mit Yttriumoxid oder anderen Stoffen dotiert wurde. Um eine ausreichende Ionenleitfähigkeit zu erzielen, arbeitet man bei Temperaturen zwischen 350 und maximal 930 °C [8], d. h., diese Sensoren müssen auf die erforderliche Temperatur aufgeheizt werden.

Der wohl bekannteste Vertreter ist die in der KFZ-Technik zum Einsatz kommende λ-Sonde (auch als potentiometrischer Sauerstoffsensor bezeichnet). Bild 6.1-9 veranschaulicht den prinzipiellen Aufbau einer λ-Sonde [15].

Durch die Wechselwirkung des Sauerstoffs mit den porösen, d. h. gasdurchlässigen, Platinelektroden bilden sich auf der Oberfläche des Festelektrolyten Sauerstoffionen, deren Konzentration auf der nach innen gewandten Oberfläche des Elektrolyten von der Sauerstoffkonzentration des zu analysierenden Gases (Abgas) abhängt. Die Konzentration der Sauerstoffionen auf der nach außen gewandten Seite des Elektrolyten hängt vom Sauerstoffgehalt der Luft (Vergleichsgas) ab. Im thermodynamischen Gleichgewicht (kein Stromfluß zwischen der Innen- und Außenelektrode, konstante Temperatur im Sensor) stellt sich zwischen den beiden Elektroden eine Spannung U ein, deren Wert näherungsweise proportional $\ln(p_1/p_2)$ ist, wobei p_1 der Sauerstoffpartialdruck der Luft (bzw. des Vergleichsgases) und p_2 der Sauerstoffpartialdruck des zu analysierenden Gases ist [8, 15]. Mit diesem Sensor kann das Verhältnis der Sauerstoffpartialdrücke von zwei Gasgemischen gemessen werden. Bei $p_1 = p_2$ (gleicher Sauerstoffpartialdruck) ist die Spannung U Null.

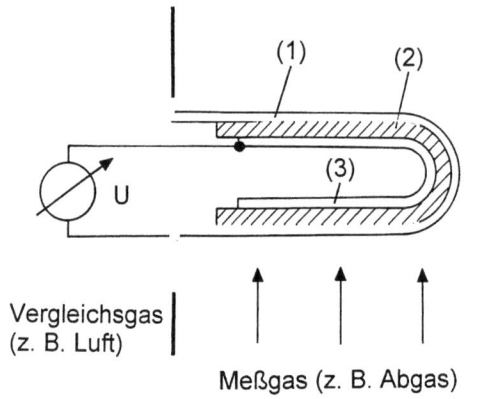

Bild 6.1-9: Prinzipieller Aufbau einer λ-Sonde (poröse Keramikschutzschicht nicht eingezeichnet).
(1) innere Platinelektrode, (2) Festelektrolyt, (3) äußere Platinelektrode

Der Name λ-Sonde ist von der sogenannten Luftzahl λ abgeleitet, die in der Feuerungstechnik und im Zusammenhang mit Verbrennungsmotoren verwendet wird. Sie ist wie folgt definiert [15]:

$$\lambda = \frac{zugeführte\ Luftmenge}{theoretischer\ Luftbedarf}$$

λ = 1 entspricht genau dem stöchiometrischen Verhältnis von Luft und Kraftstoff. Bei Ottomotoren mit Katalysator ist unter dieser Bedingung der Schadstoffausstoß am geringsten. Auf Grund der starken Änderung des Sauerstoffpartialdruckes im Abgas kann der Punkt λ = 1 sehr genau mit einer λ-Sonde erfaßt werden (Anwendung als Sensor zur Regelung bzw. Einstellung der Luftzahl).

Bild 6.1-10 zeigt den prinzipiellen Aufbau einer sogenannten Sauerstoffmeßzelle (auch als amperometrischer Sauerstoffsensor bezeichnet). Mit diesem Sensor kann direkt die Sauerstoffkonzentration in einem Gasgemisch bestimmt werden. Als Festelektrolyt, der in der Lage ist, einen Sauerstoffionenstrom zu leiten, verwendet man wieder dotiertes Zirkoniumdioxid. Im äußeren Stromkreis befinden sich eine Spannungsquelle und ein Strommesser, mit dem der Ionenstrom gemessen werden kann.

Durch Wechselwirkung mit der porösen Platinelektrode bilden sich Sauerstoffionen, die durch die Platinelektrode diffundieren und dadurch unmittelbar auf die kathodenseitige Oberfläche des Festelektrolyten gelangen. Unter dem Einfluß des äußeren elektrischen Feldes bzw. der angelegten Spannung U_0 bewegen sich die Ionen dann durch den Elektrolyten zur Anode. Die Leitfähigkeit des Elektrolyten für Sauerstoffionen erhöht sich mit zunehmender Temperatur. Bei hinreichend hoher Temperatur des Elektrolyten und einer geeigneten Wahl der Spannung U_0 kann nun erreicht werden, daß die Ionenkonzentration unmittelbar an der kathodenseitigen Oberfläche des Elektrolyten Null ist, d. h., jedes dort ankommende Ion wird sofort abgesaugt. Damit hängt der Strom I aber ausschließlich von der Diffusionsgeschwindigkeit ab, mit der die Sauerstoffionen die poröse Platinelektrode durchdringen und auf die Oberfläche des Elektrolyten gelangen. Diese Diffusionsgeschwindigkeit hängt jedoch nur von der Sauerstoffkonzentration des Meßgases an der Oberfläche der Platinelektrode ab. Insgesamt erhält man damit eine nahezu direkte Proportionalität zwischen der Sauerstoffkonzentration des Meßgases und dem angezeigten Ionenstrom I [7].

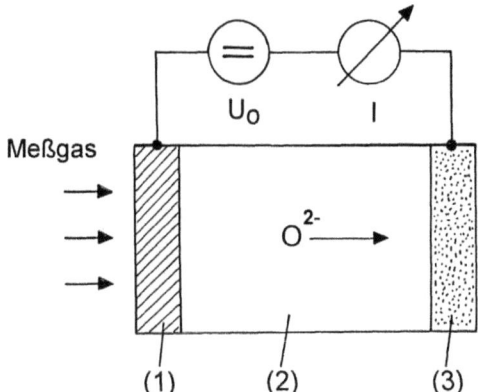

Bild 6.1.-10: Prinzipieller Aufbau einer Sauerstoffmeßzelle. (1) Kathode (poröse Platinelektrode), (2) Festelektrolyt, (3) Anode

Die Kalibrierung eines solchen Sensors kann sehr einfach mit Luft erfolgen (20,93 Vol.% O_2). Der typische Meßbereich eines Meßgerätes mit Sauerstoffmeßzelle beträgt 0 - 25 Vol.% O_2. Im Unterschied zur λ-Sonde ist kein Vergleichsgas erforderlich.
An die Temperaturkonstanz des Elektrolyten werden keine großen Forderungen gestellt. Die Temperatur und damit die Ionenleitfähigkeit des Elektrolyten müssen nur so hoch sein, daß der Ionenstron nicht durch die Leitfähigkeit des Elektrolyten begrenzt wird. Das stellt jedoch kein technisches Problem dar.
Beim Einsatz dieses Sensors ist in bestimmten Fällen zu beachten, daß der Sensor dem Meßgas Sauerstoff entzieht (sogenannte Sauerstoffpumpe). In jedem Fall empfiehlt sich unter den konkreten Meßbedingungen eine Kalibrierung mit Luft. Die Lebensdauer einer solchen Sauerstoffmeßzelle kann je nach Einsatzbedingungen bis zu einige Jahre betragen. Durch Kalibrierung mit Luft läßt sich feststellen, ob die Meßzelle noch brauchbar ist.
Sauerstoffmeßzellen kommen in vielen Bereichen zur Anwendung, z. B. zur Abgasanalyse in modernen Diagnosegeräten für Heizungsanlagen [13].

6.1.10 Elektrochemische Sensoren

Bild 6.1-11 zeigt den prinzipiellen Aufbau eines elektrochemischen Gassensors mit 3 Elektroden, wie er z. B. zum Nachweis von CO verwendet wird.

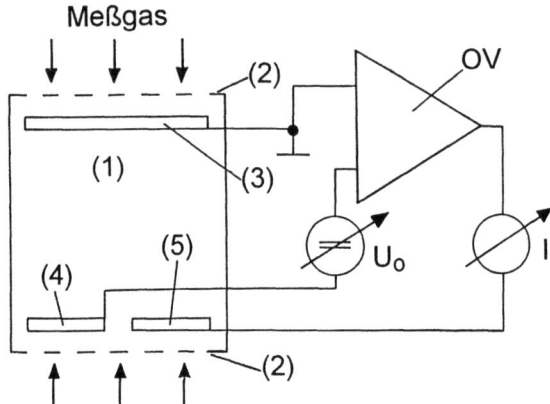

Bild 6.1-11: Prinzipieller Aufbau eines elektrochemischen Gassensors mit drei Elektroden zur Messung der CO-Konzentration. (1) Elektrolyt, (2) gasdurchlässige Membran, (3) Meßelektrode, (4) Referenzelektrode, (5) Gegenelektrode

Bevor die eigentliche Funktion dieses Sensors sowie die ablaufenden elektrochemischen Reaktionen erläutert werden, sollen zunächst der Aufbau sowie die äußere Beschaltung Gegenstand der weiteren Betrachtungen sein. Im Sensor, der auch als 3-Elektroden-Zelle bezeichnet wird, befinden sich ein Elektrolyt sowie drei darin eingebettete Elektroden - die Meßelektrode, die Referenzelektrode (Vergleichselektrode) und die Gegenelektrode. In der unmittelbaren Nähe der Meßelektrode ist eine gasdurchlässige Membran angeordnet, die für den Elektrolyten undurchlässig ist. Durch Diffusion können die Moleküle des Meßgases diese Membran durchdringen.
Die äußere Beschaltung des Sensors muß zweierlei realisieren:

(1) Messung des Ionenstromes zwischen Meßelektrode und Gegenelektrode. Das geschieht hier mit dem Strommesser I.

(2) Die Spannung zwischen Meßelektrode und der Gegenelektrode muß unabhängig vom fließenden Ionenstrom konstant auf einem eingestellten Wert bleiben. Dazu dienen die Referenzelektrode, die aus dem gleichen Material wie die Gegenelektrode besteht, sowie der Operationsverstärker (OV) mit der einstellbaren Gleichspannung U_0. Durch den OV wird gewährleistet, daß die Spannung zwischen Meßelektrode und Gegenelektrode unabhängig vom Strom I (!) auf dem Wert U_0 gehalten wird (man bezeichnet diese Schaltung auch als Potentiostat: Die Spannung zwischen zwei

6.1 Gasanalyse

Punkten, in diesem Fall Meßelektrode und Gegenelektrode, wird durch sie konstant gehalten). Die Referenzelektrode bleibt stets stromlos.

Beim CO-Sensor ist die Meßelektrode postiv (Anode) gegenüber der Gegenelektrode (Kathode). Oberhalb einer bestimmten Spannung zwischen Meß- und Gegenelektrode kommt es zu folgender elektrochemischen Reaktionen an der Meßelektrode:

$$CO + H_2O \rightarrow CO_2 + 2H^+ + 2e^- \quad \text{(Anodenreaktion)}$$

Die Wasserstoffionen bewegen sich unter dem Einfluß der außen zwischen Meß- und Gegenelektrode angelegten Spannung zur Kathode. Die Höhe des Ionenstromes kann mit dem Strommesser I gemessen werden. An der Gegenelektrode läuft folgende Reaktion ab:

$$1/2 O_2 + 2H^+ + 2e^- \rightarrow H_2O \quad \text{(Kathodenreaktion)}.$$

Unter den Voraussetzungen, daß jedes auf der Meßelektrode ankommende CO-Molekül sofort umgesetzt wird, und, daß der Ionenstrom nicht durch die Leitfähigkeit des Elektrolyten begrenzt wird, erhält man Proportionalität zwischen dem Ionenstrom und der Anzahl der CO-Moleküle, die je Zeiteinheit die gasdurchlässige Membran durchdringen. Die gasdurchlässige Membran stellt für die Gasmoleküle eine Diffusionsbarriere dar, d. h., die Anzahl der CO-Moleküle, die je Zeiteinheit durch die Membran diffundieren, hängt von der Temperatur und der CO-Konzentration im zu analysierenden Gas ab. Bis zu einem Sättigungswert erhält man nahezu Proportionalität zwischen CO-Konzentration und dem Strom I, wobei eine Kompensation des Temperatureinflusses notwendig ist (durch Messung der Temperatur im Sensor und entsprechende Korrektur des Meßsignals im Auswertegerät oder in Form einer integrierten Temperaturkompensation im Sensor).

Elektrochemische Gassensoren werden für eine Vielzahl von Gasen hergestellt. Dabei müssen die Spannung zwischen Meß- und Gegenelektrode, die Polarität dieser Spannung (die Meßelektrode kann Anode oder Kathode sein) und der Elektrolyt auf die zu erfassende Gaskomponente abgestimmt sein.

Nachteilig kann bei diesem Sensor die Querempfindlichkeit auf eine oder mehrere andere Gasarten sein (z. B. H_2-Empfindlichkeit beim CO-Sensor). Einen Ausweg bietet die sogenannte 4-Elektroden-Zelle. Dabei wird in den Sensor eine weitere Elektrode eingebaut. Durch geeignete Wahl der Spannung an dieser Hilfselektrode kann erreicht werden, daß an ihr nur Reaktionen mit den nicht zu messenden Gaskomponenten ablaufen. Mittels einer entsprechenden Verknüpfung der Meßsignale von Hilfs- und Meßelektrode kann auf diese Weise die Querempfindlichkeit verringert werden (z. B. H_2-Kompensation beim CO-Sensor [14]).

Elektrochemische Sensoren haben meist eine zylindrische Form (Abmessungen ca. 1...3 cm). Sie werden für eine Vielzahl von Gasen angeboten und dienen zur Messung oder

Überwachung der Gaskonzentration. Es lassen sich sehr hohe Empfindlichkeiten erzielen. Zum Nachweis der stark toxischen Gase Arsin (AsH_3) und Phosphin (PH_3), die in der Halbleitertechnologie zur Anwendung kommen, wurden elektrochemische Sensoren entwickelt, die bei einer Gaskonzentration von 0,02 ppm einen Alarm auslösen [11]. Die Ansprechzeiten dieser Sensoren sind auch bei kleinen Gaskonzentrationen relativ gering (Größenordnung 5 bis 20 s [8, 11]).

In dem Heizungsdiagnosecomputer der Fa. rbr-Computertechnik [14] werden elektrochemische Sensoren zur Messung der CO-Konzentration (Meßbereich 0 - 4000 ppm), der NO-Konzentration (Meßbereich 0 - 2000 ppm) und der NO_2-Konzentration (Meßbereich 0 - 200 ppm) im Abgas von Heizungsanlagen eingesetzt.

Verfügbar sind elektrochemische Sensoren weiterhin für NH_3, HCN, H_2S und eine Vielzahl weiterer Gase. Die Lebensdauer dieser Sensoren kann je nach Einsatzbedingungen einige Jahre erreichen.

6.1.11   Halbleiter-Gassensoren (Mischgassensoren)

Es gibt eine Vielzahl elektrophysikalischer Effekte in Halbleitern, die zur Gasanalyse herangezogen werden können (z. B. Gassensoren auf der Basis eines Feldeffekttransistors, elektrische Leitfähigkeit halbleitender Polymere [8, 10]). Technologische Probleme (zu starke Exemplarstreuungen entsprechender Bauelemente), hohe Querempfindlichkeiten, fehlende Langzeitstabilität usw. sind die Ursachen dafür, daß Bauelemente auf der Basis dieser Effekte bisher keine breite Anwendung in der Praxis gefunden haben.

Lediglich sogenannte Metalloxid-Gassensoren werden industriell gefertigt und haben bisher eine breitere Anwendung erfahren. In den folgenden Ausführungen soll dieser Sensortyp kurz behandelt werden.

Als Halbleiter verwendet man Metalloxide, vorzugsweise Zinnoxid (SnO_2). Gemessen wird die Leitfähigkeit dieses Halbleitermaterials bei Temperaturen von über 100 °C bis zu einigen 100 °C, d. h., Sensoren dieses Typs müssen elektrisch aufgeheizt werden. Bei der Einwirkung bestimmter Gase auf die Oberfläche verändert sich der Widerstand dieses Metalloxid-Halbleiters in oberflächennahen Bereichen. Dabei gilt, daß reduzierende Gase eine Verringerung des elektrischen Widerstandes und oxidierend wirkende Gase eine Erhöhung des Widerstandes zur Folge haben [8]. Auf die dabei ablaufenden physikalischen und/oder chemischen Prozesse soll hier nicht eingegangen werden. Die Veränderung des Widerstandes kann in einem äußeren Stromkreis gemessen werden. Bild 6.1-12 zeigt das üblicherweise verwendete Symbol eines Halbleiter-Gassensors dieses Typs sowie eine einfache Applikationsschaltung. An die Anschlüsse (1) und (2) wird die Heizspannung angelegt. Meist beträgt sie 5 V.

6.1 Gasanalyse

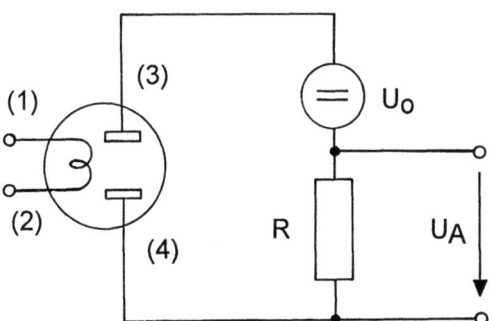

Bild 6.1-12: Einfache Applikationsschaltung eines Halbleiter-Gassensors. (1), (2) Heizung, (3), (4) Anschlüsse des Halbleiters

Der Metalloxid-Halbleiter, z. B. in Form eines einige mm langen Röhrchens, wird in Sintertechnik hergestellt [8]. Er trägt die Anschlüsse (3) und (4). Verändert der Halbleiter seinen Widerstand, ändert sich die Spannung U_A über dem Arbeitswiderstand R, die das Ausgangssignal darstellt und weiterverarbeitet werden kann. Weitere Applikationsschaltungen sind in [8] angegeben. Zum Schutz vor Umwelteinflüssen ist der Metalloxid-Halbleiter mit einer gasdurchlässigen Membran umgeben.

Halbleiter-Gassensoren werden in großer Zahl in Gaswarn- und Überwachungsgeräten sowie als Rauchmelder eingesetzt. Vorteilhaft ist ihr geringer Preis, der eine breite Anwendung ermöglicht.

Beim Einsatz muß berücksichtigt werden, daß sie immer auf mehrere Gasarten reagieren (hohe Querempfindlichkeiten), wobei die Empfindlichkeit gasartenabhängig ist. Daher werden sie auch als *Mischgas-Sensoren* bezeichnet. Durch Veränderung der Sensortemperatur (etwa im Bereich 100 bis 400 °C) kann die Empfindlichkeit dieses Sensors gegenüber einzelnen Gasarten verändert werden [8].

Mit dem Einsatz verschiedener Halbleiter-Gassensoren, deren Signale von einem Mikroprozessor verarbeitet werden, können die Querempfindlichkeiten reduziert werden. Darüberhinaus lassen sich auf diese Weise Sensorsysteme realisieren, die auf eine Vielzahl von Gasen ansprechen und dabei in der Lage sind, diese Gase auch zu unterscheiden [20]. In [21] verwendet man eine Kombination aus 6 Halbleiter-Gassensoren zur quantitativen Bewertung der Raumluftqualität.

6.1.12 Flammenionisationsdetektor (FID)

Mit Hilfe des Flammenionisationsdetektors kann die Konzentration von Kohlenwasserstoffen in einem Gasgemisch bestimmt werden. Bild 6.1-13 zeigt den prinzipiellen Aufbau einer entsprechenden Meßeinrichtung.

Zwischen zwei Elektroden brennt eine Wasserstoffflamme, in die das Meßgas kontinuierlich eingebracht wird. Die eine Elektrode wird durch den Brenner gebildet, die andere ist die sogenannte Auffangelektrode. Kohlenwasserstoffe lassen sich im Vergleich zu anorganischen Kohlenstoffverbindungen relativ leicht in einer Wasserstoffflamme ionisieren, wobei die Ionisation durch thermische Anregung erfolgt. Durch die angelegte Spannung U baut sich zwischen den Elektroden ein elektrisches Feld auf, in dem die Ionen beschleunigt werden. Gemessen wird der Ionenstrom I zwischen den beiden Elektroden, der durch die Ionenkonzentration bestimmt wird.

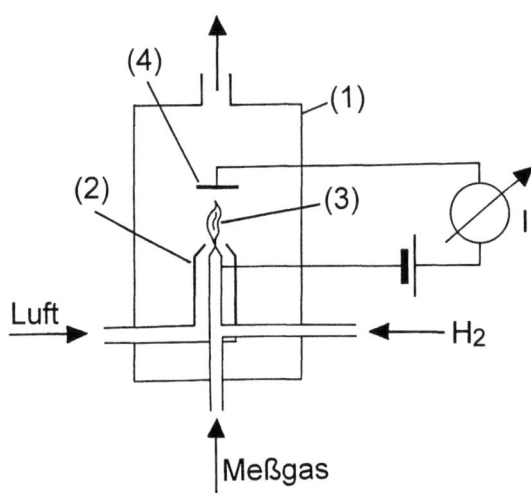

Bild 6.1-13: Prinzipieller Aufbau eines Flammenionisationsdetektors.
(1) Brennkammer, (2) Brenner, (3) Wasserstoffflamme, (4) Auffangelektrode, in Anlehnung an [1]

Da dieser Strom sehr klein ist, sind für seine Messung elektronische Verstärker notwendig, auf deren Darstellung in Bild 6.1-13 verzichtet wurde.

Es besteht ein nahezu linearer Zusammenhang zwischen der Kohlenwasserstoffkonzentration und dem Strom I. Eine Unterscheidung verschiedener Kohlenwasserstoffe ist jedoch nicht möglich. Der Strom I hängt darüber hinaus noch vom Massenstrom und der Temperatur des Meßgases, vom Aufbau und dem Material des Brenners sowie von der Elektrodengeometrie ab. Massenstrom und Temperatur des Meßgases können gemessen, und ihr Einfluß auf das Meßergebnis kann entsprechend berücksichtigt werden. Das Material und die Geometrie des Brenners sind ohnehin konstante Einflußgrößen.

Beim Flammenionisationsdetektor Fidas 3 E der Fa. Hartmann und Braun bezieht sich die Anzeige auf CH_4. Der kleinste und größte Meßbereich sind 0 bis 10 ppm und 0 bis 10^5 ppm (bezogen auf CH_4). Der Meßgasdurchfluß liegt zwischen 90 und 120 l/h (Meßgas drucklos). Bei anderen Geräten wird das Meßergebnis in mg C/m³ angegeben [1]. Es ist offensichtlich, daß nach diesem Prinzip nur kontinuierliche Messungen möglich sind.

Bezieht sich die Anzeige eines solchen Gerätes auf einen bestimmten Kohlenwasserstoff C_XH_Y (z.B. CH_4), so kann nach einer einfachen Formel, die die Anzahl der Kohlenstoffatome im Molekül berücksichtigt, eine Umrechnung auf einen anderen Kohlenwasserstoff C_nH_m erfolgen [9]. Voraussetzung ist, daß der Kohlenwasserstoff C_nH_m bekannt ist. Kalibriert werden kann ein solches Gerät z. B. mit Propan. Bei der

Konzentrationsmessung anderer Kohlenwasserstoffe (Methan, Butan, Hexan usw.) müssen entsprechende Korrekturfaktoren berücksichtigt werden [9].
Die Brenngase dürfen nur eine sehr kleine Kohlenwasserstoffkonzentration aufweisen. Wird der Brenner mit Umgebungsluft gespeist (als Alternative kommt synthetische Luft in Frage), kann der Einfluß von Fremdkohlenwasserstoffen durch den Einsatz eines vorgeschalteten Katalysators reduziert werden.

6.1.13 Sauerstoffanalyse unter Ausnutzung des Paramagnetismus

Die magnetischen Eigenschaften der Stoffe können durch die relative Permeabilität μ_r beschrieben werden. Dabei sind insgesamt vier Fälle zu unterscheiden: Vakuum: $\mu_r = 1$; ferromagnetische Stoffe: μ_r ist viel größer als 1 (bis zu 10^5); paramagnetische Stoffe: μ_r ist geringfügig größer als 1; diamagnetische Stoffe: μ_r ist geringfügig kleiner als 1. Darüber hinaus verwendet man noch die magnetische Suszeptibilität σ: $\sigma = \mu_r - 1$. Bei paramagnetischen Stoffen ist σ größer Null, bei diamagnetischen Stoffen kleiner Null. Viele Gase zeigen diamagnetisches Verhalten (z. B. CO_2, N_2, H_2, usw.). Demgegenüber zeigt Sauerstoff, bedingt durch den Aufbau des O_2-Moleküls, ausgeprägtes paramagnetisches Verhalten, auch wenn σ sehr klein ist ($\sigma \approx 0,000002$ bei 0 °C und $p \approx 1$ bar [17]). Auf Sauerstoffmoleküle wirkt daher im Magnetfeld eine Kraft in Richtung höherer Feldliniendichte. Qualitativ ist das der gleiche Mechanismus, mit dem ein Stück Eisen (ferromagnetischer Stoff, μ_r ist viel größer als 1) von einem Magneten angezogen wird. Natürlich sind die Kräfte, die auf ein Sauerstoffteilchen im Magnetfeld ausgeübt werden, äußerst klein im Vergleich zu den Kräften auf ferromagnetische Stoffe.
Wichtig ist noch, daß σ stark von der Temperatur und vom Druck abhängt. Mit zunehmender Temperatur verringert sich σ, d. h., der Paramagnetismus und damit die Kraft, die auf ein Sauerstoffteilchen im Magnetfeld ausgeübt wird, werden bei Temperaturerhöhung kleiner.
Bild 6.1-14 zeigt den prinzipiellen Aufbau eines Sauerstoffanalysators unter Ausnutzung des Paramagnetismus, wie er u. a. in der Gerätefamilie Magnos der Fa. Hartmann und Braun [9] zum Einsatz kommt (thermomagnetisches Funktionsprinzip).
Das Meßgas strömt durch eine Ringkammer. Ohne Sauerstoff (oder ein anderes paramagnetisches Gas) tritt in der Querverbindung, die meist in Form eines dünnen Glasröhrchens ausgeführt ist und streng waagerecht angeordnet sein muß, keine Gasströmung auf. Sind jedoch Sauerstoffteilchen im Meßgas vorhanden, so werden sie in das Magnetfeld gezogen. Dadurch allein entsteht jedoch noch keine Strömung in der Querverbindung. Mit der Heizwicklung werden die Sauerstoffteilchen im Magnetfeld aufgeheizt und ihr Paramagnetismus (d. h. die Kraftwirkung eines magnetischen Feldes) vermindert sich sehr stark. Durch die von links nachrückenden kalten und damit noch stark paramagnetischen Teilchen entsteht in der Querverbindung eine nach rechts gerichtete Strömung, die von einem thermischen Durchflußmesser, der in die Heizwicklung integriert ist, erfaßt wird. Zum

Verständnis dieses Prinzips muß man sich vor Augen führen, daß mit der thermischen Durchflußmessung auch sehr kleine Volumenströme gemessen werden können (< 1 ml/h).

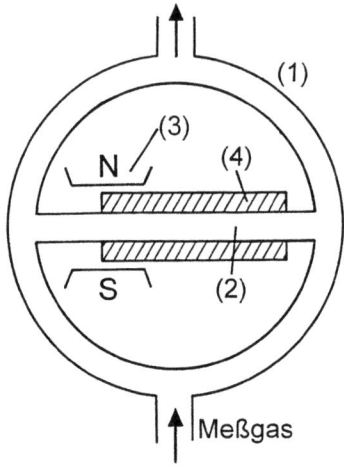

Bild 6.1-14: Prinzipieller Aufbau eines magnetischen Sauerstoffanalysators (thermomagnetisches Funktionsprinzip). (1) Ringkammer, (2) Querverbindung, (3) Dauermagnet, (4) Heizwicklung, thermischer Durchflußmesser

Es gibt noch weitere Möglichkeiten, die Kraftwirkungen auf Sauerstoffteilchen in einem Magnetfeld zu erfassen und damit zur Messung der Sauerstoffkonzentration in einem Meßgas zu nutzen. Als Beispiel sei die Drehwaage genannt [16].
Praktisch ausgeführte Geräte überdecken die Meßbereiche 0 ... 1 Vol.% bis 0 ... 100 Vol.% Sauerstoff [9].
Querempfindlichkeiten entstehen immer dann, wenn andere paramagnetische Gase (z. B. NO, NO_2, ClO_2, ClO_3) im Meßgas enthalten sind. Häufig ist deren Konzentration gegenüber Sauerstoff jedoch so gering, daß der dadurch entstehende Meßfehler vernachlässigt werden kann. Hinzu kommt noch die Tatsache, daß ihre Suszeptibilität deutlich geringer als der Wert des Sauerstoffs ist. Ist die Konzentration der Begleitgase bekannt, kann mit Hilfe von Tabellen der Einfluß auf die angezeigte Sauerstoffkonzentration abgeschätzt werden [9].

6.1.14 Chemilumineszenz zur Messung der Konzentration von NO, NO_2 und NO_X

Grundlage für dieses Meßverfahren ist folgende, vereinfacht dargestellte, chemische Reaktion:
$$NO + O_3 \rightarrow NO_2 + O_2 + h\nu$$

Tatsächlich sind die ablaufenden Vorgänge komplizierter: Nur ein Teil der erzeugten NO_2-Moleküle befindet sich nach der Reaktion in einem angeregten Zustand. Die angeregten Moleküle gehen nach kurzer Zeit in den Grundzustand zurück, wobei sie ihre Energie entweder durch Stoßprozesse an benachbarte Teilchen oder in Form eines Lichtquants $h\nu$

abgeben. Da die Häufigkeit von Stoßprozessen bei Verminderung des Druckes sinkt, sollte in der Reaktionskammer im Interesse einer hohen Ausbeute an Strahlungsquanten ein möglichst geringer Druck herrschen [13]. Das Intensitätsmaximum der freigesetzten Strahlungsquanten liegt bei einer Wellenlänge von ca. 1,2 μm.
Bild 6.1-15 zeigt den prinzipiellen Aufbau einer entsprechenden Meßeinrichtung [1, 13].

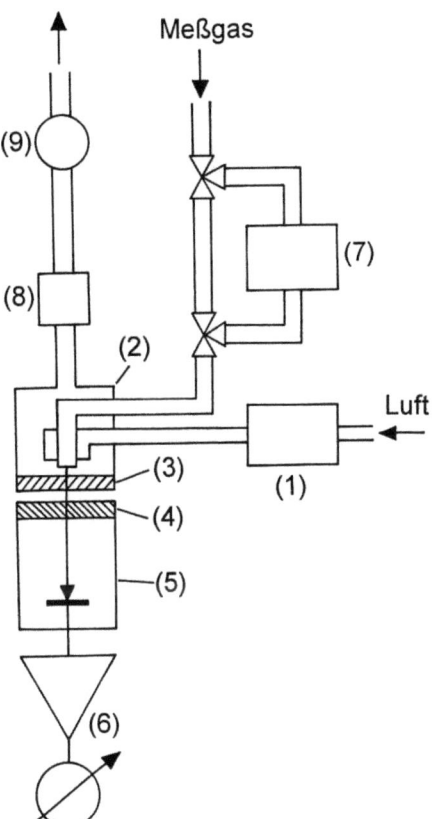

Bild 6.1-15: Prinzipieller Aufbau einer Chemilumineszenz-Meßanordnung zur Messung der NO- und NO_X-Konzentration. (1) Ozongenerator, (2) Reaktionskammer, (3) optisches Fenster, (4) Filter, (5) Fotovervielfacher, (6) Signalverarbeitung und Meßwertanzeige, (7) NO_2/NO-Konverter, (8) Ozon-Schutzfilter, (9) Pumpe, in Anlehnung an [1]

Luft wird durch einen Ozongenerator mit Ozon angereichert und anschließend mit dem Meßgas in einer Reaktionskammer zusammengebracht, in der die oben angegebene chemische Reaktion abläuft. Über ein Fenster und ein Strahlungsfilter gelangen die Lichtquanten auf einen Fotovervielfacher. Durch den (sehr empfindlichen) Fotovervielfacher werden die je Zeiteinheit auftreffenden Lichtquanten in einen proportionalen Strom umgewandelt. Dieser Strom wird verstärkt und liefert das Meßsignal, was zur Anzeige kommt. Es handelt sich hier um ein kontinuierlich arbeitendes Meßverfahren: Der Reaktionskammer wird ständig mit Ozon angereicherte Luft sowie das Meßgas zugeführt. Der Meßgasdurchsatz liegt in der Größenordnung von 1 l/min. Da das Meßergenis von den je Zeiteinheit in die Reaktionskammmer eintretenden NO-Molekülen und damit vom

Massenstrom abhängt, muß der Massenstrom konstant gehalten oder exakt gemessen werden. Das aus der Reaktionskammer strömende Gas gelangt über ein Ozon-Schutzfilter, in dem das Ozon wieder zerlegt wird, nach außen.

Herrscht in der Reaktionskammer ein Überschuß an Ozon, so ist die Anzahl der Lichtquanten, die je Zeiteinheit erzeugt werden, proportional der NO-Konzentration. Damit besteht bei diesem Meßverfahren Proportionalität zwischen dem Ausgangssignal und der NO-Konzentration.

Leitet man das Meßgas durch einen NO_2/NO-Konverter, in dem das vorhandene NO_2 vollständig zu NO reduziert wird, so kann mit diesem Meßverfahren die Summe aus NO- und NO_2-Konzentration bestimmt werden (NO_X-Konzentration). Aus der Differenz zwischen NO- und NO_X-Konzentration kann dann die NO_2-Konzentration bestimmt werden. Der NO_2/NO-Konverter arbeitet auf der Basis einer katalytischen Umsetzung, hier muß die Lebensdauer des Katalysators beachtet werden.

In diesem Zusammenhang ist das in [13] verwendete Konzept interessant: Hier arbeitet man mit zwei Reaktionskammern. In die erste Kammer wird das Meßgas direkt eingeleitet. In die zweite Meßkammer gelangt das Meßgas über einen NO_2/NO-Konverter, so daß die Meßergebnisse für die NO-, die NO_X- und damit auch für die NO_2-Konzentration simultan gewonnen werden können.

Die Anwendung der Chemilumineszenz zum Messen der NO- bzw. NO_X-Konzentration ist ein sehr empfindliches Meßverfahren. Bei dem Meßgerät der Fa. ECO PHYSICS beträgt der kleinste Meßbereich 0 - 10 ppm. Die Nachweisgrenze wird mit 0,1 ppm angegeben. Der größte Meßbereich dieses Gerätes ist 0 - 10000 ppm [13].

Querempfindlichkeiten treten bei diesem Meßverfahren immer dann auf, wenn andere Stoffe mit Ozon unter Freisetzung von Lichtquanten reagieren. Eine besondere Form der Querempfindlichkeit entsteht dann, wenn in dem NO_2/NO-Konverter andere stickstoffhaltige Stoffe als NO_2 in NO umgewandelt werden. Hier sind vor allem NH_3 und HNO_3 zu nennen [13].

6.1.15 Gaschromatographie

Bei der Gaschromatographie handelt es sich um ein diskontinuierlich arbeitendes Verfahren, d. h., zu einem ganz bestimmten Zeitpunkt wird ein bestimmtes Meßgasvolumen analysiert. Bild 6.1-16 zeigt den prinzipiellen Aufbau einer entsprechenden Meßeinrichtung. Das Trägergas strömt kontinuierlich durch die Trennsäule (2) zur Nachweiseinrichtung (4). Als Nachweiseinrichtung wird ein Wärmeleit-Gasanalysator, ein Flammenionisationsdetektor oder ein Massenspektrometer verwendet. Das Trägergas sollte in der Nachweiseinrichtung kein Signal erzeugen, oder dieses Signal muß unterdrückt werden. Die Trennsäule besteht aus einem Rohr (Durchmesser von unter 1 mm bis einige mm, Länge bis zu einigen m und mehr), das mit einer Gas absorbierenden Substanz gefüllt ist. Die Temperatur der Trennsäule wird mittels eines Thermostaten (3) auf einem konstanten Wert gehalten (isotherme Gaschromatographie). Durch Drehung des Dosierventils (1) wird erreicht, daß in den Trägergasstrom ein definiertes Meßgasvolumen (z. B. 1 ml) eingebracht wird. In der Trennsäule werden die einzelnen Bestandteile des Meßgases von dem Füllstoff unterschiedlich absobiert und desorbiert, so daß sich für die verschiedenen Komponenten des Meßgases ganz bestimmte Wanderungsgeschwindigkeiten durch die Trennsäule ergeben. Da das Meßgas als Ganzes zu einem bestimmten Zeitpunkt in den Trägergasstrom eingespeist wird, erscheinen seine Bestandteile zu unterschiedlichen Zeitpunkten am Ausgang der Trennsäule und werden damit zu unterschiedlichen Zeitpunkten von der Nachweiseinrichtung erfaßt.

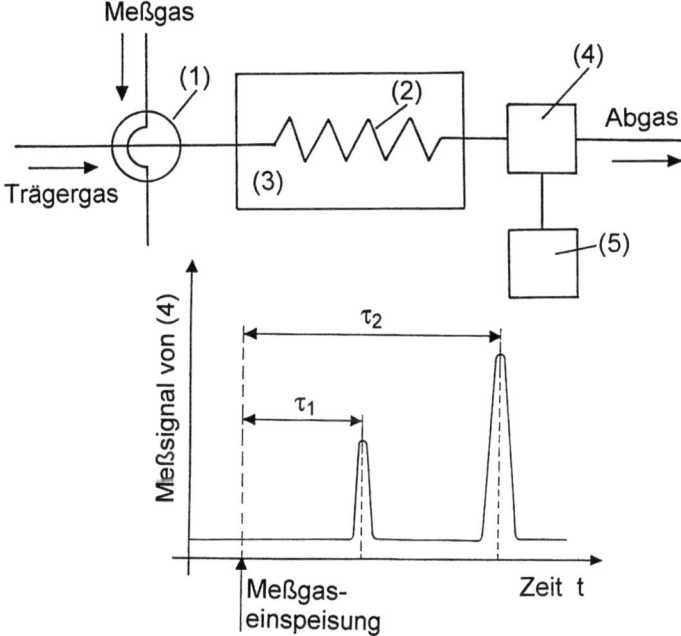

Bild 6.1-16: Prinzipieller Aufbau eines Gaschromatographen. (1) Dosierventil, (2) Trennsäule, (3) Thermostat, (4) Nachweiseinrichtung, (5) Schreiber bzw. PC zur Auswertung

Hält man alle äußeren Bedingungen (Trägergasstrom, Füllung der Trennsäule, Temperatur der Trennsäule) konstant, so ist die Durchlaufzeit (Retentionszeit) für jede Gasart eine spezifische Größe. Man kann damit aus der direkt gemessenen Größe (Retentions-) Zeit auf die im Meßgas enthaltenen Gaskomponenten schließen. Im Bild 6.1.16 ist das Meßsignal für zwei Komponenten im Meßgas mit den Retentionszeiten τ_1 und τ_2 eingezeichnet. Aus der Peakfläche kann auf die Konzentration der entsprechenden Meßgaskomponente geschlossen werden.

Bei bestimmten Verfahren wird die Trennsäule nicht auf konstanter Temperatur gehalten, sondern man arbeitet während der Analyse mit einem vorher programmierten Temperatur-Zeit-Verlauf.

6.1.16 Massenspektrometrie

Bild 6.1-17 zeigt den prinzipiellen Aufbau eines Massenspektrometers [18]. Es besteht aus drei Hauptkomponenten: Ionenquelle, Ionentrennsystem und der Ionennachweiseinrichtung. In der Ionenquelle wird das zu analysierende Gas ionisiert, die Ionen werden beschleunigt und zu einem Ionenstrahl gebündelt, der in das Trennsystem eintritt. Die Teilchen des Ionenstrahls unterscheiden sich in ihrer Masse und Ladung (einfach oder mehrfach positiv geladene Ionen oder negative Ionen). Der Einfachheit halber sollen hier nur positiv geladene Ionen betrachtet werden.. Die Aufgabe des Trennsystems besteht nun darin, aus diesem Ionengemisch eine ganz bestimmte Ionenart herauszufiltern und der Nachweiseinrichtung zuzuführen (Trennsystem wird auch als Massenfilter bezeichnet).

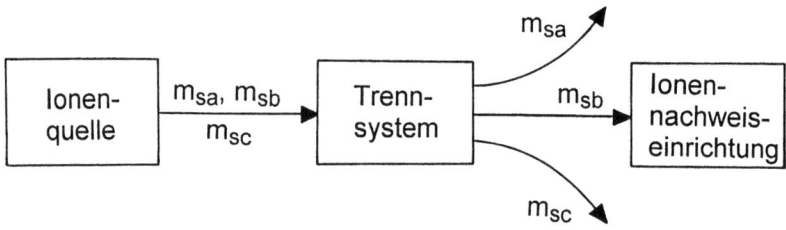

Bild 6.1-17: Prinzipieller Aufbau eines Massenspektrometers. Die Ionen, die in das Trennsystem gelangen, haben die spezifischen Massen m_{sa}, m_{sb} und m_{sc}. Durch das Trennsystem gelangen nur die Ionen mit der spezifischen Masse m_{sb} zur Nachweiseinrichtung.

Das geschieht mit Hilfe von magnetischen oder elektrischen Feldern, die auf den Ionenstrahl einwirken und die Ionenbahn beeinflussen. Da die Beschleunigung, die ein Ion in einem elektrischen oder magnetischen Feld erfährt, von seiner Masse *und* seiner Ladung abhängt, trennt die Trenneinrichtung die Ionen nach ihrer spezifischen Masse $m_s = m_k/(n \times e)$, m_k ist die Ionenmasse, n die Anzahl der (positiven) Ladungen des Ions, und e ist die Elementarladung. Daraus folgt, daß sich zum Beispiel ein zweifach positiv geladenes Ion in der Trenneinrichtung genauso verhält wie ein einfach positives Ion mit halber Masse.

Bild 6.1-18 veranschaulicht den Aufbau eines 180°-Magnetfeld-Massenspektrometers. Das Trennsystem besteht hierbei aus einem homogenen Magnetfeld $\vec{B}$, wobei die Feldlinien senkrecht auf der Zeichenebene stehen.

Die Ionen werden senkrecht zu den Feldlinien des Magnetfeldes in das Trennsystem eingeschossen, wobei alle Ionen die gleiche (kinetische) Energie haben. Unter dem Einfluß des Magnetfeldes (Lorentzkraft, Kraft auf bewegte Ladungen) bewegen sich die Ionen auf halbkreisförmigen Bahnen, deren Radius von ihrer Energie bzw. Geschwindigkeit, der Stärke des Magnetfeldes B sowie ihrer spezifischen Masse abhängt. Haben alle Ionen beim Eintritt in das Trennsystem die gleiche Energie, was technisch in der Ionenquelle realisierbar ist, und ist B konstant, so treffen auf die Nachweiseinrichtung nur Ionen mit einer ganz bestimmten spezifischen Masse. Die Nachweiseinrichtung in Bild 6.1-18 besteht lediglich aus einer einfachen Auffangelektrode, auch Ionenfänger genannt. Treffen Ionen auf diese Elektrode, nehmen sie Elektronen auf, d. h., aus den Ionen werden wieder neutrale Teilchen. Der in einem äußeren Stromkreis gemessene Strom I hängt damit von der je Zeiteinheit auf die Auffangelektrode auftreffenden Ionen ab. Da aber durch die Wirkung des Trennsystems nur Ionen mit einer ganz bestimmten spezifischen Masse zur Nachweiseinrichtung gelangen, ist der Strom I ein Maß für den Anteil der Ionen mit dieser spezifischen Masse. Zur Vergrößerung der Empfindlichkeit verwendet man als Nachweiseinrichtung auch einen Sekundärelektronenvervielfacher.

Verändert man bei der im Bild 6.1-18 gezeigten Anordnung die Stärke des Magnetfeldes B, und alle anderen Größen bleiben konstant, gelangen Ionen mit einer anderen spezifischen Masse zur Nachweiseinrichtung. Wird B kontinuierlich mit der Zeit verändert, kann ein Massenspektrogramm aufgenommen werden. Die Abszissenachse gibt in diesem Fall die spezifische Masse an, die Ordinate zeigt das Signal der Nachweiseinrichtung für jede erfaßte spezifische Masse.

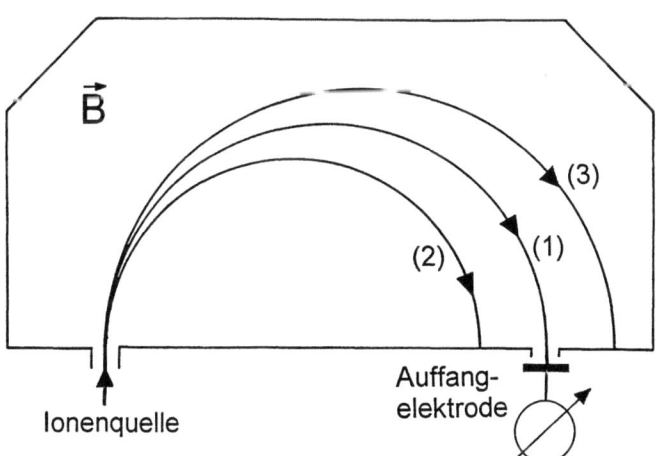

Bild 6.1-18: Vereinfacht dargestellter Aufbau eines 180°-Magnetfeld-Massenspektrometers. (1) Ionen mit einer ganz bestimmten spezifischen Masse erreichen die Nachweiseinrichtung, (2) Bahn für leichtere Ionen, (3) Bahn für schwerere Ionen.

Das im Bild 6.1-18 dargestellte 180°-Magnetfeld-Massenspektrometer hat in der Praxis keine große Bedeutung. Es dient hier lediglich zur Erläuterung des Funktionsprinzips eines

Massenspektrometers. In modernen Geräten verwendet man Trennsysteme, die ohne Magnetfeld mit hochfrequenten elektrischen Wechselfeldern arbeiten. Die wohl weiteste Verbreitung hat das Quadrupol-Massenspektrometer gefunden.

Damit die Ionen auf ihrer Bahn nicht an (neutralen) Gasteilchen gestreut werden, arbeitet ein Massenspektrometer nur unter Vakuumbedingungen. Hinzu kommt, daß auch die Funktion der Ionenquelle nur im Vakuum gewährleistet ist. Hat das zu analysierende Gas Normaldruck, so muß es über Druckreduzierstufen der Ionenquelle zugeführt werden.

In der Massenspektrometrie kommen verschiedene Ionenquellen zum Einsatz. Die wichtigsten Typen arbeiten nach folgenden Prinzipien:
- Elektronenstoßionisierung (die Gasteilchen werden durch einen Elektronenstrahl ionisiert)
- Fotoionisierung (die Gasteilchen werden durch UV-Lichtquanten ionisiert)
- Ionisierung durch Ionenstoß (die Gasteilchen werden durch beschleunigte Ionen ionisiert).

Welche Ionenquelle verwendet wird, hängt von den zu analysierenden Stoffen bzw. der erforderlichen Ionisierungsenergie ab.

Die Kenngrößen eines Massenspektrometers sind der erfaßbare Massebereich, das Auflösungsvermögen sowie der kleinste nachweisbare Partialdruck. Das Auflösungsvermögen gibt an, wie stark sich zwei benachbarte Massen unterscheiden müssen, damit sie durch das Trennsystem noch unterschieden werden und im Massenspektrum als zwei getrennte Linien erscheinen können.

Da nahezu alle Komponenten eines Massenspektrometers (Druckreduzierstufe, Ionenquelle, Trennsystem und Nachweiseinrichtung) das aufgenommene Massenspektrum beeinflussen, ist die Auswertung recht kompliziert. Besonders der Einfluß der sogenannten Fragmentierung soll hier noch erwähnt werden. Darunter versteht man den Zerfall eines Moleküls nach der Ionisierung in geladene und ungeladene Teilchen. Die geladenen Teilchen werden entsprechend ihrer spezifischen Masse im Spektrum registriert. Ungeladene Teilchen erscheinen im Massenspektrum nicht, was zu Fehlinterpretationen führen kann.

Das Massenspektrometer ist eine sehr empfindliche Nachweiseinrichtung, mit der sehr kleine Gasmengen analysiert werden können. Es sind kontinuierliche und diskontinuierliche Messungen möglich. Nachteilig ist der hohe Aufwand. Das betrifft sowohl die erforderliche Gerätetechnik als auch die Auswertung der aufgenommenen Spektren.

Bei Gaschromatographen verwendet man als Nachweiseinrichtung mitunter ein Massenspektrometer. Damit arbeitet die Nachweiseinrichtung selektiv, d. h., es können Stoffe mit gleicher Retentionszeit durch die Nachweiseinrichtung unterschieden werden. Vorteilhaft ist in diesem Fall auch die sehr große Empfindlichkeit eines Massenspektrometers.

6.1.17 Kolorimetrische Verfahren

6.1.17.1 Prüfröhrchen

In Prüfröhrchen (auch als Gasspürröhrchen oder von der Herstellerfirma Drägerwerk AG auch als Dräger-Röhrchen bezeichnet) kommen chemische Verfahren zur Gasanalyse zum Einsatz. Es sind Glasröhrchen, die mit chemischen Verbindungen gefüllt sind, deren Reaktion mit einer ganz bestimmten Gaskomponente von außen sichtbare Farbveränderungen der Röhrchenfüllung zur Folge hat. Aus der Länge dieser Verfärbung kann mit Hilfe einer außen aufgedruckten Skala die Konzentration der entsprechenden Gaskomponente bestimmt werden.
Während der Lagerung und des Transports ist das Prüfröhrchen an beiden Enden zugeschmolzen. Erst kurz vor Gebrauch wird es an beiden Enden geöffnet. Für die genaue Funktion des Prüfröhrchens ist es erforderlich, daß eine ganz bestimmte Menge des zu untersuchenden Gases durch das Prüfröhrchen strömt. Zu diesem Zweck liefert der Hersteller des Prüfröhrchens eine Gasspürpumpe, die von Hand betrieben wird oder automatisch arbeitet (letzteres z. B. für Langzeituntersuchungen). Da auch die Strömungsgeschwindigkeit des Gases durch das Röhrchen einen Einfluß auf das Untersuchungsergebnis hat, sind sowohl bei der Anzahl der erforderlichen Pumpenhübe als auch bei der Dauer eines Pumpenhubes die Herstellerangaben strikt einzuhalten. Meist verfügt die Gasspürpumpe auch über eine Vorrichtung, mit der das Prüfröhrchen geöffnet werden kann. Da die Richtung des Gasstromes durch das Röhrchen von entscheidender Bedeutung für die Funktion ist, muß beim Einsetzen des Prüfröhrchens in die Gasspürpumpe unbedingt die vom Hersteller angegebene Richtung eingehalten werden.
Bezüglich einer mehrfachen Verwendung von Prüfröhrchen, die bei negativem Prüfergebnis unter Umständen innerhalb einer bestimmten Zeitspanne möglich ist, sei auf die Herstellerangaben verwiesen. Auch der Einfluß von Temperatur und Luftfeuchtigkeit auf das Analyseergebnis muß entsprechend den Angaben des Herstellers berücksichtigt werden. Prüfröhrchen werden für eine Vielzahl von gasförmigen Verbindungen bzw. Stoffklassen angeboten, wobei die vom Hersteller angegebenen Querempfindlichkeiten zu beachten sind. Da ihre Handhabung einfach ist, haben sie eine weite Verbreitung gefunden. Als Beispiele seien Kontrollen hinsichtlich der MAK-Werte (Maximale Arbeitsplatzkonzentration) in der Industrie oder die unmittelbare Bewertung von Havariesituationen vor Ort (Brände, Gasaustritte usw.) genannt.

6.1.17.2 Kolorimetrie mit Reagenzpapierstreifen

Dieses Verfahren arbeitet mit einem Reagenzpapierstreifen, bei dem eine Farbänderung auftritt, wenn er mit einer ganz bestimmten Gaskomponente in Berührung kommt. Mit optischen und elektronischen Mitteln wird diese Farbänderung in ein elektrisches Signal umgewandelt. Bild 6.1-19 zeigt den prinzipiellen Aufbau einer solchen Meß- bzw. Überwachungseinrichtung.

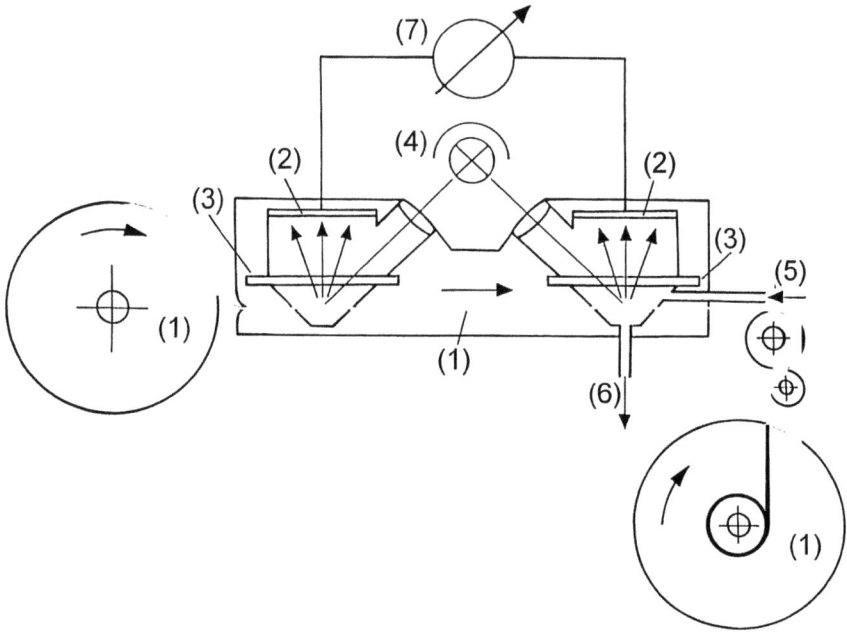

Bild 6.1-19: Kolorimetrie mit Reagenzpapierstreifen. (1) Reagenzpapierstreifen, (2) Fotoempfänger, (3) optisches Fenster/Filter, (4) Lichtquelle, (5) Gaseintritt, (6) Gasaustritt, (7) Signalverarbeitung und Anzeige, in Anlehnung an [1]

In der rechten Kammer kommt der Reagenzpapierstreifen mit dem zu untersuchenden Gas in Berührung. Die linke Kammer dient zur Erzeugung eines Vergleichssignals. Tritt am Reagenzpapierstreifen in der rechten Kammer eine Farbänderung auf, ändert sich damit das Reflexionsvermögen des Streifens. Dadurch ändert sich das Ausgangssignal des rechten Fotoempfängers. Durch Vergleich mit dem linken Fotoempfänger wird ein Signal gewonnen, das die Anwesenheit einer ganz bestimmten Gaskomponente anzeigt. Unter bestimmten Bedingungen kann aus der Differenz der Signale beider Fotoempfänger auch direkt die Konzentration dieser Gaskomponente bestimmt werden.

Mit solchen Geräten wird häufig in der industriellen Praxis die Konzentration von toxischen Stoffen in der Umgebungsluft überwacht, d. h., das Gerät signalisiert, wenn ein bestimmter Grenzwert der Konzentration überschritten wird. Die Farbänderung des Streifens hängt von der Konzentration der entsprechenden Gaskomponente und der Zeitspanne ab, die der Streifenabschnitt in der rechten Kammer verbleibt. Daher muß nach einer bestimmten Zeit der Streifen schrittweise von links nach rechts bewegt werden, so daß ein neuer Abschnitt, der noch nicht mit dem zu analysierenden Gas in Berührung gekommen ist, in die rechte Kammer eintritt.

Angeboten werden solche automatischen Überwachungssysteme für eine Vielzahl von Gasen, deren Konzentration auf Grund ihrer hohen Toxizität überwacht werden muß. Als Beispiele seien H_2S, HCN, AsH_3 und PH_3 genannt [12].

Ein Vorteil dieses Verfahrens liegt darin, daß mit der verbrauchten Reagenzpapierrolle ein Nachweis gegeben ist, zu welchem Zeitpunkt eine bestimmte Havariesituation, Leck usw. aufgetreten ist.

Abschließend sei noch bemerkt, daß die Kolorimetrie (d. h. Beobachtung der Farbänderung) auch mit flüssigen Reagenzien zur Gasanalyse bzw. zur Überwachung verwendet wird.

6.1.18 Konduktometrie und Potentiometrie

Bei der Konduktometrie beobachtet man die Veränderung des elektrischen Widerstandes einer Flüssigkeit, die mit dem zu untersuchenden Gas in Berührung kommt. Bild 6.1-20 zeigt den prinzipiellen Aufbau einer entsprechenden Meßapparatur für kontinuierliche Messungen [1].

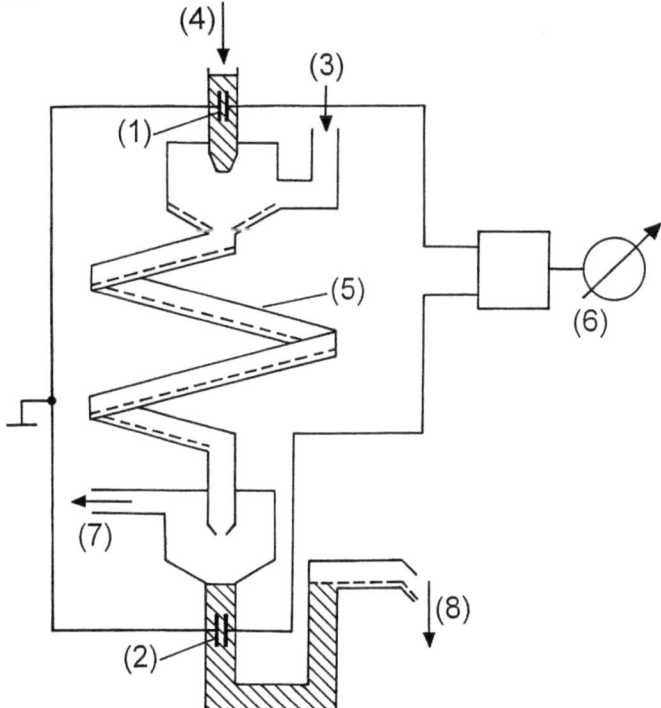

Bild 6.1-20: Konduktometrische Gasanalyse. (1), (2) Elektrodenpaare, (3) Meßgaseintritt, (4) Reagenz, (5) Reaktionsstrecke, (6) Signalverarbeitung und Anzeige, (7) Gasaustritt, (8) Reagenzablauf, in Anlehnung an [1]

Mit den Meßelektrodenpaaren (1) und (2) wird die Leitfähigkeit der Reagenz vor und nach der Reaktion mit dem zu untersuchenden Gas bestimmt. Aus der Differenz beider Leitfähigkeiten kann die Konzentration einer ganz bestimmten Gaskomponente ermittelt werden. Da die Leitfähigkeit stark temperaturabhängig ist, muß der Temperatureinfluß auf das Meßergebnis kompensiert werden. Weiterhin müssen der Massestrom der Reagenz und der Volumenstrom des Gases konstant gehalten werden.

Bei der Potentiometrie leitet man das zu untersuchende Gas durch eine Pufferlösung und erfaßt mit Hilfe einer ionensensitiven Elektrode die Veränderung der Konzentration einer ganz bestimmten Ionenart. Voraussetzung dafür ist, daß die zu messende Gaskomponente die Ionenkonzentration in der Lösung beeinflußt. Dieses Verfahren arbeitet diskontinuierlich. Im ersten Schritt wird das zu analysierende Gas in die Lösung eingebracht. Im zweiten Schritt wird mit Hilfe einer ionensensitiven Elektrode in einem ganz bestimmten Lösungsvolumen bei konstanter Temperatur die Ionenkonzentration gemessen. Aus der Ionenkonzentration kann dann der Anteil einer ganz bestimmten Komponente des Meßgases ermittelt werden. Angewendet wird dieses Verfahren z. B. bei der Messung des HF- oder HCl-Gehaltes in Abgasen von Müllverbrennungsanlagen [1].

Literaturverzeichnis

[1] Air Pollution Control Manual of Continuous Emission Monitoring, Bundesministerium für Umwelt, Naturschutz und Reaktorsicherheit, Bonn 1992.
[2] Schaefer, H. (Hrsg.): Messen in der Energieanwendung, Springer-Verlag Berlin 1989.
[3] Baum, F.: Luftreinhaltung in der Praxis, R. Oldenburg Verlag München Wien 1988.
[4] Richly, W.: Meß- und Analyseverfahren, Vogel Buchverlag Würzburg 1992.
[5] Leithe, W.: Die Analyse der Luft und ihrer Verunreinigungen, Wissenschaftliche Verlagsgesellschaft mbH, Stuttgart 1974.
[6] Bonfig, K. W. (Hrsg.): Sensoren und Sensorsysteme, expert verlag Ehningen 1991.
[7] Schanz, G. W.: Sensoren, Dr. Alfred Hüthig Verlag GmbH Heidelberg 1986.
[8] Reichl, H.: Halbleitersensoren, expert verlag Ehningen 1989.
[9] Geräte für die Prozeßanalyse, Katalog der Fa. Hartmann und Braun, 1993.
[10] Ahlers, H., Waldmann, J.: Mikroelektronische Sensoren, VEB Verlag Technik Berlin 1989.
[11] de Nijs, D.: Electro-chemical detection of poisonous gases, Sonderdruck EUROPEAN SEMICONDUCTOR, Mai 1989.
[12] Chemcassette® Detection System, Firmenschrift der Fa. MDA Scientific, Inc., Lincolnshire, IL, USA, 1988.
[13] Chemilumineszenz-Analysatoren für NO, NO_2, NO_X, Firmenschrift der Fa. ECO PHYSICS, Dürnten, Schweiz.

[14] ECOM®-Heizungsdiagnose, Firmenschrift der Fa. rbr-Computertechnik GmbH, Iserlohn.
[15] Hauptmann, P.: Sensoren, Prinzipien und Anwendungen, Carl Hanser Verlag München Wien 1991.
[16] Cerbe, G. u. a.: Grundlagen der Gastechnik, Carl Hanser Verlag München Wien 1992.
[17] Mierdel, G.: Elektrophysik, VEB Verlag Technik Berlin 1972.
[18] Teubner, W., Büttner, J.: Massenspektrometrische Gasanalyse in der Vakuumtechnik, Vakuuminformation, 8. - 9. Ausgabe, VEB Hochvakuum Dresden 1978.
[19] Baumbach, G.: Luftreinhaltung, Springer-Verlag Berlin 1992.
[20] Lemme, H.: Gassensoren für Umwelt- und Prozeßmeßtechnik, Elektronik 1991, H. 1, S.42 und H. 3, S. 67.
[21] Meier, S.: Mischgas- und CO_2-Sensoren im Vergleich, staefa know how Nr. 20, Firmenschrift der Fa. Staefa Control System AG, Staefa, Schweiz.

6.2 Luftfeuchtemessung

J. Schiele

6.2.1 Physikalische Grundlagen

In der Lüftungs- und Klimatechnik ist die Messung der Zustandsgrößen der feuchten Luft von großer Bedeutung. Ebenso sind viele Fertigungsprozesse sehr vom Luftzustand abhängig, so z. B. die Papierherstellung und -verarbeitung, Tabakindustrie usw.
Feuchte Luft besteht aus einem Gemisch aus trockener Luft und Wasserdampf [1]. Wegen der großen Molekülabstände verhält sich jedes der beiden Gase so, als ob es allein vorhanden wäre. Somit gilt die allgemeine Gasgleichung für jedes einzelne Gas des Gasgemisches:

$$p_d \cdot V = m \cdot R \cdot T \qquad (6.2\text{-}1)$$

Hierin bedeuten: p_d = Partialdruck der Gaskomponente, V = ausgefülltes Volumen, T = Temperatur in K, Gaskonstante R: R_L = 287,2 $\frac{J}{kg \cdot K}$ für Luft und R_d = 461,4 $\frac{J}{kg \cdot K}$ für Wasserdampf, m = Masse des betreffenden Gases.

Die Partialdrücke der einzelnen Bestandteile addieren sich zum Gesamtdruck, der von einem Barometer angezeigt wird.

$$p = p_d + p_L \qquad \text{Dalton'sches Gesetz} \qquad (6.2\text{-}2)$$

Hierin bedeuten: p = Barometerstand, p_d = Wasserdampfpartialdruck, p_L = Partialdruck der Luft

Für die Temperatur- und Druckbedingungen in der Klimatechnik können die Zusammenhänge zwischen Temperatur, Feuchte, Luftdruck und Enthalpie in der hier üblichen Darstellung im h,x-Diagramm nach *Mollier* aufgezeigt werden siehe unten. Folgende vier Erscheinungsformen des Luft-Wasserdampfgemisches sind möglich:
trockene Luft und überhitzter Wasserdampf
trockene Luft und gesättigter Wasserdampf
trockene Luft, gesättigter Wasserdampf und Wasser ($\vartheta > 0$ °C)
trockene Luft, gesättigter Wasserdampf und Eis ($\vartheta < 0$ °C)

6.2 Luftfeuchtemessung

Bei der Bestimmung der Feuchte eines Luft-Dampfgemisches wird unterschieden in Feuchtegehalt x der Luft und relativer Feuchte φ [2].

Der Feuchtegehalt x der Luft wird bestimmt durch das Verhältnis der Wasserdampfmenge m_d zu der Masse der trockenen Luft m_L:

$$x = \frac{m_d}{m_L} \quad \frac{\text{kg Wasserdampf}}{\text{kg trockene Luft}} \tag{6.2-3}$$

Über die Zustandsgleichungen für ideale Gase kann der Feuchtegehalt x weiterhin berechnet werden:
Für die angegebenen Gleichungen gelten die gleichen Bezeichnungen wie oben:

$$x = \frac{R_L}{R_d} \cdot \frac{p_d}{p - p_d} \quad \frac{\text{kg Wasser}}{\text{kg tr. Luft}} \tag{6.2-4}$$

$$x = 0{,}622 \cdot \frac{p_d}{p - p_d} \quad \frac{\text{kg Wasser}}{\text{kg tr. Luft}} \tag{6.2-5}$$

oder $\quad x = 0{,}622 \cdot \dfrac{p_d}{p - p_d} \cdot 1000 \dfrac{\text{g}}{\text{kg}} \quad \dfrac{\text{g Wasser}}{\text{kg tr. Luft}} \tag{6.2-5a}$

und

$$x = 0{,}622 \cdot \frac{\varphi}{100\%} \cdot \frac{p_s}{\left(p - \frac{\varphi}{100\%} \cdot p_s\right)} \cdot 1000 \frac{\text{g}}{\text{kg}} \quad \frac{\text{g Wasser}}{\text{kg tr. Luft}} \tag{6.2-6}$$

Die relative Feuchte muß hier in % eingesetzt werden.

Sie ergibt sich aus dem Verhältnis des Wasserdampfpartialdrucks p_d zum Sättigungsdampfdruck des Wassers in der Luft p_s bei gleicher Temperatur:

$$\varphi = \frac{p_d}{p_s} \cdot 100\,\% \tag{6.2-7}$$

Der Sättigungsdampfdruck kann den VDI-Wasserdampftafeln [3] oder der einschlägigen Literatur entnommen werden. Er kann auch mit den nachfolgend angegebenen, empirisch ermittelten Formeln berechnet werden, wobei die Temperatur ϑ in Kelvin umzurechnen ist: Die Konstanten a, b, c, d und s Hilfsrechengrößen.

$$T = \vartheta + 273{,}16 \text{ K} \tag{6.2-8}$$

$$a = 10{,}79574 \cdot \left(1 - \frac{273{,}16 \text{ K}}{T}\right) \tag{6.2-9}$$

$$b = -5{,}028 \cdot \log\left(\frac{T}{273{,}16 \text{ K}}\right) \tag{6.2-10}$$

$$c = 1{,}50475 \cdot 10^{-4} \cdot \left(1 - 10^{\left(-8{,}2969 \cdot \frac{T}{273{,}16 \text{ K}}\right)}\right) \tag{6.2-11}$$

$$d = 4{,}2873 \cdot 10^{-4} \cdot \left(10^{\left(4{,}76955\left(1 - \frac{273{,}16 \text{ K}}{T}\right)\right)} - 1\right) - 2{,}2195768 \tag{6.2-12}$$

$$s = a + b + c + d \tag{6.2-13}$$

$$p_s = 10^s \cdot 1013 \text{ hPa} \tag{6.2-14}$$

Eine weitaus einfachere Näherungsgleichung wird von Prof. Dr. Vogel, FH Wolfenbüttel, angegeben [12]:

$$p_s = e^{19{,}016 - \frac{4064{,}95}{\vartheta + 236{,}25}} \quad \text{mit } p_S \text{ in hPa und } \vartheta \text{ in °C.} \tag{6.2-15}$$

Die Abweichungen betragen im Bereich von 0 °C bis 50 °C nur 0,034 hPa gegenüber den Wasserdampftabellen [12].

Der Wasserdampfpartialdruck und damit die Anzahl der Wassermoleküle in einem Volumen kann nicht beliebig groß werden, die Luft kann nur eine maximale Wassermenge (x_S = maximaler Feuchtegehalt) bei einer bestimmten Temperatur aufnehmen. Der zu diesem Zustand gehörende Wasserdampfpartialdruck entspricht dann dem Sättigungsdampfdruck p_S des Wassers in der Luft. In diesem Zustand ist die Luft gesättigt, die relative Feuchte beträgt 100 %.

Wie die Gleichungen 6.2-14 und 6.2-15 zeigen, ist der Sättigungsdampfdruck und damit der maximale Feuchtegehalt der Luft temperaturabhängig. Die Luft kann um so mehr Wasser aufnehmen, je höher die Temperatur ist.

Kühlt man ungesättigte Luft bei konstantem Gesamtdruck ab, so bleiben der Wassergehalt x und der Wasserdampfpartialdruck p_d konstant. Bei einer bestimmten Temperatur ist der Sättigungsdampfdruck des Wassers der feuchten Luft gleich dem Wasserdampfpartialdruck der ungesättigten Luft. Für diesen Zustand gilt $p_d = p_S$.

Die Luft ist jetzt gesättigt, d.h. sie kann keinen weiteren Wasserdampf mehr aufnehmen. Die relative Feuchte beträgt nun 100 %.

Bei kleinster Unterschreitung dieser Temperatur (um ca. 0,1 K) scheidet aus der Luft Kondensat, also Wasser, aus. Die jetzt herrschende Temperatur wird Taupunkttemperatur der Luft genannt.

6.2 Luftfeuchtemessung

Ist die Taupunkttemperatur ϑ_τ bekannt, kann mit genügend großer Genauigkeit der Sättigungsdampfdruck p_S am Taupunkt nach der empirisch aufgestellten Formel berechnet werden:

Für Taupunkttemperaturen von -10 bis +40 °C gilt:

$$p_s = 2{,}8868 \cdot (1{,}098 + \vartheta_\tau / 100°\,C)^{8,02} \text{ hPa} \qquad (6.2\text{-}16)$$

Stellt man diese Gleichung (6.2-16) nach ϑ_τ um, so erhält man folgende Gleichung:

$$\vartheta_\tau = 100 \cdot \left(\frac{p_s}{2{,}8868}\right)^{\frac{1}{8,02}} - 109{,}8 \text{ °C} \qquad (6.2\text{-}16a)$$

Ferner läßt sich der Taupunkt auch durch Umstellung der Gleichung (6.2-15) nach ϑ, berechnen:

$$\vartheta_\tau = \frac{-4064{,}95}{\ln p_s - 19{,}016} - 236{,}25 \text{ °C} \qquad (6.2\text{-}17)$$

Stellt man die Gleichung (6.2-5) nach p_d um, setzt $p_d = p_S$ und setzt diese umgestellte Gleichung in Gleichung (6.2-16) ein, so läßt sich aus dem Wassergehalt x der Luft der Taupunkt berechnen:

$$\vartheta_\tau = \frac{-4064{,}95}{\ln\left(\dfrac{x \cdot p}{622 + x}\right) - 19{,}016} - 236{,}25 \text{ °C} \qquad (6.2\text{-}18)$$

mit x in g Wasser/kg tr.Luft und Luftdruck p in hPa.

Nach folgender Gleichung läßt sich der Sättigungsdampfdruck am Taupunkt der Luft aus dem Luftdruck p und dem Wassergehalt berechnen, wobei x wieder in g Wasser/kg tr. Luft eingesetzt werden muß:

$$p_s = \frac{p \cdot x}{622 + x} \text{ hPa} \qquad (6.2\text{-}19)$$

Die Zusammenhänge sind schematisch im h,x-Diagramm, Bild 6.2-1, dargestellt.

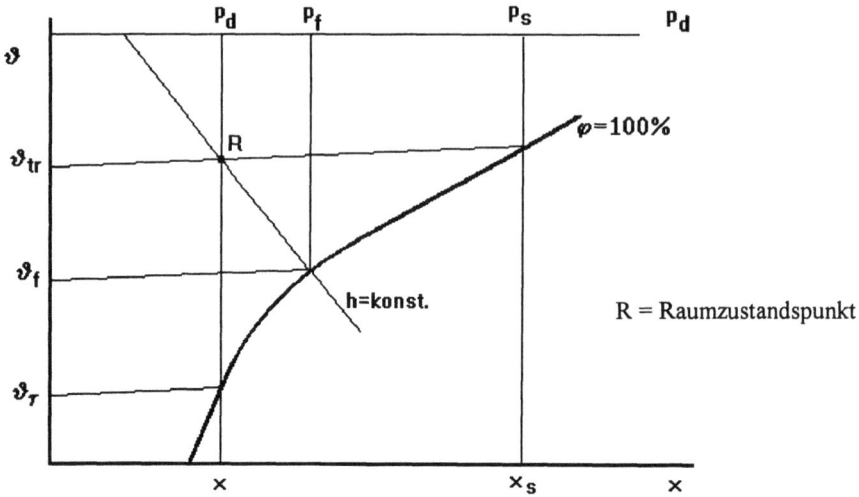

Bild 6.2-1: Zustandspunkte im h,x-Diagramm, schematisch

Mit ϑ_{tr} wird die trockene Temperatur, also die Raumtemperatur bezeichnet.
Unter ϑ_f versteht man die Feuchtkugeltemperatur. Sie ist die Temperatur, bis zu der Wasser mit nicht gesättigter Luft abgekült werden kann. Sie entspricht der Kühlgrenztemperatur.

6.2.2 Meßverfahren

Die VDI-Richtlinie 2080 [4] gibt an, daß zur Feuchtemessung folgende physikalische Eigenschaften oder Vorgänge benutzt werden können:

    Verdunstungskühlung an feuchten Oberflächen
    Längenänderungen hygroskopischer Materialien
    elektrische Leitfähigkeit hygroskopischer Stoffe
    Wasserdampfkondensation bei Taupunktunterschreitung.

Hieraus haben sich in der Praxis mehrere Meßverfahren bzw. Geräte entwickelt.

6.2.2.1 Psychrometer

Das am häufigsten eingesetzte Psychrometer ist das *Assmann*'sche Aspirationspsychrometer.

6.2 Luftfeuchtemessung

Dieses besteht aus zwei gleichen, strahlungsgeschützten Thermometern. Das eine Thermometer mißt die "trockene" Temperatur, die Raumtemperatur ϑ_{tr}. Das andere ist mit einem Baumwollstrumpf am Thermometergefäß überzogen, der befeuchtet wird, es mißt die sogenannte Feuchtkugeltemperatur ϑ_f. Die Befeuchtung muß mit destilliertem Wasser erfolgen, damit der Baumwollstrumpf nicht verkalkt.

Durch einen Ventilator (Aspirator), der durch ein Uhrwerk oder einen Elektromotor angetrieben wird, wird Luft an beiden Thermometern mit einer Luftgeschwindigkeit von 1,5 bis 2 m/s vorbeigesaugt, siehe Bild 6.2-2. Am trockenen Thermometer wird die Raumlufttemperatur gemessen. Am befeuchteten Thermometer wird dem Baumwollstrumpf von der vorbeistreichenden, ungesättigten Luft Wasser in Form von Dampf entzogen. Die zur Verdampfung benötigte Wärme wird der Umgebung, also dem Thermometergefäß, entzogen, wodurch sich am befeuchteten Thermometer immer eine niedrigere Temperatur ergibt als an dem trockenen. Die sich ergebende Temperaturdifferenz $\vartheta_{tr} - \vartheta_f$ ist ein Maß für die relative Feuchte der Luft. Mit steigender relativer Feuchte wird die Temperaturdifferenz kleiner, da die vorbeiströmende Luft weniger Wasser aufnehmen kann, wodurch sich auch eine geringere Verdunstungskühlung ergibt.

Bei einer Luftfeuchtigkeit von 100 % ergibt sich $\vartheta_{tr} = \vartheta_f$, da keine Verdunstung mehr auftritt.

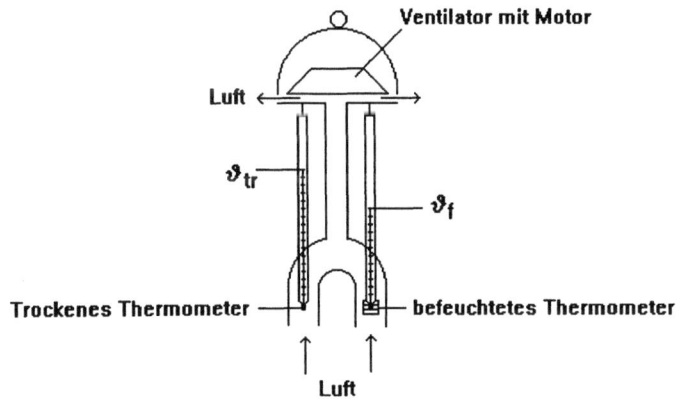

Bild 6.2-2: Aspirations-Psychrometer

Aus den beiden Meßwerten von ϑ_{tr} und ϑ_f läßt sich die relative Feuchte der Luft sehr einfach im Psychrometer-Diagramm bestimmen, das schematisch im Bild 6.2-3 dargestellt ist.

Bei der Messung geht man wie folgt vor:
Der Baumwollstrumpf wird mit destilliertem Wasser mit der mitgelieferten Pipette befeuchtet. Dann wird der Ventilator bis zum Anschlag aufgezogen (Uhrwerk) oder bei elektrischem Antrieb eingeschaltet. Das Psychrometer muß so gehalten werden, daß keine Körperwärme oder andere Wärmequellen die angesaugte Luft beeinflussen. Die Temperaturanzeige am befeuchteten Thermometer beginnt zu sinken. Die Messung ist dann beendet, wenn die Feuchtkugeltemperatur nicht mehr sinkt, also ihren tiefsten Punkt erreicht hat. Jetzt können ϑ_{tr} und ϑ_f abgelesen werden.
Vor jeder Messung muß der Strumpf neu befeuchtet werden.
Bei Langzeitmessungen endet der Strumpf in einem mit destilliertem Wasser gefüllten Gefäß, so daß immer Wasser durch den Strumpf an das Thermometer geleitet wird. Es ist darauf zu achten, daß immer genügend Wasser im Behälter vorhanden ist.

Wie das Bild 6.2-3 zeigt, muß an der Ordinatenachse die psychrometrische Differenz ϑ_{tr} - ϑ_f eingetragen werden. Auf der Abszisse wird die trockene Temperatur ϑ_{tr} eingetragen. Im Schnittpunkt der beiden Linien kann die relative Feuchte abgelesen werden. Für die Praxis ist diese Messung ausreichend genau, obwohl die relative Feuchte einen Fehler von ± 3 % aufweisen kann. Luftdruckänderungen werden bei dieser Meßmethode nicht berücksichtigt, was für die allgemeine Klimatechnik auch nur eine untergeordnete Rolle spielt.

Ferner kann die relative Feuchte auch über das h,x-Diagramm mit Hilfe von ϑ_{tr} und ϑ_f ermittelt werden, siehe Bild 6.2-1.

Man trägt die beiden Temperaturen ϑ_{tr} und ϑ_f auf der senkrechten Achse an. Bei ϑ_f geht man bis zur Sättigungslinie $\varphi = 1$. Von dort geht man auf einer Linie h = konst. (Isenthalpe) bis zum Schnittpunkt mit der Linie der trockenen Temperatur ϑ_{tr}. Der so gefundene Punkt ist der Raumzustandspunkt, festgelegt durch ϑ_{tr} und φ. Auch hier werden Luftdruckänderungen nicht berücksichtigt. Das h,x-Diagramm gilt üblicherweise für einen Luftdruck von p = 1 bar.

6.2 Luftfeuchtemessung

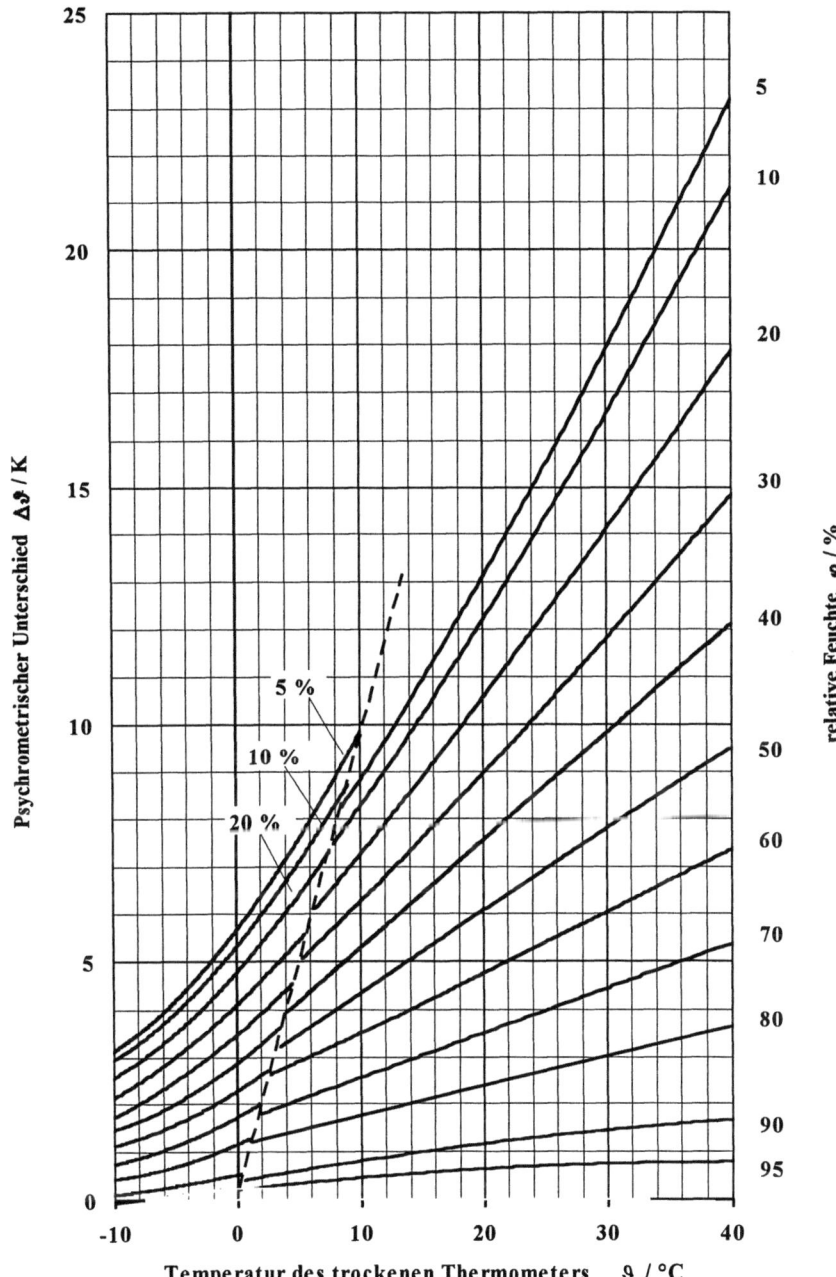

Bild 6.2-3: Psychrometer-Diagramm

Um diese Ungenauigkeiten zu umgehen, hat A. Sprung 1888 empirisch eine Formel entwickelt, mit der man den tatsächlichen Wasserdampfpartialdruck bei dem zur Zeit der Messung herrschenden Luftdruck p berechnen kann. Dies geschieht mit Hilfe der sog. *Sprung'schen* Formel:

$$p_d = p_f - k \cdot (\vartheta_{tr} - \vartheta_f) \cdot \frac{p}{1007 \text{hPa}}$$ (6.2-20)

p_d = tatsächlicher Wasserdampfpartialdruck der Luft bei Raumtemperatur in hPa
p_f = Sättigungsdampfdruck bei Feuchtkugeltemperatur in hPa
k = dimensionsbehaftete Konstante: k = 0,66 hPa/K für Wasser/Luft ($\vartheta_f > 0$ °C)
k = 0,53 hPa/K für Eis/Luft ($\vartheta_f < 0$ °C)
$\vartheta_{tr} - \vartheta_f$ = psychrometrische Differenz in K
p = Luftdruck, Barometerstand in hPa

Ferner gibt es auch kontinuierlich arbeitende Aspirations-Psychrometer, bei denen die Temperaturen mit Widerstandsthermometern gemessen werden. Die Erzeugung der Feuchtkugeltemperatur kann hier mit einem in ein Wasserbad reichenden Befeuchtungsstrumpf durchgeführt werden. Aus der Temperaturdifferenz wird dann über eine elektronische Auswerteeinheit nach den obigen Gleichungen die relative Feuchte ermittelt.

6.2.2.2 Haarhygrometer

Bei der Messung der relativen Feuchte mit einem Haarhygrometer wird die Eigenschaft der Längenänderung von hygroskopischen Materialien ausgenutzt. Hygroskopische Stoffe enthalten Wasser in unterschiedlichen Mengen. Bei bestimmter Feuchte der Umgebungsluft stellt sich ein Gleichgewichtszustand ein, bei dem der betreffende Stoff weder Wasser aufnimmt noch abgibt. Außer Haaren werden noch Seide, Cellophan und Kunststoff (Pernix) verwendet. Die sich ergebenden Längenänderungen sind nicht linear und zum Teil auch temperaturabhängig.

Diese Stoffe verlängern sich mit steigender Feuchte. Das Bild 6.2-4 zeigt die Längenänderung von Haaren in Abhängigkeit von der relativen Feuchte.

6.2 Luftfeuchtemessung

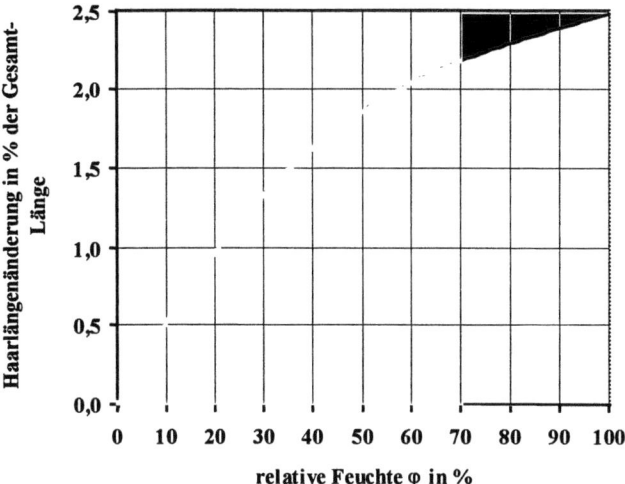

Bild 6.2-4: Längenänderung von Haaren in Abhägigkeit von der relativen Feuchte

Das folgende Bild 6.2-5 zeigt den prinzipiellen Aufbau eines Haarhygrometers mit einer sogenannten Haarharfe.

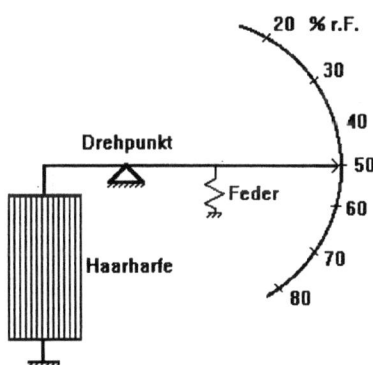

Bild 6.2-5: Haarhygrometer, schematisch

Haarhygrometer können auch mit Widerstandsferngebern ausgerüstet werden. Diese Geräte können dann in der Regelungstechnik eingesetzt werden. Die Längenänderung des Meßelements werden direkt auf einen Feinschleifwiderstand übertragen. Wicklung und Schleifer des Feinschleifwiderstandes bestehen aus einer Golddrahtlegierung. Es sind verschiedene Ausgangssignale möglich, z.B. 100...138,5 Ω, 0...100 Ω oder 50...30...50 Ω, jeweils entsprechend 0 bis 100 % relativer Feuchte [5].

Haarhygrometer müssen des öfteren nachjustiert und zur Erhaltung der Elastizität der Haare in feuchte Luft gestellt werden. Es ist darauf zu achten, daß sich keine Wassertropfen auf der Haarharfe bilden. Die Messungen sind ungenau, insbesondere auch im Hinblick auf die Hysterese. Die Abweichungen liegen bei ± 5% im Bereich von 30 bis 90 % relativer Feuchte.

Hygrometer mit Kunststoffmeßelement haben eine erheblich größere Langzeitstabilität, sie sollten aber etwa alle 6 Monate überprüft werden.

Hygrometer werden sehr oft für Langzeitmessungen in schreibenden Geräten zusammen mit einer Temperaturmessung eingesetzt. In diesen Thermo-Hygrografen wird die Feuchte über ein Kunststoffelement und die Temperatur mit einem Bimetallstreifen gemessen. Die sich bei beiden Meßverfahren ergebenden Bewegungen werden über eine Mechanik auf Hebelarme übertragen, die mit einer Schreibeinrichtung versehen sind. Die Aufzeichnung erfolgt auf einem Papierstreifen, der um eine Trommel gelegt ist, die von einem Uhrwerk angetrieben wird.

6.2.2.3 Lithiumchlorid-Hygrometer, LiCl

Der LiCl-Sensor besteht aus einer Keramikhülse oder einer außen isolierten Metallhülse, die mit einem Glasgewebe umgeben ist. Darüber sind zwei nebeneinanderliegende Drahtelektroden gewickelt, die am Ende <u>nicht</u> miteinander verbunden sind. Wird das Glasgewebe mit wässeriger LiCl-Lösung getränkt und an die Elektroden eine Wechselspannung gelegt, so fließt ein Strom durch die Lösung, erwärmt sie und verdampft das Wasser, bis der Stromfluß unterbrochen wird. Das zurückgebliebene, trockene LiCl-Salz ist sehr stark hygroskopisch und nimmt Wasser aus der Umgebungsluft auf. Dadurch steigt die Leitfähigkeit wieder, der Strom steigt, und es wird wieder Wasser verdampft. Nach einiger Zeit stellt sich ein Gleichgewichtszustand zwischen Verdampfung und Wasseraufnahme aus der Luft ein. Dabei nimmt die hygroskopische Schicht die sogenannte Umwandlungstemperatur ϑ_u an, die mit einem Widerstandsthermometer gemessen wird, das sich in der Hülse befindet. Aus der Umwandlungstemperatur wird über eine Brückenschaltung der Taupunkt ϑ_τ der Luft gebildet. Soll die relative Feuchte ermittelt werden, so muß mit einem zweiten Temperatursensor die Raumtemperatur gemessen werden, meist in einer zweiten Brückenschaltung. Durch Zusammenschalten der beiden Brückenschaltungen kann dann die relative Feuchte angezeigt oder weiter verarbeitet werden. Den prinzipiellen Aufbau eines LiCl-Sensors zeigt das Bild 6.2-6.

6.2 Luftfeuchtemessung

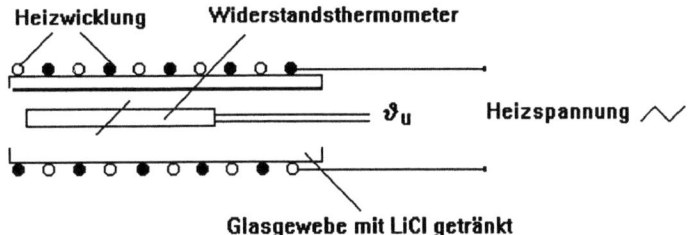

Bild 6.2-6: LiCl-Sensor

Die Wechselspannung an den beiden Elektroden darf nicht unterbrochen werden, da das hygroskopische Salz so viel Wasser aus der Luft aufnehmen würde, bis es vom Sensor abtropft, der dann unbrauchbar wäre. Regeneriert man ihn mit 2...3 Tropfen LiCl-Lösung und schließt ihn wieder an die Spannung an, so ist er nach ca. 1 h wieder einsatzfähig. Der Sensor muß mit Wechselspannung betrieben werden, da sich bei Gleichspannung Elektrolyse ergeben würde.

Die Meßgenauigkeit liegt zwischen ± 2 % und ± 3 % relativer Feuchte, der Taupunkt kann mit einer Genauigkeit von ca. ± 0,5...1 K bestimmt werden. Der Sensor hat eine hohe Langzeitstabilität und eine geringe Empfindlichkeit gegenüber Verschmutzung. Sein Einsatzbereich liegt zwischen -30 °C und +100 °C Lufttemperatur und einem Feuchtebereich von 10 % bis 100 % relativer Feuchte. Trotzdem wird der Sensor immer weniger eingesetzt wegen der hohen Ausfallrate bei Stromausfall, wie oben erklärt, da Sensoren häufig an unzugänglichen Stellen in einer RLT-Anlage eingesetzt werden und damit schwer zu regenerieren sind.

In einem speziellen LiCl-Diagramm kann der Zusammenhang zwischen p_d, ϑ_τ, ϑ_u, ϑ_{tr} und φ ermittelt werden. Die Kurve für die Umwandlungstemperatur ist fast identisch mit der $\varphi = 10$ %- Linie im h,x-Diagramm.

6.2.2.4 Bistreifenhygrometer (Federhygrometer)

Bei diesen Hygrometern handelt es sich um Meßelemente, die so aufgebaut sind, daß auf ein spiralförmiges Metallfederband einseitig eine hygroskopische Schicht aufgebracht ist. Die Funktion ist ähnlich der Arbeitsweise von Bimetalltemperaturmeßwerken. Hier hat die hygroskopische Schicht den größeren Ausdehnungskoeffizienten, so daß sich eine meßbare Auslenkung ergibt [1]. Durch entsprechende Anpassung von Metallfeder und Schichtstärke der hygroskopischen Schicht haben diese Geräte einen sehr kleinen Temperaturgang und eine geringe hygroskopische Hysterese. Es werden Genauigkeiten von etwa ± 5 % wie bei

Haarhygrometern erreicht. Die Meßelemente haben einen Durchmesser von ca. 1...2 cm, sind recht preiswert und haben dadurch eine weite Verbreitung in einfachen Hygrometern gefunden.

6.2.2.5 Leitfilm-Hygrometer

Die Feuchtemessung mit Leitfähigkeitsmeßzellen beruht auf dem Prinzip, daß hygroskopischer, salzhaltiger Stoff seinen Widerstand in Abhängigkeit des Wassergehaltes ändert. Die Messung ist temperaturabhängig, so daß eine Temperaturkompensation erforderlich ist.
Bekannt sind Leitfähigkeitsmeßzellen in Zylinder- und Plättchenform. Der Zylinder ist mit zwei parallel verlaufenden Edelmetalldrähten umwickelt und mit einer hygroskopischen Kunststoffschicht überzogen. Auf den Plättchen sind die Metalldrähte auf einem Isolierstoffplättchen in Mäanderform aufgebracht, wie das Bild 6.2-8 zeigt. Die feuchtempfindliche Schicht kann z.B. LiCl-Gel oder eine aktivierte Polymerschicht sein. Der elektrolytische Widerstand zwischen den Elektroden fällt mit zunehmender Feuchte exponentiell ab und das um so stärker, je dünner die Schicht ist.
Die relative Feuchte wird hier als Widerstandsänderung gemessen, also $\varphi = f(R)$.

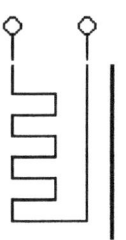

Diese Meßzellen können nur in Teilbereichen der Feuchte eingesetzt werden. Für größere Bereiche ist mit mehreren Meßzellen zu arbeiten. Diese Meßzellen arbeiten nicht linear, der Meßfehler kann bei sorgfältigem Einsatz und Abgleich auf ± 3 % begrenzt werden. Eine Regenerierung ist nicht erforderlich. Um Verschmutzungen zu vermeiden, werden entsprechende Filter empfohlen.

Bild 6.2-8: Leitfilm-Hygrometer

6.2.2.6 Kapazitive Feuchtemessung

Als Meßelement dient hier ein Kondensator [6], der als Dielektrikum entweder Aluminiumoxyd (eloxierter Aluminiumkörper) oder eine Kunststoff-Folie enthält. Hier kann es sich um eine goldbedampfte Spezialfolie handeln, die ihre Dielektrizitätskonstante abhängig von der relativen Feuchte ändert. Die Kapazität des Kondensators steigt mit steigender Feuchte etwa linear um 20...40 % an, je nach Aufbau. Die feuchte Luft gelangt durch einen porösen Goldbelag auf das Dielektrikum. Die Folie kann auch als Sandwich zwischen zwei Teflonfilter geklebt sein. Die Kapazität liegt bei 200 pF ± 40 pF, je nach Aufbau und wird mit einer Wechselspannung von ca. 15 V bei einer Frequenz von ca. 2,5 kHz betrieben. Sie sind einsatzfähig zwischen 0...100 % relativer Feuchte. Der prinzipielle Aufbau ist in Bild 6.2-9 dargestellt.

Der feuchteempfindliche Kondensator liegt in einem Schwingkreis als frequenzbestimmendes Glied, parallel zu einer Spule L. Die Schwingfrequenz wird in dem angeschlossenen Frequenz-Spannungswandler in eine Ausgangsspannung von z.B. 0...1V, bzw. 0...10 V oder 0...20 mA umgeformt. Die Ausgangsgrößen sind linear.

Durch hygroskopische Hysterese, die ca. ± 0.5 % r.F. beträgt und Temperatureinflüsse werden Genauigkeiten von ± 2...4 % relativer Feuchte erreicht. Im Temperaturbereich von 15...25 °C treten nur sehr geringe Fehler auf, die bei ca. ± 2 % relativer Feuchte liegen. Die Zeitkonstanten liegen bei etwa 10 Sekunden.

Diese Sensoren werden heute üblicherweise wegen ihrer guten Langzeitstabilität und ihres betriebssicheren Verhaltens in Lüftungs- und Klimaanlagen eingesetzt.

Bild 6.2-9: Kapazitiver Feuchtesensor

6.2.2.7 Taupunkthygrometer

Eine glänzende Platte (Metallspiegel) wird über ein Peltierelement (siehe Kapitel 2) soweit abgekühlt, bis sich gerade ein Tau- oder Eisniederschlag auf dem Spiegel messen läßt [1]. Oberhalb des Spiegels befinden sich Leuchtdioden, die Licht aussenden. Das von dem Spiegel reflektierte Licht wird von Fototransistoren aufgefangen. Bildet sich ein Niederschlag auf dem Spiegel, so wird das Licht nur noch diffus reflektiert, so daß nur noch ein geringer Teil vom Fototransistor empfangen wird. Die mit Temperatursensoren gemessene Spiegeltemperatur ist dann etwa die Taupunkttemperatur. Die erreichbare Genauigkeit der Taupunkttemperatur beträgt ca. ± 0,5 K bei Temperaturen über 0 °C. Da ein geringer Niederschlag auf dem Spiegel erforderlich ist, um gemessen werden zu können, ist eine kleine Taupunktunterschreitung nötig. Bei Taupunkttemperaturen unter - 20 °C können sich größere Abweichungen ergeben. Die Messungen sind auch für aggressive Gase möglich. Die Meßzeit beträgt nur wenige Sekunden. Es ist eine kontinuierliche Messung.

Soll nach diesem Verfahren die relative Feuchte ermittelt werden, so muß zusätzlich die Raumtemperatur gemessen werden. Die Auswertung geschieht dann über das h,x-Diagramm oder die entsprechenden Formeln.
Einen möglichen Aufbau des Taupunkt-Feuchtesensors zeigt das Bild 6.2-10 [7].

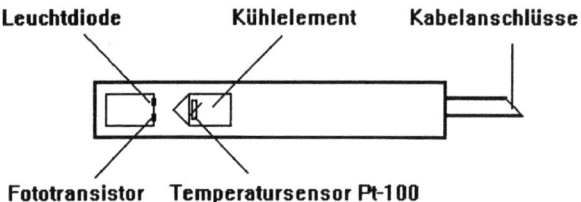

Bild 6.2-10: Taupunkt-Feuchtesensor

6.2.2.8 Sensor zur Ermittlung der absoluten Feuchte

Diese Methode nutzt die Beziehung zwischen dem Feuchtegehalt x (siehe Gl. 6.2-3) und der Masse des aus einem Volumenstrom feuchter Luft auf einer Platinfolie sich niederschlagenden Wassers bei einer bestimmten Temperatur unterhalb des Taupunktes aus [8],[9].

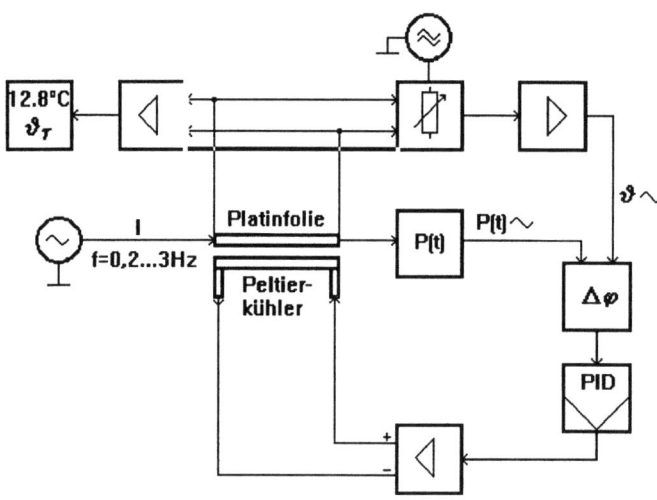

Bild 6.2-11: Schaltung zur Taupunktmessung mit Hilfe von Wärmeschwingungen

Die Folie wird mit einer niederfrequenten elektrischen Leistung erwärmt, wodurch ein phasenverschobener sinusförmiger Temperaturverlauf der gleichen Frequenz entsteht. Aufgrund der Wärmekapazität der Folie entsteht zwischen dem Leistungsverlauf $P(t)$ und dem Temperaturverlauf $\vartheta(t)$ eine Phasenverschiebung.

Wird die Folie durch ein Peltierelement gekühlt, so schlägt sich bei geringfügigem Unterschreiten des Taupunktes der umgebenden Luft Wasser auf ihr nieder. Durch die zusätzliche Masse des Wassers mit seiner erheblich größeren Wärmekapazität gegenüber der Folie, vergrößert sich die Phasenverschiebung zwischen der zugeführten elektrischen Leistung und dem Temperaturverlauf auf der Folie. Diese Vergrößerung der Phasenverschiebung zeigt das Erreichen des Taupunktes an.

Durch eine Regeleinrichtung wird die Folientemperatur auf einen Gleichgewichtszustand mit einer definierten Kondensatschichtdicke eingestellt. Bei dieser sind Kondensation und Verdampfung an der Oberfläche der Folie im Gleichgewicht. In diesem Zustandspunkt ist der Taupunkt der Luft erreicht..

6.2.2.9 Optisch-Akustische Feuchtemessung (Gasmotor)

Der Gasmotor ist ein zuverlässiges und empfindliches Gerät zur automatischen Überwachung von Gasen und Dämpfen [10].

Eine Luftpumpe zieht in vom Anwender vorgegebenen Intervallen Luftproben durch zwei Luftfilter in die Meßkammer. Das Licht einer Infrarot-Lichtquelle wird von einem Spiegel gebündelt und durch ein Zerhackerrad und ein Filter, das nur Licht einer definierten Wellenlänge durchläßt, in eine Meßkammer geleitet, Bild 6.2-12.

Das durchgelassene Licht wird von dem zu messenden Gas, hier feuchte Luft, selektiv absorbiert. Dadurch steigt die Temperatur in der geschlossenen Meßkammer an, wodurch sich ein höherer Druck ergibt. Das einfallende Licht pulsiert mit der Frequenz des Zerhackerrades, ebenso pulsiert der Druck in der Meßkammer. Durch den Druck entsteht eine Schallwelle, also ein akustisches Signal, das direkt proportional zur Konzentration des zu messenden Wasserdampfes in der Luft in der Meßkammer ist.

Zwei empfindliche Mikrofone in der Meßkammer messen das akustische Signal und geben es an ein Rechenwerk weiter. Hier werden dann die Größen Dampfdruck, relative Feuchte, Feuchtegehalt, Taupunkttemperatur und Lufttemperatur ermittelt. Ein Meßzyklus dauert 45 bis 55 Sekunden, einschließlich Spülung der Meßkammer.

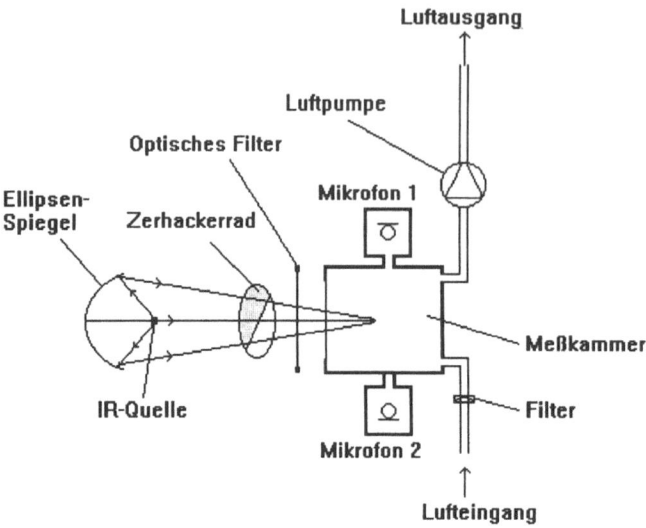

Bild 6.2-12: Meßsystem des Gasmotors

6.2.2.10 Feuchtemessung durch Messung der Schallgeschwindigkeit

Bei diesem Verfahren wird der Effekt ausgenutzt, daß die Schallgeschwindigkeit in Wasserdampf ca. 25 % größer ist als in trockener Luft.
Bei Trocknungsprozessen muß die Luftfeuchte vielfach bei Temperaturen über 100 °C und bei hohen relativen Feuchten gemessen werden. Das hier beschriebene Verfahren ist bei Temperaturen bis 250 °C und hoher Feuchte anwendbar [11].
Die Schallgeschwindigkeit in trockener Luft von 100 °C beträgt ca. 385 m/s, in reinem Wasserdampf etwa 485 m/s. Die Schallgeschwindigkeit in Luft-Wasserdampfgemischen liegt dann zwischen diesen Werten. Da die Schallgeschwindigkeit auch von der Temperatur abhängt, muß sie gleichzeitig gemessen und bei der Auswertung mit berücksichtigt werden.
In einer Schallquelle, die direkt dem Luftstrom ausgesetzt ist, wird ein Ton erzeugt, dessen Höhe vom Mischungsverhältnis von Wasserdampf und Luft abhängig ist. Die Schwingfrequenz ist also direkt ein Maß für die Feuchte in der Luft. In einem Piezokristall wird die Schwingfrequenz gemessen und über einen Frequenz-Spannungswandler in eine Ausgangsgleichspannung umgeformt. Es stehen auch Stromausgänge zur Verfügung.

Literaturverzeichnis

[1]   Profos, P. und Pfeiffer, T. : Handbuch der industriellen Meßtechnik

[2]   Arbeitskreis der Dozenten für Regelungstechnik: Regelungstechnik in der Versorgungstechnik, 3. Auflage, C. F. Müller Verlag, Karlsruhe, 1992

[3]   VDI Wasserdampftafeln, Springerverlag Berlin, 1969

[4]   VDI 2080, Meßverfahren und Meßgeräte für raumlufttechnische Anlagen, Oktober 1984

[5]   Unterlagen der Firma M. K. Juchheim GmbH, Fulda: Meßwertgeber für Temperatur und Feuchte

[6]   Unterlagen der Firma ROTRONIC Meßgeräte GmbH, Frankfurt/M

[7]   Unterlagen der Firma Brüel & Kjaer, Quickborn: Daten und Fakten, Raumklima-Analysator

[8]   Reza Talebi-Daryani, Luftfeuchtemessung mit Hilfe von Wärmeschwingungen, Dissertation TU Berlin, 1987

[9]   Unterlagen der Firma Endres und Hauser

[10] Unterlagen der Firma Brüel & Kjaer, Quickborn: Daten und Fakten, Gasmotor

[11] Unterlagen der Firma Mahlo GmbH & Co KG, Saal/Donau

[12] BWK, Brennstoff-Wärme-Kraft, Band 48, 1996, Nr. 1/2, Ausgabe-Nr. 70

6.3 Wasseranalyse

F. Tiersch

Wasser ist aus chemischer Sicht eine Verbindung aus zwei Teilen Wasserstoff und einem Teil Sauerstoff. Das kommt in der chemischen Formel H_2O zu Ausdruck. Es ist eine geschmack-, geruch- und farblose Flüssigkeit. Wasser als ein natürlicher Stoff ist am Aufbau der Pflanzen- und Tierwelt maßgeblich beteiligt. Der menschliche Körper besteht zu 60 bis 70 % aus Wasser. Es ist das wichtigste Lebensmittel und kann nicht ersetzt werden.

Die moderne Zivilisation benötigt Wasser sowohl für die Ernährung von Pflanze, Tier und Mensch als auch für die Körperpflege, für die Gesunderhaltung des Menschen, für Industrie und Gewerbe. Wasser wird nicht nur an bestimmten Orten in ausreichender Menge benötigt, wofür auch der Ingenieur der Versorgungstechnik verantwortlich zeichnet, sondern auch in einer bestimmten Qualität.

Das auf der Erdoberfläche und in geringer Tiefe vorkommende Wasser ist nicht chemisch rein. Es muß für den Gebrauch aufbereitet werden. Der Gebrauch aber beeinflußt die Wasserqualität i. a. im negativen Sinne. Das entstehende Abwasser ist heute im "zivilisierten" Teil der Welt häufig so verschmutzt, daß die biologische Selbstreinigungskraft der Natur überfordert ist. Abwasser muß deshalb gereinigt werden, bevor es wieder in den natürlichen Kreislauf eintreten darf.

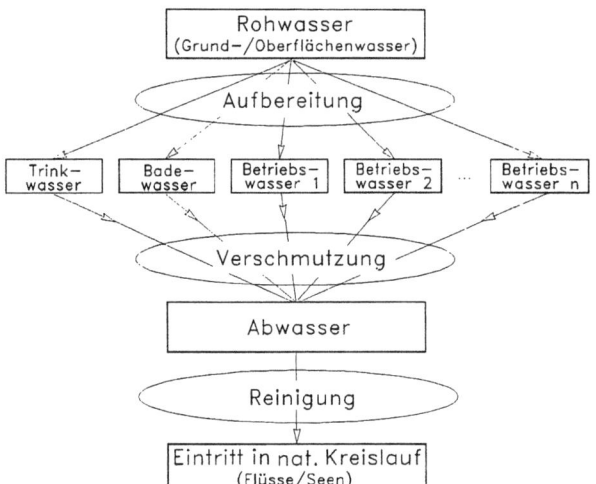

Bild 6.3-1:
Der zivilisatorische Teil des natürlichen Wasserkreislaufes

Vom natürlichen Wasserkreislauf, worunter die zeitliche Folge der Zustands- und Ortsänderung des Wassers durch Niederschlag, Abfluß, Verdunstung und Verbrauch verstanden wird, läßt sich die zivilisatorische Teilstrecke abgrenzen. Es entsteht so die uns im folgenden interessierende Kette von Rohwasser, Reinwasser als Trink-, Nutz-, Bade- oder Betriebswasser und Abwasser (Bild 6.3-1). Die nicht oder nur ungenügend erfolgte Reinigung des Abwassers beeinflußt auch die Wasserqualität in Fließgewässern und auch in stehenden Gewässern.

6.3.1 Qualitätsparameter des Wassers

6.3.1.1 Wasserarten

Unter dem Gesichtspunkt der Verwendung des Wassers durch die Zivilisation lassen sich die folgenden Wasserarten unterscheiden:

- Rohwasser: Wasser vor der Aufbereitung.
- Reinwasser: Wasser nach der Aufbereitung.
- Trinkwasser: Für den menschlichen Genuß und Gebrauch geeignetes Wasser, das bestimmte in Gesetzen und Normen festgelegte Eigenschaften aufweisen muß.
- Nutzwasser: Wasser aus dem Leitungsnetz für Haushalt und Gewerbe. Man spricht von Betriebswasser, wenn es nur für gewerbliche, industrielle und landwirtschaftliche Zwecke genutzt wird.
- Badewasser (auch Schwimmbadwasser): Wasser, das zum Füllen von Schwimmbecken dient (Füllwasser), und Wasser, das sich im Schwimmbecken befindet und über die Aufbereitungsanlage umgewälzt wird (Beckenwasser).
- Abwasser: Durch häuslichen, gewerblichen und industriellen Gebrauch verschmutztes Nutzwasser. Auch Oberbegriff für Schmutz- und Niederschlagswasser.

6.3.1.2 Wasserqualität

Die Qualität eines Wassers wird durch die in ihm enthaltenen festen, flüssigen und gasförmigen Inhaltsstoffe bestimmt. Bereits die natürlich vorkommenden reinen Quell- und Grundwässer und auch die mehr oder weniger verschmutzten Oberflächenwässer stellen verdünnte Salzlösungen dar (Rohwasser). Durch Entfernen von Inhaltsstoffen, z. T. aber auch durch gezielte Zugabe, entstehen daraus Trink-, Bade- und Betriebswasser für die verschiedensten Verwendungszwecke. Beim häuslichen, gewerblichen und industriellen Gebrauch gelangen in das Wasser eine Vielzahl von anorganischen und organischen Substanzen in sehr unterschiedlichen Mengen.

Die Untersuchung der Wasserqualität dient direkt und indirekt vor allem dem Schutz des Menschen vor gesundheitlichen Schäden. Der Gesetzgeber hat dazu eine Reihe von Gesetzen, Verordnungen und Bestimmungen erlassen [2 - 7]. Zur Einhaltung der vom Gesetzgeber geforderten Wasserqualität sind

- biologische,
- mikrobiologische,
- radiologische,
- physikalische und
- chemische Untersuchungen

erforderlich. Diese müssen zum Teil ständig, routinemäßig und zum Teil nur in bestimmten Betriebszuständen, wie Erstinbetriebnahme einer Wasserversorgungsanlage oder bei Wiederinbetriebnahme nach einer Störung erfolgen. Die Forderungen an die Qualität eines Wassers werden durch dessen beabsichtigte Nutzung bestimmt. In Abhängigkeit davon dürfen bestimmte Inhaltsstoffe nur in bestimmten Konzentrationen enthalten sein, bzw. die Inhaltsstoffe dürfen bestimmte Grenzwerte nicht überschreiten oder auch unterschreiten. Im Falle des Wassers in der Natur (Fließ- und stehende Gewässer) kann über die Analyse der Lebensbedingungen für Organismen bzw. der Inhaltsstoffe (Nährstoffe) nur noch eine Einteilung in Güteklassen des Wassers vorgenommen werden.

Trinkwasser

Die Trinkwasserqualität muß vor allem hygienischen Anforderungen genügen. Während Krankheitserreger bereits bei einmaligem Genuß des infizierten Wassers den Ausbruch der Krankheit bewirken können, schädigen die chemischen Sustanzen im Wasser meist erst nach längerfristiger Aufnahme durch den Menschen. Gemäß Trinkwasserverordnung [5] muß Trinkwasser folgende Anforderungen erfüllen:

- Es muß frei sein von Krankheitserregern, d. h., es darf in 100 ml keine Escherichia coli, Coliforme Keime oder Fäkalstreptokokken enthalten.
- Die Kolonienzahl darf unter bestimmten Bedingungen den Richtwert von 100 pro ml nicht überschreiten.
- Bei desinfiziertem Trinkwasser muß ein bestimmter Chlor- oder Chlordioxidgehalt nachweisbar sein.
- Die Grenzwerte für bestimmte anorganische chemische Stoffe dürfen nicht überschritten werden (Eisen-, Mangan-, Stickstoffverbindungen und andere).

- Andere als die in der Trinkwasserverordnung, Anlage 2 aufgeführten Stoffe und radioaktive Stoffe darf das Trinkwasser nicht in Konzentrationen enthalten, die die menschliche Gesundheit schädigen könnten.
- Bestimmte organische Stoffe und auch Pflanzengifte dürfen vorgegebene Grenzwerte nicht überschreiten.
- Nach der Enthärtung im Zuge der Trinkwasseraufbereitung darf der Gehalt an Erdalkalien den Wert 1,5 mol/m³ (berechnet als Ca, entspricht 60,12 mg/l) nicht unterschreiten. Auch die Säurekapazität $K_{S\ 4,3}$ darf den Wert von 1,5 mol/m³ nicht unterschreiten.

Andererseits soll Trinkwasser nach Herkunft und Aussehen appetitlich sein und zum Genuß anregen; es soll klar, farblos und kühl sein und keinen unangenehmen Geruch (Schwefelwasserstoff) oder unangenehmen Geschmack (Phenol, Mineralöl usw.) aufweisen. In der Tabelle 6.3-3 sind die wichtigsten physikalisch-chemischen Qualitätsparameter mit ihren Richt- oder Grenzwerten aufgeführt. Es soll damit nur die Größenordnung deutlich gemacht werden. Unberücksicht bleibt die Tatsache, daß die EG-Richtlinie [6] und auch die Weltgesundheitsorganisation in ihren Empfehlungen eventuell andere Schwerpunkte setzen bzw. andere Grenzwerte vorgeben.

Badewasser

Badewasser oder besser Schwimmbadwasser muß Trinkwasserqualität haben. Sein wiederholter Gebrauch erfordert eine kontinuierliche Aufbereitung und Desinfektion des im Kreislauf geführten Wassers. Dabei läßt sich der Einsatz von Chemikalien nicht vermeiden, es muß jedoch gesichert sein, daß Gesundheit und Wohlbefinden der Badegäste nicht beeinträchtigt werden. Das Bundesseuchengesetz [7] fordert, daß eine Gefährdung der menschlichen Gesundheit durch Krankheitserreger nicht zu befürchten sein darf. Die Untersuchung und Beurteilung des Badewassers erfolgt auf der Grundlage der DIN 19643 (Aufbereitung und Desinfektion von Schwimm- und Badebeckenwasser) [8], solange die im Entwurf vorliegende Verordnung über Schwimm- und Badebeckenwasser (Schwimmbeckenwasserverordnung) noch nicht verabschiedet ist.

Die Qualitätsparameter sind zum Teil voneinander abhängig. So korreliert der Gehalt an gebundenem Chlor, der selbst von der Art der Aufbereitung abhängig ist, mit der Oxidierbarkeit, die über den Wert des Füllwassers bestimmt wird, und dem Gehalt an Ammonium (NH_4^+) [12].

Durch automatische Prozeßsteuerung bei der Badewasseraufbereitung ist die Einhaltung des sogenannten Hygienespiegels zu sichern - freies Chlor, der pH-Wert und die Redoxspannung müssen in bestimmten Verhältnissen zueinander stehen [12]. Das ist durch fortlaufende Prozeßkontrolle und regelmäßige Hygienekontrolle zu gewährleisten. Die Werte der einzuhaltenden Qualitätsparameter sind abhängig von der Technologie der Badewasseraufbereitung und können meist nur im Füllwasser bestimmt werden.

Für medizinisch-therapeutische Anwendungen wird eine möglichst "naturbelassene" Wasserqualität verlangt. Der Gehalt an gelösten und festen Mineralstoffen muß mindestens 1 g/kg betragen. Bezüglich der bakteriologischen Qualität wird noch einmal nach dem Verwendungszweck unterschieden: Inhalation/Spülung - Trinken - Baden.

Betriebswasser

Betriebs- oder Brauchwasser dient nur gewerblichen, industriellen und landwirtschaftlichen Zwecken und muß deshalb keine Trinkwasserqualität aufweisen (wenn man von Produktwasser für die Lebensmittel- oder Getränkeindustrie absieht). In industrieellen Prozessen kann es durch Härteablagerungen, Korrosionen, Ausfällen von Schwermetallionen, zu hohe Salzgehalte oder auch durch Verkeimung zu Funktionsstörungen kommen. Wasser muß daher enthärtet sein, wenn es als Füll- und Ergänzungswasser für Heizungsanlagen, als Kesselspeisewasser, in Luftwäschern und Luftbefeuchtern oder in Wäschereien verwendet wird. Als Kühlwasser muß es vor allem entkarbonisiert sein, d. h. die Carbonathärte im Wasser muß entfernt sein. Als Produktwasser für die chemische und pharmazeutische Industrie, für Laborbedarf usw. muß es einen hohen Reinheitsgrad aufweisen und weitgehend salzfrei sein.

Je nach Verwendungszweck sind unterschiedliche Richtwerte in den einschlägigen Vorschriften und Normen definiert. Häufig genannte Qualitätsparameter für Betriebswasser sind Leitfähigkeit (zur Charakterisierung des Salzgehaltes), pH-Wert, Härte, Chloridgehalt, Kieselsäuregehalt, Fe-, Mn- und Cu-Gehalt, p-Wert (Alkalität), Sauerstoff-, Sulfit- und Phosphatgehalt sowie Hydrazingehalt.

Abwasser

Aus der Sicht der Wasserqualität darf Abwasser als durch häuslichen und gewerblichen Gebrauch verschmutztes Nutzwasser betrachtet werden. Es muß zum Schutz der Gewässer vor Verunreinigungen vor seiner Einleitung in den Vorfluter behandelt (gereinigt) werden. Das geschieht in Kläranlagen. Tabelle 6.3-1 gibt eine Klassifizierung der Wasserinhaltsstoffe und beschreibt deren Wirkungen auf die natürlichen Gewässer. Daraus wird auch die mögliche Auswirkung auf das Trinkwasser sichtbar.

Die Inhaltsstoffe bei gewerblichen und industriellen Abwässern sind entsprechend den verschiedenen Produktionsverfahren sehr verschieden und liegen in den unterschiedlichsten

6.3 Wasseranalyse

Konzentrationen vor. Häufig sind die Abwässer mit toxischen Stoffen wie Cyaniden, Phenolen, Säuren und Schwermetallen belastet. Sie müssen dann ganz spezifischen Reinigungsverfahren unterworfen werden, bevor sie in die kommunalen Abwasseranlagen geleitet werden dürfen.

Stoffgruppe	Wirkung in Gewässern
absiebbare und absetzbare Stoffe	Schlammbildung; Fäulnisvorgänge; Sauerstoffentzug
gelöste oder suspendierte biologisch abbaubare organische Stoffe	Sauerstoffentzug; Störung des biologischen Gleichgewichtes (Primärbelastung); Eutrophierung
gelöste anorganische Nährstoffe (Nitrate, Phosphate)	Sauerstoffentzug; Düngewirkung; Störung des biologischen Gleichgewichtes (Sekundärbelastung); Eutrophierung
gelöste anorganische und biologisch schwer abbaubare Stoffe, die physiologisch schädlich sind	Vergiftungserscheinungen; Verödung; Störung des biologischen Gleichgewichtes; Erschwerung der Trinkwasseraufbereitung
gelöste unschädliche anorganische Stoffe	erhöhte Aufwendungen bei der Trinkwasseraufbereitung; Belastung von industriellen Nachnutzern
Säuren und Basen (pH-Wert)	Beeinflussung des tierischen und pflanzlichen Wachstums

Tabelle 6.3-1: Wasserinhaltsstoffe und deren Wirkungen, nach [17]

Die *Verfassung der BRD* gibt dem Bund das Recht, Rahmengesetze zu erlassen (Artikel 75,4), weist die Zuständigkeit für jegliche Art der Wassernutzung aber den Bundesländern zu (Artikel 72,1) [1]. Auf der Grundlage des *Wasserhaushaltsgesetzes* (WHG) [2] und des *Abwasserabgabengesetzes* (AbwAG) [3] sind so Landeswassergesetze, Ausführungsgesetze zum Abwasserabgabengesetz sowie Richtlinien, Erlasse, Verordnungen und Verwaltungsvorschriften entstanden. Im Abwasserabgabengesetz sind Mindestanforderungen für Abwasserrestbelastungen mit gefährlichen Stoffen definiert, die nach den allgemein anerkannten Regeln der Technik erreichbar sind. Als gefährlich gelten (gemäß WHG, § 7a) die Stoffe, "die wegen der Besorgnis einer Giftigkeit, Langlebigkeit, Anreicherungsfähigkeit oder einer krebserzeugenden, fruchtschädigenden oder erbgutverändernden Wirkung als gefährlich zu bewerten sind". Dazu zählen Schwermetalle und halogenorganische Verbindungen.

In der *Abwasserherkunftsverordnung* (AbwHerkV) sind Herkunftsbereiche von Abwasser mit gefährlichen Stoffen genannt. Das sind vor allem Betriebe, die mit Metallen und halogenorganischen Verbindungen arbeiten. Auch die *Rahmen-Abwasserverwaltungsvorschrift* [4] bestimmt Mindestanforderungen an das Einleiten von Abwasser in Gewässer. Die Mindestanforderungen sind als Grenzwerte zu verstehen, die nicht überschritten werden dürfen.

Ihre Einhaltung ist durch Messung der Istwerte von Konzentration oder Menge der Wasserinhaltsstoffe zu überwachen.

Natürliche Wässer

Jedes natürliche (und auch künstliche) Gewässer ist von tierischen und pflanzlichen Organismen besiedelt. Deren Wachstum und damit die Häufigkeit ihres Auftretens hängt auch vom Grad der Verschmutzung des Wassers ab, da diese Organismen direkt oder indirekt auf die von den Bakterien erzeugten Zersetzungsprodukte der Schmutzstoffe als Nährstoffe angewiesen sind. Dabei sind bestimmte Organismen (Saprobien) an bestimmte Phasen der Selbstreinigung gebunden. Das erlaubt eine Einteilung der Wasserqualität in 4 Güteklassen (biologisch-ökologische Bereiche oder auch Saprobitätsstufen) [10]. Für die biologisch-ökologische Analyse wurde das "System der tierischen und pflanzlichen Saprobien" geschaffen. Seine Anwendung ist in der Gruppe M der Deutschen Einheitsverfahren (Abschnitt 6.3.1.3) beschrieben und wird vorwiegend für die Qualitätsbewertung des Wassers in Fließgewässern genutzt. Die Organismen in einer repräsentativen Probe werden gezählt und den 4 Saprobitätsstufen zugeordnet. Daraus wird der Saprobienindex S als gewogenes Mittel berechnet. Es zeigt sich, daß offenbar ein funktionaler Zusammenhang zum biochemischen Sauerstoffbedarf BSB besteht [10].

Die LAWA (Länderarbeitsgmeinschaft Wasser) führt darüberhinaus auch physikalisch-chemische Fließgewässeranalysen durch, bei denen die Parameter O_2, pH-Wert, Leitfähigkeit, Temperatur, Cl^-, BSB_5, CSB, DOC, PO_4^{3-}, Gesamt-P, NH_4^+, NO_3^-, Cd, Pb, Ni und Cr bestimmt werden [10].

Für stehende Gewässer (Seen, Talsperren) wird als Maß der Wasserverschmutzung die Belastung des Wassers mit Nährstoffen, insbesondere mit Phosphor- und Stickstoffverbindungen verwendet.

6.3.1.3 Bestimmung der Wasserqualitätsparameter

Unter Analyse versteht man die Untersuchung eines Stoffes auf bestimmte oder alle seine Bestandteile. Die chemische Beschaffenheit des Wassers ist bekannt. Analyse von Wasser bedeutet hier die Bestimmung von Inhaltsstoffen und deren Konzentrationen.

Die mikrobiologischen Parameter der Wasserqualität und deren Bestimmungsverfahren sind in der Trinkwasserverordnung [5] ausführlich dargelegt. Die Gruppe K der Deutschen Einheitsverfahren (DEV) bezieht sich ebenfalls darauf (Tabelle 6.3-2). Radiologische Untersuchungsmethoden sind in den DEV C 13 bis C 16 bzw. DIN 38 404, Teil 13 bis 16 be-

6.3 Wasseranalyse

schrieben. Wir betrachten im folgenden vor allem die allgemeinen physikalisch-chemischen Eigenschaften des Wassers. Sie geben Aufschluß über

- Art und Menge der gelösten Salze (Ionen) und Gase,
- das Vorhandensein toxisch wirkender chemischer Substanzen und
- Stoffe, die zu Störungen in der Wasserversorgung bzw. -aufbereitung führen können; erkennbar an Trübung, Farbe, Geruch und Geschmack des Wassers (Tabelle 6.3-3).

Gruppe	Titel	Norm(entwurf)
A	Allgemeine Angaben	DIN 38 402
C	Physikalische und physikalisch-chemische Kenngrößen	DIN 38 404
D	Anionen	DIN 38 405
E	Kationen	DIN 38 406
F	Gemeinsam erfaßbare Stoffgruppen	DIN 38 407
G	Gasförmige Bestandteile	DIN 38 408
H	Summarische Wirkungs- und Stoffkenngrößen	DIN 38 409
M	Biologisch-ökologische Gewässeruntersuchung	DIN 38 410
K	Mikrobiologische Verfahren	DIN 38 411
L	Testverfahren mit Wasserorganismen	DIN 38 412
P	Einzelkomponenten	DIN 38 413
S	Schlamm und Sedimente	DIN 38 414

Tabelle 6.3-2: Haupttitel der Deutschen Einheitsverfahren zur Wasser-, Abwasser- und Schlammuntersuchung [9]

Die Trinkwasserverordnung fordert i. a. kein bestimmtes Analysenverfahren für die allgemeinen physikalisch-chemischen Parameter. Sie gibt jedoch einen zulässigen Meßfehler vor [5]. Anders verhält es sich mit der Gesetzgebung bezüglich des Abwassers. Hier sind der ziffernmäßige Grenzwert und das zugehörige Analysenverfahren untrennbar miteinander verknüpft. Die *Analysenverfahren* sind zum Teil in den Anlagen zur Rahmen-Abwasser-Verwaltungsvorschrift festgelegt, zum Teil wird auf die Deutschen Einheitsverfahren zur Wasser-, Abwasser- und Schlammuntersuchung [9] und die darin integrierten DIN-Verfahren Bezug genommen. Diese Verfahren sind zu Gruppen zusammengefaßt (Tabelle 6.3-2). Das schließt aber nicht aus, daß sich in der analytischen Praxis andere, besser handhabbare Methoden durchsetzen.

Die Tabellen 6.3-4 und 5 geben die für die Wasserqualitätsbewertung wichtigen Anionen und Kationen gelöster anorganischer Salze an. Als Bestimmungmethoden dominieren fotometrische, spektrometrische und chromatografische Verfahren. Mittels optischer und chromatografischer Verfahren erfolgt im wesentlichen auch die *Einzelsubstanzbestimmung* im Falle der organischen Verbindungen

Für eine Prozeßanalyse sind viele der aufgeführten Meßmethoden wenig geeignet. Hinzu kommt, daß von der Mehrzahl der geschätzten 7 Millionen bekannten chemischen Verbindungen heute noch keine toxikologische oder ökologische Bewertung vorliegt [13]. Im biologischen Teil einer Kläranlage ändert sich die Abwasserzusammensetzung darüberhinaus ständig. Eine Einzelsubstanzbestimmung macht also u. U. gar keinen Sinn! Man erfaßt deshalb die organischen Inhaltsstoffe über *Summenparameter*, z. B. den gesamten organisch gebundenen Kohlenstoff (TOC), die adsorbierbaren organischen Halogenverbindungen (AOX) und den gesamten gebundenen Stickstoff (TN_b): Tabelle 6.3-6.

Parameter	Grenzwert Trinkwasser	DEV	DIN-Verfahren	Meßprinzip
Abdampfrückstand	1 mg/l	H 1	38 409, Teil 1	Gravimetrie
abfiltrierbare Stoffe	-	H 2	38 409, Teil 2	Gravimetrie
Färbung (Hg 436 nm)	0,5 m^{-1}	C 1	38 404, Teil 1	Fotometrie
Trübung	1,5 TE	C 2	38 404, Teil 2	Nephelometrie
Leitfähigkeit (bei 25 °C)	2 mS/cm	C 8	38 404, Teil 8	Konduktometrie
Temperatur	25 °C	C 4	38 404, Teil 4	Thermometer
pH-Wert	6,5 ... 9,5	C 5	38 404, Teil 5	Potentiometrie
Redoxspannung	> + 700 mV	C 6	38 404, Teil 6	Potentiometrie
gelöste Gase: Chlor (Cl_2)	0,2 ... 0,6 mg/l	G 4	38 408, Teil 4	Maßanalyse
Sauerstoff	-	G 22	38 408, Teil 22	Amperometrie
Geruchsschwellenwert	2 (bei 12 °C) 3 (bei 25 °C)			Sensorische Bestimmung

Tabelle 6.3-3: Allgemeine physikalisch-chemische Parameter von Trink- und Badewasser und ihre Richt- bzw. Grenzwerte für Trinkwasser [5]

Die Wasseranalyse läuft damit sowohl auf die Bestimmung einzelner anorganischer und organischer Wasserinhaltsstoffe als auch auf die Bestimmung von Summenparametern hinaus.

Im folgenden werden wir primär nach den Analysenverfahren gliedern. Nur so erscheint es uns möglich, einerseits die Vielzahl von Wasserqualitätsparametern und der Verfahren zu ihrer Bestimmung überschaubar zu machen und andererseits dem Anliegen des Buches gerecht zu werden. Es soll ein Überblick über die infrage kommenden Analysenverfahren gegeben werden. Verfahren mit hohem Aussagewert für die Wasserqualität und solche, die sich für eine Prozeßanalyse eignen, werden ausführlich behandelt.

6.3 Wasseranalyse

Parameter	Grenzwert Trinkwasser	DEV	DIN-Verfahren	Meßprinzip
Borat	1 [mg/l]	D 1	38 405, Teil 17	Fotometrie
Chlorid	250	D 19	38 405, Teil 19	Ionenchromatografie
Cyanid	0,05	D 13	38 405, Teil 13	Fotometrie
Fluorid	1,5	D 4	38 405, Teil 4	Elektrometrie (ISE)
Nitrat	50	D 19	38 405, Teil 19	Ionenchromatografie
Nitrit	0,1	D 10	38 405, Teil 10	Fotometrie
Phosphor, gesamt	6,7	D 11	38 405, Teil 11	Fotometrie
Sulfat	240	D 19	38 405, Teil 19	Ionenchromatografie
Sulfid, gelöst	-	D 26	38 405, Teil 26	Fotometrie
Sulfit	-	D 19	38 405, Teil 19	Ionenchromatografie

Tabelle 6.3-4: Für die Wasserqualitätsbewertung wichtige Anionen

Parameter	Grenzwert Trinkwasser	DEV	DIN-Verfahren	Meßprinzip
Aluminium	0,2 [mg/l]	E 22	38 406, Teil 22	ICP-AES
Ammonium	0,5	E 5-2	38 406, Teil 5	Maßanalyse
Antimon	0,01	E 22	38 406, Teil 22	ICP-AES
Arsen	0,01	D 18	38 405, Teil 18	AAS-Hydrid
Barium	1	E 22	38 406, Teil 22	ICP-AES
Blei	0,04	E 6	38 406, Teil 6	AAS-Graphit
Cadmium	0,005	E 19	38 406, Teil 19	AAS-Graphit
Calcium	400	E 3	38 406, Teil 3	Komplexometrie
Chrom	0,05	E 22	38 406, Teil 22	ICP-AES
Eisen	0,2	E 22	38 406, Teil 22	ICP-AES
Kalium	12	E 12	38 406, Teil 12	AAS-Kaltdampf
Kupfer	3	E 22	38 406, Teil 22	ICP-AES
Magnesium	50	E 3	38 406, Teil 3	Komplexometrie
Mangan	0,05	E 22	38 406, Teil 22	ICP-AES
Natrium	150	E 12	38 406, Teil 12	AAS-Kaltdampf
Nickel	0,05	E 22	38 406, Teil 22	ICP-AES
Quecksilber	0,001	E 12	38 406, Teil 12	AAS-Kaltdampf
Silber	0,01	E 18	38 406, Teil 18	AAS-Graphitrohr
Zink	5	E 22	38 406, Teil 22	ICP-AES

Tabelle 6.3-5: Für die Wasserqualitätsbewertung wichtige Kationen

Meßverfahren für typische Größen der Versorgungstechnik wie Temperatur, Druck, Durchfluß und andere werden völlig außer acht gelassen, da die Aussagen der entsprechenden Kapitel des Buches dafür bereits Verständnis vermitteln.

Im Abschnitt 6.3.7 durchbrechen wir diese Logik und gliedern nach der Natur der Summenparameter. Dabei wird insbesondere die Rolle der Probennahme und Probenaufbereitung deutlich werden. Die z. B. nach dem thermischen oder katalytischen Aufschluß der Wasserprobe entstehende Substanz wird letztlich nach einem der vorbehandelten Verfahren meßtechnisch erfaßt (Ionenselektive Elektrode, Fotometrie, Maßanalyse). Sichtbar wird dabei auch, daß in der modernen Wasseranalytik drei Einsatzbereiche mit eigenen Methoden und Geräten und zwangsläufig verschiedenen Meßgenauigkeiten unterschieden werden können:

- die Laboranalytik,
- die Prozeßanalytik und
- die Feldanalytik auf der Basis modernster technischer Gerätelösungen für den mobilen Einsatz und vorbereiteter Reagenzien, sogenannter Test-Kids, für einzelne Substanzen bzw. für mehrere für eine bestimmte Technologie wichtige Wasserinhaltsstoffe.

Parameter	Grenzwert Trinkwasser	DEV	DIN-Verfahren	Meßprinzip
Härte	≥ 60 mg/l	H 6	38 409, Teil 6	Komplexometrie
Basekapazität Säurekapazität $K_{S\ 4,3}$	- 1,5 mmol/l	H 7	38 409, Teil 7	Maßanalyse
BSB_5	-	H 51	38 409, Teil 51	Amperometrie
CSB (CSV-Cr bzw CSV-Mn)	5 mg/l	H 41	38 409, Teil 41	Maßanalyse
TOC (ges. org.geb. Kohlenstoff)	-	H 3	38 409, Teil 3	Spektrometrie
Halogenkohlenwasserstoffe	0,0002 mg/l	H 13	38 409, Teil 13	Spektrometrie
lipophile Stoffe, schwerflüchtig direkt abscheidbar	0,01 mg/l	H 17 H 19	38 409, Teil 17 38 409, Teil 19	Gravimetrie
Pestizide	0,0005 mg/l	F 2	38 407, Teil 2	HPLC
Phenolindex	0,0005 mg/l	H 16	38 409, Teil 16	Fotometrie
TN_b (ges. org. geb. Stickstoff)	-	H 11	38 409, Teil 29	Spektrometrie
AOX (adsorbierbare org. Halogene)	0,028 mg/l	H 14	38 409, Teil 14	Coulometrie
Tenside, anionisch ionisch	0,2 mg/l 0,2 mg/l	H 20 H 23	38 409, Teil 20 38 409, Teil 23	Fotometrie Fotometrie

Tabelle 6.3-6: Summenparameter; Bestimmungsverfahren und Grenzwerte für Trinkwasser [5]

6.3.2 Maßanalytische Verfahren

Bei der Maßanalyse (Titrimetrie) wird einer Lösung, deren Konzentration bezüglich des interessierenden Stoffes bestimmt werden soll, eine Lösung bekannter Konzentration einer geeigneten Reagenz solange zugegeben, bis eine vollständige chemische Umsetzung erfolgt ist. Die Maßlösung (Titrator) wird dabei aus einer Meßbürette tröpfchenweise einem abgemessenen Volumen der Analysenlösung (Titrand) zugegeben. Der Endpunkt der chemischen Umsetzung (Äquivalenzpunkt) ist an einem Farbumschlag (eines zugegebenen Indikators), in manchen Fällen über eine sprunghafte Änderung des potentiometrisch bestimmten pH-Wertes, der elektrolytischen Leitfähigkeit oder des Stromflusses zu erkennen. Man spricht dann auch von *potentiometrischer, konduktometrischer* oder *amperometrischer Titration*.

Im Äquivalenzpunkt sind die Produkte aus den Äquivalentkonzentrationen $c(1/z \cdot X)_A$ des zu analysierenden Stoffes bzw. $c(1/z \cdot X)_M$ der Maßlösung und den Volumina von Analysenlösung V_A und Maßlösung V_M gleich:

$$c(1/z \cdot X)_A \cdot V_A = c(1/z \cdot X)_M \cdot V_M.$$

Daraus läßt sich die Konzentration des gesuchten Stoffes in der Lösung, die Stoffmengenkonzentration $c(X)_A$ bestimmen, indem die nach $c(1/z \cdot X)_A$ umgestellte Gleichung noch durch die stöchiometrische Wertigkeit z der gesuchten Substanz dividiert wird:

$$c(X)_A = \frac{c(1/z \cdot X)_M \cdot V_M}{z \cdot V_A}.$$

Bei der Maßanalyse werden Volumina gemessen. Daraus resultiert die Bezeichnung *Volumetrie*. Je nach den zugrundeliegenden Reaktionen lassen sich verschiedene Methoden unterscheiden.

Bei der *Neutralisationstitration* wird die Konzentration einer Baselösung mit einer Säurelösung bestimmt (oder umgekehrt). Auf diese Weise kann z. B. die Konzentration von Carbonat- und Hydrogencarbonat-Ionen im Wasser (Carbonathärte) durch Titration mit Salzsäure bestimmt werden (Abschnitt 6.3.7.8).

Die Gesamthärte des Wassers kann durch *komplexometrische Titration* (Komplexometrie, Chelatometrie) bestimmt werden. Als Maßlösung wird eine Substanz (EDTA: Dinatriumsalz der Ethylendiamintetraessigsäure) verwendet, deren Anion mit den Calcium- und Magnesium-Ionen im Wasser Komplexverbindungen eingeht. Zusätzlich sind noch metallspezifische Indikatoren erforderlich, die ihrerseits mit den Ca^{2+}- und Mg^{2+}-Ionen Komplexe bilden. Die Reaktion der Indikatorkomplexe mit der Maßlösung erfolgt unter Farbänderung, wobei der Indikator aus dem Komplex verdrängt wird. Als Indikator wird bei der Wasser-Gesamthärte-Bestimmung Eriochromschwarz T verwendet, das den Endpunkt der Titration mit einem Farbwechsel von Rotviolett nach Blau anzeigt. Damit die Reaktion vollständig ablaufen kann, ist durch Zugabe einer Pufferlösung der pH-Wert der Lösung konstant zu halten. Im Gegensatz zur Neutralisationstitration kann die Wertigkeit der Ionen außer acht gelassen werden, da sich das EDTA-Anion mit allen Kationen nur im Verhältnis 1 : 1 verbindet. Die komplexometrische Titration ist die wichtigste maßanalytische Methode zur quantitativen Bestimmung fast aller mehrwertigen Metallionen.

Die *Fällungstitration* wird z. B. zur Bestimmung von Chlorid-, Bromid- und Iodid-Ionen im Wasser angewendet. Da die Fällung vorwiegend mit Silberionen (Silbernitratlösung) erfolgt, spricht man auch von *argentometrischer Titration*. Der Endpunkt der Titration ist am Ausbleiben der Trübung an der Eintropfstelle der Silbernitrat-Maßlösung erkennbar. Er kann durch Zugabe von Farbindikatoren verstärkt werden. Das Fällungsprodukt kann auch für die gravimetrische Bestimmung von Chlorid-, Bromid- und Iodid-Ionen (Abschnitt 6.3.3) verwendet werden. Wenn geeignete Farbindikatoren fehlen, kann auf die konduktometrische Titration zurückgegriffen werden.

Bei der maßanalytischen Bestimmung von Eisen(II)-Ionen werden diese zu Eisen(III)-Ionen oxidiert, während das Oxidationsmittel Kaliumpermanganat gleichzeitig reduziert wird. Aufgrund der ablaufenden Redoxreaktionen (Abschn. 6.3.4.2) spricht man von *Redoxtitration*. In neutralen oder basischen Lösungen werden dabei die Permanganat-Ionen durch die Wasserstoffionen der Lösung unter Aufnahme von je 3 Elektronen des Reduktionsmittels Eisen(II) zu braunem Mangan(IV)-oxid reduziert:

$$MnO_4^- + 4\,H^+ + 3\,e^- \leftrightarrow MnO_2 + 2\,H_2O.$$

Das 7-wertige Mangan ist zu 4-wertigem reduziert worden. Die Reaktion ist stark pH-Wert-abhängig. Ganz allgemein kann über die Redoxtitration (auch Redoxananlyse oder Oxidimetrie) der Gehalt an reduzierend wirkenden Substanzen in einer Lösung mittes Maßlösungen geeigneter Oxidationsmittel bestimmt werden. Der Endpunkt der Titration wird potentiometrisch oder über geeignete Farbindikatoren erfaßt.

Nach dem verwendeten Indikator kann weiter unterschieden werden in *argentometrische*, *chromatometrische* oder *iodometrische Titration*.

Titrierautomaten zeichnen auf der Basis potentiometrischer oder amperometrischer Messungen vollständige Titrationskurven auf, aus denen dann der Endpunkt der Titration ermittelt werden kann.

Über die Maßanalyse ist eine Vielzahl der anorganischen Wasserinhaltsstoffe bestimmbar. Für die Prozeßanalytik ist sie weniger geeignet. Dafür sind, sofern eine Einzelsubstanzbestimmung im Prozeß erforderlich ist, geeignetere Methoden entwickelt worden.

6.3.3 Gravimetrische Verfahren

Zur Bestimmung der Masse einer gelösten Substanz wird diese mit geeigneten Fällungsmitteln in eine schwerlösliche Verbindung konstanter und bekannter Zusammensetzung übergeführt und aus dieser Lösung durch Filtern eliminert. Nach dem Trocknen (und eventuell weiteren Bearbeitungsschritten) wird sie gewogen. Durch stöchiometrische Rechnung wird ihre Masse bestimmt.

Mit Hilfe der *Gravimetrie* (Gewichtsanalyse) werden z. B. die abfiltrierbaren Stoffe (DIN 38 409, Teil 2) oder auch die lipophilen (fettlöslichen) Stoffe (DIN 38 409, Teil 17 und 19) im Abwasser bestimmt. Für die Bestimmung von Sulfationen in Abwässern bzw. der Sulfationenkonzentration in natürlichen Wässern aus Gebieten mit sulfathaltigem Gestein im Quellgebiet oder aus Braunkohlegebieten hat sich die Gravimetrie ebenfalls bewährt.

6.3.4 Elektrometrische Verfahren

Unter bestimmten physikalisch-chemischen Bedingungen bildet sich zwischen zwei Elektroden in einer Lösung eine meßbare Potentialdifferenz aus, die proportional zur Konzentration eines bestimmten Stoffes in der Lösung ist. Auch der Stromfluß durch eine solche elektrolytische Zelle kann von der Konzentration eines bestimmten Inhaltsstoffes abhängig sein. Auf der Messung von Spannung, Strom oder Leitfähigkeit beruhen die elektrometrischen Verfahren. Sie werden auch als elektrochemische Verfahren bezeichnet.

6.3.4.1 Bestimmung des pH-Wertes

Der pH-Wert wird üblicherweise als der negative dekadische Logarithmus der Wasserstoffionenkonzentration einer wäßrigen Lösung bezeichnet, was durch die Formel

$$pH = -\lg c_{H^+}$$

zum Ausdruck gebracht wird. c_{H^+} (oder $c(H^+)$ geschrieben) bedeutet dabei die Stoffmengenkonzentration der H^+-Ionen. Diese für den praktischen Gebrauch völlig ausreichende *Definition* geht von einer homogenen Lösung in unendlicher Verdünnung aus und von dem dort geltenden Massenwirkungsgesetz. Sowohl die natürlichen Wässer als auch die der meisten technischen Wasserkreisläufe stellen nur endlich verdünnte Lösungen dar. Mit Rücksicht darauf beschreibt die Formel

$$pH = -\lg a_{H_3O^+} = -\lg c_{H_3O^+} \cdot f_{H_3O^+}$$

mit

$a_{H_3O^+}$ - Hydroniumionen-Aktivität

$c_{H_3O^+}$ - Hydroniumionen-Konzentration

$f_{H_3O^+}$ - Aktivitätskoeffizient der wäßrigen Hydroniumlösung

den Sachverhalt exakter. Die Ionenaktivität $a(X)$ entspricht also dem Produkt aus einer Stoffmengenkonzentration $c(X)$ und einem individuellen Aktivitätskoeffizienten $f(X)$. Der Aktivitätskoeffizient ist stets kleiner als 1, weil in realen Lösungen immer ein Teil der gelösten Teilchen (Ionen) mit anderen Ionen in Wechselwirkung tritt und deshalb nicht zur Gleichgewichtseinstellung beitragen kann. Seine Ermittlung ist nur näherungsweise unter quasiidealen Bedingungen möglich. In der Praxis wird deshalb darauf verzichtet und mit der Stoffmengenkonzentration $c(H_3O^+)$ gearbeitet.

Chemisch reines Wasser ist stets zu einem geringen Prozentsatz in Hydronium- und Hydroxylionen dissoziiert:

$$H_2O \leftrightarrow H^+ + OH^-$$
$$H_2O + H^+ \leftrightarrow H_3O^+$$
$$\overline{}$$
$$2 \cdot H_2O \leftrightarrow H_3O^+ + OH^-$$

Das Hydroniumion entsteht durch Anlagerung eines Protons an ein freies Elektronenpaar des Wassermoleküls. Das Anlagerungsprodukt verfügt damit über eine positive Ladung. Der *Dissoziationsprozeß* ist abhängig von der Temperatur. Er wird durch das Massenwirkungsgesetz beschrieben:

$$K = \frac{c_{H_3O^+} \cdot c_{OH^-}}{c^2_{H_2O}}.$$

K wird die Dissoziationskonstante genannt. $c(H_2O)$ kann in verdünnter wäßriger Lösung als konstant betrachtet werden. Dann gilt:

$$K \cdot c^2_{H_2O} = K_W = c_{H_3O^+} \cdot c_{OH^-}$$

mit K_W als dem Ionenprodukt des Wassers. Es ist temperaturabhängig und kann durch Leitwertmessungen (Abschnitt 6.3.4.5) bestimmt werden (Tabelle 6.3-7).

Tabelle 6.3-7:
Ionenprodukt des Wassers als Funktion der Temperatur

ϑ	K_W
0 °C	0,1139 · 10^{-14}
22 °C	1 · 10^{-14}
60 °C	1,9614 · 10^{-14}

Die Konzentration der Hydroniumionen muß entsprechend ihres Entstehungsprozesses gleich der der Hydroxylionen sein. Für eine Temperatur von 22 °C gilt:

$$c_{H_3O^+} = c_{OH^-} = \sqrt{K_W} = 10^{-7}.$$

Diese Konzentrationsangabe bedeutet, daß in 1 Liter chemisch reinem Wasser bei 22 °C 10^{-7} Grammionen Hydroniumionen vorhanden sind. Chemisch reines Wasser besitzt also einen pH-Wert von 7 und ist neutral. pH-Werte unter 7 kennzeichnen den sauren Charakter einer Lösung, solche über 7 kennzeichnen den basischen Charakter einer Lösung.

Der *pH-Wert ist ein Qualitätsparameter des Wassers*. Er ist ein Maß für den sauren oder basischen Charakter einer wäßrigen Lösung. Seine Bedeutung für die Wasserbeschaffenheit liegt darin, daß er die Gleichgewichtskonzentrationen vieler chemischer Verbindungen im Wasser beeinflußt und so auch Einfluß auf das biologische Geschehen im Wasser nimmt. Seine Bestimmung darf bei keiner Wasseranalyse fehlen, unabhängig davon ob es sich um Trink-, Bade-, Betriebs- oder Abwasser handelt.

Bei *natürlichen Wässern* bestimmt er zusammen mit der Karbonathärte, dem im Wasser enthaltenen freien Sauerstoff und der freien Kohlensäure die Aggressivität des Wassers. Sein Wert entscheidet mit über die Korrosion von Werkstoffen und die Wirksamkeit von Aufbereitungs- und Desinfektionsmitteln für die Trinkwasseraufbereitung.

Die Einhaltung bzw. Einstellung eines bestimmten pH-Wertes ist wichtig für die Keimtötungskinetik bei der *Schwimmbadwasseraufbereitung* und für Entgiftungsreaktionen bei der *Abwasserbehandlung*. Bei der *biologischen Abwasserreinigung* stellt der pH-Wert eine der Milieubedingungen für den Baustoffwechsel der Mikroorganismen dar.

Die *Bestimmung des pH-Wertes* kann sowohl *kolorimetrisch* mittels Reagenzlösungen bzw. Reagenzpapieren als auch *elektrometrisch* erfolgen.

Bei der *elektrometrischen pH-Wert-Bestimmung* wird die Potentialdifferenz gemessen, die sich in der zu untersuchenden Meßlösung zwischen einer Meß- und einer Bezugselektrode ausbildet. Daraus leitet sich die Bezeichnung *potentiometrische Bestimmung* ab. Aus der Physik ist bekannt, daß aus einer Festkörperelektrode Ladungsträger (Ionen des Elektrodenmaterials) austreten und in Lösung gehen, wenn diese in eine wäßrige Lösung eingetaucht wird. Damit bildet sich ein Potential zwischen Elektrode und Lösung aus. Dieses Potential ist nicht meßbar. Eine Elektrode aus einem anderen Metall baut aufgrund der gleichen Vorgänge ihrerseits ein Potential gegen die Lösung auf. Die Differenz zwischen diesen beiden Potentialen nun ist leicht meßbar. Eine "Elektrode aus Wasserstoff" verhält sich ebenso, wenn sie in eine wäßrige Lösung getaucht wird. Auch bei ihr bildet sich ein Potential zwischen den Atomen bzw. Molekülen der Elektrode und den in Lösung gegangenen Wasserstoffionen aus. Dieses Potential wird willkürlich Null gesetzt, und die Potentiale aller anderen Metalle werden auf diese Standard-Wasserstoffelektrode bezogen. So entsteht die elektrochemische Spannungsreihe (Tabelle 6.3-8).

Die *Standard-Wasserstoffelektrode* (auch Normal-Wasserstoffelektrode genannt) läßt sich technisch realisieren. Sie besteht aus einer Platinelektrode, die mit Platinschwarz überzogen ist, in Säure mit einer Ionenaktivität (Konzentration) von 1 g H^+-Ionen pro Liter getaucht wird und von reinem Wasserstoff umspült wird. Sie ist nicht bequem handhabbar und wird deshalb durch die *Kalomel-Elektrode* (Quecksilber-Elektrode in gesättigter KCl-Lösung mit einer konstanten H^+-Ionen-Konzentration) ersetzt, deren Potential gegen die Wasserstoffelektrode exakt gemessen wurde und das sehr konstant ist. In der Praxis werden heute vorwiegend Referenzelektroden auf Ag/AgCl-Basis eingesetzt.

Als *Meßelektroden* für die pH-Wert-Bestimmung wurden z. B. die Chinhydronelektrode für den sauren Bereich und die Antimonelektrode für den basischen Bereich entwickelt. In der Meßpraxis wird heute fast ausschließlich die *Glasmembranelektrode* verwendet.

Auch an den Berührungsflächen Glas-Lösung bildet sich ein Potential infolge der aus dem Glas austretenden Ladungsträger aus. Ein dünnes Glasplättchen wird beidseitig mit wäßrigen Lösungen unterschiedlicher Wasserstoffionenkonzentration in Kontakt gebracht. Eine der Lösungen befindet sich innerhalb des Zylinders, der das Glasplättchen trägt. Es handelt sich bei ihr um eine gepufferte Standardlösung mit einem pH-Wert von 7. Gepuffert heißt, durch eine geeignete Lösung ist dafür gesorgt, daß sich der pH-Wert selbst bei Zugabe von starker Säure oder Lauge praktisch nicht ändern würde. Die sich zwischen den beiden Grenzflächen ausbildende Potentialdifferenz ist damit ein Maß für den pH-Wert der zu untersuchenden Lösung.

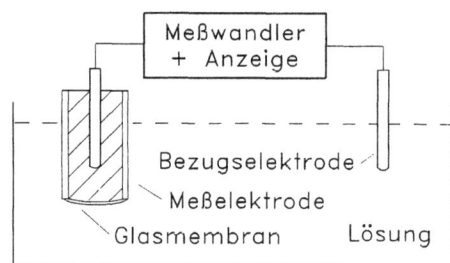

Bild 6.3-2: Prinzip einer pH-Meßzelle

Zur Ableitung der Potentiale auf beiden Seiten der Glasmembran können identische Elektroden verwendet werden. Diese sind im Prinzip ähnlich aufgebaut wie die Meßelektrode. Sie besitzen eine durchlässige Membran, ein Diaphragma (z. B. aus Keramik), durch die ein gelartiger Elektrolyt (Kaliumchlorid bei der Kalomelelektrode) in die Meßlösung diffundieren kann. Dadurch wird ein sicherer elektrischer Kontakt zur Meßlösung hergestellt. Dieser Elektrolyt wird auch als Brückenelektrolyt bezeichnet. Ein erhöhter Druck im Inneren der

6.3 Wasseranalyse

Elektrode sorgt dafür, daß sich die Fließrichtung des Elektrolyten nicht umkehrt. Das kann schon dadurch erreicht werden, daß der Elektrolytspiegel höher liegt als der Meßwasserspiegel. Um die im Gebrauch unvermeidliche Verschmutzung oder gar Verstopfung des Diaphragmas zu umgehen, sind Elektroden entwickelt worden, bei denen durch eine offene Kanüle oder einen ringförmigen Spalt ein kontinuierlicher Fluß der Elektrolytlösung gesichert ist [18]. Das erlaubt eine genauere Messung, bedingt eine kürzere Ansprechzeit der Elektrode und eine längere Lebensdauer. Die Elektrolytlösung muß von Zeit zu Zeit nachgefüllt werden, sofern es sich nicht um einen gelartigen Elektrolyten handelt.

Die Glaselektrode bildet im Kontakt mit Wasser eine wasserhaltige Gelschicht. Diese bewirkt eine Sensibilisierung der Elektrode. Der Aufbau dieser Schicht kann mehrere Stunden dauern. Neue Elektroden müssen deshalb vor der 1. Messung entsprechend vorbereitet werden. Nach Gebrauch werden die Elektroden in destilliertem Wasser aufbewahrt, um das Austrocknen der Gelschicht zu verhindern (Konditionierung). Die Einstellkinetik einer Elektrode bei der pH-Wert-Bestimmung kann wesentlich verbessert werden, wenn die Elektrode in 3-molarer wäßriger KCL-Lösung aufbewahrt wird [26]. Die entsprechenden Behältnisse erfüllen gleichzeitig eine Schutzfunktion. Die DIN 38 404, Teil 6 empfielt die Aufbewahrung in einer KCl-Lösung der gleichen Konzentration wie sie im Inneren der Elektrode vorliegt.

Die Glasmembran unterliegt einem Alterungsprozeß. Elektrolytische Polarisation oder Verschmutzung können ihre Funktion beeinträchtigen. Sie muß deshalb regelmäßig gereinigt bzw. nach angemessener Zeit gegen eine neue ausgetauscht werden.

Die Größe der sich in einer Meßzelle ausbildenden Potentialdifferenz wird durch die Nernstsche Gleichung

$$U = U_o + \frac{R \cdot T}{z \cdot F} \cdot \ln a_{H_3O^+}$$

mit

U	-	Potentialdifferenz in Volt
U_O	-	Potentialdifferenz in Volt unter Standardbedingungen (101,3 kPa; 25 °C; $a_{H_3O^+}$ = 1 mol/l)
R	-	Gaskonstante
T	-	absolute Temperatur
z	-	elektrochemische (stöchiometrische) Wertigkeit
F	-	Faradaykonstante
$a_{H_3O^+}$	-	Aktivität des Hydroniumions

beschrieben. Nach $\ln a(H_3O^+)$ umgestellt und unter Berücksichtigung der pH-Definition

$$pH = -\lg a_{H_3O^+} = -0{,}4343 \cdot \ln a_{H_3O^+}$$

ergibt sich ($z = 1$)

$$pH = -(U - U_o) \cdot \frac{0,4343 \cdot F}{R \cdot T}.$$

Daraus ist auch die Temperaturabhängigkeit des pH-Wertes zu erkennen. Unter Standardbedingungen ($\vartheta = 25\ °C$) entsteht der einfache Zusammenhang zwischen gemessener Potentialdifferenz U und dem pH-Wert:

$$pH = -\frac{U - 0,3376}{0,05914}$$

bzw. umgestellt nach U:

$$U_{[V]} = -0,05914 \cdot pH + 0,3376.$$

Diese Gleichung beschreibt die Kennlinie eines theoretischen pH-Meßgerätes mit der Steigung von -0,05914 V/pH (pro Änderung der Stoffmengenkonzentration bzw. Ionenaktivität um eine Zehnerpotenz!) und dem Offset von 0,3376 V. Sie liegt der Kalibrierung eines pH-Meßgerätes mit Standard-Pufferlösungen (DIN 19 266) zugrunde.

Der in der Praxis durch unterschiedliche Bedingungen auf beiden Seiten der Membran unvermeidbare sogenannte *Asymmetriepotentialfehler* (Nullpunktabweichung), der erkennbar wird, wenn die Meßlösung ebenso wie die Pufferlösung im Inneren einen pH-Wert von 7 besitzt, kann durch Änderung des Offsetwertes korrigiert werden. Der *Steilheitsfehler* wird durch Kalibrierung mit Pufferlösungen mit stark von pH 7 abweichenden pH-Werten korrigiert. Technisch realisierte Glaselektroden besitzen eine etwas geringere Steilheit als theoretisch zu erwarten ist. Zusätzlich zum pH-Wert selbst hängt auch die Steilheit der Kennlinie von der Temperatur ab. Die Glaselektrode z. B. besitzt bei 18 °C auch theoretisch nur eine Steilheit von -0,0578 V/pH. Die Notwendigkeit der Temperaturkompensation vor der Messung wird damit verständlich. Bei pH-Wert-Messungen im Abwasser und Temperaturschwankungen zwischen 10 °C und 20 °C kann auf Temperaturkompensation verzichtet werden. Die daraus resultierende pH-Wert-Ungenauigkeit liegt im Bereich von Hundertstel pH [26]. Da die Temperaturabhängigkeit des pH-Wertes der Meßflüssigkeit i. a. nicht bekannt ist, kann auf die Angabe der Meßtemperatur nicht verzichtet werden.

Das *Ergebnis* ist in der Form "pH (elektrometrisch) bei 25 °C 9,2" anzugeben, wenn der pH-Wert 9,2 beträgt und bei 25 °C elektrometrisch gemessen wurde.

Die heute auf dem Markt erhältlichen *pH-Meßgeräte* bestehen aus dem eigentlichen Meßgerät (Meßumformer, Stromversorgung, Anzeige) mit einem hochohmigen Eingang (>10^{12} Ω) und den über Kabel ansteckbaren Elektroden (Bild 6.3-4 und 6). Sie arbeiten im Netzbetrieb oder auch netzunabhängig. Es gibt sie als Präzisionsgeräte für den Laborbetrieb, für den

6.3 Wasseranalyse

Prozeßeinsatz und als tragbare, robuste Geräte für den Feldeinsatz und auch als Taschen-pH-Meter. Meß- und Bezugselektrode (und mitunter auch der Temperaturmeßfühler) sind körperlich häufig in einer "Elektrode" vereinigt. So entstehen die sogenannten *Einstabmeßketten* (Bild 6.3-3 bis 5). Sie sind die heute vorwiegend verwendete Bauform und eignen sich sehr gut für den mobilen Einsatz (Bild 6.3-7).

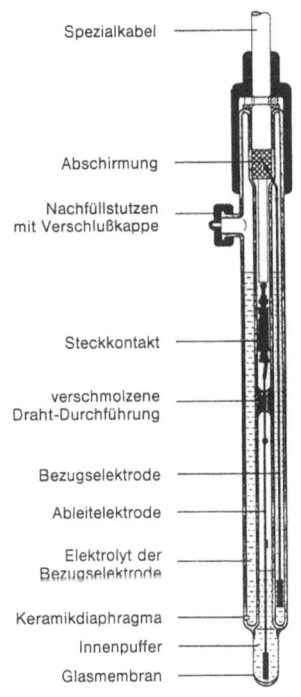

Bild 6.3-3:
Schnittbild einer
pH-Einstabmeßkette [26]

Bei pH-Wert-Messungen ist zu beachten, daß sich der Meßwert erst nach einer gewissen Zeit (1 bis 2 Minuten) einstellt. Die modernen pH-Meter sind mit Mikroprozessoren ausgerüstet. Damit wird eine automatische Überprüfung auf Konstanz des Anzeigewertes möglich (Auto-Read-Funktion bei pH-Metern von WTW [26]). Auch das automatische Kalibrieren mit einer Pufferlösung (Einpunktkalibrierung) oder mit mehreren ist möglich. Dabei ist das Mikroprozessor-Meßgerät i. a. in der Lage, die Pufferlösung selbsttätig zu erkennen, wenn ihm vorher eingegeben wurde, ob Standardpuffer nach DIN oder geeignete technische Puffer Verwendung finden, und wenn die pH-Elektrode über einen Temperatursensor verfügt. Auch eine automatische Temperaturkompensation ist üblich. Unter *Temperaturkompensation* versteht man bei pH-Wert-Messungen die Berücksichtigung der Temperaturabhängigkeit der Kennliniensteilheit und nicht wie bei Leitfähigkeitsmessungen die Umrechnung des Meßwertes auf die Standardtemperatur.

Bei Meßketten, die z. B. im alkalischen Bereich träge reagieren, weil neben den H^+-Ionen sehr bewegliche Ionen wie Li^+, Na^+ und K^+ existieren, kann der sogenannte *Dynamikfehler des Sensors* (die Steilheit der Kennlinie ist über größere pH-Bereiche nicht konstant) automatisch zum Teil kompensiert werden, indem nach der Mehrpunkt-Kalibrierung die Kennlinie leicht geknickt wird. Durch die Wahl spezieller Glassorten kann diese auch Alkalifehler genannte Nichtlinearität im alkalischen Bereich gering gehalten werden. Auch der Säurefehler, der bei pH-Werten < 1,5 bei den Standard-Glaselektroden beobachtet wird, kann durch Verwendung spezieller Gläser kompensiert werden.

Ein bei manchen handelsüblichen Geräten in der Meßsonde integrierter Impedanzwandler erzeugt ein niederohmiges Ausgangssignal, mit dem über abgeschirmte Kabel Entfernungen von einigen Hundert Metern überbrückt werden können, z. B. zwischen dem Meßort im Zulauf einer Kläranlage und der Leitwarte.

Bild 6.3-4: Standard-Einstab-Meßkette für Routinemessungen im Wasserbereich [26]

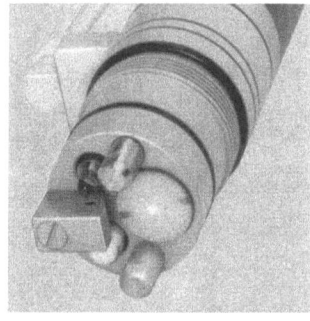

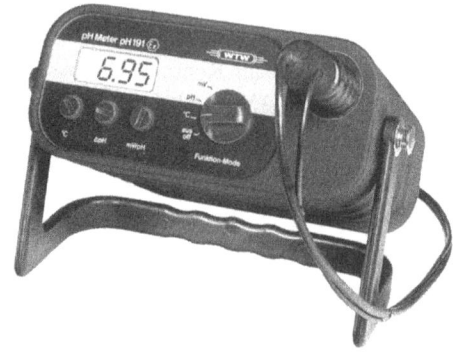

Bild 6.3-5: Einstab-Meßkette mit automatischer Spritzreinigung [22]

Bild 6.3-6: pH-Wert-Meßgerät [26]

Bild 6.3-7: pH-Wert-Messung in der Praxis [26]

Selbst die Reinigung der Elektrode erfolgt z. T. automatisch (Bild 6.3-5), was sich für den Prozeßbetrieb sehr günstig auswirkt. Meßketten mit doppelt ausgeführter Referenzelektrode erlauben die Selbstüberwachung der Meßfunktion.

Meßgenauigkeiten von 0,01 pH sind Standard, Genauigkeiten von 0,001 pH werden von handelsüblichen Geräten erreicht.

Moderne Meßgeräte können häufig auch für andere potentiometrische Messungen, wie die Messung der Redoxspannung, eingesetzt werden.

6.3.4.2 Bestimmung der Redoxspannung

Die *Redoxspannung* ist definiert als die elektrochemische Potentialdifferenz eines Redoxsystems gegen die Standard-Wasserstoffelektrode. Sie zeigt das Verhältnis der oxidierten zu den reduzierten Substanzen in einer wäßrigen Lösung an.

Unter Oxidation versteht man die Abgabe von Elektronen und unter Reduktion die Aufnahme von Elektronen. Da bei chemischen Reaktionen kaum freie Elektronen entstehen, ist die Oxidation einer Substanz immer mit der Reduktion einer anderen verbunden. So bilden z. B. Eisen(III)-Ionen und Eisen(II)-Ionen in einer wäßrigen Lösung ein Redoxpaar:

$$Fe^{3+} + e^- \Leftrightarrow Fe^{2+}$$

Die sich an einer Elektrode ausbildende Redoxspannung U wird durch die Nernstsche Gleichung beschrieben. Für das Beispiel gilt:

$$U = U_o + \frac{R \cdot T}{F} \cdot \ln \frac{c_{Fe^{3+}}}{c_{Fe^{2+}}}.$$

Unter Standardbedingungen für Druck und Temperatur (101,3 kPa; 25 °C) vereinfacht sich die Gleichung zu

$$U = U_o + 0,059 \cdot \lg \frac{c_{Fe^{3+}}}{c_{Fe^{2+}}}.$$

Dabei bedeuten:
- U - Potentialdifferenz in Volt (Redoxspannung)
- U_o - Potentialdifferenz in Volt unter Standardbedingungen
- $c_{Fe^{3+}}, c_{Fe^{2+}}$ - Stoffmengenkonzentrationen
- R - Gaskonstante
- F - Faradaysche Konstante
- T - absolute Temperatur

Das Massenwirkungsgesetz beschreibt den Gleichgewichtszustand des Redoxsystems. Der Bezug zur Wasserstoffelektrode führt wieder zur elektrochemischen Spannungsreihe (Tabelle 6.3-8).

Das *Meßprinzip* ähnelt dem der pH-Wert-Messung. Als Meßelektrode dient üblicherweise eine Platinelektrode, an der sich in der wäßrigen Lösung ein elektrisches Potential aufbaut. Die Höhe dieses Potentials ist abhängig vom Konzentrationsverhältnis der oxidierten zur reduzierten Komponente des Redoxpaares. Die Bezugselektrode in einer technisch realisierten Meßzelle muß unempfindlich gegen Redoxreaktionen sein. Dieser Forderung genügt die Kalomelelektrode und ebenso die Silber/Silberchlorid-Elektrode. Die sich in der Meßzelle ausbildende Potentialdifferenz wird mittels eines Meßverstärkers mit hochohmigem Eingang gemessen und als Spannungswert angezeigt.

Die *Redoxspannung* ist außer vom Konzentrationsverhältnis und der Temperatur, was unmittelbar aus der Nernstschen Gleichung zu ersehen ist, auch vom pH-Wert der wäßrigen Lösung abhängig. Die vorhandenen Hydroxylionen sind am Aufbau des Potentials an der Meßelektrode beteiligt.

reduzierte Komponente		oxidierte Komponente				Standardspannung U_0 in Volt
	Li	Li^+	+ e^-			− 3,03
	K	K^+	+ e^-			− 2,92
	Ca	Ca^{2+}	+ 2 e^-			−2,76
	Na	Na^+	+ e^-			− 2,71
	Mg	Mg^{2+}	+ 2 e^-			− 2,35
	Al	Al^{3+}	+ 3 e^-			−1,69
	Se^{2-}	Se	+ 2 e^-			− 0,77
	Zn	Zn^{2+}	+ 2 e^-			− 0,76
	S^{2-}	S	+ 2 e^-			− 0,51
	Fe	Fe^{2+}	+ 2 e^-			− 0,44
	Pb	Pb^{2+}	+ 2 e^-			− 0,13
2 H_2O +	H_2	2 H_3O^+ +	+ 2 e^-			0,00
	Cu^+	Cu^{2+} +	+ e^-			+ 0,17
	Cu	Cu^{2+} +	+ 2 e^-			+ 0,35
	4 OH^-	O_2 +	2 H_2O	+ 4 e^-		+ 0,40
	Fe^{2+}	Fe^{3+}	+ e^-			+ 0,75
	Ag	Ag^+	+ e^-			+ 0,81
	Hg	Hg^{2+}	+ 2 e^-			+ 0,86
6 H_2O +	NO	NO_3^- +	4 H_3O^+	+ 3 e^-		+ 0,95
	2 Br^-	Br_2	+ 2 e^-			+ 1,07
12 H_2O +	Cr^{3+}	CrO_4^{2-} +	8 H_3O^+	+ 3 e^-		+ 1,30
	2 Cl^-	Cl_2	+ 2 $e-$			+ 1,36
	Au	Au^{3+}	+ 3 e^-			+ 1,38
12 H_2O +	Mn^{2+}	MnO_4^- +	8 H_3O^+	+ 5 e^-		+ 1,50
3 H_2O +	O_2	O_3 +	2 H_3O^+	+ 2 e^-		+ 1,90
	2 SO_4^{2-}	$S_2O_8^{2-}$	+ 2 e^-			+ 2,05
	2 F^-	F_2	+ 2 e^-			+ 2,85

Tabelle 6.3-8: Standardspannungen wichtiger Redoxpaare (elektrochemische Spannungsreihe) [11]

Der pH-Wert und die Temperatur sind bei Redoxspannungsmessungen konstant zu halten. Die Messung der Redoxspannung sollte gemäß DIN 38 404, Teil 6 in einem geschlossenen Durchlaufgefäß erfolgen, um Störungen, etwa durch Luftsauerstoff, auszuschließen. Dazu wird das zu untersuchende Wasser gleichmäßig durch das Meßgefäß geleitet. Der Volumenstrom soll etwa 10 ml/s betragen. Der Meßwert wird erst dann abgelesen, wenn die Temperatur und der Meßwert selbst konstant bleiben. Das kann u. U. erst nach längerer Zeit erfolgen (bis ca. 30 Minuten). Temperatur und pH-Wert werden ebenfalls gemessen.

Das Meßergebnis wird auf die Standard-Wasserstoffelektrode, die den Nullpunkt der Spannungsreihe markiert, bezogen, indem die Standardspannung der Bezugselektrode zum Meßergebnis addiert wird:

$$U_H = U_G + U_B.$$

Es bedeuten: U_H - Redoxspannung,
U_G - gemessene Spannung und
U_B - Standardspannung der eingesetzten Bezugselektrode.

Zusätzlich zur Redoxspannung sind die Meßtemperatur und der pH-Wert anzugeben.

In nitratverseuchtem Grundwasser bildet sich beispielsweise das *Redoxpaar Nitrat (NO_3^-)/ Ammonium (NH_4^+)* aus. Überwiegt das Nitrat, mißt man eine Redoxspannung von > 200 mV (bei pH 7). Bei einem Redoxspannungswert < 200 mV überwiegt die reduzierte Komponente, das Ammonium. Die Redoxspannung unter Standardbedingungen beträgt für dieses Redoxpaar: U_0 = + 200 mV. Diese Redoxspannungsmessung ist auch für die kontrollierte Eliminierung von Stickstoff durch Nitrifikation und Denitrifikation von Belebtschlamm von Bedeutung. Über den Wert der Redoxspannung kann der Lufteintrag gesteuert werden.

Bei der *Schwimmbadwasseraufbereitung* läßt die Redoxspannung des Systems aus dem Oxidationsmittel Chlor und den zu oxidierenden organischen Substanzen erkennen, inwieweit das Abtöten (Oxidieren) von Mikroorganismen erfolgt ist, oder ob noch ein Überschuß an Desinfektionsmittel vorhanden ist.

Bei Redoxspannungsmessungen ist immer zu beachten, daß *in realen Lösungen* mehrere Redoxpaare nebeneinander existieren, so daß in den meisten Fällen nicht auf die Konzentration einzelner Redoxpaare oder gar einzelner Komponenten geschlossen werden kann.

Das *Kalibrieren eines Meßgerätes* verlangt Aufwand und Sorgfalt, weil bereits kleinste Verunreinigungen der Eichlösung Meßwertveränderungen von ± 20 mV bewirken können [12]. Die Meßverstärker dagegen erlauben prinzipiell Genauigkeiten von ± 1 mV und besser!

Auch für Redoxspannungsmessungen sind *Einstabmeßketten* entwickelt worden. Wegen der Bedeutung einer gleichzeitigen pH-Wert-Messung werden auch Meßelektroden mit einer gemeinsamen Kalomel-Bezugselektrode angeboten [22]. Die Meßgeräte selbst sind häufig die gleichen wie für die pH-Wert-Messung. Nur die Anzeige wird von pH-Werten auf Spannungswerte umgestellt.

6.3.4.3 Einzelsubstanzbestimmung mit ionenselektiven Elektroden

Als *Membranwerkstoff* einer Elektrode können schwerlösliche Verbindungen des zu messenden Ions verwendet werden. Das können anorganische Salze (Festkörperelektroden), Spezialgläser (Glaselektroden) oder anorganische Ionenaustauscher (Matrixelektroden) sein. In wäßrigen Lösungen diffundieren aus diesen Substanzen Ionen in die Lösung, bis ein entsprechendes Potential aufgebaut ist und die weitere Diffusion stoppt. Befinden sich in der wäßrigen Lösung bereits gleichartige Ionen, wird die Diffusion durch das Löslichkeitsprodukt begrenzt. Die Höhe des Potentials hängt somit von der Konzentration (besser: von der Aktivität) der entsprechenden Ionenart in der wäßrigen Lösung ab. Gemessen wird die Potentialdifferenz gegen eine Bezugselektrode. Anders als in der pH-Meßtechnik mit den vorzugsweise benutzten Einstabmeßketten ist hier das Zweielektrodenprinzip üblich.

Für den Nachweis bzw. die *Konzentrationsbestimmung einzelner Ionenarten* sind Elektroden mit geeigneten Membranwerkstoffen erforderlich. Für viele Ionenarten sind ionenselektive (oder auch ionensensitive) Elektroden im Handel (Tabelle 6.3-9).

Elektrodenart	Meßbereich [mg/l]	zur Bestimmung von	im pH-Bereich
Ammoniak (NH_3)	0,05 ... 14 000	Ammoniak, Ammonium	> 11
Blei (Pb^{2+})	0,02 ... 20 700	Blei	4 - 7
Bromid (Br^-)	0,4 ... 79 000	Bromid	0 - 14
Cadmium (Cd^{2+})	0,01 ... 11 000	Cadmium	2 - 12
Calcium (Ca^{2+})	0,02 ... 40 000	Calcium, Magnesium	2,5 - 11
Chlorid (Cl^-)	0,35 ... 35 000	Chlorid	2 - 12
Cyanid (CN^-)	0,013 ... 260	Cyanid	0 - 14
Fluorid (F^-)	0,002 ... Sättigung	Fluorid, Aluminum, Phosphat, Lithium	5 - 7
Fluoroborat (BF_4^-)	0,09 ... Sättigung	Fluoroborat, Bor	2,5 - 11
Iodid (I^-)	0,005 ... 127 000	Iodid, Thiosulfat, Quecksilber	0 - 14
Kalium (K^+)	0,008 ... 39 000	Kalium	2 - 12
Kupfer (Cu^{2+})	0,00006 ... 6 400	Kupfer, Nickel	2 - 12
Natrium (Na^+)	0,002 ... Sättigung	Natrium	> 10
Nitrat (NO_3^-)	0,05 ... 62 000	Nitrat	2,5 - 11
Silber (Ag^+)	0,01 ... 108 000	Silber	2 - 12
Sulfid (S^-)	0,003 ... 32 000	Sulfid	2 - 12
Thiocyanat (SCN^-)	0,3 ... 58 000	Thiocyanat	2 - 10

Tabelle 6.3-9: Ionenselektive Elektroden [18, 26]

Die Zuverlässigkeit des Meßergebnisses hängt von sehr vielen Faktoren ab. Die Ionenstärke als ein Maß für die Wirkung aller in der Lösung enthaltenen Ionen beeinflußt die Steilheit der Elektrodenkennlinie bzw. führt zu einer Parallelverschiebung oder gar zu instabilen Verhältnissen. Bei Trinkwasserproben, die i. a. eine geringe Ionenstärke aufweisen, wird sie künstlich erhöht mit Hilfe sogenannter Ionenstärkeeinsteller (ISA-Lösungen). Proben mit Ionenstärken > 1 mol/l sind geeignet zu verdünnen.

Der pH-Wert kann sowohl die Meßlösung als auch die Membran der Elektrode beeinflussen. Durch Zusatz geeigneter pH-Pufferlösungen ist beim Nachweis verschiedener Ionenarten ein optimaler pH-Bereich einzustellen. Je nach nachzuweisender Ionenart sind Störionen, die durch sogenannte Querempfindlichkeiten oder Elektrodenvergiftung die Messung stören, mittels Komplexbildnern oder Fällungsmitteln zu beseitigen.

Die Probenaufbereitung ist für den Gebrauch ionenselektiver Elektroden u. U. von ausschlaggebender Bedeutung. Aufgrund der Vielzahl der möglichen Störeinflüsse und ihrer unterschiedlichen Auswirkungen auf die Messung bei den einzelnen Ionenarten muß auf die Fachliteratur verwiesen werden [28, 29].

Die *Kalibrierung* der ionenselektiven Elektroden erfolgt zwar mit handelsüblichen Standardlösungen, diese sind aber (z. B. durch Verdünnung) an die Meßprobe anzupassen. Infolge des gleichen elektrischen Meßprinzips entsprechen die Meßgeräte für den Betrieb der ionenselektiven Elektroden denen für pH-Wert- und Redoxspannungsmessung. Diese Geräte sind verwendbar, wenn sie über eine Buchse für die Referenzelektrode verfügen. Ihre Auflösung muß ≤ 1 mV betragen. Sie zeigen jedoch nur die Meßkettenspannung an. Das Potential der Referenzelektrode muß von der Meßkettenspannung subtrahiert werden. Spezielle Geräte für die Messung mit ionenselektiven Elektroden (Ionenmeter) rechnen die Meßkettenspannung in Konzentrationswerte um.

Bilden die nachzuweisenden Ionen in der wäßrigen Lösung Komplexe mit anderen Ionen oder auch schwerlösliche Verbindungen, können auf diese Weise bestimmte Ionenarten indirekt erfaßt werden. So werden z. B. mit fluoridselektiven Elektroden Aluminium-, Phosphat- und Lithiumionen indirekt nachgewiesen.

Bei der *Direktpotentiometrie* wird aus der Meßkettenspannung direkt die Konzentration des gesuchten Ions in der Lösung bestimmt. Als Meßverfahren sind auch sogenannte Inkrementverfahren und die Titration üblich. Bei den *Inkrementverfahren* wird die Potentialänderung bei definierter Zugabe von Standardlösungen (Addition) oder bei Zugabe von Fällungsmitteln (Subtraktion) gemessen. Bei der *Titration* dagegen wird die sprungartige Potentialänderung nur als Indikator verwendet. Die Ionenkonzentration wird anschließend aus dem Verbrauch des zugegebenen Reagenzes errechnet. Die Anwendung von Inkrementverfahren verlangt Meßgeräte mit einer Auflösung von $\leq 0,1$ mV.

Für *kontinuierliche Messungen* finden ionenselektive Meßverfahren nur in Ausnahmefällen Anwendung, da die kontinuierlichen Messungen die gleichen Probenvorbereitungen (z. B. Ionenstärke- und pH-Wert-Einstellungen) erfordern wie die Labormessungen.

6.3.4.4 Bestimmung von gelöstem Sauerstoff

Sauerstoff ist in Wasser löslich. Er ist eine Grundlage für das Leben im Wasser. In natürliche Wässer gelangt der Sauerstoff aus der Luft und durch die Fotosynthese von Algen und Wasserpflanzen. Beim Abbau organischer Verunreinigungen durch Mikroorganismen wird Sauerstoff verbraucht. Über den Sauerstoffeintrag kann die biologische Abwasserreinigung gesteuert werden. In eisernen Trinkwasserrohren sorgt eine ausreichende Menge gelösten Sauerstoffes für die Bildung einer schützenden Deckschicht. Ein Sauerstoffmangel dagegen führt zur Bildung von Rostwasser. In Warm- und Heißwasserleitungen bildet sich keine Deckschicht aus. Der Sauerstoff führt dann zu Korrosion und wird deshalb in Kesselwasser durch Zugabe chemischer Substanzen (z. B. Hydrazin) bis unter 0,02 mg/l gesenkt.

Die *Löslichkeit von Sauerstoff in Wasser* hängt im wesentlichen vom Sauerstoffpartialdruck ab. Von Einfluß sind jedoch auch die Temperatur, der Gesamtdruck und der Gehalt an gelösten Salzen. Trockene Luft enthält 20,9 % Sauerstoff. Der Sauerstoffpartialdruck in trockener Luft beträgt also 20,9 % vom Gesamtdruck der Luft (Atmosphärendruck). Das sind unter Normalbedingungen (101,3 kPa; 25 °C) 21,2 kPa. In mit Wasserdampf gesättigter Luft muß davon der Partialdruck des Wasserdampfes subtrahiert werden, so daß 20,7 kPa für den Sauerstoffpartialdruck in gesättigter Luft übrigbleiben. Im Gleichgewichtszustand zwischen Wasser und Luft beträgt auch der Sauerstoffpartialdruck des mit Sauerstoff gesättigten Wassers 20,7 kPa.

Darauf beruht die *Kalibrierung* der Sauerstoff-Meßsonden über einer Wasseroberfläche bzw. in speziellen Kalibriergefäßen. Zur Einstellung des Sondennullpunktes dagegen wird der Sauerstoffsensor in eine sauerstofffreie Natriumsulfitlösung eingetaucht. Da der Sättigungswert stark vom Luftdruck abhängt, besitzen moderne *Sauerstoff-Meßgeräte* elektronische Barometer, so daß sie den Luftdruck selbsttätig berücksichtigen können. Im anderen Falle muß der herrschende Atmosphärendruck von Hand eingegeben werden. Die Sauerstoffsensoren sind heute mindestens mit einem Temperatursensor ausgerüstet. Das Meßgerät führt dann eine automatische Temperaturkompensation aus. Im Meßgerät ist die erforderliche Sauerstoffsättigung in Abhängigkeit von der Temperatur gespeichert. Vor dem Ablesen des Meßwertes muß eine stabile Anzeige abgewartet werden, wenn das Meßgerät nicht automatisch dafür sorgt.

Die *Angabe des Meßergebnisses* erfolgt mit maximal 3 signifikanten Stellen auf 0,1 mg/l gerundet; z. B.: gelöster Sauerstoff 6,9 mg/l (DIN 38 408, Teil 22). Der Sättigungswert der Sauerstoffkonzentration beträgt unter Normbedingungen (101,3 kPa; 25 °C) 9,08 mg/l. Die Bestimmung des in Wasser gelösten Sauerstoffes erfolgt heute vorwiegend mit dem *membranbedeckten Sauerstoffsensor*.

In eine mit Elektrolytlösung (KCl oder KBr) gefüllte Meßzelle tauchen 2 Elektroden ein, eine Arbeitselektrode und eine Gegenelektrode. Von außen wird eine konstante elektrische Spannung von 700 bis 800 mV so angelegt, daß die Arbeitselektrode zur Kathode und die Gegenelektrode, üblicherweise aus Silber, zur Anode wird. Ist die Gegenelektrode gleichzeitig Referenzelektrode, spricht man vom *Zweielektroden-Verfahren*. Diese Meßzelle wird auch *Clark-Meßzelle* genannt. Gemessen wird der durch die Zelle fließende Strom (amperometrisches Verfahren).

Die Meßzelle ist durch eine Membran von der Meßlösung, deren Sauerstoffkonzentration bestimmt werden soll, getrennt. Die Membran ist für Sauerstoffmoleküle durchlässig. Auch andere Gase sowie kleine unpolare, organische Moleküle können durch die Membran diffundieren, nicht dagegen Wassermoleküle und Ionen. An der Arbeitselektrode aus Gold (oder auch Platin) erfolgt eine Reduktion des (vorerst nur im Elektrolyten) gelösten Sauerstoffes:

$$O_2 + 2 H_2O + 4 e^- \rightarrow 4 OH^-.$$

Die Hydroxidionen werden von einem pH-Wert-Puffer im Elektrolyten aufgenommen und stören so den pH-Wert nicht. An der Gegenelektrode kommt es infolgedessen zu einer Abscheidung einer elektrochemisch äquivalenten Menge an Silberchlorid:

$$4 Ag + 4 Cl^- \rightarrow 4 AgCl + 4 e^-.$$

Ist der gelöste Sauerstoff im Elektrolyten verbraucht (Einlaufzeit des Sauerstoffsensors: 0,5 bis 2 Stunden), entsteht ein dem Sauerstoffpartialdruck im Meßwasser proportionaler Diffusionsstrom von O_2-Molekülen durch die Membran zur Arbeitselektrode. Bei der Reduktion dieser O_2-Moleküle an der Elektrode entsteht der eigentliche Meßstrom durch die elektrolytische Zelle. Da der Sauerstoffpartialdruck proportional zur Sauerstoffkonzentration in einer wässrigen Lösung ist, wird das Meßergebnis als Konzentration des gelösten Sauerstoffes in mg/l (oder auch als relative Sauerstoffsättigung) ausgegeben (unter Berücksichtigung von Temperatur und atmosphärischem Druck).

Bei diesen elektrochemischen Prozessen werden sowohl das Material der Gegenelektrode als auch der Elektrolyt verbraucht. Der Materialverbrauch der Elektrode führt zu einem schwerlöslichen Niederschlag auf der Anode oder im Elektrolyten. Er ist für das praktische

Messen unbedeutend. Der Elektrolytverbrauch dagegen ändert ständig die Potentialverhältnisse in der Zelle und verlangt deshalb ein regelmäßiges Kalibrieren, letztendlich begrenzt er die Standzeit des Sauerstoffsensors.

Infolge der Reduktion des gelösten Sauerstoffes an der Kathode ändert sich dessen Konzentration in der Umgebung der Kathode Der daraus resultierende Meßfehler muß durch ein definiertes Anströmen der Elektrode (besser: der Membran) ausgeschaltet werden. Zu den Sauerstoffsensoren werden üblicherweise geeignete Rührzusätze als Anströmhilfen angeboten, die verwendet werden müssen, wenn die Fließgeschwindigkeit des Meßwassers nicht ausreichend groß ist (0,3 bis 0,5 m/s).

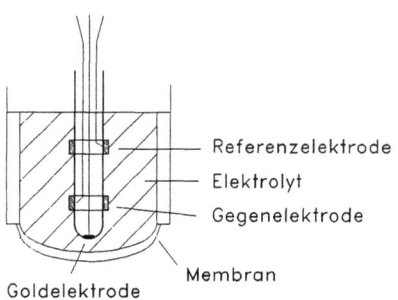

Bild 6.3-8: Aufbau eines potentiostatischen Sauerstoffsensors

Durch Trennung der Funktionen der Anode als Gegen- und Referenzelektrode und Hinzufügen einer separaten Referenzelektrode gelangt man zu einem potentiostatischen *Dreielektroden-Verfahren*. Die Referenzelektrode wird infolge der elektrischen Beschaltung nicht vom Strom durchflossen und sichert so eine hohe Konstanz des Bezugspotentials (Bilder 6.3-8 und 6.3-9). Die damit erreichbare höhere Meßgenauig-

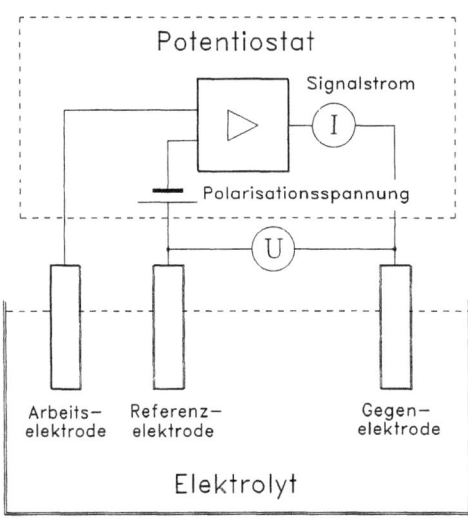

Bild 6.3-9:
Potentiostatisches
Meßprinzip [26]

keit und Reproduzierbarkeit ist für die Betriebsmeßtechnik i. a. nicht erforderlich. Sehr positiv wirkt sich jedoch die nun gegebene Möglichkeit der Selbstüberwachung des Sensors aus. Der aus dem Stromfluß durch die Gegenelektrode resultierende Spannungsunterschied zur nichtstromdurchflossenen Referenzelektrode hängt vom Zustand des Elektrolyten ab. Aus ihm kann ein Signal für den Erschöpfungszustand des Elektrolyten oder für einen Membranbruch abgeleitet werden. Die potentiostatische Schaltung mit Signalgeber wird zur Erhöhung der Betriebssicherheit mitunter im Sauerstoffsensor selbst untergebracht (Bild 6.3-10).

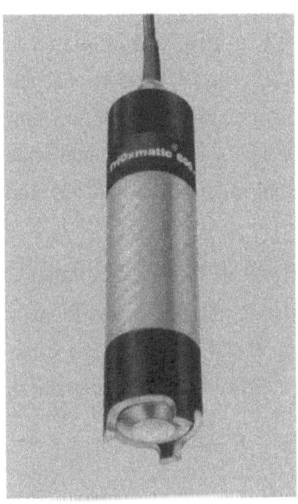

Bild 6.3-10:
Sauerstoffsensor mit integrierter potentiostatischer Schaltung [26]

Als Referenzverfahren zur Bestimmung von gelöstem Sauerstoff in Wasser dient das *iodometrische Verfahren nach Winkler* (DIN 38 408, Teil 21). Der gelöste Sauerstoff wird in einer alkalischen Iodid-Azid-Lösung mit Mangan(II)-Ionen zur Reaktion gebracht (fixiert). Der Niederschlag aus Mangan-Oxidhydraten ist mengenproportional zur ursprünglich im Wasser gelösten Sauerstoffmenge. Durch anschließendes Ansäuern wird eine dem ursprünglich enthaltenen Sauerstoff proportionale Menge an Iod frei, die mittels Titration bestimmt wird.

Im Abwasserbereich und bei anderen schwierigen Medien [27] eignet sich für die Sauerstoffbestimmung ein von Toedt angegebenes Verfahren. Zwischen zwei Elektroden aus verschieden edlen Metallen (z. B. Blei und Silber) in einem Elektrolyten bildet sich ein galvanisches Element aus. Der Stromfluß kommt infolge von Polarisation an den Elektroden zum Stillstand. Sauerstoff als Depolarisator hält einen Stromfluß proportional zu seiner Konzentration im Wasser aufrecht. Die Metallelektroden können z. B. konzentrisch gegeneinander isoliert angeordnet werden. Ihre Stirnflächen stehen mit der Meßflüssigkeit direkt in Berührung. Sie können durch Abschleifen (automatisch) gesäubert werden und ermöglichen so einen kontinuierlichen Betrieb mit hohen Standzeiten der Elektroden auch unter schwierigen Bedingungen.

Andererseits wird dieses Meßprinzip auch zur Spurenanalyse von Sauerstoff in Gasen bis herunter zu < 10 ppm im Meßgas eingesetzt [16]. Dazu wird das Gas in Wasser gelöst. Durch Rühren wird dafür gesorgt, daß die Flüssigkeit an den Elektroden ständig in Bewegung ist.

6.3.4.5 Bestimmung von freiem Chlor

Die pH-Wert-Messung, die Redoxspannungsmessung und die Konzentrationsmessungen ausgewählter Substanzen mit ionenselektiven Elektroden beruhen im wesentlichen auf Potentialmessungen in den Meßzellen mit Meß- und Bezugselektrode und einer wäßrigen Lösung als Elektrolyt. Durch den hochohmigen Eingang des Meßverstärkers im eigentlichen Meßgerät wird ein Stromfluß durch die Meßzelle verhindert.

Ein Stromfluß verändert den Elektrolyten, also die zu messende Lösung. Er führt aber auch zu *Polarisationserscheinungen* an den Elektroden. Das sich an der Kathode abscheidende Wasserstoffgas bildet mit der Elektrode selbst wieder ein galvanisches Element innerhalb der galvanischen Meßzelle, das den Stromfluß stoppen kann. *Chlor* als Oxidationsmittel in der Lösung wirkt depolarisierend. Der Stromfluß durch die Meßzelle ist proportional zur Konzentration des Chlors in der Lösung. Das wird zur Bestimmung der Chlorkonzentration ausgenutzt. Es handelt sich dabei um das *freie Chlor* im Wasser, worunter man Chlor in Form von gelöstem, elementarem Chlor (Cl_2), unterchloriger Säure (HClO) und Hypochlorit-Ionen (ClO^-) versteht.

Die früher verwendete *offene Meßzelle* besitzt eine Platinelektrode als Katode und Arbeitselektrode und eine Kupferelektrode als Anode und Gegenelektrode. Als Elektrolyt fungiert die Meßlösung. Die Polarisationszeit dieser Meßzelle ist sehr groß (24 Stunden). Die Elektroden müssen ständig mechanisch sauber "geschliffen" werden. Störungen entstehen durch gebundenes Chlor, durch Eisenionen, Sulfitionen und andere.

Die *geschlossene Meßzelle* entspricht im Aufbau dem membranbedeckten Sauerstoffsensor mit Gold-Arbeitselektrode, Silber/Silberchlorit-Gegenelektrode und einem chloridionenhaltigen Innenelektrolyten, der durch eine Membran von der Meßflüssigkeit getrennt ist. Durch die Membran kann nur die unterchlorige Säure diffundieren, so daß eine hohe Selektivität der Chlormessung gewährleistet ist.

Die undissoziierte unterchlorige Säure erweist sich als das wirksamste Chlordesinfektionsmittel. Sie entsteht aus Chlorgas und Wasser:

$$Cl_2 + H_2O \rightarrow HOCl + H^+ + Cl^-$$

In Abhängigkeit vom pH-Wert des Wassers dissoziiert die unterchlorige Säure:

$$HOCl \xleftrightarrow{(pH-Wert)} H^+ + OCl^-$$

Daraus resultiert die Notwendigkeit der pH-Wert-Messung und -Einstellung bei der Wasseraufbereitung. Bei der *Schwimmbadwasseraufbereitung* wird über die Chlorgehaltbestimmung im Wasser die Dosierung des Oxidations- und Desinfektionsmittels Chlor (und analog des Ozons) gesteuert. In speziell dafür entwickelten Durchflußarmaturen (Bild 6.3-11) können gleichzeitig der pH-Wert, die Redoxspannung und die Chlorkonzentration gemessen werden. Die *Kalibrierung* erfolgt zum einen mit Cl-freier Lösung (Nullpunkteinstellung) und zum anderen mit einer Lösung bekannten Chlorgehaltes.

Nach dem gleichen Prinzip kann auch die *Schwefeldioxid-Konzentration* gemessen werden. Dafür werden jedoch spezielle Elektroden und ein geeigneter Elektrolyt gewählt.

Die Bestimmung des Gehaltes an freiem Chlor im Wasser erfolgt auch fotometrisch oder colorimetrisch unter Verwendung des DPD-Indikators (N,N-diethyl-p-phenylenediamine), dessen Rotfärbung proportional zum Chlorgehalt ist (DIN 38 408, Teil 4-2). Eine höhere Genauigkeit wird bei der Titration mit geeignetem Titrator und amperometrischer Endpunkterkennung bzw. Endpunkterkennung über Farbumschlag erreicht (DIN 38 408, Teil 4-1).

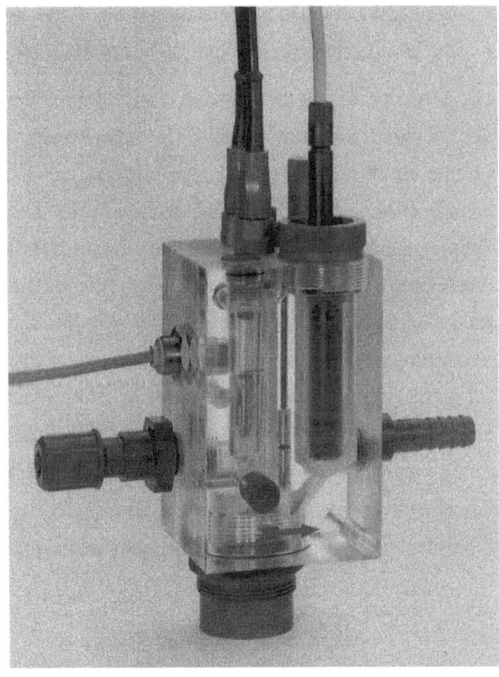

Bild 6.3-11: Durchflußarmatur für die parallele Messung von pH-Wert, Redoxspannung und freiem Chlor im Wasser [22]

Der Prozeßanalysator CL 17 von Hach [18] erlaubt auf fotometrischer Basis die kontinuierliche Bestimmung von Chlorkonzentrationen in Trinkwasser, Abwasser und Kühlturmwasser, in Nahrungsmitteln und Getränken sowie bei Anwendungen der Umkehrosmose. Im Falle der Messung von freiem Chlor können Meßbereiche von 0 ... 0,05 mg/l bis 0 ... 5 mg/l gewählt werden. Gesamtchlor kann damit in Meßbereichen von 0 ... 0,05 mg/l und 0 ... 2 mg/l bestimmt werden.

6.3.4.6 Bestimmung der elektrolytischen Leitfähigkeit

Mit *Leitfähigkeit* wird die Eigenschaft eines Stoffes bezeichnet, in seinem Inneren die Bewegung von Ladungsträgern oder die Ausbreitung von Wärme zu ermöglichen. Uns interessiert die Ausbreitung von elektrisch geladenen Teilchen (Ionen) in einer wäßrigen Lösung, einem Elektrolyten. Sie wird durch die chemischen Inhaltsstoffe, die im Wasser dissoziieren, hervorgerufen. Die elektrische oder auch *elektrolytische Leitfähigkeit* einer wäßrigen Lösung hängt ab von

- der Temperatur der wäßrigen Lösung,
- der Konzentration der gelösten Stoffe,
- der Art der Dissoziation,
- dem Dissoziationsgrad α der einzelnen Inhaltsstoffe,
- der elektrochemischen Wertigkeit der Ionen und
- der Wanderungsgeschwindigkeit der Anionen und Kationen.

Die Messung der elektrolytischen Leitfähigkeit bei der Wasseranalyse dient der Bestimmung der Konzentration der chemischen Inhaltsstoffe. Das setzt allerdings verdünnte Lösungen voraus, da nur dort der Dissoziationsgrad $\alpha = 1$ angenommen werden darf. Die *Leitfähigkeitsmessung* erlaubt nur eine summarische Bestimmung des Anteils gelöster Ionen im Wasser. Über die Art der Ionen und damit der Inhaltsstoffe kann keine Aussage getroffen werden. So kann eine erhöhte elektrolytische Leitfähigkeit durch Schwermetallverunreinigungen ebenso hervorgerufen werden wie durch anorganische Salze (Cyanide, Ammoniumverbindungen, Nitrate, Nitrite, Sulfate, ...). Schwermetallverbindungen im Wasser können oft weder visuell noch durch andere Auffälligkeiten erkannt werden, so daß die Leitfähigkeit einen wichtigen Hinweis liefern kann. Leitfähigkeitsmessungen finden überall dort Anwendung, wo wäßrige Lösungen auf Inhaltsstoffe zu untersuchen sind. Das gilt für den Bereich der Prozeßwässer ebenso wie für die Wasserarten im natürlichen Kreislauf: Regenwasser, Oberflächenwasser, Trink- und Brauchwasser und Abwasser.

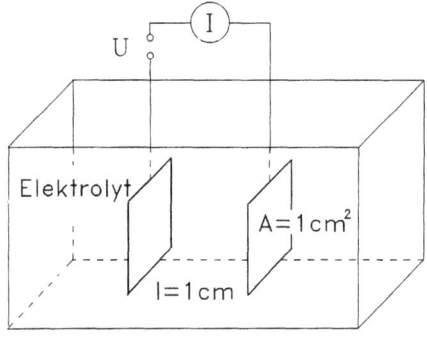

Bild 6.3-12: Prinzip einer Leitfähigkeitsmeßzelle

6.3 Wasseranalyse

Das *Prinzip der Leitfähigkeitsmessung* besteht in der Bestimmung des elektrischen Widerstandes der wäßrigen Lösung zwischen zwei (normierten) Elektroden, die in die Meßflüssigkeit eintauchen (Bild 6.3-12).

Der elektrische Widerstand ergibt sich aus Länge l und Querschnitt A des elektrischen Leiters und einer Materialkonstanten ρ, dem spezifischen elektrischen Widerstand. Der elektrische bzw. elektrolytische Widerstand wird in Ω (Ohm) gemessen:

$$R = \rho \cdot \frac{l}{A} \quad [\Omega].$$

Die spezifische elektrische Leitfähigkeit κ ist als Kehrwert des spezifischen elektrischen Widerstandes ρ definiert: $\rho = 1/\kappa$. Damit können wir für den elektrischen Widerstand R schreiben:

$$R = \frac{1}{\kappa} \cdot \frac{l}{A} \quad [\Omega].$$

Umgestellt nach κ gilt:

$$\kappa = \frac{1}{R} \cdot \frac{l}{A} \quad \left[\Omega^{-1} \cdot cm^{-1} = S \cdot cm^{-1}\right].$$

Es wird also über den Widerstand R die spezifische elektrische (elektrolytische) Leitfähigkeit κ gemessen. Sie wird üblicherweise in S/cm (Siemens pro Zentimeter) gemessen. Die bei Wasseranalysen praktisch vorkommenden Werte liegen vorwiegend in Bereichen von 10^{-1} µS/cm bis 10^{+3} mS/cm, so daß die Maßeinheiten µS/cm und mS/cm gebräuchlich sind (Bild 6.3-13). Die spezifische elektrische Leitfähigkeit des reinen Wassers (infolge Eigendissoziation) beträgt 0,05483 µS/cm bei 25 °C (DIN 38 404, Teil 8).

Die Geometrie der Meßzelle bestimmt ebenfalls den gemessenen Widerstand. Die Meßzellengeometrie wird in der sogenannten *Meßzellenkonstanten K* (man findet auch die Bezeichnung Widerstandskapazität C) berücksichtigt. Im Idealfall gilt:

$$K = \frac{l}{A} = \kappa \cdot R \quad \left[cm^{-1}\right].$$

Aus dem gemessenen Widerstandswert R läßt sich damit die spezifische elektrische Leitfähigkeit berechnen:

$$\kappa = \frac{K}{R} \quad \left[S \cdot cm^{-1}\right].$$

Die Zellenkonstante K wird vom Hersteller für seine Leitfähigkeitsmeßzellen angegeben, ihr Wert ist i. a. auf die Meßzelle aufgedruckt. Dieser ist jedoch nicht nur vom Abstand l und der Fläche A der Elektroden abhängig, sondern auch vom Verlauf des elektrischen Feldes zwischen den Elektroden. Insbesondere das sich ausbildende Randfeld bedingt eine scheinbare Vergrößerung der Elektrodenfläche und beeinflußt so die Meßzellenkonstante. Sie wird deshalb mit einem Elektrolyten bekannter spezifischer elektrischer Leitfähigkeit (Kalibrierlösung) bei definierter Temperatur bestimmt. Dazu wird üblicherweise KCl verwendet. In der DIN 38 404, Teil 8 sind 3 Kaliumchlorid-Standardlösungen definiert, deren Leitfähigkeiten sich etwa um je 1 Zehnerpotenz voneinander unterscheiden.

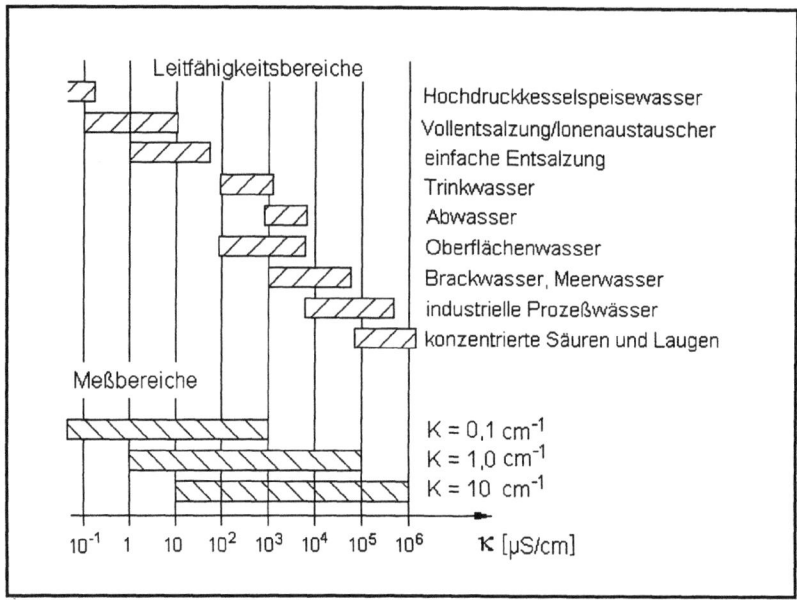

Bild 6.3-13: Leitfähigkeitsbereiche wäßriger Lösungen und Einsatzbereiche von Standardmeßzellen

Mit der Angabe der Zellenkonstanten K ist die konkrete Bauform der Leitfähigkeitsmeßzelle uninteressant. Es zeigt sich aber, daß die Zellenkonstante K nur in einem endlichen Leitfähigkeitsbereich konstant ist. Nach DIN 38 404, Teil 8 sind deshalb mindestens 3 verschiedene Meßzellen zu verwenden, deren Zellenkonstanten sich jeweils um eine Zehnerpotenz unterscheiden, um den Gesamtbereich der zu erwartenden Leitfähigkeitswerte zu überstreichen. Es gibt Leitfähigkeitsmeßzellen, die den Bereich von 6 Zehnerpotenzen erfassen können [26]. Für Leitfähigkeitsmessungen bei Reinstwasser empfielt sich jedoch die Verwendung spezieller Meßzellen.

Da der Stromfluß durch die Meßzelle unvermeidlich mit Polarisationserscheinungen an der Elektroden verbunden ist, die grundsätzlich an stromdurchflossenen Grenzflächen zwischen elektronenleitenden Elektroden und ionenleitenden Flüssigkeiten auftreten, erfolgt die Leitfähigkeitsmessung mit Wechselstrom im Kilohertzbereich.

Die eigentlichen Meßgeräte, *Konduktometer* genannt, die die elektrische Versorgung der Meßzelle, die Meßwertwandlung, deren Umrechnung in die spezifische elektrische Leitfähigkeit und die Anzeige der Meßwerte vornehmen, sind heute mit Mikroprozessoren ausgerüstet und erlauben Meßgenauigkeiten, die über denen der Meßzellen liegen. Es gibt sie als Laborgeräte, Prozeßgeräte, Feldgeräte und auch im Taschenformat.

Die *Meßgenauigkeit*, die i. a. durch die Meßzelle begrenzt ist, liegt in der Größenordnung von $\pm 0,5$ % vom Meßwert [26]. Dabei sollte aber nicht außer acht gelassen werden, daß im Umweltbereich bei Messungen in Brunnen, Bohrlöchern und Seen Kabellängen von 100 m vorkommen können. Der Leitungswiderstand bestimmt dann die untere Meßgrenze.

Da die elektrolytische Leitfähigkeit von der *Temperatur* abhängt, ist bei Ergebnisangaben die Meßtemperatur mit aufzuführen. Für kontinuierliche Prozeßmessungen ist eine automatische Temperaturkompensation erforderlich, worunter man hier die Umrechnung der bei einer beliebigen Temperatur ermittelten Leitfähigkeit auf den Leitfähigkeitswert bei der Referenztemperatur versteht. Als Referenztemperatur ist heute 25 °C festgelegt.

Neben der klassischen 2-Platten-Meßzelle, die heute aus Glas und Platinelektroden besteht und für Labormessungen und präzise Messungen im Feldeinsatz oder der industriellen Meßpraxis verwendet wird, sind sogenannte *elektrodenlose Sensoren* im Einsatz, die auf dem Prinzip der elektromagnetischen Induktion basieren. Eine an eine erste Spule gelegte Wechselspannung induziert in einer zweiten Spule eine Spannung, deren Wert proportional zur Leitfähigkeit des durch die Meßzelle strömenden Mediums ist (Bild 6.3-14). Die sich am Meßwertgeber absetzende schlecht- oder nichtleitenden Schichten (z. B. Fette) verfälschen das Meßergebnis. Eine regelmäßige Reinigung ist deshalb unvermeidbar. Polarisationserscheinungen treten bei diesem Meßprinzip jedoch nicht auf.

Bild 6.3-14: "Elektrodenloser" Sensor für die Leitfähigkeitsmessung [24]

Die Eliminierung des Einflusses von Leitungswiderstand, Verschmutzung und Polarisation gelingt weitgehend mit *Vierelektroden-Meßzellen*, deren Funktion aus der bekannten Vierleiter-Meßtechnik verständlich wird (Bild 6.3-15).

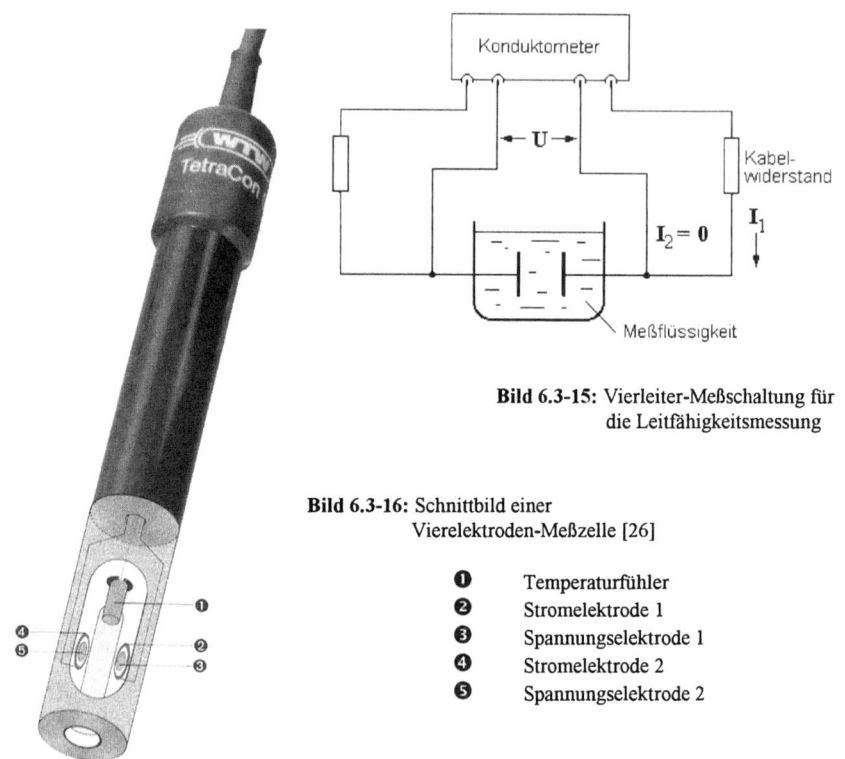

Bild 6.3-15: Vierleiter-Meßschaltung für die Leitfähigkeitsmessung

Bild 6.3-16: Schnittbild einer Vierelektroden-Meßzelle [26]

❶ Temperaturfühler
❷ Stromelektrode 1
❸ Spannungselektrode 1
❹ Stromelektrode 2
❺ Spannungselektrode 2

Die Meßzelle enthält 2 Strom- und 2 Spannungselektroden. Die Stromelektroden, die Meßflüssigkeit dazwischen und die Kabelwiderstände sind Teile des Stromkreises. Der fließende Strom wird gemessen. An den Spannungselektroden wird nur der Spannungsabfall über die Meßflüssigkeit erfaßt, so daß die Kabellänge (Leitungswiderstand) und Teilverschmutzungen der Stromelektroden sowie die nur an den Stromelektroden auftretenden Polarisationserscheinungen ohne Einfluß auf das Meßergebnis bleiben. Aus den Meßwerten von Strom und Spannung werden der Widerstand und daraus und der Zellenkonstanten K die Leitfähigkeit berechnet. Randbedingungen wie eine niedrige Stromdichte am Ort der Spannungselektroden werden durch konzentrische Anordnung der Strom- um die Spannungselektroden erfüllt (Bild 6.3-16). Im allgemeinen enthalten auch diese Meßzellen zusätzlich einen Temperatursensor.

6.3.5 Optische Verfahren

6.3.5.1 Bestimmung der Trübung

Als *Trübung* kennzeichnet man die Eigenschaft eines Mediums, eingestrahltes Licht zu streuen. Ursache ist die Wechselwirkung des Lichtes mit den kolloidal zerteilten festen Substanzen (Durchmesser $\approx 10^{-4} \ldots 10^{-7}$ cm) und feinverteilten Schwebstoffen im Medium (Wasser, Luft, ...). Die Intensität des gestreuten Lichtes ist proportional zur Anzahl der streuenden, regellos im Raum orientierten Teilchen. Davon macht die Trübungsmessung in der Wasseranalytik Gebrauch.

Bei genauerer *Analyse der Lichtstreuung* erweist es sich, daß die Intensität des Streulichtes auch von der Teilchengröße, dem Ordnungszustand der Teilchen, der Lichtwellenlänge, dem Streuwinkel und dem Polarisationszustand des einfallenden Lichtes abhängig ist. Dieses und auch die Lichtstreuung an den Molekülen des Wassers sollen außer acht bleiben.

Nach den Deutschen Einheitsverfahren zur Wasser-, Abwasser- und Schlammuntersuchung sind *visuelle Trübungsbestimmungen* möglich, die in der DIN 38 404, Teil 2-1 als halbquantitative Verfahren bezeichnet werden:

- Bestimmung mit Durchsichtigkeitszylinder.
- Bestimmung mit der Sichtscheibe.

Bei diesen visuellen Methoden der Trübungsbestimmung mit dem Durchsichtigkeitszylinder bzw. mit der Sichtscheibe wird die Höhe der Flüssigkeitssäule bestimmt, durch die hindurch eine Schrift nicht mehr lesbar ist bzw. bei der die Scheibe gerade noch erkennbar ist. Die Trübung wird dabei in Längeneinheiten gemessen.

Für die Prozeßkontrolle sind jedoch automatisierbare Meßverfahren erforderlich. Die DIN 38 404, Teil 2-2 beschreibt zwei quantitative Verfahren unter Verwendung optischer Trübungsmeßgeräte:

- Messung der gestreuten Strahlung, vorwiegend anzuwenden für Wasser mit geringer Trübung, z. B. Trinkwasser, und
- Messung der Schwächung der durchgehenden Strahlung, vorwiegend für stärker getrübtes Wasser, wie kommunales und industrielles Abwasser.

Die *Messung im Durchlicht* weist eine Reihe von Nachteilen auf, z. B. die Überlagerung mit der Absorption des Lichtes oder die vor allem durch Vielfachstreuung bedingte obere Grenze der meßbaren Trübung bzw. die Nichtnachweisbarkeit geringer Trübung.

Trübungsmessung (auch *Nephelometrie*) erfolgt deshalb heute bevorzugt über *Streulichtmessung unter einem Winkel von 90°*. Die Meßgeräte heißen Nephelometer. Das Prinzip der Streulicht-Trübungsmessung zeigt Bild 6.3-17.

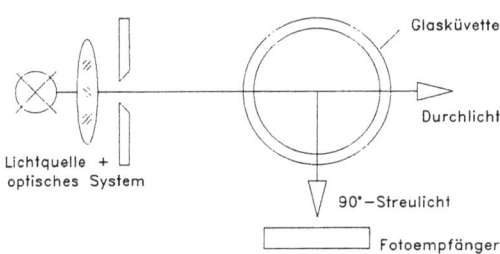

Bild 6.3-17: Prinzip der Trübungsmessung mittels Streulicht.

Die *physikalischen und technischen Grenzen* solcher Meßgeräte sollten auch den Nutzern handelsüblicher Nephelometer bewußt sein. Die *spektralen Eigenschaften* von Lichtquelle und fotoelektrischem Empfänger sind bei einem handelsüblichen Gerät aufeinander abgestimmt. Aufgrund der spektralen Streueigenschaften der zu messenden Partikel im Wasser müssen Nephelometer mit breitbandiger Wolframfadenlampe als Lichtquelle und solche mit schmalbandig oder gar monochromatisch strahlender Lichtquelle nicht gleiche Trübungsmeßwerte liefern. Kleine Partikel reagieren auf kurzwelliges Licht (vom violetten Ende des sichtbaren Spektrums) stärker als auf langwelliges Licht (vom roten Ende des Spektrums). Für größere Partikel ist es umgekehrt. Bei Meßwertangaben dürfen deshalb Angaben zu Wellenlänge und Halbwertsbreite des verwendeten Lichtes nicht fehlen.

Empfindlichkeit und Linearität der Messung erweisen sich als abhängig von der optischen Weglänge des Streulichtes. Je größer die optische Weglänge ist, umso empfindlicher wird die Messung. Dafür nimmt die Linearität zwischen Trübung und Meßwert ab.

Im praktischen Einsatz von Nephelometern lassen sich Verschmutzungen und mechanische Beanspruchungen (z. B. Kratzer) nicht vermeiden. Das führt zu *Störstreulicht*, das den zu messenden Trübungswert verfälscht. Bei kontinuierlich messenden Nephelometern muß mit Ablagerungen organischer oder anorganischer Substanzen aus der Lösung auf den optischen Flächen gerechnet werden, was zu deren regelmäßiger (z. T. automatischer) Reinigung zwingt. Es sind jedoch geeignete konstruktive Lösungen gefunden worden, die diese Probleme weitgehend vermeiden (Bild 6.3-21) bzw. durch elektronische Kompensation (Bild 6.3-20) unwirksam machen.

Luftblasen und der Austritt von Gasen, was bei strömenden Flüssigkeiten hinter Querschnittsverengungen auftreten kann, können das Meßergebnis erheblich verfälschen. Durch besondere konstruktive Gestaltung (Bild 6.3-18) kann dem weitgehend vorgebeugt werden. Meßsignalspitzen von Luftblasen lassen sich auch elektronisch ausblenden.

Handelsübliche Nephelometer sind häufig für bestimmte Meßbereiche ausgelegt. Das in Bild 6.3-18 gezeigte Trübungsmeßgerät ist für den "kleinen" Meßbereich konzipiert und kann bei der Trinkwasser- und Kesselwasseraufbereitung eingesetzt werden. Es lassen sich

6.3 Wasseranalyse

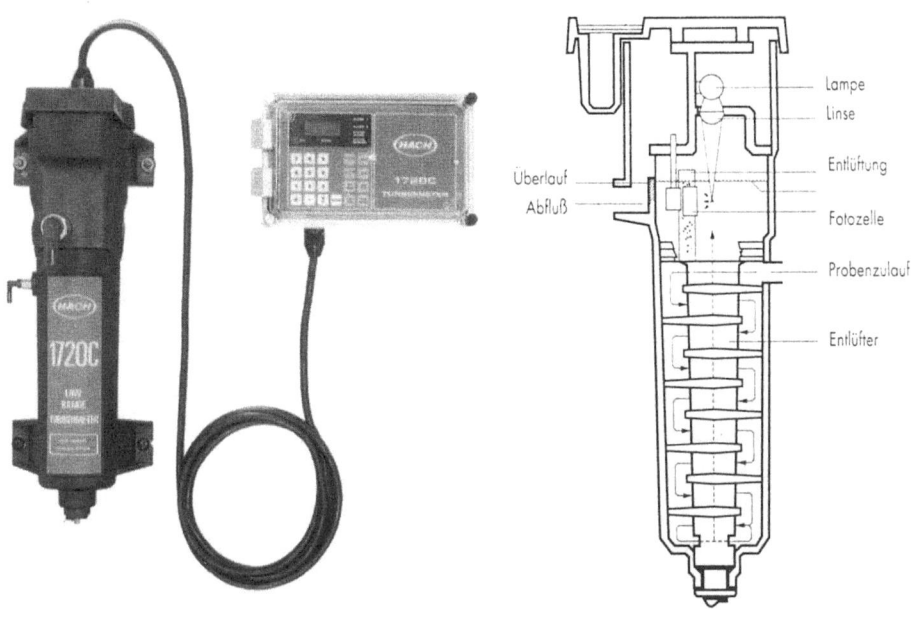

Bild 6.3.18: Ansicht und Funktionsprinzip des Trübungsmessers Modell 1720C von Hach [18]

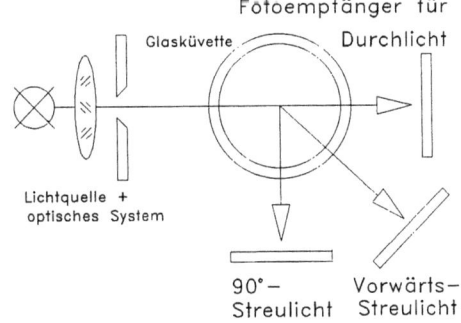

Bild 6.3-19: Trübungsmeßprinzip mit mehreren Empfängern

damit Spurentrübungen bis zu 0,001 TE(F) erfassen [18]. Im Trübungsmesser gemäß Bild 6.3-21 paßt sich der Lichtweg (die Eindringtiefe des Lichtes) selbst dem Wert der Trübung (dem Gehalt an suspendierten Partikeln) an. Es können damit sowohl geringe als auch starke Trübungen erfaßt werden. Das Gerät kann im Prinzip bei der Trinkwasseraufbereitung ebenso eingesetzt werden wie bei der Abwasseraufbereitung.

Die Kompensation von Störstreulicht oder Farbe in der Flüssigkeit kann z. B. durch Verwendung mehrerer Detektoren (Bild 6.3-19) bzw. des Vierstrahl-Wechsellicht-Verfahrens

(Bild 6.3-20) automatisch kompensiert werden. Das gilt auch für Bauelementedriften und Meßfensterverschmutzungen. Eine ständige mechanische Reinigung der Meßfenster erübrigt sich. Die Kalibrierung des Trübungsmessers wird einmalig im Werk vorgenommmen.

In Bild 6.3-20a ist das Funktionsprinzip des Trübungsmessers TMS 200 [18] dargestellt. Die beiden Infrarotsender 1 und 2 senden abwechselnd infrarotes Licht aus. Strahlt der Sender 1, registriert der Empfänger 1 das Direktlicht und der Empfänger 2 das Streulicht. Sendet Sender 2 Licht aus, ist es umgekehrt. Eine mechanische Blende im Meßstrahlenbereich verhindert das Auftreffen von Direktlicht vom jeweils anderen Sender. Aus den während eines Betriebszyklus erhaltenen 4 Meßwerten errechnet der Mikroprozessor den Trübungswert. Ein Infrarotstrahl liefert also immer gleichzeitig das Meßsignal und den Referenzwert. Auf diese Weise können Störungen wie Verschmutzung, Bauelementedrift, Färbung der Meßflüssigkeit und Störstreulicht

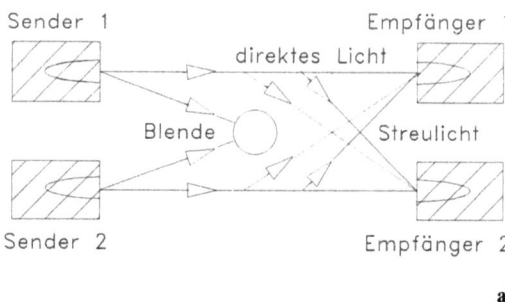

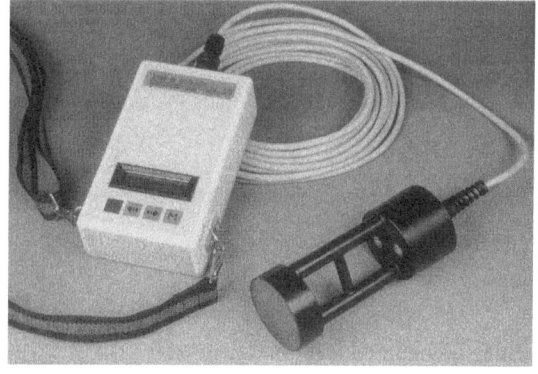

Bild 6.3-20: Funktionsprinzip (a) und Ansicht (b) des Trübungsmessers TMS 200 [18]

eliminiert werden. Durch Auswertung jeweils einer größeren Anzahl von Betriebszyklen kann der Einfluß von Luftblasen, Treibgut durch den Meßstrahl usw. weitgehend ausgeblendet werden. Dieses Nephelometer eignet sich für die Abwasser-Prozeßkontrolle ebenso wie zur Wasserüberwachung in Talsperren, Seen und Flüssen bis zu Tiefen von 60 Metern. In Trinkwassertalsperren kann damit der Trübungsverlauf über die Wassertiefe bestimmt werden. Daraus wird die optimale Ablaßtiefe für Rohtrinkwasser bestimmt.

Die *Meßgenauigkeit* handelsüblicher Geräte wird für unterschiedliche Meßbereiche mit 1 % bis 10 % vom Skalenendwert angegeben. Die *Meßbereiche* liegen zwischen 0 ... 0,2 TE(F) und 0 ... 10^4 TE(F).

Die *Trübungsmeßgeräte* bestehen im wesentlichen aus einer Sensoreinheit und einem elektronischen Meß- und Steuerteil für die elektrische Versorgung, Meßsignalaufbereitung und Anzeige. Prozeßgeräte sind häufig programmierbar und erlauben eine automatische Meßdatenspeicherung. Nephelometer gibt es als Laborgeräte, Prozeßgeräte für den stationären oder mobilen Einsatz und als Taschen-Nephelometer.

Für die automatisierten Verfahren hat sich die *Meßwertangabe in Trübungseinheiten (TE)* durchgesetzt. Die Trübungseinheit bezieht sich auf die Konzentration eines Trübungsstandards, wofür heute eine *Formazin-Standardsuspension* verwendet wird. Das kommt in der Angabe in TE(F) zum Ausdruck. Formazinlösungen (genauer Suspensionen) als Primärstandard und davon abgeleitete, besser handhabbare Sekundärstandards werden auch von den Geräteherstellern angeboten. Damit müssen die Trübungsmeßgeräte i. a. regelmäßig *kalibriert* werden.

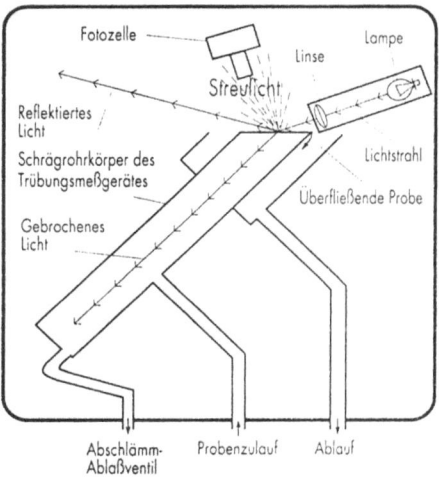

Bild 6.3-21:
Funktionsprinzip des Trübungsmessers Surface Scatter 6 von Hach [18]

Trübung kann als ein *Maß für die relative Reinheit* des Wasseres verstanden werden. Sie läßt sich nicht auf einen bestimmten Wasserinhaltsstoff beziehen. Feinsand, Ton, Algen und Mikroorganismen, organische und auch anorganische Substanzen können gleichermaßen eine Trübung des Wassers hervorrufen. Die Angabe von zulässigen Grenzwerten ist damit problematisch. Mitunter ist eine Trübung des Wassers nur aus ästhetischen Gründen unzulässig. Feststoffpartikel im Trinkwasser begünstigen das Wachstum von Mikroorganismen oder beeinträchtigen die Wirksamkeit der Chlorung. Eine plötzliche Veränderung der Trübung kann sowohl ein Indiz für eine zusätzliche Verunreinigungsquelle als auch eine Instabilität im Wasseraufbereitungsprozeß sein. Trübungsmessungen sind deshalb in allen Wasseraufbereitungsprozessen zu finden, z. T. mehrfach, im Einlauf, im Auslauf und auch zwischen den einzelnen Prozeßstufen. Sie erlauben die Beurteilung der Wirksamkeit von Wasseraufbereitungsverfahren wie Sedimentation, Koagulation und Filtration.

6.3.5.2 Fotometrische Bestimmungen

Fotometrie heißt Lichtmessung. In der Wasseranalytik wird die Konzentration von in Wasser gelösten Substanzen durch Messung ihrer Lichtabsorption bestimmt. Fällt ein Lichtstrahl durch eine wäßrige Lösung, wird er geschwächt. Sind in der Lösung keine suspendierten Feststoffpartikel enthalten, die das Licht streuen, ist die Absorption für die Lichtschwächung verantwortlich. Die Größe der Absorption ist proportional zur Schichtdicke d der durchstrahlten Lösung, zu einer stoffspezifischen Größe, dem spezifischen Absorptionskoeffizienten a, und zur Konzentration c der gelösten Substanz. Das Lambert-Beersche Gesetz beschreibt die Schwächung der Lichtintensität I in Abhängigkeit von der Schichtdicke d, der Konzentration c und dem molaren Extinktionskoeffizienten ε, der das spezifische Absorptionsvermögen angibt:

$$I = I_0 \cdot 10^{-\varepsilon c d}$$

mit
- I_0 - Intensität des einfallenden Lichtes
- I - Intensität des ausfallenden Lichtes
- ε - molarer Extinktionskoeffizient
- c - Konzentration des gelösten Stoffes
- d - Schichtdicke der durchstrahlten Lösung.

Mittels eines fotoelektrischen Empfängers und dem zugehörigen Meßgerät wird die austretende Lichtintensität gemessen. Das Ergebnis der Messung kann angegeben werden als:

- Transmission (Durchlässigkeit): $D = I/I_0$
- Absorption: $A = 1 - D$
- Extinktion: $E = \lg 1/D = \varepsilon \cdot c \cdot d$

Aus der Extinktion E ergibt sich die Konzentration c des gelösten Stoffes zu

$$c = \frac{1}{\varepsilon d} E.$$

Der Zusammenhang zwischen der gemessenen Extinktion und der gesuchten Konzentration ist linear, da die Schichtdicke d durch die Geometrie der Meßküvette gegeben und damit konstant ist, und ε eine Stoffkonstante ist. Ist ε nicht bekannt, wird mit verschiedenen Konzentrationen des gelösten Stoffes bei gleicher Geometrie eine Kalibrierkurve aufgenommen. Dabei werden gleichzeitig die Einflüsse des Lösungsmittels Wasser selbst und aller Gerätekomponenten auf den Extinktionsmeßwert eliminiert. Eine Kalibrierkurve ist auch aufzustellen, wenn sich infolge mangelnder Monochromasie der Strahlung Abweichungen vom Lambert-Beerschen Gesetz ergeben.

6.3 Wasseranalyse

Einfacher ist die Verwendung eines Zweistrahl-Fotometers, bei dem der Einfluß des Lösungsmittels im Referenzstrahl kompensiert werden kann (Bild 6.3-22).

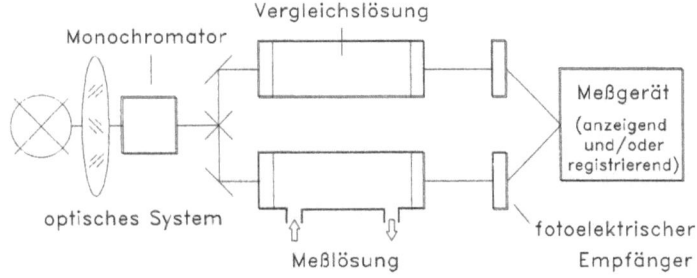

Bild 6.3-22: Prinzip eines Zweistrahl-Spektralfotometers

Die Lichtschwächung ist außer von der Konzentration des gelösten Stoffes auch von der Wellenlänge des verwendeten Lichtes abhängig, was schon durch die Farbe der wäßrigen Lösung zum Ausdruck kommt. Fotometrische Messungen sind also bei monochromatischem oder zumindest quasimonochromatischen Licht durchzuführen. Im Bild 6.3-22 sorgt der Monochromator, der aus Prisma und Blende oder auch aus Farbgläsern besteht, für die Erzeugung eines solchen Lichtes. Der spektrale Extinktionskoeffizient wird mit a_λ bezeichnet. Die Intensität des austretenden Lichtes ergibt sich damit zu

$$I = I_0 \cdot 10^{-a_\lambda d}.$$

a_λ trägt die Einheit m^{-1}. Überstreicht der Monochromator nacheinander alle Wellenlängen, z. B. des sichtbaren Spektralbereiches, und werden die Meßwerte parallel dazu registriert, kann anhand der entstehenden Intensitäts-Minima aus der zugehörigen Wellenlänge auf die gelösten Stoffe im Wasser geschlossen werden. Das ist ebenso für den infraroten und ultravioletten Bereich möglich. Apparative Fotometrie ist in der Praxis also immer eine Spektralfotometrie.

Die Meßgenauigkeit kann auch dadurch erhöht werden, daß als Vergleichsflüssigkeit eine solche mit bekannter Konzentration des Wasserinhaltsstoffes verwendet wird. Man spricht dann von *differentieller Fotometrie*.

Befinden sich in der Lösung mehrere absorbierende Substanzen, die sich gegenseitig nicht beeinflussen, addieren sich deren Extinktionen. Für die *quantitative Bestimmung der Konzentration von n Substanzen* in einer wäßrigen Lösung sind dann n Messungen bei verschiedenen Wellenlängen durchzuführen. Durch Aufstellen und Lösen eines linearen Gleichungssystems aus n Gleichungen (entsprechend n Messungen) stellen die n Lösungen des Gleichungssystems die Konzentrationswerte der n Substanzen in der wäßrigen Lösung dar.

Der *Vorteil der Fotometrie* gegenüber der Spektrometrie (Abschnitt 6.3.5.3) liegt in der Möglichkeit, durch Wahl geeigneter Reagenzien Farbreaktionen zu nutzen, die selektiv für die nachzuweisenden Substanzen sind.

Gemäß Rahmen-Abwasser-Verwaltungsvorschrift [4] sind die in Tabelle 6.3-10 aufgeführten Stoffe fotometrisch zu bestimmen. Die Palette der fotometrisch bestimmbaren Substanzen ist jedoch wesentlich größer. Wie Tabelle 6.3-10 erkennen läßt, eignet sich die Fotometrie besonders für den Nachweis von Anionen im Wasser sowie die Bestimmung von Tensiden und des Phenolindex als Summenparameter. Zur gezielten Erfassung einzelner Wasserinhaltsstoffe wird die zu untersuchende Lösung mit speziellen Farbreagenzien versetzt. Diese können heute vordosiert in vakuumdicht verschlossenen Ampullen aus optischem Glas bezogen werden. Die Spitze der Ampulle wird abgebrochen, nachdem die Ampulle in die zu untersuchende Wasserprobe getaucht wurde. Der Unterdruck führt zur Vermischung von Wasserprobe und Reagenz. Die Ampulle mit der Wasser-Reagenz-Mischung stellt gleichzeitig die Meßküvette dar und muß zur Messung nur noch in den Lichtschacht des Fotometers gebracht werden [18]

Stoff	DIN-Verfahren	Wellenlänge [nm]	Anwendungsbereich [mg/l]
Ammonium	38 406, Teil 5-1	655	0,03 ... 1
Borat	38 405, Teil 17	414	0,01...1
Cyanid	38 405, Teil 13	578	0,002 ... 1
Nitrit	38 405, Teil 10	540	0,001 ... 0,3
Phosphor, gesamt	38 405, Teil 11	680	0.005 ... 0,8
Sulfid, gelöst	38 405, Teil 26	665	0,04 ... 1,5
Chromat (VI)	38 405, Teil 24	550	0,05 ... 3
Wasserstoffperoxid	38 409, Teil 15	420	0,1 ... 60
Phenolindex	38 409, Teil 16-2	460	0,01 ... 0,15
Hydrazin (N_2H_2)	38 413, Teil 1	450	0,002 ... 0,5
Tenside, kationisch	38 409, Teil 20	628	0,01 ... 1
Tenside, anionisch	38 409, Teil 23-1	650	-
Bismut-Komplexierungsindex	38 409, Teil 26	555	(Ausschlußtest)

Tabelle 6.3-10: Fotometrisch zu bestimmende Wasserinhaltsstoffe gemäß Rahmen-Abwasser-VwV mit den Lichtwellenlängen gemäß DIN-Verfahren und den bevorzugten Anwendungsbereichen

Während im Bereich der Trinkwasser- und Badewasseranalyse und -überwachung fotometrische Messungen i. a. unproblematisch sind, kann es bei Abwasseruntersuchungen aufgrund überlagerter Farbreaktionen zu Störungen kommen. Dann ist eine Extraktion in die organische Phase eines Lösungsmittels erforderlich, um zuverlässige Analyseergebnisse zu erhalten.

Bei der *visuellen Fotometrie* ist ein Farbintensitätsvergleich i. a. nur dann möglich, wenn Meßlösung und Vergleichslösung gleiche Farbe besitzen. Der Vergleich mit einer Farbintensitätsskala heißt *Kolorimetrie*. Dazu können entsprechende Vergleichslösungen verwendet werden, bzw. es kann der Vergleich auch anhand von Farbintensitätsskalen erfolgen, wie es bei der kolorimetrischen pH-Wert-Bestimmung mittels Indikator- oder Reagenzpapier der Fall ist. Für die Prozeßanalytik ist eine Reihe von Geräten im Angebot, die eine kontinuierliche oder zumindest quasikontinuierliche fotometrische Analyse erlauben. So gibt es Analysatoren für Aluminium, die Basekapazität $K_{B\ 8,2}$, freies Chlor, Gesamtchlor, Chrom, Chromat(VI), Kupfer, Härte, Kieselsäure, Sulfit, Hydrazin, Phosphat und sauerstoffbindende Chemikalien [18]. Ihre Meßbereiche überstreichen häufig das gesamte Anwendungsspektrum von der Trinkwasseranalyse über Betriebswässeranalysen bis zur Abwasseranalyse.

6.3.5.3 Spektrometrische Bestimmungen

Die Spektrometrie nutzt (so wie die Fotometrie auch) die Wechselwirkung von elektromagnetischer Strahlung mit den Atomen, Ionen oder Molekülen des zu erfassenden Wasserinhaltsstoffes. Führt man einem Atom Energie zu, so kann man es zur Emission von Strahlung definierter Wellenlängen (Spektrallinien) anregen. Die Wellenlängen resultieren aus der Elektronenkonfiguration in der Hülle des Atoms. Die Auswertung des Emissionsspektrums eines Atoms erlaubt eindeutige Rückschlüsse auf den Bau des Atoms und damit auf das chemische Element. Aus der Intensität der Spektrallinien kann auf die Anzahl der strahlenden Atome, also auf die Konzentration des Elementes in der Lösung geschlossen werden. Die Spektrometrie dient der *Einzelsubstanzbestimmung* im Rahmen der Wasseranalytik, insbesondere der Bestimmung von Metallionen im Wasser.

Die *Infrarotspektrometrie* erfaßt vorwiegend Substanzen in molekularer Form. Das sind von den Wasserinhaltsstoffen vor allem die Kohlenwasserstoffe (DIN 38 409, Teil 18). Die Nachweisgrenzen liegen bei etwa 0,1 mg/l, was bei Abwasseruntersuchungen ausreichend ist. Der von der Trinkwasserverordnung geforderte Grenzwert für lipophile Stoffe (Fette und Öle) von 0,01 mg/l [5] kann damit nicht überprüft werden..

Die *Atomabsoptionsspektrometrie* (AAS) nutzt die Eigenschaft der Atome, bei den von ihnen emittierten Wellenlängen auch Licht zu absorbieren. Sie ermöglicht eine Elementbestimmung mit hoher Selektivität und niedrigen Bestimmungsgrenzen. Mit ihrer Hilfe kann eine Vielzahl von Wasserinhaltsstoffen bestimmt werden, so daß sich die AAS zu einer Standardmethode der Wasseranalytik im Labor entwickelt hat. Das Prinzip ist in Bild 6.3-23 dargestellt. Die Probenlösung wird in einer Acetylenflamme angeregt, das heißt so hoch erhitzt (2300/2750 °C), daß sie in ihre einzelnen Atome bzw. in Ionen zerlegt ist.

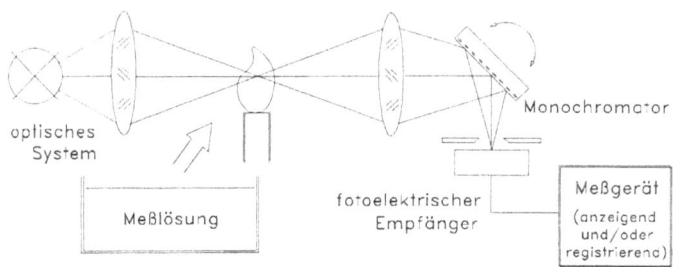

Bild 6.3-23: Prinzip der Atomabsorptionsspektrometrie

Die Atome absorbieren die für sie typischen Spektrallinien und filtern sie so aus dem "weißen" Licht aus. Mittels eines Monochromators wird das durchgehende Licht in seine Spektrallinien zerlegt und anschließend mit einem fotoelektrischen Empfänger gemessen. Da auch die Intensität der Spektrallinien gemessen wird, kann wieder von Spektralfotometrie gesprochen werden. Je nach Anregungsmethode unterscheidet man:

- Flammen-Atomabsorptionsspektrometrie (AAS),
- flammenlose Atomabsorptionsspektrometrie (Graphitrohr-Technik),
- AAS-Kaltdampftechnik und
- AAS-Hydrid-Technik.

Die *Flammen-AAS* hat in der Abwasseranalytik ihre Bedeutung verloren, da die Atomemissionsspektrometrie leistungsfähiger ist.

Mittels *Graphitrohr-AAS* kann z. B. Cadmium bis zu 0,005 mg/l nachgewiesen werden (DIN 38 406, Teil 19). Die Anregung erfolgt in einem durch das Graphitrohr begrenztem Meßraum auf elektrothermischem Wege.

Quecksilber liegt bereits bei Raumtemperatur atomar vor und kann deshalb mit der *Kaltdampf-AAS* (nach verschiedenen Aufbereitungsschritten) bis zu Konzentrationen von 0,001 mg/l im Wasser nachgewiesen werden.

Die *Hydrid-AAS* nutzt die Eigenschaft bestimmter Elemente (Arsen, Selen, Antimon), flüchtige Hydride zu bilden. Damit kann das Element von der komplexen Probenmatrix abgetrennt werden. Die Abwassergesetzgebung sieht den Arsen-Nachweis mittels dieser Technik vor (DIN 38 405, Teil 18).

Die *Atom-Emissionsspektrometrie* (AES) hat sich in vielen Fällen als leistungsfähiger als die Atomabsorptionsspektrometrie (AAS) erwiesen. Insbesondere die Anregung mittels Plasma bringt viele Vorteile, wie hohe Elementselektivität, hohe Meßgenauigkeit und niedrige Nachweisgrenzen. Die Plasma-Atomemissionsspektrometrie wird mit ICP-AES (oder auch ICP-OES) abgekürzt, wobei sich ICP von induktiv gekoppeltem Plasma ableitet. Von den standardisierten Bestimmungsverfahren für inzwischen 33 Elemente (DIN 38 406, Teil 22) sind 13 in der Abwasseruntersuchung interessant. Immer ist jedoch eine Probenvorbehandlung erforderlich, so daß auch diese Methode vorerst der Laboranalytik vorbehalten bleibt.

Eine etwa um den Faktor 10 höhere Nachweisempfindlichkeit besitzt die *Massenspektrometrie* in Verbindung mit der Plasmaanregung (ICP-MS). Es handelt sich dabei nicht um ein optisches Verfahren. Die chemischen Elemente unterscheiden sich voneinander durch ihre Atommassen, so daß aufgrund unterschiedlicher Werte des Ladungs-Masse-Verhältnisses (e/m) die Ionen durch Magnetfelder räumlich getrennt und anschließend identifiziert werden können. Anwendung findet dieses Verfahren in der Spurenanalytik bei Konzentrationen von 0,1 bis 1 µg/l.

6.3.6 Chromatografische Verfahren

Die *Bestimmung organischer Einzelstoffe* im Wasser ist die Domäne der Chromatografie. Das *Prinzip der Chromatografie* beruht auf der Eigenschaft von Molekülen, sich an Oberflächen anzulagern (zu adsorbieren), und dort eine bestimmte Zeit (Retentionszeit) zu verharren. Läßt man ein Stoffgemisch an geeigneten Oberflächen vorbeistreichen, werden die Moleküle der einzelnen Stoffe unterschiedlich lang adsorbiert und erscheinen somit am Ausgang des Systems (Detektor) zeitlich getrennt. Das Stoffgemisch ist in einzelne Komponenten aufgetrennt worden. Zeichnet man das Detektorausgangssignal mit einem Schreiber auf, so erkennt man auf dem Schreibstreifen, im sogenannten Chromatogramm, Peaks für die einzelnen Meßkomponenten. Aus der Zeit (Retentionszeit) kann auf die Sub-

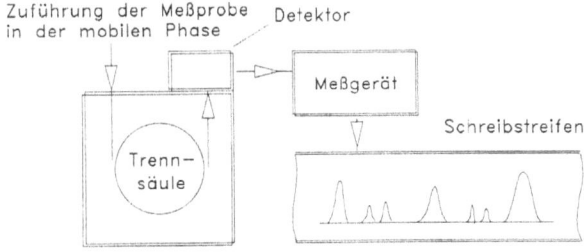

Bild 6.3-24: Prinzip der Stofftrennung mittels Chromatografie

stanz, aus der Fläche unter dem Peak auf deren Konzentration geschlossen werden. Die Oberfläche der Trennsäule ist mit einer geeigneten Substanz, die die sogenannte stationäre Phase darstellt, präpariert. Die zu untersuchenden Substanzen werden in einer mobilen Phase (z. B. einem Trägergas) daran vorbeigeführt (Bild 6.3-24).

Nach dem Aggregatzustand der mobilen Phase unterscheidet man die Chromatografie-Arten

- Gaschromatografie (GC),
- Hochleistungsflüssigkeitschromatografie (HPLC) und
- Ionenchromatografie (IC).

Die zu analysierenden organischen Verbindungen müssen aus der Wasserprobe über geeignete Lösungsmittel extrahiert und i. a. angereichert werden. Mit geeigneten Vergleichssubstanzen sind die Chromatografen zu kalibrieren.

Die *Gaschromatografie* (GC) kann dann zum Einsatz kommen, wenn sich das zu analysierende Stoffgemisch vollständig verdampfen läßt. Als Detektoren dienen die

- Flammenionisationsdetektoren (FID),
- Elektroneneinfangdetektoren (ECD),
- N- und P-spezifische Detektoren (NPD) und
- massenspektrometrische Detektoren (MS).

Daraus leiten sich wieder Bezeichnungen für die Gaschromatografie-Arten ab. Moderne Gaschromatografen lassen je nach Verwendungszweck den Austausch dieser Detektoren gegeneinander zu. (Siehe auch Abschnitt 6.1.2.8.)

Die *Hochleistungsflüssigkeitschromatografie* (HPLC - High Performance Liquid Chromatography) erlaubt die Trennung schwerflüchtiger und solcher Substanzen, die bei der Verdampfung nicht unzersetzt bleiben, z. B. Planzenschutzmittel. Die mobile, flüssige Phase wird unter hohem Druck (bis 400 bar), daher auch die Bezeichnung Hochdruck-Flüssigkeitschromatografie, an der Trennsäule mit der stationären Phase (feinkörnig poröses Material, z. B. Kieselgel) vorbeigefördert. Der Nachweis erfolgt spektralfotometrisch vorwiegend im ultravioletten Spektralbereich. Auch die Fluoreszenz bestimmter Substanzen wird für den Nachweis verwendet. Die Nachweisempfindlichkeit liegt bei etwa 0,1 µg/l.

Die *Ionenchromatografie* (IC) benutzt als stationäre Phase Ionenaustauscher und als mobile Phase i. a. wäßrige Lösungen von Salzen schwacher Säuren. Der Nachweis erfolgt mittels UV-Spektralfotometrie oder über Leitfähigkeitsmessung. Sie wird im wesentlichen nur zur Anionenbestimmung eingesetzt, z. B. für Fluorid, Chlorid, Bromid, Nitrit, Nitrat, Phosphat und Sulfat (DIN 38 405, Teil 19).

6.3.7 Bestimmungsverfahren für Summenparameter

6.3.7.1 Bestimmung des biochemischen Sauerstoffbedarfs (BSB)

Der *biochemische Sauerstoffbedarf BSB* (engl.: BOD) ist ein Maß für die Menge an gelöstem molekularem Sauerstoff, die für den biologischen Abbau der durch Mikroorganismen abbaubaren organischen Wasserverunreinigungen unter festgelegten Bedingungen innerhalb eines bestimmten Zeitraumes (z. B. 5 Tage ⇨ BSB_5) benötigt wird.

Bei der BSB_5-Bestimmung nach der *Verdünnungsmethode* (DIN 38 409, Teil 51) wird eine Abwasserprobe gut homogenisiert, mit Verdünnungswasser je nach Gehalt an organischen Inhaltsstoffen gemischt, in 3 genormte Glasflaschen gefüllt und von Luftblasen befreit. Der Sauerstoffgehalt eines Flascheninhaltes wird sofort bestimmt (z. B. mit einer Sauerstoffmeßsonde). Die beiden anderen Flaschen werden 5 Tage lang im Dunkeln bei 20 °C bebrütet (Inkubation). Anschließend wird der in den Proben noch nicht aufgezehrte Sauerstoff gemessen. Aus der Differenz von Sofortwert und Sauerstoffwert nach 5 Tagen wird unter Berücksichtigung der vorgenommenen Verdünnung und des vorher bestimmten Sauerstoffbedarfs des Verdünnungswassers der Sauerstoffbedarf (BSB_5-Wert) berechnet. Er muß im Anwendungsbereich dieser Methode mindestens 3 mg/l betragen. Er wird in mg/l angegeben; z. B. BSB_5: 185 mg/l (Probe 5 Tage gefriergetrocknet). Randbedingungen der BSB-Bestimmung sollten mit angegeben werden. Es erweist sich als zweckmäßig, einen Nitrifikationshemmer zuzugeben (z. B. N-Allylthioharnstoff), um insbesondere bei Wasserproben mit geringem BSB-Gehalt den vorzeitigen Start des Stickstoffabbaus zu verhindern.

Während der 5-tägigen Inkubationszeit muß immer genügend Sauerstoff in der Probe sein, damit die Stoffwechselvorgänge der Mikroorganismen nicht gehemmt werden. Der Sauerstoffkonzentrations-Endwert nach 5 Tagen sollte deshalb 1 mg/l nicht wesentlich unterschreiten. In luftgesättigtem Wasser sind ca. 9 mg/l gelöster Sauerstoff vorhanden (Abschn. 6.3.4.4). Für die Stoffwechselvorgänge der Mikroorganismen während der 5 Tage Inkubationszeit stehen demnach günstigstenfalls 8 mg/l Sauerstoff zur Verfügung. Der Sauerstoffbedarf in der Probe darf also 8 mg/l nicht überschreiten. Das zu analysierende Wasser muß für die BSB_5-Bestimmung geeignet verdünnt werden. Ist die Größenordnung des Gehalts an leicht abbaubarem Substrat bekannt, setzt man üblicherweise 3 Verdünnungen an. Ist die Größenordnung nicht abschätzbar, kann ein Richtwert über die CSB- oder die TOC-Bestimmung gewonnen werden bzw. es wird eine größere Anzahl von Verdünnungsstufen angesetzt. Parallel dazu wird in der Praxis eine Glucose-Glutaminsäure-Standardlösung für Kontrollzwecke angesetzt.

Bei der *manometrischen Bestimmungsmethode* (auch respirometrisch) wird einer Wasserprobe in einer geschlossenen Apparatur ständig Sauerstoff zugeführt. Der für den Abbau der organischen Substanzen verbrauchte Sauerstoff wird aus der Änderung des Sauerstoffgehaltes im Gasraum manometrisch (oder volumetrisch) bestimmt. Dieses Verfahren liefert jedoch aufgrund anderer Bedingungen zwangsläufig auch andere Ergebnisse. Bei der Ergebnisangabe sollte also in diesem Falle der Zusatz "manometrisch" nicht fehlen.

Handelsübliche BSB-Testsysteme nach der manometrischen Methode gestatten die Aufnahme von bis zu 6 Flaschen und deren separate Manometer (Bild 6.3-25). Die Wasserprobe (geeignet verdünnt) füllt das Flaschenvolumen nicht aus. Der Luftraum über der Flüssigkeit dient als Sauerstoffquelle für die Mikroorganismen zusätzlich zu dem im Wasser gelösten Sauerstoff. Nach dem Temperieren der Proben auf 20 °C ± 1K und dem Verschließen der

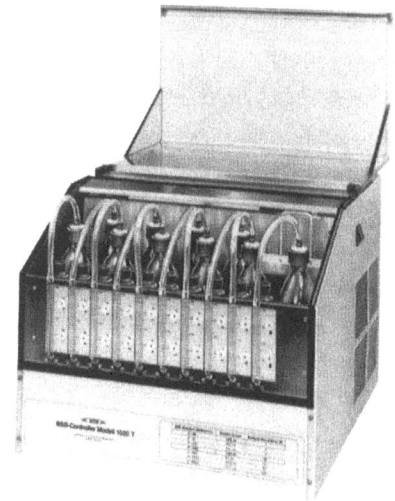

Bild 6.3-25: Apparatur zur manometrischen BSB-Bestimmung [26]

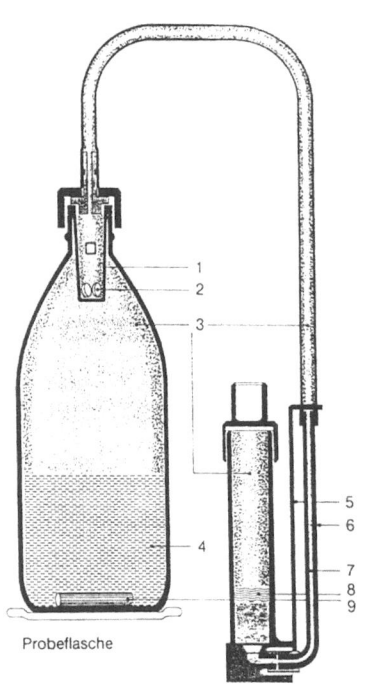

Bild 6.3-26: Schema der manometrischen BSB-Bestimmung [26]

1 Köcher
2 NaOH-Plätzchen
3 wasserdampfgesättigte Luft
4 Probe
5 Skala
6 Kapillare
7 Quecksilber
8 Wasser
9 Magnetrührstäbchen

Flaschen wird bei Beginn der Messung an den zugehörigen Manometern der Nullpunkt eingestellt. Die Manometerskalen sind üblicherweise in mg/l BSB kalibriert. Die abgelesenen Werte sind jedoch noch mit dem Verdünnungsfaktor zu multiplzieren.

Die Meßwerte werden täglich erfaßt und in vorbereitete Meßprotokolle eingetragen. Auf ihnen kann der Zeitverlauf der Sauerstoffzehrung auch grafisch dargestellt werden. Lithium- oder Natriumhydroxidkristalle im Flaschenverschluß binden das beim Stoffwechselprozeß entstehende Kohlendioxid.

Ist das Manometer in Druckeinheiten kalibriert, berechnet sich der BSB-Wert unter Zuhilfenahme der Zustandsgleichung für ideale Gase:

$$BSB = \frac{\Delta m_{O_2}}{V_{Fl}}$$

$$\Delta m_{O_2} = \frac{\Delta p_{O_2} \cdot M_{O_2} \cdot V_{Gas}}{R \cdot T}$$

$$BSB = \frac{M_{O_2}}{R \cdot T} \cdot \frac{V_{Gas}}{V_{Fl}} \cdot \Delta p_{O_2}$$

Dabei bedeuten:

Δm_{O_2} - Masse des verbrauchten Sauerstoffes

V_{Fl} - Volumen der Meßflüssigkeit

V_{Gas} - Volumen des Gasraumes

M_{O_2} - molare Masse des Sauerstoffes

R - Gaskonstante: 8,31441 J/(mol·K)

T - absolute Temperatur

Δp_{O_2} - Meßwert des Druckes

Im Falle einer vorherigen Verdünnung des Meßwassers ist dieser Wert noch mit dem Verdünnungsfaktor zu multiplizieren.

Nach einer anderen, *direkten Methode* wird der Druck im Luftraum über der Wasserprobe konstant gehalten, indem elektrolytisch erzeugter Sauerstoff entsprechend des Verbrauchs ständig nachgeliefert wird. Die erzeugte Sauerstoffmenge entspricht der verbrauchten. Sie wird coulometrisch gemessen. Verdünnungen des Meßwassers sind nicht erforderlich, der BSB-Wert kann direkt gemessen werden.

Die BSB_5-Bestimmung wird häufig in Kläranlagen im Zulauf durchgeführt, um den Verschmutzungsgrad des Abwassers zu erkennen und einen Richtwert für den Sauerstoffeintrag in das Belebungsbecken zu besitzen. Die BSB_5-Bestimmung parallel dazu im Auslauf dient andererseits zur Kennzeichnung des Wirkungsgrades einer Kläranlage. Der sogenannte

Einwohnergleichwert (EGW oder EW) entspricht dem biochemischen Sauerstoffbedarf zum Abbau des täglichen Schmutzaufkommens bei rein häuslichem Abwasser dividiert durch die Zahl der Einwohner. Er wurde aus einer Vielzahl von Messungen zu 60 g pro Einwohner und Tag für die nichtabgesetzte Probe festgelegt und dient der Kapazitätsauslegung von Klärwerken. Die Verschmutzung gewerblicher und industrieller Abwässer wird auf diesen Einwohnergleichwert bezogen.

Die Aussagekraft des BSB_5-Wertes darf nicht überschätzt werden, denn:

- Die standardisierten Meßbedingungen an einer vorbehandelten Probe haben wenig mit den realen Bedingungen und deren zeitlichen Schwankungen im Tagesrhythmus gemein.
- Das Abwasser verweilt üblicherweise keine 5 Tage im Belebungsbecken eines Klärwerkes.
- Industrieabwässer mit Schwermetallionen und Cyaniden wirken toxisch auf die Mikroorganismen in der Kläranlage.
- Die Reproduzierbarkeit der Methode ist sehr schlecht, da der Probe keine gleichartigen Impfmengen einer standardisierten Mikroorganismenkultur zugegeben werden, sondern mit den gerade adaptierten Mikroorganismen gearbeitet werden muß.

Der BSB_5-Wert sagt jedoch zumindestens größenordnungsmäßig etwas über die Möglichkeit des biologischen Abbaus eines Abwassers aus. In diesem Sinne erfüllt auch die manometrische Bestimmungsmethode ihren Zweck, da sie im Vergleich zur Verdünnungsmethode der Deutschen Einheitsverfahren (DEV) einfach, schnell und sicher in der Handhabung ist. Als biologischer Test kann die BSB-Bestimmung nicht durch physikalische oder chemische Messungen ersetzt werden.

Einen Ausweg weist die *BSB-Kurzzeitmessung unter Verwendung mikrobieller Sensoren*. In einem Feldgerät mit der Bezeichnung BODypoint (von *B*iochemical *O*xygen *D*emand an ausgewählten Meßpunkten) [15, 19] sind immobilisierte Mikroorganismen in einer Membran vor einer Sauerstoffmeßsonde (Clark-Zelle) fixiert. Ihre Stoffwechseltätigkeit wird am Verbrauch von gelöstem Sauerstoff über die Sauerstoffmeßsonde erfaßt. Der Sauerstoffverbrauch erweist sich als proportional zum BSB-Wert des Abwassers. Die Einhaltung optimaler Meßbedingungen wie Temperatur, pH-Wert und Einwirkzeit von Meßflüssigkeit, Nähr-, Spül- und Reinigungsmedien sowie Probennahme, Probenaufbereitung und Kalibrierung sind automatisiert. Da die Meßwertgewinnung etwa alle 3 bis 5 Minuten erfolgt, erlaubt diese Kurzzeitmeßmethode eine quasikontinuierliche Meßwertgewinnung im On-line-Betrieb und damit die Aufnahme von Tagesgängen des BSB-Wertes zur Ermittlung der BSB-Fracht in kommunalen Klärwerken (Bild 6.3-27).

6.3 Wasseranalyse

In einer Mischkammer (Bild 6.3-28) wird die Meßflüssigkeit durch Zudosieren eines pH-Puffers so verdünnt, daß der Biosensor im linearen Bereich seiner Kennlinie arbeiten kann. Zusammen mit Luft und weiterer Pufferlösung gelangt die aufbereitete Meßflüssigkeit in die Durchflußzelle mit dem Biosensor. Das Meßsignal der Sauerstoffmeßsonde wird elektronisch aufbereitet und in einem Mikrorechner ausgewertet. Mit der in der Standardflüssigkeit gemäß DIN 38 409, Teil 51 benutzten D(+)-Glucose, die auf dem gleichen Wege wie die Meßflüssigkeit zum Biosensor gelangt, wird dieser zyklisch kalibriert.

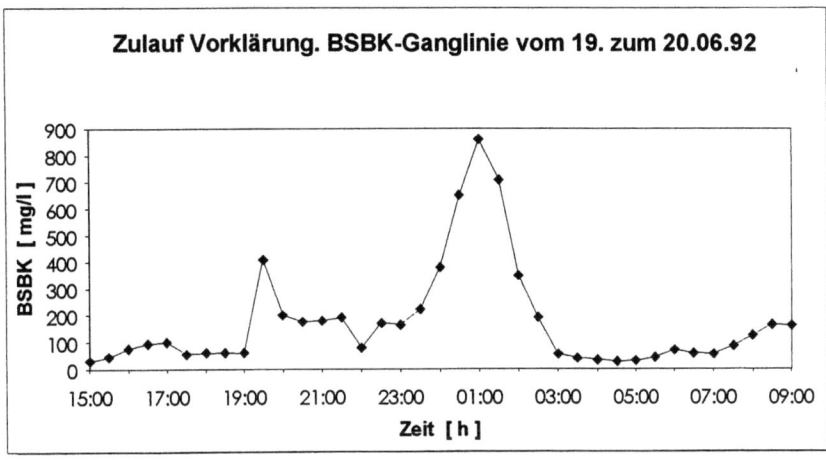

Bild 6.3-27: Tagesgang des BSB-Wertes im Zulauf eines kommunalen Klärwerkes [15]

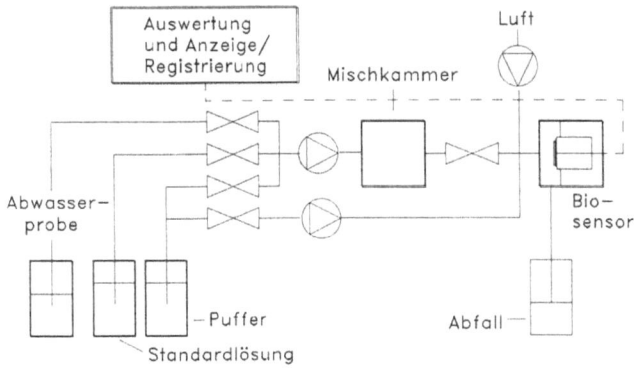

Bild 6.3-28:
Funktionsprinzip des Feldmeßgerätes BODypoint F [19]

6.3.7.2 Bestimmung des chemischen Sauerstoffbedarfs (CSB)

Der *chemische Sauerstoffbedarf CSB* (engl. COD) oder auch CSV wie chemischer Sauerstoffverbrauch ist die als Sauerstoffäquivalent ausgedrückte Menge eines Oxidationsmittels (z. B. Kaliumdichromat ⇨ CSV-Cr oder Kaliumpermanganat ⇨ CSV-Mn), die von den im Wasser enthaltenen oxidierbaren Inhaltsstoffen unter bestimmten Reaktionsbedingungen verbraucht wird. Der CSB-Wert kennzeichnet (ähnlich dem BSB_5-Wert) den Verschmutzungsgrad des Wassers durch organische Inhaltsstoffe (die chemisch oxidiert werden können). Er ist eine Bewertungsgröße für die Abwasserqualität gemäß Abwasser-Abgaben-Verordnung. Es sind auch noch die Bezeichnungen Oxidierbarkeit bzw. Kaliumpermanganat-Verbrauch zu finden.

Die *CSB-Bestimmung* erfolgt nach DIN 38 409, Teil 41-1 (für Wasser mit CSB-Werten zwischen 15 und 300 mg/l und einem Chloridgehalt < 1 g/l). Die Abwasserprobe wird unter definierten Bedingungen mit Kaliumdichromat als Oxidationsmittel in stark schwefelsaurer Umgebung und Ag-Sulfat als Katalysator 2 Stunden mit einem Rückflußkühler zum Sieden erhitzt, dann abgekühlt und verdünnt. Durch Titration mittels Ammonium-Eisen(II)-Sulfatlösung wird das unverbrauchte Oxidationsmittel bestimmt. Aus dem Verbrauch an Oxidationsmittel wird der CSB-Wert berechnet und in mg/l angegeben. Der Berechnung liegt zugrunde, daß 1 mol $K_2Cr_2O_7$ (Kaliumdichromat) einer Menge von 1,5 mol O_2 (Sauerstoff) äquivalent ist. Die Chlorid-Ionen werden durch Hg-Ionen maskiert, damit sie nicht unter Kaliumdichromat-Verbrauch zu elementarem Chlor oxidiert werden. Bei einem Chloridionen-Gehalt > 1,0 g/l werden die Chloridionen nach dem Ansäuern als Chlorwasserstoff ausgetrieben, bis ein Wert ≤ 1,0 g/l erreicht ist (DIN 38 409, Teil 41-2). Überschreitet der CSB-Wert 300 mg/l, so ist die Probe zu verdünnen.

Mittels Blindwertüberprüfung und Testsubstanzen können die Genauigkeit und Reproduzierbarkeit der Meßergebnisse kontrolliert werden.

Bei den DIN-Bestimmungsmethoden werden die wasserlöslichen organischen Verbindungen nur zu 90 bis 98 % oxidiert. Bestimmte stickstoffhaltige Verbindungen sowie kaum lösliche Kohlenwasserstoffe entziehen sich einer quantitativen Erfassung. Dafür werden aber einige anorganische Substanzen, wie Sulfide, Sulfite, Ammonium, Nitrite, Chloride sowie Eisen(II)- und Mangan(II)-Ionen mit erfaßt. Das in vielen Fällen in erheblichem Maße vorhandene Chlorid kann das Meßergebnis stark verfälschen. In diesem Falle ist eine geeignete Vorbehandlung der Wasserprobe erforderlich (Vorgehen gemäß DIN 38 409, Teil 41-2).

Die DIN 38 409, Teil 43 beschreibt eine *Kurzzeitmethode* zur Bestimmung des CSB-Wertes, die die Siedezeit auf 15 Minuten begrenzt und sonst den Bedingungen nach DIN 38 409, Teil 41 entspricht.

Die DIN 38409, Teil 42 beschreibt ein quecksilberfreies CSB-Bestimmungsverfahren, die DIN 38409, Teil 44 ein solches für den Bereich unterhalb von 15 mg/l CSB-Gehalt.

Die Industrie bietet *Küvettentests* mit vorbereiteten Chemikalienmischungen an. Eine definierte Menge der Abwasserprobe wird in die Küvette pipettiert, in der sich ein vorbereitetes Reagenz aus Kaliumdichromat, Ag-Ionen und Hg-Ionen befindet. Nach dem zweistündigen Erhitzen in einem elektrisch beheizbaren Reaktor, dem Abkühlen und Schütteln erfolgt der Nachweis der bei der Reduktion entstanden Cr-Ionen kolorimetrisch/fotometrisch oder durch Titration (Bild 6.3-29). Die Küvetten sind für definierte Meßbereiche vorbereitet und für die Messung entsprechend des erwarteten CSB-Wertes auszuwählen. Aufgrund der bei diesem Verfahren verwendeten geringen Reagenzienmengen wird dieses Verfahren auch als *Mikro-CSB-Aufschlußverfahren* bezeichnet.

Die Bestimmung des chemischen Sauerstoffbedarfs liefert andere Werte für die Wasserverschmutzung als die Bestimmung des biochemischen Sauerstoffbedarfs. Das *CSB/BSB$_5$-Verhältnis* liegt bei häuslichem Abwasser etwa bei 2 : 1, während es bei Industrieabwässern bei 5 : 1 und höher liegen kann. Toxische Substanzen wirken sich nicht negativ aus. Andererseits werden bestimmte organische Substanzen auf diesem Wege nur unvollständig oxidiert. Der wesentliche Vorteil der CSB-Bestimmung gegenüber der BSB-Bestimmung liegt in der Zeitdauer des Tests. Industrielle Prozeßabläufe können über eine CSB-Bestimmung effektiver kontrolliert und gegebenfalls korrigiert werden.

Die *CSB-Nachweisgrenze* liegt mit etwa 15 mg/l derzeit wesentlich über der der TOC-Bestimmung mit etwa 0,1 mg/l (Abschnitt 6.3.7.3). Auch deshalb setzt sich die TOC-Bestimmung mehr und mehr durch.

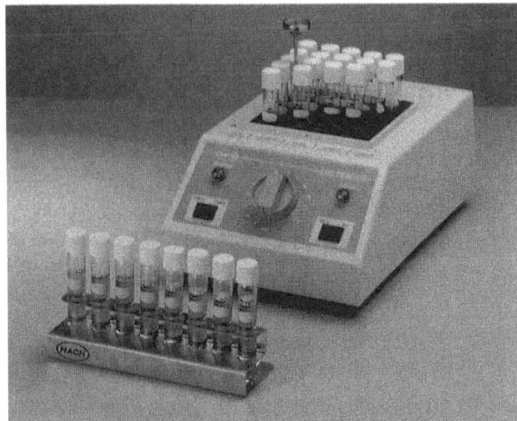

Bild 6.3-29:
Mikro-CSB-Aufschluß-apparatur [18]

6.3.7.3 Bestimmung des gesamten organisch gebundenen Kohlenstoffes (TOC)

TOC steht für *total organic carbon* und bedeutet Gesamtgehalt an Kohlenstoff in Form von organischen Inhaltsstoffen im Wasser. Der TOC-Wert eignet sich ebenso als ein Bewertungsmaßstab für die sauerstoffzehrende Eigenschaft von Wasserinhaltsstoffen wie der BSB- oder CSB-Wert. Er erfaßt jedoch alle organischen Inhaltsstoffe, die gelösten und die ungelösten.

Der Analysenablauf ist im Gegensatz zur BSB- oder CSB-Bestimmung apparativ leicht umzusetzen und zu automatisieren. Es werden deshalb eine Reihe von gerätetechnischen Lösungen auf dem Markt angeboten, die sich vielfach auch für die Prozeßkontrolle eignen.

Dem wird in der *Wassergesetzgebung* bisher noch nicht ausreichend Rechnung getragen. Bei der Wäsche von Rauchgasen aus Feuerungsanlagen (Anhang 47 zur Rahmen-Abwasserverwaltungsvorschrift) wurde durch Festlegung eines Umrechnugsfaktors CSB/TOC = 1/3 der Bezug zum abgabenrechtlich relevanten chemischen Sauerstoffbedarf bereits hergestellt.

Trotz der im Detail sehr unterschiedlichen technischen Realisierungen kann man aus den handelsüblichen TOC-Geräten ein *allgemeingültiges Funktionsprinzip* (Bild 6.3-30) herauslesen, was im wesentlichen dem Verfahren nach DIN 38409, Teil 3 entspricht.

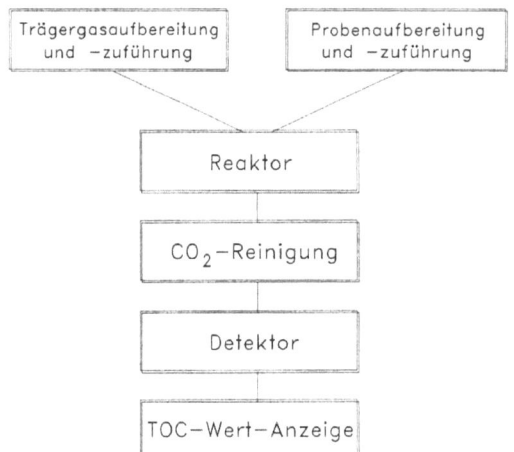

Bild 6.3-30:
Funktionsprinzip eines TOC-Prozeßanalysators

Kernstück einer TOC-Bestimmungsapparatur ist der *Reaktor*, auch Aufschlußreaktor genannt, in dem der organisch gebundene Kohlenstoff der Wasserprobe zu Kohlendioxid (CO_2) oxidiert wird. Das kann sowohl thermisch durch Verbrennung bei 950 °C (TOC-400-Prozeßanalysator von Rosemount [24]), durch Verbrennung bei 850 °C unter Anwesenheit

6.3 Wasseranalyse

eines Katalysators (TOCOR-200-Prozeßanalysator von Maihak [23]) als auch durch naßchemische Persulfat-Oxidation mit UV-Licht-Unterstützung (Prozeß-TOC-Analysator Modell 1800 von Foss-Heraeus [18]) oder auf anderem Wege erfolgen.

Das automatisch zu dosierende *Probenwasser* ist vorher aufbereitet worden. Es wurde homogenisiert, um Meßungenauigkeiten durch Feststoffpartikel zu minimieren. In einer Stripp-Vorrichtung wurde unter Zugabe von Phosphorsäure der anorganisch gebundene Kohlenstoff (*TIC*) ausgetrieben. Wird dieser direkt zum Detektor geleitet, kann so auch eine TIC-Bestimmung durchgeführt werden (TIC - total inorganic carbon).

Das *Trägergas*, sauerstoffhaltig und kohlendioxidfrei, transportiert das im Reaktor entstehende CO_2 in den Detektor. Dieses Gasgemisch wird durch Gaswäscher, Kondensatabscheider, Gaskühler und Filter von allen eventuell störenden Verunreinigungen befreit.

Der quantitative Nachweis des CO_2 erfolgt vorzugsweise fotometrisch mittels *Infrarotdetektor*. Der gemessene CO_2-Gehalt wird in die TOC-Konzentration umgerechnet und in mg/l am Fotometer angezeigt bzw. kann über einen entsprechenden Ausgang auf einen Schreiber geführt werden, um so gegebenenfalls den Prozeßverlauf dokumentieren zu können.

Die *Ergebnisangabe* soll mit maximal 3 signifikanten Stellen erfolgen, z. B.: Organisch gebundener Kohlenstoff (TOC) $6{,}32 \cdot 10^2$ mg/l.

Der *Anwendungsbereich* von TOC-Bestimmungen überstreicht mehr als 4 Größenordnungen von etwa 0,1 mg/l bis in den g/l-Bereich. Bei handelsüblichen Geräten erfolgt zum Teil eine automatische Umschaltung zwischen den Meßbereichen. Die *Auflösung* von Prozeßmeßgeräten wird mit bis zu 1 % vom Meßbereichsendwert, die *Reproduzierbarkeit* der Messungen wird mit ± 2,5 % vom Meßbereichsendwert angegeben [18]. Viele Geräte für die Prozeßkontrolle erlauben die Vorgabe von Grenzwerten, bei deren Überschreitung Alarm ausgelöst werden kann. Die Probennahme kann getaktet erfolgen, Probennahme und Aufschluß sind aber auch kontinuierlich möglich. TOC-Bestimmungen werden nicht nur in der Abwasseranalytik durchgeführt, sie sind auch für den Gewässerschutz, die Trinkwasserhygiene und Reinstwasseranalysen von Bedeutung. Geräte mit thermischem Aufschluß der Probe erlauben die TOC-Bestimmung auch bei Suspensionen, Schlämmen und Feststoffen.

Ist das Probenwasser vor dem Aufschluß gefiltert worden (Porenweite $\leq$ 0,45 mm), liefert die Messung nur den *DOC-Gehalt* (von dissolved organic carbon - gelöster organischer Kohlenstoff).

Der *TC-Gehalt* (total carbon - Gesamtkohlenstoffgehalt) umfaßt die Summe des organisch und des anorganisch gebundenen Kohlenstoffes in gelösten und ungelösten Verbindungen. Er kann durch Addition der Ergebnisse von TIC- und TOC-Bestimmung ermittelt werden.

Bei geeigneter Probenaufbereitung kann auch der *POC*- (purgeable organic carbon - austreibbarer organischer Kohlenstoff) und *VOC*-Gehalt (volatile ... - leicht flüchtiger ...) bestimmt werden. Häufig eignen sich dazu gerätetechnische Optionen eines TOC-Prozeßanalysators - der auswertende Mikrorechner verfügt dann über entsprechende Programmoptionen.

Mitunter bieten die Firmen spezielle *Probenaufbereitungseinheiten* als Zubehör an (z. B. TOCOR 2 + MPA 2 von Maihak [23]), bei deren Einsatz die Anwendungsbreite des TOC-Analysators erweitert werden kann.

Die einzelnen Wasserarten unterscheiden sich in ihrem TOC-Gehalt um Größenordnungen. In Tabelle 6.3-11 sind einige Orientierungswerte angegeben, die aber nur Beispielcharakter tragen.

Wasserart	TOC-Gehalt in mg/l
deionisiertes Wasser	< 0,5
Leitungswasser	5
Grundwasser	50
Abwasser (Vorklärbecken)	500
Abwasser (Ablauf)	50

Tabelle 6.3-11: Orientierungswerte für den TOC-Gehalt einzelner Wasserarten

6.3.7.4 Bestimmung von Stickstoff

Stickstoff spielt ähnlich wie Kohlenstoff und Sauerstoff eine wichtige Rolle im Stoffhaushalt der Natur, er ist Pflanzennährstoff. Bestimmte Stickstoffverbindungen sind sauerstoffzehrend oder auch giftig, z.B. für Fische. In gebundener Form kommt Stickstoff vor

- in Form von Ionen aus anorganischen Verbindungen: Nitrat, Nitrit, Ammonium,
- in organischen Verbindungen: Aminosäuren, Amine, Eiweiße und
- in synthetischen Substanzen (und deshalb besonders im Abwasser).

Für die *anorganischen Verbindungen* existieren bewährte Analysenmethoden (Abschnitt 6.3.1.3). Im Abwasser-Abgabengesetz (2. 11. 90) ist der Schadstoffparameter Stickstoff im Abwasser nur als Summe der Einzelbestimmungen von Ammonium-, Nitrat- und Nitrit-Stickstoff berücksichtigt, nicht als Summenparameter. Auf die Erfassung des organisch gebundenen Stickstoffes wurde verzichtet, da kein verläßliches Bestimmungsverfahren vorlag.

Die unübersehbare Vielfalt von *organischen Stickstoffverbindungen* läßt eine Einzelstoffbestimmung nicht zu. Zur Charakterisierung der Reinigungsleistung von Abwasseraufbereitungsanlagen oder zur Bewertung der Nährstoffsituation in Wässern reicht eine Bestimmung des *Summenparameters TN$_b$* (*T*otal *N*itrogen *b*onded), des gesamten gebundenen Stickstoffes, i. a.. aus.

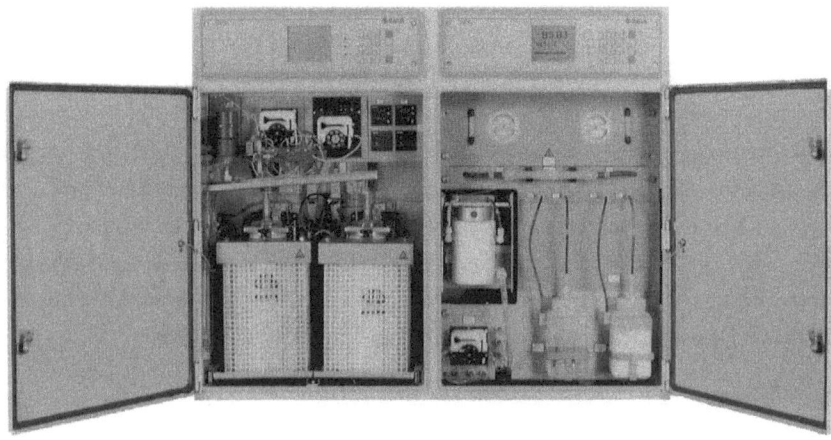

Bild 6.3-31: Prozeß-TOC-Analysator mit TNb-Erfassungszusatz [23]

Dafür existieren *handelsübliche Geräte*. Der bereits erwähnte Prozeß-TOC-Analysator TOCOR 200 [23] z. B. kann mit einem Zusatzanalysator NITOR zur simultanen Erfassung von TN$_b$ aufgerüstet werden (Bild 6.3-31).

Der *Anwendungsbereich* dieser Geräte liegt etwa zwischen 0,1 mg/l und 1 g/l. Das *Funktionsprinzip* ähnelt dem der TOC-Bestimmung. Die Wasserprobe wird in den Reaktor dosiert und dort bei Temperaturen von über 700 °C in Anwesenheit von Katalysatoren zu NO$_x$ oxidiert, in einem Wärmeleitungs-Detektor (z. B. NITOR R) erfaßt und in TN$_b$ umgerechnet angezeigt.

Im Stickstoffanalysator (Modell DN-1000) von Rosemount [24] wird das beim thermischen Aufschluß entstehende Stickoxid (NO) mit Ozon gemischt. Die Reaktion des Stickoxides zu Stickstoffdioxid ist von einer Lichtemission begleitet (Chemolumineszenz). Das Licht wird mittels empfindlicher fotoelektrischer Empfänger (Fotomultiplier) erfaßt. Ein Austausch der Detektoreinheit gegen einen Mikrocoulometer-Detektor erlaubt den Einsatz des Gerätes auch als Schwefel- oder Chloranalysator.

Die *DIN 38409, Teil 29* läßt sowohl den oxidierenden Aufschluß als auch einen reduzierenden Aufschluß der Stickstoffverbindungen zu.

In vielen Normen wird auf den *Kjedahl-Stickstoff* Bezug genommen. Darunter versteht man die Summe aus Ammonium-Stickstoff und dem organisch gebundenen Stickstoff. Der Kjedahl-Stickstoff kennzeichnet die Stickstofffracht im kommunalen Rohabwasser. Die Bezeichnung deutet auf die von Kjedahl 1883 eingeführte Bestimmungsmethode hin. Diese Methode ist jedoch chemikalienintensiv und wird deshalb heute in der Prozeßanalytik möglichst vermieden.

Für die *biologische Abwasserreinigung* ist die separate Erfassung von Ammonium- bzw. Nitratstickstoff von Bedeutung. Beide können als Regelgröße im Reinigungsprozeß benutzt werden. In der biologischen Reinigungsstufe einer Kläranlage liegt Stickstoff überwiegend als Ammonium vor, da aus Eiweiß, Harnstoff usw. bei Vorhandensein von Sauerstoff auf dem Weg zur Kläranlage und während der mechanischen Reinigung Ammonium (NH_4^+) bzw. Ammoniak (NH_3) entsteht. Nitrat wird durch industrielle Abwässer eingetragen. Die Elimination von Stickstoff erfolgt in zwei Schritten. Bei der *Nitrifikation* wird Ammonium durch bestimmte Bakterienarten über Nitrit (NO_2^-) zu Nitrat (NO_3^-) oxidiert:

$$3\,NH_4^+ + 6\,O_2 \xrightarrow{\text{Nitrosomas}} 3\,NO_2^- + 6\,H_2O$$

$$2\,NO_2^- + O_2 \xrightarrow{\text{Nitrobakter}} 2\,NO_3^-$$

Für diese Prozesse ist gelöster Sauerstoff erforderlich. Er wird durch künstliche Belüftung zugeführt, wobei der Gehalt an Ammonium als Indiz für die noch nicht beendete Nitrifikation als Regelparameter für den Sauerstoffeintrag dienen kann. Zur anschließenden *Denitrifikation* wird die Belüftung abgeschaltet. Unter Sauerstoffmangel "veratmen" anaerobe Mikroorganismen den im Nitrat gebundenen Sauerstoff. Es entsteht elementarer Stickstoff, der als Gas in die Atmosphäre entweicht. Der Nitratgehalt ist jetzt ein Indiz für die nicht abgeschlossene Denitrifikation und kann als Regelparameter genutzt werden.

Handelsübliche Gerätelösungen erlauben eine quasikontinuierliche Erfassung von Ammonium und Nitrat (und auch Phosphat).

Die Bestimmung von Nitrat und Nitrit im Abwasser erfolgt quasikontinuierlich (ca. 2 Minuten pro Messung) z. B. im *Nitrate Analyser N 201* von WTW [26] durch sequentielle fotometrische Messung bei 2 Wellenlängen im ultravioletten Bereich. Durch Mischung von automatisch dosiertem Abwasser mit geeigneten Reagenzien wird eine Farbreaktion erzeugt und fotometrisch ausgewertet (Bild 6.3-32). In der Fotometereinheit werden 2 Leuchtdioden verwendet, die Licht unterschiedlicher Wellenlänge aussenden. Damit können Eigenfärbungen und Trübungen der Probe weitgehend ausgeschlossen werden. Eine vorgeschaltete Filtereinheit sorgt für einen kontinuierlichen, feststofffreien Probenstrom. Der Meßbereich liegt zwischen 0,22 und 44,4 mg/l NO_3^--N (Nitrat-Stickstoff). bei einer Meßgenauigkeit von $\leq 2\,\%$ vom Meßbereichsendwert.

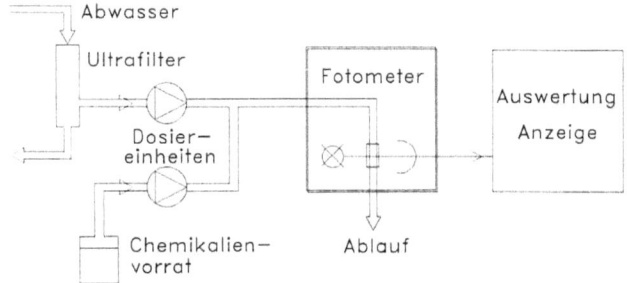

Bild 6.3-32:
Funktionsprinzip von
Ammonium-, Nitrat- und
Phosphatanalysator [26]

Der *Ammonium Analyser A 101* von WTW [26] arbeitet nach dem potentiometrischen Verfahren mit ionenselektiver Elektrode. Die Elektrode besteht aus einer pH-Meßkette und einer Membran, die bevorzugt für Ammoniak (NH_3) durchlässig ist. Der Meßbereich erstreckt sich von 0,1 mg/l bis zu 1 g/l NH_4-N (Ammonium-Stickstoff).

6.3.7.5 Bestimmung von Phosphor

Phosphor als Planzennährstoff stellt häufig den sogenannten Minimumfaktor beim Pflanzenwachstum dar, da Kohlenstoff, Stickstoff und die anderen Nährstoffe i. a. in ausreichendem Maße vorhanden sind. Eine Eutrophierung von Gewässern (Umkippen - Sauerstoffmangel infolge zu starkem Pflanzenwachstums) geht meist auf Phosphor und seine Verwendung in Waschmitteln und Düngemitteln zurück. Bei Kesselwasser dagegen muß zur Vermeidung von Korrosion ein Mindestphosphorgehalt ständig aufrecht erhalten werden.

Die Phosphorelimination im Abwasser erfolgt z. T. biologisch parallel zur Nitrifikation und ist z. T. durch Ausfällen mit geeigneten Chemikalien zu erreichen.

Ein *Phosphoranalysator* ist bereits im Kontext zu Bild 6.3-32 beschrieben worden.

Die *DIN 38 405, Teil 11* beschreibt Bestimmungsmethoden für Wässer mit Phosphorgehalten von etwa 0,0005 bis 0,8 mg/l. Im Falle höherer Konzentrationen ist die Wasserprobe vor der Untersuchung entsprechend zu verdünnen. In allen Fällen erfolgt die Konzentrationsbestimmung fotometrisch. Mit dem Verfahren nach DIN 38 405, Teil 11-1 wird Orthophosphat durch Versetzen mit Ammoniummolybdat als Reagenz und Extinktionsmessung bestimmt. Die *Ergebnisangabe* erfolgt als berechneter Phosphorgehalt in der Probe, z. B.: Orthophosphat, berechnet als P 0,274 mg/l.

Durch geeignete chemische Behandlung der Probe läßt sich Orthophosphat auch nach Extraktion (DIN 38 405, Teil 11-2) bzw. zusammen mit hydrolisierbarem Phosphat (DIN 38 405, Teil 11-3) bestimmen. Das Extraktionsverfahren besitzt eine um den Faktor 10 höhere Nachweisempfindlichkeit gegenüber den anderen Methoden. Nach Aufschluß der Wasserprobe mit Peroxidisulfat, Salpeter-/Schwefelsäure oder Perchlorsäure kann der Gesamtphosphatgehalt bestimmt werden (DIN 38 405, Teil 11-4). Die Ergebnisangabe erfolgt wieder als berechneter Phosphorgehalt.

6.3.7.6 Bestimmung der adsorbierbaren organischen Halogene (AOX)

So wie die organischen Halogenverbindungen in Industrie und Gewerbe (z. B. Entfetten von Werkteilen), in der Landwirtschaft (Pestizideinsatz) und im Haushalt verbreitet Anwendung finden, gelangen sie auch in Abwasser, Oberflächenwasser und Grundwasser. Sie sind toxisch, sehr beständig und werden von Lebewesen, auch dem Menschen, akkumuliert.

Einzelstoffbestimmungen erfolgen chromatografisch. Im Abwasser läßt sich jedoch mit vertretbarem Aufwand nur ein geringer Teil der halogenorganischen Verbindungen einzeln nachweisen. Die Abwassergesetzgebung orientiert auf den *Summenparameter AOX* (adsorbierbare organische Halogenverbindungen), auch als TOX bezeichnet, weil er eine weitgehend vollständige Erfassung dieser Verbindungen erlaubt. Seine Bestimmung ist mit geringem personellen und zeitlichen Aufwand im Labor bei guter Reproduzierbarkeit möglich.

Die Bestimmung der Konzentration organischer Halogene in Wässern erfolgt durch *Verbrennung* bei hohen Temperaturen (950 °C ... 1100 °C) im Sauerstoffstrom in anorganische, leicht nachweisbare Verbindungen (Halogenwasserstoffe) und deren Erfassung mittels Mikro-Coulometrie. Die *Coulometrie* ist ein elektrochemisches Analyseverfahren, bei dem aus der durch die Zelle geflossenen Elektrizitätsmenge auf die Konzentration der nachzuweisenden Substanz geschlossen wird.

Die geringen nachzuweisenden Konzentrationen der toxisch wirkenden Halogenkohlenwasserstoffe im Wasser erfordern eine vorherige *Anreicherung*. Vor der Verbrennung im Reaktor werden die organischen Wasserinhaltsstoffe deshalb aus einer mit Salpetersäure auf einen pH-Wert von 2 bis 3 angesäuerten Wasserprobe an Aktivkohle adsorbiert. Die ebenfalls vorhandenen anorganischen Halogenverbindungen werden anschließend durch Behandlung der beladenen Aktivkohle mit einer halogenidfreien Natriumnitratlösung von der Aktivkohle verdrängt. Nach der Filtration wird die mit den organischen Halogenverbindungen beladene Aktivkohle (Filterkuchen) in den Aufschlußofen gegeben.

Zur Erfassung von flüchtigen Anteilen (*POX* - purgeable organic halide - ausblasbare organische Halogene) organischer Halogenverbindungen werden diese aus dem Probengefäß ausgeblasen und direkt in den Aufschlußofen geleitet.

Das *Funktionsschema* in Bild 6.3-30 gilt analog für die AOX-Bestimmung, wenn man die Probenaufbereitung in mehrere Schritte unterteilt und das CO_2 durch Halogenwasserstoffe ersetzt. Das Ergebnis wird als AOX-Wert angezeigt.

Das *DIN-AOX-Verfahren* (DIN 38 409, Teil 14) erlaubt die AOX-Bestimmung in Wässern mit mehr als 10 µg/l der organisch gebundenen Halogene CL, Br, J (bestimmt als Chlorid) und weniger als 10 mg/l DOC. Durch Verdünnung und Vergrößerung des Probenvolumens können unter bestimmten Bedingungen die Grenzen überschritten werden. Dieses Verfahren läßt sich automatisieren und so in der *Prozeßkontrolle* einsetzen. Handelsübliche Geräte verfügen über eine hohe Nachweisempfindlichkeit. Ihr Anwendungsbereich liegt zwischen weniger als 5 µg/l und 10 mg/l. Die Meßgenauigkeit wird mit ± 2 µg/l bzw. 2 % vom Meßbereichsendwert (jenachdem welcher Wert größer ist) angegeben [24].

Je nach verwendeter Anreicherungsmethode der organischen Halogenverbindungen werden *unterschiedliche Summenparameter* erfaßt:

AOX -	Adsorbable Organic Halide (adsorbierbare organische Halogenverbindungen), identisch mit TOX	- DIN 38409, Teil 14
EOX -	Extractable Organic Halide (extrahierbare ...)	- DIN 38409, Teil 8
POX -	Purgeable Organic Halide (ausblasbare ...)	- DIN 38409, Teil 25
TOX -	Total Organic Halide (Gesamthalogengehalt)	- DIN 38409, Teil 14

6.3.7.7 Bestimmung der Wasserhärte

Unter *Härte eines Wasser* versteht man den Gehalt des Wassers an gelösten Erdalkalisalzen (Härtebildner), insbesondere an Calcium- und Magnesiumsalzen. Die Carbonate von Calcium und Magnesium (Carbonathärte) fallen beim Erhitzen des Wassers als schwerlösliche Niederschläge aus. Sie bilden den Kesselstein. Andere Salze der Erdalkalien wie Chlorite, Sulfate, Nitrite und Phosphate fallen beim Erhitzen nicht aus, sie machen die Nichtcarbonathärte des Wassers aus. Carbonathärte und Nichtcarbonathärte zusammen ergeben die Gesamthärte des Wassers. Salze von Nichterdalkalimetallen tragen zur Härte des Wassers nicht bei (Nichthärtebildner).

Nach DIN 38 409, Teil 6 ist unter Härte eines Wassers der Gehalt des Wassers an Calcium-Ionen (Ca^{2+}) und Magnesium-Ionen (Mg^{2+}) zu verstehen. In speziellen Fällen, z. B. im Bereich Meerwasser werden mitunter auch die Ionen der anderen Erdalkalimetalle Barium

(Ba^{2+}) und Strontium (Sr^{2+}) berücksichtigt. *Enthärtung* heißt in diesem Sinne eine Verringerung oder Entfernung der genannten Ionen, *Aufhärtung* bezeichnet die Erhöhung ihrer Konzentration.

Gemäß DIN 38 406, Teil 3-3 wird die Härte als Summe der Calcium- und Magnesium-Ionen im Wasser bestimmt und als Stoffmengenkonzentration der Härte-Ionen angegeben, z. B.: $c(Ca^{2+} + Mg^{2+})$ = 2,0 mmol/l. Für die Umrechnung aus der gesetzlichen Einheit in früher gebräuchliche Härteangaben gilt: 1 mmol/l = 2 mval/l = 5,6 °dH (°dH - Grad deutscher Härte). 1 °dH ist definiert als die Menge von 10 mg Calciumoxid (CaO) in 1 Liter Wasser.

Die Bestimmung der Härte des Wassers, der Stoffmengenkonzentration von Calcium- und Magnesium-Ionen, erfolgt mittels *Atomabsorptions-Spektrometrie (AAS)* gemäß DIN 38 406, Teil 3-1 oder mittels *komplexometrischer Titration* gemäß DIN 38 406, Teil 3-3.

Die komplexometrische Titration gemäß DIN 38 406, Teil 3-3 erlaubt die Bestimmung der Summe der Calcium- und Magnesium-Ionenkonzentration im Grundwasser, Oberflächenwasser und Trinkwasser. Wässer mit hohem Salzgehalt (z. B. Meerwasser) sollten so nicht analysiert werden, ebenso Abwasser. Anwendbar ist diese Methode auf Wässer mit einer Summe aus Calcium- und Magnesium-Ionenkonzentration über 0,05 mmol/l. Bei Konzentrationen > 4 mmol/l ist die Wasserprobe zu verdünnen. Das Prinzip des Verfahrens wurde bereits in Abschnitt 6.3.2 beschrieben. Praktisch ist dieses Verfahren sehr bequem handhabbar. Der Titrator ist in Tablettenform im Handel. Bei bestimmten, vorgegebenen Probenvolumina entspricht eine Tablette gerade 1 °dH oder 5 °dH. Aus der Anzahl der bis zum Farbumschlag zugegebenen und aufgelösten Tabletten kann die Wasserhärte leicht berechnet werden. Indikator und pH-Puffer werden in Form von Indikator-Puffer-Tabletten der Probe zugesetzt.

Störungen durch Carbonat-Ionen und Eisen in Konzentrationen < 10 mg/l können durch geeignete Probenvorbehandlung eliminiert (maskiert) werden. Enthält die Wasserprobe Ionen von Al, Ba, Pb, Fe, Cu, Mn, Sr und Zn in störenden Konzentrationen, ist die Härtebestimmung nach Verfahren DIN 38 406, Teil 3-1 vorzunehmen.

Das *Ergebnis* wird auf 0,01 mmol/l gerundet mit maximal 3 signifikanten Stellen angegeben, z. B.: Summe an Ca^{2+}- und Mg^{2+}-Ionen 4,56 mmol/l.

Die Bestimmung der Stoffmengenkonzentration von Ca^{2+}-Ionen allein *(Calciumhärte)* erfolgt durch Titration gemäß Verfahren DIN 38 406, Teil 3-2. Ein spezieller Indikator (Calconcarbonsäure) sorgt dafür, daß nur die Calciumionen erfaßt werden, da die Magnesiumionen als Hydroxid ausgefällt werden. Der pH-Wert wird auf einen Wert zwischen 12 und 13 eingestellt. Der anfänglich weinrot gefärbten Lösung wird solange Titrierlösung

(EDTA, Handelsname z. B. Titriplex C) zugegeben, bis der Farbumschlag nach reinblau erfolgt. Aus der Menge x [ml] der verbrauchten Titrierlösung ergibt sich die Stoffmengenkonzentration an Ca-Ionen: $c(Ca^{2+}) = 0,5 \cdot x$ mmol/l.

Dieses Verfahren kann auf Grundwasser, Oberflächenwasser und Trinkwasser angewendet werden. Enthalten Industrie- und häusliche Abwässer keine störenden Mengen von Schwermetallionen, kann auch deren Wasserhärte nach diesem Verfahren bestimmt werden. Durch geeignete Probenvorbehandlung lassen sich Störungen eliminieren, ansonsten ist auf das Verfahren DIN 38 406, Teil 3-1 zurückzugreifen.

Die Stoffmengenkonzentration von Mg^{2+}-Ionen *(Magnesiahärte)* wird als Differenz von Gesamthärte und Calciumhärte errechnet. Für Umrechnungen gilt:

1 mmol/l Ca^{2+} entspricht 40,08 mg/l Ca^{2+} und

1 mmol/l Mg^{2+} entspricht 24,31 mg/l Mg^{2+}.

Das Verfahren zur Bestimmung von Calcium- und Magnesium-Ionen mittels *Atomabsorptions-Spektrometrie (AAS)* eignet sich für natürliche Wässer, Trinkwasser und mäßig belastete Wässer. Dabei kann Calcium im Konzentrationsbereich von 0,2 bis 0,5 mg/l direkt bestimmt werden und Magnesium im Konzentrationsbereich von 0,05 bis 1 mg/l. Durch Verdünnung kann der Meßbereich zu beliebig hohen Konzentrationen erweitert werden. Die geeignet aufbereitete Wasserprobe wird in der Acetylen-Luft-Flamme eines Atomabsorptions-Spektrometers gesprüht. Unter bestimmten Bedingungen kann auch mit der Acetylen-Lachgas-Flamme gearbeitet werden. Für Ca^{2+}-Ionen wird die spektrale Absorption bei einer Lichtwellenlänge von 422,7 nm und für Mg^{2+}-Ionen bei einer Wellenlänge von 285,2 nm gemessen. Der Störeinfluß von Silicaten, Aluminium, Fluoriden, Phosphaten und Sulfaten als häufige Störquellen im Wasser wird durch Zugabe einer Lanthansalzlösung geeigneter Konzentration eliminiert.

Bei der Durchführung werden *Blindproben* (ohne Ca^{2+}- und Mg^{2+}-Ionen) zum Nullpunktsabgleich des Spektrometers und *Kalibrierlösungen* aufsteigender Konzentrationen zur Erstellung einer Kalibrierkurve verwendet. Die Kalibrierlösungen entstehen durch Verdünnung von Stammlösungen (Tabelle 6.3-12).

Kalibrierlösung mit ... mg Ca-Mg-Stammlösung	0,5	1	2	5	10
Calcium-Ionen in mg/l	0,25	0,5	1,0	2,5	5,0
Magnesium-Ionen in mg/l	0,025	0,05	0,10	0,25	0,50

Tabelle 6.3-12: Kalibrierlösungen und die zugehörigen Massenkonzentrationen von Calcium- und und Magnesium-Ionen (DIN 38 406, Teil 3)

Eine Stammlösung entsteht, indem eine Ampulle handelsüblicher Calcium- oder Magnesiumlösung mit (1,000 ± 0,002) g Calcium oder Magnesium in einem Meßkolben (Nennvolumen 1 Liter) mit Salzsäure (c(HCL) = 0,1 mol/l) bis zur Kalibriermarke aufgefüllt wird. 50 ml der Calciumstammlösung und 5 ml der Magnesiumstammlösung in einem Meßkolben mit HCL aufgefüllt ergeben die Calcium-Magnesium-Stammlösung, aus der nun die Kalibrierlösungen gewonnen werden können.

Die Massenkonzentration an Ca^{2+}-Ionen bzw. Mg^{2+}-Ionen in der Wasserprobe wird im linearen Bereich der Kalibrierkurve nach der folgenden Gleichung berechnet:

$$c = \frac{(E_P - E_O) \cdot c_E \cdot V}{E_E \cdot V_P}$$

Hierin bedeuten:

- c   Massenkonzentration der Wasserprobe an Calcium bzw. Magnesium, in mg/l
- E_P spektrales Absorptionsmaß (Extinktion) der Probenlösung
- E_E spektrales Absorptionsmaß (Extinktion) der Kalibrierlösung, deren Meßwert dem der Probenlösung am nächsten liegt
- E_O spektrales Absorptionsmaß (Extinktion) der Blindlösung
- c_E Massenkonzentration der Kalibrierlösung mit dem spektralen Absorptionsmaß E_E, in mg/l
- V   Volumen der untersuchten Probenlösung (= 100 ml)
- V_P Volumen der Wasserprobe in der der erwarteten Konzentration entsprechend der aufbereiteten Probenlösung.

Bei nichtlinearer Kalibrierkurve kann die Auswertung grafisch erfolgen.

Soll die Massenkonzentration von Ca^{2+}-Ionen bzw. Mg^{2+}-Ionen allein bestimmt werden, sind Kalibrierlösungen aus der Stammlösung von Calcium bzw. Magnesium allein herzustellen.

Unter Verwendung von Calmagit als Indikator und geeigneter Reagenzien können die Mg^{2+}- und Ca^{2+}-Ionenkonzentrationen *kolorimetrisch* bestimmt werden.

Die Bestimmung der Wasserhärte kann auch automatisch erfolgen. Sie findet damit Eingang in die Prozeßkontrolle. Wasserenthärter müssen regeneriert werden, wenn ihre Austauscherkapazität erschöpft ist. Der Regenerationszyklus beruhte bisher auf Berechnungen. Parameter wie Temperatur, Durchflußgeschwindigkeit und Beschaffenheit der Austauscherharze sind jedoch variable Größen und werden üblicherweise im Sicherheitszeitfaktor für die Regeneration berücksichtigt.

Eine kontinuierliche Überwachung der Härte im Abfluß des Wasserenthärters erlaubt dagegen eine vollständige Ausschöpfung der Austauschkapazität. Der sogenannte *Härtemonitor* von Hach [18] ist für diesen Anwendungsfall konzipiert. Er kontrolliert den vorgegebenen Härtegrenzwert und gibt bei Überschreitung Alarm. Die Alarmpunkte können mit 1, 2, 5, 10, 20, 50 und 100 mg/l Gesamthärte (berechnet als $CaCO_3$) gewählt werden. Es werden in Abständen von 2 Minuten Analysen durchgeführt, so daß der Reagenzienvorrat einen zweimonatigen ununterbrochenen Betrieb gewährleistet. Mit dem Nachfüllen der Reagenzien wird eine Kalibrierung verbunden.

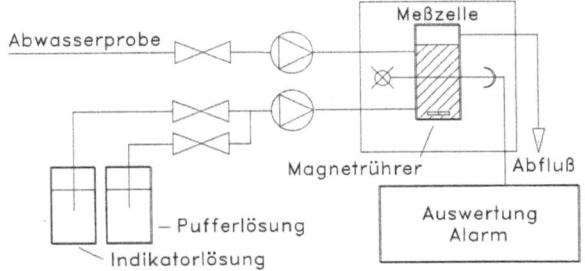

Bild 6.3-33:
Funktionsschema des Härtemonitors [18]

Bild 6.3-33 läßt das *Funktionsprinzip* des Härtemonitors erkennen. Eine sehr langsam drehende Pumpe betätigt über Nocken Ventile für die Wasserprobe, die Indikatorlösung und eine Pufferlösung. In der Meßzelle werden die feindosierten Portionen unterstützt durch einen Magnetrührer gemischt. Die entstehende Farbreaktion wird fotometrisch ausgewertet. Bild 6.3-34 zeigt die Innenansicht des Härtemonitors.

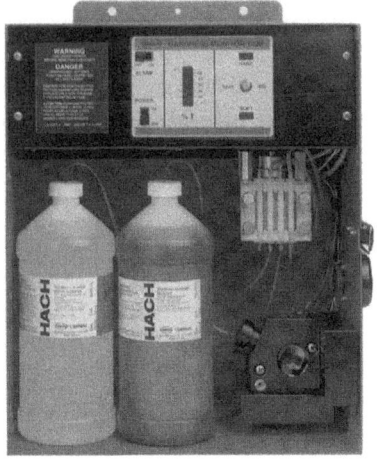

Bild 6.3-34:
Innenansicht des Härtemonitors mit Behältern für Indikator- und Pufferlösung (links), Fotometer (rechts) und der Pumpen-Ventil-Einheit (Mitte rechts) [18]

6.3.7.8 Bestimmung der Säure- und Basekapazität

Die *Säurekapazität eines Wassers* (K_S) ist der Quotient aus der bei der Titration bis zum Erreichen eines bestimmten pH-Wertes von der Wasserprobe aufgenommenen Stoffmenge n an Hydroniumionen (H_3O^+) und dem Volumen V der Wasserprobe (DIN 38 409, Teil 7):

$$K_S = \frac{n(H_3O^+)}{V(H_2O)}.$$

Die Hydroniumionen werden als Säure zugegeben. Daraus resultiert die früher übliche Bezeichnung Säureverbrauch.

Im Falle der *Säurekapazität bis zum pH-Wert 8,2* ($K_{S\,8,2}$) ist es die Menge an Hydronium-Ionen, die zugegeben werden muß, bis der pH-Wert 8,2 erreicht ist. Dieser Wert wird auch als *p-Wert* bezeichnet, weil das Erreichen des pH-Wertes 8,2 am Farbumschlag von Phenolphtalein erkannt wird. Mit Hilfe des Indikators Methylorange wird das Erreichen des pH-Wertes 4,3 erkannt. Man spricht deshalb von *m-Wert*. Anstelle des Bezeichnung m-Wert sollte jedoch die Bezeichnung *Säurekapazität bis zum pH-Wert 4,3* ($K_{S\,4,3}$) verwendet werden, weil die Messung heute mit pH-Einstabmeßketten erfolgt und nicht mehr mit Indikatoren gearbeitet wird. Analoges gilt für die Säurekapazität bis zum pH-Wert 8,2.

Die pH-Werte 4,3 und 8,2 kennzeichnen den Beginn unterschiedlicher Dissoziationsstufen der Kohlensäure im *Gleichgewichtssystem Kohlensäure - Wasser - Calcium* und sagen etwas über Wasserhärte und Aggressivität des Wassers aus. Die Säurekapazität ist in diesem Sinne ein Maß für die im Wasser vorhandenen Mengen an alkalisch reagierenden Stoffen, Karbonaten und Hydrogenkarbonaten, die aus den Werten $K_{S\,8,2}$ und $K_{S\,4,3}$ bzw. $K_{B\,8,2}$ und $K_{B\,4,3}$ auch quantitativ bestimmt werden können [11].

K_B heißt *Basekapazität eines Wassers* und wird als $K_{B\,8,2}$ bzw. $K_{B\,4,3}$ bestimmt über die Menge der bei der Titration bis zum Erreichen des entsprechenden pH-Wertes verbrauchten Natronlauge, richtiger der Menge n an zugegebenen Hydroxidionen (OH^-):

$$K_B = \frac{n(OH^-)}{V(H_2O)}.$$

Während man bei der Säurekapazität von positivem p- und m-Wert spricht, bezeicht man die Basekapazitätswerte als negative p- und m-Werte.

Das Ergebnis einer Basekapazitätsbestimmung wird angegeben als $K_{B\,4,3}$ = *0,27 mmol/l (bei 25 °C)*. Die Ergebnisangabe im Falle der Säurekapazität erfolgt analog dazu. Die Temperaturangabe ist für die Vergleichbarkeit von Meßergebnissen erforderlich.

Die Titration erfolgt mit eingestellten Reagenzlösungen, z. B. mit 0,1 molarer Salzsäure bzw. mit 0,1 molarer Natriumhydroxidlösung. Für abgegrenzte Anwendungen wie die Ermittlung von p- und m-Wert des Wassers in Heißwasser- und Dampfkesselanlagen werden Reagenzlösungen angeboten (z. B.: PM-Lösung von BWT [20]), die bei festgelegtem Probenvolumen aus der Anzahl der bis zum Farbumschlag zugegebenen Tropfen Reagenzlösung unmittelbar die p- und m-Berechnung erlauben.

Zur Messung der Säurekapazität $K_{S\,8,2}$ gibt es kontinuierlich arbeitende Prozeßanalysatoren [18].

6.3.8 Sensorische Verfahren

6.3.8.1 Bestimmung von Gerüchen

Gerüche werden vom Menschen i. a. als belästigend empfunden und können sich auf das Wohlbefinden und die Leistungsfähigkeit auswirken. Die mitunter sehr geringen Konzentrationen (10^{-4} ppm) der Geruchsstoffe können nur noch vom sehr empfindlichen Geruchssinn des Menschen wahrgenommen werden. Von der Geruchsempfindung der menschlichen Nase macht die *Olfaktometrie* Gebrauch. Da die geruchsintensiven Stoffe ihrer chemischen Natur nach bekannt sind, können auch physikalisch/chemische Bestimmungsverfahren wie die Gaschromatografie, die Infrarotspektrometrie und die Konduktometrie eingesetzt werden. Dabei ist infolge der geringen Konzentration der Geruchsstoffe eine vorherige Anreicherung durch Adsorption an Aktivkohle notwendig.

Für eine *qualitative Bestimmung* reicht bezüglich der Geruchsintensität die Unterteilung in die Qualitäten *ohne, schwacher und starker Geruch* meist aus [17]. Bezüglich der Geruchsart oder -qualität haben sich allgemeine Bezeichnungen wie *erdiger, modriger, fauliger, jauchiger, fischiger, aromatischer Geruch* usw. bzw. spezielle Bezeichnungen wie *Geruch nach Chlor, Teer, Mineralöl* usw. eingebürgert und werden wohl auch von den meisten Menschen gleichermaßen empfunden. Andere Klassifizierungen berücksichtigen noch die Annehmbarkeit, Haftfähigkeit usw.

Prüfwasser (a) in ml	200	130	100	70	50	40	30	20	13	10	7	5
Geruchsschwellenwert GSW	1	1,5	2	3	4	5	7	10	15	20	30	40
Prüfwasser (a) in ml	4	3	2	1,3	1	0,7	0,5	0,4	0,2		0,002	
Geruchsschwellenwert GSW	50	70	100	150	200	300	400	500	1 000		100 000	

Tabelle 6.3-13: Verdünnungsreihe und Geruchsschwellenwert [17]

Für eine *quantitative Geruchsbestimmung* wird ein geruchsbehaftetes Wasser derart verdünnt, daß sein Geruch gerade noch feststellbar ist. Mit der Testsubstanz n-Butanol wurde durch Verdünnung und Bewertung eine Geruchsschwellenwertskala geschaffen (Tabelle 6.3-13), die in die Trinkwasserverordnung Eingang gefunden hat.

Die *Geruchsbestimmung einer Wasserprobe* beginnt mit einem Annäherungstest. Dazu werden 200 ml, 20 ml, 2 ml, 0,2 ml der Wasserprobe in einen mit einem Glasstopfen verschließbaren Erlenmeyerkolben eingefüllt und mit geruchsfreiem Wasser auf 200 ml aufgefüllt. Ein weiterer Erlenmeyerkolben enthält 200 ml geruchsfreies Wasser als Blindprobe. Der Test, durchgeführt von mindestens 3 Testpersonen, beginnt mit dem Schütteln, Öffnen, Bewerten und Schließen der Blindprobe. Das gleiche erfolgt dann mit der am stärksten verdünnten Wasserprobe. Wird von der Mehrzahl der Testpersonen kein Geruch festgestellt, wird wieder die Blindprobe bewertet und anschließend die Probe mit der nächststärksten Verdünnung usw. bis zu der Probe, bei der die Mehrzahl der Testpersonen einen Geruch wahrnimmt. Von dieser Probe werden nun geeignete Verdünnungen hergestellt, und die Bewertung beginnt von vorn.

Der Geruchsschwellenwert GSW errechnet sich aus den in ml gemessenen Volumina von Prüfwasser (a) und geruchsfreiem Wasser (b) nach der Beziehung

$$GSW = \frac{a+b}{a}.$$

Das Ergebnis wird unter Berücksichtigung der Temperatur angegeben, z. B.: *Geruchsschwellenwert (15 °C) = 3*.

6.3.8.2 Bestimmung der Färbung

Die Färbung von Wasser, das von Natur aus farblos und klar ist, hat ihre Ursache in Verunreinigungen wie echt gelösten bzw. feindispersen und grobdispersen, ungelösten Wasserinhaltsstoffen. *Färbung* heißt die Eigenschaft des Wassers, die spektrale Zusammensetzung des sichtbaren Lichtes durch Absorption zu verändern.

Ihre Bestimmung kann mit optischen Geräten spektralfotometrisch erfolgen (DIN 38 404, Teil 1-2). Man spricht dann von der *wahren Färbung*, weil nach geeigneter Vorbehandlung der Probe (Sedimentation der grobdispersen Stoffe) der Einfluß der gelösten Wasserinhaltsstoffe erfaßt wird.

Die *visuelle Färbung* wird vorwiegend für natürliche Wässer am Entnahmeort bestimmt. Sie entsteht durch die wahre Färbung und zusätzliche Effekte infolge der ungelösten feindispersen Stoffe.

Zur *Bestimmung der visuellen Färbung* gemäß Verfahren DIN 38 404, Teil 1-1 wird die Wasserprobe in eine 1-Liter-Klarsichtflasche oder einen 1-Liter-Kolorimeterzylinder gefüllt. Grobe Sinkstoffe läßt man sich ca 30 Minuten lang absetzen. Eine eventuell stehenbleibende Trübung resultiert aus dem Vorhandensein feindisperser Inhaltsstoffe und kann auf diesem Wege nicht entfernt werden. Farbstärke und Farbton der Wasserprobe werden im diffusen Licht gegen einen weißen Hintergrund bewertet. Die *Stärke der Färbung* kann *farblos, schwach* oder *stark* sein, der *Farbton* z. B. *rot, gelb, bräunlich-gelb* usw. Das Bestimmungsergebnis wird wie im Beispiel angegeben: *Visuelle Färbung: schwach; bräunlich-gelb.*

Die frühere Ausgabe der DIN 38 404, Teil 2 ließ auch die *visuelle Bestimmung der Trübung* mit Angabe der Trübungsstufen *klar, schwach getrübt, stark getrübt* und *undurchsichtig* zu. Heute wird nur noch auf die halbquantitativen und quantitativen Verfahren orientiert (Abschnitt 6.3.5.1).

6.3.9 Testverfahren mit Wasserorganismen

Die Reinigung von Abwasser vor dessen Einleitung in den natürlichen Wasserkreislauf dient letztlich der Erhaltung des biologischen Gleichgewichtes in der Natur. "Biologische Sensoren" können die Wirkung von Wasserinhaltsstoffen auf Organismen oder gar deren Giftigkeit am sichersten beurteilen. Aus dem Verhalten (z. B. der Bewegungsintensität) von Organismen oder gar deren Nichtüberleben kann mit sogenannten *Biomonitoren* auf die Wasserqualität geschlossen werden. Biomonitore eignen sich sehr gut für die kontinuierliche Überwachung von natürlichen Gewässern und stellen eine Art Frühwarnsystem für eingeleitete Schadstoffe dar.

Der sogenannte *Muscheltest* arbeitet mit Zebramuscheln (Dreissena polymorpha), auf deren oberer Schalenhälfte Magnete befestigt sind. Die Häufigkeit des Öffnens und Schließens der Muscheln, die über die Magnete und zugeordnete Schalter erfaßt werden kann, hängt von der Wasserqualität ab [10].

Beim *Daphnien-Aktivitätstest* wird das Schwimmverhalten von Kleinkrebsen ausgewertet. Als Verfahren gemäß DIN 38 412, Teil 11 ist es bereits als DEV ausgewiesen.

Das Verfahren nach DIN 38 412, Teil 15 nutzt die Wirkung von Wasserinhaltsstoffen auf *Fische* (Goldorfen) aus.

Beim *Algen-Wachstumstest* wird aus der Fotosyntheseleistung von Algen auf die Wasserverschmutzung geschlossen.

Die Abwasserverwaltungsvorschrift nennt als eine Anforderung an das Einleiten von Abwasser die *Fischgiftigkeit als Verdünnungsfaktor* G_F. Das Testverfahren ist in der DIN

38 412, Teil 20 beschrieben. Als Testfisch dient die Goldorfe. Die Giftwirkung wird in Verdünnungen der Abwasserprobe mit Verdünnungswasser im ganzzahligen Verhältnis bestimmt. Der kleinste Verdünnungsfaktor G, bei dem alle Fische überleben, wird als Verdünnungsfaktor G_F bezeichnet.

Im Abwasserabgabengesetz ist als Schwellenwert für Abwasserabgaben $G_F = 2$ festgelegt.

6.3.10 Zusammenstellung der Meßverfahren

	(behandelt bzw. erwähnt auf Seite:)
Algen-Wachstumstest	263
Amperometrie (amperometrische Titration, Elektrometrie)	203, 205, 219, 222
Argentometrie (argentometrische Titration)	204
Bestimmung der *Fischgiftigkeit*	*263*
Bestimmung des Saprobienindex	198
Bestimmung der *visuellen Färbung*	*262*
Bestimmung der *wahren Färbung*	*262*
Chromatografie	*239*
- Gas-Chromatografie (GC)	239
- Hochleistungsflüssigkeits-Chromatografie (HPLC) (auch Hochdruckflüssigkeits-Chromatografie)	240
- Ionen-Chromatografie (IC)	240
Chromatometrie (chromatometrische Titration)	204
Daphnien-Aktivitätstest	263
Elektrometrie	*205*
- Amperometrie	203, 219, 222
- Coulometrie	243, 251, *254*
- Konduktometrie (Leitfähigkeitsmessung)	224
- Potentiometrie	207
Fotometrie	*234*
- differentielle Fotometrie	235
- visuelle Fotometrie	237
- Kolorimetrie	237

6.3 Wasseranalyse

- visuelle Bestimmung der Färbung	262
Geruchsbestimmung (Olfaktometrie)	*261*
Gravimetrie (Gewichtsanalyse)	*205*
Inkrementverfahren	217
Iodometrtie (iodometrische Titration)	204, 221
iodometrische Sauerstoffbestimmung nach Winkler	*221*
Komplexometrie (komplexometrische Titration, Chelatometrie)	*203*, *256*
Kolorimetrie (Fotometrie)	237
Konduktometrie (Leitfähigkeitsmessung)	224
Leitfähigkeitsmessung	*224*
Maßanalyse (Titrimetrie, Volumetrie)	*203*
- amperometrische Titration (Amperometrie)	203
- argentometrische Titration (Argentometrie)	204
- chromatometrische Titration (Chromatometrie)	204
- Fällungs-Titration (Fällungsanalyse)	204
- iodometrische Titration (Iodometrie)	204, 221
- komplexometrische Titration (Komplexometrie, Chelatometrie)	203, 256
- Neutralisations-Titration (Neutralisationsanalyse, Säure-Base-Titration)	203
- Redox-Titration (Redoxanalyse, Oxidimetrie)	204
- potentiometrische Titration	203
- konduktometrische Titration (Leitfähigkeitstitration)	203
Massenspektrometrie (ICP-MS)	239
Messung mit ionenselektiven Elektroden (ISE)	*216*
Muscheltest	263
Nephelometrie (Trübungsmessung)	229
Olfaktometrie (Geruchsbestimmung)	261
Oxidimetrie (Redoxtitration)	204
pH-Wert-Messung	*205*
Potentiometrie	
- Direktpotentiometrie	217
- pH-Wert-Messung	205
- Redoxspannungsmessung	213

- Messung mit ionenselektiven Elektroden (ISE) 216

Redoxspannungsmessung *213*

sensorische Bestimmungsverfahren (organoleptische Verfahren) 261
- Bestimmung der visuellen Färbung 262
- Bestimmung der wahren Färbung 262
- Geruchsbestimmung 261

Spektrometrie *237*
- Absorptions-Spektrometrie 237
- Atom-Absorptions-Spektrometrie (AAS) 237
- Flammen-AAS 237
- Flammenlose AAS (Graphitrohrtechnik) 238
- AAS-Kaltdampftechnik 238
- AAS-Hydrid-Technik 238
- Emissions-Spektrometrie 239
- Atom-Emissions-Spektrometrie (AES bzw. OES; ICP-AES, ICP-OES) 239
- Infrarot-Spektrometrie 237

Testverfahren mit Mikroorganismen 263
- Bestimmung der Fischgiftigkeit 263, 264
- Algen-Wachstumstest 263
- Daphnien-Aktivitätstest 263
- Muscheltest 263

Titrimetrie (*Maßanalyse*, Volumetrie) 203

Trübungsmessung (Nephelometrie) *229*
- visuelle Trübungsmessung 229, 263
- halbquantitative Verfahren (Durchsichtigkeitszylinder, Sichtscheibe) 229
- *quantitative Verfahren* (Messung im Streulicht oder Durchlicht) *229*

Volumetrie (Titrimetrie, *Maßanalyse*) 203

6.3.11 Literaturverzeichnis

[1] Grundgesetz für die Bundesrepublik Deutschland.
31. August 1990 (BGBl. III Nr. 100-1)

[2] Gesetz zur Ordnung des Wasserhaushaltes
(Wasserhaushaltsgesetz - WHG) vom 23. 9. 1986. BGBl. I, S.1529, ber. S. 1654

[3] Drittes Gesetz zur Änderung des Abwasserabgabengesetzes
vom 2. 11. 1990, BGBl. I, Nr. 61, S. 2425

[4] Allgemeine Rahmenverwaltungsvorschrift über die Mindestanforderungen an das Einleiten von Abwasser in Gewässer (Rahmen-AbwasserVwV vom 19. 12. 1989
BGBl. Nr. 37, 12. Dez. 1990, S. 798

[5] Verordnung über Trinkwasser und über Wasser für Lebensmittelbetriebe
(Trinkwasserverordnung - TrinkwV), Neufassung vom 5. Dezember 1990
Bundesgesetzblatt, Jahrgang 1990. Teil 1, Nr. 66, 12. Dez. 1990, S. 2613-2629

[6] Richtlinie des Rates vom 15. Juli 1980 über die Qualität von Wasser für den menschlichen Gebrauch (80/778/EWG), EG-Amtsblatt Nr. L 229 vom 30. 8. 1980

[7] Bundesseuchengesetz
Bundesgesetzblatt, Jahrgang 1979, Teil 1, Nr. 75, S. 2261

[8] DIN 19643: Aufbereitung und Desinfektion von Schwimm- und Badebeckenwasser.
Beuth-Verlag. Berlin. 1984

[9] Deutsche Einheitsverfahren zur Wasser-, Abwasser- und Schlammuntersuchung
Herausgegeben von der Fachgruppe Wasserchemie des Vereins Deutscher Chemiker; Loseblattsammlung, Verlag Chemie Weinheim
und zugeordnete DIN-Verfahren, Beuth-Verlag GmbH, Berlin

[10] *Baum, F.*
Umweltschutz in der Praxis
R. Oldenbourg Verlag; München, Wien; 1992

[11] *Hanke, K.*
Wasseraufbereitung. Chemie und chemische Verfahrenstechnik
VDI-Verlag, Düsseldorf, 1991

[12] *Herschmann, W.*
Aufbereitung von Schwimmbadwasser.
Krammer-Verlag. Düsseldorf. 1980

[13] *Hoffmann, H.-J.*
Moderne Methoden der Wasseranalytik.
LaborPraxis, 1991, S. 154-159, 248-252, 397-402, 469-477.

[14] *Krist, T.; Krebs, W.*
Handbuch der Installationstechnik: Wasser - Abwasser - Gas.
Bauverlag. Wiesbaden, Berlin. 1993

[15] *Merten, H.; Neumann, B.*
BSB - Kurzzeitmessung mit Biosensor
Sonderdruck aus BioTec 6/92

[16] *Richly, W.*
Meß- und Analysenverfahren
Vogel Buchverlag, Würzburg, 1992

[17] *Winkler, F.; Worch, E.*
Verfahrenschemie und Umweltschutz
Deutscher Verlag der Wissenschaften, Berlin 1989

[18] Analytik Jena GmbH, Spitzbergstraße 1, 07747 Jena
Hach Water Analysis Handbook und andere Firmenschriften der Hach Company, Loveland, Colorado, USA
Firmenschriften von Foss-Heraeus und anderen

[19] AUCOTEAM - Umweltautomatisierung mbH
Storkower Straße 115a, 10407 Berlin
Firmenschriften

[20] BWT Wassertechnik GmbH; Industriestraße, Schrießheim
Firmenschriften

[21] Edmund Bühler GmbH & Co; Johanna Otto GmbH
Rottenburger Straße 3, 72411 Bodelshausen
Firmenschriften

[22] Endress + Hauser Meßtechnik GmbH + Co, Technisches Büro Teltow
Potsdamer Straße 12, 14513 Teltow
Abwasserhandbuch 1992 und andere Firmenschriften

[23] Maihak AG; Semperstraße 38, 22292 Hamburg
Firmenschriften

[24] Rosemount Analytical Inc. 3240 Scott Boulevard, Santa Clara, USA
(Technisches Büro Jena, Humboldtstraße 13, 07743 Jena)
Firmenunterlagen

[25] SMT & Hybrid GmbH, St. Petersburger Straße 15, 01069 Dresden
Firmenschriften

[26] Wissenschaftlich-Technische Werkstätten GmbH, Triftstraße 57a, Weilheim
Firmenschriften

[27] Züllig AG, CH-9424 Rheineck (Schweiz)
(SMT & Hybrid GmbH, St. Petersburger Straße 15, 01069 Dresden)
Firmenschriften

[28] *Camman, K.*
Das Arbeiten mit ionenselektiven Elektroden
Springer-Verlag, Berlin - Heidelberg - New York, 1977

[29] *Kolditz, L.*
Anorganikum
VEB Deutscher Verlag der Wissenschaften, Berlin 1974

[30] Merten, H.; Gehring, S.
BSB-Kurzzeit-Messung mit Biosensor in kommunalen Klärwerken
Wasserwirtschaft/Wassertechnik WWt (1995) 3

7 Meßumformer und Meßverstärker

W. Treusch

Sensoren haben die Aufgabe, die Meßgrößen am Meßort aufzunehmen und in Signale umzuformen, die besser weiterverarbeitet werden können. Die Sensorausgangsleistung ist häufig sehr gering, und die Sensorausgänge passen physikalisch selten zu den Eingängen der nachfolgenden Automatisierungsgeräte. Deshalb müssen die Sensorsignale durch Meßumformer umgeformt und verstärkt werden (Bild 7-1). Sensor und Meßumformer werden häufig zu einem Gerät zusammengebaut, wofür auch der Begriff aktiver Sensor benutzt wird.

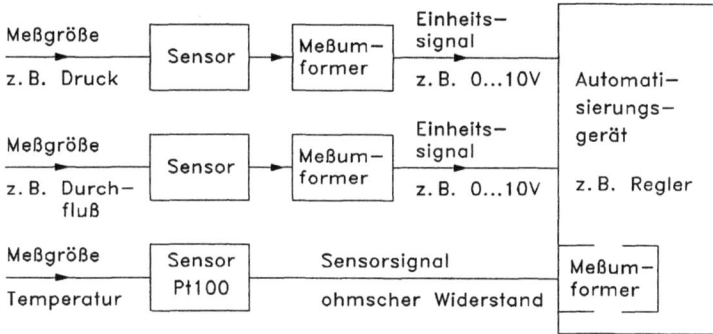

Bild 7-1: Beispiel für die Verbindung unterschiedlicher Sensoren mit einem Automatisierungsgerät

Um unterschiedliche Meßumformer und die nachfolgenden Automatisierungsgeräte verbinden zu können, sind die Umformerausgänge und Geräteeingänge standardisiert. Gebräuchliche Einheitssignale für diese Ein- und Ausgänge sind:

elektrischer Strom: 0 ... 20 mA oder 4 ... 20 mA (Life Zero)
elektrische Spannung: 0 ... 10V oder 2 ... 10V (Life Zero)
pneumatischer Druck: 0,2 bar ... 1 bar

Life Zero bedeutet, daß der Anfangsbereich des Signals ungleich Null ist, wodurch sich ein Leitungsbruch erkennen läßt. Die elektrischen Ein- und Ausgänge der Geräte sind häufig durch Schiebeschalter, Steckbrücken (Jumper) oder Lötbrücken an den benötigten Bereich anzupassen.

Für häufig gebrauchte Sensoren, wie z.B. den Pt100-Temperatursensor, sind bei vielen Automatisierungsgeräten die entsprechenden Meßumformer bereits als Eingangsschaltungen vorhanden, so daß diese Sensoren direkt angeschlossen werden können.

7.1 Umformung der wichtigsten Sensorsignale in elektrische Signale

7.1.1 Meßumformer für ohmsche Sensorwiderstände

Sehr viele Sensoren bestehen aus ohmschen Widerständen, die ihren Widerstandswert in Abhängigkeit der Meßgröße ändern. Beispiele sind das Widerstandsthermometer oder die relative Wegmessung mit Dehnmeßstreifen. Unter der Voraussetzung, daß der Sensor die Meßgröße einigermaßen linear in ein Widerstandssignal umformt, hat der zugehörige Meßumformer die Aufgabe, die Widerstandsänderung in einen proportionalen Strom oder eine proportionale Spannung umzuformen.

7.1.1.1 Die Stromversorgung des Sensorwiderstands

Der Meßumformer besteht aus einer Eingangsschaltung und einem Meßverstärker. Durch die Eingangsschaltung wird die Widerstandsänderung des Sensors (Widerstandssignal) nach dem ohmschen Gesetz in ein anderes elektrisches Signal umgeformt. Mit dem Meßverstärker wird das Signal der Eingangsschaltung verstärkt und in das gewünschte Ausgangssignal (eingeprägter Strom oder eingeprägte Spannung) umgeformt. Für die Wahl der Stromversorgung des Meßwiderstands ist jedoch nur von Bedeutung, daß die Eingangsschaltung das Widerstandssignal **linear** in das Eingangssignal des Verstärkers umformt.

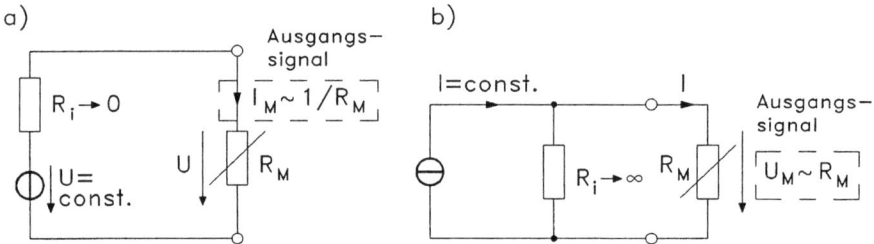

Bild 7-2: Umformung des Widerstandssignals
 a) Umformung in einen elektrischen Strom
 b) Umformung in eine elektrische Spannung

Hierbei zeigt es sich, daß die Meßgröße zunächst in eine elektrische Spannung umgeformt werden sollte. Die Umformung in einen elektrischen Strom führt zu starker Nichtlinearität, da der Ausgangsstrom nach dem ohmschen Gesetz umgekehrt proportional zum Sensorwiderstand ist (Bild 7-2a). Die Umformung des Widerstands in eine Spannung ergibt jedoch einen linearen Zusammenhang: $U_M = I \cdot R_M$

Damit U_M proportional zu R_M wird, muß als Stromversorgung eine Konstantstromquelle vorgesehen werden (Bild 7-2b).

7.1 Umformung der wichtigsten Sensorsignale in elektrische Signale   271

Eine ideale Konstantstromquelle hat einen unendlich hohen Innenwiderstand. Hierdurch können sich Schwankungen des Abschlußwiderstands (d. h. des Sensorwiderstands) nicht auf den Strom auswirken. Reale Stromquellen haben einen endlichen Innenwiderstand. Das Ersatzschaltbild besteht aus einer idealen Konstantstromquelle und dem dazu parallel liegenden Innenwiderstand (Bild 7-3a).

Umgekehrt ist bei der idealen Konstantspannungsquelle der Innenwiderstand gleich Null. Bei der realen Spannungsquelle ist der Innenwiderstand größer als Null und liegt im Ersatzschaltbild in Serie zu der Konstantspannungsquelle (Bild 7-3b).

Beide Ersatzschaltungen lassen sich über den Kurzschlußstrom I_k und die Leerlaufspannung U_0 ineinander umrechnen, so daß man eine reale Stromquelle auch als reale Spannungsquelle auffassen kann und umgekehrt. Der Innenwiderstand R_i ergibt sich in beiden

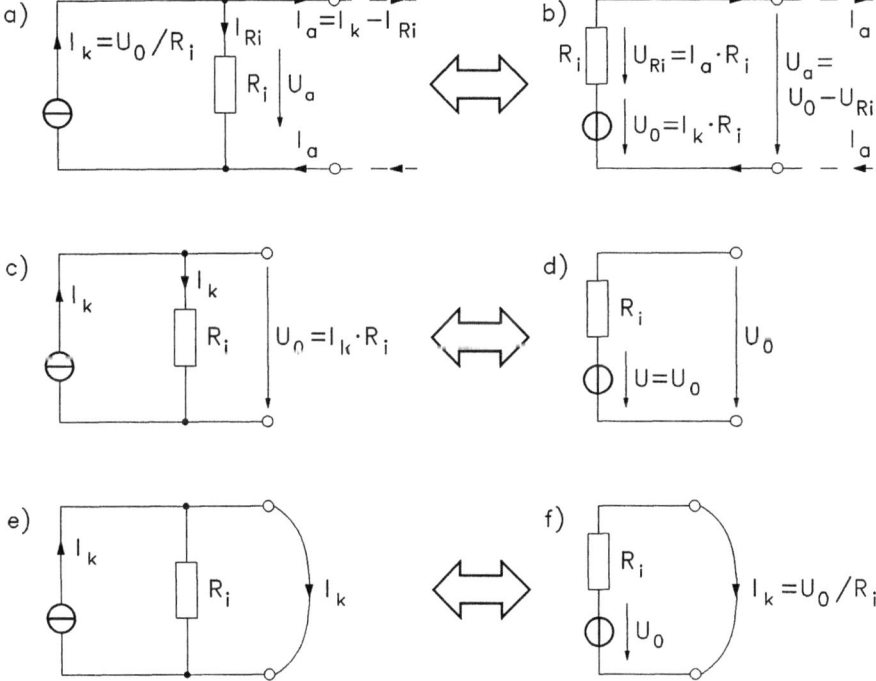

Bild 7-3: Strom- und Spannungsquellen zur Versorgung des Sensorwiderstands
  a) Reale Stromquelle, der Ausgangsstrom verringert sich um den durch den Innenwiderstand fließenden Strom
  b) Reale Spannungsquelle, die Ausgangsspannung verringert sich um die über dem Innenwiderstand abfallende Spannung
  c) und d) Leerlaufspannung der Strom- und der Spannungsquelle
  e) und f) Kurzschlußstrom der Strom- und der Spannungsquelle

Fällen als Quotient der Leerlaufspannung durch den Kurzschlußstrom (Bild 7-3 c und f). Wenn man von einer Stromquelle spricht, sollte der Innenwiderstand relativ groß gegenüber dem Abschlußwiderstand sein und bei einer Spannungsquelle relativ klein.

Als Konstantstromquellen werden elektronische Schaltungen verwendet, mit denen sich der geforderte hohe Innenwiderstand in nahezu idealer Weise verwirklichen läßt. In den meisten Fällen kann man jedoch die Elektronik durch eine Spannungsquelle und einen relativ hohen Vorwiderstand ersetzen. Die über dem Sensorwiderstand abfallende Spannung ist dann noch zu verstärken, so daß die Ausgangsspannung z. B. im Einheitssignalbereich von 0 ... 10 V liegt (Bild 7-4).

Durch den Sensorwiderstand fließt der folgende Strom: $I = U_B/(R_V + R_M)$

Hierbei ist: $R_M = R_{M0} + \Delta R_M$ = Wert des Meßwiderstands

R_{M0} = Widerstandswert am Anfang des Meßbereichs

ΔR_M = Änderung des Meßwiderstands durch die Meßgröße

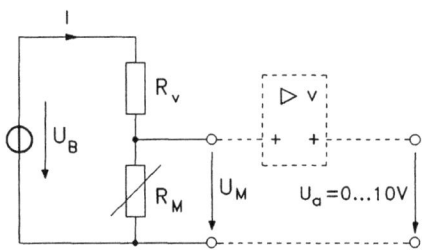

Bild 7-4: Stromversorgung des Meßwiderstands mit einer Konstantspannungsquelle und hochohmigem Vorwiderstand

Da der Sensorwiderstand seinen Wert mit der Meßgröße ändert, ist der Strom nicht vollständig konstant. Für einen ausreichend konstanten Strom gilt:

I ≈ const., wenn $R_V + R_{M0} \gg |\Delta RM|$ bzw. $R_V \gg |\Delta R_M|$

7.1.1.2 Spannungskompensation und Wheatstone-Brücke

Die Ausgangsspannung besteht aus einem Anfangswert und der durch die Meßgröße verursachten Spannungsänderung: $U_M = I \cdot R_M = I \cdot (R_{M0} + \Delta R_M) = U_{M0} + \Delta U_M$

Häufig schränkt der relativ große Anfangswert U_{M0} den nutzbaren Signalbereich ein.

Beispiel Temperaturmessung mit Pt100:   Sensorstrom: $I \approx 2 mA$

                                                                          Versorgungsspannung: $U_B = 15 V$

                                                                          Temperaturbereich: $0°C \leq \vartheta \leq 50 \,°C$

Aus dem Temperaturbereich ergibt sich der Bereich für die Werte des Pt100-Widerstands nach DIN IEC 751: $100\,\Omega \leq R_\vartheta \leq 119{,}40\,\Omega$ $(R_\vartheta = R_M)$

7.1 Umformung der wichtigsten Sensorsignale in elektrische Signale

Vorwiderstand: $R_V \approx U_B/I = 15\text{V}/2\text{mA} = 7,5$ kΩ, damit ist $R_V \gg \Delta R_\vartheta$.
Gewählt wird der Normwert: $R_V = 8,2$ kΩ.

Damit ergibt sich für die Ausgangsspannung: $U_\vartheta = 15\text{V} \cdot \dfrac{R_\vartheta}{8,2\text{k}\Omega + R_\vartheta}$

Mit $R_{\vartheta min} = 100$ Ω wird die Ausgangsspannung (Anfangswert) $U_{\vartheta min} = U_0 = 536$ mV, mit $R_{\vartheta max} = 119,40$ Ω wird die Ausgangsspannung (Endwert) $U_{\vartheta max} = 635$ mV.

Man erhält also bei einem Gesamtbereich von 635 mV nur einen nutzbaren Signalbereich von (635-536) mV = 99 mV bzw. 16% und damit eine entsprechend schlechte Auflösung (Bild 7-5).

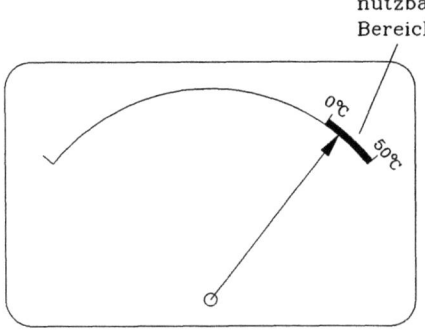

Bild 7-5: Temperaturanzeige in einem Bereich von 16% des Anzeigebereichs

Bei einer Digitalisierung mit z. B. 10 bit wird der Gesamtbereich in $2^{10} - 1 = 1023$ Stufen aufgelöst. Der nutzbare Signalbereich würde hiervon jedoch nur 159 Stufen betragen. Wenn nur dieser Signalbereich umgesetzt wird, läßt sich die gleiche Auflösung bereits mit einem 8-bit-A/D-Umsetzer erreichen.

Vor der Verstärkung und eventuellen Digitalisierung ist also der Anfangswert U_0 vom Meßwert zu subtrahieren. Das geschieht durch Entgegenschalten einer festen Kompensationsspannung U_k von der Größe des Anfangswerts der Signalspannung (Bild 7-6). Zur Verstärkung ist ein Differenzverstärker vorzusehen. Die Eingangsspannung U_e ergibt sich aus der in Bild 7-6 eingezeichneten Masche:

$U_e + U_k - U_M = 0; \quad U_e = U_M - U_k = U_{M0} + \Delta U_M - U_{M0}; \quad U_e = \Delta U_M$

Die Kompensationsspannung kann auch durch den Digitalrechner über einen D/A-Umsetzer erzeugt werden.

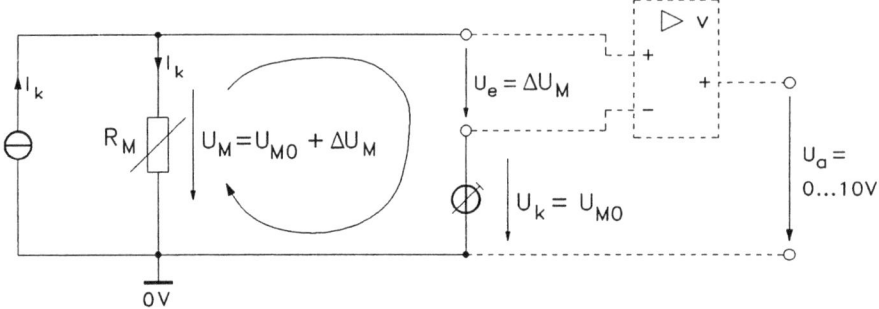

Bild 7-6: Kompensation des Anfangswerts des Meßspannungsbereichs

Wenn der Meßwiderstand durch die in dem Meßumformer vorhandene Versorgungsspannung über einen Vorwiderstand mit Strom versorgt wird (Bild 7-7a), läßt sich aus dieser Spannung auch die Kompensationsspannung durch einen Spannungsteiler gewinnen (Bild 7-7b), und man erhält eine Wheatstone-Brücke (Bild7-7c).

Unter der Voraussetzung, daß die Eingangsimpedanz des nachgeschalteten Verstärkers die Brücke nicht wesentlich belastet, ergibt sich für die Brückenausgangsspannung als Differenz der Spannungen der linken und rechten Brückenseite die folgende Formel:

$$\Delta U_M = U_M - U_k = U_B \cdot \left(\frac{R_M}{R_M + R_1} - \frac{R_3}{R_3 + R_2} \right) \tag{7-1}$$

Wenn die Differenzspannung gleich Null ist, gelten die Proportionen:

$$R_M : R_3 = R_1 : R_2 \tag{7-2}$$

$$\text{oder} \quad R_1 : R_M = R_2 : R_3 \tag{7-3}$$

Man bezeichnet in diesem Fall die Brücke als abgeglichen.

7.1.1.3 Die Verbindung des Sensorwiderstands mit dem Meßumformer

Die Verbindung zwischen dem Sensor und dem Meßumformer ist meistens durch ein längeres Kabel herzustellen, da sich der Sensor am Meßort befindet und der Meßumformer z. B. in einem Schaltschrank eingebaut ist. Bei einer Zweidrahtverbindung liegen die Zuleitungswiderstände in Serie mit dem Sensorwiderstand und verfälschen so die Meßgröße. Wenn die Zuleitungswiderstände bekannt und vor allem auch konstant sind, lassen sie sich bei der Ermittlung der Meßgröße (z. B. im DDC-Gerät) berücksichtigen, oder sie können bei der Wheatstone-Brücke in den Abgleich einbezogen werden. Beides bedeutet jedoch bei der Inbetriebnahme einen zusätzlichen Aufwand, da die verlegte Leitungslänge berücksichtigt werden muß. Außerdem sind die Leitungen der schwankenden Umgebungstemperatur aus-

7.1 Umformung der wichtigsten Sensorsignale in elektrische Signale 275

gesetzt. Das verursacht schwankende Leitungswiderstände und eine zusätzliche Verfälschung des Meßsignals.

a)

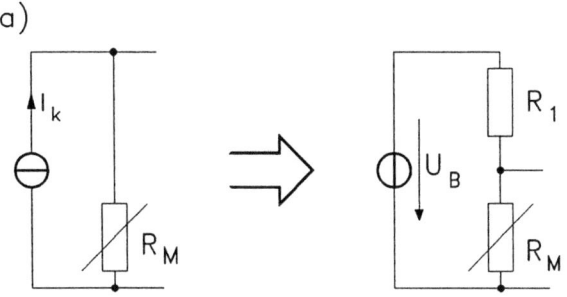

b)

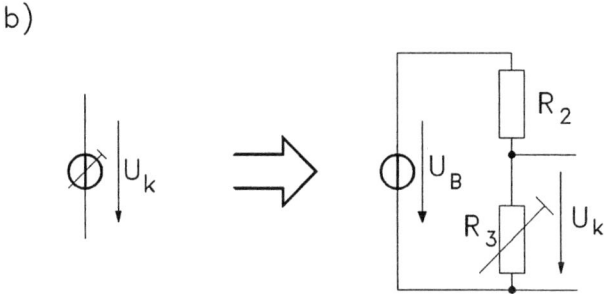

c)

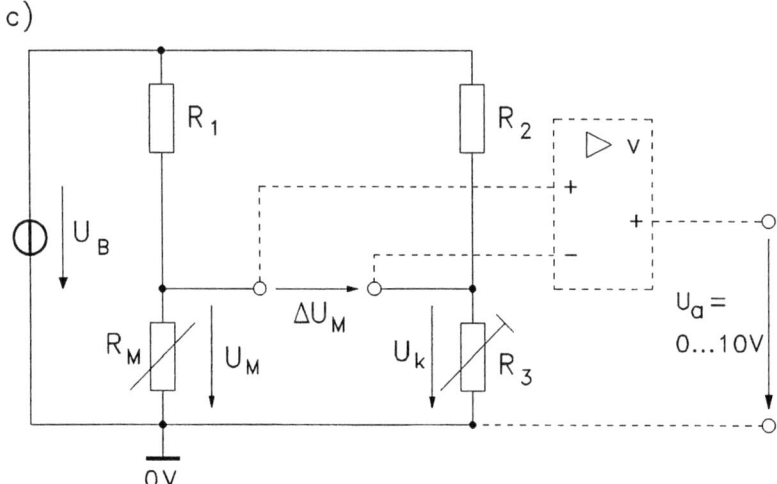

Bild 7-7: Wheatstone-Brücke

Um alle diese Fehler zu vermeiden, verbindet man den Sensorwiderstand über eine Vierleiter- oder eine Dreileiterschaltung mit dem Meßumformer.

Anschluß des Sensorwiderstands an eine Konstantstromquelle mit einer Zweileiter- und einer Vierleiterschaltung:

Bei der Zweidrahtverbindung des Sensorwiderstands mit der Konstantstromquelle wird die zu verstärkende Spannung um den Spannungsabfall $2I \cdot R_L$ über den Leitungen verfälscht (Bild 7-8a).

Beispiel: Temperatursensor Pt100, angeschlossen an eine Konstantstromquelle mit einer zweiadrigen Kupferleitung.

Meßtemperatur: um 0 °C

Konstantstrom: I=5 mA

Leitungslänge: l = 30 m

Querschnitt: A = 0,5mm²

spez. Widerstand des Kupfers: ρ = 0,01785 Ω mm²/m (bei 20 °C)

Temperaturkoeffizient des Kupfers: α_{20} = 0,00392/°C

Umgebungstemperatur: 0 °C $\leq \vartheta_{Umg} \leq$ 40 °C

Eine Ader der Leitung hat bei 20 °C einen Leitungswiderstand von

$$R_{L20} = \rho \cdot \frac{l}{A} = 0,01785 \Omega mm^2 / m \cdot \frac{30 m}{0,5 mm^2} = 1,071 \Omega$$

Für die Temperaturabhängigkeit des Leitungswiderstands soll die folgende Formel benutzt werden: $R_L = R_{L20} \cdot \left[1 + \alpha \cdot \left(\vartheta_{Umg} - 20\,°C\right)\right]$

Der Leitungswiderstand ändert sich bei einer Erhöhung der Umgebungstemperatur auf 40 °C um $\Delta R_L = R_{L20} \cdot \alpha \cdot \left(\vartheta_{Umg} - 20\,°C\right) = 1,071\Omega \cdot 0,00392 \frac{1}{°C} \cdot 20\,°C = 0,0840$.

Bei einer Meßtemperatur von 0 °C beträgt der Wert des Sensorwiderstands R_ϑ = 100Ω.

Die über diesem Widerstand abfallende Meßspannung beträgt
$I \cdot R_\vartheta$ = 5 mA $\cdot$ 100 Ω = 500 mV.

Bei einer Umgebungstemperatur der Leitungen von 20 °C wird die Meßspannung verfälscht um $2I \cdot R_{L20} = 2 \cdot 5 mA \cdot 1,071\Omega = 10,7 mV$. Mit einem Temperaturkoeffizient des Pt100-Widerstands von 0,385 / °C ergibt sich ein Temperaturfehler von 5,6 °C.

7.1 Umformung der wichtigsten Sensorsignale in elektrische Signale

Infolge der Umgebungstemperaturschwankung kommt ein weiterer Fehler hinzu. Dieser ist relativ klein und beträgt bis zu $2 \cdot 5\,\text{mA} \cdot (\pm 0{,}0840\,\Omega) = \pm 0{,}84\,\text{mV}$, das entspricht einem Temperaturfehler von $\pm 0{,}4\,°\text{C}$.

Bei der Vierdrahtverbindung (Bild 7-8b) wird die Spannung über die beiden zusätzlichen Leiter direkt am Meßwiderstand abgegriffen und ohne weitere Verfälschung zum Verstärker mit relativ hohem Eingangswiderstand übertragen. Wegen des hohen Verstärkereingangswiderstands ist der auf diesen Leitern fließende Strom sehr gering (≈ 0), wodurch über den Leitungswiderständen keine Spannung abfällt.

Anschluß des Sensorwiderstands an eine Wheatstonebrücke mit einer Zweileiterschaltung:

Bei der Zweileiterschaltung lassen sich zwar die die mittleren Werte der Leitungswiderstände in den Brückenabgleich einbeziehen. Infolge der Umgebungstemperaturschwankungen ändern sich jedoch die aus Kupfer bestehenden Leitungswiderstände um den Wert ΔR_L, so daß die Brückenausgangsspannung $2I \cdot \Delta R_L$ verfälscht wird (Bild 7-9).

Anschluß des Sensorwiderstands an eine Wheatstonebrücke mit einer Vierleiterschaltung:

Bei dieser Schaltung werden je zwei Leitungswiderstände in den linken und rechten unteren Brückenzweig gelegt, so daß sie sich nicht auf den Brückenabgleich auswirken (Bild 7-10). Die Voraussetzung hierfür ist jedoch, daß sie vom gleichen Strom durchflossen werden. Die beiden oberen Brückenwiderstände müssen also gleich groß sein.

Anschluß des Sensorwiderstands an eine Wheatstonebrücke mit einer Dreileiterschaltung:

Bei der Dreileiterschaltung werden je ein Leitungswiderstand in den linken und rechten unteren Brückenzweig gelegt (Bild 7-11). Diese Widerstände wirken sich damit ebenfalls nicht auf den Brückenabgleich aus, wenn die Brücke links und rechts gleich dimensioniert ist. Der dritte Leitungswiderstand liegt in der Masseleitung außerhalb der Brücke und beeinflußt deshalb nicht den Abgleich. Da für die Dreileiterschaltung eine Leitung weniger gebraucht wird, ist sie zweckmäßiger als die Vierleiterschaltung.

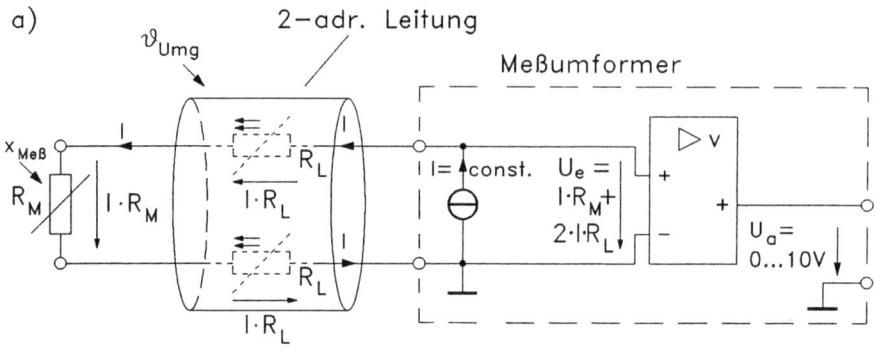

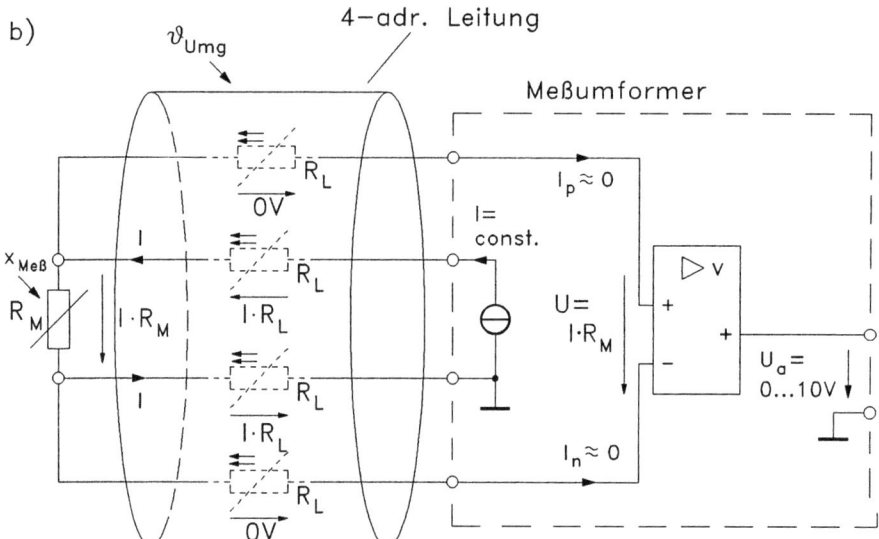

Bild 7-8: Zweileiter- und Vierleiteranschluß des Meßwiderstands bei Konstantstromversorgung

a) Verfälschung der Verstärker-Eingangsspannung durch den Spannungsabfall an den Leitungswiderständen

b) Unverfälschte Übertragung der Meßspannung an den Verstärkereingang bei der Vierleiterschaltung

7.1 Umformung der wichtigsten Sensorsignale in elektrische Signale

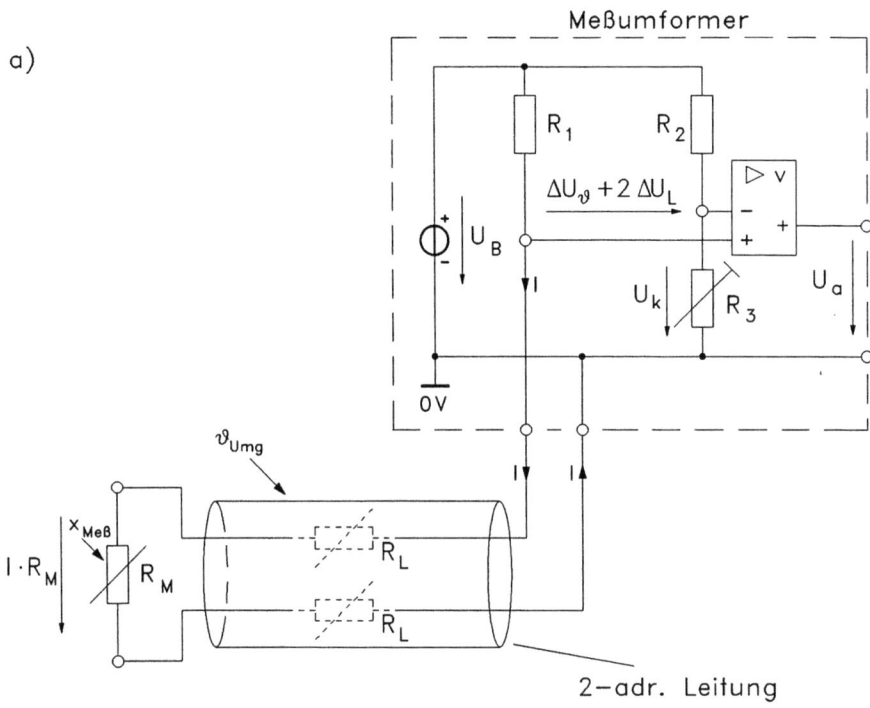

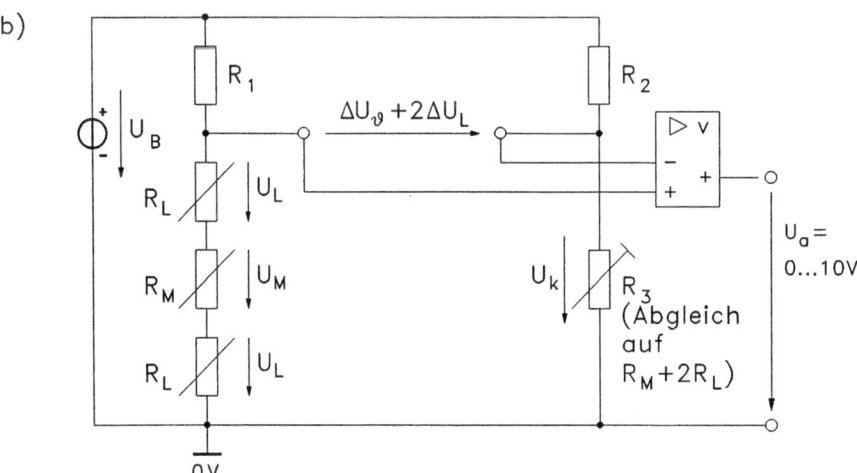

Bild 7-9: Zweileiteranschluß des Meßwiderstands an die Wheatstone-Brücke, Verfälschung der Brücken-Nullspannung durch die Schwankung der Leitungswiderstände
    a) Darstellung der Brücke mit den Verbindungsleitungen
    b) Darstellung der Brücke mit Leitungswiderständen

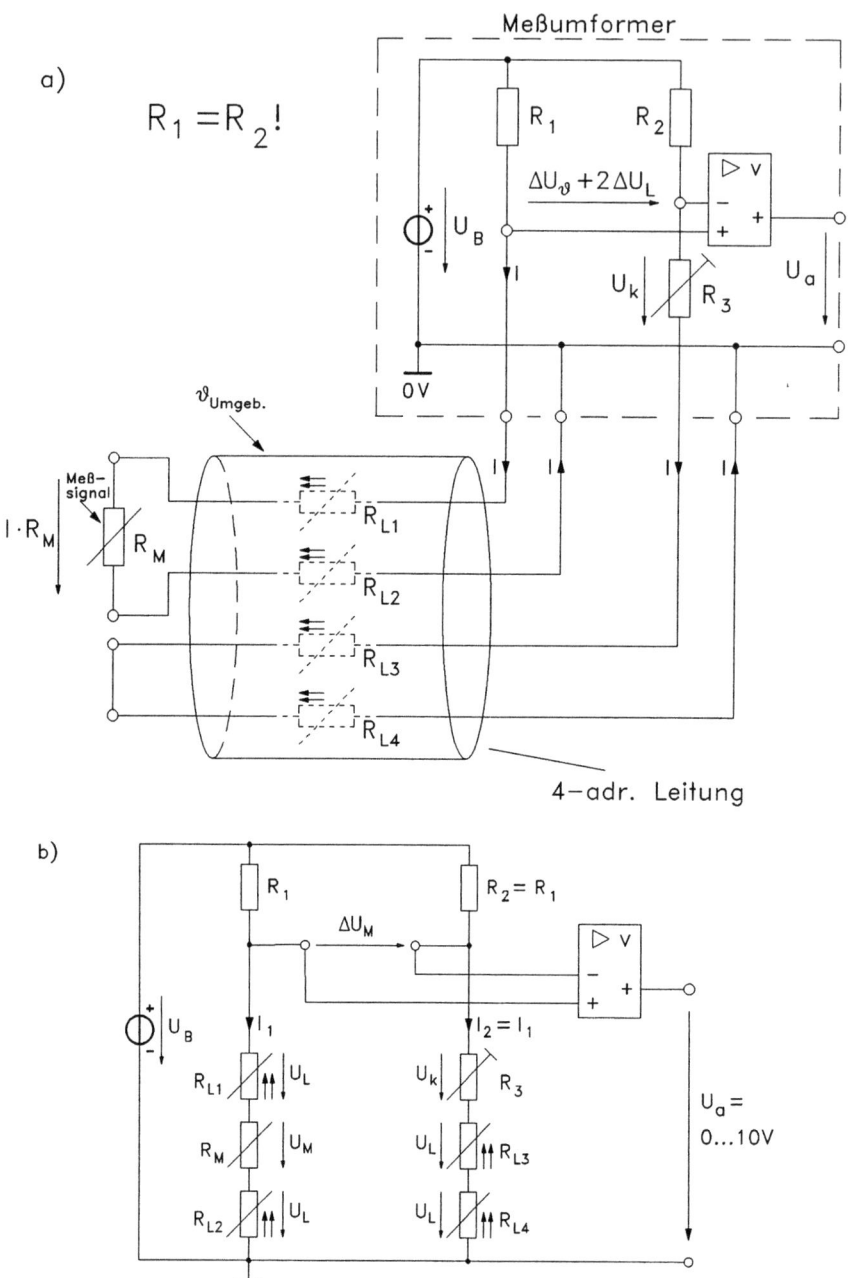

Bild 7-10: Vierleiteranschluß des Meßwiderstands an die Wheatstone-Brücke
    a) Darstellung der Brücke mit den Verbindungsleitungen
    b) Darstellung der Brücke mit einbezogenen Leitungswiderständen

7.1 Umformung der wichtigsten Sensorsignale in elektrische Signale

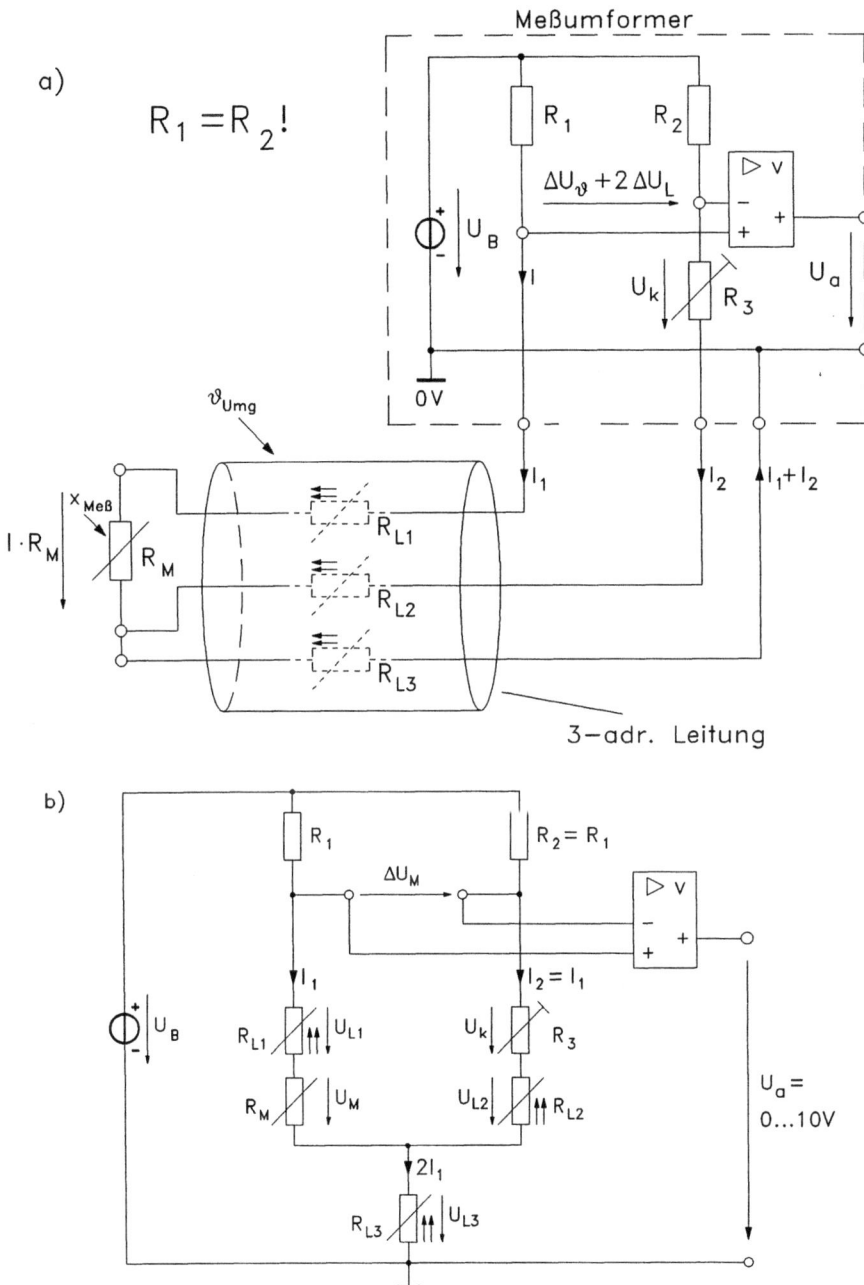

Bild 7-11: Dreileiteranschluß des Meßwiderstands an die Wheatstone-Brücke
  a) Darstellung der Brücke mit den Verbindungsleitungen
  b) Darstellung der Brücke mit Leitungswiderständen

7.1.2 Umformung einer elektrischen Kapazität in anderes elektrisches Signal

Zur Umformung einer elektrischen Kapazität in ein anderes elektrisches Signal kann der Kondensator entweder als Wechselspannungswiderstand oder als frequenzbestimmendes Bauelement eigesetzt werden. Beispiele für kapazitive Sensoren sind der kapazitive Feuchtesensor oder der kapazitive Drucksensor.

Bild 7-12 zeigt eine Prinzipschaltung zu dem ersten Verfahren, wobei die elektrische Kapazität in eine elektrische Spannung umgeformt wird. Die Sensorkapazität C_M ist dabei Teil einer Wechselspannungsbrücke. Die Brückenausgangsspannung wird zunächst mit einem Wechselspannungsverstärker verstärkt und dann mit einem Präzisionsgleichrichter (s. Kap. 7.5.1) gleichgerichtet. Mit dem nachfolgenden Tiefpaß werden die Wechselspannungsanteile ausgesiebt. Die so geglättete Gleichspannung wird über einen Impedanzwandler als Einheitssignal 0...10 V abgegeben.

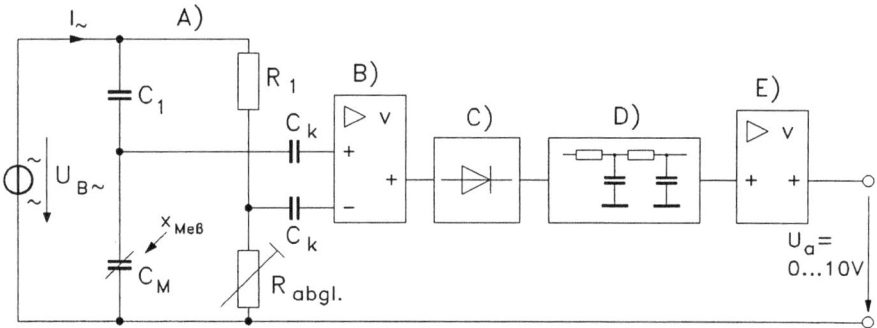

Bild 7-12: Umformung einer elektrischen Kapazität in eine elektrische Spannung
- A: Wechselspannungsbrücke mit der Sensorkapazität
- B: Wechselspannungsverstärker
- C: Präzisionsgleichrichter
- D: Tiefpaß zum Ausfiltern des Wechselspannungsanteils
- E: Ausgangsverstärker (Impedanzwandler)

Bei dem zweiten Verfahren wird der Kondensator als frequenzbestimmendes Bauteil in einer Oszillatorschaltung eingesetzt. Das Meßsignal wird damit in die Frequenz einer elektrischen Wechselspannung (sinusförmig oder rechteckförmig) umgewandelt. Ein solches Signal läßt sich sehr gut über längere Strecken übertragen und kann auf einfache Weise durch einen Frequenzzähler digitalisiert werden.

7.2 Meßverstärker

Meßverstärker werden für sehr verschiedene Aufgaben eingesetzt:

- Sehr kleine Meßsignale müssen auf einen größeren Pegel gebracht werden. Hierbei werden hohe Anforderungen an den Verstärker gestellt, damit die unvermeidlichen Störsignale des Verstärkers vernachlässigbar klein gegenüber dem Meßsignal sind.

- Verstärker dienen zur Impedanzwandlung. Der Verstärker hat dabei weniger die Aufgabe, den Signalpegel zu vergrößern, als die Signalquelle möglichst wenig zu belasten und gleichzeitig eine größere Leistung am Ausgang zur Verfügung zu stellen.

- Das Meßsignal ist in den geforderten Signalbereich zu übertragen. Der Verstärker hat hier das Signal so zu verstärken und zu verschieben, daß es genau in dem geforderten Bereich liegt. Er muß außerdem den Ausgangswert begrenzen, so daß Bereichsüberschreitungen nicht möglich sind.

- Verwirklichung spezieller Funktionen, z. B. Linearisierung von Kennlinien, Präzisionsgleichrichter, Multiplikation von Analogsignalen usw.

7.2.1 Elektronische Operationsverstärker als Meßverstärker

Für elektronische Meßverstärker werden überwiegend integrierte Operationsverstärkerbausteine eingesetzt. Diese Bausteine sind mit vielfältigen Eigenschaften erhältlich, wie z. B. Verstärker mit einem geringen Eingangsruhestrom, einem weiten Frequenzbereich oder mit einer Leistungsendstufe.

Operationsverstärker sind Gleichspannungsverstärker mit zwei Eingängen (ein invertierender und ein nichtinvertierender Eingang) und einem Ausgang, wobei die Spannungsdifferenz zwischen den beiden Eingängen möglichst hoch verstärkt werden sollte. Die gewünschte Verstärkung im Analogbetrieb wird dann durch eine negative Rückführung (Gegenkopplung) eingestellt. Die typischen Operationsverstärkerschaltungen einschließlich der Rechenschaltungen und weiterer Schaltungen zur Gleichrichtung und Erzeugung nichtlinearer Kennlinien sind bereits aus der Analogrechentechnik bekannt [2]. Eine umfangreiche Zusammenstellung von Operationsverstärkerschaltungen mit kurzer Erklärung findet man in [1].

Operationsverstärker werden normalerweise mit einer positiven und einer negativen Versorgungsspannung betrieben (Bild 7-13), so daß ihre Ausgangsspannung gegen Masse positiv oder negativ sein kann. Die Versorgungsspannungen betragen meistens bis zu ±18 V. Im folgenden werden hierfür ±15 V zugrunde gelegt, und die Spannungsquellen werden in den Schaltbildern nicht mehr eingezeichnet. Der nutzbare Ausgangsspannungsbereich beträgt mit dieser Spannungsversorgung ca. ±13 V, da über den Endtransistoren eine Spannung von 1 bis 2 V verloren geht.

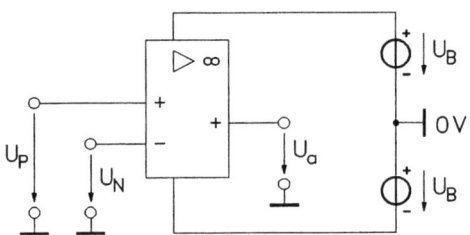

Bild 7-13: Operationsverstärker mit Spannungsversorgung

Die Verstärkung der Spannungsunterschiede zwischen beiden Eingängen des Operationsverstärkers sollte möglichst hoch sein, wobei ein höheres Potential am nichtinvertierenden Eingang (im folgenden kurz P-Eingang) das Ausgangspotential anhebt (Bild 7-14, Fall a),

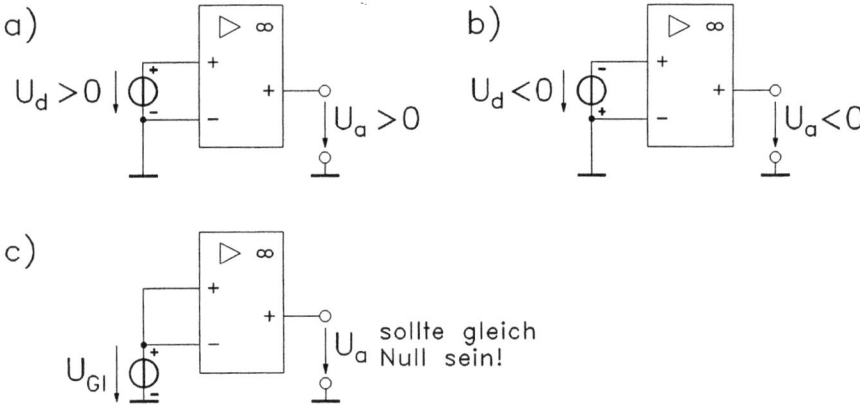

Bild 7-14: Ansteuerung des Operationsverstärkers
  a) und b) Ansteuerung mit einer Differenzspannung
  c) Ansteuerung mit einer Gleichtaktspannung

während ein höheres Potential am invertierenden Eingang (im folgenden kurz N-Eingang) das Ausgangspotential absenkt (Bild 7-14, Fall b). Eine an beiden Eingängen gemeinsam anliegende Gleichtaktspannung sollte möglichst gering verstärkt werden (Bild 7-14, Fall c).

Die wichtigsten Eigenschaften eines idealen Operationsverstärkers und des realen Operationsverstärkers vom Typ 741, der bereits seit dem Anfang der 70er Jahre in Gebrauch ist, sind in Tabelle 7-1 zusammengestellt. Anschlußpläne zeigt das Bild 7-15.

7.2 Meßverstärker

Tabelle 7-1: Eigenschaften des Operationsverstärkers vom Typ 741

		ideal	real (typisch)
Differenzspannungsverstärkung	v_d	∞	$2 \cdot 10^5$
Differenz-Eingangswiderstand	r_d	∞	$2\ M\Omega$
Ausgangswiderstand	r_a	0	$1\ k\Omega$
Eingangs-Offset-Spannung		0	$1\ mV$
Eingangsruhestrom		0	$80\ nA$
Frequenzbereich		$0\ldots\infty$	$0\ldots 10\ kHz$

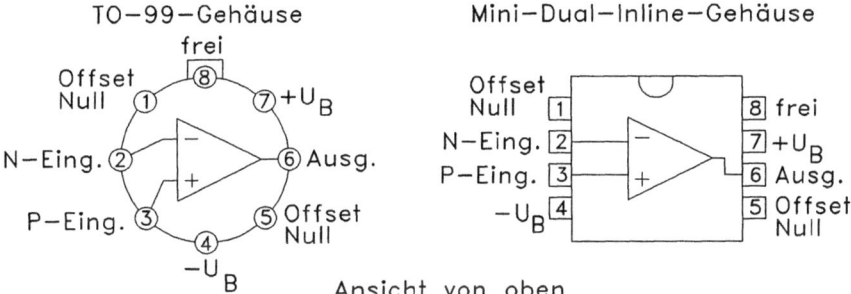

Bild 7-15: Anschlußpläne des integrierten Operationsverstärkers vom Typ 741

Begriffserklärungen:

Differenz-Eingangsspannung:
  Differenz zwischen der am P-Eingang liegenden Spannung U_P und der am N-Eingang liegenden Spannung U_N: $U_d = U_P - U_N$

Differenzspannungsverstärkung: Verhältnis der Ausgangsspannung zur Differenz-Eingangsspannung:

Differenz-Eingangswiderstand:
  differentieller Widerstand zwischen dem P- und dem N-Eingang

Ausgangswiderstand:
  differentieller Ausgangswiderstand des Operationsverstärkers als Signalquelle

Eingangs-Offset-Spannung:
Bei kurzgeschlossenen Eingängen sollte die Ausgangsspannung gleich Null sein. Wegen der Ungleichheit der Eingangstransistoren ist jedoch eine kleine Differenzspannung, die Eingangs-Offset-Spannung, zwischen beiden Eingängen notwendig, um die Ausgangsspannung zu Null zu machen. Die Offset-Spannung ist so klein, daß sie für die meisten Anwendungen keine Rolle spielt. Außerdem läßt sie sich bei vielen Verstärkerbausteinen durch eine externe Schaltung (Bild 7-16) auf Null abgleichen. Allerdings bleibt das Problem, daß die Offsetspannung auch geringfügig mit Schwankungen der Umgebungstemperatur driftet.

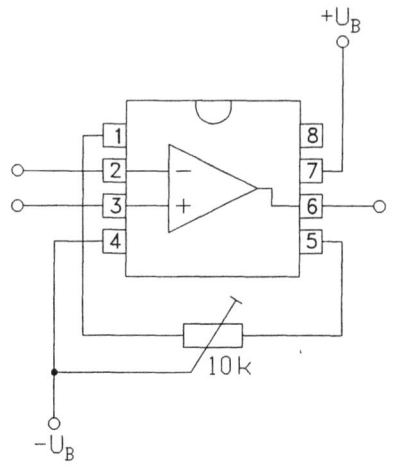

Bild 7-16: Abgleich der Offset-Spannung

Eingangsruhestrom:
Normalerweise haben Operationsverstärker bipolare Eingangstransistoren. Diese Transistoren benötigen einen geringen Basisstrom, um in den erforderlichen Arbeitspunkt zu kommen. Wenn dieser Gleichstrom das Nutzsignal zu sehr verfälscht (z.B. bei sehr hochohmigen Signalquellen), kann ein Operationsverstärker mit Feldeffekt-Eingangstransistoren eingesetzt werden, der keinen merklichen Ruhestrom (Größenordnung 1 nA) aufnimmt.

Frequenzbereich:
Bei Operationsverstärkern wird der nutzbare Frequenzbereich durch eine Frequenzgangkompensation eingeschränkt (als äußere Beschaltung oder durch RC-Glieder, die in den Baustein integriert sind, wie z. B. bei dem Operationsverstärker vom Typ 741). Das ist notwendig, um Schwingungen zu vermeiden, die durch den Gegenkopplungsbetrieb (wie bei einem instabilen Regelkreis) entstehen können. Bei den meistgebrauchten Bausteinen ergibt sich so eine obere Frequenzgrenze von ca. 10 kHz, was für die meisten Anwendungen in der Prozeßmeßtechnik völlig ausreichend ist. Es sind jedoch auch Bausteine verfügbar, die bis weit in den MHz-Bereich stabil arbeiten.

Verstärkerschaltungen mit Gegenkopplung:

Bei allen kontinuierlich arbeitenden Verstärkerschaltungen werden die Operationsverstärker mit Gegenkopplung betrieben. Hierzu wird das Ausgangssignal über eine Schaltung mit normalerweise passiven Bauteilen (Widerstände und Kondensatoren) auf den invertierenden Eingang des Operationsverstärkers zurückgeführt. Die Rückführung auf den N-Eingang ist wegen der Vorzeichenumkehr in dem kreisförmigen Signalverlauf notwendig. Eine Rückführung auf den P-Eingang führt zu monotoner Instabilität und damit zu bistabilem Verhalten, welches z. B. bei Schmitt-Trigger-Schaltungen ausgenutzt wird.

Der Betrieb des Operationsverstärkers mit Gegenkopplung führt zusammen mit der sehr hohen Differenzverstärkung der integrierten Bausteine zu weitgehend idealem Verhalten. Die Eigenschaften der gesamten Verstärkerschaltungen werden dabei nahezu ausschließlich von den Eigenschaften der äußeren Bauteile bestimmt. So ändert sich z.B. die Gesamtverstärkung einer Verstärkerschaltung mit 100-facher Verstärkung um weniger als 0,1 %, wenn der eingesetzte Operationsverstärkerbaustein gegen ein anderes Exemplar mit der 10-fachen Differenzverstärkung ausgetauscht wird. Gleiches gilt für die Linearität. Aus diesen Gründen werden für die folgenden Betrachtungen ideale Eigenschaften der Operationsverstärker zugrunde gelegt.

7.2.1.1 Invertierender Verstärker

Bei invertierenden Verstärkern wird der P-Eingang auf ein festes Potential gelegt, normalerweise auf das Massepotential. Das Eingangssignal und das zurückgeführte Ausgangssignal werden dem N-Eingang über Widerstände zugeführt, Bild 7-17. Wenn die Berechnungsgrundlagen gelten sollen, darf der Operationsverstärker in diesem normalen Verstärkerbetrieb nicht übersteuert werden, d. h., die Eingangsspannung darf nicht so groß sein, daß die Ausgangsspannung an die Grenzen des Ausgangsspannungsbereichs gelangt. Ebenso darf der Ausgangsstrom nicht den Grenzwert erreichen, den der Verstärker abgeben kann.

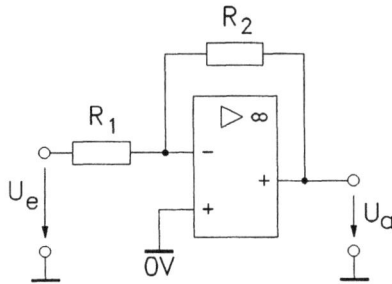

Bild 7-17: Invertierender Verstärker

Zur Bestimmung der Gesamtverstärkung läßt sich unter diesen Voraussetzungen aus der Ausgangsspannung und der Differenzverstärkung die Differenzeingangsspannung U_d berechnen. Hierbei kommt es jedoch nur auf die Größenordnung an. Für den Operationsverstärker vom Typ 741 ergibt sich z.B. für eine Ausgangsspannung von 10V eine Differenzspannung von $U_d = 10\,\text{V}/2 \cdot 10^5 = 50\,\mu\text{V}$, also eine gegenüber den üblichen Eingangs- und

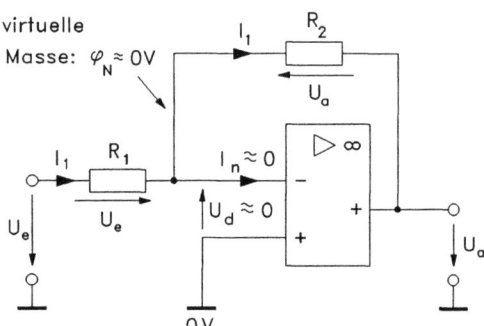

Bild 7-18: Spannungen und Ströme des invertierenden Verstärkers

Ausgangsspannungen der gesamten Verstärkerschaltung vernachlässigbar kleine Spannung. Ebenso ist der in den Verstärker hineinfließende Strom I_n, der durch die Differenzspannung verursacht wird, völlig vernachlässigbar. Unter den genannten Voraussetzungen ergibt sich $I_n = U_d / r_d = 50\,\mu\text{V} / 2{,}5\,\text{M}\Omega = 2{,}5 \cdot 10^{-11}\,\text{A}$. Dieser Strom ist nicht zu verwechseln mit dem Eingangsruhestrom, der auch sehr klein ist (typisch 80 nA).

Unter diesen Voraussetzungen kann man den Operationsverstärker idealisiert betrachten (Bild 7-18), wobei der N-Eingang annähernd auf Massepotential liegt. Man spricht von der virtuellen Masse. Damit fällt die Eingangsspannung U_e über dem Widerstand R_1 ab und der Eingangsstrom ergibt sich mit $I_1 = U_e / R_1$. Da der Eingangsstrom des Operationsverstärkers vernachlässigbar ist, fließt dieser Strom über den Rückführungswiderstand R_2 weiter zum Verstärkerausgang. Weil über diesem Widerstand die Ausgangsspannung abfällt, läßt sich eine zweite Beziehung für den Strom I_1 angeben: $I_1 = -U_a / R_2$ (negativ wegen der gegeneinander gerichteten Zählpfeile). Daraus folgt $-U_a / R_2 = U_e / R_1$ und man erhält für die Ausgangsspannung:

$$U_a = -\frac{R_2}{R_1} \cdot U_e \qquad (7\text{-}4)$$

Die Verstärkung beträgt $\quad v = \left|\dfrac{U_a}{U_e}\right| = \dfrac{R_2}{R_1}$

Diese Herleitung soll durch ein Beispiel mit dem Operationsverstärker vom Typ 741 veranschaulicht werden (Bild 7-19).

7.2 Meßverstärker

a)
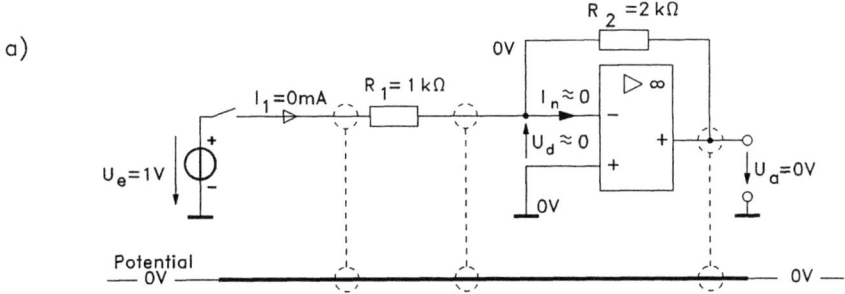

b)
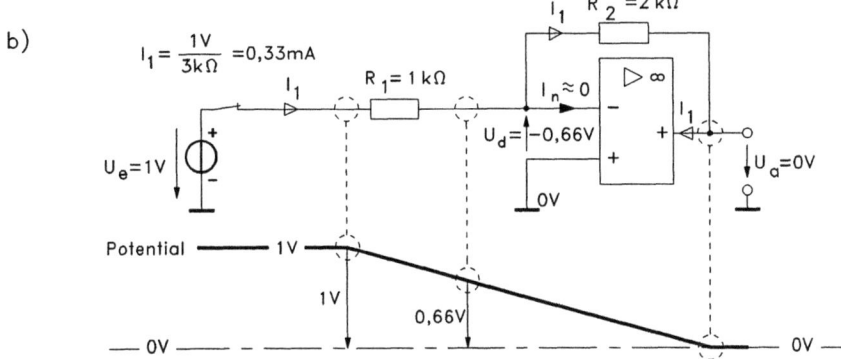

c)
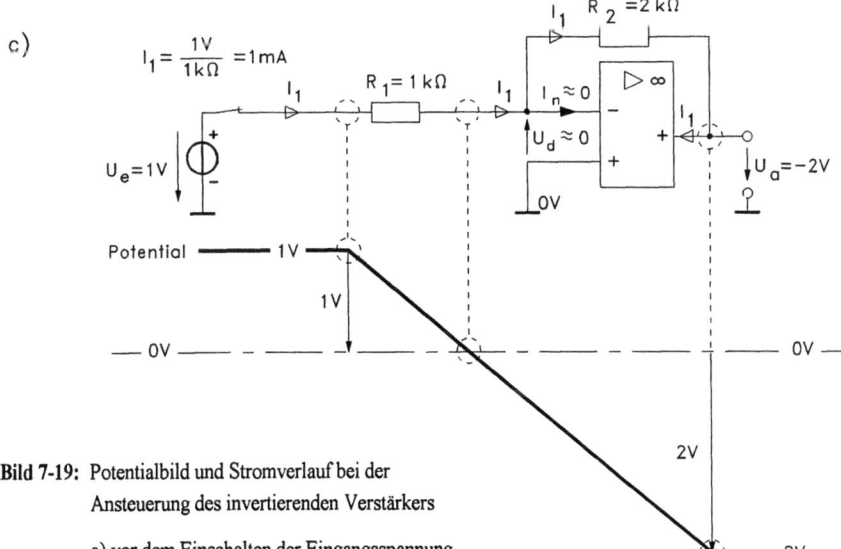

Bild 7-19: Potentialbild und Stromverlauf bei der Ansteuerung des invertierenden Verstärkers

a) vor dem Einschalten der Eingangsspannung
b) direkt nach dem Einschalten der Eingangsspannung
c) nach Erreichen des Endwerts der Ausgangsspannung

Fall a:

Die Eingangsspannung ist noch nicht eingeschaltet, der Eingangsstrom und die Ausgangsspannung sind gleich Null.

Fall b:

Die Eingangsspannung wurde gerade eingeschaltet. Der Verstärkerausgang liegt noch auf 0 V, so daß über den beiden Widerständen die gesamte Eingangsspannung von 1 V abfällt. Da der Eingangsstrom des Verstärkers vernachlässigbar ist, ergibt sich durch die Spannungsteilung ein relativ hohes positives Potential von 0,66 V am N-Eingang. Nun verschiebt sich das Ausgangspotential mit der für den Verstärkertyp 741 gegebenen Maximalgeschwindigkeit von -0,5 V/μs ins Negative. Der Strom I_1 wird dabei über die Ausgangstransistoren des Verstärkers zur negativen Versorgungsspannung abgeführt.

Fall c:

Das Ausgangspotential hat -2 V erreicht. Über den beiden Widerständen liegt eine Spannung von 3 V und aus der Spannungsteilung ergibt sich ein Potential am N-Eingang von 0 V. Wenn man vom Ausgangssignal über die Differenzspannungsverstärkung zu den Eingängen zurückrechnet, ergibt sich U_d = -2 V / $2 \cdot 10^5$ = -0,01 mV. Da der P-Eingang auf Massepotential liegt, befindet sich der N-Eingang auf +0,01 mV, also annähernd auf 0 V. Damit ist ein stabiler Zustand erreicht. Ein weiteres Absinken der Ausgangspotentials ist nicht möglich, weil dann die Differenzeingangsspannung U_d nicht mehr ausreicht, um über die Verstärkung die Ausgangsspannung zu erzeugen. Es ergibt sich also gemäß Formel (7-4) die Ausgangsspannung:

$$U_a = -\frac{2\,k\Omega}{1\,k\Omega} \cdot 1\,V = -2\,V$$

Der invertierende Verstärker wirkt als Regelkreis, dessen Sollwert das Potential am P-Eingang des Verstärkerbausteins ist. Der Istwert ist das Potential am N-Eingang und der Verstärker versucht als Regler die Regeldifferenz (die Spannung U_d) zu Null zu machen.

Eingangs- und Ausgangsimpedanz:

Die Eingangsimpedanz sollte möglichst hoch sein, da sie die vorausgehende Signalquelle belastet. Bei dem invertierenden Verstärker ist die Eingangsimpedanz gleich dem Widerstand R_1, da über ihm die ganze Eingangsspannung abfällt (Bild 7-18). Wegen des Eingangsruhestroms kann dieser Widerstand jedoch bei Bausteinen mit bipolaren Eingangstransistoren nicht beliebig groß gewählt werden. Wenn eine Verstärkerschaltung mit hoher Eingangsimpedanz benötigt wird, sollte der im folgenden Abschnitt besprochene Elektrometerverstärker eingesetzt werden.

Die Ausgangsimpedanz sollte möglichst niedrig sein, da über ihr ein Teil der Ausgangsspannung bei der Belastung der Verstärkerschaltung verloren geht. Der unbeschaltete Verstärker hat eine relativ hohe Ausgangsimpedanz, bei dem Verstärkerbaustein vom Typ 741 ist das z. B. 1 kΩ. Durch die Gegenkopplung wird die wirksame Ausgangsimpedanz jedoch sehr stark verringert. Es ergibt sich für die Ausgangsimpedanz r_{ag} des gegengekoppelten Verstärkers:

$$r_{ag} = r_a \cdot \frac{v}{v_d} \qquad \text{für} \quad v_d \gg v \qquad (7\text{-}5)$$

Im Fall des Verstärkers vom Typ 741 mit 100-facher Verstärkung und den typischen Baustein-Werten aus Tabelle 7-1 erhält man für die Ausgangsimpedanz folgenden Wert:

$$r_{ag} \approx 10^3 \, \Omega \cdot \frac{10^2}{2 \cdot 10^5} = 0{,}5$$

Wird dieser Verstärker mit einem Widerstand von 500 Ω belastet, so bricht die Ausgangsspannung um 0,1% zusammen. Das gilt jedoch nur so lange, wie der Verstärker nicht übersteuert wird. Sobald ein größerer Ausgangsstrom gefordert wird, als ihn der Baustein abgeben kann, bricht die Ausgangsspannung sehr stark zusammen.

7.2.1.2 Elektrometerverstärker

Das Eingangssignal wird bei dieser Verstärkerschaltung dem P-Eingang des Operationsverstärkers direkt zugeführt, wodurch es ohne Invertierung auf den Ausgang übertragen wird. Das Ausgangssignal wird über einen Spannungsteiler auf den N-Eingang zurückgeführt (Bild 7-20).

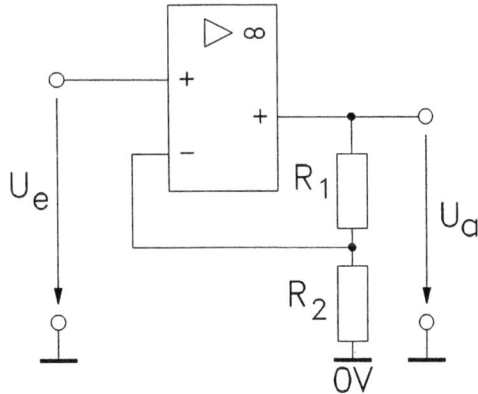

Bild 7-20: Elektrometerverstärker

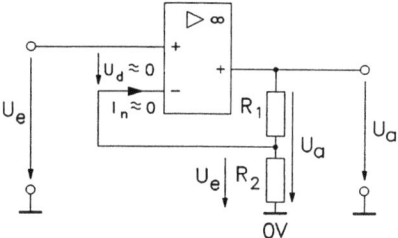

Bild 7-21: Spannungen am idealen Elektrometerverstärker

Zur Herleitung der Formel für die Verstärkung soll der Operationsverstärker mit idealen Eigenschaften betrachtet werden. Wenn man $U_d = 0$ ansetzt, so liegt die Eingangsspannung über dem Widerstand R_2 des Spannungsteilers (Bild 7-21). Über dem gesamten Spannungsteiler fällt die Ausgangsspannung U_a ab. Da auch der Eingangsstrom I_n des idealen Operationsverstärkers gleich Null ist, ist der Spannungsteiler unbelastet, und die Spannungen verhalten sich wie die Widerstände. Aus diesem Verhältnis ergibt sich die Verstärkung:

(7-6)
$$v = \frac{U_a}{U_e} = \frac{R_1 + R_2}{R_2}$$

Die Spannungsverstärkung des Elektrometerverstärkers ist normalerweise größer als 1. Im Grenzfall kann sie gleich 1 werden. Dazu muß der Widerstand R_1 gleich Null (Kurzschluß) sein. Damit wird auch der Widerstand R_2 unnötig, so daß nur noch der Operationsverstärker mit der Verbindungsleitung vom Ausgang zum N-Eingang übrig bleibt (Bild 7-22). Dieser

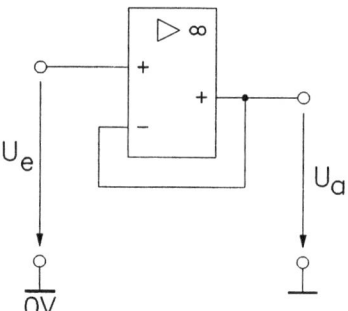

Bild 7-22: Impedanzwandler

Verstärker hat zwar keine Spannungsverstärkung, aber eine hohe Leistungsverstärkung. Er entnimmt der Signalquelle nur einen sehr geringen Strom, da der Eingangswiderstand sehr hoch ist. Er kann jedoch einen relativ großen Strom abgeben. Der Verstärker wird deshalb als Impedanzwandler eingesetzt.

7.2.1.3 Wechselspannungsverstärker, Trägerfrequenzverstärker

Bei der Verstärkung von sehr kleinen elektrischen Gleichspannungen ist es schwierig, die Nutzspannung von den Störspannungen zu trennen. Als Störspannungen im Millivoltbereich können z. B. Thermospannungen auftreten. Ähnlich wirkt sich auch die Eingangs-Offsetspannung des Gleichspannungsverstärkers aus, die zusammen mit dem Nutzsignal verstärkt wird.

Um diese Schwierigkeiten zu umgehen, kann man das Nutzsignal als Wechselspannung übertragen. Dieses Verfahren wird auch als Trägerfrequenzverfahren bezeichnet, wobei jedoch die Amplitude und nicht die Frequenz der Träger des Signals ist [3]. Häufig wird das Signal bereits vom Sensor als Wechselspannung geliefert, wie z. B. von dem induktiven Durchflußsensor. Bei Brückenschaltungen (z. B. bei Dehnmeßstreifen) läßt sich das Nutzsignal als Wechselspannung gewinnen, indem die Brücke mit einer Wechselspannung versorgt wird. Man kann jedoch auch ein Gleichspannungssignal mit elektronischen Schaltern zu einer Wechselspannung *zerhacken*.

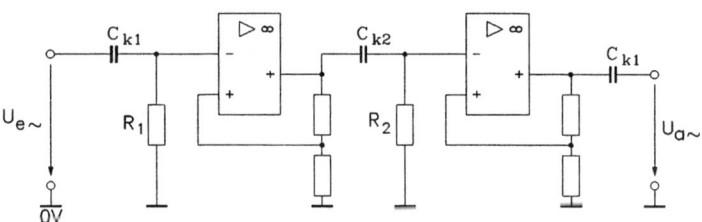

Bild 7-23: Zweistufiger Wechselspannungsverstärker

Die Wechselspannung wird von den Störgleichspannungen dadurch getrennt, daß man die Spannung mit einem Wechselspannungsverstärker verstärkt (Bild 7-23). Bei einem Wechselspannungsverstärker wird das Signal über Kondensatoren übertragen, die nur für die Wechselspannung nicht aber für die Gleichspannungen durchlässig sind. Bei der Dimensionierung der Koppelkondensatoren ist zu beachten, daß ihr Wechselstromwiderstand so niedrig ist, daß über ihm nur ein vernachlässigbar geringer Teil der Spannung abfällt. Für die Schaltung gemäß Bild 7-23 bedeutet das: $1/(2\pi f C_{k1}) \ll R_1$ und $1/(2\pi f C_{k2}) \ll R_2$. Dabei ist f die niedrigste zu übertragende Frequenz. Die Widerstände R_1 und R_2 sind notwendig, um das Potential der N-Eingänge festzulegen und bei bipolaren Eingängen den Eingangsruhestrom zuzuführen. Wegen der hochohmigen Eingänge der Elektrometerverstärker dürfen die beiden Widerstände hochohmig sein (z. B. 1 MΩ bei bipolaren Eingängen, bei FET-Eingängen auch höher).

Soll das Ausgangssignal eine Gleichspannung sein, so muß sich dem Wechselspannungsverstärker ein Präzisionsgleichrichter, ein Tiefpaßfilter und ein Impedanzwandler anschließen (Bild 7-12). Es besteht dabei jedoch ein wichtiger Unterschied zur Gleichspannungsübertragung. Bei einer Gleichspannungsbrücke z. B. kann das Ausgangssignal in Abhängigkeit der Richtung des Meßsignals (Richtung des Volumenstroms, Dehnung und Stauchung bei Dehnmeßstreifen usw.) positiv oder negativ sein. Genauso kann auch bei einer Wechselspannungsversorgung der Brücke die Ausgangsspannung das Vorzeichen umkehren. Aus einer positiven Halbwelle wird dann eine negative Halbwelle und umgekehrt, bzw. der Phasenwinkel verschiebt sich um 180°. Die Gleichrichtung der Wechselspannung liefert jedoch nur Beträge, so daß die Signalrichtung nicht mehr erkennbar ist. Abhilfe schafft hierfür eine phasenempfindliche Gleichrichtung, die in Kapitel 7.5.2 beschrieben wird.

7.2.2 Pneumatische Verstärker

Pneumatische Verstärker lassen sich in vielen Eigenschaften mit elektrischen Verstärkern vergleichen. So entspricht der Druck bzw. der Differenzdruck der elektrischen Spannung und der Luftstrom dem elektrischen Strom. Da diese Verstärker mit einem Überdruck gegenüber dem atmosphärischen Druck arbeiten, kann der atmosphärische Umgebungsdruck mit dem elektrischen Massepotential verglichen werden.

An pneumatische Verstärker werden ähnliche Anforderungen wie an elektrische Verstärker gestellt:

- Ein kleiner Eingangsdruck soll über eine möglichst lineare Kennlinie in einen größeren Ausgangsdruck umgeformt werden. Diese Druckverstärkung entspricht der elektrischen Spannungsverstärkung.

- Der pneumatische Verstärker soll eine ausreichende Luftleistung für die nachfolgenden Geräte zur Verfügung stellen. Das entspricht der elektrischen Strom- bzw. Leistungsverstärkung.

- Der Ausgangsdruck soll möglichst unabhängig vom entnommenen Luftstrom sein. Das nachfolgende Gerät soll also wenig auf das Ausgangssignal des Verstärkers zurückwirken (Rückwirkungsfreiheit). Diese Eigenschaft entspricht dem niedrigen Ausgangswiderstand eines elektrischen Verstärkers.

7.2.2.1 Pneumatische Düsen-Prallplattenverstärker

Bei den Düsen-Prallplattenverstärkern handelt es sich um Druckteiler, die von dem Abstand s der Düse von der Prallplatte gesteuert werden (Bild 7-24). Der Druckteiler besteht aus der Vordrossel D_1 und der Düse D_2. Ist der Abstand der Düse von der Prallplatte groß, so kann die Luft nahezu ungehindert über die relativ große Düse D_2 ausströmen. Der Ausgangsdruck wird dann sehr klein, weil wegen des relativ großen Luftstroms nahezu der gesamte Netzdruck über der verhältnismäßig engen Vordrossel abfällt. Wird der Weg s zu Null gemacht, liegt also die Prallplatte auf der Düse auf, so fließt nur ein geringer Leckstrom über die Düse ab, und über der Vordrossel geht nur ein geringer Druck verloren. Der Ausgangsdruck erreicht dann nahezu die Größe des Netzdrucks. Man erhält so eine in Abhängigkeit von s fallende Kennlinie, die leider stark nichtlinear ist (Bild 7-25).

Der Bereich, in welchem der Abstand Düse/Prallplatte den Ausgangsdruck wirkungsvoll steuert, hängt vom Durchmesser der Düse ab und beträgt normalerweise Bruchteile eines Millimeters. Wenn das Eingangssignal der Druck p_e ist, muß dieser Druck in den Weg s umgeformt werden. Hierzu dient der Faltenbalg zusammen mit der Feder. Der Druck wird über die Balgfläche in eine Kraft umgeformt und die Kraft wird über die Feder in den Weg s verwandelt. Da bei dieser Anordnung der Abstand mit steigendem Eingangsdruck abnimmt, ergibt sich insgesamt eine steigende Kennlinie für den Ausgangsdruck als Funktion des Eingangsdrucks.

Außer der möglichen sehr hohen Druckverstärkung sind mit dem einfachen Düsen/Prallplattenverstärker jedoch alle weiteren eingangs genannten Forderungen nicht erfüllt:
- Die Kennlinie ist stark nichtlinear.
- Die Luftleistung am Ausgang ist sehr gering.
- Ein angeschlossenes Gerät, welches Luft entnimmt, verringert sehr stark den Ausgangsdruck. Es besteht also keine Rückwirkungsfreiheit.

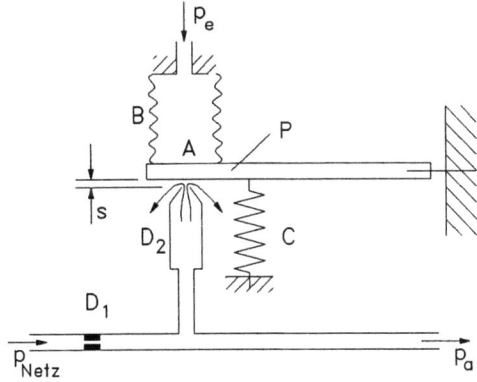

Bild 7-24: Pneumatischer Düsen-Prallplatten-Verstärker

D_1: Vordrossel
D_2: Düse
P: Prallplatte
B: Faltenbalg
A: Balgfläche
C: Feder

Aus diesen Gründen wird beim pneumatischen Düsen-Prallplattenverstärker die gleiche Maßnahme zur Verbesserung der Eigenschaften ergriffen wie beim elektrischen Operationsverstärker: die Gegenkopplung.

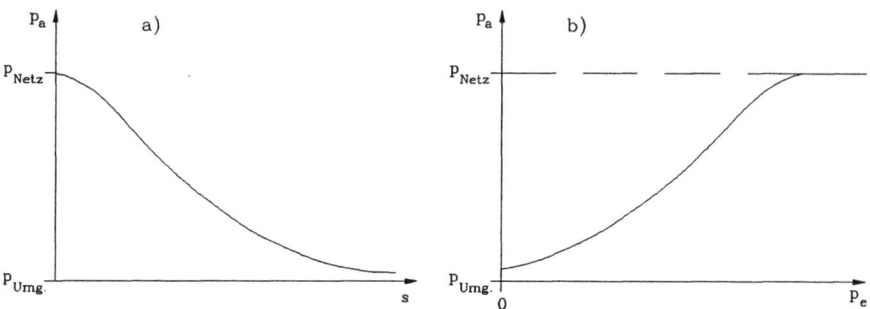

Bild 7-25: Kennlinie des pneumatischen Düsen-Prallplatten-Verstärkers
   a) Ausgangsdruck p_a als Funktion des Abstands Düse-Prallplatte
   b) Ausgangsdruck p_a als Funktion des Eingangsdrucks p_e

Zur Gegenkopplung wird das Ausgangssignal auf den Eingang so zurückgeführt, daß es die Wirkung des Eingangssignals verringert. Im Idealfall wird die Wirkung des Eingangssignals vollständig kompensiert, was jedoch eine unendlich hohe Verstärkung im Vorwärtszweig voraussetzt.

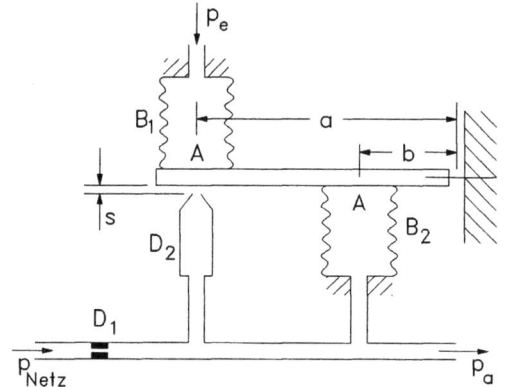

Bild 7-26: Gegengekoppelter Düsen-Prallplatten-Verstärker

D_1 : Vordrossel
D_2 : Düse
B_1 : Eingangsbalg
B_2 : Rückführungsbalg
P : Prallplatte
A : Balgflächen

Bei dem gegengekoppelten Düsen-Prallplattenverstärker gem. Bild 7-26 wird an dem Hebel mit der Prallplatte eine Momentenkompensation durchgeführt. Als Feder dient nur noch die relativ weiche Federwirkung der beiden Faltenbälge und des Blattfederlagers. Beide Balgflächen sollen gleich groß sein. Der Eingangsdruck p_e erzeugt das Moment $p_e A \cdot a$.

Dieses Moment bewegt den Hebel (um Bruchteile eines Millimeters) nach unten und hebt den Ausgangsdruck p_a an. Der Ausgangsdruck erzeugt auf den Hebel das Moment $-p_a A \cdot b$. Die Bewegung des Hebels kommt dann zur Ruhe, wenn sich beide Momente kompensieren: $p_e A \cdot a - p_a A \cdot b = 0$.

Die Verstärkung $v = p_a/p_e = b/a$ hängt damit nur noch von der Länge der Hebelarme ab und nicht mehr von der Kennlinie des Düsen-Prallplatten-Verstärkers. Die Kennlinie des gegengekoppelten Verstärkers ist also völlig linear.

Auch die Rückwirkungsfreiheit wird verbessert. Entnimmt z. B. ein angeschlossenes Gerät etwas Luft, so beginnt der Ausgangsdruck abzusinken. Dann verringert sich jedoch das zurückgeführte Moment und die Prallplatte bewegt sich etwas nach unten. Der Ausgangsdruck steigt dadurch wieder auf seinen alten Wert an, und das Momentengleichgewicht ist wieder erreicht. Der Ausgangsdruck ist also unabhängig vom entnommenen Luftstrom, der "pneumatische Ausgangswiderstand" geht gegen Null.

Das geht natürlich nur soweit, bis die Prallplatte völlig auf der Düse aufliegt. Von da ab bricht der Ausgangsdruck zusammen. Der maximal zu entnehmende Luftstrom erhöht sich also nicht durch die Gegenkopplung. Dieses Verhalten gleicht dem des elektronischen Operationsverstärkers, dem auch nur ein begrenzter elektrischer Strom entnommen werden kann.

7.2.2.2 Pneumatische Leistungsverstärker

Wenn an den pneumatischen Verstärker Geräte mit einem größeren Luftbedarf angeschlossen werden sollen, muß dem Düsen-Prallplattenverstärker ein pneumatischer Leistungsverstärker nachgeschaltet werden, der den Druck meistens nicht zu verstärken braucht, aber eine große Luftleistung zur Verfügung stellt. Bild 7-27 zeigt einen solchen Verstärker. Es handelt sich auch hier um einen gegengekoppelten Verstärker bzw. um einen Regelkreis, der den Ausgangsdruck gleich dem Eingangsdruck macht.

Der Eingangsdruck p_e wirkt auf den oberen Balg, der Ausgangsdruck p_a auf den unteren. Zwischen beiden Bälgen liegt die verschiebbare Mittelplatte, die von der Federwirkung der beiden Bälge gehalten wird. Ist der Ausgangsdruck gleich dem Eingangsdruck, so befindet sich die Platte in der Mittellage und beide Ventile sind geschlossen.

Ist der Ausgangsdruck kleiner als der Eingangsdruck, weil entweder der Eingangsdruck angestiegen ist, oder der Ausgangsdruck durch eine Luftentnahme abgesunken ist, so verschiebt sich die Mittelplatte nach unten und öffnet damit das untere Ventil V_1 zum Netz. Es strömt ein kräftiger Luftstrom in den unteren Balg, der Druck p_a erhöht sich, und die Mittelplatte wird wieder nach oben geschoben. Der Vorgang kommt dann zur Ruhe, wenn der Ausgangsdruck gleich dem Eingangsdruck ist, und das Ventil V_1 geschlossen ist. Wird dem

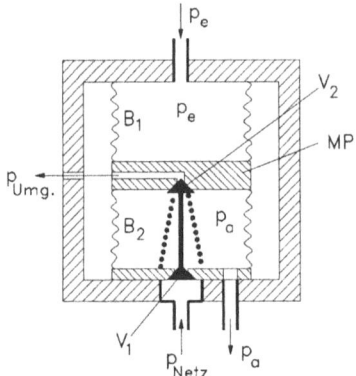

Bild 7-27: Pneumatischer Leistungsverstärker
B$_1$: Eingangsbalg
B$_2$: Rückführungsbalg
MP: Mittelplatte
V$_1$: Ventil 1
V$_2$: Ventil 2

Verstärkerausgang ständig Luft entnommen, so bleibt die Platte geringfügig nach unten geschoben, das Ventil V$_1$ ständig etwas geöffnet, so daß die entnommene Luft vom Netz nachgeliefert wird.

Ist der Ausgangsdruck größer als der Eingangsdruck, so wird die Platte nach oben geschoben. Das Ventil V$_1$ ist geschlossen, und das Ventil V$_2$ ist geöffnet. Hierdurch kann die Luft aus dem Rückführungsbalg rasch zur Umgebung abfließen, und der Druck p_a sinkt solange ab, bis er gleich dem Eingangsdruck geworden ist. Dann hat sich die Mittelplatte wieder so weit nach unten bewegt, daß beide Ventile geschlossen sind.

7.3 Rechenschaltungen mit Operationsverstärkern

Außer den im folgenden beschriebenen Addier- und Subtrahierschaltungen gibt es noch weitere Rechenschaltungen wie Multiplikatoren, Logarithmierer usw. Diese Schaltungen lassen sich jedoch nicht mit einfachen Operationsverstärkern, sondern nur mit Spezialbausteinen verwirklichen.

7.3.1 Summator

Die Addition elektrischer Spannungen läßt sich nach dem 2. Kirchhoffschen Gesetz durch Serienschaltung der Spannungsquellen durchführen. Das setzt jedoch voraus, daß wenigstens eine der beiden Spannungen nicht an Masse angeschlossen werden muß. Die von Meßumformern zu verabeitenden Signalquellen sind jedoch häufig nicht massefreie elektrische Spannungen, so daß eine Addition nach dem 2. Kirchhoffschen Gesetz nicht möglich ist. Bei dem Summator (Bild 7-28) werden deshalb die zu summierenden Spannungen über die in den Eingängen liegenden ohmschen Widerstände in Ströme verwandelt und nach dem 1. Kirchhoffschen Gesetz an dem Stromknoten am N-Eingang des

Verstärkers summiert, der auf Massepotential liegt (virtuelle Masse). Der Summenstrom fließt über den Rückführungswiderstand zum Ausgang und erzeugt so die Ausgangsspannung als Spannungsabfall über R_r:

$$U_a = -\left(U_1 \frac{R_r}{R_1} + U_2 \frac{R_r}{R_2} + \ldots + U_k \frac{R_r}{R_k}\right) \qquad (7-7)$$

Das Minuszeichen entsteht durch die gegeneinander gerichteten Zählpfeile der Ausgangsspannung und des Summenstroms.

Die Eingangsimpedanz jedes Eingangs ist gleich dem im Eingang liegenden ohmschen Widerstand, die Ausgangsimpedanz ist wegen der Gegenkopplung erheblich niedriger als die Ausgangsimpedanz des unbeschalteten Verstärkers.

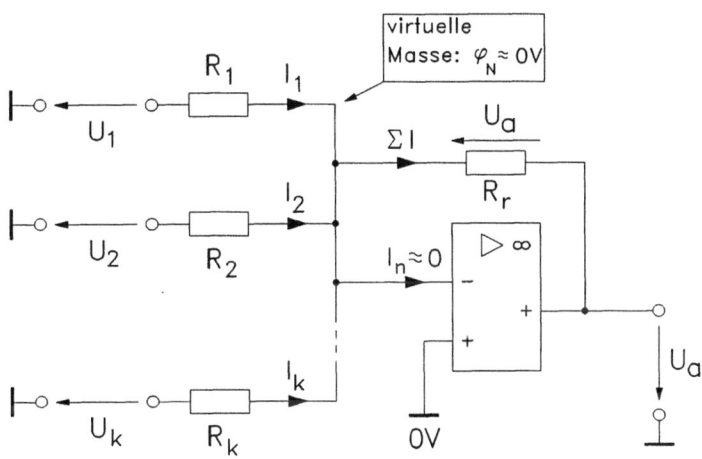

Bild 7-28: Summator

7.3.2 Subtrahierschaltung

Bei der Subtrahierschaltung (Bild 7-29) wird die Differenz der beiden Eingangssignale U_1 und U_2 gebildet und verstärkt:

$$U_a = v \cdot (U_1 - U_2) \quad \text{mit} \quad v = \frac{R_2}{R_1} = \frac{R_4}{R_3} \qquad (7-8)$$

Die Schaltung arbeitet nur dann einwandfrei, wenn die Bedingung für das Widerstandsverhältnis $R_2/R_1 = R_4/R_3$ möglichst gut eingehalten wird. Eine Subtraktion ohne Verstärkung $U_a = (U_1-U_2)$ erhält man, wenn man alle Widerstände gleich groß wählt. Ein Nachteil dieser

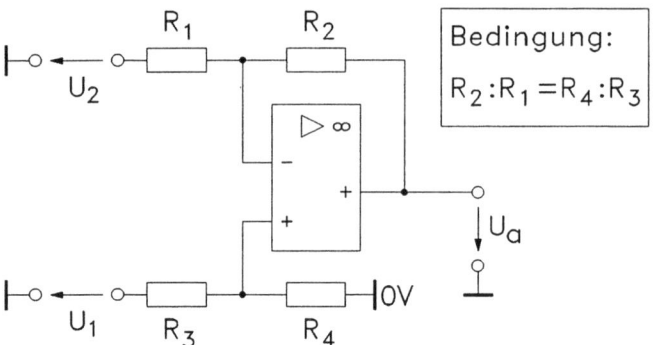

Bild 7-29: Subtrahierer

Subtrahierschaltung ist, daß zur Einstellung der Verstärkung gleichzeitig die Widerstandsverhältnisse R_2/R_1 und R_4/R_3 geändert werden müssen. Das ist jedoch mit einem einfachen Potentiometer nicht möglich.

7.3.3 Instrumentenverstärker, Elektrometersubtrahierer

Der Instrumentenverstärker ist eine Subtrahierschaltung mit Elektrometerverstärkern in den Eingängen, die über einen gemeinsamen Widerstand in den Ausgangsspannungsteilern verbunden sind (Bild 7-30). Hierdurch ergeben sich gegenüber dem einfachen Subtrahierer zwei entscheidende Vorteile:

- Die Verstärkung läßt sich an dem Widerstand R_2 mit einem einfachen Potentiometer abgleichen.

- Die Eingangswiderstände sind wegen der Elektrometerverstärker sehr hochohmig, so daß die Signalquellen kaum belastet werden.

Normalerweise werden alle Widerstände des Subtrahierers gleich groß gewählt:

$$R_4 = R_5 = R_6 = R_7$$

In diesem Falle gilt für den gesamten Elektrometersubtrahierer:

$$U_a = \left(\frac{2R_1}{R_2}+1\right)\cdot(U_1 - U_2) \quad \text{mit} \quad v = \left(\frac{2R_1}{R_2}+1\right) \geq 1 \qquad (7\text{-}9)$$

Der Subtrahierer kann jedoch unter der Bedingung $R_5 : R_4 = R_7 : R_6$ eine Verstärkung ungleich 1 erhalten, so daß sich auch eine Gesamtverstärkung kleiner als 1 erreichen läßt.

7.4 Signalübertragung mit eingeprägtem Strom   301

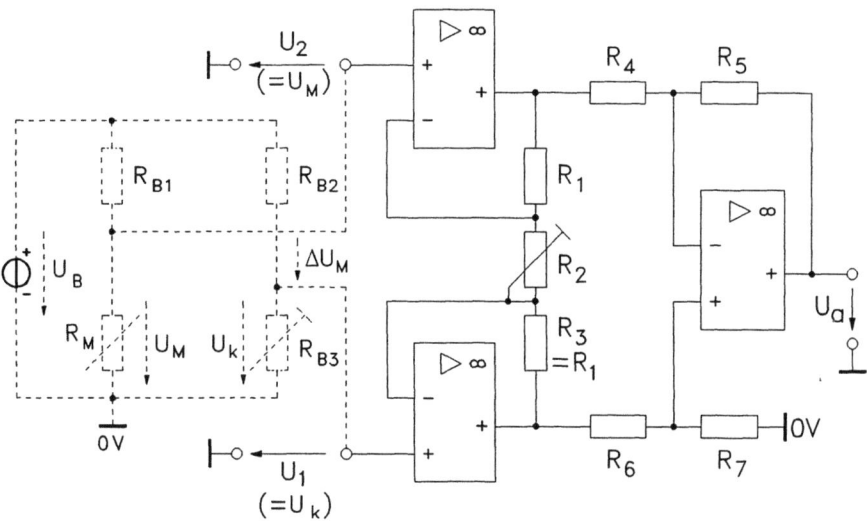

Bild 7-30: Elektrometerverstärker als Brückenverstärker

7.4 Signalübertragung mit eingeprägtem Strom

Die vom Sensor aufgenommene Meßgröße wird meistens zunächst in eine elektrische Spannung umgeformt, wobei der Ausgang dieser Spannungsqelle sehr niederohmig ist. Man spricht von einer *eingeprägten Spannung* (nicht Konstantspannung, da die Spannung von der Größe des Signals abhängig ist). Bei Entfernungen von wenigen Metern zu den Geräten, die die Meßgrößen verarbeiten, werden die Signale auch üblicherweise als Spannungen übertragen. Bei größeren Entfernungen hat sich jedoch die Signalübertragung mit einem *eingeprägten Strom* (nicht Konstantstrom) besser bewährt, da das Signal unabhängig von den Spannungsabfällen auf den Leitungen und Kontaktübergangswiderständen übertragen wird (Bild-7-31). Hierfür muß zusätzlich im Meßumformer ein Spannungs-/Strom-Wandler vorgesehen werden, und im Eingang des Signalempfängers wird ein Strom-/Spannungs-Wandler benötigt.

7.4.1 Spannungs-/Strom-Wandler

Der Spannungs-/Strom-Wandler hat die Aufgabe, die von dem Signal abhängige Spannung in einen proportionalen Strom umzuwandeln. Die Stromquelle muß einen möglichst hohen Ausgangswiderstand haben. Damit wird der Ausgangsstrom weitgehend unabhängig vom Abschlußwiderstand, d. h., auch unabhängig von den Widerständen der Verbindungsleitun-

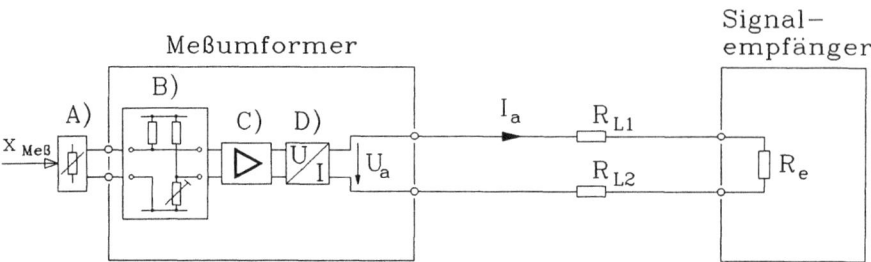

Bild 7-31: Signalübertragung mit eingeprägtem Strom
A: Sensor
B: Eingangsschaltung des Meßumformers
C: Verstärker
D: U/I-Wandler
R_{L1} und R_{L2}: Leitungswiderstände
R_e: Eingangswiderstand des Signalempfängers

gen zu dem nachfolgenden Gerät und den Übergangswiderständen der dazwischen liegenden Kontakte.

Die Stromquelle sollte grundsätzlich jedoch mit einem möglichst niedrigen Widerstand abgeschlossen werden, im Idealfall mit einen Kurzschluß. Wird der Abschlußwiderstand vergrößert, so steigt die Ausgangsspannung der Stromquelle an. Das ist erst dann von Bedeutung, wenn die Grenzspannung erreicht oder überschritten wird, bis zu welcher der Strom auf dem vorgegebenen Wert gehalten werden kann. Von da ab bricht der Strom zusammen.

Es ist z. B. leicht einzusehen, daß die Ausgangsspannung nicht über den Wert der Versorgungsspannung der Stromquellenelektronik ansteigen kann. Die Grenzspannung liegt jedoch noch etwas tiefer als die Versorgungsspannung, da auch über einigen Widerständen und den Transistoren der Endstufe Spannung verloren geht. Außerdem ist die Grenzspannung häufig vom Signalstrom abhängig, bei höherem Strom ist die Grenzspannung niedriger. Aus diesen Gründen wird für Meßumformer mit Stromausgang die maximale Bürde angegeben, d. h., der gesamte maximale Abschlußwiderstand (inklusive aller Leitungswiderstände usw.) bei welchem der Signalstrom unter allen Bedingungen noch sicher abgegeben werden kann.

Einfach aufgebaute Schaltungen für Spannungs-/Strom-Wandler mit Operationsverstärkern haben verschiedene Nachteile, wie z. B., daß der Spannungseingang oder der Stromausgang nicht mit einem Pol an Masse angeschlossen werden dürfen. Schaltungen ohne diese Nachteile sind relativ kompliziert und sollen hier nicht beschrieben werden [1].

7.4.2 Strom-/Spannungs-Wandler

Im Signalempfänger muß der eingeprägte Strom wieder in eine proportionale Spannung zurückverwandelt werden. Im einfachsten Fall reicht hierzu ein ohmscher Widerstand aus, der jedoch kleiner als die maximale Bürde sein muß. Für Meßumformer, die einen einge-

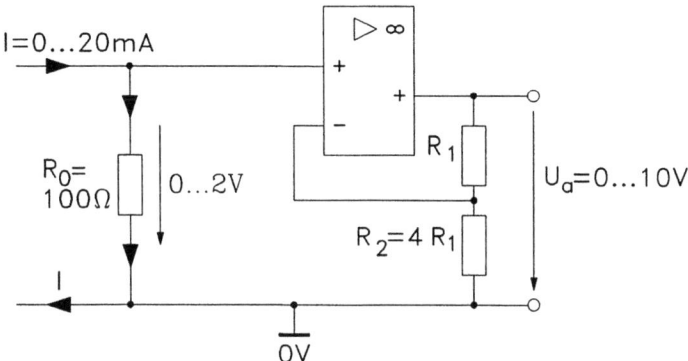

Bild 7-32: Strom-/Spannungs-Wandler

prägten Strom im Einheitssignalbereich 0 ... 20 mA abgeben, werden üblicherweise als maximale Bürde je nach Bauform und Spannungsversorgung einige hundert Ohm angegeben. Ein Umwandlungswiderstand von 100 Ω dürfte deshalb normalerweise zulässig sein. Mit diesem Widerstand wird der Strom in eine Spannung von 0 ... 2 V umgewandelt. Die Spannung ist dann häufig noch zu verstärken, z. B. 5fach, um den Einheitsbereich 0 ... 10 V zu verwirklichen. Bild 7-32 zeigt eine entsprechende Schaltung zur Strom-/Spannungs-Wandlung.

7.5 Weitere Operationsverstärkerschaltungen

7.5.1 Präzisionsgleichrichter

Bei der Gleichrichtung von Wechselspannungen mit Halbleiterdioden geht über jeder Diode die Schwellspannung U_D verloren, die erreicht werden muß, damit die Diode einen Strom in Durchlaßrichtung führen kann (Bild 7-33). Die Höhe der Schwellspannung hängt von dem Material und dem Aufbau der Diode ab. Bei den meist gebrauchten Siliziumdioden sind das 0,6 bis 0,7 V. Auch mit Schottkydioden, die eine besonders niedrige Schwellspannung haben, führt der Spannungsverlust bei der Gleichrichtung von kleinen Wechselspannungssignalen zu erheblichen Fehlern.

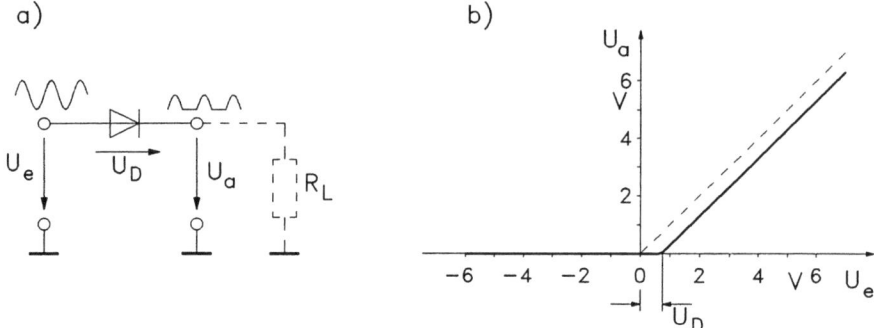

Bild 7-33: Einweggleichrichtung
a) Gleichrichterschaltung mit Diode
b) Kennlinie

Aus diesem Grund werden in der Meßtechnik zur Gleichrichtung kleiner Wechselspannungen Schaltungen mit Operationsverstärkern eingesetzt. Bei diesen Präzisionsgleichrichtern werden die Gleichrichterdioden in die Rückführung gelegt (Bild 7-34). Eine gleichzeitig mögliche Verstärkung wird über das Widerstandsverhältnis R_2/R_1 eingestellt.

Wirkungsweise:

Eine negative Eingangsspannung verursacht am Ausgang des Verstärkers eine positive Spannung U_{a1}. Durch diese Spannung wird die Diode D_1 geöffnet und die Ausgangsspannung U_a der Gleichrichterschaltung wird ebenfalls positiv. Die Differenzspannung am Eingang des Verstärkers wird dann zu Null, wenn bei negativer Eingangsspannung die Ausgangsspannung $U_a = -U_e \cdot R_2/R_1$ ist (s. Kap. 7.2.1.1). Die Ausgangsspannung ist also nur abhängig von der Eingangsspannung und dem Widerstandsverhältnis, jedoch unabhängig von der Diodendurchlaßspannung bzw. der Diodenkennlinie.

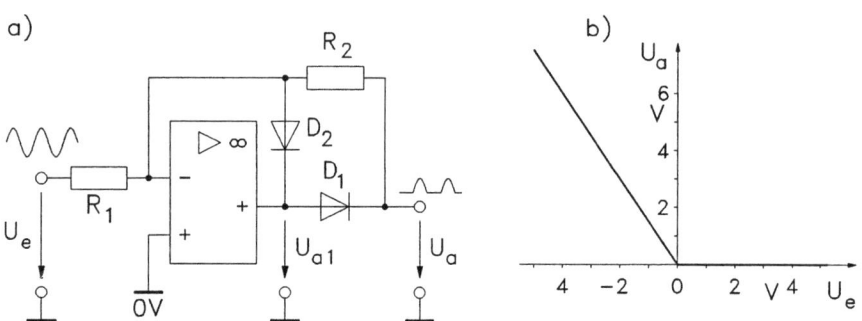

Bild 7-34: Präzisionsgleichrichtung
a) Einweggleichrichterschaltung
b) Kennlinie

7.5 Weitere Operationsverstärkerschaltungen

Bei einer positiven Eingangsspannung wird die Verstärkerausgangsspannung U_{a1} negativ. Die Diode D_1 sperrt und die Ausgangsspannung U_a wird zu Null. Sobald die Ausgangsspannung U_{a1} unter -0.6 bis -0,7 V (bei Siliziumdioden) abgesunken ist, öffnet die Diode D_2 und führt den Eingangsstrom zum Verstärkerausgang hin ab. Die Diode D_2 ist unbedingt notwendig, weil bei einer positiven Eingangsspannung die Diode D_1 gesperrt ist, und der Eingangsstrom über den Widerstand R_2 zum Ausgang hin abfließen würde. Hierdurch würde die Ausgangsspannung verfälscht.

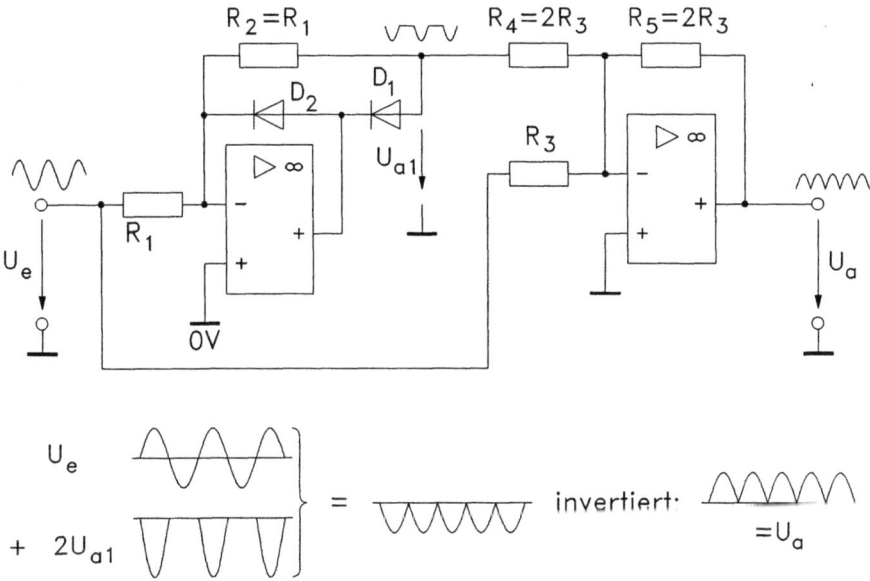

Bild 7-35 Präzisions-Zweiweggleichrichter

Ebenso ist der Verstärkerausgang nur dann niederohmig, wenn die Diode D_1 den Laststrom zum Verstärkerausgang hin führen kann. Eine Last, die einen Strom in den Ausgang der Gleichrichterschaltung schickt, wird die Ausgangsspannung verändern. Eine ohmsche Last gegen Masse bereitet jedoch keine Schwierigkeiten.

Wenn die Gleichspannung geglättet werden soll, ist eine Zweiweggleichrichtung günstiger. Bild 7-35 zeigt eine solche Schaltung, die aus einer Einweggleichrichterschaltung und einem Summator besteht. Der Einweggleichrichter läßt nur die positiven Eingangsspannungen passieren und invertiert sie. Sein Ausgangssignal ist die Spannung U_{a1}. Bei negativen Eingangsspannungen ist $U_{a1} = 0$. Der Summator verdoppelt die Spannung U_{a1}, addiert dazu die Eingangsspannung U_e und invertiert die Summe, d.h., U_a ist die zweiweggleichgerichtete Spannung U_e. Diese Vorgänge sind in Bild 7-35 für ein sinusförmiges Eingangssignal graphisch verdeutlicht. Die Zweiweggleichrichtung läßt sich nicht nur für sinusförmige sondern für beliebige Signalformen einsetzen.

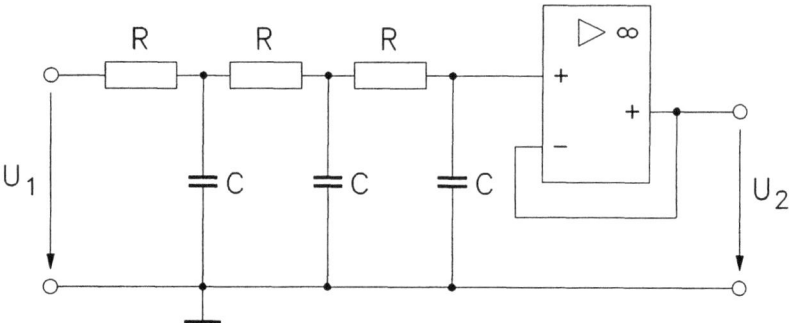

Bild 7-36 Tiefpaß mit Impedanzwandler zur Glättung der gleichgerichteten Spannung

Sehr häufig ist das gleichgerichtete Signal zu glätten. Hierzu müssen die Wechselspannungsanteile mit einem Tiefpaß herausgefiltert werden. Für eine wirkungsvolle Filterung können dem Gleichrichter mehrere RC-Glieder mit einem Elektrometerverstärker als Impedanzwandler nachgeschaltet werden (Bild 7-36).

7.5.2 Phasenempfindliche Gleichrichter

Bei Wechselspannungsmeßbrücken und Sensoren mit Wechselspannungsausgang ist häufig das Vorzeichen des Signals an der Phasenlage der Wechselspannung zu erkennen. Beispiele hierfür sind Dehnmeßstreifen in einer Wechselspannungsbrücke, der Differentialtransformator zur Wegmessung oder der induktive Durchflußsensor. Bei positivem Vorzeichen besteht z. B. Phasengleichheit zwischen der Wechselspannung und einer Referenzspannung, bei negativem Vorzeichen hat die Wechselspannung dann eine Phasenverschiebung von 180° zur Referenzspannung.

Ist die Signalrichtung für die Messung unwichtig, so kann die Wechselspannung mit einem Diodengleichrichter bzw. einem Präzisionsgleichrichter gleichgerichtet werden. Soll die Signalrichtung jedoch erkannt werden, so ist zur Gleichrichtung ein phasenempfindlicher Gleichrichter notwendig. Das ist ein elektronischer Schalter (z. B. Feldeffektransistor), der durch eine Referenzspannung gesteuert wird.

Bild 7-37 zeigt die Baugruppen zur Umwandlung der Wechselspannung in eine vorzeichenrichtige Gleichspannung. Der Sensor erzeugt zusammen mit der Eingangsschaltung des Meßumformers und dem Wechselspannungsverstärker aus der Meßgröße $x_{Meß}$ die Signalwechselspannung $u_\sim$.

7.5 Weitere Operationsverstärkerschaltungen

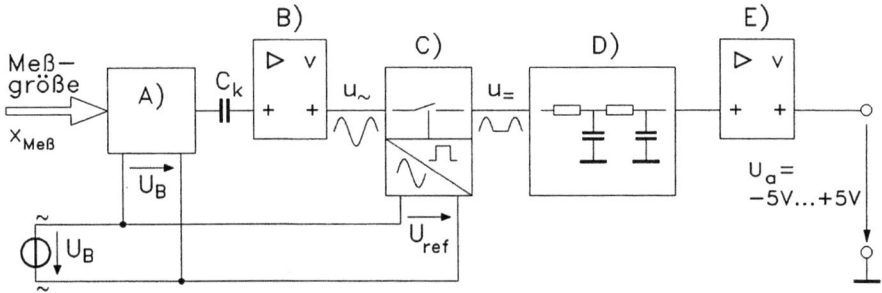

Bild 7-37: Vorzeichenrichtige Signalübertragung mit Wechselspannung
A: Sensor mit zugehöriger Eingangsschaltung des Meßumformers, z. B. Meßbrücke,
B: Wechselspannungsverstärker
C: elektronischer Schalter als phasenempfindlicher Gleichrichter
D: Tiefpaßfilter
E: Ausgangsverstärker, Impedanzwandler

Da der Sensor mit der Wechselspannung U_B versorgt wird, hat auch die Signalwechselspannung die gleiche Frequenz wie U_B. Die Amplitude der Signalspannung ist proportional zum Augenblickswert der Meßgröße und die Phasenlage (0 oder 180°) hängt vom Vorzeichen der Meßgröße ab.

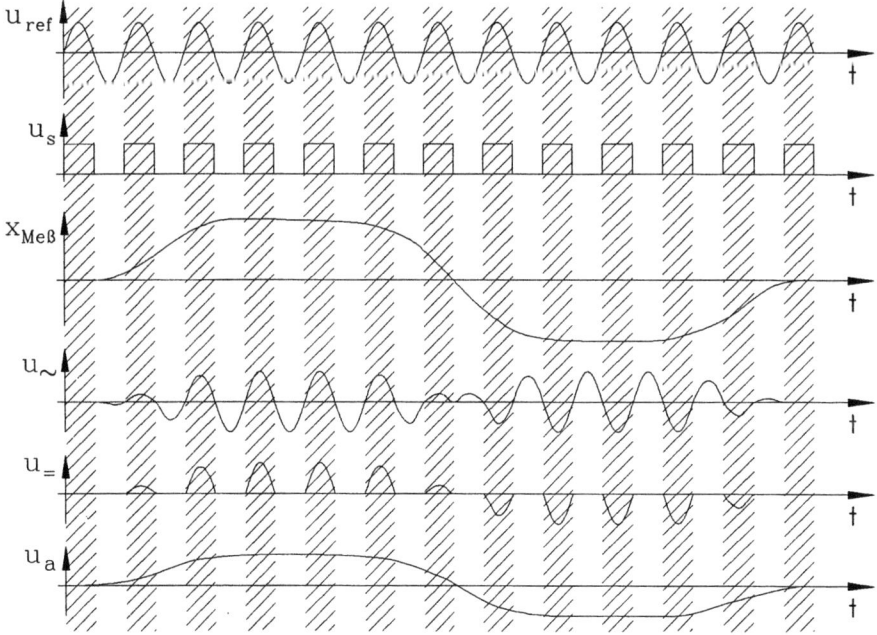

Bild 7-38: Diagramme zur phasenempfindlichen Gleichrichtung

Die Signalspannung $u_\sim$ wird dem phasenempfindlichen Gleichrichter zugeführt, der je nach Phasenlage des Signals positive oder negative Halbwellen abgibt. Anschließend wird der Wechselspannungsanteil der Gleichspannung durch einen Tiefpaß herausgefiltert, und die gefilterte Gleichspannung durch einen Ausgangsverstärker verstärkt. Man erhält so eine zur Meßgröße proportionale Gleichspannung, die auch das Vorzeichen der Meßgröße wiedergibt.

Die Wirkungsweise der Baugruppen ist in den Diagrammen von Bild 7-38 erklärt. Aus der Referenzspannung u_{ref} gewinnt der phasenempfindliche Gleichrichter die Schaltspannung u_s für den elektronischen Schalter. Dieser ist immer dann geschlossen, wenn sich die Schaltspannung auf hohem Pegel befindet, also während der positiven Halbwellen von u_{ref}. Diese Zeiten sind in dem Diagramm durch die Schraffur kenntlich gemacht.

Da die Referenzspannung gleichzeitig die Betriebsspannung des Sensors ist, wird die Meßgröße $x_{Meß}$ in die Signalwechselspannung $u_\sim$ umgeformt. Man erkennt etwa in der Mitte der dargestellten Zeitachse, wie die Phasenlage dieser Spannung dort wechselt, wo die Meßgröße aus dem positiven Bereich in den negativen übergeht. Der Schalter läßt die Signalhalbwellen nur dann passieren, wenn seine Schaltspannung u_s den hohen Pegel hat. So entstehen die positiven und negativen Halbwellen der Spannung $u_=$ als Eingangssignal des Tiefpasses. Die gefilterte Spannung wird dann noch verstärkt und als niederohmige Ausgangsspannung u_a abgegeben, die proportional zu der Meßgröße $x_{Meß}$ ist.

7.5.3 Schaltungen zur Linearisierung von Kennlinien

Die Kennlinien vieler Sensoren sind nichtlinear und müssen linearisiert werden. Bei einer digitalen Meßdatenverarbeitung kann diese Linearisierung in den meisten Fällen im Rechner erfolgen. Wenn die Kennlinie jedoch stark nichtlinear ist, ergibt sich durch die A/D-Umsetzung in den flachen Bereichen nur eine geringe Auflösung des Signals. In diesen Fällen, und wenn keine digitale Signalverarbeitung erfolgt, sollte die Kennlinie im Meßumformer linearisiert werden. Dazu muß der Meßumformer die umgekehrte Kennlinienform des Sensor aufweisen.

Zur Erzeugung einstellbarer nichtlinearer Kennlinien werden die aus der Analogrechentechnik bekannten Diodenfunktionsnetzwerke eingesetzt. Diese Netzwerke arbeiten so, daß Widerstände über Dioden bei Über- oder Unterschreitung bestimmter einstellbarer Pegel eingeschaltet werden. Der eingeschaltete Widerstand verändert entweder einen Spannungsteiler oder die Eingangs- oder Rückführungsschaltung eines Operationsverstärkers. Hierdurch entsteht eine Kennlinie, die aus Geradenzügen mit unterschiedlicher Neigung besteht. Bild 7-39 zeigt eine invertierende Operationsverstärkerschaltung, deren Rückführungswiderstand durch die von den Dioden eingeschalteten Widerstände veringert wird, so daß sich eine mit jedem Knickpunkt flacher werdende Kennlinie ergibt.

Eine Operationsverstärkerschaltung zur Einstellung beliebiger auch progressiv ansteigender oder abfallender Kennlinienteile wird in [1] angegeben.

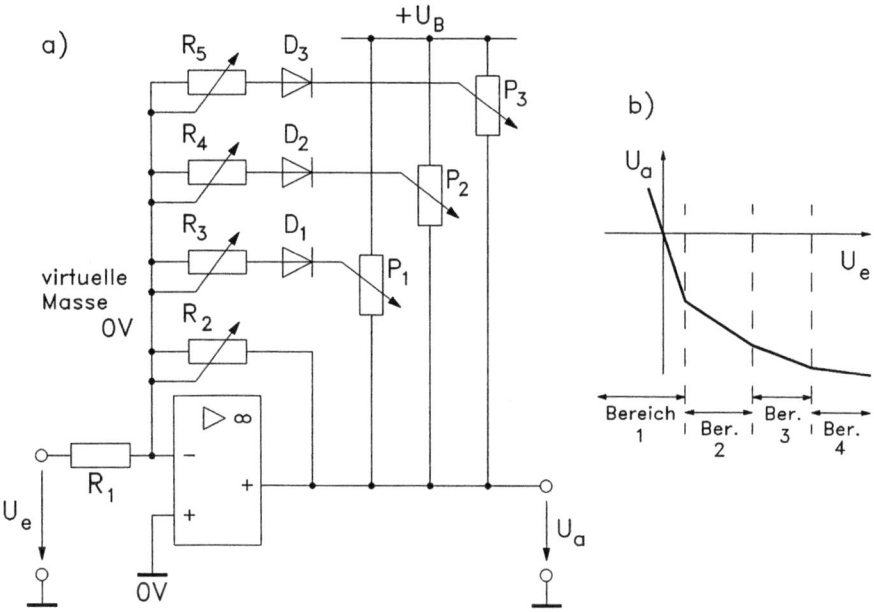

Bild 7-39: Erzeugung einer nichtlinearen Kennlinie
    a) Funktionsnetzwerk für drei Knickstellen
    b) Kennlinie des Funktionsnetzwerks

7.6 Abgleich von Meßumformern

Durch den Abgleich soll die (lineare) Gesamtkennlinie des Sensors zusammen mit dem Meßumformer in den gewünschten Anfangs- und Endpunkt verschoben bzw. gedreht werden. Für den Meßumformer ist also ein Zweipunkt-Abgleich durchzuführen. Bild 7-40 zeigt einen Zweipunktabgleich durch Verschieben und Drehen der Kennlinie, wobei sich beide Operationen gegenseitig nicht beeinflussen.

Wenn sich beide Operationen gegenseitig beeinflussen, so ist der Abgleich beider Punkte abwechselnd solange durchzuführen, bis die Kennlinie mit ausreichender Genauigkeit im gewünschten Signalbereich liegt. Bild 7-41 zeigt einen solchen Abgleich durch Verschieben beider Endpunkte, wobei die Lage des einen Punkts weniger stark von der Verschiebung des anderen Punkts beeinflußt wird, als es umgekehrt der Fall ist.

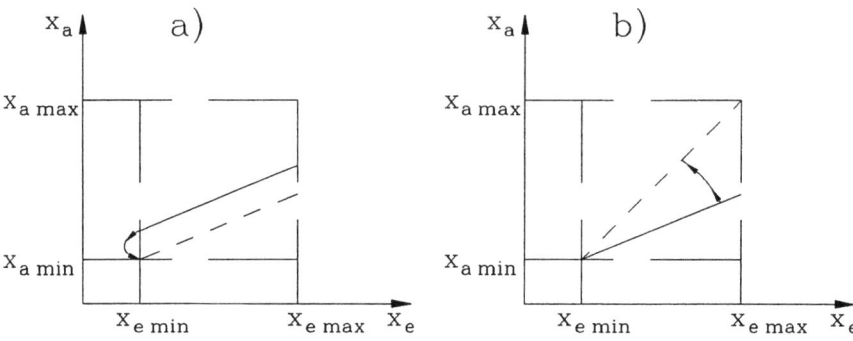

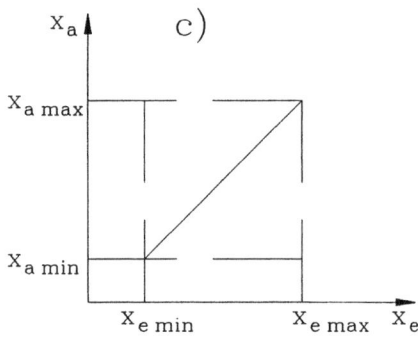

Bild 7-40: Zweipunktabgleich eines Meßumformers

x_e: Meßgröße am Sensoreingang, x_a: Signal am Ausgang des Meßumformers

a) Kennlinie vor dem Abgleich (Vollinie) und in den Anfangspunkt verschoben (gestrichelt)

b) In den Anfangspunkt verschobene Kennlinie (Vollinie) und Drehung der Kennlinie in den Endpunkt (gestrichelt)

c) Kennlinie durch den Anfangs- und den Endpunkt

Bei vielen Meßumformern ist nur ein Einpunkt-Abgleich (z. B. des Anfangspunkts) durchzuführen. Das ist dann möglich, wenn der zweite Abgleich (z. B. der Kennliniensteigung) bereits beim Hersteller des Meßumformers durchgeführt ist.

7.6 Abgleich von Meßumformern 311

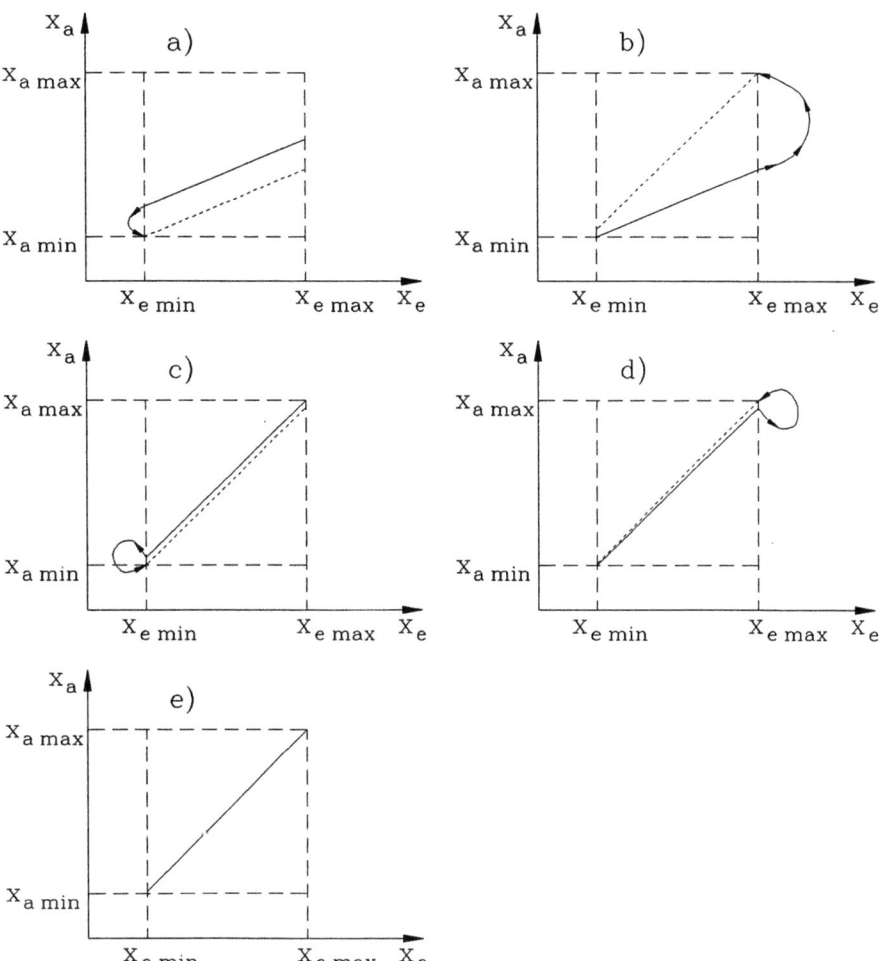

Bild 7-41: Zweipunktabgleich eines Meßumformers bei gegenseitiger Beeinflussung der Abgleichpunkte

x_e: Meßgröße am Sensoreingang, x_a: Signal am Ausgang des Meßumformers

a) Kennlinie vor dem Abgleich (Vollinie) und in den Anfangspunkt verschoben (gestrichelt)
b) In den Anfangspunkt verschobene Kennlinie (Vollinie) und Drehung der Kennlinie in den Endpunkt (gestrichelt), der Anfangspunkt verschiebt sich dabei
c) erneutes Verschieben der Kennlinie in den Anfangspunkt, der Endpunkt verschiebt sich dabei
d) Erneutes Drehen der Kennlinie in den Endpunkt, der Anfangspunkt verschiebt sich dabei wieder geringfügig
e) Endgültige Kennlinie, der Anfangspunkt bleibt geringfügig verschoben

7.7 Anwendungsbeispiele

7.7.1 Brückenverstärker für einen PT100-Temperatursensor

Aufgabenstellung:

- Die zu messende Temperatur soll im Bereich 50 °C $\leq \vartheta \leq$ 100 °C und die Ausgangsspannung im Einheitsbereich 0 V $\leq U_a \leq$ 10 V liegen.
- Die Operationsverstärker sollen mit Versorgungsspannungen von +15 V und -15 V gegen Masse betrieben werden.

Es ist zweckmäßig, auch die Meßbrücke für den Pt100-Sensor aus der gleichen Spannungsquelle zu versorgen. Deshalb ist die Brückenausgangsspannung massefrei und muß mit einem Subtrahierer (Elektrometersubtrahierer) verstärkt werden. Bild 7-42 zeigt die Gesamtschaltung des Sensors mit dem Meßumformer.

Wegen der hervorragenden Linearität des Pt100-Sensors in dem engen Temperaturbereich deckt sich die tatsächliche Kennlinie, die beim Abgleich auf die Endpunkte (50 °C, 0 V) und (100 °C, 10 V) entsteht, sehr gut mit der Geraden durch die Endpunkte. Man kann also auf den Abgleich auf eine günstigste Gerade in Bezug auf z. B. kleinste Fehlerquadrate verzichten.

Zu Beginn der Dimensionierung der Bauteile ist R_1 zu bestimmen. Der Strom darf einerseits nicht so groß sein, daß sich der Pt100-Widerstand elektrisch erwärmt, andererseits sollte er nicht zu klein sein, damit die Ausgangsspannung der Brücke nicht zu klein wird. Der gün-

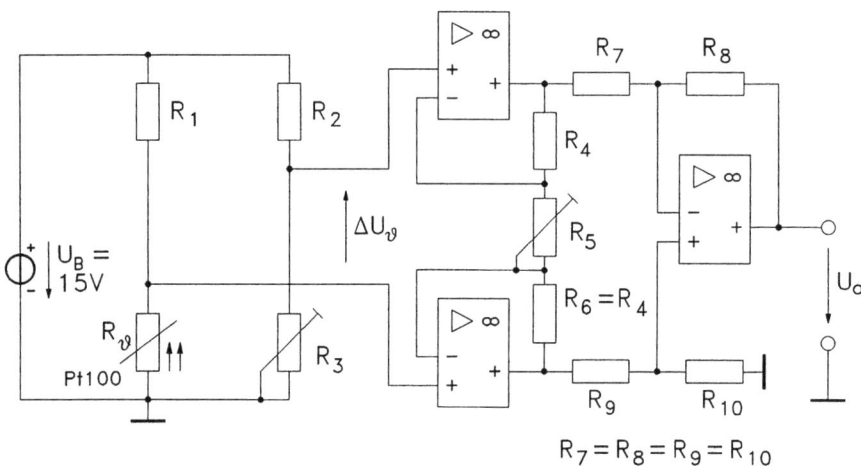

Bild 7-42: Meßbrücke mit Instrumentenverstärker

stigste Sensorstrom hängt von der Bauform und den Einsatzbedingungen des Sensors ab. Hier soll ein Strom von 1 mA angenommen werden. Über R_1 und R_ϑ fällt bei diesem Strom die Versorgungsspannung von 15 V ab: $15\,V = I_{Sensor} \cdot (R_1 + R_\vartheta)$. Da der Spannungsabfall über R_ϑ (mittlerer Widerstandswert im Meßbereich $= 129\,\Omega$) bei dem Strom von 1 mA mit 129 mV erheblich kleiner als die Versorgungsspannung ist, kann R_ϑ für die Berechnung von R_1 vernachlässigt werden. Damit ergibt sich: $R_1 = 15\,V / 1\,mA = 15\,k\Omega$. Das ist ein Normwert der E12-Reihe.

Nun ist der Wert von R_2 festzulegen und der Einstellwert von R_3 für den Brückenabgleich zu berechnen. Grundsätzlich kann für R_2 nahezu jeder beliebige Wert gewählt werden. Es ist aber meistens zweckmäßig, den gleichen Wert wie für wie für R_1 zu nehmen. Um die Berechnung jedoch nicht für einen Spezialfall zu zeigen, wird $R_2 = 10\,k\Omega$ gewählt. Am Anfang des Meßbereichs (50 °C) soll die Ausgangsspannung gleich Null und damit die Brücke abgeglichen sein. Für die abgeglichene Brücke gilt gemäß Formel 7-2:

$$R_\vartheta : R_3 = R_1 : R_2 \qquad R_3 = R_\vartheta \cdot R_2 / R_1$$

Bei 50 °C hat der Sensorwiderstand einen Wert von 119,40 Ω. Damit ergibt sich als einzustellender Wert für den Abgleichwiderstand: $R_3 = 79{,}6\,\Omega$

Damit ist der Anfangspunkt der Kennlinie festgelegt. Für den Endpunkt muß die Verstärkung des Elektrometersubtrahierers so festgelegt werden, so daß die Ausgangsspannung der Brücke bei 100 °C auf 10 V verstärkt wird. Gemäß Gleichung 7-1 ergibt sich als Ausgangsspannung der Brücke:

$$\Delta U_\vartheta = 15V \cdot \left(\frac{R_\vartheta}{R_\vartheta + 15k\Omega} - \frac{79{,}6\,\Omega}{79{,}6\,\Omega + 10k\Omega} \right)$$

Bei 100 °C hat der PT100-Widerstand einen Wert von 138,50 Ω. Damit ergibt sich als Brückenausgangsspannung: $\Delta U_{\vartheta\,max} = 18{,}78\,mV$

Die Verstärkung beträgt dann: $v = 10\,V / 18{,}8\,mV = 532{,}6$

Gemäß Gleichung 7-9 ist die Verstärkung des Elektrometersubtrahierers: $v = \left(\frac{2R_4}{R_5} + 1 \right)$

Hieraus ergibt sich das Widerstandsverhältnis: $R_4 / R_5 = (v-1)/2 = 265{,}8$

Damit das Potentiometer R_5 nicht allzu klein gewählt werden muß, sollten die Widerstände R_4 und R_6 relativ groß gemacht werden. Mit $R_4 = R_6 = 220\,k\Omega$ ergibt sich für das Potentiometer R_5 ein Einstellwert von $R_5 = 220\,k\Omega / 265{,}8 = 827{,}7\,\Omega$. Dieser Wert läßt sich mit einem 1-kΩ-Potentiometer einstellen. Bei der Wahl der Bauteile ist jedoch folgendes zu beachten: Damit sich die Verstärkung bei Schwankungen der Umgebungstemperatur nicht wesentlich durch die Temperaturabhängigkeit des Spannungsteilers $R_4 / R_5 / R_6$ ändert, sollten für die Festwiderstände und das Potentiometer Widerstandsmaterialien mit gleichem Temperaturverhalten gewählt werden.

Für die gleichgroßen Widerstände R_7 bis R_{10} wird ein Wert von $10\,k\Omega$ gewählt.

Der praktische Abgleich des Meßumformers:

Hierzu werden nicht die oben ausgerechneten Werte von R_3 und R_5 eingestellt, da mit dem Abgleich gleichzeitig die Ungenauigkeiten der verwendeten Bauteile ausgeglichen werden müssen. Da der Sensorwiderstand sehr genau ist, läßt er sich durch ein Potentiometer ersetzen, das auf die entsprechenden Werte des Sensors bei den beiden Abgleichtemperaturen eingestellt wird.

Man beginnt mit dem Abgleich des Nullpunkts. Hierzu wird der Ersatzwiderstand für den Sensor auf $119,40\,\Omega$ eingestellt und das Potentiometer R_3 so eingestellt, daß die Ausgangsspannung U_a gleich Null wird. Damit ist neben den Ungenauigkeiten der Brückenwiderstände auch die Offsetspannung der Verstärkerschaltung ausgeglichen.

Danach wird der Endpunkt abgeglichen. Hierzu wird der Ersatzwiderstand für den Sensor auf $138,50\,\Omega$ eingestellt und die Einstellung des Potentiometers R_5 so verändert, daß die Ausgangsspannung $10\,V$ beträgt. Da die Einstellung der Verstärkung den Nullpunkt nicht beeinflußt, ist der Abgleich damit beendet.

7.7.2 Verstärker für einen NiCr-Ni-Sensor

Aufgabenstellung:

- Die zu messende Temperatur soll im Bereich $200\,°C \leq \vartheta_M \leq 600\,°C$ liegen und in eine Spannung im Einheitsbereich $0\,V \leq U_a \leq 10\,V$ umgeformt werden.
- Die Vergleichsstellentemperatur ist konstant und beträgt $60\,°C$, der Meßumformer soll jedoch auf Vergleichsstellentemperaturen von $0\,°C$ bis $100\,°C$ einstellbar sein.
- Der Sensor soll an einem Anschluß mit Masse verbunden werden.
- Die Versorgungsspannung des Meßverstärkers sei $\pm 15\,V$.

Zunächst ist die benötigte Verstärkung zu bestimmen. Die Verstärkung ist der Betrag der maximalen Ausgangsspannungsdifferenz zum Betrag der maximalen Eingangsspannungsdifferenz des Verstärkers. Die maximale Ausgangsspannungsdifferenz beträgt $10\,V$. Die maximalen Eingangsspannungsdifferenz ist die maximale Ausgangsspannungsdifferenz des Thermoelements. Diese beträgt $\Delta U_M = U_M(600\,°C) - U_M(200\,°C) = 24,91\,mV - 8,13\,mV = 16,78\,mV$.

Hieraus ergibt sich die Verstärkung: $v = 10\,V / 16,78\,mV = 595,9$

7.7 Anwendungsbeispiele

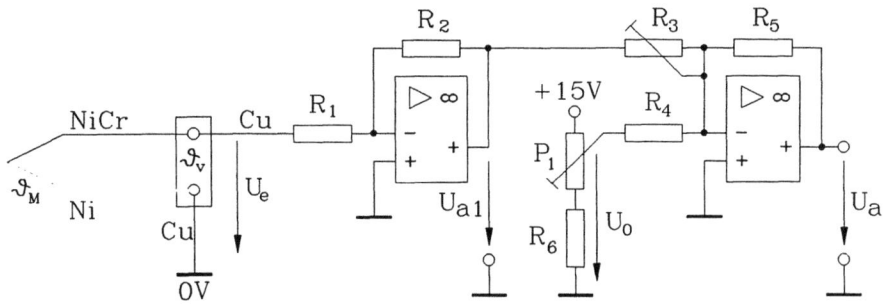

Bild 7-43: Meßverstärker für ein NiCr-Ni-Thermoelement
$R_1 = 18\,\text{k}\Omega$, $R_2 = 470\,\text{k}\Omega$, $R_3 = 7,89\,\text{k}\Omega$ (Einstellwert), $R_4 = 470\,\text{k}\Omega$,
$R_5 = 180\,\text{k}\Omega$, $R_6 = 6,8\,\text{k}\Omega$, $P_1 = 10\,\text{k}\Omega$,

Diese Verstärkung würde sich mit einem Operationsverstärker vom Typ 741 noch mit einer Verstärkerstufe erzielen lassen. Es ist aber günstiger, zwei Stufen zu verwenden, um auch unter ungünstigen Bedingungen eine stabile Verstärkung zu erzielen.

Auf ein anderes Problem soll kurz hingewiesen werden: Für den Operationsverstärker vom Typ 741 ist je nach Ausführung mit einer Offsetspannungsdrift (Änderung der Eingangsoffsetspannung mit der Umgebungstemperatur) bis zu $20\,\mu\text{V}/°\text{C}$ zu rechnen. Bei einer Schwankung der Umgebungstemperatur von $0\,°\text{C}$ bis $50\,°\text{C}$ und bei einer mittleren Temperatur von $25\,°\text{C}$ kann die Offsetspannung um $\pm 20\,\mu\text{V}/°\text{C} \cdot 25\,°\text{C} = \pm 0,5\,\text{mV}$ schwanken. Das entspricht einem Temperaturfehler von $\pm 12\,°\text{C}$. Wenn dieser Fehler zu groß ist, muß für die erste Verstärkerstufe ein besserer Operationsverstärker eingesetzt werden.

Bild 7-43 zeigt die gewählte Schaltung. Beide Stufen sollen eine etwa gleichgroße Verstärkung haben. Da bei hintereinander geschalteten Verstärkern die Gesamtverstärkung gleich dem Produkt der Einzelverstärkungen ist, sollte jede Stufe etwa 24fach verstärken.

Für die erste Stufe wurde ein Eingangswiderstand von $18\,\text{k}\Omega$ gewählt, damit das Thermoelement nicht merklich belastet wird. Der Rückführungswiderstand müßte dann etwa $18\,\text{k}\Omega \cdot 24 = 432\,\text{k}\Omega$ sein. Gewählt wurde $R_2 = 470\,\text{k}\Omega$. Die erste Stufe verstärkt somit die Thermospannung mit $v_1 = R_2/R_1 = 26,11$. Wegen der Invertierung ist $U_{a1} = -26,11 \cdot U_e$.

Die zweite Stufe ist als Summator ausgeführt, damit die Kennlinie je nach gegebener Vergleichsstellentemperatur entsprechend verschoben werden kann. Diese Stufe muß eine Verstärkung von $v_2 = v/v_1 = 22,82$ erbringen.

Aus der Gleichung 7-7 ergibt sich für diese Stufe: $U_a = -\left(U_{a1} \dfrac{R_5}{R_3} + U_0 \dfrac{R_5}{R_4} \right)$

Die Verstärkung v_2 ist gleich dem Widerstandsverhältnis R_5/R_3, welches den Wert 22,82 haben soll. Damit der Widerstand R_3 nicht zu klein wird, ist R_5 verhältnismäßig groß zu wählen. Mit $R_5 = 180\,\text{k}\Omega$ ergibt sich $R_3 = 7,89\,\text{k}\Omega$. Für R_3 kann ein 10-kΩ-Potentiometer vorgesehen werden, welches auf den berechneten Wert eingestellt wird. Da dieser Einstellwert auch der wirksame Eingangswiderstand der zweiten Verstärkerstufe ist, wird die vorausgehende Stufe nur geringfügig belastet.

Nun ist der Widerstand R_4 zur Verschiebung der Kennlinie zu bestimmen. Hierzu wird zunächst die Ausgangsspannung am Anfang des Meßbereichs ($\vartheta_M = 200\,°\text{C}$) für die Grenzfälle der Vergleichstemperatur $\vartheta_V = 0\,°\text{C}$ und $\vartheta_V = 100\,°\text{C}$ berechnet. Die Kennlinie wird dabei nicht verschoben ($U_0 = 0$).

$U_a = 595,9 \cdot U_e$ mit $U_e = U_M - U_V =$ Meßstellenspannung - Vergleichsstellenspannung
und $U_M(200\,°\text{C}) = 8,13\,\text{mV}$

Vergleichsstellentemperatur 0 °C:
$U_V(0\,°\text{C}) = 0\,\text{mV};\quad U_e = 8,13\,\text{mV};\quad U_a = 595,9 \cdot U_e = 4,85\,\text{V}$

Vergleichsstellentemperatur 100 °C:
$U_V(100\,°\text{C}) = 4,10\,\text{mV};\quad U_e = 8,13\,\text{mV} - 4,10\,\text{mV} = 4,03\,\text{mV};\quad U_a = 595,9 \cdot 4,03\,\text{mV} = 2,40\,\text{V}$

Die Ausgangsspannung ist also um 2,40 V bis 4,85 V abzusenken. Wegen des invertierenden Verstärkers muß U_0 positiv sein. Es ist zweckmäßig, die Verstärkung von U_0 so zu wählen, daß die größere Spannung von 4,85 V direkt aus der 15-V-Versorgungsspannung gebildet wird. Damit ergibt sich $v_{U0} = 4,85\,\text{V} / 15\,\text{V} = 0,323$ und $R_4 = R_5 / v_{U0} = 180\,\text{k}\Omega / 0,323 = 557\,\text{k}\Omega$, gewählt $R_4 = 470\,\text{k}\Omega$. Die Verstärkung von U_0 ist damit etwas zu groß. Mit dem nächstliegenden Normwert von 560 kΩ hätte sich die geforderte Ausgangsspannungsabsenkung jedoch nicht mit Sicherheit einstellen lassen.

Für den ganzen Meßverstärker gilt dann die folgende Funktion:

$$U_a = \left((U_M - U_V) \cdot \frac{R_2}{R_1} \cdot \frac{R_5}{R_3} - U_0 \frac{R_5}{R_4} \right) \tag{7-10}$$

Nun muß noch der Spannungsteiler für die untere Grenze von U_0 dimensioniert werden. Gewählt wird ein Potentiometer $R_6 = 10\,\text{k}\Omega$. Die minimal einzustellende Spannung U_0 beträgt: $U_{0\,min} = 2,40\,\text{V} \cdot R_4 / R_5 = 2,40\,\text{V} \cdot 470\,\text{k}\Omega / 180\,\text{k}\Omega = 6,27\,\text{V}$

Für den Spannungsteiler ergibt sich damit $6,27\,\text{V} = 15\,\text{V} \cdot R_6 / (R_6 + 10\,\text{k}\Omega)$ und $R_6 = 7,18\,\text{k}\Omega$. Gewählt wird der Normwert von 6,8 kΩ.

7.7 Anwendungsbeispiele

Abgleich auf eine Vergleichsstellentemperatur von 60 °C:
Die Vergleichsstellenspannung beträgt $U_V = 2{,}43$ mV.
Bei einer Meßgröße von 200 °C ist $U_e = U_M - U_V = 8{,}13$ mV $-$ 2,43 mV $=$ 5,70 mV.
Die Ausgangsspannung muß damit um $595{,}9 \cdot 5{,}70$ mV $= 3{,}40$ V nach unten verschoben werden.
Hierfür ist $U_0 = 3{,}40$ V $\cdot R_4/R_5 = 3{,}40$ V $\cdot 470$ k$\Omega / 180$ k$\Omega = 8{,}87$ V einzustellen.

Kontrolle der gesamten Schaltung gem. Gleichung 7-10 bei der Vergleichsstellentemperatur von 60 °C:

1.) $\vartheta_M = 200$ °C:

$$U_a = (8{,}13\text{ mV} - 2{,}43\text{ mV}) \cdot \frac{470\text{k}\Omega}{18\text{k}\Omega} \cdot \frac{180\text{k}\Omega}{7{,}89\text{k}\Omega} - 8{,}87\text{V} \cdot \frac{180\text{k}\Omega}{470\text{k}\Omega} = -0{,}002\text{V}$$

2.) $\vartheta_M = 600$ °C:

$$U_a = (24{,}91\text{ mV} - 2{,}43\text{ mV}) \cdot \frac{470\text{k}\Omega}{18\text{k}\Omega} \cdot \frac{180\text{k}\Omega}{7{,}89\text{k}\Omega} - 8{,}87\text{V} \cdot \frac{180\text{k}\Omega}{470\text{k}\Omega} = 9{,}99\text{V}$$

Beide Bereichsgrenzen werden also ausreichend genau eingehalten.

7.7.3 Begrenzung der Ausgangsspannung auf den Signalbereich

Bei den beiden vorhergehenden Schaltbeispielen gehen die Kennlinien sehr genau durch die Endpunkte der Signalbereiche. Der Ausgangssignalbereich kann jedoch überschritten werden, wenn die Meßgröße außerhalb der vorgesehenen Meßbereiche liegt. Es ist deshalb zweckmäßig, das Ausgangssignal auf den gewünschten Signalbereich zu begrenzen. Bild 7-44a zeigt eine sehr einfache Schaltung, bei welcher der Signalbereich durch eine

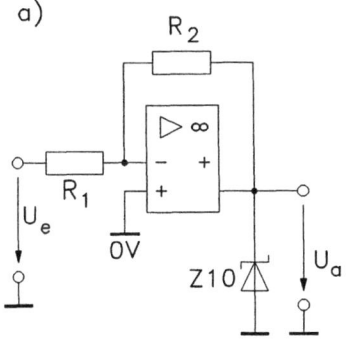
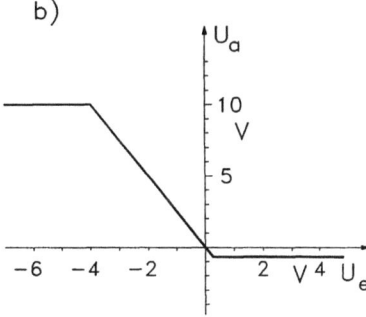

Bild 7-44: Ausgangsspannungsbegrenzung durch eine Zenerdiode
    a) Begrenzungsschaltung
    b) Kennlinie

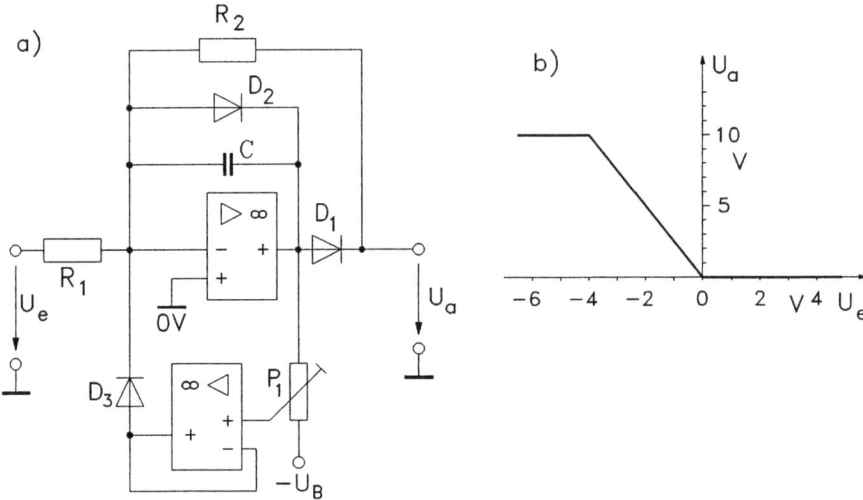

Bild 7-45: Verbesserte Ausgangsspannungsbegrenzung
  a) Verbesserte Begrenzungsschaltung
  b) Kennlinie

10-V-Zenerdiode begrenzt wird. Diese Ausgangssignalbegrenzung setzt jedoch einen Verstärkerbaustein mit Ausgangsstrombegrenzung voraus. Außerdem hat diese einfache Schaltung zwei Nachteile: die Zenerspannung preiswerter Zenerdioden ist nicht sehr genau und im Durchlaßbereich begrenzt sie negative Ausgangsspannungen auf -0,7 V, wie es die Kennlinie im Bild 7-44b zeigt.

Bild 7-45a zeigt eine verbesserte Begrenzungsschaltung ohne diese Nachteile, die auf zwei verschiedenen Schaltungen basiert.

Erstens bilden die beiden Dioden D_1 und D_2 einen Präzisionsgleichrichter (entsprechend der Schaltung von Bild 7-34), der nur positive Ausgangsspannungen zuläßt. Der zweite Teil der Schaltung dient zur Begrenzung der Ausgangsspannung auf 10 V. Er ist ähnlich aufgebaut wie die Schaltung in Bild 7-39 zur Erzeugung nichtlinearer Kennlinien, besitzt jedoch nur ein Potentiometer zur Einstellung des Knickpunkts bei $U_a = 10\,V$. Für größere Eingangsspannungen soll die Kennlinie waagrecht verlaufen. Hierfür wird ein gegen Null gehender Rückführungswiderstand benötigt, der durch den extrem niedrigen Ausgangswiderstand des in der Rückführung liegenden Elektrometerverstärkers verwirklicht wird. Wenn der Innenwiderstand des Potentiometers P_1 erheblich kleiner als der im Eingang liegende Widerstand R_1 ist, kann der Impedanzwandler auch weggelassen werden. Der Rückführungskondensator C soll Schwingungen vermeiden, wenn die Frequenzgangkompensation des Verstärkerbausteins nicht ausreicht.

7.7 Anwendungsbeispiele

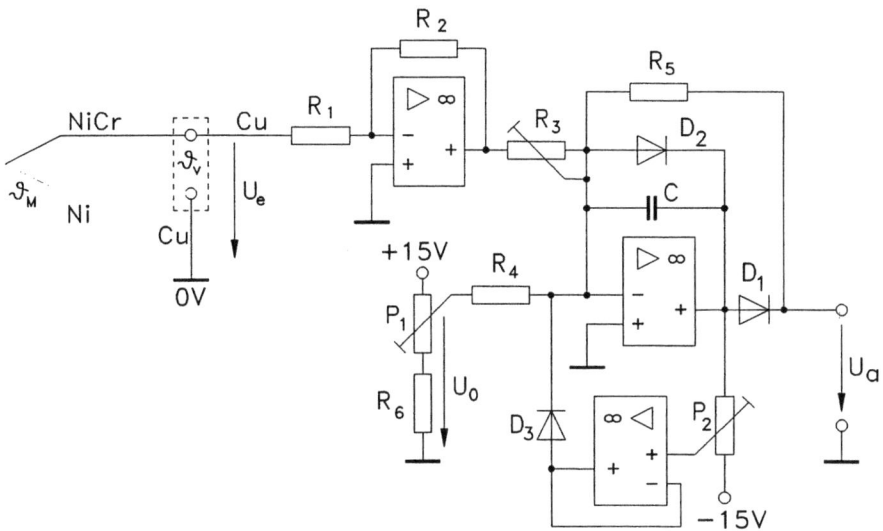

Bild 7-46: Meßverstärker mit Ausgangsspannungsbegrenzung für ein NiCr-Ni-Thermoelement
$R_1 = 18\,k\Omega$, $R_2 = 470\,k\Omega$, $R_3 = 7,89\,k\Omega$ (Einstellwert), $R_4 = 470\,k\Omega$,
$R_5 = 180\,k\Omega$, $R_6 = 6,8\,k\Omega$, $P_1 = 10\,k\Omega$, $P_2 = 10\,k\Omega$, $C = 4,7\,nF$

Mit der verbesserten Begrenzerschaltung soll die Ausgangsspannung des Meßverstärkers für das NiCr-Ni-Thermoelement (Bild 7-43) auf 0 bis 10 V begrenzt werden. Bild 7-46 zeigt den geänderten Verstärker, wobei die zweite Verstärkerstufe auch für die Spannungsbegrenzung benutzt wird. Die Dimensionierung der bereits vorhandenen Widerstände hat sich gegenüber dem Bild 7-43 nicht geändert. Wegen des hohen Eingangswiderstands des in der Rückführung liegenden Elektrometerverstärkers, kann der Widerstandswert für das neu hinzugekommene Potentiometer P_2 in einem sehr weiten Bereich gewählt werden. Er wurde auf 10 kΩ festgelegt.

Literaturverzeichnis:

[1] *Tietze, U. und Schenk, Ch.:* Halbleiter-Schaltungstechnik, 10. Aufl., Springer Verlag 1993.

[2] *Oppelt, W.:* Kleines Handbuch technischer Regelvorgänge, 5. Aufl., Verlag Chemie GmbH Weinheim/Bergstraße 1964.

[3] *Hoffmann, K.:* Eine Einführung in die Technik des Messens mit Dehnungsmeßstreifen, Herausgeber: Hottinger Baldwin Meßtechnik GmbH, Darmstadt.

8 Strukturelle Maßnahmen in Meßsystemen zur Verbesserung der Meßqualität

A. Karbach

Unter strukturellen Maßnahmen versteht man bestimmte Schaltungen und Funktionsprinzipien, die eingesetzt werden, um die Qualität einer Messung zu verbessern. Die Qualität einer Messung drückt sich darin aus, daß Meßfehler möglichst gering gehalten werden und die elektrische oder digitalisierte Größe als Resultat der Messung die zu erfassende physikalische Meßgröße mit der geforderten Genauigkeit darstellt. Bild 8-1 zeigt, daß durch den Prozeß des Messens eine nichtelektrische Prozeßgröße in ein elektrisch oder digital repräsentiertes Meßsignal umgewandelt wird. Die Fehler, die bei diesem Umwandlungsprozeß auftreten können, wurden in Kap. 1 ausführlich behandelt. Der Fachbegriff für die Eigenschaften dieses Umwandlungsprozesses ist der Begriff der Übertragung.

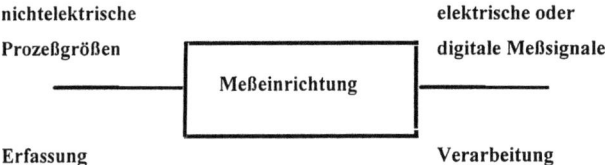

Bild 8-1: Umwandlung von Prozeßgrößen in Meßsignale

Bei der Meßsignalverarbeitung findet man im einfachsten Fall eine Kette von Funktionselementen in Form einer Serienschaltung. Diese Funktionen beinhalten zunächst die Umwandlung der nichtelektrischen Prozeßgröße in ein in den meisten Fällen elektrisches Signal. Im Anschluß an den Sensor folgen Funktionselemente wie Signalwandler, Verstärker und weitere Funktionselemente, die beispielsweise zur Umrechnung des Signals dienen können.

Bild 8-2 zeigt die strukturellen Maßnahmen, die eingesetzt werden können. Für diese Maßnahmen soll aus Gründen der Übersicht zunächst das Prinzip erläutert werden. Einzelheiten und ausführliche Anwendungsbeispiele folgen dann in den einzelnen Unterkapiteln:

8 Strukturelle Maßnahmen in Meßsystemen 321

- Kettenstruktur

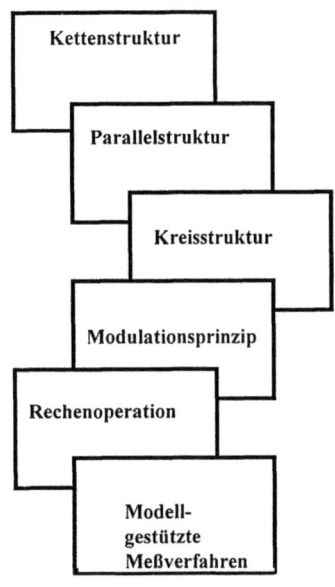

Bild 8-2: Strukturelle Maßnahmen zur Verbesserung der Meßqualität

Durch Einsatz eines speziellen Funktionselements in einer als Serienschaltung aufgebauten Meßkette werden Verbesserungen des Meßergebnisses erzielt. Ein einfaches Beispiel ist ein Filter zur Unterdrückung von Störanteilen im Signal, die dann im Frequenzbereich vom Nutzanteil des Signals getrennt liegen müssen. Ein weiteres Beispiel ist ein Funktionselement, das dazu dient, bei nichtlinearen Sensorkennlinien ein auf die gesamte Meßkette bezogen lineares Verhalten zu erzeugen. Dazu verwendet man eine Funktion, die der zu linearisierenden Funktion (z. B. Sensorkennlinie) invers ist.

- Parallelstruktur

Unter einer Parallelstruktur versteht man die gleichartige oder gegensätzliche Verschaltung zweier Meßsignale in der Form des Summen- und des Differenzprinzips. Beim Summenprinzip handelt es sich um eine Addition gleichartiger Signale meist zum Zwekke der Mittelwertbildung.
Das Differenzprinzip ist die Differenzbildung zweier gleichartiger Signale. Beispielsweise sind bei der Bestimmung des Wärmedurchgangs durch eine Wand mit Hilfe von zwei Temperaturmessungen an der Innenseite und der Außenseite die Absoluttemperaturen von untergeordnetem Interesse und es kommt nur auf eine möglichst genaue Bestimmung der Temperaturdifferenz an.

- Kreisstruktur
Die Kreisstruktur ist aus der Regelungstechnik bekannt in Form des Prinzips der Rückkopplung. Im Fall eines Regelkreises verwendet man die Gegenkopplung, um mit Hilfe eines Korrektureingriffs Sollwert und Istwert in möglichst gute Übereinstimmung zu

bringen. Das gleiche Prinzip läßt sich in vielfältiger Weise für die Meßtechnik nutzbar machen.

- Modulationsprinzip

Bei sehr vielen Meßverfahren liefert der Sensor zunächst sehr kleine elektrische Spannungen, die weiterverarbeitet werden müssen. Verwendet man Gleichspannungssignale, so kommt es häufig zu einer Überlagerung mit niederfrequenten Störsignalen. Ein Beispiel ist die magnetisch-induktive Durchflußmessung, wo Polarisationsspannungen an den Elektroden das Meßsignal verfälschen können. Als Gegenmaßnahme zur Vermeidung eines solchen Störeinflusses besteht die Möglichkeit, die Meßgröße durch die Verwendung von Sinussignalen in einen Frequenzbereich zu verarbeiten, wo geringere Störeinflüsse zu erwarten sind. Eine solche Vorgehensweise wählt man beispielsweise bei der magnetisch-induktiven Durchflußmessung. Es gibt aber viele weitere Beispiele.

- Rechnerische Verarbeitung

Komplexe Prozeßgrößen, die mit einfachen Mitteln nicht direkt gemessen werden können, bestimmt man durch rechnerische Verknüpfung einfacher und meßbarer Größen. Ein bekanntes Beispiel ist die Bestimmung von Wärmemengen in Anlagen der Heizungstechnik, wo aus Vorlauf- und Rücklauftemperatur unter weiterer Verwendung des Volumenstroms als Meßgrößen über die bekannte rechnerische Beziehung die Wärmeleistung gebildet wird und durch nachfolgende Integration die Wärmemenge bestimmt wird.

- Modellgestützte Meßverfahren

Wenn man eine Prozeßgröße prinzipiell nicht oder nur mit unakzeptabel großem Aufwand direkt messen kann, kommen modellgestützte Meßverfahren zum Einsatz. Man benützt einfach meßbare Prozeßgrößen, die mit Hilfe eines Modells mit der unbekannten Prozeßgröße verknüpft sind, und bestimmt aus den gemessenen Größen mit Hilfe einer Rechnung die gesuchte Prozeßgröße. Der Unterschied zu der rechnerischen Verarbeitung besteht darin, daß das Modell oft Unsicherheiten beinhaltet, so daß man oft von einer Schätzung der gesuchten Prozeßgröße spricht. Ansonsten ist die Verfahrensweise wie bei der rechnerischen Verarbeitung.

8.1 Kettenstruktur

Die serielle Verbindung von Funktionselementen bezeichnet man in der Meßtechnik als Kettenstruktur. Die einfachste Variante ist die Verbindung von Sensorelementen und Meßumformern, wobei der Meßumformer aus einer Schaltung zur Umwandlung des Meßsignals mit einem nachgeschalteten Verstärker bestehen kann (Bild 8-3). Dieser interne Aufbau des Meßumformers kann ebenso als eine serielle Verbindung von Funktionselementen interpretiert werden. Der elektronische Aufbau wird in Kap. 7 behandelt. Bei den

8.1 Kettenstruktur

meisten Meßwertbestimmungen liegt die serielle Verarbeitung in Form einer Kettenstruktur vor.

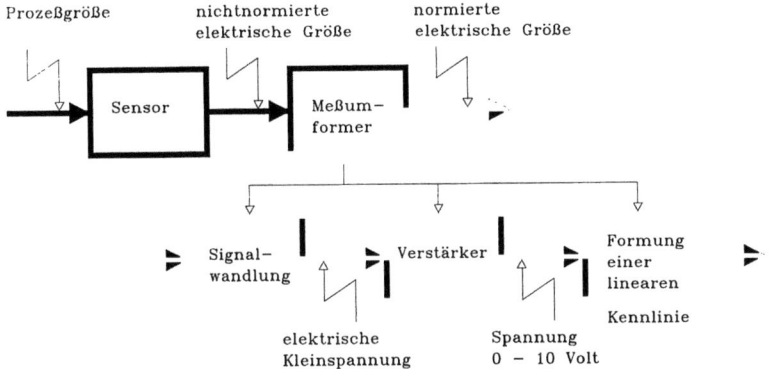

Bild 8-3: Kettenstruktur, Meßsignalverarbeitung durch in Serie geschaltete Funktionselemente

Bei der Anwendung von Funktionselementen in Kettenstruktur wird folgendes Ziel verfolgt: Die physikalische Prozeßgröße, die bestimmt werden soll, soll in ein elektrisches Signal (Spannung, Strom) oder in eine digitalisierte Darstellung (Zahl im Speicher eines Mikrorechners) umgesetzt werden. Dabei soll der physikalische Meßbereich auf einen entsprechenden Signal- beziehungsweise Zahlenbereich abgebildet werden. Diese Abbildung soll insgesamt linear sein. Die Umsetzung soll normierte Signale ergeben, damit bei der Weiterverarbeitung in Automatisierungssystemen ohne Probleme Meß-elemente verschiedener Hersteller eingesetzt werden können. Typische Normsignale, die verwendet werden, sind:
a) Spannungssignale im Bereich 0-10 V oder 2-10 V (live zero)
b) Stromsignale im Bereich 0-20 mA oder 4-20 mA (live zero)

Spannungssignale haben den Nachteil, daß bei größeren Kabelwegen in der Anlage Spannungsabfälle auf den Leitungen auftreten können, die das Signal verfälschen. Deswegen setzt man Spannungssignale nur bei kurzen Leitungsverbindungen ein.

Auch ein Bussystem, über das Meßgrößen in digitalisierter Form als Zahlenwerte transportiert werden, transportiert Meßinformationen in normierter Form. Im Bereich der Fabrikationsautomatisierung gibt es Feldbus-Systeme, über die digitale Sensoren und Aktoren ihre Informationen weitergeben beziehungsweise erhalten. Diese digitalen Sensoren beinhalten die Schritte Signalerzeugung, elektronische Wandlung und Verstärkung, Analog-Digital-Umsetzung und Umwandlung in die für das jeweilige Bus-Protokoll (Verfahren zur Informationsübertragung) vorgeschriebene Form.

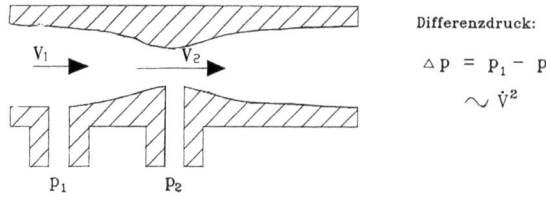

Differenzdruck:

$\Delta p = p_1 - p_2$

$\sim \dot{V}^2$

a) Meßprinzip

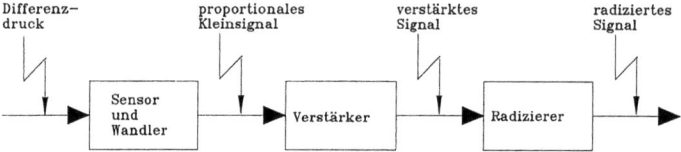

b) Funktionselemente in der Meßkette

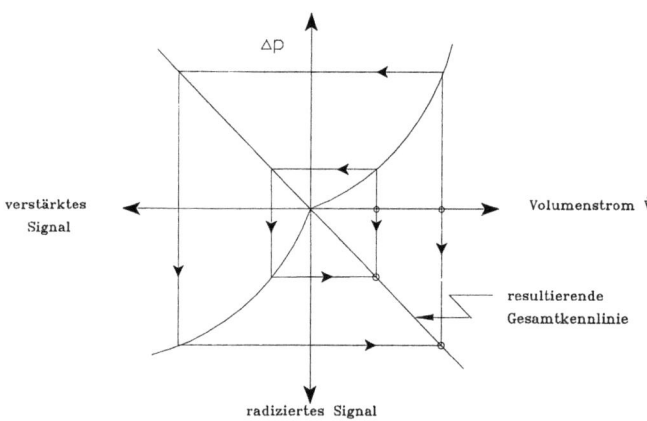

c) Stufen der Signalverarbeitung und Gesamtkennlinie

Bild 8-4: Meßsignalverarbeitung bei der Durchflußmessung nach dem Wirkdruckverfahren

Als Beispiel für eine Meßwertverarbeitung in Kettenstruktur soll die Meßsignalverarbeitung bei der Durchflußmessung nach dem Wirkdruckverfahren dienen (Bild 8-4).
Das Prinzip dieses Meßverfahrens basiert auf einer Drosselung des Volumenstroms eines flüssigen oder gasförmigen Mediums in einer Rohrleitung. Als Drosselelemente können Blenden oder Düsen Verwendung finden. Durch die Einschnürung ergibt sich eine Druckabnahme, die mit zunehmendem Volumenstrom größer wird. Diese Druckabnahme erfolgt nach dem Gesetz von Bernoulli dadurch, daß die Strömungsgeschwindigkeit an der Stelle der Einschnürung sich vergrößert. Damit entsteht nach dem Satz von der Erhal-

tung der Energie eine Abnahme des Drucks. Nun wird die Druckdifferenz vor und nach der Drosselstelle, die mit dem Volumenstrom zunimmt, gemessen und mit einem Drucktransmitter in ein elektrisches Signal gewandelt. Es ergibt sich als Zusammenhang zwischen Volumenstrom und Druckdifferenz beziehungsweise elektrischem Signal eine nichtlineare Funktion. Die Druckdifferenz nimmt quadratisch mit dem Volumenstrom zu. Da ein lineares Signal erzeugt werden soll, muß durch Umkehrung der quadratischen Funktion linearisiert werden. Damit ergibt sich als weiteres Element in der Meßkette ein Radizierer, der die Wurzelfunktion als Umkehrfunktion zur quadratischen Funktion bildet. Die technische Realisierung der Wurzelfunktion kann entweder mit Hilfe einer elektrischen Schaltung erfolgen oder mit Hilfe eines Programmmoduls. Der zweite Fall wird interessant, wenn zur Steuerung und Regelung von Anlagen DDC-Technik (DDC Direct Digital Control) eingesetzt wird. Dann werden alle Meßsignale in eine sogenannte Automatisierungsstation eingelesen, die in Mikroprozessortechnik ausgeführt ist und die automatisierungstechnischen Funktionen mit Hilfe von Software-Bausteinen abarbeitet. Dort liegen sie nach der Analog-Digital-Wandlung als Rechenwerte im Speicher vor. Mit Hilfe von Programm-Modulen, die als Funktionsbausteine bezeichnet werden, kann das eingelesene Signal weiterverarbeitet werden. Für den speziellen Fall der Radizierung gibt es in allen Systemen einen speziellen Funktionsbaustein zur Kennlinienlinearisierung, der entsprechend angepaßt werden kann.

Ein weiteres Beispiel für eine serielle Verarbeitung ist die Filterung von Signalen (Abb. 8-5). Für den Fall, daß Meßgrößen mit Systemen, die in Digitaltechnik ausgeführt sind, weiterverarbeitet werden sollen (DDC-Technik oder digitale Meßwerterfassung), müssen Signalfilter in den meisten Fällen eingesetzt werden, weil diese Systeme mit einer Abtastung arbeiten. Darunter ist zu verstehen, daß diese digitalen Systeme alle Meß- und Stellgrößen in regelmäßigen Zeitabständen einlesen und ausgeben. Sind nun Störanteile im Signal vorhanden, wie in Bild 8-5 dargestellt, kann es bei einer Abtastung zu einer Verzerrung des Signals kommen, weil die überlagerten Störpegel miterfaßt werden.

Zur Vermeidung dieser Erscheinung wird das Störsignal durch ein Filter abgeschwächt und soweit wie möglich unterdrückt. Dazu verwendet man häufig ein Tiefpaßfilter erster Ordnung, das seriell in den Signalweg geschaltet wird. Wie der Name diese Filters ausdrückt, können nur die "tiefen" Frequenzen dieses Filter passieren, wenn man sich das Signal als in seine Frequenzanteile zerlegt vorstellt. Diese Funktion entspricht der in der Reglungstechnik verwendeten Funktion "Verzögerungsglied erster Ordnung", was auch mit den Begriff "PT1-Verhalten" beschrieben wird.

Die technische Realisierung erfolgt entweder als elektronische Schaltung mit einem RC-Glied oder als Software-Modul/ Funktionsbaustein mit Hilfe eines Algorithmus, der auf einer Differenzengleichung basiert, die das PT1-Verhalten beschreibt. Es existieren auch Filter höherer Ordnung und Filter mit besonders günstigen Eigenschaften, die ähnlich realisiert werden können. Wichtig ist, daß die sogenannte Eckfrequenz des Filters, das ist die Frequenz, bei der das Filter beginnt, die Eingangssignale erheblich abzuschwächen, abgestimmt wird auf die Frequenz der Abtastung.

Eine weitere Anwendung von Signalfiltern ist angezeigt, wenn Prozeßgrößen alphanumerisch in Form von Digitaldisplays für das Bedienpersonal dargestellt werden sollen und diese Prozeßgrößen einem starken Rauschpegel unterliegen. Ein Beispiel sind Druckmessungen. Wenn keine Filterung erfolgt, dann schwanken die nachgeordneten Stellen stark, so daß eine genaue Ablesung schwierig ist. Durch eine vorgeschaltete Signalfilterung wird eine Beruhigung erreicht. Ein solche Filterung entspricht anschaulich auch der Bildung eines zeitlichen Mittelwertes. Durch Mittelwertbildung wird die Standardabweichung einer Größe und damit die sichtbare Schwankungsbreite der Anzeige verkleinert.

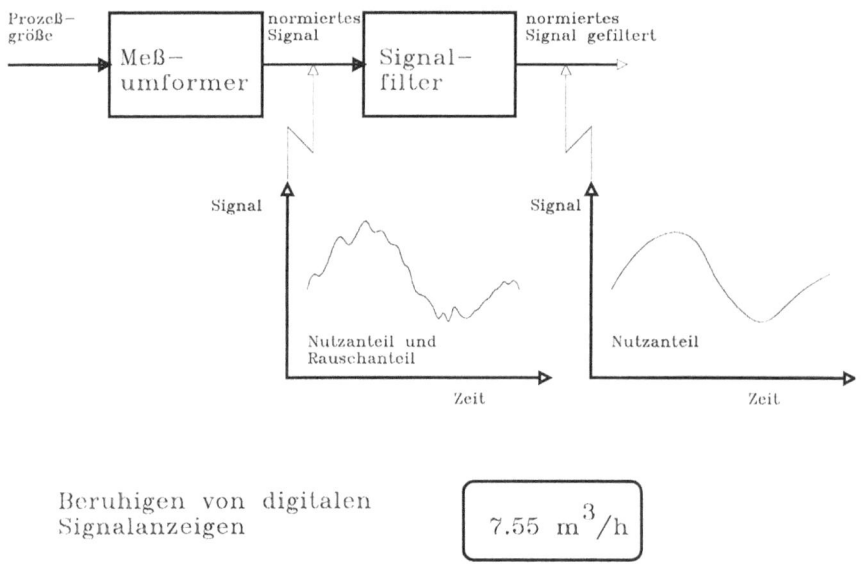

Bild 8-5: Tiefpaßfilter zur Unterdrückung hochfrequenter Störungen

8.2 Parallelstruktur

Liegt eine gleichartige Verarbeitung von mehr als einem Signal vor, dann spricht man von einer Parallelstruktur (Bild 8-6). Es gibt prinzipiell zwei Möglichkeiten:

- Summenprinzip

Wie der Begriff aussagt, werden zwei oder mehr Signale summiert. Man kann zwei Fälle unterscheiden:

8.2 Parallelstruktur

a) Bildung eines Summensignals

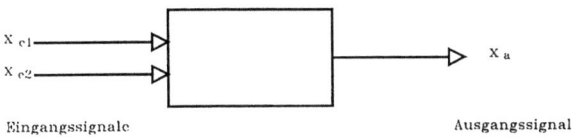

a) Verarbeitung von zwei gleichartigen Signalen in Parallelstruktur

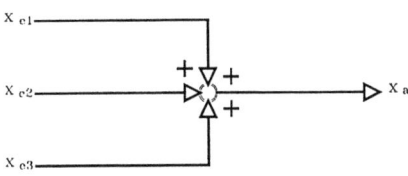

b) Summenprinzip

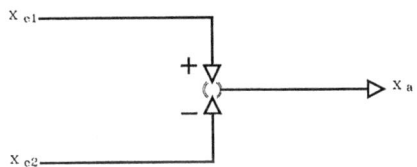

c) Differenzprinzip

Bild 8-6: Anwendung der Parallelstruktur

Als Beispiel diene ein Heizkraftwerk, das mit einem Dampferzeuger ausgerüstet ist, der über mehr als eine Leitung mit Brennstoff, beispiesweise pneumatisch gefördertem Kohlenstaub, versorgt wird. Zur Bestimmung der Gesamtenergiemenge, die feuerungsseitig verbraucht wird, muß durch Addition die Summe der Massenströme über alle Brennstoffwege gebildet werden. Ein spezieller Fall liegt vor, wenn Brennstoffe mit unterschiedlichem Heizwert gleichzeitig verwendet werden. Dann bildet man den gesamten feuerungsseitigen Wärmestrom, indem man die einzelnen Massenströme mit den zugehörigen Heizwerten multipliziert und die resultierenden Wärmeströme addiert.

b) Mittelwertbildung

Zum Erreichen einer größeren Genauigkeit einer Prozeßgröße oder einer repräsentativeren Aussage, wird das Prinzip der Mittelwertbildung angewandt. Dabei werden gleichartige Signale summiert und die Summe durch die Anzahl der Signale geteilt.

Das Prinzip der Mittelwertbildung kann angewandt werden zur Bildung eines zeitlichen Mittelwerts oder zur Bestimmung eines Mittelwerts aus mehreren gleichartigen, aber über ein Raumgebiet verteilten Meßgrößen.

Ein bereits erwähntes Beipiel für eine zeitliche Mittelwertbildung ist die Filterung von Signalen mit Tiefpaßfiltern, ein weiteres Beispiel ist die Archivierung von Prozeßwerten bei Anlagen, die mit digitalen Automatisierungseinrichtungen ausgerüstet sind. Dort besteht die Möglichkeit, Meßwerte für spätere Auswertungen abzuspeichern. Man bezeichnet diese Archive als historische Datenbanken und verwendet in vielen Fällen nicht die Rohdaten, sondern geeignet gewählte zeitliche Mittelwerte, um die Aussagekraft von Auswertungen zu verbessern. Für die Bestimmung eines Wirkungsgrades beispielsweise ist es zur Verbesserung der Genauigkeit sehr günstig, Mittelwerte zu verwenden, die unvermeidbare Abweichungen vom stationären Anlagenverhalten ausmitteln.

- Differenzprinzip

Das Differenzprinzip beruht auf dem Vergleich zwischen zwei (gleichartigen) Meßgrößen. Interessanter für die Ermittlung prozeßrelevanter Aussagen ist oft der Unterschied von zwei Meßgrößen und nicht deren Absolutwerte.
Als Beispiel sei die Bestimmung des Wärmestroms durch eine Wand genannt. Man kann diese Bestimmung über die bekannte Beziehung für den Wärmestrom vornehmen, daß dieser proportional ist zur Differenz der Temperaturen innen und außen und außerdem proportional zur Fläche und zum Wärmedurchgangskoeffizienten. Zur Bestimmung des Wärmestroms ist also eine möglichst genaue Ermittlung der Temperaturdifferenz zwischen Innen- und Außenwand wesentlich.
Absolutwerte von Meßgrößen sind oft mit erheblichen Fehlern behaftet. Bei der Differenzbildung heben sich diese Fehler weg, wenn sie systematischer Natur und gleich groß sind. In der Praxis ist zumindest eine erhebliche Verbesserung in der Genauigkeit für die Differenzgröße erreichbar. Die Differenzbildung kann durch die Verschaltung der Sensoren erfolgen. Ein Beispiel hierfür ist die Differenzschaltung von Thermoelementen zur Erzeugung einer Thermospannung proportional der Differenztemperatur der beiden Meßorte. Die Differenzbildung kann aber auch im Meßumformer durch eine geeignete Meßschaltung vorgenommen werden (siehe nachfolgendes Beispiel Kesselprüfstand).
Auch die Kalibrierung einer Messung ist ein Beispiel für die Anwendung des Differenzprinzips. Eine Betriebsmessung wird mit einem anderen standardisierten und in seiner Genauigkeit bekannten Meßverfahren verglichen, indem mit beiden Meßverfahren parallel die Prozeßgröße bestimmt wird. Durch diesen Vergleich kann die Betriebsmessung kalibriert und in Bezug auf ihre Genauigkeit und Aussagekraft beurteilt werden.

8.2.1 Mittelwertbildung, Anwendungsbeispiele

Als aufwendigeres Beispiel für die Anwendung der Mittelwertbildung soll die Bestimmung von repräsentativen Werten mit Hilfe der Netzmessung behandelt werden.
Die Abb. 8-7,a zeigt die Bestimmung des Wärmestroms, der mit dem Rauchgasstrom einer Verbrennungsanlage transportiert wird. Ziel ist die Bestimmung des Wirkungsgrads der Verbrennungsanlage, wobei der Wärmestrom des Rauchgases eine wesentliche Verlustgröße darstellt. Der Wärmestrom des Rauchgases ist proportional zum Volumenstrom und zur mittleren Temperatur. Das Problem ist nun, wenn zunächst vorausgesetzt wird, daß der Volumenstrom über eine Blendenmessung ermittelt werden kann, die Bestimmung der mittleren Temperatur. In vielen Fällen kann davon ausgegangen werden, daß über den Querschnitt des Rauchgaskanals Temperaturprofile vorhanden sind, die beispielsweise durch eine Strähnigkeit der Rauchgasströmung zustandekommen. Für die Ermittlung einer repräsentativen Wärmestromgröße spielt auch das Produkt aus Volumenstrom und Temperatur die entscheidende Rolle, so daß eine Mittelwertbildung eigentlich diese Größe erfassen müßte.

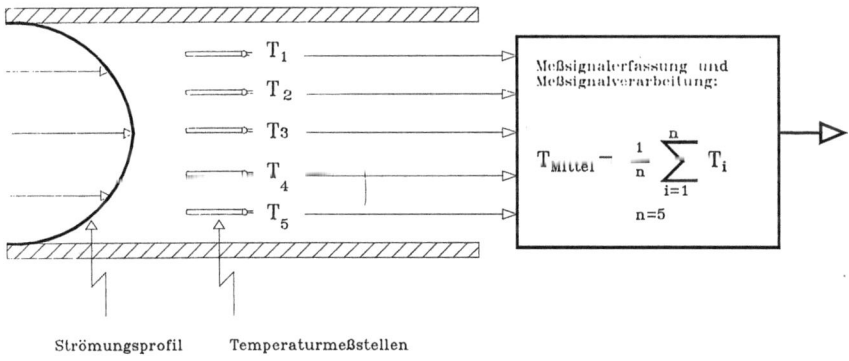

Bild 8-7,a: Bestimmung der mittleren Temperatur in einem Gasstrom

Nun kann man häufig davon ausgehen, daß das Strömungsprofil, also die Verteilung der Geschwindigkeiten über den Querschnitt des Rauchgaskanals, zumindest näherungsweise bekannt ist. Eine Netzmessung der Temperatur muß dann so vorgenommen werden, daß jeder Temperaturmeßpunkt im Mittel eine Fläche des Querschnitts abdeckt, die dem gleichen Volumenstrom entspricht. Dies führt dazu, daß am Rand des Rauchgaskanals die Meßpunkte der Netzmessung weitmaschiger gelegt werden können als in der Mitte, denn am Rand ist die Strömungsgeschwindigkeit geringer als in der Mitte des Kanals. Die Positionierung der einzelnen Meßpunkte ist also abhängig von der Form des Strömungsprofils. Wenn von einem rotationssymetrischen Strömungsprofil ausgegangen werden kann, genügt die Positionierung der Meßstellen entlang eines beliebig auszuwählenden Durchmessers.

Ähnliche Verhältnisse liegen vor bei der präzisen Ermittlung des Luftvolumenstroms in Luftkanälen von raumlufttechnischen Anlagen. Man kann dort Punktmessungen zur Bestimmung der Geschwindigkeit mit Staurohren, thermischen Anemometern und Flügelradanemometern vornehmen (Kap 9.2). Zur Bestimmung des Volumenstroms ist wieder eine geeignete Mittelung mit Vorzugslage der Meßpunkte über den Querschnitt günstig, die von der Art der Strömung abhängt, beispielsweise davon, ob das Strömungsprofil voll ausgebildet ist und ob laminare oder turbulente Strömung vorliegt.

Ein weiteres Beispiel für die Benutzung eines gewichteten Mittelwerts aus der Heiztechnik ist die Außentemperatur-geführte Vorlauftemperaturregelung, wenn das Gebäude durch eine vorhandene Solararchitektur über erhebliche solare Fremdwärmegewinne verfügt und diese bei der Vorgabe der Vorlauftemperatur berücksichtigt werden sollen.

Zunächst soll das Prinzip der Heizungsregelung kurz erläutert werden. Die Vorlauftemperatur des Heizmediums vor den Heizkörpern ist ein Maß für die angebotene Wärme. Diese wird dann entsprechend der Witterung angepaßt, indem bei sinkender Außentemperatur die Vorlauftemperatur und damit das Wärmeangebot erhöht wird. Der Zusammenhang zwischen Außentemperatur und Vorlauftemperatur wird als Kennlinie festgelegt und ist als Funktionsbaustein in den typischen Kompaktreglern für Heizungsanlagen und auch bei DDC-Systemen vorhanden. Eine Anpassung an den Wärmebedarf eines Gebäudes erfolgt über eine geeignete Veränderung dieser Kennlinie. Der Sinn des Ganzen ist, daß man genügend Wärme für die Heizung bereitstellt, aber auch auf der anderen Seite das Temperaturniveau in Heizkreis und Kessel so niedrig hält, daß die Wärmeverluste des

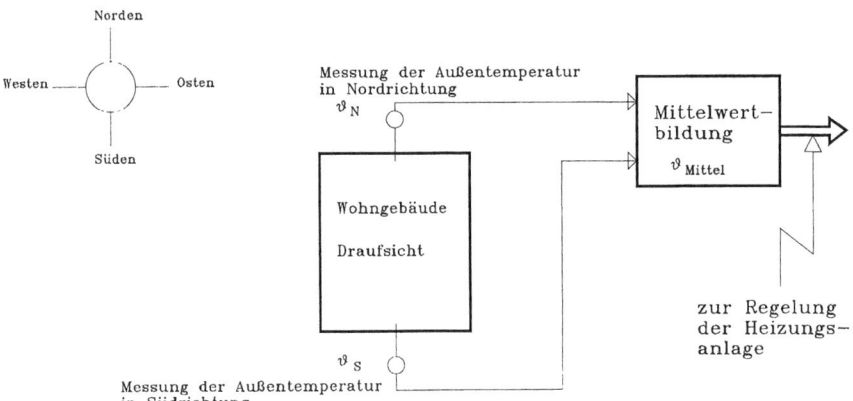

Bild 8-7,b: Summenprinzip, Bestimmung einer repräsentativen Außentemperatur durch gewichtete Mittelwertbildung

8.2 Parallelstruktur

Kessels und des Wärmeverteilsystems möglichst gering ausfallen. Nun ist ein Nachteil des Verfahrens, daß Fremdwärmegewinne in den Räumen nicht berücksichtigt werden. Solche Fremdwärmegewinne kommen beispielsweise dann zustande, wenn das Gebäude über größere Fensterflächen in Südrichtung verfügt und Sonneneinstrahlung oder diffuse Einstrahlung vorliegt.

Dann läßt sich das Konzept der Außentemperatur-geführten Regelung verbessern, indem ein geeigneter repräsentativer Wert der Außentemperatur verwendet wird. Diesen Wert kann man näherungsweise ermitteln, indem man die Außentemperatur an der Nordseite und der Südseite des Gebäudes mißt und einen geeignet gewichteten Mittelwert bildet (Bild 8-7,b). Bei der klassischen Regelung wird für die Bestimmung der Außentemperatur ein Temperaturfühler verwendet, der in Nordrichtung angebracht wird. Der gewichtete Mittelwert wird so gebildet, daß die repräsentative Außentemperatur zwischen der Temperatur auf der Nord- und Südseite liegt. Durch einen Wichtungsfaktor A wird der relative Einfluß von Nord- und Südtemperatur festgelegt. Der Wichtungsfaktor A ist so veränderbar, daß die Temperatur in Nordrichtung dominiert (A=0) oder die Temperatur in Südrichtung (Werte von A >> 1). Für A=1 erhält man den arithmetischen Mittelwert aus den beiden Temperaturen.

$$\vartheta_{Mittel} = \frac{\vartheta_N + \vartheta_S \cdot A}{1 + A} \tag{8-1}$$

Ergeben sich an sonnigen Tagen Fremdwärmegewinne, so wird durch die höhere Temperatur in Südrichtung die für die Heizungsregelung maßgebliche Außentemperatur erhöht und das angebotene Temperaturniveau im Heizsystem wird in der Folge zurückgenommen.

8.2.2 Differenzprinzip, Anwendungsbeispiel

Für die Anwendung des Differenzprinzips existieren viele Beispiele. Ein instruktives Beispiel für die Anwendung des Differenzprinzips ist die Bestimmung der wasserseitigen Wärmeleistung eines Heizkessels im Rahmen eines Kesselprüfstandsversuchs (Bild 8-8). Bild 8-8,a zeigt den Aufbau eines Kesselprüfstands zur sinngemäßen Bestimmung des Normnutzungsgrads eines Heizkessels nach DIN 4702, Blatt 8. Das hier gezeigte Verfahren weicht in seiner Methodik in bestimmten Punkten von der Norm ab. Dies soll aber hier nicht weiter diskutiert werden.

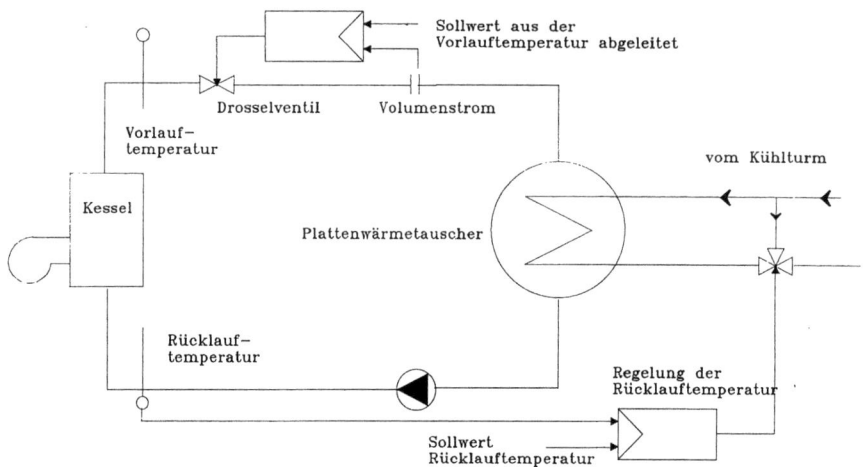

a) Hydraulische Schaltung eines Kesselprüfstandes
   mit Meßstellen und Regelkreisen

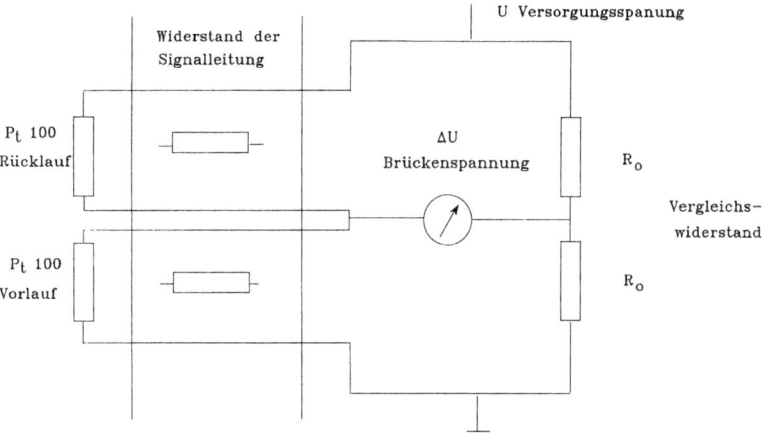

b) Wheatstonesche Brücke, Differenzschaltung der
   Widerstandsthermometer für Vor – Rücklauf

Bild 8-8: Kesselprüfstand mit Bestimmung der Differenztemperatur

Die Aufgabenstellung beinhaltet die Bestimmung des Kesselwirkungsgrads bei unterschiedlichen Lasten. Beim Betrieb in einer Heizungsanlage entspricht dies den unterschiedlichen Betriebszuständen bei den im Jahresverlauf auftretenden Außentemperaturen. Festgelegt sind die dem jeweiligen Betriebszustand zugeordnete Vorlauf- und Rücklauftemperatur. Der Kessel wird bei dem hier diskutierten Verfahren mit der vollen Leistung betrieben. Das Temperaturniveau als Mittelwert von Vorlauf- und Rücklauftemperatur wird geregelt, indem die Wärme über einen Plattenwärmetauscher, der sekundärsei-

8.2 Parallelstruktur

tig mit einem Kühlturm verbunden ist, abgeführt wird. Über ein Dreiwegeventil in Verteilschaltung wird Kühlwasser in den Plattenwärmetauscher eingespeist. Geregelt wird die Rücklauftemperatur. Die Vorlauftemperatur wird indirekt eingestellt, indem die Differenz zwischen Vorlauf- und Rücklauftemperatur durch ein Drosselventil beeinflußt wird. Dieses befindet sich im primären Kreislauf, der die Wärme vom Kessel erhält. Die Regelung der Differenztemperatur erfolgt mittelbar. Die eigentliche Regelgröße ist der Volumenstrom im Primärkreislauf, der aber über die Energiebilanz direkt mit der Temperaturdifferenz zusammenhängt.

Aus den bei unterschiedlichen Temperaturniveaus bestimmten Wirkungsgraden errechnet sich über ein in der DIN-Norm festgelegtes Mittelungsverfahren der Normnutzungsgrad, der den Quotienten aus Nutzenergie und aufgewendeter Primärenergie für das Jahresmittel beschreibt.

Bei der Bestimmung des Wirkungsgrads geht man nach der direkten Methode vor: Es wird die wasserseitige Wärmeleistung aus dem Produkt von Differenztemperatur aus Vorlauf und Rücklauf und dem Volumenstrom bestimmt, wobei mit der temperaturabhängigen Dichte und Wärmekapazität multipliziert werden muß. Die wasserseitige Wärmeleistung wird dividiert durch die feuerungsseitige Wärmeleistung. Diese wird ermittelt aus der gemessenen Gas- oder Ölmenge und dem zugehörigen Heizwert.

Die Genauigkeit des Verfahrens hängt wesentlich von der präzisen Bestimmung der Differenz von Vorlauf- und Rücklauftemperatur ab. Da es sich in den Teillastpunkten um kleine Temperaturdifferenzen von wenigen Grad C handelt, bietet sich zur Reduzierung der Fehler die direkte Bestimmung der Differenz mit zwei Pt-100-Fühlern (Kap. 2) und einer Wheatstone'schen Brücke (Kap. 7) in Differenzschaltung an (Bild 8-8,b):

Die beiden Pt-100-Fühlerelemente werden als ein Spannungsteiler in der Schaltung der Wheatstone'schen Brücke verwendet. Die entstehende Brückenspannung ist direkt proportional zur Differenz der Widerstände für die Vorlauf- und Rücklauftemperatur. Die Beziehung ist linear, solange die Widerstandsänderungen der Vorlauf- und Rücklauftemperaturfühler klein sind im Vergleich zum Referenzwiderstand, der in diesem Fall der mittleren Temperatur entspricht. Diese Bedingung ist sehr gut erfüllt, denn die Temperaturdifferenz beträgt weniger als 15 Grad C. Bei einer Meßwertverarbeitung mit dem Rechner lassen sich aber auch nichtlineare Beziehungen gut verarbeiten, so daß auch die vorhandenen kleinen Abweichungen von der Linearität durch Kennlinien-Bausteine gut berücksichtigt werden können. Der Nullpunkt der Differenztemperatur-Brücke läßt sich sehr gut abgleichen. Es ergibt sich damit eine Messung der Differenztemperatur, deren Genauigkeit besser ist als 1 %. Desweiteren werden weitere Ein-flußeffekte, wie z. B. der Einfluß der Zuleitungswiderstände, durch den symmetrischen Aufbau ausgeglichen, denn dieser Widerstand tritt in beiden Leitungswegen in gleicher Weise auf und wird damit durch die Differenzschaltung unterdrückt.

8.3 Kreisstruktur

Wenn das Ausgangssignal einer Signalverarbeitungskette benutzt wird, um an irgendeiner Stelle der Kette wieder einzugreifen, dann liegt eine Kreisstruktur vor. Man bezeichnet eine solche Verschaltung auch als eine kontinuierliche Rückkopplung. Für eine solche Rückkopplung gibt es nun zwei Möglichkeiten:

- Prinzip der Gegenkopplung

Das Prinzip der Gegenkopplung ist aus der Regelungstechnik bekannt. Das Ausgangssignal der Meßkette wird mit einem Sollwert verglichen, indem die Differenz gebildet wird. Diese Differenz wird dann geeignet verstärkt und auf das Eingangssignal so rückgekoppelt, daß ein Korrektureingriff entsteht. Weicht also das Ausgangssignal vom gewünschten Sollwert ab, wird in die Richtung korrigiert, die zu einer Verringerung der Differenz führt.

Bei der Mitkopplung wird im Gegensatz dazu das Ausgangssignal so rückgekoppelt, daß die Tendenz des Ausgangssignals noch verstärkt wird, d. h. das System arbeitet als Verstärker. Dieses Prinzip der Mitkopplung wird beispielsweise in der Elektronik bei Oszillatorschaltungen angewandt.

8.3.1 Gegenkopplung, Anwendungsbeispiele

Die Anwendung des Prinzips der Gegenkopplung soll an zwei Beispielen exemplarisch dargestellt werden. Das erste Beispiel ist die Umsetzung eines Spannungssignals in eine Wegstrecke. Diese Funktion wird benötigt bei der Aufzeichnung von Meßsignalen mit Hilfe von Schreibern.

Das Prinzip zeigt Bild 8-9:

Mit Hilfe eines Potentiometers mit variablem Abgriff wird aus einer konstanten Versorgungsspannung eine variable Teilspannung abgegriffen. Der Potentiometerabgriff bildet gleichzeitig die Schreibernadel, die über eine lineare Skala bewegt wird. Der Papiervorschub erfolgt mit konstanter Geschwindigkeit. Die variable Teilspannung des Potentiometers wird mit der dem Meßsignal entsprechenden externen Spannung verglichen. Dieser Vergleich wird ausgeführt, indem beide Signale auf die Eingänge eines Differenzverstärkers geführt werden. Das Ausgangssignal dieses Differenzverstärkers steuert einen Motor an, der über eine Spindel den Abgriff am Potentiometer verstellt. Der Schreibstift wird dabei mitgeführt. Der Motor wird nun solange angesteuert, bis die Differenzspannung am Verstärkereingang zu Null geworden ist. Dann sind beide Spannungen abgeglichen und die Position des Schreibstifts entspricht dem externen Spannungssignal.

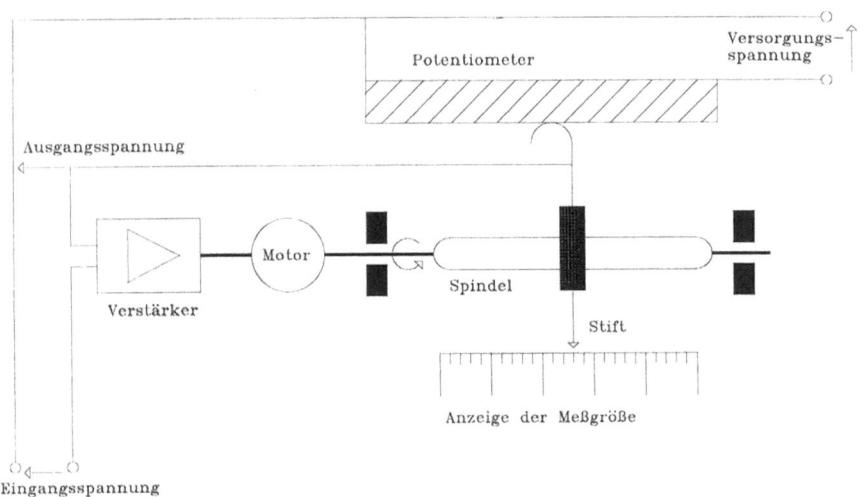

Bild 8-9: Kompensationsschreiber, Umsetzung eines Spannungssignals in eine dazu proportionale Anzeige

Die Dynamik des Systems ist durch die Schnelligkeit, mit der verstellt werden kann, bestimmt. Das gesamte Gebilde arbeitet wie ein Regelkreis mit Dreipunktcharakteristik. Die Genauigkeit wird durch das Übersetzungsverhältnis des Verstärkers bestimmt. Dieses wird so groß gewählt, daß die der Ansteuerschwelle des Meßmotors entsprechende Differenzspannung genügend klein bleibt.

Als weiteres etwas aufwendigeres Beispiel sollen hier Luftströmungssensoren nach dem Prinzip des Hitzdrahtanemometers erläutert werden.

Das Prinzip beziehungsweise eine bestimmte Form der Ausführung ist in Bild 8-10,a dargestellt. In einer Wheatstone'schen Brückenschaltung befindet sich ein metallischer Widerstand als Sensor. Dieser metallische Widerstand wird durch den Strom, der durch den entsprechenden Spannungsteiler der Brücke fließt, beheizt und gibt dabei Wärme durch Konvektion und Strahlung an die umgebende Luft ab. Dadurch nimmt er eine bestimmte Temperatur an, die durch das Gleichgewicht an zugeführter elektrischer Energie und abgegebener thermischer Energie bestimmt ist. Wenn dieser Sensor nun einer Luftströmung ausgesetzt wird, wird mehr Wärme abgegeben und die Temperatur hat die Tendenz zu sinken.

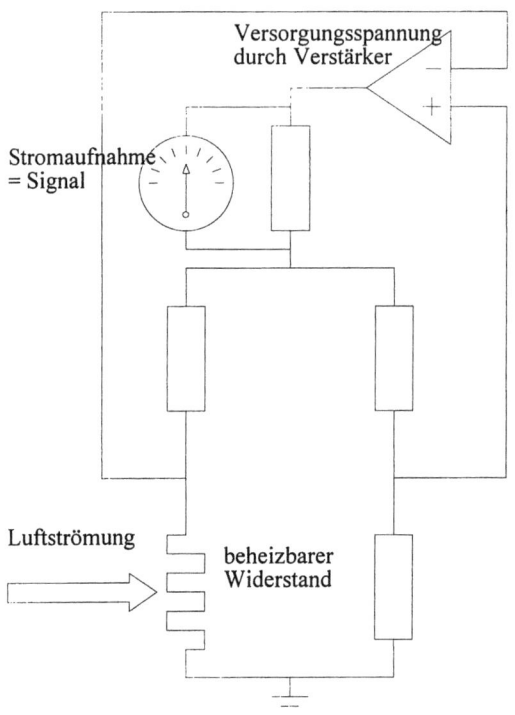

Bild 8-10,a: Luftströmungssensor nach dem Hitzdrahtanemometerprinzip mit geregelter Heizspannung

Dadurch verringert sich jedoch der Widerstand des Sensors und die Brücke kommt aus dem Gleichgewicht. Es ergibt sich eine Brückenspannung, die über einen Differenzverstärker eine Vergrößerung der Versorgungsspannung für die Brücke bewirkt. Damit fließt durch den Sensorwiderstand mehr Strom und die zugeführte elektrische Leistung steigt an und damit auch die Temperatur. Durch diesen Korrekturmechanismus entsprechend dem bereits erläuterten Regelkreisprinzip wird solange der Strom durch die Brücke erhöht, bis sich der alte Sensorwiderstand wieder eingestellt hat. Der Sensorwiderstand gibt dann mehr Wärme ab, jedoch bei unveränderter Temperatur. Die Stromaufnahme wird nun gemessen, um ein mit der Luftgeschwindigkeit zunehmendes Signal abzuleiten. Die Abhängigkeit der Stromaufnahme zur Luftgeschwindigkeit ist eine nichtlineare Funktion, die sich aus einer Energiebilanzbetrachtung ableiten läßt.

Der Vorteil des Meßverfahrens mit konstanter Sensortemperatur besteht darin, daß am Sensor keine Aufheiz- und Abkühlvorgänge stattfinden. Dadurch wird die Reaktionsgeschwindigkeit des Gesamtgebildes erheblich vergrößert im Vergleich zu einem Verfahren, bei dem der Meßwiderstand Temperaturänderungen erfährt.

Eine Weiterentwicklung stellt ein miniaturisierter Luftstromsensor dar, der von der Firma HONEYWELL entwickelt wurde und zusammen mit der elektronischen Auswerteschaltung auf einem Mikrochip in Mikrosystemtechnik aufgebaut ist (Bild 8-10,b,c). Die Luftströmung erzeugt eine Luftbewegung in einem kleinen Kanal (Durchmesser wenige mm), der sich auf dem Mikrochip befindet. In diesem Kanal befinden sich drei temperaturvariable Widerstände mit positivem Temperaturkoeffizienten. Der mittlere wird durch

8.3 Kreisstruktur

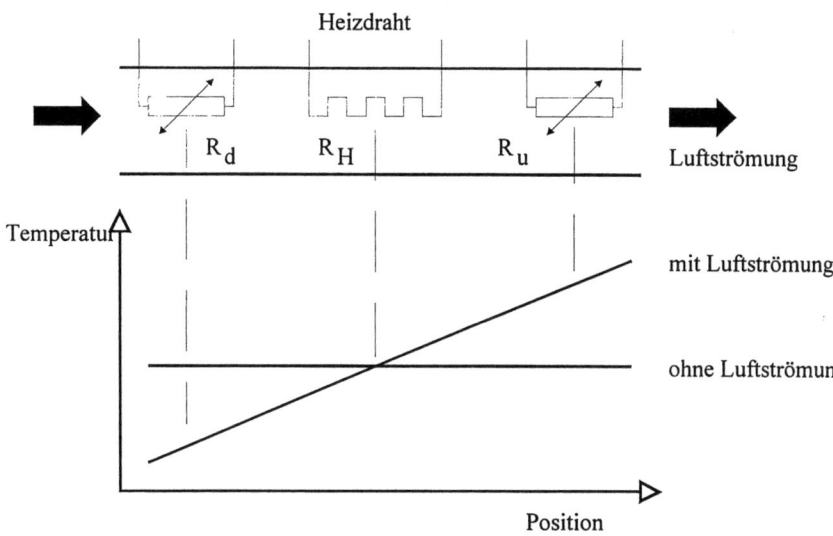

Bild 8-10,b: Luftstromsensor als Weiterentwicklung aus dem Hitzdrahtanemometerprinzip

Stromfluß beheizt (R_H, H Heating). Die beiden äußeren Widerstände sind Pt-100-Temperatursensoren.

Betrachtet man erst die Situation ohne Luftbewegung, dann findet durch den in der Mitte befindlichen Heizwiderstand eine gleich große Aufheizung der beiden außen liegenden Pt-100 statt. Der in Strömungsrichtung gesehen vor dem Heizwiderstand gelegene Pt-100 ist mit R_d bezeichnet (d down), der hinter dem Heizwiderstand liegende mit R_u (u up).

Wenn nun eine Luftströmung im Kanal vorliegt, dann findet bei dem Widerstand R_d eine Abkühlung durch diese Luftströmung statt und bei dem Widerstand R_d eine Aufheizung, da an diesem die am Heizwiderstand aufgewärmte Luft vorbeiströmt. Diese Temperaturänderungen sind mit gleichsinnigen Widerstandsänderungen an den Sensorwiderständen verknüpft.

Die elektronische Verarbeitung erfolgt mit zwei Wheatstone'schen Brücken (Bild 8-10,c):

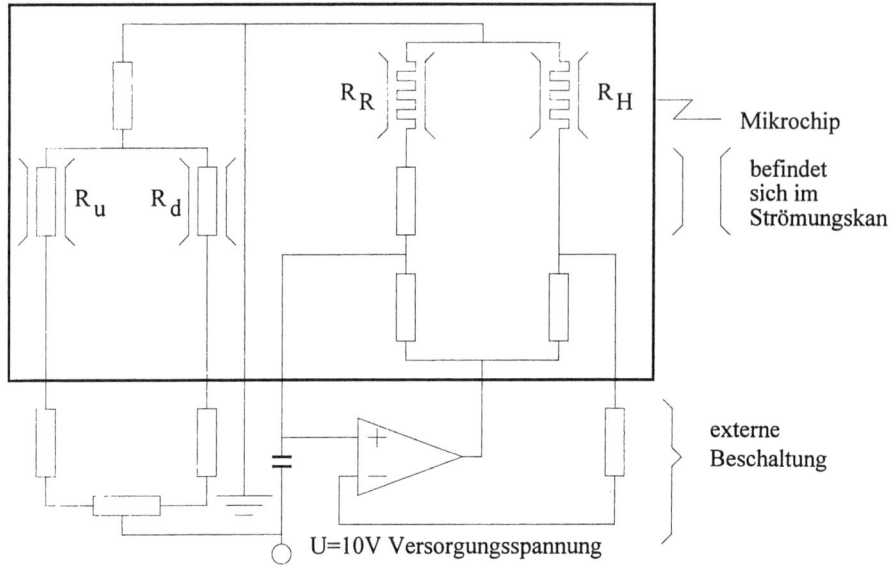

Bild 8-10,c: Luftstromsensor, Ausführung als Doppelbrücke in Mikrosystemtechnik aus Siliziumchip

Die Wheatstone'sche Brücke im rechten Teil des Bildes dient zur Aufrechterhaltung der konstanten Temperatur des Heizwiderstandes. Dazu wird das bereits bekannte Prinzip zur Konstanthaltung des Heizwiderstands verwendet. Der beheizbare Widerstand befindet sich zusammen mit einem Referenzwiderstand in der Brücke. Bei Temperaturänderungen wird nach dem Regelkreisprinzip die Versorgungsspannung der Brücke so verändert, daß durch geänderten Stromfluß die Temperatur konstant bleibt. Der zusätzlich eingebaute Referenzwiderstand R_R dient der Kompensation von Änderungen der Umgebungstemperatur. Er befindet sich im Kontakt zur Umgebung. Damit ergibt sich für den Heizwiderstand eine konstante Übertemperatur im Vergleich zur Umgebungstemperatur.

Die Wheatsone'sche Brücke im linken Teil des Bildes 8-10,c enthält die beiden Pt-100-Sensoren. Sie sind in Differenzschaltung in die Brücke eingebaut, so daß gleichsinnige Änderungen nicht zu einer Brückenspannung führen. Die Brückenspannung bildet das Ausgangssignal des Strömungssensors.

An diesem Beispiel wird deutlich, daß mehr als eine Strukturmaßnahme bei der Meßwertbildung und - verarbeitung verwendet wird, nämlich die Kettenstruktur, das Differenzprinzip und die Kreisstruktur in Gegenkopplung (Regelkreisprinzip).

8.3.2 Mitkopplung

Bei der Mitkopplung wird das Ausgangssignal im positiven Sinne auf das Eingangssignal rückgekoppelt. Damit wird das Ausgangssignal immer weiter verstärkt, bis irgendein Element des Kreises eine Sättigung erreicht.

Als Beispiel für eine Anwendung dieses Prinzips soll die Temperaturmessung mit Schwingquarzen erläutert werden.

Schwingquarze sind Schnitte eines Quarzkristalls. Legt man an einen geeignet geschnittenen Kristall eine elektrische Wechselspannung mit der richtigen Frequenz an, so entsteht eine mechanische Schwingung. Dies beruht auf dem piezoelektrischen Effekt. Unter dem Einfluß einer Deformation entstehen entgegengesetzte Ladungen an den Oberflächen des Kristalls. Zur Erzeugung einer stabilen Schwingung benutzt man diesen Effekt. Man legt eine elektrische Spannung an die Oberflächen des Kristalls und zieht damit Ladungen an die Oberfläche. Diese üben Kraftwirkungen aus, die die Deformation verursachen. Nun verfügen mechanische Körper über sogenannte Eigenfrequenzen wie eine gespannte Saite, so daß sich ein Quarzkristall als Abstimmelement für einen Schwingkreis eignet (Resonanzeffekt).

Eine Anwendung dieser Schwingquarze ist der Einsatz als Abstimmelement in der elektronischen Schaltung einer Quarzuhr. In dieser Schaltung wird eine konstante Anzahl von Schwingungen pro Sekunde erzeugt, die dann nach entsprechender Untersetzung als Basis für die genaue Zeitmessung dienen. Man verwendet dabei Quarze, deren Eigenfrequenz besonders stabil ist und nicht durch andere Einflußgrößen wie die Temperatur verändert wird. Um diese Stabilität zu erreichen, wird ein besonderer Quarzschnitt in Bezug zu den Kristallachsen gewählt, der AT-Schnitt.

Dasselbe Verfahren wird im Prinzip zur Messung der Temperatur verwendet mit dem Unterschied, daß für diese Anwendung ein Quarzschnitt gewählt wird, der die Eigenschaft hat, daß die Eigenfrequenz sich mit der Temperatur linear ändert. Es sind Temperaturmeßbereiche zwischen -100 und 250 Grad C bei gängigen Sensorsystemen verfügbar. Mit diesem Meßprinzip sind sehr genaue Temperaturbestimmungen möglich.

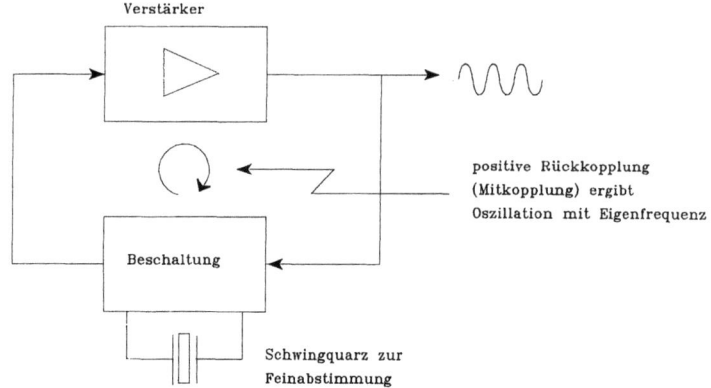

a) Prinzip der Oszillatorschaltung mit Schwingquarz zur Feinabstimmung

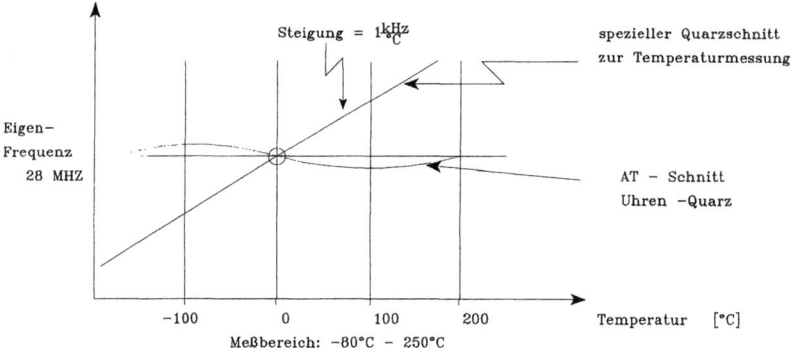

b) Gang der Eigenfrequenz bestimmter Quarzschnitte als Funktion der Temperatur

Bild 8-11: Temperaturmessung mit Schwingquarzen

Zur Signalerzeugung verwendet man eine Oszillatorschaltung. Diese besteht aus einem Schwingkreis mit dem Quarzkristall als Abstimmelement und einem Verstärker für Wechselspannungen. Beide Funktionselemente bilden einen Kreis mit positiver Rückkopplung (Bild 8-11,a). Damit liegt also Mitkopplung vor. Wechselspannungssignale aus dem Schwingkreis werden durch den Verstärker verstärkt. Da der Schwingkreis eine sehr

selektives Filter für die Eigenfrequenz des Quarzkristalls darstellt, die die Resonanzfrequenz des Schwingkreises bestimmt, beginnt der Kreis auf dieser Frequenz selbsttätig zu schwingen. Dabei wird bei jedem Signaldurchlauf das Wechselspannungssignal weiter verstärkt, bis der Verstärker die Sättigung erreicht. Dann steht die Schwingung mit stabiler Amplitude und der Eigenfrequenz des Quarzkristalls.
Bei Temperaturänderungen am Quarzkristall verschiebt sich die Eigenfrequenz entsprechend der Kennlinie in Bild 8-11,b. Man erhält bei diesem Verfahren ein frequenzanaloges Signal, d. h. die Information über den Wert der zu messenden Größe ist als Frequenz des Signals kodiert. Die Weiterverarbeitung erfolgt dann entweder durch Wandlung in ein Normsignal mit einem Frequenz-Spannungswandler oder durch Weiterverarbeitung mit einem Frequenzzähler, der das Signal in die digitale Form wandelt.

8.4 Modulationsprinzip

In vielen Fällen wird die Meßinformation als Gleichspannungs- oder Gleichstromsignal dargestellt. In einer ganzen Reihe von Anwendungen ist es aber günstiger, mit Wechselspannungssignalen zu arbeiten, besonders dann, wenn bei der Verwendung von Gleichspannungssignalen Fehler durch Nullpunktsdriften auftreten können.
Verwendet man Wechselspannungssignale, gibt es drei Möglichkeiten, die Meßinformation zu kodieren: in der Amplitude, der Frequenz oder der Phase. Man spricht dann von Amplitudenmodulation, Frequenzmodulation und Phasenmodulation. Das im letzten Abschnitt behandelte Beispiel des Quarzthermometers basierte auf dem Prinzip, das Meßsignal als Frequenz darzustellen. Entsprechende Verfahren zur Informationsübertragung und alle im folgenden verwendeten Begriffe stammen aus dem Gebiet der Nachrichtentechnik.
Der Vorteil bei der Verwendung eines Wechselspannungssignals liegt in der nullpunktsicheren Verstärkung. Im Gegensatz zu einem Gleichspannungsverstärker beinhaltet ein Wechselspannunsverstärker keine Nullpunktsdriften, so daß durch solche verursachte Fehler ausgeschlossen sind. Es gibt aber noch weitere Vorteile, wie aus dem angeführten Anwendungsbeispiel klar werden wird.
Das in der Meßtechnik am häufigsten verwendete Verfahren ist das Verfahren der Amplitudenmodulation (Bild 8-12):

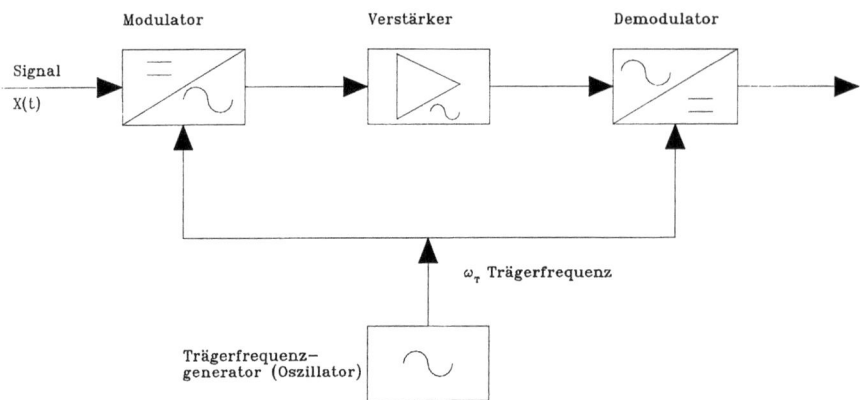

a) Prinzip

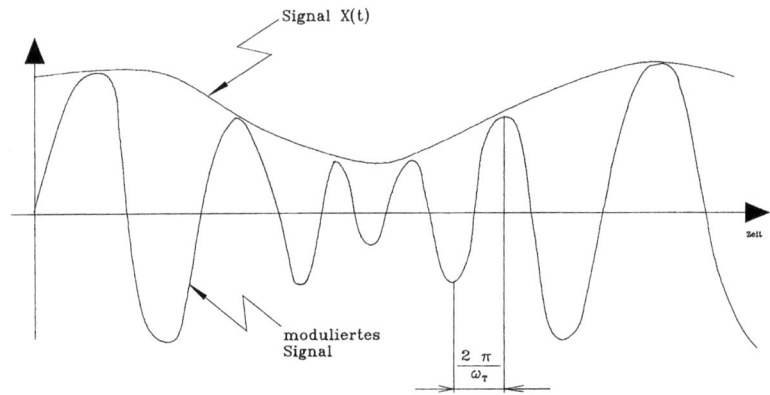

b) Moduliertes Signal

Bild 8-12,a-b: Prinzip der Amplitudenmodulation

Das Meßsignal wird in einer Modulatorschaltung in ein Wechselspannungssignal gewandelt, wobei die Amplitude dieses Wechselspannungsignals dem Meßsignalpegel proportional wird. Die Frequenz des Wechselspannungssignals ist die sogenannte Trägerfrequenz, die konstant gehalten wird und entsprechend der Aufgabenstellung frei gewählt werden kann. Das auf dies Art erzeugte Wechselspannungssignal wird dann mit Hilfe eines Wechselspannungsverstärkers verstärkt. Anschließend wird mit einer Demodulatorschaltung, die mit der gleichen Trägerfrequenz gespeist wird, das Wechselspannungs-

8.4 Modulationsprinzip

signal demoduliert, d. h. es wird das zur Amplitude proportionale Gleichspannungssignal rekonstruiert.

Das Prinzip läßt sich noch weiterführen, wenn man von vorneherein ein moduliertes Signal verwendet. Bild 8-12,c zeigt als Anwendungsbeispiel das Prinzip des Wechsellichtphotometers.

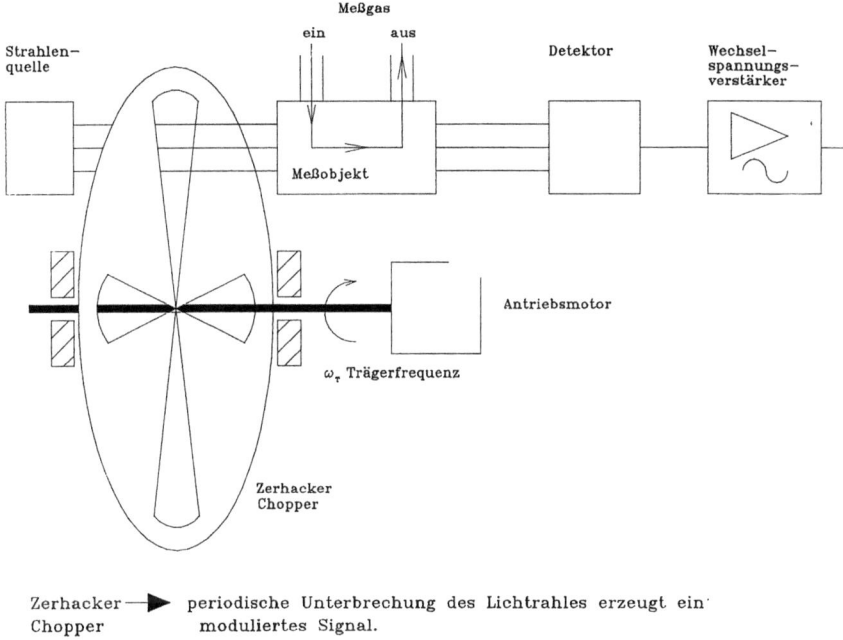

Zerhacker ▶ periodische Unterbrechung des Lichtrahles erzeugt ein moduliertes Signal.
Chopper

c) Wechsellichtphotometer zur Detektion infrarotaktiver Komponenten in Rauchgasen

Bild 8-12,c: Prinzip der Amplitudenmodulation, Wechsellichtphotometer

Dieses Verfahren wird verwendet, um im Infrarotbereich absorbierende Gase in geringen Konzentrationen nachzuweisen (Beispiel: Schwefeldioxid). Eine Strahlenquelle erzeugt einen Infrarotstrahl, der durch einen Chopper (= Zerhacker) periodisch unterbrochen wird. Der Chopper besteht aus einem kleinen Kunststoffrad, in dem Ausschnitte angebracht sind, durch die der Lichtstrahl ungehindert durchgeht und dann die anschließende Meßküvette erreicht. Die Lichtmodulation wird heute mit elektrooptischen Bauteilen vorgenommen, so daß die Ungenauigkeiten der mechanischen Systeme nicht mehr auftreten.

Der solchermaßen modulierte Lichtstrahl wird durch die nachzuweisende Gaskomponente in der Meßküvette teilweise absorbiert. Der durchgehende Teil wird in dem sich anschließenden Detektor absorbiert. Dieser liefert dann ein Wechselspannungssignal gleicher Frequenz, das mit einem nachgeschalteten Wechselspannungsverstärker weiterverarbeitet wird. Durch diese Vorgehensweise wird die Nullpunktdrift des Infrarotdetektors ausgeschaltet.

Für die Auswertung des Signals können Spezialverfahren aus der Signalverarbeitung verwendet werden. Im vorliegenden Fall kann die sogenannte phasenempfindliche Detektion verwendet werden (Lock-In-Verfahren). Dabei mißt man die Unterbrechungsfrequenz am Chopper und bekommt damit ein Referenzsignal, mit dessen Hilfe die Bestimmung der Amplitude im Detektorsignal durchgeführt wird. Damit ist eine sehr genaue Ermittlung der Signalamplitude möglich.

8.5 Verarbeitung von Meßgrößen durch Rechenoperationen

Technische Größen wie Wärmeströme, Wärmemengen oder Enthalpien lassen sich nicht direkt über ein Meßverfahren bestimmen. Es besteht aber die Möglichkeit, diese Größen auf der Basis der physikalischen formelmäßigen Zusammenhänge als aus einfachen Meßgrößen zusammengesetzt zu betrachten und sie durch Messung der Grundgrößen zu bestimmen.

Bild 8-13 zeigt als Beispiel die Bestimmung von Wärmemengen aus den Grundgrößen Vorlauftemperatur, Rücklauftemperatur und Volumenstrom. Die ermittelten Wärmemengen dienen unter anderem auch zur Kostenabrechnung, so daß die Verfahren gesetzlich festgelegt sind und die Geräte spezielle Prüfverfahren durchlaufen müssen (Kap. 9.1).

Die rechnerische Verknüpfung erfolgt entweder in einem Feldgerät in der Anlage oder in einer DDC-Station, in der die meßtechnischen Grundgrößen als Eingänge vorhanden sind (DDC Direct Digital Control). Auch die Feldgeräte (z. B. Wärmemengenzähler) verfügen natürlich über die entsprechenden Grundgrößen.

- Wärmemengenzähler als Feldgeräte

Die ersten Wärmemengenzähler waren mit einem mechanischem Rechenwerk ausgestattet, so daß sich die Bezeichnung Rechenwerk allgemein eingebürgert hat. Neuere Geräte sind mit Mikroprozessorsystemen ausgerüstet, die die Signale in festgelegten Zeitabständen erfassen und die Berechnung durchführen. Es besteht dann die Möglichkeit, die Wärmemenge als Ergebnisgröße über ein einzeiliges Display vor Ort anzuzeigen oder ein entsprechendes Signal zur Weiterverarbeitung an übergeordnete Automatisierungssysteme weiterzuleiten. Da der Volumenstrom häufig über Flügelradzähler bestimmt wird, die diskrete Impulse bezogen auf eine Umdrehung liefern, spricht man von Zählern. Das

8.5 Verarbeitung von Meßgrößen durch Rechenoperationen

heißt, daß auch die ermittelte Größe Wärmemenge aus Grundpaketen besteht, die als Impulsgrößen (Binärgrößen) an die übergeordneten Systeme weitergeben werden und dort durch Anwendung von Zählfunktionen aufsummiert werden. Die Rechenwerke wurden in der Zwischenzeit von den Mikroprozessoren nahezu vollständig abgelöst.

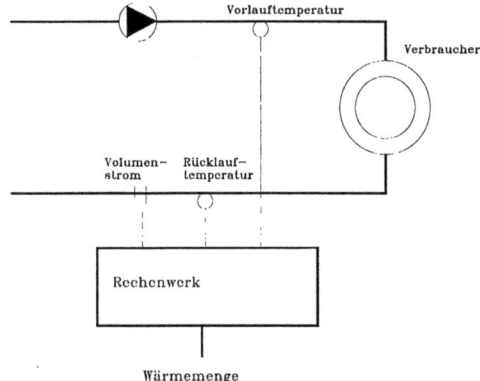

a) Prinzip der Wärmemengenermittlung

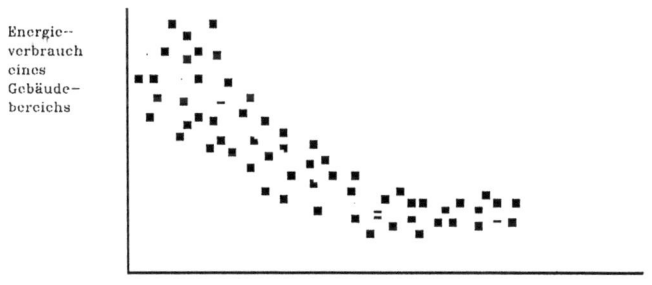

b) Energiesignatur zur energetischen Beurteilung des Gebäudebetriebs

Bild 8-13: Bestimmung von verbrauchten Wärmemengen und Auswertung

- Wärmemengenbestimmung mit Hilfe der DDC-Technik

In digitalen Automationsstationen (DDC-Stationen) können die erfaßten Meßgrößen mit Hilfe von Software-Modulen, die Rechenfunktionen ausführen, weiterverarbeitet werden. Die Einzelgrößen werden als Eingänge auf die DDC-Stationen aufgeschaltet. Für den Fall der Wärmemengenbestimmung benötigt man Vor- und Rücklauftemperatur und den Volumenstrom. Diese Größen werden entsprechend der energetischen Beziehung zum Wärmestrom verknüpft. Aus dieser Größe wird dann entweder durch Integration bei kontinuierlichem Meßsignal für den Volumenstrom oder durch Zählfunktionen bei Volumenstromzählern die Wärmemenge bestimmt. Die Temperaturabhängigkeit der Dichte und der Wärmekapazität können über entsprechend angepaßte Berechnungsverfahren berücksichtigt werden.

Ein wichtiges Ziel, daß die Bestimmung solcher Größen erfordert, ist die energetische Bewertung des Gebäudebetriebs. Dazu kann man die sogenannte Energiesignatur bilden. Die Energiesignatur ist die Darstellung der verbrauchten Wärmemenge für ein Gebäude oder eine Gebäudesektion als Funktion der Außentemperatur und ermöglicht die Messung des vorhandenen Wärmebedarfs.

Als ein weiteres Beispiel für eine Weiterverarbeitung von Meßgrößen durch Berechnung sei die Verwendung der Enthalpie der feuchten Luft genannt im Rahmen von Automatisierungsstrategien bei Klimaanlagen. Die Enthalpie der feuchten Luft kann in Abhängigkeit von Temperatur und absoluter oder relativer Feuchte über geeignete Berechnungsverfahren entsprechend dem h,x-Diagramm bestimmt werden.

8.6 Modellgestützte Meßverfahren

Unter modellgestützten Verfahren versteht man die kontinuierliche Bestimmung von Prozeßgrößen, die nicht direkt meßbar sind oder nur mit einem unvertretbaren Kostenaufwand. Dieses Modell beinhaltet eine Rechenvorschrift oder einen Algorithmus, mit dem aus Meßwerten die gesuchte Größe zu bestimmen ist.

Vom praktischen Verfahren her besteht kein Unterschied zu berechneten Größen. Der Übergang ist fließend. Der Unterschied besteht darin, daß das Modell, aus dem die Berechnungsvorschrift abgeleitet wird, als eine Nachbildung der exakten technischen Zusammenhänge zwischen Meßgrößen und gesuchter Prozeßgröße zu sehen ist und dabei immer Idealisierungen und Vernachlässigungen im Vergleich zu wirklichen Abläufen gemacht werden müssen. Das heißt, daß die verwendete Rechenvorschrift im Regelfall nur eine begrenzte Genauigkeit aufweist. Trotzdem können solche Verfahren bei automatisierungstechnischen Anwendungen sehr nützlich sein, wie das folgende Beispiel zeigen soll:

8.6 Modellgestützte Meßverfahren

Bei diesem Anwendungsbeispiel handelt es sich um die Drehzahlregelung von Heizungsumwälzpumpen im Bereich kleiner Leistungen, wo nur kostengünstige Lösungen, die ohne teure Meßwerterfassungseinrichtungen und Zusatzelemente auskommen, realisiert werden können.

In Bild 8-14,a ist zunächst die Problemstellung skizziert:

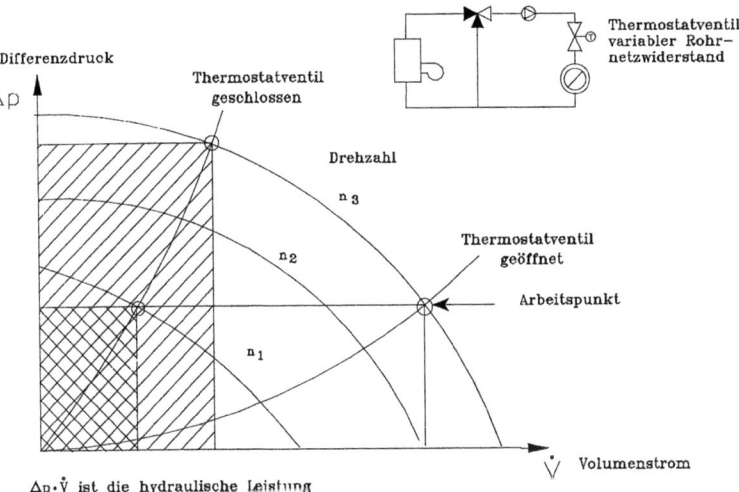

a) Hydraulische Verhältnisse im Heizkreis beim Einsatz von Thermostatventilen

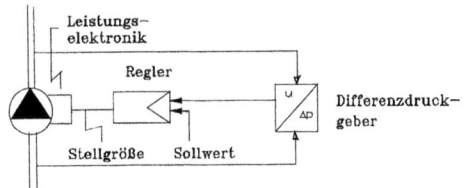

b) Konzept zur stufenlosen Drehzahlverstellung und Differenzdruckregelung

Bild 8-14: Drehzahlgeregelte Umwälzpumpen

Betrachtet wird die Wärmeverteilung in einer Heizungsanlage, wobei ein typischer Heizkreis mit Dreiwegeventil in Beimischschaltung vorliegen soll. Die Heizkörper als Wärmeverbraucher sollen mit thermostatischen Heizkörperventilen ausgerüstet sein. Das Diagramm zeigt die Pumpen- und die Anlagenkennlinie, wobei angenommen wird, daß die Pumpe in der Drehzahl kontinuierlich verändert werden kann. Unterschieden werden zwei Fälle: Die Thermostatventile sind weit geöffnet, was verbunden ist mit einem geringen Druckverlust und damit mit einer flach verlaufenden Anlagenkennlinie. Im zweiten Fall sind mehrere der Thermostatventile geschlossen oder in der Nähe der Schließstellung. Dann ergibt sich aufgrund des höheren Druckverlustes eine steilere Kennlinie.

Das Ziel bei der Drehzahlsteuerung der Umwälzpumpe ist nun, den Bedarf an elektrischer Arbeit zu minimieren. Die hydraulische Leistung, die aufgebracht werden muß, entspricht dem Produkt aus dem Differenzdruck und dem Volumenstrom, also bezogen auf das betrachtete Diagramm die Rechteckfläche, die durch den jeweiligen Arbeitspunkt definiert wird. Man kann sehen, daß bei steilerer Anlagenkennlinie der Differenzdruck in der Anlage ansteigt und damit wenig oder gar keine Reduktion der hydraulischen Leistung stattfindet. Dem kann man beggnen, indem man einen Regelkreis aufbaut, der über die Stellgröße Drehzahl den Differenzdruck konstant hält (Bild 8-14,b). Dies bewirkt eine wesentliche Verringerung der Drehzahl und damit einen Arbeitspunkt, der wesentlich günstiger liegt.

Allerdings würde ein solcher Regelkreis die Messung des Differenzdrucks und damit einen aufwendigen Drucksensor mit Meßumformer und den entsprechenden Einbaukosten erfordern. Die Alternative besteht in einem modellgestützten Meßverfahren für den Differenzdruck, wobei der so ermittelte Differenzdruck als Regelgröße verwendet wird. Die Realisierung erfolgt so, daß in die Pumpenelektronik neben der Leistungselektronik zur Veränderung der Drehzahl ein Mikroprozessorsystem integriert wird, das die Bestimmung des Differenzdrucks leistet.

Das Prinzip ist folgendermaßen (Bild 8-14,c): Die Stromaufnahme des Pumpenmotors und die Drehzahl des Laufrads können leicht gemessen werden. Dann werden die für die Pumpe typischen Kennlinien verwendet, um zunächst aus Stromaufnahme und Drehzahl den Volumenstrom zu bestimmen. Mit Volumenstrom und Drehzahl kann dann leicht mit Hilfe des Zusammenhangs zwische Differenzdruck und Volumenstrom mit der Drehzahl als Parameter der momentan vorhandene Differenzdruck errechnet werden. Damit ist die Regelgröße bestimmt und die Drehzahl kann mittels der Differenzengleichung für den Regler errechnet werden.

Das Verfahren beruht auf einem Modell, denn die Kennlinienfelder der Pumpe sind nur mit einer bestimmten Genauigkeit bekannt.

8.6 Modellgestützte Meßverfahren

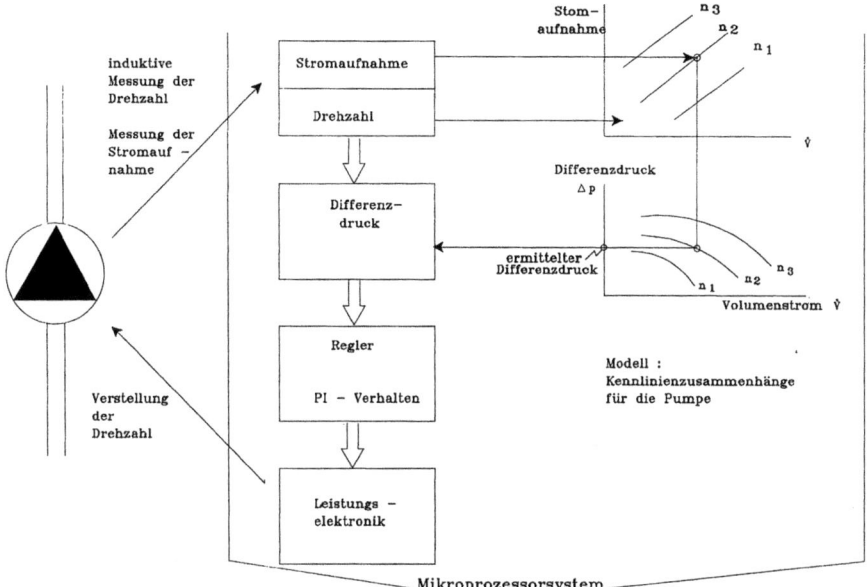

c) Bestimmung des Differenzdrucks mit einem modellgestütztem Meßverfahren

Bild 8-14: Drehzahlgeregelte Umwälzpumpen

9 Meßtechnische Anwendungen in der Versorgungstechnik

9.1 Wärmemengenbestimmung - Heizkosten-Abrechnung

H. Krinninger, D. Striebel, D. Wolff

9.1.1 Gesetzliche Grundlagen

H. Krinninger

Die „Verordnung über die verbrauchsabhängige Abrechnung der Heiz- und Warmwasserkosten" (Verordnung über Heizkosten-Abrechnung - Heizkosten V.), die seit 1.März 1981 in Kraft ist und deren neueste Fassung seit 1.März 1989 vorliegt, ist die gesetzliche Grundlage, nach der die Kosten zentraler Heizungsanlagen und zentraler Warmwasserversorgungs-Anlagen auf die Nutzer aufgeteilt werden müssen.

In Detailfragen bezieht sich dabei diese Verordnung auf die Normen DIN 4713, Verbrauchs- abhängige Wärmekosten-Abrechnung, Teil 1 bis Teil 6, auf das „Gesetz zur Einsparung von Energie in Gebäuden" (Energieeinsparungsgesetz - EnEG) und auf die DIN 4704, Teil 1, Prüfung von Raumheizkörpern, Prüfregeln.

Diese gesetzlichen Grundlagen sind relativ umfangreich und es kann dem Fachmann für Versorgungstechnik nicht erspart werden, sich darin gut auszukennen, insbesondere wenn es um die Erstellung von Gutachten der Heizkosten-Abrechnung geht.

Trotzdem ist es möglich, den wesentlichen Inhalt der Bestimmungen über die Heizkostenverteilung knapp zusammenzufassen, was insbesondere für die Lehre von Bedeutung ist, damit der Studierende der Versorgungstechnik bei einem angemessenen Zeitaufwand einen Überblick über das wichtige Gebiet der Heizkosten-Abrechnung bekommt.

1. TEIL

Wesentliche Bestandteile der Heizkosten-Verordnung

9.1.1.1 Bereich der Anwendung

Die Heizkosten-Verordnung ist in der Regel bei allen Wohngebäuden zur korrekten Verteilung der anfallenden Kosten für die Beheizung der Räume und für die Bereitstellung von Warmwasser (erwärmtes Trinkwasser) durch Zentralheizungsanlagen und zentrale

Warmwasserversorgungsanlagen bzw. durch Fernwärme und Fernwarmwasser anzuwenden. Eine Ausnahmen von dieser Regel besteht dann, wenn es sich um Mietverhältnisse mit preisgebundenem Wohnraum handelt.

9.1.1.2 Pflicht zur Verbrauchserfassung und zur verbrauchsabhängigen Kostenverteilung

Der Gebäudeeigentümer bzw. die Wohnungseigentümergemeinschaft ist verpflichtet, den anteiligen Verbrauch der Nutzer an Raumwärme und Warmwasser zu erfassen. Die Mieter müssen damit einverstanden sein, daß die dafür nötigen Geräte eingebaut werden. Die Geräte zur Verbrauchserfassung müssen dabei den Mindestanforderungen nach DIN 4713, Teil 2, 3 und 4, genügen.

Im wesentlichen geht es dabei um die Anforderungen, Anbringung, Bewertung und Ablesung von Heizkostenverteilern nach dem Verdunstungsprinzip, Heizkostenverteilern mit elektrischer Meßgrößenerfassung und um Wärmezähler und Wasserzähler.

9.1.1.3 Aufzuteilende Kosten und deren Verteilung

Zu den Kosten, die aufgeteilt werden dürfen, gehören:

- die Kosten des verbrauchten Brennstoffes und dessen Lieferung
- die Kosten des Betriebsstromes
- die Kosten der Bedienung, Überwachung und Pflege der Anlage
- die Kosten der regelmäßigen Prüfung der Betriebsbereitschaft und Betriebssicherheit einschließlich der Einstellung durch einen Fachmann
- die Kosten der Reinigung der Anlage und des Betriebsraumes
- die Kosten der Messung nach dem Bundes-Immissionsschutzgesetz
- die Kosten der Verwendung einer Ausstattung zur Verbrauchserfassung
- die Kosten der Berechnung und Aufteilung

Die Kosten des Wasserbezuges bei der Warmwasserbereitung werden in der Regel nicht mit einbezogen, weil diese gewöhnlich im Rahmen der Wasser- und Kanalgebühren abgerechnet werden.

Kosten für Reparaturen an der Heizungs- und Warmwasserbereitungsanlage dürfen nicht in die aufzuteilenden Heizkosten mit einbezogen werden.

Die Verteilung der Kosten ist getrennt nach den Kosten für Raumheizung und Warmwasser vorzunehmen. Zunächst ist bei der Verteilung der aufgeführten Kosten darauf zu achten, daß mindestens 50, jedoch höchstens 70% nach dem erfaßten Wärmeverbrauch auf die Nutzer umgelegt werden. Die übrigen Kosten sind nachdem Anteil der Wohn- oder Nutzfläche oder nach dem umbauten Raum zu verteilen.

Es kann auch die Wohn- oder Nutzfläche oder der umbaute Raum der beheizten Räume zugrunde gelegt werden.

In aller Regel werden die Kosten nach dem Anteil der Wohnfläche umgelegt, weil die vermietete Wohnfläche ohnehin im Mietvertrag enthalten ist und dadurch das Verfahren erleichtert wird.

9.1.1.4 Trennung der Kosten für Raumheizung und Warmwasser

Um die Aufteilung der Kosten getrennt nach Raumheizung und Warmwasser vornehmen zu können, muß der Anteil der zentralen Warmwasserversorgung am gesamten Brennstoffverbrauch ermittelt werden.

Zu diesem Zweck benötigt man die Menge des verbrauchten Warmwassers V in m³, die mittlere Temperatur, auf die das Warmwasser aufgeheizt wird ϑ_m und den Heizwert des verbrauchten Brennstoffes H_u in kWh/m³ oder kWh/l. Dann errechnet man die angemessene Brennstoffmenge zur Erwärmung des erzeugten Warmwassers nach Gleichung (1)

$$B = \frac{2{,}5 \cdot V \cdot (\vartheta_m - 10)}{H_u} \quad (1)$$

Der in Gleichung (1) enthaltene Faktor von 2,5 berücksichtigt neben der spezifischen Wärmekapazität des Wassers die mit der Warmwasserbereitung verbundenen Wärmeverluste.

Für den in Gleichung (1) angegebenen Heizwert H_u gelten dabei die Werte in **Tabelle 1.**

Der mit Hilfe von Gleichung 1 ermittelte Anteil des Brennstoffverbrauchs für die Warmwasserbereitung liegt in der Regel im Bereich von 16 % bis 20 %. Um diesen berechnen zu können, muß entweder in der Kaltwasserzulaufleitung zum Warmwasserbereiter ein Wasserzähler eingebaut werden oder man kann den Warmwasserdurchsatz durch den Warmwasserbereiter aus der Summe der Warmwasserverbräuche über Warmwasserzähler ermitteln, die bei allen Warmwasserzapfstellen bei den Nutzern eingebaut sind.

Sollte weder die eine noch die andere Erfassung des gesamten Warmwasserverbrauchs möglich sein, dann wird ersatzweise der Anteil des Brennstoffverbrauchs für die

9.1 Wärmemengenbestimmung - Heizkosten-Abrechnung

Warmwasserbereitung zu 18 % angesetzt. In diesem Anteil sind die Wärmeverluste der Warmwasserbereitung bereits berücksichtigt.

BRENNSTOFF	HEIZWERT
Heizöl	10 kWh/l
Stadtgas	4,5 kWh/m³
Erdgas L	9 kWh/m³
Erdgas H	10,5 kWh/m³
Brechkoks	8 kWh/kg

Tabelle 1: Zu berücksichtigende Heizwerte bei der Ermittlung der anfallenden Brennstoffmengen bei der Heizkostenverteilung (nach /2/).

Ist im Falle eines Fernheizungsanschlusses nicht der Brennstoff- sondern der Wärmeverbrauch maßgebend, so errechnet sich die auf die zentrale Warmwasserbereitung entfallende Wärme nach Gleichung (2):

$$Q = 2{,}0 \cdot V \cdot (\vartheta_m - 10) \qquad (2)$$

Hierin ist wiederum V das gemessene Volumen des verbrauchten Warmwassers in m³ und ϑ_m die mittlere Temperatur des Warmwassers. Der Faktor 2 berücksichtigt neben der spezifischen Wärmekapazität des Wassers die mit der Warmwasserversorgung zusammenhängenden Wärmeverluste.

9.1.1.5 Kostenaufteilung bei Nutzwechsel

Wechselt ein Nutzer die Wohnung innerhalb eines Abrechnungszeitraumes, so muß der Gebäude- oder Wohnungseigentümer eine Ablesung an den Geräten zur Verbrauchserfassung vornehmen.

Auf dies Weise können die Kosten nach dem erfaßten Verbrauch ohnehin richtig abgerechnet werden. Die übrigen Kosten des Wärmeverbrauchs werden auf der Grundlage der Gradtagszahlen oder zeitanteilig aufgeteilt.

Soll der Wärmeverbrauch für Raumheizung auf der Grundlage der Gradtagszahlen aufgeteilt werden, so können die in der Richtlinie VDI 2067, Blatt 1, Tabelle 17, angegebenen monatlichen Wärmeverbrauchsanteile in % vom Jahreswärmeverbrauch verwendet werden.

Monat	Wärmeverbrauchsanteil in % vom Jahreswärmeverbrauch
September	3
Oktober	8
November	12
Dezember	16
Januar	17
Februar	15
März	13
April	8
Mai	4
Juni / Juli / August	4
Jahr	100

Tabelle 2: Wärmeverbrauchsanteile in % vom Jahreswärmeverbrauch bei Raumheizung (nach /3/)

9.1.1.6 Eichpflicht

Meßgeräte, die zur Bestimmung von Wärmemengen oder Volumen eingesetzt werden, wobei diese im geschäftlichen Verkehr, z.B. bei der Aufteilung der Heizkosten, verwendet werden, unterliegen nach DIN 4713, Teil 4, Absatz 7.1, dem Eichgesetz.

Die Eichung muß   bei **Kaltwasserzähler** alle   8 Jahre

                    bei **Warm- und Heißwasserzählern** alle 5 Jahre

                    und bei **Wärmezähler** alle   5 Jahre

wiederholt werden (nach /4/).

Die Kosten für die Eichung gehören zu den Kosten, die nach der Heizkosten-verordnung auf die Nutzer aufgeteilt werden dürfen.

9.1.1.7 Termin für die Ausstattung zur Verbrauchserfassung und Kürzungsrecht des Mieters bei Nichtbeachtung

Nach der Heizkosten-Verordnung müssen alle Wohngebäude, die mit zentralen Heizungs- und Warmwasserersorgungs-Anlagen ausgestattet sind, spätestens seit dem 30. Juni 1984 mit geeigneten Geräten zur Verbrauchserfassung ausgestattet sein. Sind diese Einrichtungen entgegen dieser Vorschrift nicht angebracht, so hat der Nutzer das Recht, bei der nicht verbrauchsabhängigen Abrechnung der Kosten den auf ihn entfallenden Anteil um 15 % zu kürzen.

2. TEIL

9.1.1.8 Beispiel einer Heizkosten-Abrechnung

Bei dem hier vorgestellten Beispiel einer Heizkosten- und Warmwasserkosten-Abrechnung handelt es sich um eine Wohnung mit 48,97 m² Wohnfläche in einem Doppelhaus mit insgesamt 11 Wohnungen. Die 11 Wohnungen werden von einer gemeinsamen Heizzentrale mit Raumwärme und Warmwasser versorgt, wobei als Brennstoff Erdgas H verwendet wird.

Die Verbrauchserfassung der Raumwärme erfolgt über Heizkostenverteiler nach dem Verdunstungsprinzip und des Warmwassers über Wasserzähler, die den Warmwasserverbrauch in den einzelnen Wohnungen erfassen.

Außerdem werden in dieser Abrechnung auch die Kosten für das bezogene Kaltwasser einbezogen, die im Beispiel mit Hausnebenkosten ausgewiesen werden.

Einzelheiten z.B. der Heizkosten- und Warmwasserkosten-Abrechnung:

Der Gasverbrauch für das Doppelhaus, mit einer gesamten Wohnfläche von 663,68 m² betrug im Abrechnungszeitraum vom 1.1 bis 31.12.1991 insgesamt 15.169 m³, die mit DM 9.812,68 in Rechnung gestellt wurden.

Außerdem kommen als Betriebskosten für die Heizungsanlage hinzu:

- Kosten des Betriebsstromes   DM   490,63
- Kosten für die Wartung   DM   342,--

- Kosten für den Kaminkehrer und für die   DM   129,79
  Bundes-Immissionsschutzmessung

- Kosten für die Verbrauchsabrechnung   DM   575,76

            SUMME   DM   1.538,18

- Brennstoffkosten   DM   9.812,68

  SUMME BETRIEBSKOSTEN   **DM   11.350,86**

Für die Warmwasserbereitung fielen im Abrechnungszeitraum insgesamt 254,91 m³ Warmwasser an. Dies ergibt nach Gleichung (1) einen anteiligen Brennstoffverbrauch von

$$B = \frac{2,5 \cdot 254,91 \cdot (60-10)}{10,5} = 3.035 \text{ m}^3 \text{ ERDGAS}$$

Dies ist ein Anteil von $\frac{3035}{15.169} \cdot 100\% = 20,01\%$

Für den Verbrauch an Warmwasser wird deshalb auch ein Anteil von 20,01% aus den Betriebskosten von DM 11.350,86 genommen, das sind:

$$11.350,86 \cdot \frac{20,01}{100} = 2.271,31 \text{ DM}$$

Die Aufteilung der Gesamtkosten von DM 11.350,86 beträgt also:

  Für Raumheizung   DM 9.079,55

  und für Warmwasser   DM 2.271,31   für das gesamte Doppelhaus.

Diese Gesamtkosten werden aufgeteilt in einen Anteil von 30 % für die festen Grundkosten, die nach m² Wohnfläche umgelegt werden, und 70 % Verbrauchskosten, die nach den Stricheinheiten der Verdunstungswärmezähler bzw. nach m³ des verbrauchten Warmwassers auf die einzelnen Wohnungen umgelegt werden.

<u>Anteil Raumheizung DM 9.079,55</u>

davon 30 % Grundkosten   =   DM   2.723,87
und   70 % Verbrauchskosten   =   DM   6.355,68

<u>Anteil Warmwasser DM 2.271,31</u>

davon 30 % Grundkosten   =   DM   681,39
und   70 % Verbrauchskosten   =   DM   1.589,92

9.1 Wärmemengenbestimmung - Heizkosten-Abrechnung

Diese Gesamtanteile müssen noch auf die jeweiligen Wohnungen umgelegt werden. Im Falle der Wohnung mit 48,97 m² Wohnfläche ergeben sich:

Für Raumheizung:

Spezifische Grundkosten $= \dfrac{2.723{,}87\,DM}{663{,}68\,m^2} = 4{,}104191\,\dfrac{DM}{m^2}$

Grundkosten $= 4{,}104191\,\dfrac{DM}{m^2} \cdot 48{,}97\,m^2 = 200{,}98\,DM$

Spezifische Verbrauchskosten $= \dfrac{6.355{,}68\,DM}{223{,}20\,Striche} = 28{,}475268\,\dfrac{DM}{Strich}$

Verbrauchskosten $= 28{,}475268\,\dfrac{DM}{Strich} \cdot 12{,}50\,Striche = 355{,}94\,DM$

Für Warmwasser:

Spezifische Grundkosten $= \dfrac{681{,}39\,DM}{663{,}68\,m^2} = 1{,}026684\,\dfrac{DM}{m^2}$

Grundkosten $= 1{,}026684\,\dfrac{DM}{m^2} \cdot 48{,}97\,m^2 = 50{,}28\,DM$

Spezifische Verbrauchskosten $= \dfrac{1{,}589{,}92\,DM}{254{,}91\,m^3} = 6{,}237181\,\dfrac{DM}{m^3}$

Verbrauchskosten $= 6{,}237181\,\dfrac{DM}{m^3} \cdot 15{,}64\,m^3 = 97{,}55\,DM$

SUMME der Heiz- und Warmwasserkosten   **704,75 DM**

Die Heizkosten- und Warmwasserkosten-Abrechnung wird in der Regel von Firmen durchgeführt, die entsprechende Formblätter verwenden. Das hier behandelte Beispiel ist von der Firma Brunata Metrona durchgeführt worden, wobei diese das im Anschluß dargestellte und ausgefüllte Formblatt verwendet hat (siehe Tabelle 3).

Tabelle 3: Heiz- und Warmwasserkosten-Abrechnung - Formblatt der Firma Brunata Metrona

BRUNATA METRONA

Heizkosten- und Warmwasserkosten-Abrechnung

Erstellt im Auftrag von:
MANFRED HENNIG

PROF. KURT HUBER STR. 5 A
8202 BAD AIBLING

für:

Liegenschafts-Nr. H-095621
Nutzer-Nr. 2.0

Herrn/Frau/Firma
KRINNINGER/HEM

Abrechnungszeitraum   1.01.91 - 31.12.91
Ihr Nutzungszeitraum 1.01.91 - 31.12.91

Abrechnung erstellt am   15.04.92

Kostenaufstellung

Brennstoffkosten	Menge	Gas	Betrag DM	Weitere Betriebskosten der Heizungsanlage	Datum	Betrag DM
Bezüge:	15169 cbm		9.812,68	Übertrag Brennstoffkosten		9.812,68
Brennstoffkosten	15169 cbm		9.812,68	Betriebsstrom		490,63
				Wartung		342,00
				Kaminkehrer+Messung		129,79
				Verbrauchsabrechnung		575,76
				Summe Betriebskosten		**11.350,86**

Aufteilung der Betriebskosten

Aufteilung der Betriebskosten von   11.350,86 DM

Heizung: 9.079,55 DM davon   30 % Grundkosten   =   2.723,87 DM
                                  70 % Verbrauchskosten =   6.355,68 DM

Warmwasser: 2.271,31 DM davon   30 % Grundkosten   =   681,39 DM
                                  70 % Verbrauchskosten =   1.589,92 DM

Erläuterung zur Ermittlung der Warmwasserkosten:

$$\frac{2,5 \times 254,91 \text{ cbm} \times (60-10) \text{ Grad}}{10,50 \text{ kWh/cbm}} = 3.035 \text{ cbm Gas}$$

wurden für die Wassererwärmung benötigt,
das entspricht 20,01% des Gesamtverbrauchs.

Die Warmwasserkosten errechnen sich somit aus 20,01 % der Betriebskosten
von   11.350,86 DM =   2.271,31 DM

Ihre Abrechnung

	Betrag DM	Gesamteinheiten	Betrag je Einheit	Ihre Einheiten	Zeitfaktor	Ihre Kosten DM
Heizung:						
Grundkosten	2.723,87 :	663,68 qm Wohnfläche	= 4,104191 x	48,97	=	200,99
Verbrauchskosten	6.355,68 :	223,20 Stricheinheiten	= 28,475268 x	12,50	=	355,94
Warmwasser:						
Grundkosten	681,39 :	663,68 qm Wohnfläche	= 1,026684 x	48,97	=	50,28
Verbrauchskosten	1.589,92 :	254,91 Kubikmeter	= 6,237181 x	15,64	=	97,55
				Übertrag		704,76

Fortsetzung Rückseite

BRUNATA Wärmemesser GmbH & Co.KG, Högiwörther Str.1, Postfach 70 03 80, 8000 München 70, Telefon (089) 78595-0   Bitte Rückseite beachten!

Tabelle 3: (Forts.) : Durchführung einer Heiz- und Warmwasserkostenabrechnung mit Formblatt (nach / 5 /)

Ihre Abrechnung

Fortsetzung	Betrag DM	Gesamteinheiten	Betrag je Einheit	Ihre Einheiten	Zeitfaktor	Ihre Kosten DM
		Übertrag				704,76
		Ihre Heiz- und Warmwasserkosten				704,76
Hausnebenkosten:						
Kaltwasser	4.126,99 :	950,15 Kubikmeter =	4,343514 x	88,57	=	384,70
Abrechnungskosten						8,89
		Ihre Hausnebenkosten				393,59
		Ihre Heiz- und Warmwasserkosten				704,76
		Ihre Hausnebenkosten				393,59
		Ihre Gesamtkosten				1.098,35

Erläuterungen

Hinweise:

1. Grundlage für das Abrechnungssystem ist die Heizkostenverordnung in der ab März 1989 geltenden Fassung.

2. Ermittlung der Warmwasserkosten
   a) Erfassung der Wassermenge mittels Durchflußzähler:

   $$\frac{2,5 \times \text{Wassermenge} \times (\text{Warmwassertemperatur} - 10)}{\text{Heizwert des Brennstoffes}} = \text{Brennstoffverbrauch für die Wassererwärmung}$$

   (Bei Fernwärme wird der Faktor 2,0 statt 2,5 eingesetzt)

   Der Anteil der Warmwasserkosten zu den Gesamtkosten ergibt sich aus dem Verhältnis des in der Formel ermittelten Brennstoffverbrauchs zum Gesamtbrennstoffverbrauch.

   b) Wenn die Wassermenge nicht erfasst werden kann, werden für die Wassererwärmung 18 % der zu verteilenden Gesamtkosten angesetzt.

3. Guthaben oder Nachzahlung
   Guthaben- oder Nachzahlungsbeträge sind nur mit Ihrer Hausverwaltung zu verrechnen. Leisten Sie keine Zahlungen an uns. Sollte sich ein Nachzahlungsbetrag ergeben haben, bedenken Sie bitte, daß die Nachzahlung allein kein geeigneter Maßstab zum Vergleich der jährlichen Heizkosten sein kann. Wählen Sie bitte hierzu Ihre Gesamtkosten.

4. Tabelle zur Aufteilung der Kosten bei Nutzerwechsel nach VDI 2067 Blatt 1, Tabelle 22, Ausgabe Dezember 1983

Monat	Promille-Anteile je Monat	Promille-Anteile je Tag	Monat	Promille-Anteile je Monat	Promille-Anteile je Tag
September	30	30/30 = 1,0	März	130	130/31 = 4,19...
Oktober	80	80/31 = 2,58...	April	80	80/30 = 2,66...
November	120	120/30 = 4,0	Mai	40	40/31 = 1,29...
Dezember	160	160/31 = 5,16...	Juni		
Januar	170	170/31 = 5,48...	Juli	40	40/92 = 0,43...
Februar	150	150/28 = 5,35...	August		
		150/29 = 5,17..			
Summe pro Jahr				1000	

5. Schätzungen
   Schätzungen der Verbrauchseinheiten werden erforderlich, wenn nach zwei Besuchsterminen keine Ablesung möglich war oder aus anderen Gründen insgesamt oder teilweise keine Verbrauchswerte vorliegen.
   Im Falle einer Schätzung werden von uns folgende Zeichen angedruckt:
   S = Einheiten geschätzt nach Vorjahr
   H = Einheiten geschätzt nach Hausdurchschnitt
   T = Einheiten teilweise geschätzt

6. Sollten Sie Fragen zur Kostenaufteilung haben, wenden Sie sich bitte an Ihre Hausverwaltung.

Literaturhinweise

/1/ Peruzzo, Guido: Heizkosten-Abrechnung nch Verbrauch, J.Schweitzer Verlag, München, 3. Auflage 1985

/2/ Verordnung über die verbrauchsabhängige Abrechnung der Heiz- und Warmwasserkosten, Bundesgesetzblatt Teil I , Nr. 3, ausgegeben zu Bonn am 26.01.1989

/3/ Richtlinie VDI 2067, Blatt 1, Tabelle 16, Beuth-Verlag, Berlin

/4/ DIN 4713, Teil 4, Ausgabe 1980, Abschnitt 7

/5/ Firma Brunata/Metrona: Durchführung einer Heizkosten- und Warmwasserkosten-Abrechnung auf Formblatt, für den Abrechnungszeitraum 1.1 bis 31.12.1991

9.1.2 Wärmemengenzähler

9.1.2.1 Gesetzliche Grundlagen

Das Gesetz über das Meß- und Eichwesen (Eichgesetz) vom 11.07.1969 in der Fassung vom 22.02.1985 verlangt, daß Meßgeräte zur Bestimmung der thermischen Energie (Wärme) und des Durchflusses von Flüssigkeiten - also Wärme - und Wasserzähler geeicht sein müssen, wenn sie im geschäftlichen Verkehr eingesetzt werden. Geschäftlicher Verkehr liegt vor, wenn die Anzeige-Ergebnisse der Meßgeräte Grundlage der Abrechnung von Kosten sind.

Eichpflichtig sind bei Wärmezählern das Rechenwerk, das Volumenmeßteil und die Temperaturfühler.

Ein Meßgerät ist eich- bzw. beglaubigungsfähig, wenn seine Bauart nach Prüfung der Meßsicherheit durch die Physikalisch-Technische Bundesanstalt zugelassen ist.

Neben der Eichung, die von den staatlichen Eichämtern durchgeführt wird, tritt die Beglaubigung durch staatlich anerkannte Prüfstellen bei Herstellern, bei Versorgungsunternehmen (z.B. Fernwärmelieferanten) und bei Körperschaften des öffentlichen Rechts (z.B. Stadtwerke).

Die angebrachte Eich- oder Beglaubigungsplombe verwehrt den Zugang ins Innere des Meßgerätes. Wird sie beschädigt oder zerstört, erlischt automatisch die Eichung bzw. Beglaubigung.

Die Eichgültigkeitsverordnung vom 18.06.1970 legt fest, daß die Gültigkeit der Beglaubigung/Eichung in Jahren nach Ablauf des Kalenderjahres bemessen wird, in dem das Meßgerät beglaubigt geeicht wurde. Die Eichgültigkeit für Wärmezähler und deren Einzelkomponenten beträgt 5 Jahre.

Eine Nacheichung ist nur auf dem Prüfstand, nicht im eingebauten Zustand möglich.

Die Anschaffung von beglaubigten Austauschzählern nach dem jeweils neuesten technischen Stand ist die heute gebräuchliche Lösung.

Die Anlage 22 zur Eichordnung legt für Wärmezähler verbindliche Mindestanforderungen fest.

Wichtige, mit dem Einsatz von Wärmemengenzählern zusammenhängende Verordnungen und Normen sind:

- Verordnung über allgemeine Bedingungen für die Versorgung mit Fernwärme.
- Heizkostenverordnung
- DIN 4713, Verbrauchsabhängige Wärmekostenabrechnung mit den Teilen 1 - 6

9.1.2.2 Gerätetechnik

Ein Wärmezähler erfaßt durch seinen direkten Einbau im Rohrnetz die zur Errechnung von Wärmemengen erforderlichen physikalischen Größen, wie Durchfluß und Temperatur, verarbeitet diese Werte im Rechenwerk und zeigt die ermitttelten Werte in gesetzlichen Einheiten an.

Die Wärmezählern zugrunde liegende Gerätetechnik für die Durchflußmessung (Kapitel 4) und für die Temperaturmessung (Kapitel 1) wurde bereits behandelt.

Die früher dominierenden mechanischen Zählsysteme sind weitgehend durch elektronische Rechenwerke ersetzt worden. Während heute noch überwiegend Volumenmeßteile nach dem Turbinenzählprinzip arbeiten, rücken langsam statische Durchflußmesser, wie Ultraschallmesser und Meßsysteme mit magnetisch-induktiver Durchflußmessung (MID) immer stärker in den Vordergrund.

Statische Durchflußmesser haben den wesentlichen Vorteil, auf bewegliche Teile im Volumenstrom verzichten zu können.

Als Bauarten von Wärmezählern werden unterschieden:

- Kombinationswärmezähler mit jeweiliger Einzelzulassung und -beglaubigung der Komponenten Rechenwerk, Volumenmeßgerät und Temperaturfühler.
- Kompaktgeräte, die alle Komponenten zu einer baulichen Einheit zusammenfassen.

Die Eichordnung und Teil 4 der DIN 4713 legen die Basis für Prüfung, Klassifizierung und Beurteilung von Wärmezählern. Für die Meß- und Prüfanforderungen sowie für die geforderten Eichfehlergrenzen sei auf die entsprechenden Regelwerke hingewiesen.

An Volumenmeßteile als Wärmezählerkomponenten werden hinsichtlich ihrer verfügbaren Meßspannungen unterschiedliche Anforderungen gestellt. Welche Meßspanne ein Volumenmeßteil benötigt, um die ihm übertragene Meßaufgabe erfüllen zu können, muß vom Planer entschieden werden.
Hierfür legt die Eichordnung Metrologische Klassen fest. (Metrologie: Wissenschaft von den Maßen und Gewichten).

Die Meßspannen von Nenndurchfluß Q_u zu kleinstem Durchfluß Q_{min} liegen je nach metrologischer Klasse und je nach Meßprinzip zwischen 1 : 12,5 bis zu 1 : 100.

Bei der Metrologischen Klasse A arbeitet das Volumenmeßteil eines Flügelradzählers noch mit 1/25 des Nenndurchflusses mit einer max. Eichfehlerabweichung von ± 5 %, bei der Metrologischen Klasse C mit 1/100 des Nenndurchflusses.

Elektronische Rechenwerke

Elektronische Rechenwerke mit analogen Meßprinzipien empfangen durchflußabhängige, kontinuierliche Meßsignale in Form von Gleichstrom oder Gleichspannungen. Die Temperaturmessung erfolgt meist über Widerstandsthermometer.

Rechenwerke mit digitalem Meßprinzip benötigen Volumenmeßteile, deren Meßsignal einer Impulsfolge entsprechen. Als Temperaturfühler werden hier z. T. auch Thermoelemente (aktive Fühler) verwendet, die fest mit dem Rechenwerk verbunden sind.

Die notwendige Hilfsenergie wird entweder über das elektrische Netz oder über Hochleistungs-Lithium-Batterien (Lebensdauer ≥ 8 Jahre!) bezogen. Das Funktionsschema eines elektronischen Rechenwerks zeigt Bild 9-1.

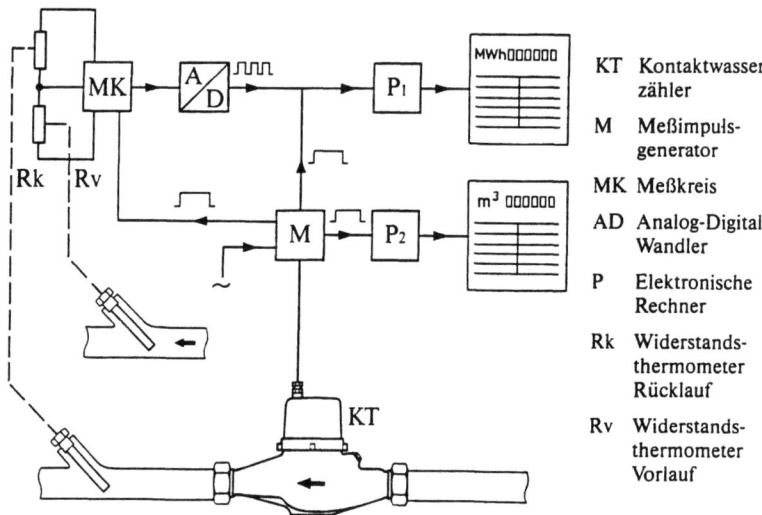

KT Kontaktwasserzähler
M   Meßimpulsgenerator
MK Meßkreis
AD Analog-Digital-Wandler
P   Elektronische Rechner
Rk Widerstandsthermometer Rücklauf
Rv Widerstandsthermometer Vorlauf

Bild 9-1 Elektronisches Rechenwerk - Funktionsschema

Die notwendige Dichte- und Enthalpiekorrektur (Temperatur- und Medienabhängigkeit der Stoffgrößen) wird über den errechneten, gleitenden Wärmekoeffizienten K im Rechenwerk

9.1 Wärmemengenbestimmung - Heizkosten-Abrechnung

durchgeführt. Die Auswertung der Wärmemenge erfolgt dann nach der bekannten Gleichung: $Q = V \cdot (t_v - t_R) \cdot K$.

Mit heutigen Mikroprozessoren können echte Enthalpiewerte sowie Dichtefunktionen exakter ermittelt werden.

Die als Volumenmeßteile heute wohl am häufigsten eingesetzten Geräte sind Turbinenzähler, die als Flügelradzähler bis etwa 15 m³/h eingesetzt werden. Unterschieden werden Einstrahl- und Mehrstrahlzähler: Bilder 9-2 und 9-3.

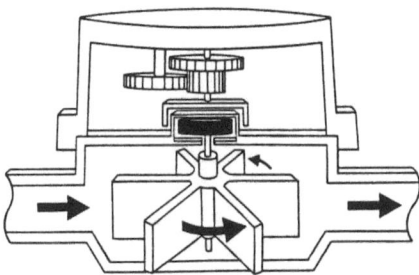

Bild 9-2 Einstrahlzähler

Bild 9-3 Mehrstrahlzähler

Die Übertragung der Impulse in Flügelradzählern als Trockenläufer an das wasserdicht getrennte Zählgetriebe und Zählwerk erfolgt nach verschiedenen Methoden:

– Magnetkupplung: über Zählwerk und Reedkontakt geht das Meßsignal als Volumenimpuls an das Rechenwerk weiter.

Direkte Flügelradabtastung erfolgt über Ultraschall, über die Kopplungsänderung von Schwingkreisen, über Schwingkreisbedämpfung einer im Schwingkreis befindlichen Fesritspule oder durch kapazitive Messung.

Neben den Turbinenradzählern haben sich für größere Durchflüsse von 15 - 250 m³/h Woltmannzähler (Bild 9-4), bei denen das Medium das Gerät in Richtung der Flügelachse durchströmt, durchgesetzt.

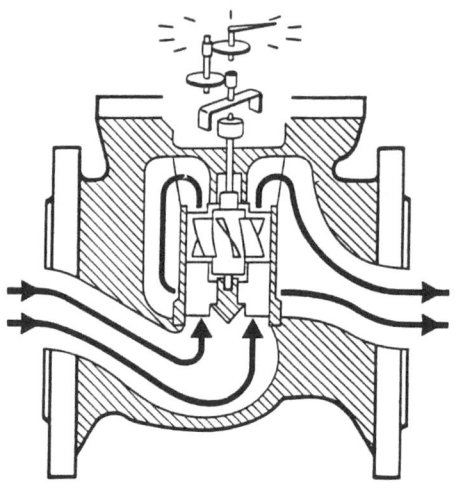

Woltmannzähler der Bauart WS

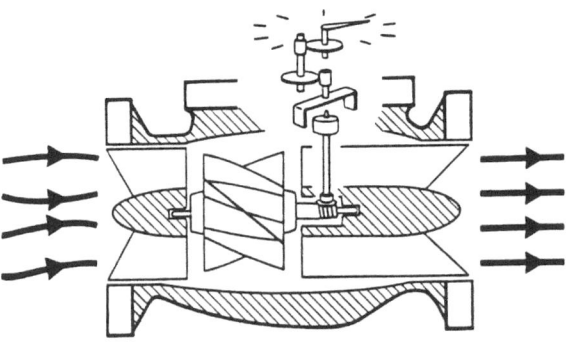

Woltmannzähler der Bauart WP

Bild 9-4 Woltmannzähler der Bauart WS und WP

9.1 Wärmemengenbestimmung - Heizkosten-Abrechnung

Um eine gleichwertige, verwirblungsfreie Beaufschlagung des Meßflügels zu erreichen, sind Beruhigungsstrecken am Einlauf vorzusehen oder Strömungs-(Waben-)gleichrichter einzusetzen.

Die statischen Durchflußmesser nutzen das Ultraschallprinzip nach der Laufzeit- oder Phasendifferenzmessung (Bilder 9-5 und -6) oder das magnetisch-induktive Prinzip (Bild 9-7).

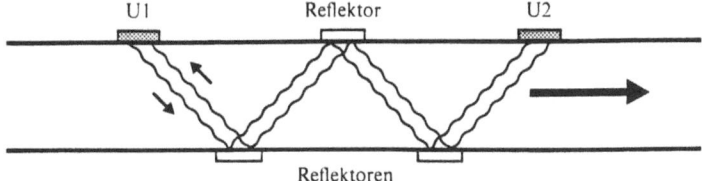

Bild 9-5 Rohrwandseitige Anordnung von Ultraschallwandlern zur Durchflußmessung

Der Ultraschallwandler U1 sendet die Schallwellen über Reflektoren in der Rohrwand zum Ultraschallwandler U2. Umgekehrt fließen die vom Wandler U2 ausgesandten Schallwellen über die gleichen Reflektoren zum Wandler U1. Diese beiden Vorgänge laufen, je nach Gerätebauart, gleichzeitig oder kurz hintereinander ab.

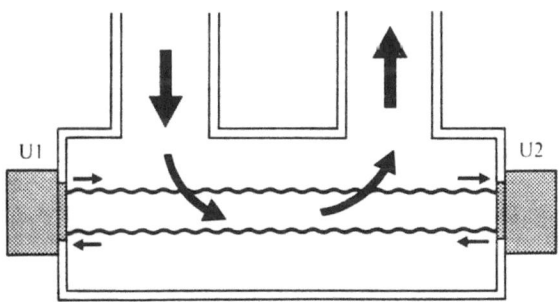

Bild 9-6 Gegenüberliegende Anordnung von Ultraschallwandlern zur Durchflußmessung

Bei diesem Ultraschalldurchflußmesser werden von den an den Stirnseiten der Meßkammer angebrachten Ultraschallwandlern U1 und U2 gleichzeitig Ultraschallwellen im Bereich von 1 MHz abgestrahlt, die mit und gegen die Strömung zu den jeweils gegenüberliegenden Wandlern fließen und dort empfangen werden. Die Differenz der beiden Laufzeiten wird im Rechenwerk zur Volumenberechnung weiterverarbeitet.

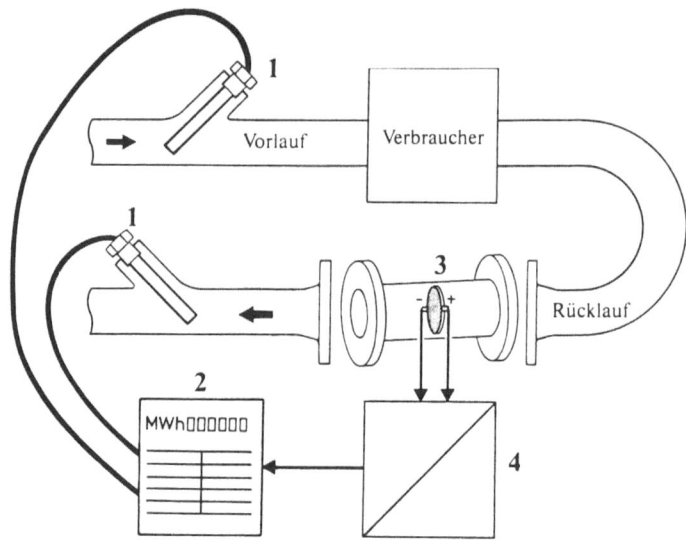

Bild 9-7 Systemskizze einer magnetisch-induktiven Meßanlage (1 Widerstandsthermometer, 2 Wärmemengenrechenwerk, 3 Volumenmeßteil, 4 Meßumformer)

Durchflußgeräte nach dem Wirkdruckprinzip werden in der Wärmemengenmessung meist zur Erfassung des Durchflusses von Wasserdampf eingesetzt. Bild 9-8.

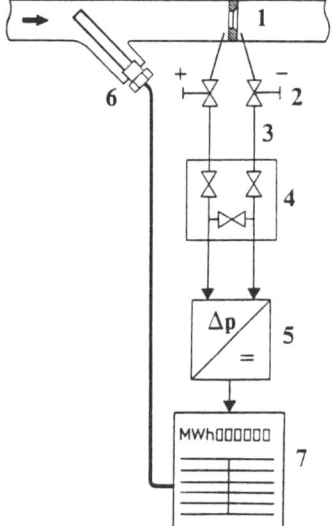

1 Wirkdruckgeber
2 Absperrventile
3 Wirkdruckleitungen
4 Mehrfach-Ventilblock
5 Differenzdruck-Meßumformer (elektrisch oder pneumatisch) oder Differenzdruck-Messer mit Radiziervorrichtung (mechanisch)
6 Widerstandsthermometer (Es wird in der Regel nur 1 Fühler eingesetzt. Der zur Wärmemengenerrechnung benötigte, niedrigere zweite Temperaturwert entspricht der Kondensattemperatur und ist im Wärmemengenzählwerk fest eingegeben)
7 Wärmemengenzählwerk

Bild 9-8 Dampfmessung nach dem Wirkdruckverfahren

9.1 Wärmemengenbestimmung - Heizkosten-Abrechnung

Bei nicht zu hohen Genauigkeitsanforderungen oder wenn aus technischen Gründen eine Wirkdruckmessung nicht sinnvoll ist, z.B. bei Naßdampf mit Wasseranteilen, werden Kondensatmesser meist als Heißwasser-Flügelrad oder -Woltmannzähler in geschlossenen Dampf- /Kondensatkreisläufen eingesetzt.

In drucklos betriebenen Kondensatkreisläufen werden meist Trommelzähler mit hoher Meßgenauigkeit und -beständigkeit, auch im unteren Meßbereich verwendet Bild 9-9.

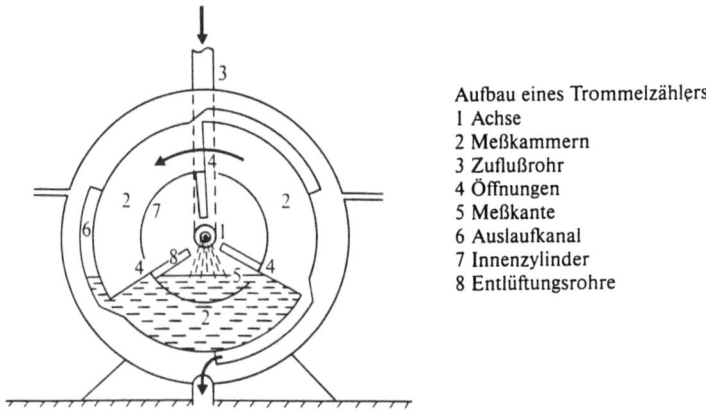

Aufbau eines Trommelzählers
1 Achse
2 Meßkammern
3 Zuflußrohr
4 Öffnungen
5 Meßkante
6 Auslaufkanal
7 Innenzylinder
8 Entlüftungsrohre

Bild 9-9 Aufbau eines Trommelzählers

Trommelzähler zählen zu den Auslaufzählern. Immer wenn eine Meßkammer gefüllt ist, wird durch eine dadurch entstehende Schwerpunktverlagerung die Trommel gedreht und das Meßgut durch den Zählerabfluß ausgeschüttet.

9.1.2.3 Einbauplanung

Die Planung des Einbaus von Wärmezählern hat eine Vielzahl von Kriterien und Randbedingungen zu berücksichtigen. Für das vertiefende Studium wird auf die entsprechende Fachliteratur verwiesen.

9.1.3 Heizkostenverteiler

Wie die Bezeichnung "Heizkostenverteilung" bereits zum Ausdruck bringt, handelt es sich hier nicht primär um ein Meßverfahren sondern um ein Meßhilfsverfahren zur verbrauchsabhängigen Umlegung der Heizkosten auf die einzelnen Verbraucher in einem Gebäude oder einer Anlage (Nutzeinheit). Die Wärmeabgabe an den einzelnen Heizkörpern in einer Wohneinheit wird dabei nur anteilig und nicht in physikalischen Einheiten angezeigt. Es muß deshalb für eine ordnungsgemäße Abrechnung zusätzlich der Gesamtwärmeverbrauch der Anlage durch Messen der Brennstoffmenge oder der Wärmemenge bestimmt werden (s. Kap. 9.1.1 und 9.1.2). Der Einsatz solcher Heizkostenverteiler wird immer dann notwendig, wenn Wärmezähler aufgrund der Rohrführung nicht möglich oder zu teuer sind. Bei der in Mehrfamilienhäusern üblichen senkrechten Verteilung (Bild 9.1.3-1) müßte zur Wärmemengenmessung an jedem Heizkörper ein Wärmezähler angebracht werden. Dies ist nicht realisierbar, weil heute übliche Wärmezähler solch kleine Volumenströme nicht erfassen können.

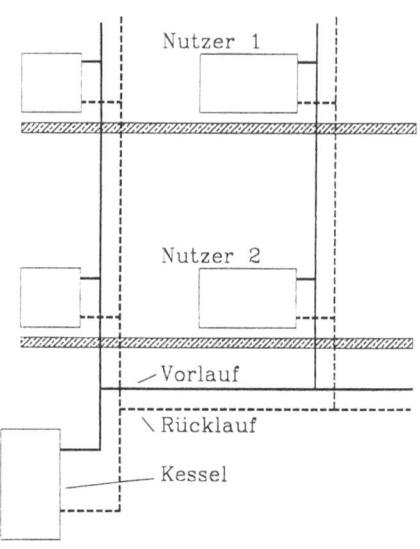

Es kommen grundsätzlich zwei unterschiedliche Funktionsprinzipien von Heizkostenverteilern zum Einsatz. Bei den meisten der heute verwendeten Heizkostenverteiler wird versucht, die für die **Wärmeabgabe** am Heizkörper maßgeblichen Temperaturen zu erfassen, also die Oberflächentemperatur oder die mittlere Heizmediumtemperatur und gegebenenfalls die Lufttemperatur. Ist für den einzelnen Heizkörper der Zusammenhang zwischen Wärmeleistung und seiner Übertemperatur gegenüber der Umgebung bekannt, so kann aus dieser Temperaturmessung die Wärmeabgabe berechnet werden. Die Anforderungen an diese Heizkostenverteiler und deren Prüfung sind in DIN EN 834 /1/ (Geräte mit elektrischer Energieversorgung) und DIN EN 835 /2/ (Geräte nach dem Verdunstungsprinzip) festgelegt.

Bild 9.1.3-1: Senkrechte Rohrführung in Heizanlagen, schematisch

Ein anderes, noch nicht so weit verbreitetes Verfahren, beruht darauf, daß über Hilfsgrößen wie z.B. den Ventilhub ein Maß für den Heizmittelstrom und damit für die dem Heizkörper **zugeführte Wärme** erfaßt wird. Im folgenden sollen das Funktionsprinzip, der Aufbau und die wichtigsten Einsatzbedingungen erläutert werden. Beim Einsatz dieser Geräte sind die einschlägigen Verordnungen und Normen im einzelnen zu beachten (insbesondere /1/, /2/, /3/).

9.1.3.1 Heizkostenverteiler auf Basis der Heizkörpertemperatur

Das Funktionsprinzip

Voraussetzung für die Funktion dieser Heizkostenverteiler ist, daß der Zusammenhang zwischen Wärmeleistung und der Übertemperatur des Heizkörpers **für jeden** Heizkörper bekannt ist. Dieser Zusammenhang läßt sich durch eine Potenzfunktion darstellen:

$$\dot{Q} \sim (\Delta \vartheta)^n \tag{9.1.3-1}$$

Die Übertemperatur $\Delta \vartheta$ errechnet sich aus der Vorlauftemperatur ϑ_V, der Rücklauftemperatur ϑ_R und der Raumtemperatur ϑ_L arithmetisch:

$$\Delta \vartheta = \frac{\vartheta_V + \vartheta_R}{2} - \vartheta_L \tag{9.1.3-2}$$

oder logarithmisch:

$$\Delta \vartheta_{ln} = \frac{\vartheta_V - \vartheta_R}{\ln \frac{\vartheta_V - \vartheta_R}{\vartheta_R - \vartheta_L}} \tag{9.1.3-3}$$

Für die meisten Anwendungen genügt die arithmetische Übertemperatur, für kleine Heizmassenströme ist die logarithmische Übertemperatur zu verwenden. In einem genormten Versuch nach DIN 4704 /4/ wird die Wärmeleistung von Heizkörpern in Abhängigkeit von der Übertemperatur in einer festgelegten Umgebung gemessen. Die Normwärmeleistung $\dot{Q}_n$ eines Heizkörpers ist der Wärmestrom, den er mit einer Vorlauftemperatur von 90 °C und einer Rücklauftemperatur von 70 °C bei einer Raumlufttemperatur von 20 °C abgibt (Luftdruck 1013 mbar). Mit diesen Temperaturen erhält man eine Normübertemperatur $\Delta \vartheta_n$ von 60 K. Der zugehörige Heizmittelstrom ist der Normheizmittelstrom $\dot{m}_n$

$$\dot{m}_n = \frac{\dot{Q}_n}{c \cdot 20K} \tag{9.1.3-4}$$

Das obengenannte Potenzgesetz gilt genügend genau bis zu Drosselungen des Heizmittelstroms auf 20 % des Normwertes. Die Wärmeleistung eines Heizkörpers bei von den Normwerten abweichenden Temperaturen läßt sich also wie folgt berechnen

$$\dot{Q} = \dot{Q}_n \cdot \left(\frac{\Delta \vartheta}{\Delta \vartheta_n}\right)^n \qquad (9.1.3\text{-}5)$$

Die Normwärmeleistung und der Heizkörperexponent werden vom Heizkörperhersteller angegeben. Die Deutsche Gesellschaft für Warenkennzeichnung (DGWK) veröffentlicht die Prüfergebnisse von Leistungsmessungen nach DIN 4704. Ist ein Heizkörper eindeutig identifiziert, so genügt also die Messung der aktuellen Übertemperatur, um die momentane Wärmeabgabe mit Gleichung (9.1.3-5) berechnen zu können.

Für eine verbrauchsabhängige Heizkostenverteilung ist die über einen bestimmten Zeitraum (Heizperiode, Abrechnungszeitraum) abgegebene Wärmemenge maßgebend. Man erhält sie durch Integration der Wärmeleistung nach Gleichung (9.1.3-5) über diesen Zeitraum

$$\dot{Q} = \int \dot{Q}_n \cdot \left(\frac{\Delta \vartheta}{\Delta \vartheta_n}\right)^n d\tau \qquad (9.1.3\text{-}6)$$

Da die Übertemperatur die einzige zeitabhängige Größe in Gleichung 5 ist, genügt eine Integration der Übertemperaturfunktion über den Abrechnungszeitraum, um einen der Wärmeabgabe proportionalen Wert zu erhalten:

$$\dot{Q} = C \cdot \int \Delta \vartheta^n d\tau \qquad (9.1.3\text{-}7)$$

Die hier zu behandelnden Heizkostenverteiler sind registrierende Meßgeräte zur **näherungsweisen** Ermittlung dieses Zeitintegrales der Übertemperatur. Dabei unterscheidet man drei Meßverfahren:

- Das Einfühler-Meßverfahren arbeitet mit einem Temperatursensor. Dieser wird an definierter Stelle auf dem Heizkörper montiert und soll dort die mittlere Temperatur des Heizkörpers erfassen. Die Raumlufttemperatur wird hierbei als konstant angenommen. Die Übertemperatur erhält man als Differenz aus gemessener Heizkörpertemperatur und einer bestimmten Raumlufttemperatur von z.B. 20 °C.

- Das Zweifühler-Meßverfahren arbeitet mit zwei Temperatursensoren. Ein Sensor erfaßt wie beim Einfühler-Meßverfahren die mittlere Heizkörpertemperatur, der zweite Sensor soll die Raumtemperatur bzw. eine mit dieser definiert zusammenhängende Temperatur messen. Die Übertemperatur entspricht der Differenz der beiden gemessenen Temperaturen.

- Beim Dreifühler-Meßverfahren werden mit drei Sensoren die Vorlauf- und Rücklauftemperatur des Heizmediums sowie die Raumtemperatur erfaßt. Die logarithmische Übertemperatur erhält man direkt nach Gleichung (9.1.3-3).

9.1 Wärmemengenbestimmung - Heizkosten-Abrechnung

Der **unbewertete Anzeigewert** eines Heizkostenverteilers entspricht also einer Übertemperatursumme des Heizkörpers. Da jedoch zwei unterschiedlich große Heizkörper bei derselben Temperatur unterschiedlich viel Wärme abgeben, muß die für jeden Heizkörper ermittelte Temperatursumme noch mit der Heizkörpergröße, also der Normwärmeleistung, bewertet werden. Auch die Raumlufttemperatur und die Anschlußart des Heizkörpers haben Einfluß auf seine Wärmeleistung. Schließlich spielt auch die Güte der Temperaturmessung des Heizkostenverteilers eine Rolle. Diese Einflüsse müssen ermittelt und durch Bewertungsfaktoren berüchsichtigt werden. Durch Multiplikation des unbewerteten Anzeigewertes mit den Bewertungsfaktoren entsteht ein bewerteter Anzeigewert oder **Verbrauchswert**. Dieser ist ein Näherungswert für die während der Abrechnungsperiode vom Heizkörper abgegebene Wärme.

Der Verbrauchswert wird entweder direkt am Heizkostenverteiler abgelesen oder durch spätere Umrechnung des unbewerteten Anzeigewertes gebildet. Die Genauigkeit des Verbrauchswertes hängt außer von den Eigenschaften des Meßgerätes auch von Art und Anordnung des Heizkörpers, Unsicherheiten der Bewertungsfaktoren und der Montage ab. Deshalb können Heizkostenverteiler nicht nach Art von Wärmezählern kalibriert werden.

Der Verbrauchswert ist dimensionslos. Bezogen auf die Summe aller Verbrauchswerte einer Abrechnungseinheit stellt er den Anteil der Wärmeabgabe eines Heizkörpers am Gesamtverbrauch dar. Damit ist die in 9.1.1 beschriebene Umlage der Gesamtkosten auf die einzelnen Verbraucher möglich.

Die Bewertungsfaktoren

Der unbewertete Anzeigewert eines Heizkostenverteilers ist ein Maß für das Zeitintegral der Übertemperatur des Heizkörpers während des Abrechnungszeitraums. Wenn zwei Heizkörper gleichen Typs aber unterschiedlicher Baulänge, also auch **unterschiedlicher Normwärmeleistung**, unter gleichen Bedingungen betrieben werden, so ergeben sich an den beiden Heizkostenverteilern aufgrund der gleichen Temperaturen auch die gleichen Anzeigewerte trotz unterschiedlicher Wärmeabgabe. Die Anzeige des Heizkostenverteilers am längeren Heizkörper muß also entsprechend der höheren Wärmeleistung höher bewertet werden als die Anzeige am kleineren Heizkörper. Diese Bewertung geschieht mit dem **Bewertungsfaktor K_Q**.

Üblicherweise entspricht der Bewertungsfaktor K_Q dem Verhältnis der Normwärmeleistung des zu bewertenden Heizkörpers zur Normwärmeleistung eines Basisheizkörpers (z.B. 1000 Watt). Die Anzeige an einem Heizkörper mit einer Normwärmeleistung von 1000 Watt wird also mit dem Faktor $K_Q = 1{,}0$ bewertet. Eine Normwärmeleistung von 1386 Watt ergibt ein $K_Q = 1{,}39$.

Heizköper können auf unterschiedliche Art ans Rohrnetz angeschlossen sein. Am weitesten verbreitet ist der gleichseitige oder wechselseitige Anschluß mit oberem Vorlauf. Davon abweichende Anschlußarten mit unterem Vorlauf (reitender Anschluß, Einrohranschluß) haben erhebliche Leistungsminderungen zur Folge. Mit den Bewertungsfaktoren K_Q müssen auch Unterschiede beim Heizkörperexponenten und bei der Anschlußart des Heizkörpers berücksichtigt werden. Die Werte der Faktoren K_Q sollen nach EN 834 und EN 835 so gestuft sein, daß Differenzen der Heizkörperleistung von 60 Watt bzw. 5 % im Leistungsbereich bis 3000 Watt erfaßt werden. Oberhalb von 3000 Watt müssen noch Leistungsdifferenzen von 3 % erfaßt werden.

Wie bereits erwähnt, wird beim Einfühler-Meßverfahren nur die Oberflächentemperatur der Heizkörper erfaßt. Maßgebend für die Wärmeabgabe ist jedoch die Übertemperatur gegenüber der Raumlufttemperatur. Da diese nicht gemessen wird, geht man bei der Auswertung der angezeigten Heizkörpertemperatursumme von einer konstanten Raumtemperatur von 20 °C in allen Wohnräumen aus. Nur in Räumen, deren Auslegungslufttemperatur von 20 °C um 4 K oder mehr abweicht (Bäder, Garagen, Keller), wird die Anzeige der Heizkostenverteiler entsprechend höher oder niedriger bewertet mit dem dann von 1,0 abweichenden K_T-Wert. Unterschiedliche Lufttemperaturen wirken sich auch auf die Messung der Heizkörperoberflächentemperatur und damit auf die angezeigte Temperatursumme aus. Auch dieser Einfluß wird durch den K_T-Faktor korrigiert.

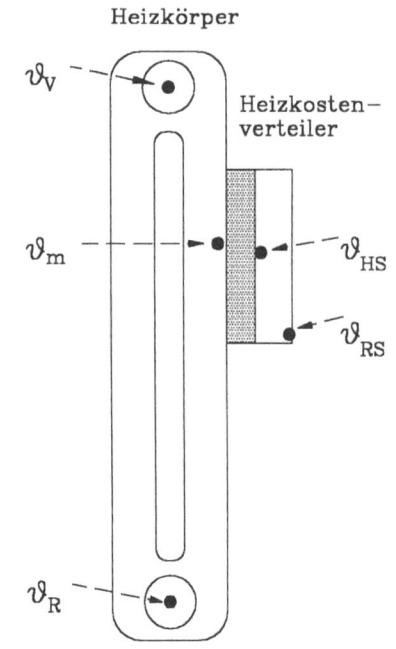

Bild 9.1.3-2: Temperaturen am Heizkörper und am Heizkostenverteiler, schematisch

Bisher wurde davon ausgegangen, daß der Heizkostenverteiler die tatsächliche mittlere Übertemperatur des Heizkörpers erfaßt. Dies ist jedoch nicht der Fall. Konstruktionsbedingt kann der Temperatursensor nicht direkt auf der Heizkörperoberfläche, sondern lediglich in unmittelbarer Nähe montiert werden. Je nach Bauart des Heizkostenverteilers und des Heizkörpers wird dadurch eine Temperatur gemessen, die unterschiedlich weit von der tatsächlichen Heizmediumtemperatur nach unten abweicht (Bild 9.1.3-2).

Der Grad der thermischen Ankopplung des Sensors an die zu erfassende Heizkörpertemperatur wird durch den c-Wert beschrieben. Der c-Wert ist die relative Abweichung der gemessenen Übertemperatur von der tatsächlichen Übertemperatur.

$$c = \frac{(\vartheta_m - \vartheta_L) - (\vartheta_{HS} - \vartheta_{RS})}{\vartheta_m - \vartheta_L} \qquad (9.1.3\text{-}8)$$

mit

ϑ_m: mittlere Heizmediumtemperatur $(\vartheta_V + \vartheta_R)/2$
ϑ_L: Lufttemperatur
ϑ_{HS}: Temperatur des heizkörperseitigen Sensors
ϑ_{RS}: Temperatur des raumseitigen Sensors (= ϑ_L beim Einfühler-Meßverfahren)

Dieser c-Wert muß für die jeweilige Kombination aus Heizkostenverteiler und Heizkörper nach EN 834/835 ermittelt werden und darf bestimmte Werte (0,67 beim Zweifühler-Meßverfahren, 0,3 beim Einfühler-Meßverfahren) nicht überschreiten. Je kleiner der c-Wert, umso näher liegt die gemessene Temperatur bei der tatsächlichen mittleren Heizmediumtemperatur.

Die unterschiedliche thermische Ankopplung hat zur Folge, daß an zwei Heizkörpern verschiedener Bauart (z.B. DIN-Radiator und Konvektor) bei gleicher Normwärmeleistung und gleichen Betriebsbedingungen unterschiedliche Anzeigewerte trotz gleicher Wärmeabgabe erreicht werden. Um gleiche Verbrauchswerte zu erhalten, müssen also die beiden unbewerteten Anzeigewerte mit zwei unterschiedlichen Faktoren bewertet werden. Dies geschieht mit dem K_C-Wert. Die Ermittlung des K_C-Wertes hängt vom Meßprinzip (mit oder ohne elektrische Energieversorgung) ab.

Den Gesamtbewertungsfaktor erhält man als Produkt der einzelnen Bewertungsfaktoren:

$$K_{ges} = K_Q \cdot K_T \cdot K_C \qquad (9.1.3\text{-}9)$$

Aufbau der Heizkostenverteiler

Sehr häufig kommen auch heute immer noch Heizkostenverteiler zum Einsatz, die **nach dem Verdunstungsprinzip** arbeiten. Meßtechnisch sind dies Geräte nach dem Einfühler-Meßverfahren. Wesentliche Bestandteile eines solchen Gerätes sind ein auf dem Heizkörper befestigtes, gut wärmeleitendes Rückenteil (meist aus Aluminium), eine Glasampulle mit schwer siedender Flüssigkeit und ein abdeckendes Gehäuse mit Skale (Bild 9.1.3-3). Durch Wärmeleitung vom Heizkörper über das Rückenteil wird die oben offene Ampulle erwärmt, was zu einer Verdunstung der Meßflüssigkeit führt. Die Menge der verdunsteten Flüssigkeit während des Abrechnungszeitraumes ist ein Maß für die Übertemperatur des Heizkörpers. Als Meßflüssigkeit verwendet man z.B. Methylbenzoat oder Cyclohexanol.

Bei besonders hohen oder niedrigen Heizmediumtemperaturen kommen auch andere Stoffe zum Einsatz. Die Verdunstungsgeschwindigkeit der Flüssigkeit hängt ab von der Temperatur (Bild 9.1.3-4) und der Füllstandshöhe. Durch eine nicht lineare Skalenteilung wird erreicht, daß die sogenannte Anzeigegeschwindigkeit, also die Änderungsgeschwindigkeit der Anzeige in Skalenteilen pro Zeiteinheit unabhängig von der Füllstandshöhe ist. Die Konstruktion der Ampulle (z.B. Einschnürung am Ampullenhals), die Füllmenge und das Verdunstungsverhalten der Flüssigkeit müssen so aufeinander abgestimmt sein, daß auch bei Dauerbetrieb des Heizkörpers während einer Abrechnungsperiode die Flüssigkeit nicht vollständig verdunstet. Eine auch am kalten Heizkörper auftretende, sogenannte Kaltverdunstung wird dadurch ausgeglichen, daß die Ampulle über den Skalen-Nullstrich hinaus befüllt wird.

Als Befestigungsort für diesen Heizkostenverteiler ist nach EN 835 eine Stelle auf dem Heizkörper zu wählen, an der sich für einen möglichst großen Betriebsbereich ein hinreichender Zusammenhang zwischen Anzeigewert und Wärmeabgabe ergibt. Beim Einsatz von thermostatischen Heizkörperventilen wird eine Befestigung in 75 % der Heizkörperbauhöhe bezogen auf die Gerätemitte empfohlen. Innerhalb einer Abrechnungseinheit muß der Befestigungsort einheitlich gewählt werden.

Es werden zwei Skalenarten unterschieden. Die **Einheitsskale** ist eine an allen Heizkörpern einheitliche Skale. Die an verschiedenen Heizkörpern abgelesenen Anzeigewerte müssen nachträglich mit den entsprechenden Bewertungsfaktoren in Ver-

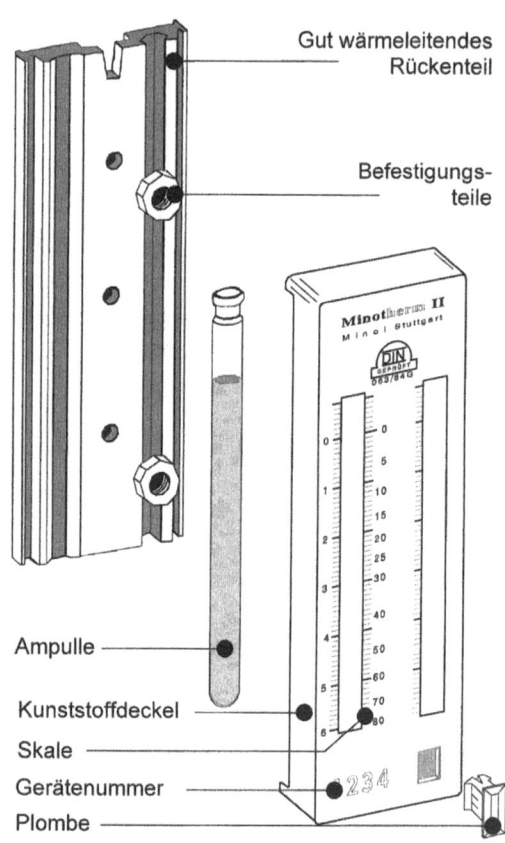

Bild 9.1.3-3: Heizkostenverteiler nach dem Verdunstungsprinzip: Minotherm, Werkbild Minol Meßtechnik

9.1 Wärmemengenbestimmung - Heizkosten-Abrechnung

brauchswerte umgerechnet werden. Bei Verwendung der **Verbrauchsskale**, auch Produktskale genannt, erhält jeder Heizkörper eine Skale, bei der die entsprechenden Bewertungsfaktoren bereits berücksichtigt sind. Der abgelesene Wert entspricht also dem Verbrauchswert.

Wie bereits erwähnt, hängt die Ermittlung des K_C-Wertes vom Meßprinzip ab. Für den Verdunstungs-Heizkostenverteiler soll hier anhand eines Beispiels der K_C-Wert ermittelt werden: In einer Anlage sind zwei Heizkörper gleicher Leistung aber unterschiedlicher Bauart (DIN-Stahlradiator und Konvektor) installiert. Beide haben eine Normwärmeleistung von 1000 W. Unter Basisbedingungen (mittlere Heizmediumtemperatur

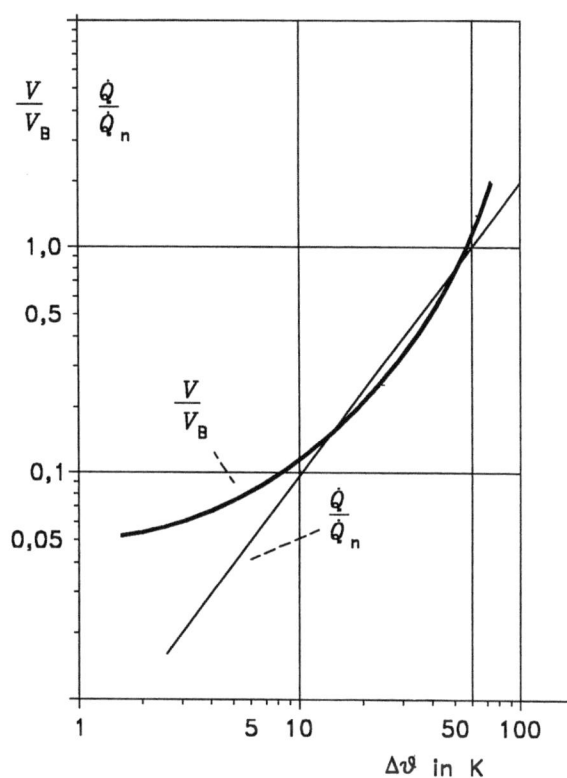

Bild 9.1.3-4: Verdunstungsgeschwindigkeit V und Wärmeleistung $\dot{Q}$ in Abhängigkeit von der Übertemperatur nach /5/ (Index B: Basis).

60 °C) stellen sich die in Tabelle 1 angegebenen Meßflüssigkeitstemperaturen ein. Aus der Verdunstungscharakteristik (z.B. in /5/,/7/) erhält man die zugehörigen Verdunstungsgeschwindigkeiten. Der K_C-Wert ist der Quotient aus der Verdunstungsgeschwindigkeit am Basisheizkörper und am zu bewertenden Heizkörper bei Basisbedingungen.

	DIN-Radiator (Basis)	Konvektor
Mittlere Heizmediumtemperatur in °C	60	60
Meßflüssigkeitstemperatur in °C	56	52,5
c-Wert	0,1	0,19
Verdunstungsgeschwindigkeit in mg/h	0,615	0,492

Tabelle 1: Werte zur Ermittlung des K_C-Wertes (Beispiel).

In unserem Beispiel muß der Anzeigewert am Konvektor mit dem Faktor

$$K_c = \frac{0{,}615 \text{ mg/h}}{0{,}492 \text{ mg/h}} = 1{,}25$$

bewertet werden, um bei gleichen Betriebsbedingungen auch die gleichen Verbrauchswerte wie beim DIN-Radiator zu bekommen.

Wie aus Bild 9.1.3-4 zu erkennen ist, ist die Verdunstungsgeschwindigkeit der Flüssigkeit in anderer Weise von der Heizkörperübertemperatur abhängig als die Heizkörperleistung. Dies führt dazu, daß bei hohen und bei niedrigen Temperaturen eine überproportionale Verdunstung entsteht. Der Anwendungsbereich dieser Heizkostenverteiler ist deshalb auf einen mittleren Temperaturbereich beschränkt, dessen Grenzen in EN 835 festgelegt sind. Die **untere Einsatzgrenze** liegt bei einer Auslegungs-Heizmediumtemperatur von 55 °C für Geräte der Klasse B. Ein Gerät gehört der Klasse B an, wenn die Verdunstungsgeschwindigkeit bei einer Meßflüssigkeitstemperatur von 50 °C mindestens das 12-fache der Verdunstungsgeschwindigkeit bei 20 °C beträgt. Der Wassergehalt der Meßflüssigkeit darf dabei höchstens 4% betragen und die Nominalverdunstung muß mindestens einen Wert von 60 mm aufweisen (die Nominalverdunstung ist der Anzeigewert, der sich bei einer Meßflüssigkeitstemperatur von 50 °C nach einer Zeit von 210 Tagen einstellt). Sind diese Bedingungen nicht erfüllt, muß die Auslegungs-Heizmediumtemperatur bei diesen Heizkostenverteilern (Geräte der Klasse A) mindestens 60 °C betragen.

Für Geräte der Klasse B, also bei hoher Verdunstungsgeschwindigkeit, liegt die **obere Einsatzgrenze** bei einer Auslegungs-Heizmediumtemperatur von weniger als 85 °C.

Bei Einrohr-Heizungen können nach EN 835 Geräte beider Klassen eingesetzt werden, wenn an jeden Strang nur ein Nutzer angeschlossen ist, oder wenn eine vertikale Rohrführung vorliegt und dabei bestimmte Temperaturgrenzen eingehalten oder evt. zusätzliche Korrekturen vorgenommen werden. Derartige Rohrführungen findet man in Altanlagen der neuen Bundesländer. Bei horizontaler Rohrführung mit mehr als einem Nutzer am Strang sind dürfen Verdunstungsgeräte nicht eingesetzt werden.

Heizkostenverteiler nach dem Verdunstungsprinzip dürfen außerdem **nicht angewendet** werden, wenn der Bewertungsfaktor K_Q nicht eindeutig definiert ist oder bei denen Heizflächen nicht zugänglich sind, wie dies z.B. bei Fußboden- und Deckenstrahlungsheizungen, klappengesteuerten Heizkörpern, Gebläseheizkörpern, Badewannenkonvektoren und Dampfheizungen der Fall ist.

Seit Anfang der 80er Jahre gibt es sogenannte elektronische Heizkostenverteiler (EN 834: **Geräte mit elektrischer Energieversorgung**). Hier werden entsprechend den bereits be-

9.1 Wärmemengenbestimmung - Heizkosten-Abrechnung

schriebenen Meßverfahren Einfühler-, Zweifühler- und Dreifühlergeräte unterschieden. Bild 9.1.3-5 zeigt den Aufbau eines Einfühlergerätes. Das Rückenteil des Gerätes wird auf dem Heizkörper montiert. Mit dem Sensor wird die Temperatur an der Oberfläche dieses

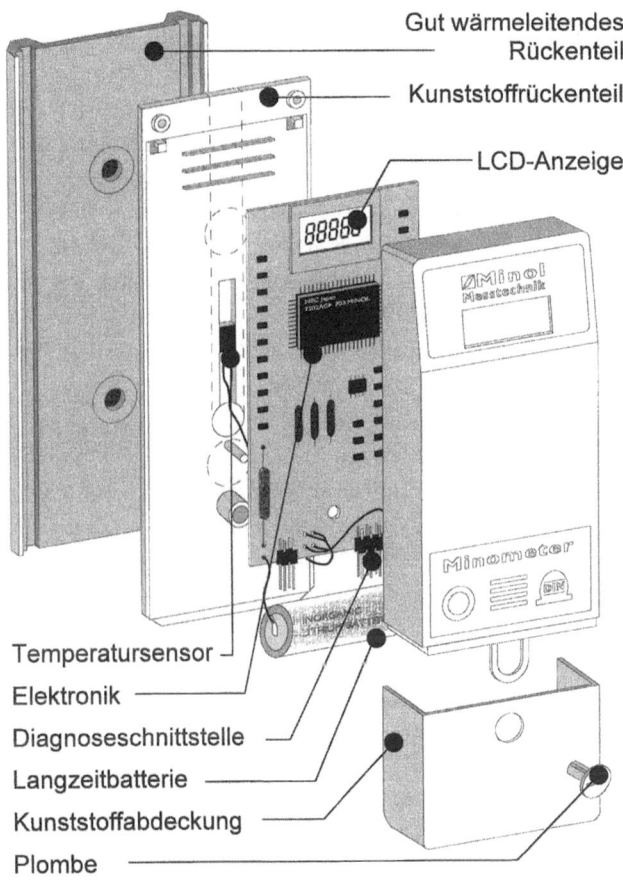

Bild 9.1.3-5: Elektronischer Heizkostenverteiler: Minometer Typ 3, Werkbild Minol Meßtechnik

Rückenteils gemessen. Beim Zweifühlergerät kann der zweite Sensor für die Raumtemperatur entweder im selben Gehäuse unter der Kunststoffabdeckung oder aber vom Heizkörper entfernt, z.B. in dem dem Heizkörper von unten zuströmenden Luftstrom liegen. Das Dreifühlergerät wird nicht direkt auf der Heizkörperoberfläche montiert, sondern kann vom Heizkörper entfernt an geeigneter Stelle an der Wand angebracht sein. Entscheidend ist hier die Anbringung der drei Sensoren für Vorlauf-, Rücklauf- und Raumtemperatur (Bild 9.1.3-6).

Das Herzstück aller drei Gerätetypen ist die Geräteelektronik, die in Abhängigkeit der gemessenen Temperatur bzw. Übertemperatur die Heizkörperwärmeabgabe nach dem Potenzgesetz ermittelt. Der Anzeigewert kann auch bei den elektronischen Heizkostenverteilern unbewertet sein oder bereits den über die Bewertungsfaktoren ermittelten Verbrauchswert darstellen. Der K_C-Wert bei diesen Heizkostenverteilern ist der Quotient aus einer in EN 835 definierten Basis-Anzeigegeschwindigkeit und der Anzeigegeschwindigkeit am zu bewertenden Heizkörper bei Basisbedingungen.

Der wesentliche Vorteil der elektronischen Auswertung besteht darin, daß hier der Zusammenhang zwischen Anzeigegeschwindigkeit und Übertemperatur entsprechend dem Potenzgesetz definierbar ist und nicht durch die Verdunstungskurve abweichend vom Potenzgesetz vorgegeben wird. In einer doppellogarithmischen Darstellung nach Bild 9.1.3-4 erhält man also einen linearen, der Heizkörperwärmeleistung entsprechenden Kurvenverlauf für die Anzeigegeschwindigkeit. Dies wirkt sich direkt auf einen größeren Temperatur-Einsatzbereich aus. Einfühlergeräte sind ab einer Auslegungs- Heizmediumtemperatur von mindestens 55 °C zulässig, Mehrfühlergeräte auch darunter.

Als weiterer Vorteil der elektronischen Auswertung ist zu nennen, daß bei abgestellten Heizkörpern und hohen Lufttemperaturen im Sommer selbstverständlich keine Kaltverdunstung entsteht und damit auch keine Wärmeabgabe gezählt wird. In EN 834 ist die Zählbeginn-Temperatur in Abhängigkeit vom Meßverfahren und von den Auslegungstemperaturen festgelegt. Sie beträgt für Einfühlergeräte mindestens 28 °C und nimmt mit der Auslegungs-Heizmediumtemperatur zu. Mehrfühlergeräte beginnen zu zählen, wenn die Übertemperatur mindestens 5 K beträgt. Aus Gründen der Manipulationssicherheit ist zusätzlich für die Zulassung in Deutschland festgelegt worden, daß bei Heizkörpertemperaturen von mehr als 30 °C grundsätzlich gezählt wird /8/.

Darüberhinaus sind durch den Einsatz der Elektronik auch zusätzliche Funktionen zu realisieren, die mit Verdunstern nicht möglich waren. Hier ist z.B. die Stichtagsablesung zu nennen, die den Verbrauchswert zu einem vorgegebenen Datum festhält und speichert. Zu einem späteren Zeitpunkt kann dann der Stichtagswert abgelesen werden.

Die elektronischen Heizkostenverteiler sind auch nach Art der Anzeige zu unterscheiden. Das in Bild 9.1.3-5 abgebildete Gerät zeigt den Verbrauchswert oder den unbewerteten Anzeigewert direkt am Gerät an. Zur Ablesung muß also von Heizkörper zu Heizkörper gegangen werden. Die Anzeigewerte können aber auch über entsprechende Datenübertragungssysteme (Datenbus, per Funk) auf eine zentrale Anzeige im Gebäude gebracht werden oder über Modem auch über große Entfernungen übertragen werden. Dies hat den großen Vorteil, daß der Ableser die einzelnen Wohnungen nicht mehr betreten muß.

9.1 Wärmemengenbestimmung - Heizkosten-Abrechnung

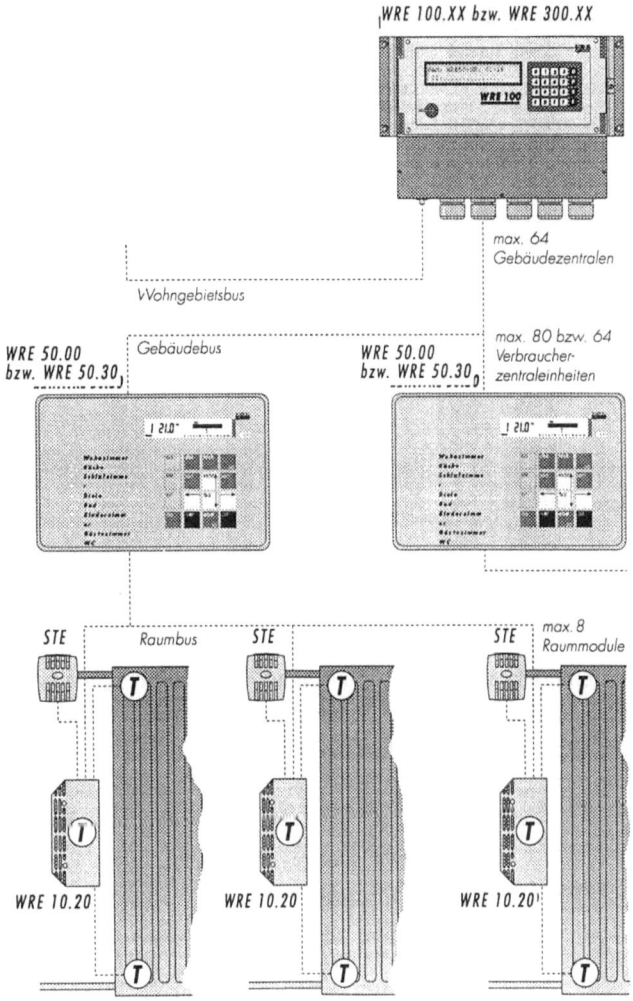

Bild 9.1.3-6: Elektronischer Heizkostenverteiler nach dem Dreifühler-Meßverfahren in Kombination mit Raumtemperaturregelung und Steuerfunktionen, Werkbild Techem

Es werden in Verbindung mit Dreifühlergeräten auch zusätzliche Funktionen angeboten, die die Heizkostenverteilung direkt nicht mehr betreffen, z.B. Raumtemperaturregelung und Zeitsteuerprogramme (s. Bild 9.1.3-6). Es handelt sich dabei im wesentlichen um eine gerätetechnische Verbindung der Systeme Regelung und Heizkostenverteilung; eine funktionale Verbindung besteht lediglich darin, daß die Meßgröße Raumtemperatur für beide Systeme nur einmal gemessen wird.

Im Unterschied zu den Verdunstern sind elektronische Heizkostenverteiler auch in waagrechten Einrohr-Heizsystemen zugelassen. Nicht zugelassen ist, wie bei den Verdunstern, der Einsatz bei Fußbodenheizungen, Deckenstrahlungsheizungen, klappengesteuerten Heizkörpern, Gebläseradiatoren und Dampfheizungen. Die Normen EN 834/835 empfehlen außerdem für beide Heizkostenverteilsysteme, daß

- die Heizkörper mit einer vom Nutzer bedienbaren Regeleinrichtung für die Raumtemperatur ausgerüstet sind,

- eine außentemperaturgeführte zentrale Vorlauftemperaturregelung angewendet wird,

- das Rohrnetz hydraulisch abgeglichen ist und

- bei der Auslegung der Heizflächen die zeitweise eingeschränkte Beheizung von benachbarten Räumen berücksichtigt wird.

9.1.3.2 Heizkostenverteiler mit dem Heizmittelstrom als Basis

Die vom Gesetzgeber vorgeschriebene verbrauchsabhängige Heizkostenverteilung rechtfertigt sich u.a. aus der Erfahrung, daß durch die Abrechnung der einzelne Nutzer zu einem bewußteren Umgang mit Heizenergie angehalten wird. Eine zum Teil unzulängliche Verteilgenauigkeit der oben beschriebenen Systeme hat jedoch zum Teil zu Unsicherheiten bei Wohnungseigentümern und Mietern geführt. Die Folge ist, daß Bauherren zu Heizsystemen neigen, die zwar eine sichere verbrauchsabhängige Abrechnung ermöglichen, aber energetisch und technisch weniger sinnvoll sind (z.B. Gas- bzw. Elektroeinzelheizgeräte in Neubauten).

Schwachpunkte bei den beschriebenen Heizkostenverteilsystemen sind u.a. die notwendige Identifikation des Heizkörpers und die Ungenauigkeit, die umso größer ist je stärker die Heizmittelströme gedrosselt werden. Derzeit existieren über 40.000 verschiedene Heizkörpertypen, wobei Neuentwicklungen zu einer ständig wachsenden Typenvielfalt führen. Heizkörperhersteller bieten heute ihre Produkte teilweise nicht mehr nur "von der Stange" sondern "maßgeschneidert" an. Eine Identifikation und damit die Angabe der für die Abrechnung erforderlichen Normwärmeleistung wird dadurch immer schwieriger.

Eine weitere Verbesserung der Raumtemperaturregelung, vor allem auch bezüglich Bedienbarkeit, wird dazu führen, daß noch häufiger als bisher mit stark gedrosselten Heizmittelströmen zu rechnen ist. Hier versagen praktisch alle Heizkostenverteilsysteme, die die Oberflächentemperatur des Heizkörpers als Maß für die Wärmeabgabe verwenden. Eine

9.1 Wärmemengenbestimmung - Heizkosten-Abrechnung

Leistungsminderung des Heizkörpers durch nachträgliche Verkleidung oder durch Einbau in Nischen wird von den bisher angebotenen Systemen ebenfalls nicht erfaßt. Wie bereits erwähnt, sind die oben beschriebenen Systeme für Anlagen mit Fußbodenheizung oder Gebläsekonvektoren nicht einsetzbar.

Es ist Aufgabe der Raumtemperaturregelung, die Wärmeabgabe der Heizflächen möglichst genau dem jeweiligen Bedarf des Raumes anzupassen. Dieselbe Größe - nämlich die Wärmeabgabe - wird also einerseits vom Regler als indirekte Stellgröße definiert verändert und ist andererseits Zielgröße der Verbrauchserfassung. Es ist deshalb naheliegend, die beiden bisher meist voneinander völlig unabhängig betriebenen Systeme funktional zu verbinden.

Einen Ansatzpunkt für diese Verbindung bietet die direkte Stellgröße der Raumtemperaturregelung: der Ventilhub oder bei einem Stellantrieb mit Zweipunktverhalten die Öffnungszeit des Ventils. Voraussetzung hierfür sind Regelsysteme, deren Funktion auf dieser Stellgröße in expliziter Form aufbaut; z.B. Systeme mit Zweipunktverhalten oder digitale Regler mit Stellungsrückführung. Der Ventilhub oder die Öffnungszeit in Verbindung mit der Raumtemperatur allein ist noch kein Maß für die Wärmeabgabe der Heizfläche. Mit Hilfe der Ventilkennlinie, die praktisch für alle marktgängigen Ventile bekannt ist, wird dem Ventilhub ein bestimmter Massenstrom zugeordnet, der dann in Verbindung mit einer Temperaturmessung ein Maß für die der Heizfläche **zugeführten** Wärme darstellt. Die Zuordnung von Massenstrom und Ventilhub ist jedoch nur bei gleichzeitiger Kenntnis des jeweiligen Differenzdruckes möglich. Dieser Differenzdruck wiederum ist abhängig von der momentanen Massenstromverteilung im Netz und kann durch Einzelmessungen oder durch Hilfsverfahren ermittelt werden. Zur Zeit sind zwei verschiedene Heizkostenverteilsysteme auf dieser Basis bekannt.

Kombiniertes Heizkostenverteil- und Regelsystem mit Simulation des Rohrnetzes

Voraussetzung ist ein Gebäudeautomationssystem, an das alle Heizkörperventilantriebe und Raumtemperaturregelkreise angeschlossen sind. Solche Systeme sind meist mehrstufig hierarchisch aufgebaut. Sensoren und Aktoren stellen in der untersten Ebene die Verbindung zwischen dem Automationssystem und der Anlage her. In der darüberliegenden Einzelleitebene werden die analogen Signale in digitale Informationen übertragen und weitergeleitet oder direkt verarbeitet. Die nächsthöhere Gruppenleitebene und schließlich die übergeordnete Leitzentrale übernehmen Steuerungs-, Überwachungs- und Optimierungsaufgaben mit dem Ziel, eine optimale Funktion der Gesamtheit aller Prozesse sicherzustellen.

Charakteristisch für Gebäudeautomationssysteme ist, daß mit Hilfe von Kommunikationssystemen eine ständige Verbindung zwischen den Geräten in den verschiedenen Ebenen gegeben ist. Damit stehen einem zentralen Rechner zu beliebigen Zeitpunkten Informationen über sämtliche Meß- und Stellwerte eines angeschlossenen Gesamtsystems zur Verfügung und es kann jederzeit über entsprechende Aktoren auf den Betrieb der Anlage Einfluß genommen werden.

Kernstück des Heizkostenverteilsystems bildet die Betriebssimulation des Rohrnetzes auf einem Rechner der Leitzentrale. Dabei wird in einem Simulationsmodell das Rohrnetz durch parallel und in Reihe geschaltete Widerstände beschrieben. Für Parallel- und Reihenschaltungen werden Ersatzwiderstände errechnet und so schließlich der Gesamtwiderstand des Netzes ermittelt. Zusammen mit der vorgegebenen Pumpenkennlinie erhält man den Betriebspunkt von Netz und Pumpe und damit den Gesamtvolumenstrom durch das Netz. Der Gesamtvolumenstrom wird nun entsprechend den zuvor gebildeten Ersatzwiderständen auf die einzelnen Zweige des Netzes aufgeteilt, sodaß schließlich für jedes Element Volu-

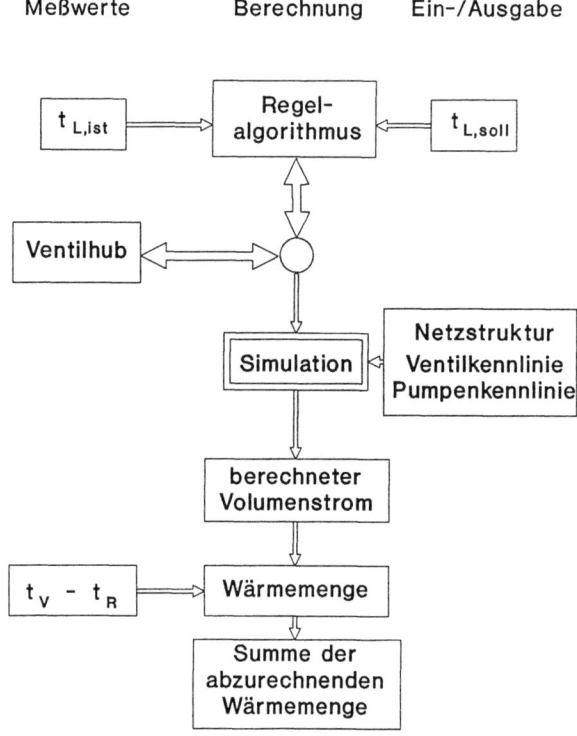

Bild 9.1.3-7: Funktionsschema des kombinierten Heizkostenverteil- und Regelsystems auf Basis der Rohrnetzsimulation

menstrom und Differenzdruck angegeben werden können. Bei Kenntnis aller momentanen Ventilstellungen im Netz ist es damit möglich, für beliebige Betriebspunkte die Massenstromverteilung in den einzelnen Zweigen des Rohrnetzes zu berechnen. Die Werte für die hydraulischen Widerstände des Netzes erhält man entweder aus der vorausgehenden Berechnung des Netzes oder nach einem besonderen Verfahren durch Messung am bereits bestehenden Netz /10/. Mit diesen Werten und mit den gemessenen Stellwerten der Ventile liefert das Rechenmodell laufend die momentane Volumenstrom- und Differenzdruckverteilung im Netz.

Mit dieser Betriebssimulation des Netzes als Instrument der Gebäudeleittechnik lassen sich verschiedene, bisher getrennt voneinander ablaufende Funktionen verbinden (Bild 9.1.3-7):

Raumtemperaturregelung
Die digital arbeitenden Regler erfassen den Istwert der Raumtemperatur und verändern bei Abweichungen vom Sollwert die Stellwerte für die Heizkörperventile.

Heizkostenverteilung
Die Stellwerte der einzelnen Regler, also die Stellung der Ventile, werden zusammen mit den Vor- und Rücklauftemperaturen eines jeden Heizkörpers laufend von einem zentralen Rechner erfaßt. Aus diesen Daten wird mit Hilfe der Betriebssimulation des Rohrnetzes die momentane Wärmestromverteilung auf die einzelnen Heizkörper berechnet. Die während eines Abrechnungszeitraumes zu verteilende Wärmemenge wird zentral gemessen. Zur weiteren Verbesserung der Verteilgenauigkeit kann auch zusätzlich der momentane Gesamtmassenstrom im Netz zentral gemessen und in die Berechnung mit einbezogen werden.

Betriebsoptimierung der Pumpe
Mit den gemessenen Stellwerten und den Netzdaten liegt mit Hilfe des Rechenmodelles ständig die aktuelle Netzkennlinie vor. Bei taktend betriebenen Stellventilen ist auch der jeweils zugehörige Sollvolumenstrom bekannt, so daß die Pumpe durch Anpassung der Drehzahl "auf den Punkt genau" gefahren werden kann. Ständige Teillast aller Verbraucher kann durch Absenkung der Vorlauftemperatur korrigiert werden (Verbindung zur Vorlauftemperaturregelung).

Bei elektromagnetischem Stellantrieb werden die Ventile zweckmäßigerweise taktend betrieben, sodaß also nur die Stellungen "AUF" oder "ZU" möglich sind. Der digital arbeitende Raumtemperaturregler erfaßt den Istwert der Raumtemperatur und verändert bei Abweichungen vom Sollwert die Zeitdauer des Zustandes "AUF" innerhalb eines vorgegebenen Zyklus. Bei elektromotorisch angetriebenen Ventilen ist eine schrittweise Änderung des Stellhubes möglich. Die Stellwerte der einzelnen Regler, also die Stellungen der Ventile, werden zusammen mit den Vor- und Rücklauftemperaturen eines jeden Heizkörpers laufend von einem zentralen Rechner erfaßt. Aus diesen Daten wird mit Hilfe der Betriebssimulation des Rohrnetzes die monentane Wärmestromverteilung auf die einzelnen Heizkörper berechnet. Die während eines Abrechnungszeitraumes zu verteilende Wärmemenge wird zentral gemessen. Zur weiteren Verbesserung der Verteilgenauigkeit kann auch zusätzlich der momentane Gesamtmassenstrom im Netz zentral gemessen und in die Berechnung mit einbezogen werden.

Dieses Heizkostenverteil- und Regelsystem wurde im Auftrag des Bundesforschungsministeriums und in Zusammenarbeit mit der Industrie am Institut für Kernenergetik und Energiesysteme der Universität Stuttgart entwickelt und wird zur Zeit im Feldversuch getestet /8/.

Kombiniertes Heizkostenverteil- und Regelsystem mit Strangventil und Differenzdruckmessung

Dieses kombinierte System wird von der Firma Landis & Gyr unter dem Namen "Synergyr®" für Wohn- und nicht klimatisierte Bürobauten angeboten. Es dient zur Regelung der Raumtemperatur und zur verbrauchsabhängigen Heizkostenabrechnung, wobei auch hier die Verbindung der beiden Systeme nicht nur gerätetechnischer sondern funktionaler Art ist. Als Abrechnungssystem ist es nach §5 der Heizkostenverordnung zugelassen.

Bild 9.1.3-8 zeigt den prinzipiellen Aufbau und die Funktion dieses Systems. Eine wichtige Voraussetzung dafür, daß dieses System zum Einsatz kommen kann, ist eine Rohrführung, bei der ein Teilstrang jeweils nur einen Nutzer versorgt (sogenannte waagrechte Verteilung). Bei der in bestehenden Gebäuden häufig anzutreffenden senkrechten Verteilung kann dieses System nicht eingesetzt werden.

Folgende Funktionsweise liegt zugrunde: Jede Wohnung wird über **ein** Regel- und Heizkostenverteilventil (1) versorgt, das als Stellventil in den Rücklauf des nur dieser Wohnung zugeordneten Teilstranges eingebaut ist. Dieses Stellventil wird von einem Regler angesteuert, der die Raumtemperatur in einem Raum der Wohnung, dem sogenannten Pilotraum, regelt. Die Raumtemperaturmessung erfolgt über das Raumgerät (2) oder (3) (wahlweise analog oder digital arbeitend) an dem vom Nutzer auch der Sollwert fest oder zeitabhängig eingegeben wird. Die anderen Räume der Wohnung werden über denselben Teilstrang versorgt, haben jedoch pro Raum eine eigene, vom System unabhängige Raumtemperaturregelung z.B. Thermostatventile.

Das Regel- und Heizkostenverteilventil wird taktend betrieben, sodaß also auch hier nur die Ventilstellungen "AUF" oder "ZU" möglich sind. Der Raumtemperaturregler des Pilotraumes verändert bei Abweichungen der Raumtemperatur vom Sollwert die Zeitdauer des Zustandes "AUF" innerhalb eines vorgegebenen Zyklus (Impulsbreitenmodulation). Der für die Bewertung des Betriebszustandes "AUF" notwendige Differenzdruck am Regel- und Heizkostenverteilventil wird gemessen. Damit läßt sich eine Größe V_S berechnen, die direkt proportional zum Volumenstrom im Teilstrang ist:

$$V_S = C_V \sqrt{\Delta p_V} \sim \dot{V} \qquad (9.1.3\text{-}10)$$

Die Konstante C_V enthält den hydraulischen Widerstand des Ventiles im Betriebszustand "AUF". Durch Multiplikation von V_S mit der Differenz aus Vorlauftemperatur (zentral gemessen) und Rücklauftemperatur (im Ventil gemessen) erhält man ein Maß für die dem Strang momentan zugeführte Wärmeleistung. Die Integration dieses Wertes über die Dauer des Betriebszustandes "AUF" ist schließlich ein Maß für die dem Strang und damit dem Nutzer zugeführte, anteilige Wärmemenge.

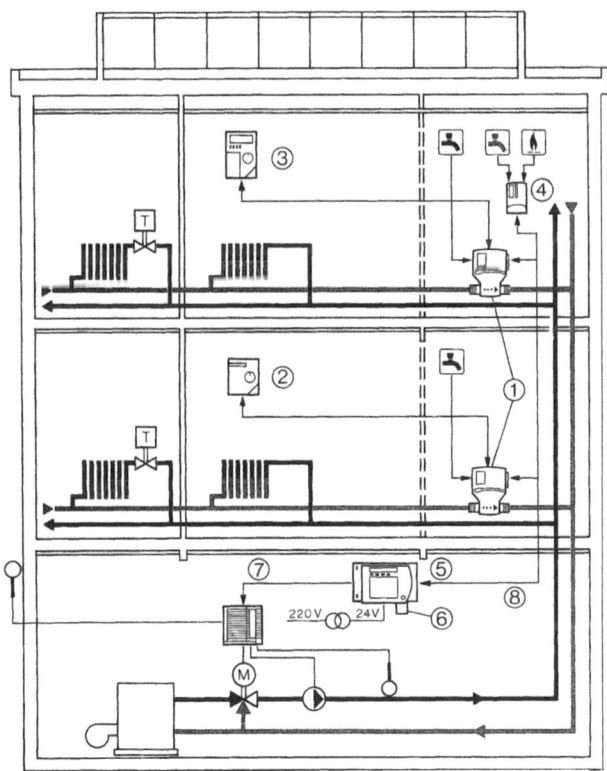

Bild 9.1.3-8: Kombiniertes Regel- und Heizkostenverteilsystem Synergyr®, Werkbild Landis&Gyr

Der am geöffneten Regelventil anstehende Differenzdruck ist proportional zum Quadrat des Volumenstromes. Wenn also bei Teillast die Thermostatventile in den einzelnen Räumen stark angedrosselt oder ganz geschlossen sind und damit der Gesamtvolumenstrom z.B. auf 10% des Auslegungswertes zurückgeht, dann fällt der Differenzdruck am Regel- und Heizkostenverteilventil auf 1% des Auslegungswertes. Um Unsicherheiten bei der Messung dieser niedrigen Differenzdrücke zu vermeiden, wird das Ventil zweistufig, d.h. mit zwei unterschiedlichen hydraulischen Widerständen im Öffnungszustand ausgeführt. Sinkt während des Betriebes der Stufe 2 (kleiner hydraulischer Widerstand) der Differenzdruck unter einen Wert von z.B. 10% des Auslegungswertes, so wird auf die Ventilstufe 1 mit dem größeren hydraulischen Widerstand umgeschaltet. Damit wird erreicht, daß während des Betriebes praktisch immer ein Differenzdruck von mindestens 10% des Auslegungswertes ansteht.

An dieses Heizkostenverteil- und Regelsystem können auch eventuell zusätzlich zu erfassende Impulsgeber, wie z.B. Gas- Wasser- und Stromzähler direkt oder über Adapter (4) angeschlossen werden.

Die Verbrauchswerte der einzelnen Verbraucher (Regel- und Heizkostenverteilventile und Impulsgeber) werden in einer Gebäudezentrale (5) gesammelt und gespeichert. Am Ende einer Abrechnungsperiode werden die Daten von dort über eine Schnittstelle an einen PC übertragen oder über eine spezielle Speicherkarte (6) ausgelesen. Ähnlich wie beim zuvor beschriebenen System mit Rohrnetzsimulation kann auch hier die zentrale Vorlauftemperatur lastabhängig beeinflußt werden.

Wie bei allen Regelsystemen, die mit Pilotraum arbeiten, muß auch hier sichergestellt sein, daß die Nutzung und der Bedarf des Pilotraumes auch repräsentativ für die anderen Räume der Wohnung sind. Selbstverständlich darf im Pilotraum der Heizmittelstrom weder durch ein separates Thermostatventil noch von Hand gedrosselt werden. Bei einer Absenkung des Raumtemperatur-Sollwertes im Pilotraum geht auch die Temperatur in allen anderen Räumen zurück.

Literatur

/1/ DIN EN 834: Heizkostenverteiler für die Verbrauchswerterfassung von Raumheizflächen. Geräte mit elektrischer Energieversorgung. November 1994. Beuth-Verlag GmbH, Berlin.

/2/ DIN EN 835: Heizkostenverteiler für die Verbrauchswerterfassung von Raumheizflächen. Geräte ohne elektrische Energieversorgung nach dem Verdunstungsprinzip. November 1994. Beuth-Verlag GmbH, Berlin.

/3/ Verordnung über die verbrauchsabhängige Abrechnung der Heiz- und Warmwasserkosten. Bundesgesetzblatt Teil I, Nr. 3, ausgegeben zu Bonn am 26.01.1989.

/4/ DIN 4704: Prüfung von Raumheizkörpern. August 1976. Beuth-Verlag GmbH, Berlin.

/5/ Goettling, D. und F. Kuppler: Heizkostenverteilung. Verlag C.F. Müller, Karlsruhe 1981.

/6/ Kuppler, F.: Heizkosten richtig erfassen und verteilen. Expert-Verlag, Ehningen 1984.

/7/ Adunka, F.: Handbuch der Wärmeverbrauchsmessung. Vulkan-Verlag Essen 1991.

/8/ Kuppler, F.: Europaweit einheitliche Anforderungen an Heizkostenverteiler. Heizungsjournal, H.2, 1995.

/9/ Bach, H., Striebel, D. und M. Tritschler: Rechnergestützte Analyse und hydraulischer Abgleich von Rohrnetzen, angewandt auf die Entwicklung eines kombinierten Heizkostenverteil- und Regelsystems. BMFT-Bericht Nr. 0338163 B, Stuttgart, 1991.

/10/ Grammling, F.: Rechnergestützte Analyse von Heizungsrohrnetzen. Dissertation Universität Stuttgart, 1988.

9.2 Volumenstrommessung in Anlagen der Raumlufttechnik

D. Otto

Die Volumenstrommessung ist für Leistungsmessungen und den hydraulischen Abgleich an RLT-Anlagen erforderlich. Das Meßproblem vereinfacht sich, wenn an symmetrischen Strömungsprofilen mit Methoden nach dem Wirkdruckprinzip gemessen werden kann. Für unsymmetrische Strömungsprofile kann der Meßaufwand durch die Wahl der Meßpunkte nach dem Schwerelinienverfahren eingegrenzt werden. Ein größeres Problem stellen die Volumenstrommessungen an Luftauslässen dar. Hier hilft oft nur ein integrales Meßverfahren mit großen Fehlerquellen. Eine Übersicht über die verfügbaren Feldmeßgeräte schließt dieses Kapitel ab.

9.2.1 Volumenstrommessung in Kanälen

Die Volumenstrommessung in RLT-Anlagen erfolgt im wesentlichen durch die Messung der Geschwindigkeit. In symmetrischen Strömungsprofilen werden hierzu vorteilhaft Verfahren nach dem Wirkdruckprinzip eingesetzt. In Unsymmetrischen Strömungsprofilen wird das Strömungsprofil ermittelt und aus punktuellen Messungen der Strömungsgeschwindigkeit eine mittlere Geschwindigkeit berechnet.

9.2.1.1 Volumenstrommessung mit Staudrucksonden

Eine einfache Meßaufgabe liegt vor, wenn es sich z. B. um eine voll ausgebildete rotationssymmetrische Rohrströmung handelt. Hier reicht eine einzige Messung an einem Punkt mit dem Radius r_m in der Strömung, der die mittlere Geschwindigkeit v_m repräsentiert, Bild 9.2-1.

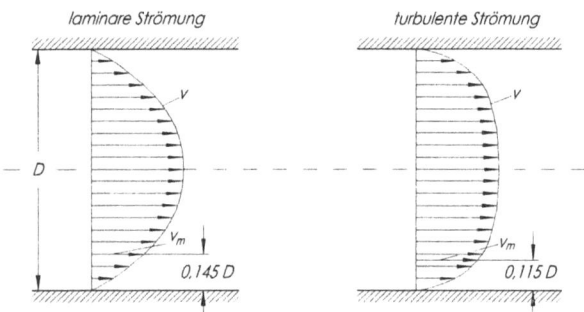

Bild 9.2-1: Messung der mittleren Geschwindigkeit bei laminarer und turbulenter Strömung

9.2 Volumenstrommessung in Anlagen der Raumlufttechnik

Die Kanäle von Klimaanlagen mit den verschiedenen Einbauten sind jedoch in der Regel kurz, so daß nicht von einer ungestörten und voll ausgebildeten Strömung ausgegangen werden kann. In diesen Fällen wird die Meßfläche in Teilflächen unterteilt und im Schwerpunkt der Teilflächen die Geschwindigkeit ermittelt. Diese Geschwindigkeiten liefern einen entsprechend der Größe der Teilfläche gewichteten Beitrag zur mittleren Geschwindigkeit v_m. Die Empfehlungen der VDI/VDE-Richtlinie 2640, Blatt 1 und 3[1,2], sehen für die Auswahl der Meßorte bei Kreis- und Rechteckquerschnitten das Schwerelinien-Verfahren vor. In der VDI-Richtlinie 2080[5] (Meßverfahren und Meßgeräte für Raumlufttechnische Anlagen) wird für Rechteckquerschnitte ein vereinfachtes Verfahren angegeben. Diese Richtlinie führt auch das Log-Linear-Verfahren an, das ein turbulentes Profil der Grenzschicht voraussetzt.

Kreisquerschnitte

Schwerlinien-Verfahren:

Bei diesem Verfahren wird der Kreisquerschnitt bevorzugt in n flächengleiche Teilflächen mit der Fläche A_i aufgeteilt. So ergeben sich (n-1) Kreisringe und ein Kreis in der Mitte. Die auf den Außenradius bezogenen Radien der Kreisringe lassen sich nach Gleichung 9.2-1 berechnen

$$\frac{r_i}{R} = \sqrt{1 - \frac{i}{n}}. \qquad (9.2\text{-}1)$$

Hierin bedeuten:

R - Radius des Außenkreises,
r_i - Radius eines Innenkreises,
i - Ordnungszahl der Innenkreise, von außen beginnend,
n - Anzahl der flächengleichen Teilflächen.

Der Meßort in einer Kreisringfläche und auf dem inneren Kreis liegt auf der Schwerlinie der jeweiligen Teilfläche. Die Schwerlinie ist hierbei der Kreis, der die Teilfläche halbiert, Bild 9.2-2. Die Anordnung der Meßpunkte auf dem Meßkreis setzt ein parabolisches Strömungsprofil voraus, das sich bei laminarer Strömung einstellt. Der Meßfehler, wenn nach diesem Verfahren in einer ausgebildeten turbulenten Strömung gemessen wird, ist jedoch <1% [1].

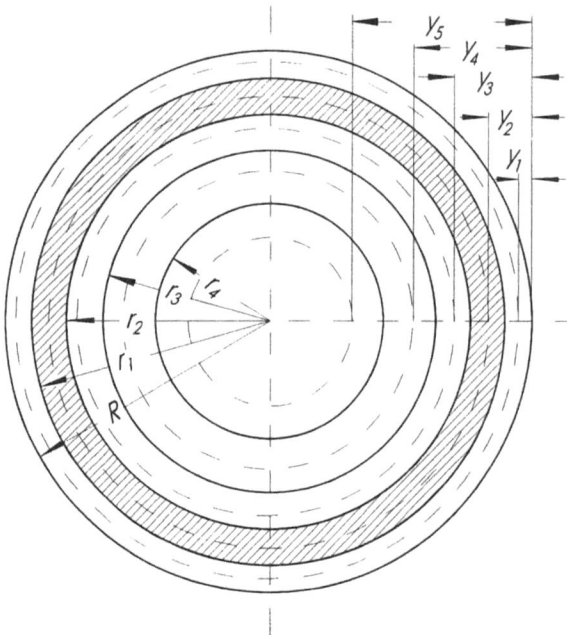

Bild 9.2-2: Anordnung der Meßpunkte nach dem Schwerlinienverfahren für $n=5$ Teilflächen

Der bezogene Radius für den i-ten Kreisring folgt aus Gleichung 9.2-2

$$\frac{r_i}{R} = \sqrt{1 - \frac{2i-1}{2n}}. \tag{9.2-2}$$

Für die Sondenposition interessieren die Abstände y_i von der Außenwand, die sich nach Gleichung 9.2-3 als auf den Außendurchmesser D bezogene Wandabstände berechnen lassen

$$\frac{y_i}{D} = \frac{1}{2}\left(1 - \sqrt{1 - \frac{2i-1}{2n}}\right). \tag{9.2-3}$$

Der Volumenstrom wird mit dem arithmetischen Mittel der auf den Schwerlinien gemessenen Geschwindigkeiten berechnet, Gleichung 9.2-4

$$\dot{V} = A \cdot \frac{1}{n} \cdot \sum_{i=1}^{n} v_i \tag{9.2-4}$$

9.2 Volumenstrommessung in Anlagen der Raumlufttechnik

Bei unregelmäßigen Geschwindigkeitsprofilen ist es empfehlenswert, die Abstände der Meßpunkte im Bereich großer Geschwindigkeitsunterschiede kleiner zu wählen. Die Meßwerte der Geschwindigkeiten sind dann entsprechend dem Anteil der Teilflächen A_i an der Gesamtfläche A zu wichten. Mit der Einführung eines Wichtungsfaktors g_i

$$g_i = \frac{A_i}{A} \tag{9.2-5}$$

ergibt sich die mittlere Geschwindigkeit v_m nach Gleichung 9.2-6

$$v_m = \frac{1}{n}\sum_{i=1}^{n} v_i \cdot g_i \tag{9.2-6}$$

Log-Linear-Verfahren:

Dieses Verfahren geht von einem turbulenten Geschwindigkeitsprofil aus, das näherungsweise durch eine logarithmisch-lineare Funktion beschrieben werden kann

$$v_{\frac{r_i}{R}} = A + B \cdot (1 - \frac{r_i}{R}) + D \cdot \lg(1 - \frac{r_i}{R}) \tag{9.2-7}$$

Die Anordnung der Meßpunkte erfolgt so, daß der arithmetische Mittelwert der einzelnen Meßwerte der mittleren Geschwindigkeit im Meßquerschnitt entspricht. Da die Strömungsprofile aufgrund kurzer Meßstrecken nicht voll ausgebildet, bzw. nicht rotationssymmetrisch sind, muß auf zwei oder mehreren Meßgeraden gemessen werden. Alle Meßwerte v_i werden in die arithmetische Mittelung mit einbezogen.

Für drei Meßgeraden mit sechs Meßpunkten auf jeder Meßgeraden werden z.B. 18 Meßwerte nach Gleichung 9.2-8 gemittelt, Bild 9.2-3.

$$v_m = \frac{1}{18}\sum_{i=1}^{18} v_i \tag{9.2-8}$$

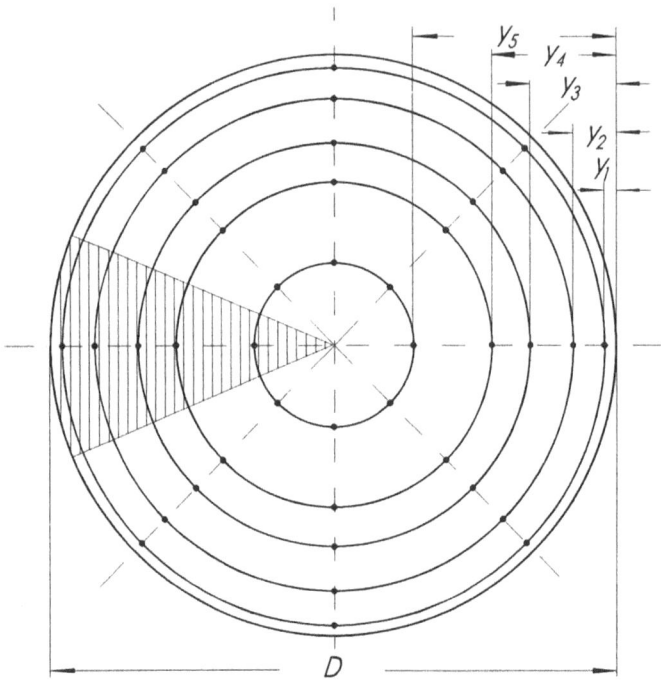

Bild 9.2-3: Anwendung der Log-Linear-Methode mit fünf Meßradien

Die bezogenen Wandabstände werden nach Tabelle 9.2-1 gewählt.

Tabelle 9.2-1: Bezogene Wandabstände für Meßpunkte nach der Log-Linear-Methode [1]

Anzahl der Meßkreise	$\frac{y_1}{D}$	$\frac{y_2}{D}$	$\frac{y_3}{D}$	$\frac{y_4}{D}$	$\frac{y_5}{D}$	$\frac{y_6}{D}$
3	0,0321	0,1349	0,3208	-	-	-
4	0,0209	0,1172	0,1838	0,3448	-	-
5	0,0189	0,0765	0,1526	0,2169	0,3614	-
6	0,0138	0,0749	0,1137	0,1825	0,2414	0,3737

Bei der Wahl dieser Wandabstände entfällt eine Wichtung von Teilflächen.

9.2 Volumenstrommessung in Anlagen der Raumlufttechnik

Rechteckquerschnitte

Die Anzahl der Meßpunkte z wird für eine ausreichende Meßgenauigkeit nach Gleichung 9.2-9 gewählt.

$$24\sqrt[3]{A} < z < 36\sqrt[3]{A} \tag{9.2-9}$$

Der Meßquerschnitt wird in flächengleiche Teilflächen aufgeteilt und die Meßpunkte nach dem *Trivialverfahren* oder nach dem *Schwerlinienverfahren* festgelegt.

Trivialverfahren:

Beim Trivialverfahren werden keine Annahmen über die Form des Geschwindigkeitsprofils gemacht. Die Meßfläche wird unter Berücksichtigung von Gleichung 9.2-9 in flächengleiche Teilflächen A_{ij} aufgeteilt. Der Meßort liegt im Schwerpunkt der Teilfläche, Bild 9.2-4.

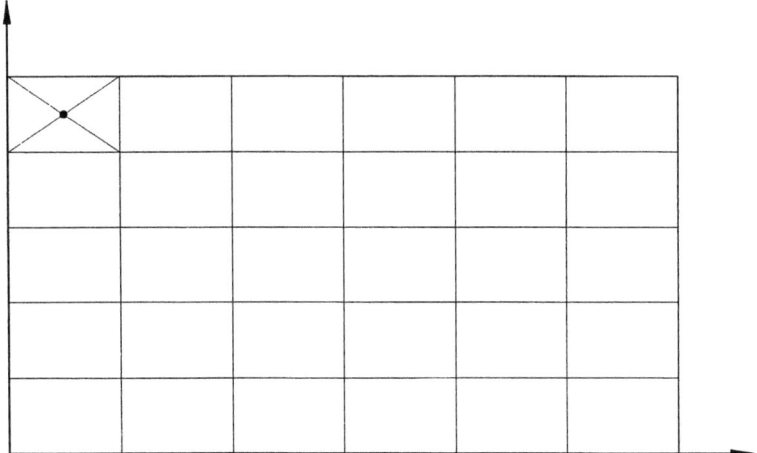

Bild 9.2-4: Aufteilung eines Rechteckquerschnitts in flächengleiche Meßflächen

Die auf die Außenmaße der Rechteckfläche bezogenen Meßabstände berechnen sich für die Höhe und Breite der Meßfläche nach den Gleichungen 9.2-10 und 9.2-11.

$$\frac{x_i}{B} = \frac{2i-1}{2n} \tag{9.2-10}$$

$$\frac{y_j}{H} = \frac{2j-1}{2m} \tag{9.2-11}$$

Hierin bedeuten:
xi;yj Koordinaten der Meßpunkte
B Breite des Rechtecks
H Höhe des Rechtecks
i;j Ordnungszahl der Meßpunkte über Breite und Höhe
n;m Anzahl der Meßpunkte auf den Meßgeraden

Die mittlere Geschwindigkeit wird durch arithmetisches Mitteln der Einzelgeschwindigkeiten bestimmt, Gleichung 9.2-12.

$$v_m = \frac{1}{m \cdot n} \sum_{i=1}^{m} \sum_{j=1}^{n} v_{ij} \qquad (9.2\text{-}12)$$

Werden im Bereich großer Geschwindigkeitsgradienten die Meßabstände und damit die Meßflächen kleiner gewählt, so sind die Geschwindigkeiten entsprechend der Größe der Meßflächen nach Gleichung 9.2-13 zu wichten.

$$g_{ij} = \frac{A_{ij}}{A} \qquad (9.2\text{-}13)$$

Mit den Wichtungsfaktoren g_{ij} berechnet sich die mittlere Geschwindigkeit nach Gleichung 9.2-14.

$$v_m = \frac{1}{m \cdot n} \sum_{i=1}^{m} \sum_{j=1}^{n} v_{ij} \cdot g_{ij} \qquad (9.2\text{-}14)$$

Schwerlinienverfahren:

Beim Schwerlinienverfahren wird der Meßquerschnitt in flächengleiche Rechteckrahmen und ein innenliegendes Rechteck aufgeteilt, Bild 9.2-5.

9.2 Volumenstrommessung in Anlagen der Raumlufttechnik

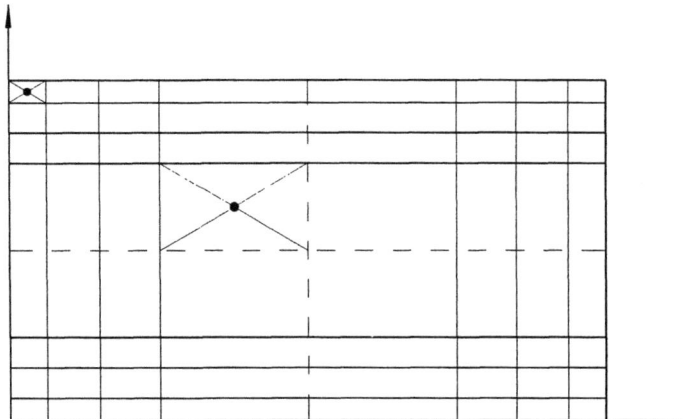

Bild 9.2-5: Aufteilung der Meßfläche in Rechteckrahmen für n=4

Die Größe der n-1 Rechteckrahmen und inneren Rechtecks folgen aus Gleichung 9.2-15.

$$\frac{b_i}{B} = \frac{h_j}{H} = \sqrt{1 - \frac{i}{n}} \tag{9.2-15}$$

Die Abstände der Meßpunkte vom Koordinatenursprung bis zu den Mittellinien werden nach Gleichung 9.2-16 berechnet.

$$\frac{x_i}{B} = \frac{y_j}{H} = \frac{1}{2}\left[1 - \frac{1}{2}\left(\sqrt{1 - \frac{i-1}{n}} + \sqrt{1 - \frac{i}{n}}\right)\right] \tag{9.2-16}$$

Für die zweite Hälfte der Meßfläche ergeben sich die Koordinaten der gespiegelten Meßpunkte nach Gleichung 9.2-17.

$$\frac{x_i'}{B} = \frac{y_j'}{H} = 1 - \frac{x_i}{B} = 1 - \frac{y_j}{H} \tag{9.2-17}$$

Die gemessenen Geschwindigkeiten sind entsprechend den $z = (2n)^2$ Teilflächen zu wichten und arithmetisch zu mitteln

$$v_m = \frac{1}{(2n)^2} \sum v_{ij} \cdot g_{ij} \tag{9.2-18}$$

9.2.2 Volumenstrommessung an Luftdurchlässen

Die Luftführung an Luftein- und -Auslässen ist entsprechend den vielfältigen vorhandenen Konstruktionen sehr verschieden. Es ist deshalb häufig schwierig, die mittlere Geschwindigkeit aus Punktmessungen zu ermitteln. In der Praxis haben sich deshalb integrale Meßverfahren bewährt. Im folgenden werden das Kompensationsverfahren [6] und das Airbag-Verfahren [6] beschrieben.

9.2.2.1 Kompensationsverfahren

Der Luftdurchlaß wird mit einer Meßkammer verschlossen. Dieser Meßkammer wird je nach Luftauslaß oder Lufteinlaß der Luftvolumenstrom zugeführt oder entnommen, der zu keinem Über- oder Unterdruck in der Meßkammer führt. Dieser Luftvolumenstrom kompensiert dann genau den Volumenstrom im Luftdurchlaß. Mit Meßblenden, Einlaufdüsen oder anderen Meßverfahren ist der Volumenstrom an der Meßkammer einfacher und genauer zu messen als am Luftdurchlaß selbst. Der Gleichdruck zwischen Meßkammer- und Umgebungsdruck muß mit einem empfindlichen Druckmeßgerät, z.B. einem Mikromanometer gemessen werden. Das Verfahren wird auch als Nullmethode bezeichnet, da zum Zeitpunkt der Messung der Druckunterschied zwischen Meßkammer und Umgebung Null ist.

Der Querschnitt der Meßkammer richtet sich nach der Größe des Luftdurchlasses und bei Luftauslässen zusätzlich nach der Strömungsrichtung [6].

Luftdurchlaßart:

    Luftaustritt   AMK > AD
    mit Drallauslaß   AMK >= 10*AD
    Lufteintritt   AMK >= 10*AD

hierin bedeuten:

    AD   Durchlaßfläche
    AMK   Querschnitt der Meßkammer

Das Bild 9.2-6 zeigt einen Meßaufbau für eine Volumenstrommessung an einem Wandauslaß.

9.2 Volumenstrommessung in Anlagen der Raumlufttechnik

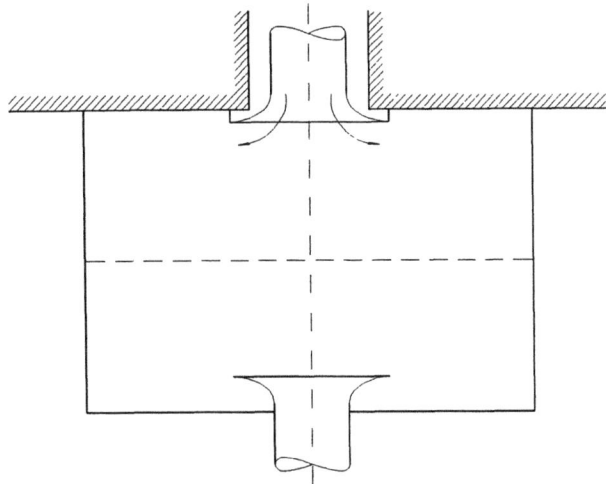

Bild 9.2-6: Meßanordnung an einem Luftauslaß nach der Nullmethode[6]

9.2.2.2 Airbag-Verfahren

Das von Presser [6] beschriebene Verfahren besteht darin, einen zunächst zusammengefalteten Plastiksack (Airback) von bekanntem Volumen zu füllen. Aus Volumen $V_{Airb.}$ und Füllzeit τ für das Aufblasen läßt sich nach Gleichung 9.2-19 der Volumenstrom berechnen.

$$\dot{V} = \frac{V_{Airb.}}{\tau} \qquad (9.2\text{-}19)$$

Die Messung ist beendet, wenn sich im Meßvolumen ein geringer Überdruck gegenüber dem Meßraum eingestellt hat. Dieser Überdruck sollte zwischen 3 Pa und 10 Pa gewählt werden.

9.2.2.3 Schlaufenmessung

Ein sehr einfaches Meßverfahren ist die Schlaufenmessung mit einem Flügelradanemometer. Voraussetzung für die Durchführung einer Schlaufenmessung ist eine gerichtete Strömung im Meßquerschnitt. An die Genauigkeit dieses Verfahrens sind keine hohen Ansprüche zu stellen, es ist aber ein praktikables Verfahren für vergleichende Messungen an mehreren Luftdurchlässen.

Die Meßfläche wird mit dem Anemometer auf einer Meßlinie der Länge L abgefahren. Durch die Bewegung des Meßgerätes quer zur Strömungsrichtung kommt es durch die schräge Anströmung zu einem Meßfehler. Je nach Herstellertyp liegt dieser Fehler im Bereich von < 1%, wenn der Winkel der Schräganströmung den Wert von ± 10° nicht überschreitet. Entsprechend sollte die Führungsgeschwindigkeit v_F für das Anemometer auch 20% der Strömungsgeschwindigkeit v nicht überschreiten und eher niedriger liegen.

Die Meßzeit t_M ergibt sich aus dem Meßweg L und der Führungsgeschwindigkeit v_F.

$$t_M = \frac{L}{v_F} \tag{9.2-20}$$

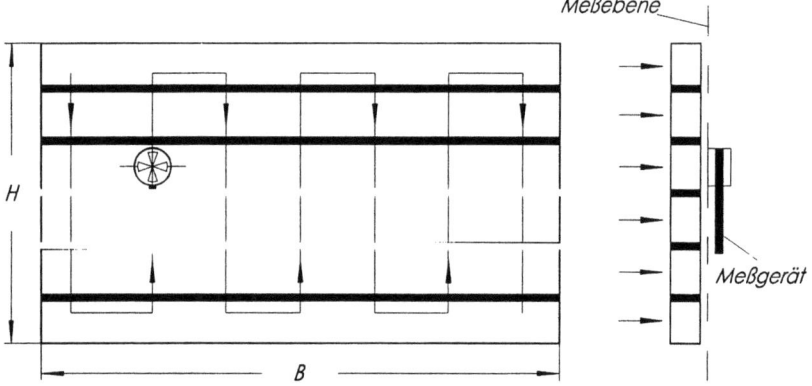

Bild 9.2-7: Schlaufenmessung mit einem Flügelradanemometer an einem Luftauslaß

Sind die oben genannten Voraussetzungen für das Meßverfahren nicht erfüllt, so lassen sich diese mitunter durch Aufsetzen eines Meßkanals erreichen, der in seinen Abmessungen den im Kapitel 9.2.2.1 beschriebenen Kompensationsverfahren entsprechen sollte.

9.2.3 Meßgeräte

Der Luftvolumenstrom in Kanälen wird über die Messung der Geschwindigkeit ermittelt. Hierzu werden in der Praxis z.B. Staudrucksonden nach Prandtl und der Aerodynamischen Versuchsanstalt (AVA) Göttingen sowie Flügelradanemometer eingesetzt, wie sie im Kapitel Durchfluß- und Geschwindigkeitsmessungen beschrieben werden. Die Meßpunkte werden nach den zuvor beschriebenen Verfahren für Netzmessungen gewählt. In Kanälen mit großen Querschnitten werden die Meßpunkte mit einer Sonde hintereinander abgetastet. Dies setzt ein für die Meßdauer konstantes Geschwindigkeitsprofil voraus. Dies ist durch eine parallel an einem Referenzpunkt durchzuführende Messung zu kontrollieren.

Die Meßdauer kann durch den Einsatz mehrerer Staudrucksonden erheblich verkürzt werden. Diese werden entsprechend der Anordnung der Meßpunkte auf zwei oder drei Meßachsen auf einem Staurohrrechen oder Meßkreuz angeordnet.

9.2 Volumenstrommessung in Anlagen der Raumlufttechnik

Meßkreuze mit Staudrucksonden zur Messung der mittleren Geschwindigkeit

Für stationäre Meßanordnungen, wie sie in Volumenstromregelanlagen eingesetzt werden, müssen der Druckverlust der Meßeinrichtung gering und die Beruhigungsstrecken kurz gehalten werden. Diese Meßaufgabe wird mit stabförmigen Meßsonden gelöst, die mehrere Meßbohrungen haben und so Unsymmetrien im Strömungsprofil ausmitteln. Die Stabsonden werden zu Meßkreuzen verbunden. Jede der diagonal angeordneten Stabsonden mißt entweder den mittleren Gesamtdruck auf der angeströmten Seite oder einen Unterdruck an den Meßstellen der Rückseite[7]. Der dynamische Druck wird durch diese Meßanordnung um einen Faktor von ca. 2 verstärkt und läßt so Messungen ab 1,5 m/s zu. Der Faktor muß durch eine Kalibrierung bestimmt werden. Für die Meßkreuze von der Fa. Airflow Lufttechnik wird ein Faktor von 2,2 angegeben, Bild 9.3-1.

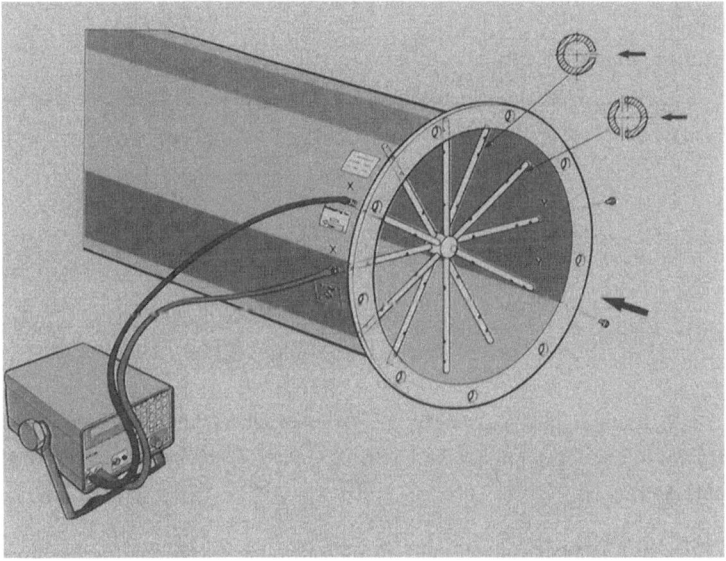

Bild 9.3-1: Ausführung von Meßkreuzen der Fa. Airflow Lufttechnik GmbH[8]

In technischen Anwendungen ist aus Platzgründen die Anordnung von Meßkreuzen für Volumenstromregeleinrichtungen auch unmittelbar nach Kanalbögen erforderlich, Bild 9.3-2.

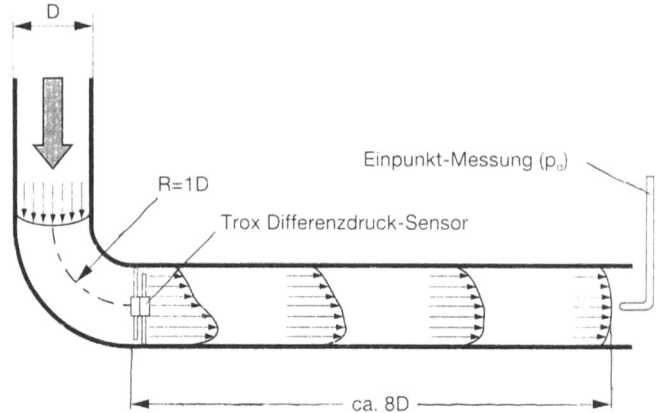

Bild 9.3-2: Meßanodnung eines Meßkreuzes und Strömungsverlauf nach einem Kanalbogen, Fa. Gebrüder Trox GmbH[9]

Literatur:

[1] VDI/VDE 2640, Blatt 1: Netzmessungen in Strömungsquerschnitten. Allgemeine Richtlinien und mathematische Grundlagen. Beuth Verlag GmbH, Berlin.

[2] VDI/VDE 2640, Blatt 3: Netzmessungen in Strömungsquerschnitten. Bestimmung des Gasstromes in Leitungen mit Kreis-, Kreisring- oder Rechteckquerschnitt. Beuth Verlag GmbH, Berlin.

[3] VDI 2079, Blatt 1: Abnahmeprüfung und Leistungsmessung an Raumlufttechnischen Anlagen. Abnahmeprüfung. Beuth Verlag GmbH, Berlin.

[4] VDI 2079, Blatt 2: Abnahmeprüfung und Leistungsmessung an Raumlufttechnischen Anlagen. Leistungsmessung. Beuth Verlag GmbH, Berlin.

[5] VDI 2080: Meßverfahren und Meßgeräte für Raumlufttechnische Anlagen. Beuth Verlag GmbH, Berlin.

[6] Presser, K.H.: Meßverfahren und Meßgeräte für Raumlufttechnische Anlagen. Beilage zu Handbuch der Klimatechnik, Band 2. Verlag C.F. Müller GmbH, Karlsruhe.

[7] Fiedler, O.: Strömungs- und Durchflußmeßtechnik.R. Oldenbourg Verlag München 1992.

[8] Technische Unterlagen der Fa. Airflow Lufttechnik GmbH, Rheinbach.

[9] Technische Unterlagen der Fa. Gebrüder Trox GmbH Neukirchen-Vluyn.

9.3 Raumluftqualität

A. Karbach

Frische und gesunde Luft ist für das Wohlbefinden eines Menschen zu Hause und am Arbeitsplatz von grundlegender Bedeutung. Zur Erfüllung dieses Bedürfnisses dienen lüftungstechnische Anlagen oder die Fensterlüftung. Allerdings wurde bei vielen Gebäuden festgestellt [1], daß es mit der Qualität der Raumluft nicht zum besten steht. Wo liegen die Gründe und in welcher Weise läßt sich der Begriff der Raumluftqualität überhaupt präzisieren und messen?

Daß eine Bestimmung dieses Begriffs in gewisser Weise subjektiv und situationsabhängig ist, läßt sich an dem Beispiel erkennen, daß jemanden, der den Abend im verrauchten Jazzkeller verbringt und dort die Atmosphäre genießt, dieselbe Raumluftqualität beim Urlaub im Hochgebirge zum sofortigen Abbruch dieses Urlaubs bewegen würde. Erwartungen und Gewohnheiten spielen also neben objektiven Gegebenheiten wie Stoffkonzentrationen eine wesentliche Rolle. Bei der Bestimmung der Raumluftqualität werden dementsprechend exakte Meßgrößen und durch menschliche Kollektive ermittelte Wertmaßstäbe kombiniert verwendet.

In den letzten Jahren haben Untersuchungen in Bürogebäuden gezeigt [1], daß die Qualität der Raumluft neben den bekannten sozialen Arbeitsbedingungen einen erheblichen Einfluß auf die Arbeitsproduktivität der Belegschaft haben kann. Für mangelhafte Raumluftbedingungen und die Konsequenzen wie z. B. die Zunahme von Erkältungskrankheiten und andere Beschwerden hat sich der Begriff „sick building syndrom" eingebürgert.

Im Bereich der Wohnbauten, wo früher durch Undichtigkeiten der Bauweise - beispielsweise bei den Fensterabdichtungen - eine ausreichene Lüftung sichergestellt war, die durch zeitweises Öffnen der Fenster (Stoßlüftung) unterstützt wurde, wird heute durch den Zwang zur Energieeinsparung und durch Standards, die die aktuelle Wärmeschutzverordnung vorgibt, eine wesentlich dichtere Bauweise bei Neubauten verwendet. Dies führt in vielen Fällen zum Einsatz von Systemen zur kontrollierten Wohnungslüftung, die einen genügenden Luftaustausch zur Sicherstellung einer guten Raumluftqualität und zur Verhinderung von Feuchteschäden gewährleisten und daneben bei richtiger Ausführung und Dimensionierung eine Einsparung von Primärenergie ermöglichen.

9.3.1 Quellen der Belastung und kontrollierte Lüftung

Die Qualität der Raumluft wird einerseits durch Verunreinigungen in der Zuluft beeinflußt und andererseits durch raumbedingte Belastungen.

Typische Verunreinigungen der Luft sind [2]:

9.3 Raumluftqualität

a) Unbelebte Verunreinigungen, wie

- Gase (z. B. CO, CO_2, SO_2, NO_2, NO_x, O_3, Radon, Formaldehyd und weitere)
- Aerosole (beispielsweise anorganische Stäube wie Fasern und Schwermetalle, Stäube organischen Ursprungs)
- geruchsbehaftete gasförmige Verunreinigungen (z. B. mikrobielle Abbauprodukte von organischem Material, menschliche, tierische und pflanzliche Geruchsstoffe, sowie gasförmige Emissionen durch Baumaterialien und Arbeitsprozesse)

b) belebte Verunreinigungen

- Viren
- Bakterien (beispiesweise Legionellen, die Lungenkrankheiten verursachen)
- Pilze und Pilzsporen (z. B. Erreger des Befeuchterfiebers und Erreger der Aspergillose)

Als Quellen der Belastung kommen in Frage: der Mensch durch die Ausatemluft, Ausdünstungen und Zigarettenrauch, Einbauten im Raum, die gasförmig emittieren, Emissionen bei Produktionsprozessen, schlecht gewartete lüftungstechnische Anlagen und nicht zuletzt auch die Außenluft.

Im wesentlichen gibt es zwei Möglichkeiten, eine angemessenen Raumluftqualität sicherzustellen: Zum einen kann mit der lüftungstechnischen Anlage ein Mindestluftwechsel sichergestellt werden, wobei dieser dem Belastungsfall angepaßt werden kann (Tab. 9.3-1). Der Belastungsfall wird definiert durch die Anzahl der Personen, die im Raum anwesend sind und wird zusätzlich über die Grundfläche bestimmt. Der jeweils größere Wert ist zu verwenden.

Zum anderen besteht die Möglichkeit, die Qualität der Raumluft auf einen vorgegebenen Sollwert zu regeln. Diese Maßnahme setzt voraus, daß die Qualität der Raumluft über eine Meßgröße erfaßt wird. Aber auch der Nachweis einer ausreichenden Lüftung bei Vorgabe eines Mindestaußenluftstroms setzt die Bestimmung der Raumluftqualität voraus.

Die Aufgabe, eine solche Meßgröße zu erhalten, führt unmittelbar zu der Frage, welche Schadstoffe in der Raumluft meßtechnisch bestimmt und als Leitparameter für eine solche Regelung dienen können.

Die Luftströmung im Raum soll dabei so geführt werden, daß der Austausch der vorhandenen Raumluft gegen die neu zugeführte Zuluft sowie der Abtransport von Verunreinigungen und Schadstoffen mit der Abluft möglichst wirkungsvoll erfolgt.

Als Maßstab dient die Lüftungseffektivität ε_v:

$$\varepsilon_V = \frac{C_{AB} - C_{ZU}}{C_{AZ} - C_{ZU}} \qquad (9.3\text{-}1)$$

c_{AB} Schadstoffkonzentration im Abluftkanal
c_{ZU} Schadstoffkonzentration in der Zuluft
c_{AZ} Schadstoffkonzentration in der Aufenthaltszone

Raumart	Beispiel	Außenluftstrom personenbezogen m³/h	flächenbezogen m³/(m².h)
Arbeitsräume	Einzelbüro	40	4
	Großraumbüro	60	6
	Labor	-	-
Versammlungsräume	Konzertsaal, Theater, Konferenzraum	20	10-20
Wohnräume	Hotelzimmer, Ruhe- und Pausenraum, WC	-	-
Unterrichtsräume	Lesesaal Seminarraum, Hörsaal	20 30	12 15
Räume mit Publikumsverkehr	Verkaufsraum Gaststätte Museum	20 30	3-12 8
Sportstätten	Sporthalle Schwimmbad	-	-
Sonstige Räume	Rundfunkstudio Schutzraum, EDV-Raum	-	-

Tab 9.3-1: Personen- und flächenbezogenener Mindestaußenluftstrom (Quelle: DIN 1946, Teil 2)

9.3.2 Ein Maßstab für die Raumluftqualität

Zur Definition der Größe „Raumluftqualität" wurde ein Bewertungsmaßstab eingeführt [3], der auf Beurteilungen von menschlichen Testgruppen aufbaut (Abb. 9.3-1): Eine Gruppe von Testpersonen bewertet mit Hilfe des Geruchsempfindens die Raumluftqualität in einem Raum mit vorgegebener fest definierter Belastung. Dabei kann ein Kollektiv von untrainierten oder trainierten Personen eingesetzt werden. Bei einer trainierten Personengruppe sind weniger Personen notwendig, um statistisch zuverlässige Aussagen zu gewinnen [4].

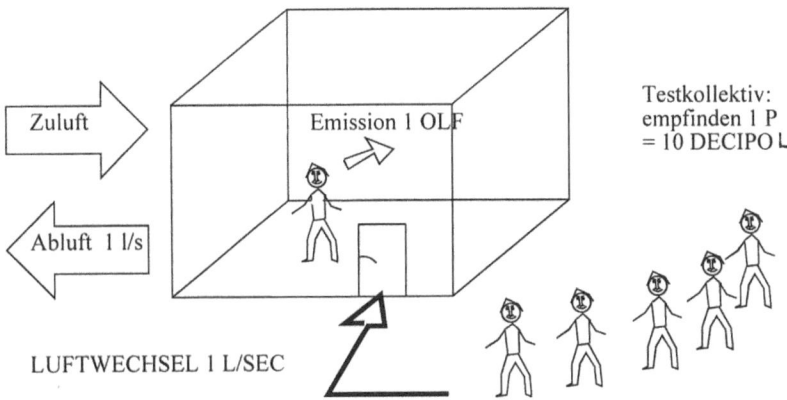

Bild 9.3-1: Raumluftqualität, Definition der Bewertungsgrößen OLF und POL

Die Belastung wird so definiert, daß sich bei einer Standard-Person eine Belastung von einem OLF ergibt. Die Einheit OLF (Olfaktometrie = Messung der Geruchsempfindlichkeit) beschreibt dabei die Quellstärke der Luftverunreinigung. Tabelle 9.3-2 zeigt die Quellstärke für eine Person bei unterschiedlichen Aktivitätsgraden.

Quellenart	Quellstärke in Olf
Aktivitätsgrad I	1
Aktivitätsgrad II	1,5
Aktivitätsgrad III	2
Aktivitätsgrad IV	2,5
Aktive Person (400 W)	5
Raucher beim Rauchen	25
Raucher im Durchschnitt	6

Tab. 9.3-2: Geruchsemission für eine Standardperson in der Einheit OLF

Um zu vergleichbaren Beurteilungen von verschiedenen Verunreinigungsquellen zu kommen, werden alle Verunreinigungen den von Personen hervorgerufenen gleichgesetzt,

sofern sie eine gleichwertige geruchsmäßige Belastung darstellen. Dazu wird ein sogenannter Personengleichwert G mit der gleichen Einheit OLF definiert.
Wichtig und entscheidend für die Einstellung der Luftwechselraten ist der daraus abgeleitete Maßstab POL (air **pol**lution = Luftverunreinigung): Denn die vom Testkollektiv empfundene Qualität der Raumluft wird nun bestimmt durch den Luftaustausch. Bei einem vorgegebenen zugegebenermaßen sehr geringen (vgl. Abb. 9.3-1) Luftwechsel von 1 liter/sec entsprechend 3,6 m^3/h ergibt sich aus der Verunreinigung mit einem OLF eine Raumluftqualität von einem POL. Das bedeutet dann wirklich „dicke Luft". Daher wird die Einheit DECIPOL häufiger verwendet.

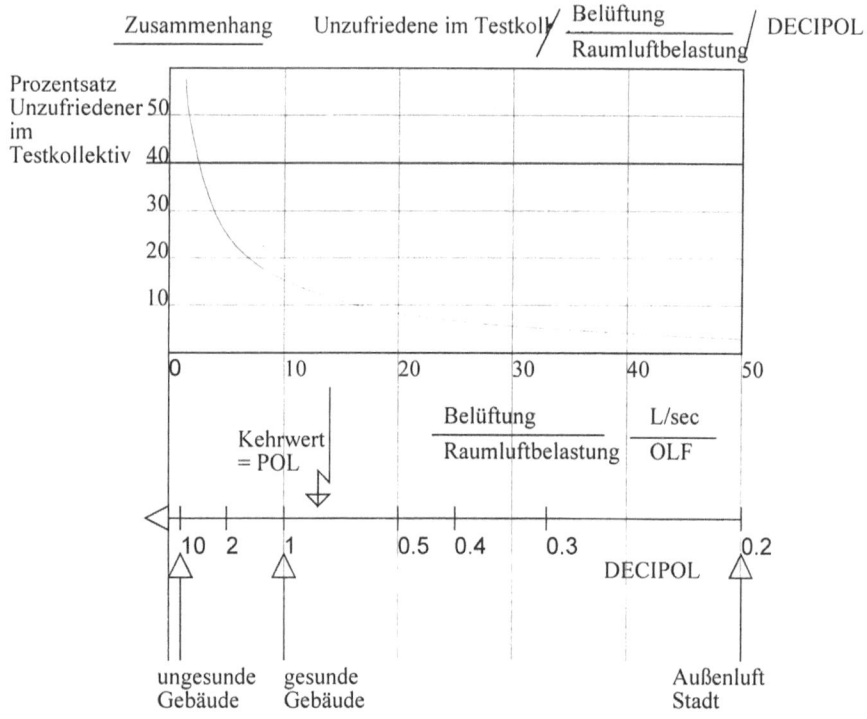

Bild 9.3-2: Quantitativer Zusammenhang der Raumluftbelastung bei unterschiedlichen Luftwechselraten mit dem Prozentsatz der Unzufriedenen in einem menschlichen Testkollektiv

Interessant ist nun, daß man über Testkollektive feststellen kann, daß der Anteil derjenigen, die mit der Raumluftqualität unzufrieden sind, streng mit dem Verhältnis aus Luftwechsel zur Raumluftbelastung in OLF korreliert ist (Abb. 9.3-2). Also mehr Luftwechsel, weniger Unzufriedene bei gleicher Raumluftbelastung. Die Kurve in Abb. 9.3-2, die

den Prozentsatz Unzufriedener wiedergibt, zeigt nichtlineares Verhalten, was man folgendermaßen interpretieren kann: Es gibt immer einige, denen die schlechteste Luft nichts ausmacht und auch immer einige, die bei besten Luftverhältnissen unzufrieden sind.
Die Kurve in Bild 9.3-2 läßt sich durch die sogenannte Behaglichkeitsgleichung für die Raumluftqualität beschreiben [5]:

$$PD = 395 \cdot \exp\left(-3{,}25 \cdot C^{-0{,}25}\right) \qquad (9.3\text{-}2)$$

PD Prozentsatz der Unzufriedenen im Testkollektiv
    (Percentage of Dissatisfied)

C   Raumluftqualität in DECIPOL

Tabelle 9.3-3 zeigt die empfundene Luftqualität im Maßstab DECIPOL für unterschiedliche Außenbereiche und für Bürogebäude.

Ort	Außenluftqualität Dezipol
Gebirge, Meer	0,01 - 0,05
Städte mit hoher Außenluftqualität	0,1
Städte mit mittlerer Außenluftqualität	0,2
Städte mit geringer Außenluftqualität	0,5
Gesunde Gebäude	1 - 2
Ungesunde Gebäude	10

Tab. 9.3-3: Typische Luftqualitäten in DECIPOL

9.3.3 Raumluftqualitätsbezogener Außenluftstrom

Der erforderliche Außenluftstrom für die Einstellung einer definierten Raumluftqualität in DECIPOL läßt sich mit folgender Gleichung errechnen:

$$\dot{V} = 10 \cdot \frac{G}{(C_i - C_{ZU}) \cdot \varepsilon_V} \qquad (9.3\text{-}3)$$

$\dot{V}_{ZU}$ erforderlicher Zuluftstrom   in l/sec
G gesamte Schadstofflast   in OLF
       (Schadstofflasten von Personen und Materialien in Gebäuden
       werden addiert)
C_i gewünschte Luftqualität   in DECIPOL
C_{ZU} Zuluftqualität   in DECIPOL
ε_V Lüftungseffektivität

Beispiel:
Ein Vorlesungsraum mit einr Grundfläche von 100 m² soll so belüftet werden, daß sich eine empfundene Raumluftqualität von 1,4 DECIPOL einstellt (entsprechend 20 % Unzufriedene im Testkollektiv nach Bild 9.3-2).
Der Raum soll mit 50 Personen belegt sein. Aufgrund der sitzenden Tätigkeit ergibt sich eine Belastung von ein OLF pro Person. Die Belastung durch das im Raum vorhandene Material soll 0,3 OLF/m² betragen.
Als Außenluftqualität wird 0,2 DECIPOL angenommen. Die Lüftungseffektivität soll dabei $\varepsilon_V = 1$ betragen.
Damit ergibt sich eine Gesamtbelastung von 80 OLF und ein Zuluftstrom von 666 l/sec oder 2400 m³/h.

9.3.4 Meßverfahren zur Bestimmung der Raumluftqualität

Zur Zeit gibt es noch keine DECIPOL-Fühler für die kommerzielle Anwendung, die eine direkte Bestimmung der empfundenen Luftqualität ermöglichen würden.
Es existieren allerdings eine ganze Reihe von Meßverfahren zur Bestimmung von Luftinhaltsstoffen. Für den praktischen Einsatz im Sinne der hier vorgestellten Problematik haben sich zwei Verfahren eingebürgert:

• Messung der CO_2-Konzentration mit dem Infrarotverfahren

Die CO_2-Konzentration kann als geeigneter Leitparameter für die Raumluftqualität gesehen werden in den Fällen, wo die Raumluftbelastung überwiegend durch die menschliche Ausatmung und Geruchsemission zustande kommt.

9.3 Raumluftqualität

- Messung eines gewichteten Wertes aus unterschiedlichen Gaskonzentrationen mit Mischgassensoren

Mischgassensoren sprechen in einer veränderbaren Gewichtung auf Gase wie Kohlenmonoxid (Zigarettenrauch), Kohlenwasserstoffe, Alkohole-Benzole-Ester und Wasserdampf an. Sie sind daher für Gaststätten und Versammlungsräume und für Räume, in denen Rauch oder Qualm als Schadstoffbelastung dominiert, besonders geeignet.

Diese beiden Verfahren sollen im folgenden genauer beschrieben und die Einsatzmöglichkeiten dargestellt werden.

Messung der CO_2-Konzentration mit dem Infrarotverfahren

Die CO_2-Messung erfolgt beispielsweise durch selektive Infrarotabsorption mittels der CO_2-Moleküle der Raumluft, die Detektion mit der photoakustischen Meßmethode (Bild 9.3-3):

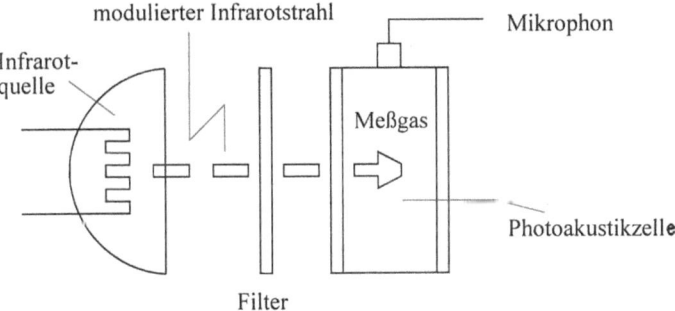

Bild 9.3-3: CO_2-Messung, Infrarotverfahren mit photoakustischer Signaldetektion

Durch eine Infrarotquelle, die periodisch in ihrer Intensität moduliert wird (Kap. 8), werden nach selektiver Filterung die CO_2-Moleküle des Meßgases zu Schwingungen angeregt. Durch Stöße mit benachbarten Molekülen wird die absorbierte Energie verteilt. Es erfolgt ein adiabater Temperatur- und Druckanstieg in der Zelle, der durch die periodische Anregung selbst periodisch erfolgt. Dies entspricht einer Schallwelle. Die Schallintensität ist proportional zur Konzentration der CO_2-Moleküle. Sie wird mit einem empfindlichen Mikrophon aufgezeichnet, gleichgerichtet und in ein Spannungssignal umgewandelt.

Angezeigt wird üblicherweise in ppm (parts per million) oder Volumen-% CO_2. Das Meßverfahren ist genügend empfindlich und die Langzeitstabilität ist sehr gut: Die Meßbereiche erstrecken sich typisch von 0-3000 ppm. Die anzustrebende Konzentration im Raum liegt zwischen 800 und 1200 ppm.

Mischgassensoren

Bei den meisten in der Praxis eingesetzten Mischgassensoren handelt es sich um Figaro-Mischgassensoren nach dem Taguchi-Prinzip (Bild 9.3-4) [6].

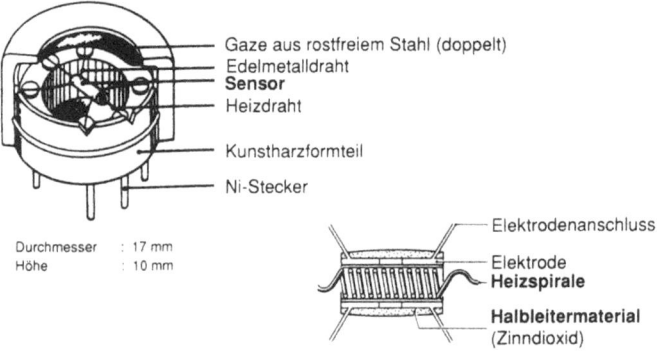

Bild 9.3-4: Aufbau von Figaro-Mischgassensoren

Die Sensoren bestehen aus einem gesinterten Halbleiterrohr mit einer innenliegenden Heizung. Das Halbleiterrohr ist porös und hat dadurch eine sehr große Oberfläche. Es besteht aus dotiertem Zinndioxyd SnO_2, wirkt als Katalysator und ermöglicht die Oxidation der nachzuweisenden Gase. Beispielsweise wird Methan zu Wasser und Kohlendioxyd umgesetzt. Der Katalysator verbraucht sich dabei nicht. Der verbrauchte Sauerstoff wird durch Luftsauerstoff ersetzt. Bei diesem chemischen Prozeß entstehen freie Elektronen, was den Widerstand des Halbleiters herabsetzt. Diese Widerstandsänderung wird in eine Spannungsänderung umgesetzt und liefert das Meßsignal. Bild 9.3-5 zeigt ein Kennlinienfeld des gebräuchlichen Sensortyps TGS 812 von Figaro. Die Empfindlichkeit einzelner Sensoren variiert innerhalb einer gewissen Bandbreite. Deswegen muß im einzelnen Anwendungsfall sorgfältig kalibriert werden.

Im folgenden soll eine Gegenüberstellung der beiden Meßverfahren die Anwendbarkeit unter bestimmten Randbedingugnen aufzeigen:
Die CO_2-Konzentration kann als Leitparameter betrachtet werden, der stellvertetend für die durch Personen (Nichtraucher) verursachten Luftbelastungen steht. Falls diese gegenüber anderen Belastungen - Emission durch Gebäudematerialien und Produktionseinrich-

9.3 Raumluftqualität

tungen, Rauchen - stark überwiegen, ist die Bestimmung des CO_2-Konzentration das Verfahren der Wahl. Ein weiterer Vorteil gegenüber Mischgassensoren ist, daß das Ansprechverhalten genau definiert ist und die Langzeitstabilität gesichert ist.

Mischgas - Sensoren = nicht selektiv
CO_2 - Sensoren   = selektiv

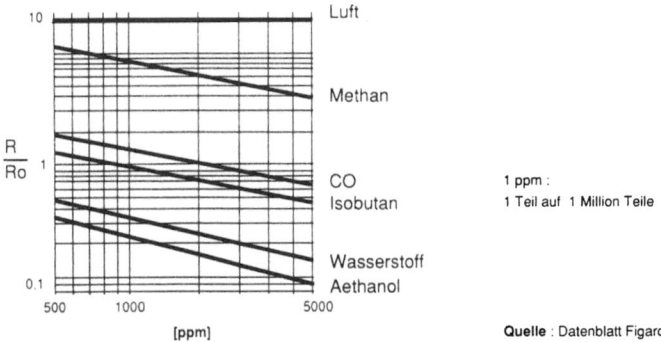

Bild 9.3-5: Kennlinie des Mischgassensors TGS 812 für unterschiedliche Gase

Bei Belastungsfällen, die sich nicht durch CO_2 als Leitparameter charakterisieren lassen, sind Mischgassensoren einsetzbar. Diese sind auch geeignet, wenn in bestimmten Betriebssituationen nur durch Personen verursachte Belastungen auftreten, da sie auch auf eine Reihe der durch Personen abgegebenen Geruchsstoffe reagieren. Mischgassensoren reagieren breitbandig auf alle oxidierbaren Luftbestandteile. Ein Nachteil ist die variierende Empfindlichkeit und Querempfindlichkeiten gegenüber der Temperatur und der Feuchte.

Für den Bereich von Büro- und Wohnbauten wäre es natürlich ideal, wenn man das Verhalten der menschlichen Nase näherungsweise nachbilden könnte. Entwicklungen in diese Richtung existieren bereits im Labormaßstab (Abb. 9.3-6) [7]:
Man verwendet dazu eine Gruppe von Sensoren, die auf unterschiedliche Stoffgruppen empfindlich sind. Man kann zu diesem Zweck Mischgassensoren unterschiedlicher Empfindlichkeiten verwenden und Infrarotsensoren durch Filter abstimmen auf Spektralbereiche, bei denen die verschiedenen Luftbestandteile unterschiedlich stark absorbieren. Zusätzlich werden noch die Temperatur und die Feuchte bestimmt. Die Signalverarbeitung erfolgt mit einem künstlichen neuronalem Netz, einer Signalverarbeitung, die der im menschlichen Nervensystem nachempfunden ist. Ein solches Gebilde hat den großen Vorteil, daß es mittels bekannter Standardsituationen auf das richtige der „Standardnase"

entsprechende Verhalten oder Empfinden trainiert werden kann. Mit einer Gruppe von 21 Sensoren wurde im Labormaßstab eine nach den Methoden der Statistik ausreichende Übereinstimmung mit dem durch die menschlichen Testgruppen festgelegten Bewertungsmaßstab DECIPOL erreicht. Dieses Verfahren muß noch in ein praktikables und preisgünstiges Sensorsystem umgesetzt werden, dann könnte es im industriellen Bereich eingesetzt werden.

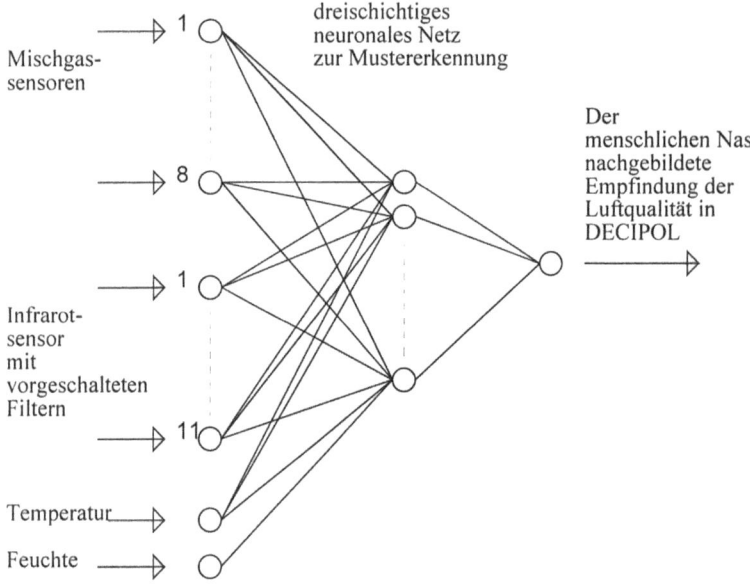

Bild 9.3-6: Sensorarray mit künstlichem neuronalem Netz zur Nachbildung der menschlichen Nase

Literaturverzeichnis

[1]   Finke, U.: Luftqualität in deutschen Bürogebäuden,
      Ki Luft- und Kältetechnik 3/1995

[2]   DIN 1946, Teil 2: Gesundheitstechnische Anlforderungen, 1994

[3]   Fanger P. O.: Introduction of the olf and decipol Units to Quantify Air Pollution
      perceived by Humans Indoors and Outdoors, Energy and Buildings, 12 (1988)

[4] Finke, U.: Aufbau einer trainierten Personengruppe für sensorische Messungen, HLH 9/94

[5] Loewer, H.: Die Raumluftqualität in der Raumlufttechnik, Sonderdruck aus CCI/1991

[6] Meier, S.: Mischgassensoren als Führungsgröße für bedarfsgeregelte Lüftungen, Heizung Klima 4/1992

[7] Wenger, J. D. et al: A gas sensor array for measurement of indoor air pollution, preliminary results, Proceedings of Indoor Air 5/1993

10 Qualitätssicherung

D. Striebel

10.1 Wozu Qualitätssicherung?

Der Begriff "Qualität" hat im umgangssprachlichen Gebrauch oft einen wertenden Charakter und wird deshalb hauptsächlich im Zusammenhang mit der Bewertung eines Produktes oder einer Arbeit verwendet. Wenn ein Produkt oder eine Arbeit hohen Ansprüchen genügt, spricht man von "hoher Qualität", werden wenige Forderungen erfüllt, ist das Produkt von "schlechter Qualität". In den letzten 20 Jahren haben sich in den verschiedenen Wirtschafts- und Industriebereichen qualitätsbezogene Terminologien festgesetzt, die den Begriff Qualität folgendermaßen definieren: **Qualität ist die Gesamtheit von Merkmalen einer Einheit bezüglich ihrer Eignung, festgelegte und vorausgesetzte Erfordernisse zu erfüllen.**

Die Qualität eines Produktes ist also dadurch gekennzeichnet, daß es bestimmte Anforderungen, die **vorher** festgelegt sind, erfüllt. Alle zusätzlichen, nicht verlangten Eigenschaften sind nicht relevant. Das kann dazu führen, daß Qualität weniger kostet. Qualität kann aber auch mehr kosten, wenn sie im Sinne eines "Vortrefflichkeitsgrades" verstanden wird.

Diese Bedeutungsvielfalt eines Begriffes hat sehr bald die Notwendigkeit von einheitlichen Normen erkennen lassen und zur Herausgabe z.B. der DIN 55350 im Jahr 1980 geführt. Parallel dazu wurde auf internationaler Ebene von der International Standardization Organisation (ISO) die ISO 8402 erarbeitet und im Jahr 1986 und schließlich 1994 in überarbeiteter Fassung veröffentlicht. Im Zuge der Harmonisierung der europäischen Normen wurde diese Norm im August 1994 vom Europäischen Komitee für Normung (CEN) als Europäische Norm EN ISO 8402 und im August 1995 vom DIN schließlich als Deutsche Norm DIN EN ISO 8402 /1/ übernommen.

Bevor jedoch auf die Grundzüge dieser und anderer Normen hier eingegangen wird, gilt es noch die Frage zu klären, in welchem Zusammenhang die Meßtechnik zum hier definierten Qualitätsbegriff steht und warum es notwendig erscheint, in einem Meßtechnikbuch auf die Problematik der Qualitätssicherung wenigstens hinzuweisen. Zwei Aspekte spielen hier eine Rolle:

a) Jeder Hersteller eines Produktes ist heute mehr oder weniger gezwungen nachzuweisen, daß sein Produkt bestimmte geforderte Eigenschaften erfüllt (Qualitätsnachweis). Dies kann z.B. der Fall sein, wenn er sein Produkt freiwillig nach nationalen oder internationalen Regeln zertifizieren lassen möchte (z.B. Thermostatventile) oder wenn sein

10.2 Wesentliche Elemente eines Qualitätmanagement-Systems

Produkt bestimmten Zulassungsvorschriften unterliegt (z.B. Heizkessel, Sicherheitseinrichtungen, Heizkostenverteiler) oder wenn ein Kunde dies von ihm verlangt. In all diesen Fällen muß er dazu mindestens für den betreffenden Teil des Unternehmens ein Qualitätsmanagement-System (QM-System) eingeführt haben, zu dessen Umfang fast immer auch meßtechnische Einrichtungen gehören. Im Bereich der Produktherstellung ist also ein **Qualitätsmanagement-System ohne Meßtechnik nicht denkbar**.

b) Jede Institution oder allgemeiner ausgedrückt jede organisatorische Einheit, die "Messen" und "Prüfen von Produkten" als Dienstleistung anbietet, kommt nicht umhin, selbst ein QM-System zu betreiben. Dies ist heute bereits eine selbstverständliche Voraussetzung für unabhängige Prüflaboratorien, die autorisiert von nationalen oder internationalen Akkreditierungsstellen im Auftrag der Hersteller Produkte prüfen mit dem Ziel der Zulassung oder Zertifizierung (z.B. Prüfung von Heizkesseln nach DIN 4704 oder von Thermostatventilen nach EN 215). Bei anderen Prüfungen ist es eine Frage der vertraglichen Vereinbarung, ob ein QM-System verlangt wird. Auch wenn dies heute noch nicht die Regel ist, so wird doch zukünftig vor allem von Auftraggebern, die bereits selber wie unter a) beschrieben solche Systeme eingeführt haben, eine entsprechende Forderung sowohl an interne als auch an externe Prüfstellen gestellt werden. **Meßtechnik braucht ein Qualitätsmanagement-System**.

Für beide Aspekte gilt: Bei allen geschäftlichen Beziehungen ist das Vertrauen in die Arbeit eines Lieferanten oder Dienstleisters von zentraler Wichtigkeit. Eine vertrauensbildende Maßnahme ist, dem Kunden gegenüber darzulegen,
- daß es qualitätsbezogene, eindeutig definierte Zielsetzungen und Anforderungen an die eigene Arbeit des Unternehmens gibt (Qualitätspolitik und Qualitätsmanagement) und
- durch welche geplanten, systematischen Tätigkeiten für die Einhaltung dieser Anforderungen und das Erreichen eines bestimmten Arbeitsergebnisses gesorgt wird (Qualitätssicherung oder Qualitätsmanagement-Darlegung).

Selbstverständlich kann in einem Buch über Meßtechnik nicht auch umfassend auf Qualitätsmanagement-Systeme eingegangen werden. Es soll hier lediglich auf einige wichtige Aspekte bei der Einführung eines solchen Systems und auf die wesentlichen Elemente des Systems hingewiesen werden.

10.2 Wesentliche Elemente eines Qualitätsmanagement-Systems

Mit einem QM-System sollen die Qualitätspolitik und die qualitätsbezogenen Zielsetzungen eines Unternehmens umgesetzt werden. Es bildet die organisatorische Grundlage für alle Tätigkeiten und Maßnahmen, die dafür vorgesehen sind, um ein Produkt oder eine Dienstleistung entsprechend den definierten Erfordernissen unter Beachtung der Wirtschaftlichkeit zu liefern. Qualitätsmanagement betrifft grundsätzlich **alle** Ebenen einer Organisation; Voraussetzung für ein funktionierendes System ist einerseits, daß das Top-Management dieses System trägt und den für die Umsetzung verantwortlichen Mitarbeitern die notwendige Unterstützung gewährt. Andererseits wird ein "von oben verordnetes" QM-System lediglich zusätzliche Kosten verursachen, wenn es von den Mitarbeitern nicht verstanden wird und sie für eine Umsetzung nicht motiviert sind. **Ein Qualitätsmanagement-System kann nicht verordnet werden, es muß "gelebt" werden.**

Bei der Einführung eines QM-Systems sind verschiedene internationale Normen zu beachten. Wie bereits erwähnt, sind in ISO 8402 /1/ alle wichtigen Begriffe zusammengestellt und definiert. Diese Norm ist ausgelegt auf alle Gebiete von qualitätsbezogenen Normen. Die Formulierungen sind dementsprechend sehr allgemein und erscheinen im Einzelfall oft wenig hilfreich (z.B. Vorbeugungsmaßnahme: Tätigkeit, ausgeführt zur Beseitigung der Ursachen eines möglichen Fehlers, Mangels oder einer anderen unerwünschten Situation, um deren Vorkommen vorzubeugen). Die Tätigkeit des Messens nach dieser Norm dient dem Zweck, die Merkmale eines Produktes, eines Prozesses oder einer Organisation auf Konformität mit festgelegten Forderungen zu prüfen.

Die bekanntesten und wichtigsten Qualitätsnormen sind die Internationalen Normen der ISO-9000-Familie. DIN EN ISO 9000 /2/ enthält allgemeine Hinweise zur Anwendung dieser Normen. Dabei wird unterschieden, mit welcher Motivation in einem Unternehmen ein QM-System eingeführt wird. Häufig reagiert der Lieferant mit der Einführung eines QM-Systems auf unmittelbare Forderungen durch den Kunden ("interessenspartnermotiviert"). Solche Systeme können sich über den gesamten Unternehmensbereich von der Entwicklung über die Produktion und die Montage bis zur Wartung erstrecken (ISO 9001 /3/) oder nur über Teile davon (ISO 9002, ISO 9003 /4/).

Beim sogenannten "leitungsmotivierten" Ansatz, bei dem ohne aktuelle Forderung von außen ein QM-System eingeführt wird, empfiehlt sich zunächst die Anwendung der ISO 9004 /5/, in der allgemein (Teil 1) und für verschiedene Bereiche (für Dienstleistungen, Teil 2, für verfahrenstechnische Produkte, Teil 3, für Qualitätsverbesserung, Teil 4) die Elemente eines QM-Systems zusammengestellt sind.

In diesen Normen werden allgemeine Anforderungen an die Qualitätssicherung gestellt (auch bezeichnet als Qualitätsmanagement-Darlegung) und zwar zu folgenden Punkten:
- Verantwortung der Leitung
- Qualitätsmanagement-System
- Vertragsprüfung
- Designlenkung
- Prozesslenkung
- Lenkung der Dokumente und Daten
- Beschaffung
- Lenkung der vom Kunden beigestellten Produkte
- Lenkung fehlerhafter Produkte
- Lenkung von Qualitätsaufzeichnungen

- Kennzeichnung und Rückverfolgbarkeit von Produkten
- Prüfungen
- Prüfmittelüberwachung
- Prüfstatus
- Korrektur-/Vorbeugungsmaßnahmen
- Handhabung, Lagerung, Verpackung, Konservierung und Versand
- interne Qualitätsaudits
- Schulung
- Wartung
- statistische Methoden

Wenn die Prozeß- oder Produktqualität in hohem Maße von der Fähigkeit abhängt genau zu messen, so findet man in ISO 10012 /7/ Forderungen an die Qualitätssicherung für Meßmittel insbesondere für deren Eignung, Verwaltung und Handhabung. Aber auch diese Norm ist sehr allgemein formuliert. Spezielle Genauigkeitsforderungen für bestimmte Meßgeräte werden nicht gestellt. Viele dieser Forderungen beziehen sich auf ein Lieferanten-Kunden-Verhältnis. Ohne die anderen Punkte vernachlässigen zu wollen, sei hier auf drei wesentliche Elemente eines QM-Systems hingewiesen:

Qualitätsmanagement-Handbuch

Zu einem eingeführten und funktionierenden QM-System gehört zwangsläufig eine Dokumentation dieses Systems in Form eines Handbuches. Dieses Handbuch sollte enthalten:
- das Inhaltsverzeichnis, den Titel und Angaben zu Zweck und Anwendungsbereich;
- Angaben zur Qualitätspolitik und zu den Qualitätszielen;
- Organigramme, Zuständigkeiten, Verantwortungen und Befugnisse;
- Verfahrensanweisungen zu allen zutreffenden Elementen der Qualitätssicherung.

Das Handbuch kann in mehrere Teile gegliedert sein, wobei nicht jedes Exemplar immer alle Teile enthalten muß. So kann z.B. ein allgemeiner Teil von den Verfahrensanweisungen getrennt sein, wobei die Verfahrensanweisungen nur dort vorhanden sein müssen, wo sie gebraucht werden. Hauptbestandteil des Handbuches sind die Verfahrensanweisungen. Hier könnte z.B. beschrieben sein, welche Prüfungen bei der Herstellung eines Ventiles durchzuführen sind (Prüfung auf Maßhaltigkeit, Dichtheit, Durchflußkapazität), wie und mit welchen Meßgeräten und an wievielen Prüflingen dies zu geschehen hat, wo diese Meßgeräte gelagert werden und welche Maßnahmen zu ergreifen sind, wenn Fehler oder Mängel festgestellt werden. An anderer Stelle muß beschrieben werden, wie oft und wann verschiedene Meßgeräte und Lehren überprüft (kalibriert) werden müssen, mit welchen Vergleichsnormalen dabei gearbeitet wird, wie und wo dies dokumentiert wird und auf welche Weise dafür zu sorgen ist, daß an jedem Gerät sofort der Prüfstatus zu erkennen ist (wann ist die nächste Kalibrierung fällig?).

Zuständig für die Erstellung dieses Handbuches sollte eine eigens für diesen Zweck beauftragte organisationsinterne Institution sein. Das Handbuch muß von der Unternehmensleitung genehmigt sein und unterliegt einem ständigen Änderungsdienst. DIN ISO

10013 /8/ enthält hilfreiche und recht konkrete Hinweise zur Erstellung eines solchen Handbuches. Selbstverständlich wird sich sowohl die Gliederung als auch der Inhalt nach den jeweiligen Bedürfnissen des Anwenders richten müssen und kann deshalb im Einzelnen nicht in dieser Norm angegeben sein.

Alle Anwender des Handbuches sollen jederzeit Zugang zu einem aktualisierten Exemplar des Handbuches haben und sollen mit dem Inhalt des Handbuches vertraut sein. Die Einhaltung dieser und weiterer Forderungen an das Handbuch ist wiederum durch entsprechend dokumentierte Maßnahmen sicherzustellen.

Prüfmittelüberwachung
Die für die Qualitätssicherung eingesetzten Meßeinrichtungen und Lehren müssen überwacht, kalibriert und instandgehalten werden. Sie dürfen nur so benutzt werden, daß die Meßunsicherheit bekannt und mit den betreffenden Forderungen vereinbar ist.

Interne Qualitätsaudits
In einem funktionierenden QM-System muß regelmäßig überprüft werden, ob die vereinbarten qualitätsrelevanten Maßnahmen ausgeführt werden und ob sie wirksam sind. Hierzu müssen alle QM-Elemente einem Qualitätsaudit unterzogen werden. Selbstverständlich sind hierüber Berichte anzufertigen und im Handbuch abzulegen. Insbesondere sind in diesen Berichten auch vereinbarte Korrekturmaßnahmen zu beschreiben. Deren Ausführung und Wirksamkeit ist wiederum zu prüfen.

Die Einführung solcher Elemente kostet zunächst eine Menge Arbeit und es muß zum Teil große Überzeugungsleistung erbracht werden um alle Mitarbeiter dafür zu motivieren. Aber einmal eingeführt kann ein solches System eben auch dazu beitragen, die Arbeitsabläufe in der Organisation wesentlich effizienter zu gestalten.

10.3 Qualitätsmanagement im Prüflabor

Der Anwendungsbereich der o.g. Normen erstreckt sich zwar ganz allgemein auch auf Organisationen, die Leistungen erbringen, schwerpunktmäßig sind die Formulierungen jedoch auf die Entwicklung und Herstellung von Produkten bezogen. Aufgrund der speziellen Anforderungen, die sich z.B. aus der Unabhängigkeit eines Prüflabors ergeben, wurde eine besondere Qualitätsnorm für diese Einrichtungen erstellt (EN DIN 45001 /9/). Darin werden Anforderungen formuliert u.a. an die
- Unabhängigkeit und Integrität der Organisation,
- Technische Kompetenz der Organisation, des Personals sowie der Räumlichkeiten und Einrichtungen (einschl. Kalibrierverfahren und Normale),
- Arbeitsweise (hier ist insbesondere ein Qualitätssicherungssystem vorgeschrieben),

- Prüfberichte und die Handhabung von Proben und Prüfgegenständen sowie an die
- Art und Form der Zusammenarbeit mit Auftraggebern.

Sicherlich werden in jedem gewissenhaft arbeitenden Prüflabor die meisten der Kriterien dieser Norm ohne weiteres erfüllt. Es reicht jedoch zukünftig nicht mehr aus, daß ein Laboringenieur **weiß**, daß beispielsweise ein bestimmtes Gerät des Labors nur für ein bestimmtes Prüfverfahren eingesetzt werden kann: **es muß** dies auch für jeden anderen nachvollziehbar **dokumentiert sein.** Insbesondere sind die Kalibrierverfahren für die verschiedenen Geräte und Einrichtungen zu beschreiben, der zeitliche Abstand zwischen den Kalibrierungen ist festzulegen und am Gerät anzuzeigen und festgestellte Abweichungen und Änderungen sind zu dokumentieren. Im Zusammenhang mit der Kalibrierung ist die Rückführbarkeit der im Labor durchgeführten Messungen auf nationale oder wenn möglich auf internationale Meßnormale (z.B. Ur-Meter in Paris) von Bedeutung. Es muß eine ununterbrochene Kette von Vergleichen von einem Normal zum nächsten bis zum Labormeßgerät nachgewiesen werden (z.B. durch eine Kalibrierbescheinigung einer anerkannten Kalibrierstelle. Wo dies nicht möglich ist (z.B. Luftgeschwindigkeitsmessung) ist durch andere geeignete Verfahren ein entsprechender Nachweis der Genauigkeit zu erbringen. Hier spielen vorallem auch Vergleichsprüfungen mit anderen Laboratorien eine große Rolle. Die Erfüllung aller in EN 45001 genannten Kriterien ist eine wichtige Voraussetzung für eine Akkreditierung des Prüflaboratoriums.

Literatur
Hinweis: Alle DIN Normen: Beuth-Verlag GmbH, Berlin.
/1/ DIN EN ISO 8402: Qualitätsmanagement. August 1995.
/2/ DIN EN ISO 9000 : Normen zum Qualitätsmanagement und zur Qualitätssicherung. Teil 1: Leitfaden zur Auswahl und Anwendung, 1994. Teil 2: Allgemeiner Leitfaden zur Anwendung von ISO 9001, 9002 und 9003, 1993. Teil 3: Leitfaden für die Anwendung von ISO 9001 auf die Entwicklung, Lieferung und Wartung von Software, 1991. Teil 4: Leitfaden zum Management von Zuverlässigkeitsprogrammen, 1993.
/3/ DIN EN ISO 9001: Qualitätsmanagement-Systeme - Modell zur Qualitätssicherung-/QM-Darlegung in Design, Entwicklung, Produktion, Montage und Wartung, 1994.
/4/ DIN EN ISO 9003: Qualitätsmanagement-Systeme - Modell zur Qualitätssicherung-/QM-Darlegung bei der Endprüfung, 1994.
/5/ DIN EN ISO 9004: Qualitätsmanagement und Elemente eines Qualitätsmanagement-Systems. Teil 1: Leitfaden, 1994. Teil 2: Leitfaden für Dienstleistungen, 1991. Teil 3: Leitfaden für verfahrenstechnische Produkte, 1993.
/6/ DIN ISO 10011: Leitfaden für das Audit von Qualitätssicherungssystemen.
/7/ DIN ISO 10012: Forderungen an die Qualitätssicherung für Meßmittel
/8/ DIN ISO 10013: Leitfaden für Erstellung von Qualitätsmanagement-Handbüchern.
/9/ DIN EN 45001: Allgemeine Kriterien zum Betreiben von Prüflaboratorien.

Sachwortverzeichnis

A

Abdampfrückstand 200
abfiltrierbare Stoffe 200, 205
Abgleich 10
Absorption 113
Absorptionsbande 144
Abtastfrequenz 88, 89
Abwasser 192, 196ff
Abwasserabgabengesetz 197
Airback 399
Airbag-Verfahren 398, 399
Akustik 114, 142
akustischer Wirkungsgrad 136, 137
Algen-Wachstumstest 263
Allgemeine Gasgleichung 174
Ammonium 201, 252
amperometrischer Sauerstoffsensor 154
Anodenreaktion 157
Anströmung 91, 94
Anzeige 30
Anzeigebereich 6
AOX (adsorbierbare organische Halogene) 254, 255
Assmann´sches Aspirationspsychrometer 178
Auflösungsvermögen 168
Ausgangsimpedanz 290, 291, 299
Ausgangswiderstand 286, 301
Ausgleichsleitung 56, 58

B

Bade-, Schwimmbadwasser 293, 295ff
Basekapazität 202, 260
Basiseinheit 10
Begrenzungsschaltung 318
Beharrungszustand 18
Bereich, Anzeige- 6
Bereich, Meß- 6
Bereich, Skalen- 6
Bereich, Unterdrückung 7
Bernoulli-Gleichung 89
Betriebssimulation des Rohrnetzes 384
Betriebswasser 193, 196
Bewertung 126, 128, 130
Bezugsgröße 4
Bimetallmeßwerk 43
Biomonitor 240, 263
Biosensor 244, 245
Blattfeder 72
Bragg-Zelle 102, 103
Bromid 204
Brückenschaltung 96
BSB (biochemischer Sauerstoffbedarf) 198, 202, 241ff

C

Calcium 201
Carbonathärte 203, 255
Chemilumineszenz 162
Chlor 200
Chlorid 201, 204, 240
Chromatografie 239
Clark-Meßzelle 219
CO_2-Konzentration, Raumluftqualitätsbestimmung 410
Coulometrie 254
CPGM 10
CSB (chemischer Sauerstoffbedarf) 202, 246

D

Dalton'sches Gesetz 174
Daphnien-Aktivitätstest 263
DECIPOL, Luftqualitätsmaßstab 408
Deformationsmanometer 83
Dehnungsmeßstreifen (DMS) 75
Dehnungsmeßtechnik 75
Deutsche Einheitsverfahren 298ff
Dezibel 125, 126
diamagnetische Stoffe 161
Differenz-Eingangsspannung 285
Differenz-Eingangswiderstand 285
Differenzprinzip 328
Differenzspannungsverstärkung 285
Differenzverstärkung 287, 288
Diffusionsbarriere 157
Diffusionsgeschwindigkeit 155
Diodenkennlinie 304
Dipolquellen 118
Dipolstrahler 112, 113
dispersive Verfahren 144
Doppler-Effekt 97, 99
Drehmomenmessung 15
Drehmomentmeßtechnik 74
Dreileiterschaltung 277
Dreileiterschaltung 45
Druck 80
Druck 90
Druck, dynamischer 89, 91
Druck, statischer 89
Drucker 32
Druckmessung 81
Druckverstärkung 294, 295
Durchfluß 85
Durchflußmesser 161
Düsen-Prallplattenverstärker 296, 297

E

Eichgesetz 362
Eichpflicht 12
Eichpflicht bei der Verbrauchserfassung 354
Eichung 12
Eingangs-Offset-Spannung 286, 293
Eingangsimpedanz 274, 290, 299
Eingangsruhestrom 283, 286, 288, 290, 293
eingeprägte Spannung 270, 301
eingeprägter Strom 270, 301, 303
Einheitensystem, internationales 9
Einheitssignale 269
Einstabmeßkette 211, 215
Einstrahlzähler 365
Einwohnergleichwert 244
Eisen 201
elektrische Kapazität 282
elektrochemische Sensoren 156
Elektrolyt 156, 157
Elektrometersubtrahierer 300, 312
Elektrometerverstärker 290, 291ff
Elektrometrie 205
Elektronenstoßionisierung 168
Elektronische Rechenwerke 364
Empfindlichkeit 6
Erwartungswert 19
Extinktion 146, 234

F

Fadenkorrektur 40
Farbangleichungspyrometer 66
Farbe, Färbung 200, 262, 263
Farbkennzeichnung von Thermoelementen 58
Farbstifte 63

Fast 131
Federkörper 72
Fehler 17 ff
Fehler, dynamisch 25
Feinstaubanalyse 147
Fernfeld 119, 124, 125, 135
ferromagnetische Stoffe 161
Festelektrolyt 153
Festelektrolyt-Gassensoren 153
Feuchtegehalt 175
Feuchtkugeltemperatur 179
Filterung 28
Filterung, analoge 28
Filterung, digitale 29
Fischgiftigkeit 263, 264
Flammenionisationsdetektor 159, 160, 164
Fließmitteltest 149
Flügelradanemometer 399, 400
Flügelradanemometer 91
Fluktationen 88, 94
Flüssige Meßfarben 63
Flüssigkeitsstand 80
Flüssigkristalle 64
Fotoionisierung 168
Fotometrie 234
Fotometrische Gasanalyse 144
Fotometrische Staubmessung 146
Fotovervielfacher 163
Frequenz 112, 113, 124, 126, 133
Frequenzanalyse 139
Frequenzbereich 286
Frequenzgang 132, 133
Frequenzgangkompensation 286, 318
Frequenzspektrum 139
Frostschutzsensor 41
Fühler 5
Führungsgeschwindigkeit 400

G

Gasanalyse 143
Gaschromatographie 164
Gasfilterkorrelationsverfahren 145
Gasspürpumpe 169
Gasspürröhrchen 169
Gaswarngeräte 159
Gauß'sche Verteilungsdichtefunktion 23
Gebäudeautomationssysteme 383
Gegenelektrode 156
Gegenkopplung 283, 287, 291, 296
Gegenkopplung, Kreisstruktur 334
Geräusch 112, 119, 126, 129, 130, 139
Geräuschmessung 136
Geruchsbestimmung 261, 262
Geruchsschwellenwert 200, 261, 262
Gesamthärte 203, 255
Gesamtstrahlungspyrometer 65
Gewichtsanalyse 205
Glasmembranelektrode 208
Gleichspannungsverstärker 283
gravimetrische Staubmessung 149
Grenzschicht 391
Güteklasse 25

H

h,x-Diagramm 174, 178
Haarharfe 184
Halbleiter-Gassensoren 158
Hallraum-Verfahren 134, 137, 138
Halogenverbindungen 200, 202, 254, 255
Härte 202, 255ff
Härtemonitor 258, 259
Häufigkeitsverteilung 22
Heißfilmsonden 92, 93
Heizkörper 371
Heizkörper, Übertemperatur 371

Heizkörper, Wärmeleistung 371
Heizkosten, aufzuteilende Kosten 351
Heizkostenabrechnung 350
Heizkostenabrechnung, Beispiel 355
Heizkostenverteil- und Regelsystem 381, 383, 386
Heizkostenverteiler 370
Heizkostenverteiler, Anzeigegeschwindigkeit 376
Heizkostenverteiler, Bewertungsfaktoren 373
Heizkostenverteiler, Einsatzgrenzen 378
Heizkostenverteiler, mit elektrischer Energieversorgung 378
Heizkostenverteiler, nach dem Verdunstungsprinzip 375
Hilfselektrode 157
Hitzdrahtsonden 92, 93
Hörschwelle 125, 126, 127
Hüllfläche 117, 134, 135
Hüllflächen-Verfahren 134
Hüllflächenverfahren 134, 136
Hygienespiegel 195

I

Impedanzwandler 282, 292, 294, 306
Impuls 131
Induktive Durchflußmesser 110
Infrarot-Strahlung 64
Infrarot-Systeme 68
Innenwiderstand 271, 272
Instrumentenverstärker 300
Integrationszeit 9
Iodid 204
Iodometrische Sauerstoffbestimmung nach Winkler 221
Ionenbahn 166
Ionenfänger 167
Ionenkonzentration 155, 160, 172

Ionenleiter 153
Ionenmasse 166
Ionenmeter 217
Ionennachweiseinrichtung 166
Ionenquelle 166, 168
Ionenselektive Elektrode 216
ionensensitive Elektrode 172
Ionenstoß 168
Ionenstrom 155, 157, 160
Ionentrennsystem 166
Ionisation 160
Ionisierungsenergie 168
IR-Bereich 144
isokinetische Bedingungen 149, 150
Isophonen 126, 127
isotherme Gaschromatographie 165

J

Justieren 10

K

Kalibrieren 11
Kalibrierung 132, 133
Kalibrierung 40
Kalomelelektrode 208
Katalysator 161
Katalysatorgift 153
katalytische Oxidation 152
Kathodenreaktion 157
Kennlinie 295, 297, 308, 309, 312ff
Kessel-Doppelthermostat 42
Kettenstruktur 322
King'sches Gesetz 95
Kjedahl-Stickstoff 252
Kohlenstoff 200, 202, 248ff
Kohlenwasserstoffe 149, 153, 159, 160
Kohlenwasserstoffe 202, 237
Kolbenstrahler 121

Kolorimetrie 171, 237
Kolorimetrische Verfahren 169
Kombinationswärmezähler 363
Kompensationsspannung 273, 274
Kompensationsverfahren 398, 400
Komplexometrie 203, 256
Konduktometer 227
Konduktometrie 171
Konstantspannungsquelle 271
Konstantstromquelle 271
Konstanttemperaturanemometer 92
Kontinuitätsgleichung 89
kontrollierte Lüftung 404
Korngrößenverteilung 147
Körperschall 112
Korrekturwert 123, 135
Kraftmeßtechnik 72
Kraftmessung 72
Kreisstruktur 334
Kugelstrahler 118
Kupfer 201
Kurzschlußstrom 271

L

Lambda (λ)-Sonde 153
Lautheit 113
Lautstärkepegel 113
Leerlaufspannung 271
Leistungsverstärkung 292, 294
Leitfähigkeit 200, 204ff
Leitfähigkeitsmessung 224ff, 240
Leitungsabgleich 45
Leitungswiderstände 275, 277
Lineare Regression 26
Linearisierer 5, 14
Linearisierung 308
Linienschreiber 31
lipophile Stoffe 202, 205
Log-Linear-Methode 394

Log-Linear-Verfahren 391, 393
Lorentzkraft 167
Luftschall 112
Luftzahl 154

M

m-Wert 250, 251
Machzahl 120, 124
Magnetfeld-Massenspektrometer 166
magnetisch-induktives Prinzip 367
Mangan 201, 204
Maßanalyse 203
Massenfilter 166
Massenkonzentration 143
Massenspektrogramm 167
Massenspektrometer 164, 166
Massenspektrometrie 239
Massenstrom 85
Mechanische Dehnungsmeßgeräte 75
Mehrstrahlzähler 365
Membran-Manometer 76
Meßabweichung 10, 17
Meßeinrichtung 4, 5
Meßelektrode 156
Meßelektrodenpaar 172
Messen 4, 6
Meßergebnis 4
Meßfehler 17
Meßfehler, relativer 25
Meßfehler, statischer 19, 21
Meßfehler, systematischer 18, 21
Meßfehler, zufälliger 18, 21
Meßflächenmaß 135, 136
Meßgenauigkeit 3
Meßgerät 6, 12
Meßgerät, analoges 6
Meßgerät, Betriebs- 6, 25
Meßgerät, digitales 6
Meßgerät, Labor- 6

Meßgröße 4, 9, 12, 17
Meßgrößenaufnehmer 5
Meßkette 5
Meßkreuz 400
Meßnormal 9
Meßprinzip 4
Meßsystem 5
Meßtechnik 3, 4
Meßumformer 269
Meßverfahren 4
Meßverfahren, aktives 7
Meßverfahren, analoges 7
Meßverfahren, digitales 8, 13
Meßverfahren, direktes 7
Meßverfahren, diskontinuierliches 8
Meßverfahren, indirektes 7
Meßverfahren, kontinuierliches 8
Meßverfahren, passiv 7
Meßverstärker 270, 283
Meßvorgang 3
Meßwert 4, 6, 12
Meßwertwandler 12
Meßzeit 400
Meßzeitraster 8
Meßzeitraster, äquidistantes 8
Metalloxid-Gassensoren 158
Metrologie 4
Mikrofon 130, 131, 132
Mischgassensoren 158
Mischgassensoren, Raumluftqualitäts-
bestimmung 412
Mitkopplung, Kreisstruktur 339
Mittelwert 18, 19
Mittelwertbildung 327, 329
Mittenfrequenzen 139, 141
Modellgestützte Meßverfahren 346
Modulationsprinzip 341
Monopolstrahler 112, 118, 119
Muscheltest 263

N

Nachhallzeit 137, 138, 139
Natrium 201
NDIR-Fotometer 145
NDUV-Fotometer 145
Nephelometer 229
Netzmessungen 400, 402
nicht-dispersive Verfahren 144
Nichtlinearität 270
Nitrat 201, 240, 252
Nitrifikation, Denitrifikation 252
Nitrit 201, 240, 252
Normal 9
Normblenden 109
Normdüsen 109
NTC-Sensor 51
Nullmethode 398, 399

O

Offsetspannung 286, 314, 315
Offsetspannungsdrift 315
Oktave 112, 138, 139
Oktavfilter 139, 141
OLF, Maßstab für die Luftbelastung 407
Olfaktometrie 261
Operationsverstärker 283ff
optische Dehnungsmeßgeräte 75
Ovalradzähler 108
Ozon 163, 164
Ozon-Schutzfilter 164

P

p-Wert 260, 261
Papierfarbstreifen 63
Parallaxe 7
Parallelstruktur 326
paramagnetische Stoffe 161

Paramagnetismus 161
Partialdruck 143, 168
Partikelkonzentration 148
Pegelmaße 125, 134
Pellistor 152
Peltier-Effekt 55
Permeabilität 161
Pernix 182
pH-Wert 200, 205ff
Phasenempfindliche Gleichrichter 306, 308
Phenolindex 236
Phon 126
Phosphor 201, 253, 254
Piezoelektrische Kraftmeßtechnik 73
Pitotrohr 90
Pixelauflösung 106
Platinelektrode 153
Plattenfeder-Manometer 76, 83
Pneumatische Leistungsverstärker 297
Pneumatische Verstärker 294
Potentiometrie 171, 172
potentiometrischer Sauerstoffsensor 153
potentiostatisches Meßprinzip 221
ppb 143
ppm 143
Präzisionsgleichrichter 282, 283, 303
Primärgröße 5
Probenaufbereitung 202, 217, 250
Prüfröhrchen 169
Psychrometer Diagramm 181
Psychrometrische Differenz 179, 180
PTC-Sensor 52
Pulsbreitenmoduliertes Signal 53
Punktschreiber 31

Q

Quadrupol-Massenspektrometer 168
Quadrupolstrahler 112, 118, 120

Qualität 416
Qualitäts-Audit 420
Qualitätshandbuch 419
Qualitätsmanagement-System 417
Qualitätsnormen 418
Qualitätssicherung 416
Quantisierung 8
Quarzdruckgeber 84
Querempfindlichkeit 157, 159, 162, 169

R

Rahmen-Abwasserverwaltungsvorschrift 197, 236
Rauchdichte 147
Raumluftqualität 159
Raumluftqualität 404
Raumluftqualität, Bewertungsmaßstab 406
Reagenz 172
Reagenzpapierstreifen 169, 170
Reaktionskammer 163
Reaktionswärmesensor 152
reale Spannungsquelle 271
reale Stromquelle 271
Rechnerische Verarbeitung 344
Redoxspannung 213
Referenzelektrode 156
Registrierung 30
Regression, lineare 26
Reinraumklasse 148
Relative Feuchte 175
Reproduzierbarkeit 10
Retentionszeit 165
Reynolds-Zahl 86
RMS-Wert 87
Rohmeßwert 7
Röhrenfeder-Manometer 83
Rückwirkung 19
Rußgehalt 149

Rußzahl 149

S

Sabrobienindex 198
Saprobien 198
Saprobitätsstufe 198
Sättigungsdampfdruck 175, 177
Sauerstoff 200
Sauerstoffanalysator 161
Sauerstoffionen 153
Sauerstoffionenstrom 153
Sauerstoffmeßsonde 219, 244, 245
Sauerstoffmeßzelle 153, 155
Sauerstoffpartialdruck 153
Säurekapazität 202, 260, 261
Schalenkreuzanemometer 91
Schall 112, 114, 116, 118, 124
Schallausbreitung 114, 118, 125
Schallausbreitungsgeschwindigkeit 113
Schalldämpfung 113
Schalldruck 113, 114, 116, 117, 118, 121, 122, 123, 125, 126, 128, 130, 132, 133, 134
Schalldruckmessung 117, 131, 134
Schalldruckpegel 113, 118, 125, 126, 128, 129, 130, 134, 135, 136, 137, 139, 140
Schalleistung 116, 117, 118, 119, 120, 125, 126, 129, 133, 134, 136, 137
Schalleistungspegel 113, 134, 135, 136, 138
Schallemission 116, 118
Schallfeld 114, 118, 124, 125, 137, 138
Schallgeschwindigkeit 115, 118, 124
Schallintensität 113, 117, 118, 119
Schallkenngrößen 116, 130
Schallkennimpedanz 116, 118
Schallmessung 112
Schallpegelmesser 130

Schallquelle 116, 118, 119, 122, 125, 129, 133, 134, 135, 136
Schallschnelle 113, 114, 115, 116, 117, 121, 122, 123, 125
Schallstrahler 118, 119
Schallwellen 121, 125, 131, 137
Schlaufenmessung 399, 400
Schraubenfeder 72
Schwerelinienverfahren 390
Schwerlinien-Verfahren 391
Schwerlinienverfahren 392, 395, 396
Schwingquarz 61
Schwingungen 286, 318
Seebeck-Effekt 55
Sekundärelektronenvervielfacher 167
Sekundärgröße 5
Sensor 5
Sensorwiderstand 270, 274, 276, 277
Shiftfrequenz 102
SI 9, 10
sick building syndrom 404
Sinuswelle 115
Slow 131
Solarimeter 68
Spannungs-/Strom-Wandler 301
Spannungskompensation 272
Spannungsverstärkung 292
Spektrometrie 237
spezifische Masse 166, 167
Sprung'sche Formel 182
Spülluftstrom 147
ß-Strahlen-Absorption 148
Standardabweichung 23
Staubbeladung 149
Staubgehalt 143
Staudrucksonden 390, 400, 401
Staurohr 90
Stickstoff 200, 202, 250ff
Strahldichtepyrometer 66
Strahlungsaufnehmer 67

Strahlungsthermometer 64
Streulichtverfahren 147
Streuung 23
Strom-/Spannungs-Wandler 301, 303
Strömungsgeschwindigkeit 85
Strömungsgeschwindigkeit, Mittelwert 88
Strömungsprofile 390, 393
Strouhal-Zahl 113
Strukturelle Maßnahmen 320, 321
Subtrahierschaltung 299
Sulfat 201, 205, 240
Summator 298
Summenparameter 200, 241ff

T

Tastverhältnis 54
Taupunkttemperatur 176, 177
Teildruck 143
Teilstrahlungspyrometer 65
Telemetrie 15
Temperatur 200
Temperaturkoeffizient 48, 49
Terz 112, 138, 139, 140, 141
Terzfilter 139, 141
Thermisches Anemometer 92
thermomagnetisches Funktionsprinzip 161
Thermosäule, -kette 60
Thermospannung 55
Titration 203, 256
TN_b (gesamter gebundener Stickstoff) 251
TOC (gesamter organischer Kohlenstoff) 248ff
Toedt'sches Verfahren 121
Ton 112, 125
Totalreflexion 122
Trägerfrequenzverfahren 293

Trägergas 164, 165
Transmission 146
Trennsäule 164, 165
Trennsystem 166
Trinkwasser 193, 194ff
Trinkwasserverordnung 194, 199
Trivialverfahren 395
Trockene Temperatur 178
Trommelzähler 369
Trübung 200, 229ff, 263
Trübungseinheit 233
Trübungsstandard 233
Turbinenradzähler 366
Turbulenz 85, 86
Turbulenz, Intensität der Fluktuation 87, 88
Turbulenzgrad 88

U

U-Rohr-Barometer 81
U-Rohr-Manometer 81
Übertemperatur 95
Übertragung 14
Ultraschall-Strömungsmesser 111
Ultraschalldurchflußmesser 367
Ultraschallprinzip 367
Umwandlungstemperatur 184
UV-Bereich 144

V

Venturi-Rohre 109
Verbesserung der Meßqualität
Vergleichselektrode 156
Vergleichsstelle 57
Verstärkung 288, 292, 297, 300, 304
Verunreinigungen der Luft 404
Vierleiterschaltung 276, 277
Vierleiterschaltung 46

Sachwortverzeichnis 431

Vollausschlag 25
Volumenkonzentration 143
Volumenprozent 143
Volumenstrommessung 390, 398
Volumenzähler 108
Vorwärtsstreuung 147

W

Wägetechnik 75
Wahrer Wert 17
Wärmeleit-Gasanalysator 152, 164
Wärmeleitfähigkeit 150
Wärmeleitverfahren 150
Wärmemengenzähler 362
Wärmetönungssensor 152
Wasser 192ff
Wasserarten 193
Wasserdampfpartialdruck 174, 175
Wasserinhaltsstoffe 193, 196ff
Wasserqualität 192, 193, 198
Wasserstoffelektrode 207
Wasserstoffflamme 159
Wechselspannung 282, 293, 304, 306, 307
Wechselspannungsbrücke 282, 306
Wechselspannungsverstärker 282, 293, 306

Welle 114, 121, 122, 123, 124
Wellengleichung 115
Wellenlänge 121, 123, 124, 139
Wellenwiderstand 116
Wellenzahl 123, 124
Wheatstone-Brücke 272, 274
Wichtungsfaktoren 396
Wirkdruckprinzip 368
Wirkdruckprinzip 390
Wirkdruckverfahren 109
Woltmannzähler 366

Y

Yttriumoxid 153

Z

Zählen 6
Zeitfenster 9
Zinnoxid 158
Zirkoniumdioxid 154
Zufälliger Fehler 18
Zweidrahtverbindung 274, 276
Zweileiterschaltung 277
Zweileiterschaltung 45

... wenn eins zum anderen paßt.

Bei Advance Optima kombinieren Sie immer richtig.
Dadurch senken Sie die Kosten in der Analysentechnik.

Ein System, viele Lösungen, Kosten senken – all das realisiert das Analysensystem Advance Optima durch ein ganz neues Gesamtkonzept. Ein Konzept, wo eins ins andere greift. Eine leistungsstarke Meßtechnik, ein einheitlicher Geräteaufbau, eine große Funktionsvielfalt sowie eine einfache Bedienung. Inklusive Systemsteuerung. Eine bedarfsorientierte Wartung durch Ferndiagnose ist bei Advance Optima keine Vision mehr.

Greifen Sie nach dem Vorteil.
Fordern Sie weitere Informationen an:

Hartmann & Braun AG, Abt. ZVK, 60484 Frankfurt am Main. Fax: (0 69) 7 99-33 85

Hartmann & Braun

Elsag Bailey
Process Automation

Unsere Fachkräfte

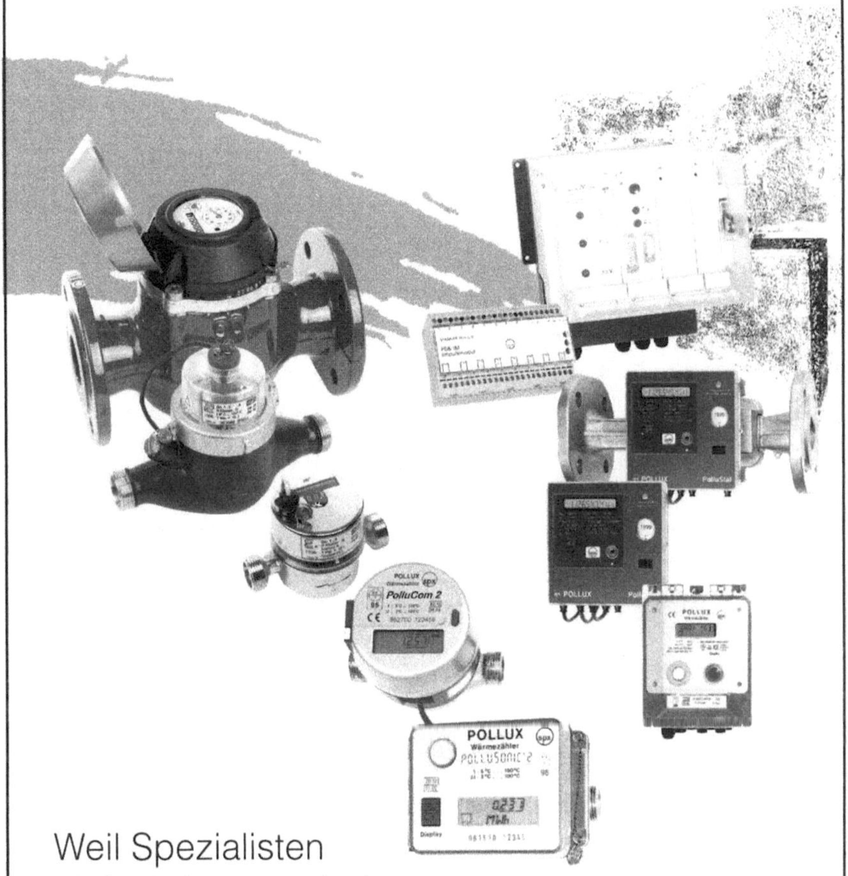

Weil Spezialisten einfach besser sind, haben wir zu jeder Heizanlage den passenden Pollux-Wärmezähler.

Reg. Nr. 3996-01
Zertifiziertes Unternehmen nach DIN ISO 9001
Zertifikats-Registrier-Nummer: 3996-01

SPANNER-POLLUX GMBH
WASSERZÄHLER - MESSGERÄTE

Industriestraße 16, 67063 Ludwigshafen
Telefon (06 21) 69 04 -0, Telefax (06 21) 69 04 -4 09

Techem hat das Rad neu erfunden!

- Die patentierte Flügelradabtastung bildet die Grundlage für eine elektronische Korrektur der Durchfluß-Kennlinie des *delta-tech kompakt*.
- Ein Konzept, das ein noch weiter verbessertes Meßverhalten als bisher bringt und das unabhängig von der Einbaulage ist.
- Über das integrierte LC-Display werden 13 Meßwerte und Geräteinformationen abgerufen. Ganz neu: aktuelle Werte für Durchfluß, Leistung und Temperaturen.

TECHEM HAT'S ERFASST®

Mit Techem werden bei verbrauchsbezogener Abrechnung von Wärme und Wasser rund 20% gespart, das schont Energie und Ressourcen.

Mit 120 Bezirksvertretungen bietet Ihnen Techem das größte Servicenetz und Dienstleistungsprogramm.

Sprechen Sie mit Techem, der Nr. 1 in der Erfassung und Abrechnung von Energie und Wasser in Deutschland.

Techem AG · Saonestr. 1 · 60528 Frankfurt am Main
Tel.: 0 69/ 66 39-0 · Fax: 0 69/ 66 39-300

Energiebewußt. Umweltfreundlich. Zukunftsweisend.

MIX
Papier aus verantwortungsvollen Quellen
Paper from responsible sources
FSC® C105338

If you have any concerns about our products,
you can contact us on
ProductSafety@springernature.com

In case Publisher is established outside the EU,
the EU authorized representative is:
Springer Nature Customer Service Center GmbH
Europaplatz 3, 69115 Heidelberg, Germany

Printed by Libri Plureos GmbH
in Hamburg, Germany